G. BUSCH UND H. SCHADE

VORLESUNGEN ÜBER FESTKÖRPERPHYSIK

PHYSIKALISCHE REIHE
BAND 5

LEHRBÜCHER UND MONOGRAPHIEN
AUS DEM GEBIETE DER EXAKTEN WISSENSCHAFTEN

VORLESUNGEN ÜBER FESTKÖRPERPHYSIK

von

GEORG BUSCH

o. Professor für Physik
an der Eidgenössischen Technischen Hochschule Zürich

und

HORST SCHADE

ehem. Forschungsassistent für Physik an der ETH Zürich;
wiss. Mitarbeiter bei ‹RCA Laboratories›, Princeton, N.J./USA

1973
BIRKHÄUSER VERLAG BASEL
UND STUTTGART

ISBN 3-7643-0544-4

Einführung

Das vorliegende Buch behandelt den Stoff meiner Vorlesungen über Festkörperphysik, die ich seit mehreren Jahren an der Eidgenössischen Technischen Hochschule Zürich speziell für die Studierenden der Abteilung für Mathematik und Physik in regelmässig wiederkehrenden Jahreskursen abhalte. Einem seitens der Studierenden mehrfach geäusserten Wunsche folgend und aus dem eigenen Bedürfnis heraus, die Vorlesungen freier zu gestalten, enstand die Idee, die wesentlichen Themen in einem Buch zusammenzufassen. Mein früherer Assistent und wissenschaftlicher Mitarbeiter Dr. Horst Schade übernahm die schwierige und mühevolle Arbeit der Niederschrift des Manuskriptes für dieses Buch.

Die langjährige Zusammenarbeit mit Dr. Schade in Unterricht und Forschung gab mir zum voraus die Gewissheit, dass die Darstellung des gebotenen Stoffes ganz im Sinne meiner eigenen Auffassung erfolgen werde. An der Abfassung des Textes habe ich nicht mitgearbeitet, was mir aus zeitlichen Gründen leider auch gar nicht möglich gewesen wäre. Verdienst und Verantwortung für den Inhalt der nachfolgenden Kapitel kommen daher Dr. Schade zu, dem ich an dieser Stelle für seine grosse und hingebungsvolle Arbeit herzlich danke.

Zürich, Oktober 1972 G. Busch

Vorwort

Die „Vorlesungen über Festkörperphysik" stellen eine Auswahl aus verschiedensten Gebieten der Festkörperphysik dar. Die Wahl der Themen richtete sich nicht in erster Linie nach ihrer wissenschaftlichen oder praktischen Bedeutung, sondern vielmehr nach den bisherigen, persönlichen Interessen der Autoren. Wir sind uns bewusst, dass mit dem vorliegenden Buch nicht die gesamte Physik des festen Körpers behandelt wird, und dass wichtige Kapitel, wie z. B. Dielektrika, Supraleitung und andere, fehlen oder nur sehr unvollständig dargestellt werden. Ein Hauptziel, das sowohl in der Vorlesung als auch in diesem Buch verfolgt wird, gilt der Herausarbeitung der physikalischen Grundideen, die zum Verständnis der Phänomene und Effekte führen. Dabei werden die für die modellmässigen Interpretationen notwendigen Annahmen und Näherungen möglichst anschaulich dargelegt und begründet. Die Ergebnisse der Rechnungen werden stets mit experimentellen Tatsachen verglichen, um nicht nur die Grenzen der Gültigkeit der Modelle aufzuzeigen, sondern auch den Leser über die Grössenordnungen der beobachtbaren Effekte zu unterrichten. Zahlreiche Hinweise auf verschiedene Stellen im Text sollen Querverbindungen schaffen, um auf wesentliche Zusammenhänge und Gemeinsamkeiten aufmerksam zu machen. Dadurch soll der oft geäusserten Meinung, die Physik bestehe aus vielen unzusammenhängenden Einzeltatsachen und Effekten, etwas begegnet werden. Bewusst erfolgt die Darstellung mit elementaren mathematischen Hilfsmitteln, da die Erfahrung immer wieder zeigt, dass die Verständnisschwierigkeiten nicht im Formalismus, sondern vielmehr in den physikalischen Gedankengängen liegen.

Das vorliegende Buch richtet sich an Studierende der Physik höherer Semester, dürfte aber auch für Elektro-Ingenieure, Chemiker und Metallurgen von Interesse sein.

Vielen Kollegen und Freunden, die uns bei der Fertigstellung dieses Buches behilflich waren, möchten wir unseren Dank aussprechen. Ganz besonders herzlicher Dank gilt Herrn PD Dr. S. YUAN, der nicht nur den gesamten Inhalt des Buches einer kritischen Durchsicht unterzogen hat, sondern auch viele wertvolle Hinweise und Vorschläge gemacht hat. Ihm verdanken wir auch die Zusammenstellungen „Periodisches System und periodische Tabellen physikalischer Eigenschaften der Elemente" und „Physikalische Konstanten und oft gebrauchte Umrechnungen" sowie verschiedene Tabellen und die Literaturangaben im Text.

Herrn Dr. F. HULLIGER danken wir bestens für sein sorgfältiges Korrekturlesen und seine nützlichen fachlichen Hinweise. Weiterhin gilt unser Dank Herrn PD Dr. P. Junod, der uns Unterlagen aus seiner Vorlesung über Magnetismus zur Verfügung gestellt hat, und den Herren Prof. Dr. W. Baltensperger, Prof. Dr. A. H. Madjid, Dr. A. Menth und Prof. Dr. P. Wyder, die Teile des Manuskripts kritisch gelesen haben. Die Herren Dr. Y. Baer, Dr. E. Bucher, Dr. F. Hulliger und Dr. C. Palmy haben zur Zusammenstellung der Tabellen physikalischer Eigenschaften der Elemente beigetragen, und Herr Prof. Dr. A. Berg war uns bei der Herstellung der Fraunhoferschen Beugungsbilder kristalliner, parakristalliner und amorpher Strukturen (Fign. 1—3) behilflich; ihnen gilt ebenfalls unser Dank.

Weiterhin danken wir Herrn L. Scherrer, der mit viel Sorgfalt und Geduld verschiedene Zeichnungen überarbeitet hat, und Frau C. Winkler, die Teile des Manuskripts maschinegeschrieben hat.

Der Verlag ist in grosszügiger Weise all unseren Wünschen nachgekommen und hat die Fertigstellung des Buches zuverlässig besorgt, wofür wir ihm unsere Anerkennung aussprechen.

Dem Zentenarfonds der Eidgenössischen Technischen Hochschule Zürich danken wir für einen Beitrag an die Druckkosten.

Zürich und Princeton, N. J. G. Busch
Oktober 1972 H. Schade

Inhaltsverzeichnis

Einführung 5

Vorwort 7

A. Kennzeichen des strukturellen Aufbaus fester Körper 15

Literatur über Festkörperphysik 17

B. Interferenzerscheinungen an Kristallen 19

I. Geometrische Eigenschaften perfekter Kristalle 19

1. Translationsschemata der Kristalle 19
2. Symmetrie-Eigenschaften der Kristalle 22
3. Symbolisierung für Kristallstrukturen 24
4. Einfache Kristallstrukturen 25

II. Röntgenstrahl-Interferenzen an Kristallen 30

1. Geometrische Theorie nach M. VON LAUE 30
   a) Streuung an *einem* Zentrum 31
   b) Streuung an *vielen* Zentren 32
2. Experimentelle Methoden 35
   a) Spektrum der Röntgenstrahlung 35
   b) LAUE-Methode 38
   c) Drehkristall-Methode 40
   d) Pulver-Methode (nach P. DEBYE und P. SCHERRER sowie nach A. W. HULL) 42
3. Deutung der Röntgenstrahl-Interferenzen nach W. L. BRAGG 43
4. Strukturfaktor 46

III. BRILLOUIN-Zonen 51

Literatur 53

C. Dynamik der Kristallgitter 55

I. Thermodynamische Grundlagen 55

II. Innere Energie 56

1. Gitterenergie 57
   a) Gitterenergie von Ionenkristallen 60
   b) BORN–HABERscher Kreisprozess 64
2. Energie der Gitterschwingungen 65
   a) Theorie von A. EINSTEIN 65
   b) Theorie von P. DEBYE 66
   c) Vergleich der DEBYEschen Theorie mit dem Experiment 72
   d) Phononen 76
3. Rückstossfreie Emissions- und Absorptionsprozesse 79

a) Debye–Waller-Faktor ... 83
b) Mössbauer-Effekt ... 90
α) Experimenteller Nachweis des Mössbauer-Effekts ... 93
β) Anwendungen des Mössbauer-Effekts ... 95
4. Modelle des diskontinuierlichen Kristalls ... 99
a) Lineares zwei-atomiges Kristallmodell ... 100
b) Lineares ein-atomiges Kristallmodell ... 104
c) Spektrum der Gitterschwingungen für das lineare Kristallmodell ... 105
d) Dispersionsrelationen und Spektren der Gitterschwingungen für wirkliche Kristalle ... 107
5. Debyesche Zustandsgleichung des festen Körpers ... 111
Literatur ... 115

D. Fehlordnungsphänomene ... 117
I. Strukturelle Fehlordnung ... 117
1. Punktdefekte ... 117
2. Liniendefekte ... 118
3. Flächendefekte ... 122
4. Thermodynamisch-statistische Theorie der atomaren Fehlordnung ... 123
a) Atomare Fehlordnung in ein-atomigen Kristallen ... 123
b) Atomare Fehlordnung in Ionenkristallen ... 125
5. Erweiterte thermodynamisch-statistische Theorie der atomaren Fehlordnung 127
6. Experimentelle Beweise der atomaren Fehlordnung ... 128
7. Materietransport in Kristallen ... 130
a) Diffusion ... 130
b) Atomare Theorie der Diffusion ... 131
c) Experimentelle Bestimmung der Diffusionskonstante ... 134
d) Ionenleitung ... 136
e) Experimentelle Ergebnisse aus der Ionenleitung ... 139
f) Einstein-Relation ... 141
8. Dielektrische Verluste in Ionenkristallen ... 142
II. Chemische Fehlordnung ... 150
1. Farbzentren ... 152
a) F-Zentren ... 155
b) Experimentelle Beweise für F-Zentren ... 156
2. Elektronenleitung in Ionenkristallen ... 157
a) Überschussleiter ... 158
b) Mangelleiter ... 160
c) Amphotere Halbleiter ... 161
Literatur ... 162

E. Grundlagen der Metall-Elektronik ... 164
I. Metallische Eigenschaften ... 164
II. Modell der freien Elektronen ... 165
III. Sommerfeldsche Theorie ... 166
1. Eigenschaften der Fermi–Dirac-Funktion ... 169
2. Eigenschaften des Elektronengases bei $T = 0$ °K ... 169
3. Eigenschaften des Elektronengases bei $T > 0$ °K ... 172
4. Entartung des Elektronengases ... 176

5. Spezifische Wärme des Elektronengases ... 176
6. Elektronen-Emission ... 181
a) Thermo-Emission ... 182
α) Durchlässigkeits- bzw. Reflexionskoeffizient ... 185
β) Vergleich mit experimentellen Ergebnissen ... 187
b) SCHOTTKY-Effekt ... 189
c) Feld-Emission ... 192
α) Durchlässigkeitskoeffizient ... 193
β) Experimentelle Ergebnisse ... 197
d) Photo-Emission ... 198
7. Grenzen des SOMMERFELDschen Modells freier Elektronen ... 199
Literatur ... 200

F. Elektronen im periodischen Potential ... 203
I. Annahmen der Ein-Elektron-Näherung ... 203
II. BLOCH-Wellen ... 204
III. Eigenwerte und Energiebänder ... 206
IV. Spezielle Potentiale ... 209
1. MATHIEUsche Differentialgleichung, FLOQUETsche Lösung ... 209
2. BRILLOUINsche Näherung für Elektronen im schwachen Potential ... 211
a) $E(\vec{K})$- bzw. $E_n(\vec{k})$-Verlauf ... 215
α) Eindimensionaler Fall ... 215
β) Zwei- bzw. dreidimensionaler Fall ... 216
3. BLOCHsche Näherung für Elektronen im starken Potential ... 220
V. Zusammenfassung ... 221
VI. Bewegung eines Elektrons im periodischen Potential ... 221
1. Mittlere Partikelgeschwindigkeit ... 223
2. Das Kristallelektron unter der Wirkung einer äusseren Kraft ... 224
3. Mittlerer Impuls des Elektrons ... 225
4. Kristallimpuls ... 225
5. Mittlere Beschleunigung, effektive Masse ... 227
6. Eigenwertdichte und effektive Masse ... 229
VII. Gesamtheit der Elektronen ... 232
1. Verteilungsfunktion ... 233
2. Isolatoren und Metalle ... 234
3. Halbleiter und Halbmetalle ... 237
4. FERMI-Fläche ... 237
5. Metalle und Legierungen (HUME–ROTHERYsche Regeln) ... 238
VIII. Grundlagen und Methoden zur Bestimmung der Bänderstruktur ... 243
1. Strahlungsübergänge in Kristallen ... 244
a) Emission und Absorption weicher Röntgenstrahlen ... 246
b) Optische Absorption ... 251
2. Anomaler Skineffekt ... 255
3. Energiespektrum der Kristallelektronen bei Wirkung eines äusseren Magnetfeldes ... 261
a) Zyklotronresonanz ... 270
b) AZBEL–KANER-Resonanz ... 275

c) DE HAAS–VAN ALPHEN-Effekt ... 276
d) Magneto-optische Absorption ... 280

Literatur ... 283

G. Halbleiter ... 284

I. Defektelektronen (Löcher) ... 284

II. Idealhalbleiter ... 285

1. Entartung der Ladungsträgerkonzentration ... 290
2. Experimenteller Nachweis für die Temperaturabhängigkeit der Ladungsträgerkonzentration (Elektrische Leitfähigkeit des Idealhalbleiters) ... 294

III. Realhalbleiter ... 296

1. Bänderschema ... 300
2. Ladungsträgerkonzentration des Realhalbleiters ... 302

IV. Halbleitertypen ... 303

1. *n*-Typ-Halbleiter ... 304
2. Inversionsdichte ... 309

Literatur ... 311

H. Kontaktphänomene ... 313

I. Thermodynamisches Gleichgewicht ... 313

1. VOLTA-Spannung ... 315
2. Messung der Kontaktpotentialdifferenz nach der Methode von W. THOMSON (KELVIN-Methode) ... 317

II. Metall–Halbleiter-Kontakte ... 318

1. Kontakt zwischen Metall und *n*-Typ-Halbleiter ... 319
2. SCHOTTKY-Randschicht ... 320
3. Kontakt zwischen Metall und *p*-Typ-Halbleiter ... 323
4. Injizierende Kontakte ... 324
5. Kontakt zwischen Metall und Idealhalbleiter ... 325
6. Oberflächenzustände ... 330
7. Belasteter Metall–Halbleiter-Kontakt ... 334

III. Halbleiter–Halbleiter-Kontakte ... 337

1. *pn*-Übergänge ... 337
2. Belasteter *pn*-Übergang ... 340
3. Tunneldioden (ZENER- und ESAKI-Dioden) ... 342
4. Strahlungsübergänge in der Umgebung von *pn*-Übergängen ... 345

a) Photoeffekt in *pn*-Übergängen ... 345
b) Injektionslaser (Laserdioden) ... 347

Literatur ... 351

J. Transportphänomene ... 353

I. Problemstellung ... 353

II. BOLTZMANN-Gleichung ... 354

III. Elektrische Leitfähigkeit und thermische Leitfähigkeit ... 359

1. Entartetes Ein-Band-Modell ... 362

a) Elektrische Leitfähigkeit ... 362
b) Wärmeleitfähigkeit ... 364

2. Nichtentartetes, isotropes Zwei-Bänder-Modell ... 367
a) Elektrische Leitfähigkeit ... 369
b) Wärmeleitfähigkeit ... 370

IV. Thermoelektrische Effekte ... 373
1. Seebeck-Effekt (Thermokraft) ... 373
a) Thermokraft von Metallen ... 375
b) Thermokraft von nichtentarteten Halbleitern ... 376
2. Peltier-Effekt ... 377
3. Thomson-Effekt ... 379

V. Galvanomagnetische Effekte ... 380
1. Entartetes Ein-Band-Modell ... 385
a) Hall-Effekt ... 385
b) Transversale magnetische Widerstandsänderung ... 388
2. Nichtentartetes, isotropes Zwei-Bänder-Modell ... 390
a) Hall-Effekt ... 390
α) Hall-Beweglichkeit ... 392
β) Temperaturabhängigkeit des Hall-Koeffizienten ... 393
b) Transversale magnetische Widerstandsänderung ... 395

VI. Streuprozesse ... 396

Literatur ... 403

K. Magnetismus ... 404

I. Phänomenologische Beschreibung der magnetischen Eigenschaften ... 404
1. Magnetische Suszeptibilität ... 407
2. Magnetisierungsarbeit ... 408
3. Entmagnetisierungsfaktor ... 411

II. Thermodynamik der Magnetisierung ... 415
1. Magnetokalorischer Effekt ... 415
2. Spezifische Wärmen ... 418
3. Anomalie der spezifischen Wärme ... 419

III. Atomistische Beschreibung der magnetischen Momente ... 419
1. Bahnmoment ... 420
2. Spinmoment ... 424
3. Kopplung von Bahn- und Spinmoment ... 426
4. Russell–Saunders-Kopplung ... 428
5. Kernmoment ... 431

IV. Dia- und Paramagnetismus ... 432
1. Diamagnetismus freier Atome ... 433
a) Theorie nach J. Larmor und P. Langevin ... 433
b) Vergleich mit dem Experiment ... 436
2. Paramagnetismus freier Atome ... 437
a) Theorie nach L. Brillouin und P. Langevin ... 437
b) Vergleich mit dem Experiment ... 443
c) Abweichungen vom Paramagnetismus freier Atome ... 445
3. Diamagnetismus freier Elektronen (L. Landau) ... 447
4. Paramagnetismus freier Elektronen (W. Pauli) ... 451
5. Experimentelle Ergebnisse aus dem Magnetismus freier Elektronen ... 456

V. Kollektive magnetische Ordnungsphänomene 457
1. WEISSsche Theorie des Ferromagnetismus 462
2. Paramagnetismus nach CURIE–WEISS 467
3. Ausgangspunkt quantenmechanischer Theorien des Ferromagnetismus 468

Literatur 470

Physikalische Konstanten und oft gebrauchte Umrechnungen 472
Daten des ‹Standard-Metalls› 475
Periodisches System und periodische Tabellen physikalischer Eigenschaften der Elemente 477
Verzeichnis der Tabellen 494
Sachverzeichnis 495

A. Kennzeichen des strukturellen Aufbaus fester Körper

Der Festkörper ist eine spezielle Erscheinungsform der kondensierten Materie. Während Gase und normalerweise auch Flüssigkeiten ein gegebenes Volumen nur einnehmen, wenn dieses von fremder Materie begrenzt ist, besitzen Festkörper unabhängig von einer äusseren Begrenzung eine geometrische Form, die ebenso wie ihr Volumen unter Abwesenheit äusserer Kräfte und bei konstantem Druck und Temperatur invariant ist. Je nach dem mikroskopischen Aufbau unterscheidet man kristalline, parakristalline und amorphe Festkörper.

Im kristallinen Festkörper besteht eine dreidimensional periodische Anordnung von Bauteilchen (Atome, Ionen oder Moleküle). Die räumliche Lage der Teilchen ist bestimmt durch drei nicht komplanare Translationsvektoren (vgl. S. 19), die ein Raumgitter beschreiben. Dieses Raumgitter setzt sich zusammen aus identischen Elementarzellen, die im allgemeinen Fall die Form von Parallelepipeden besitzen. Aus der Periodizität im Aufbau ergibt sich, dass jeder Gitterpunkt dieselbe Anzahl von Nachbarpunkten, d.h. dieselbe Koordinationszahl hat. Die meisten Elemente und einfacheren chemischen Verbindungen besitzen im festen Aggregatzustand in der Regel eine kristalline Struktur.

Der Struktur parakristalliner Festkörper liegt ein verzerrtes Raumgitter zugrunde, das ebenfalls aus Elementarzellen aufgebaut ist. Während die Elementarzellen eines Kristalls identische Parallelepipede sind, besteht das Gitter eines Parakristalls aus ungleichen, deformierten Parallelepipeden, deren Volumina um einen Mittelwert statistisch schwanken. Die Gittervektoren ändern also von Zelle zu Zelle sowohl in ihrem Betrag als auch in ihrer Richtung. Ebenso wie im Gitter kristalliner Strukturen hat auch im parakristallinen Festkörper jeder Gitterpunkt dieselbe Koordinationszahl. Parakristalline Strukturen findet man vorzugsweise für makromolekulare Substanzen, wie beispielsweise Hochpolymere, Zellulose, Proteine, in denen die Bauteilchen ganze Molekülkomplexe sein können. Es ist zu bemerken, dass der parakristalline Aufbau nicht allein im festen, sondern auch im flüssigen Zustand vorkommt. So wurde Parakristallinität beispielsweise für geschmolzene Metalle nachgewiesen. Ferner sind hier als Beispiel die sog. flüssigen Kristalle zu erwähnen; dies sind gewisse Phasen organischer Materialien, in denen die Moleküle nach einem Ordnungsprinzip angeordnet sind (nematische, cholesterinische und smektische Strukturen).

In kristallinen und parakristallinen Festkörpern ist die Wahrscheinlichkeit, ausgehend von einem bestimmten Bauteilchen ein benachbartes Teilchen

Fig. 1: Modell und Beugungsbild einer kristallinen Struktur

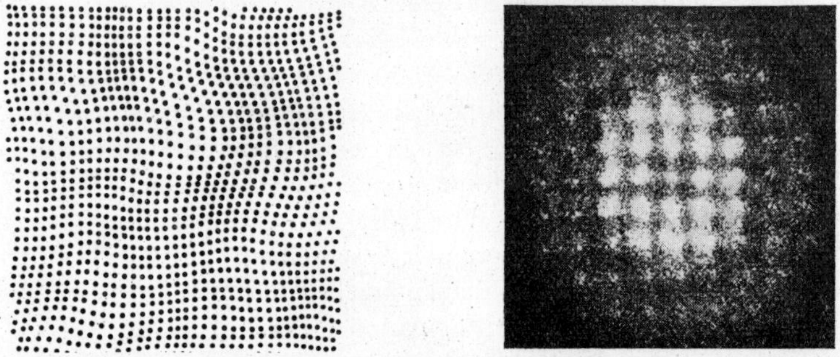

Fig. 2: Modell und Beugungsbild einer parakristallinen Struktur

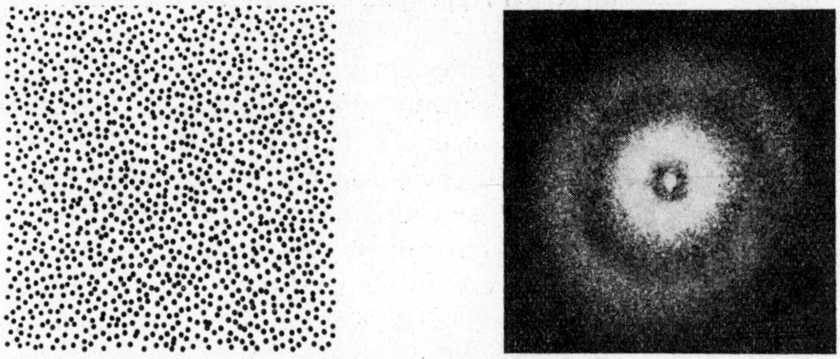

Fig. 3: Modell und Beugungsbild einer amorphen Struktur

zu finden, abhängig vom Azimutalwinkel (sog. nicht-kugelsymmetrische Abstandsstatistik). In amorphen Festkörpern dagegen ist die Abstandsstatistik der Nachbarteilchen kugelsymmetrisch.

Die Anordnung der Bauteilchen in amorphen Strukturen ist, abgesehen von einer möglichen sog. Nahordnung benachbarter Teilchen, regellos. Dementsprechend haben die Bauteilchen keine wohldefinierte Koordinationszahl und kann man amorphen Strukturen nicht in eindeutiger Weise ein Raumgitter zuordnen. Beispiele für amorphe Substanzen sind Gläser, keramische

Materialien, Gele und organische Polymere. Ferner sind Festkörperschichten, die bei tiefen Temperaturen aufgedampft wurden, vielfach amorph. Auch werden Materialien, die normalerweise kristallin sind, amorph, wenn man sie vom flüssigen Zustand äusserst schnell zum Erstarren bringt oder wenn man sie hochenergetischer Strahlung aussetzt.

Die Struktur der Materie kann allgemein mit Hilfe von Röntgenstrahlinterferenzen (vgl. S. 30 ff.) sowie mit Elektronen-, Neutronen- oder Protoneninterferenzen bestimmt werden. Die strukturellen Kennzeichen eines Stoffes sind in den Beugungsdiagrammen enthalten. Dies lässt sich mit Hilfe von lichtoptischen Beugungsbildern von zweidimensionalen Modellstrukturen veranschaulichen; in Fig. 1–3 zeigen wir je eine kristalline, eine parakristalline und eine amorphe Struktur und die damit erhaltenen FRAUNHOFERschen Beugungsfiguren.

Die kristalline Struktur wird veranschaulicht durch ein Kreuzgitter (vgl. Fig. 1). Die Anordnung der Streuzentren ist streng periodisch, und daher bestehen zwischen den von ihnen ausgehenden Streuwellen einheitliche Phasenbeziehungen. Das Beugungsbild ergibt sich aufgrund der Summation der entsprechenden Streu*amplituden* und zeigt wohldefinierte ‹Reflexe›.

Dagegen ist der amorphe Festkörper dargestellt als eine Anordnung von identischen, statistisch verteilten Streuzentren (vgl. Fig. 3). Die von den einzelnen Zentren ausgehenden Streuwellen unterliegen keinen einheitlichen Phasenbeziehungen und ergeben daher im Mittel praktisch keine Interferenzerscheinungen. Die beobachtete Beugungsfigur ist dieselbe wie die eines einzelnen Streuzentrums, nur ist die Intensität des Beugungsbildes etwa gleich der Summe der Streu*intensitäten* aller Streuzentren.

In parakristallinen Strukturen hat jedes Streuzentrum im Mittel dieselbe Umgebung (vgl. Fig. 2). Einheitliche Phasenbeziehungen gelten angenähert nur für kleine Streuwinkel, für welche die Verzerrung des Gitters den kleinsten Einfluss hat. Das Beugungsbild zeigt daher für kleine Streuwinkel verbreiterte ‹Reflexe›. Für grössere Streuwinkel verlieren einheitliche Phasenbeziehungen ihre Gültigkeit, und die ‹Reflexe› verschwinden daher in einem diffusen Untergrund. Das Beugungsbild einer parakristallinen Struktur vereinigt also in sich Merkmale von kristallinem und amorphem Aufbau.

Nach dieser kurzen Einführung über wesentliche Kennzeichen des strukturellen Aufbaus fester Körper behandeln wir im weiteren ausschliesslich physikalische Eigenschaften *kristalliner* Festkörper.

Literatur über Festkörperphysik

Lehrbücher und zusammenfassende Artikel

AZAROFF, L. V., und BROPHY, J. J., *Electronic Processes in Materials* (McGraw-Hill, New York 1963).

BLAKEMORE, J. S., *Solid State Physics* (Saunders, Philadelphia 1969).

BORN, M., und GÖPPERT-MAYER, M., *Dynamische Gittertheorie der Kristalle*, in *Handbuch der Physik*, herausgegeben von H. GEIGER und K. SCHEEL, Bd. 24/2 (Springer, Berlin 1933).

BOWEN, H. J. M., *Properties of Solids and Their Atomic Structures* (McGraw-Hill, New York 1967).
DEKKER, A. J., *Solid State Physics* (Prentice Hall, Englewood Cliffs, N. J., 1957).
HANNAY, N. B., *Solid State Chemistry* (Prentice Hall, New York 1967).
HAUG, A., *Theoretische Festkörperphysik*, Bd. 1 (Deuticke, Wien 1964).
HELLWEGE, K. H., *Einführung in die Festkörperphysik*, 3 Bde. (Springer, Berlin 1968 [Heidelberger Taschenbücher Bd. 33–35]).
KITTEL, C., *Introduction to Solid State Physics*, 3. Aufl. (Wiley, New York 1967).
KITTEL, C., *Quantum Theory of Solids* (Wiley, New York 1963).
MCKELVEY, J. P., *Solid State and Semiconductor Physics* (Harper and Row, New York 1966).
NYE, J. F., *Physical Properties of Crystals* (Oxford University Press, London 1957).
PEIERLS, R. E., *Quantum Theory of Solids* (Oxford University Press, London 1955).
SACHS, M., *Solid State Theory* (McGraw-Hill, New York 1963).
SEITZ, F., *Modern Theory of Solids* (McGraw-Hill, New York 1940).
SINNOT, M. J., *The Solid State for Engineers* (Wiley, New York 1958).
SLATER, J. C., *Quantum Theory of Matter*, 2. Aufl. (McGraw-Hill, New York 1968).
SLATER, J. C., *Quantum Theory of Molecules and Solids*, Bd. 3 (McGraw-Hill, New York 1967).
SMITH, R. A., *Wave Mechanics of Crystalline Solids*, 2. Aufl. (Chapman and Hall, London 1969).
SOMMERFELD, A., und BETHE, H., *Elektronentheorie der Metalle*, in *Handbuch der Physik*, herausgegeben von H. GEIGER und K. SCHEEL, Bd. 24/2 (Springer, Berlin 1933); Nachdruck in Heidelberger Taschenbücher, Bd. 19 (Springer, Berlin 1967).
VOIGT, W., *Lehrbuch der Kristallphysik* (Teubner, Leipzig 1928).
WANG, S., *Solid State Electronics* (McGraw-Hill, New York 1966).
WANNIER, G. H., *Elements of Solid State Theory* (Cambridge University Press, London 1959).
WERT, C. A., und THOMSON, R. M., *Physics of Solids*, 2.Aufl. (McGraw-Hill, New York 1970).
ZIMAN, J. M., *Principles of the Theory of Solids* (Cambridge University Press, London 1964).

Sammelwerke

Applied Solid State Science, herausgegeben von R. WOLFE (Academic Press, New York 1969 ff.).
Festkörperprobleme, herausgegeben von F. SAUTER, fortgeführt von O. MADELUNG (Vieweg, Braunschweig 1962 ff.).
Progress in Solid State Chemistry, herausgegeben von H. REISS (Pergamon, Oxford 1964 ff.).
Solid State Physics, herausgegeben von F. SEITZ, D. TURNBULL und H. EHRENREICH (Academic Press, New York 1955 ff.).

B. Interferenzerscheinungen an Kristallen

I. Geometrische Eigenschaften perfekter Kristalle

1. *Translationsschemata der Kristalle*

Ein Kristall entsteht durch eine dreidimensional periodische Anordnung von Atomen. Die Periodizität im Aufbau der festen Körper ist von fundamentaler Bedeutung in der Festkörperphysik, wie wir später zeigen werden.

Der periodische Aufbau der Kristalle wird geometrisch dargestellt durch Raumgitter. Ein Raumgitter wird erzeugt durch unendlich oft wiederholte Translationen von Punkten in drei nicht komplanaren Richtungen und wird daher auch als Translationsgitter bezeichnet.

Werden *alle* Gitterpunkte durch die Vorgabe von drei nicht komplanaren Vektoren $\vec{a}_1$, $\vec{a}_2$, $\vec{a}_3$ (Translationsvektoren) bestimmt, so erhält man ein einfach primitives Translationsgitter. Solche Gitter, in denen jeder Gitterpunkt genau dieselbe Umgebung hat, heissen auch Punktgitter. Wählt man irgendeinen Gitterpunkt als Koordinatenursprung (vgl. Fig. 4), so sind alle Gitterpunkte P_n festgelegt durch die Ortsvektoren (Gittervektoren):

$$\vec{r}_n = n_1\vec{a}_1 + n_2\vec{a}_2 + n_3\vec{a}_3. \tag{B1}$$

n_1, n_2, n_3 ganze Zahlen

Die drei Vektoren $\vec{a}_1$, $\vec{a}_2$, $\vec{a}_3$ spannen ein Volumen auf, das man als einfach primitive Elementarzelle bezeichnet. Diese enthält nur 1 Gitterpunkt; jeder Eckpunkt gehört 8 an jeder Ecke zusammenstossenden Elementarzellen an;

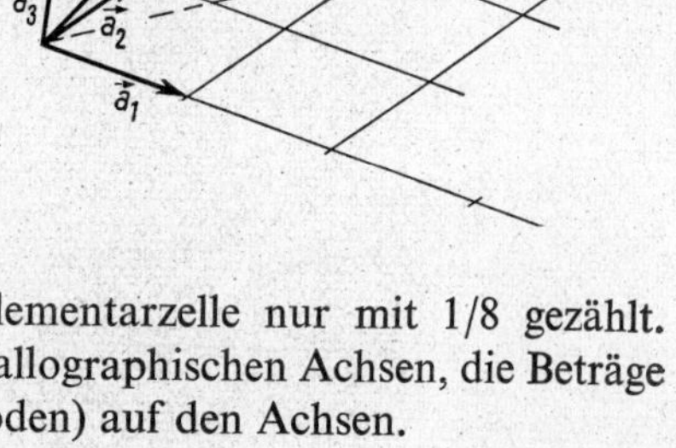

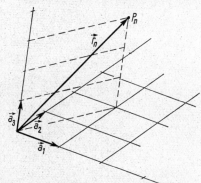

Fig. 4: Translationsvektoren $\vec{a}_1$, $\vec{a}_2$, $\vec{a}_3$ und Gittervektor $\vec{r}_n$

ein Eckpunkt wird in Bezug auf eine Elementarzelle nur mit 1/8 gezählt. Die Richtungen von $\vec{a}_1$, $\vec{a}_2$, $\vec{a}_3$ sind die kristallographischen Achsen, die Beträge sind die Elementarperioden (Identitätsperioden) auf den Achsen.

Berücksichtigt man spezielle Beziehungen zwischen den 3 Vektoren untereinander (vgl. Tabelle 1), so ergeben sich 7 verschiedene Vektorentripel und damit 7 einfach primitive Gitter. Da der dreidimensional periodische Aufbau der Kristalle durch die Richtungen und Längenverhältnisse der drei Vektoren $\vec{a}_1, \vec{a}_2, \vec{a}_3$ festgelegt wird, unterscheidet man demzufolge auch 7 Kristallsysteme.

Tabelle 1
Kristallsysteme

Kristallsystem	Kristallachsen	Von den Achsen eingeschlossene Winkel	Beispiele
1) Triklin	$a_1 \neq a_2 \neq a_3$	$\alpha \neq \beta \neq \gamma \neq 90°$	$CuSO_4 \cdot 5H_2O$, $K_2Cr_2O_7$
2) Monoklin	$a_1 \neq a_2 \neq a_3$	$\alpha = \gamma = 90°, \beta \neq 90°$	α-Se, Na_2CO_3
3) Orthorhombisch	$a_1 \neq a_2 \neq a_3$	$\alpha = \beta = \gamma = 90°$	Ga, $AgNO_3$
4) Tetragonal	$a_1 = a_2 \neq a_3$	$\alpha = \beta = \gamma = 90°$	β-Sn, KH_2PO_4
5) Hexagonal	$a_1 = a_2 \neq a_3$	$\alpha = \beta = 90°, \gamma = 120°$	Zn, SiO_2
6) Rhomboedrisch	$a_1 = a_2 = a_3$	$\alpha = \beta = \gamma \neq 90°$	As, $CaCO_3$
7) Kubisch	$a_1 = a_2 = a_3$	$\alpha = \beta = \gamma = 90°$	Cu, NaCl

Die einfach primitive Elementarzelle, die von den Vektoren $\vec{a}_1, \vec{a}_2, \vec{a}_3$ aufgespannt wird, zeigt aber nicht immer alle vorhandenen Symmetrien eines gegebenen Translationsgitters. Diese werden vielfach erst dann deutlich, wenn man eine grössere, sog. mehrfach primitive Elementarzelle wählt, die von den

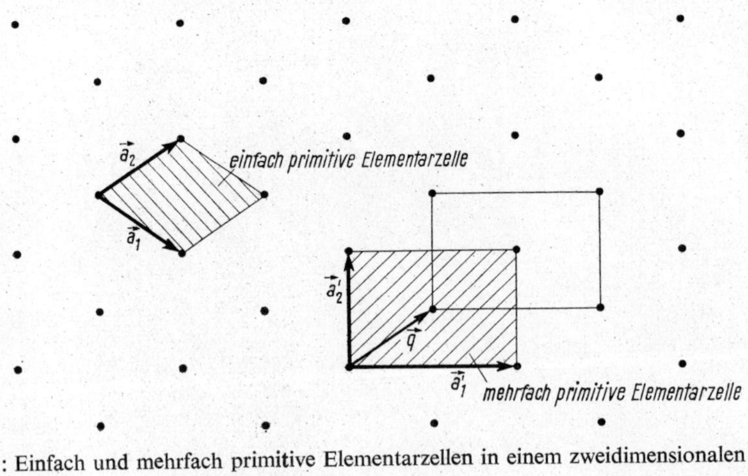

Fig. 5: Einfach und mehrfach primitive Elementarzellen in einem zweidimensionalen Gitter

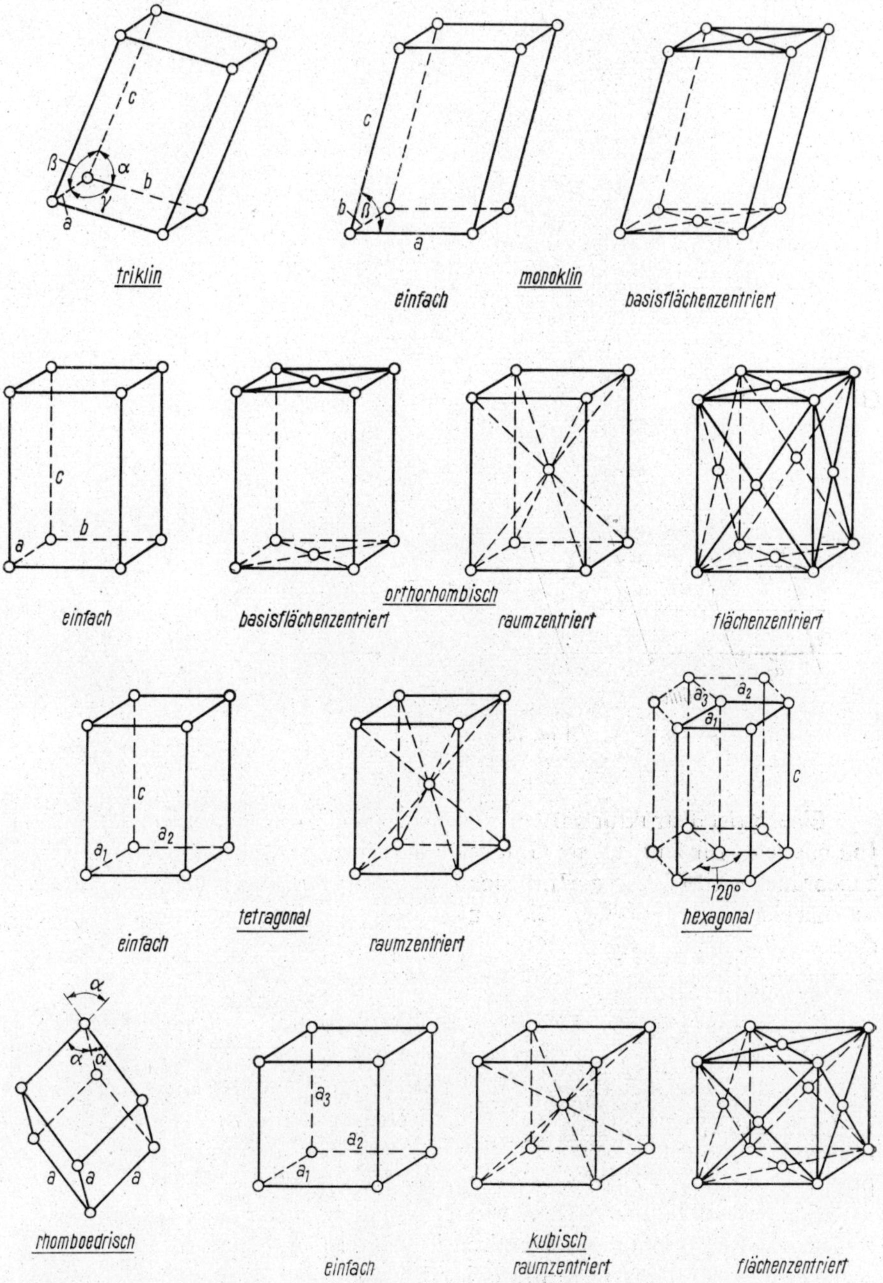

Fig. 6: Die 14 BRAVAIS-Gitter

Vektoren $\vec{a}'_1, \vec{a}'_2, \vec{a}'_3$ aufgespannt wird und die mehr als einen Gitterpunkt enthält (vgl. Fig. 5). Die Gitterpunkte in der mehrfach primitiven Elementarzelle sind festgelegt durch die Basisvektoren $\vec{q}_i$, d.h.

$$\vec{q}_i = u_i \vec{a}'_1 + v_i \vec{a}'_2 + w_i \vec{a}'_3 . \tag{B2}$$

u_i, v_i, w_i Basiskoordinaten (vgl. S. 47)

Ein mehrfach primitives Gitter kann man sich gebildet denken durch paralleles Ineinanderstellen von kongruenten, einfach primitiven Gittern, so dass jeder Gitterpunkt einem dieser einfach primitiven Gitter angehört.

Nach A. Bravais gibt es 7 einfach primitive und 7 mehrfach primitive Gitter, d.h. insgesamt 14 verschiedene primitive Translationsgitter, auch Bravais-Gitter genannt (vgl. Fig. 6). Die Bezeichnungsweise für diese Gitter ist auf S. 24 angegeben.

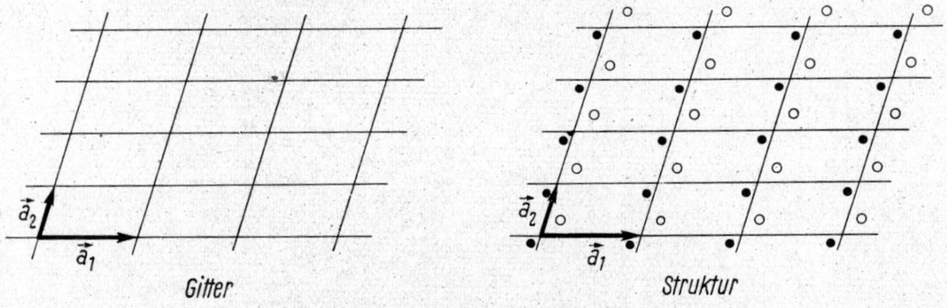

Fig. 7: Gitter und Struktur

Eine Kristallstruktur ensteht, wenn jedem Gitterpunkt ein Atom, ein Ion oder eine für äquivalente Gitterpunkte identische Anordnung von Atomen zugeordnet wird (vgl. Fig. 7). Jeder Kristallstruktur liegt das Translationsschema eines der 14 Bravais-Gitter zugrunde. Die Begriffe Gitter und Kristallstruktur sind nicht synonym: Gitter ist ein rein geometrischer Begriff, während Kristallstruktur physikalische Bedeutung hat.

2. *Symmetrieeigenschaften der Kristalle*

Die dreidimensional periodische Anordnung von Atomen ist einziges Kriterium für einen Kristall. Zusätzlich treten in den meisten Fällen Symmetrien auf, deren genaue Kenntnis die Grundlage zur Interpretation zahlreicher physikalischer Eigenschaften bildet.

Ein Kristall besitzt Symmetrieeigenschaften, wenn der Aufbau in verschiedenen Raumrichtungen identisch ist. Dann kann der Kristall durch sog. Symmetrie- oder Deckoperationen in sich überführt werden und damit mit sich selbst zur Deckung gebracht werden. Diese Operationen können mit Hilfe der folgenden Symmetrieelemente, die im Kristall in bestimmter Weise angeordnet sind, zustande gebracht werden:

1) Drehachsen: Nur 1-, 2-, 3-, 4- und 6-zählige Drehachsen sind vereinbar mit den Translationseigenschaften der 14 BRAVAIS-Gitter. Die Zähligkeit X der Drehachse gibt an, wie oft eine Drehoperation um den Winkel $2\pi/X$ auszuführen ist, bis der Kristall in seine ursprüngliche Lage zurückgekehrt ist.

2) Inversionszentren: Ein Kristall hat ein Inversionszentrum (Symmetriezentrum), wenn er durch die Operation $\vec{r} \rightarrow -\vec{r}$ in sich übergeführt wird. $\vec{r}$ bezeichnet die Lage eines beliebigen Punkts im Kristall bezüglich des Zentrums.

3) Drehinversionsachsen: Die Deckoperation ergibt sich aus der Kombination von Drehung und Inversion.

3a) Spiegelebenen: Die Symmetrieoperation einer 2-zähligen Drehinversionsachse ist identisch mit der Spiegelung an einer Ebene senkrecht auf der Drehachse.

4) Schraubenachsen: Die Deckoperation besteht aus einer Drehung um den Winkel $2\pi/X$ ($X = 1, 2, 3, 4, 6$), kombiniert mit einer Translation in Richtung der Drehachse um einen bestimmten Bruchteil der in Achsenrichtung vorhandenen Identitätsperiode. Schraubenachsen haben einen Windungssinn, der z.B. die Ursache für die unterschiedliche Drehung der Polarisationsebene von linear polarisiertem Licht in gewissen Kristallen ist.

5) Gleitspiegelebenen: Die Symmetrieoperation an der Gleitspiegelebene besteht aus einer Spiegelung und einer Translation um einen bestimmten Bruchteil einer Identitätsperiode.

Symmetrieoperationen, bei denen mindestens 1 Punkt fest bleibt, werden gruppentheoretisch durch Punktgruppen beschrieben. Insgesamt gibt es 32 verschiedene kristallographische Punktgruppen, denen die Symmetrieelemente unter 1) bis 3) und Kombinationen dieser Symmetrieelemente zugrunde liegen. Jede kristallographische Punktgruppe bestimmt eine gewisse Symmetrie des Kristalls. Entsprechend den 32 verschiedenen Punktgruppen unterscheidet man 32 Kristallklassen (Punktsymmetrieklassen).

Es wurde schon darauf hingewiesen, dass eine Kristallstruktur entsteht, wenn jedem Gitterpunkt eines BRAVAIS-Gitters eine gewisse Anordnung von Atomen (Basis) zugeordnet wird. Falls die Basis nur aus einem einzigen Atom besteht, dessen Schwerpunkt mit dem Gitterpunkt zusammenfällt (z.B. Elementkristalle Cu, Ag, Au), besitzt dieser Kristall die höchste Punktgruppensymmetrie, die in dem betreffenden Kristallsystem möglich ist. Allgemein ist die Basis aber eine kompliziertere Atomanordnung und hat selbst auch eine der 32 Punktgruppensymmetrien, die die Kristallsymmetrie mitbestimmt und im allgemeinen verringert. Überdies können dann die Symmetrieelemente 4) und 5) auftreten, deren Symmetrieoperationen auch Translationen um die Grössenordnung von Elementarperioden umfassen.

Denkt man sich in einer Kristallstruktur alle Symmetrieelemente durch entsprechende Symbole markiert, so ergibt sich eine periodische Anordnung von Symmetrieelementen, die man als eine Raumgruppe bezeichnet. Eine Raumgruppe wird charakterisiert durch das BRAVAIS-Gitter sowie durch die Art und Lage der Symmetrieelemente in der Einheitszelle. A. SCHOENFLIES

(1891) und J. S. FEDOROV (1892) haben unter Anwendung der Gruppentheorie 230 mögliche verschiedene Raumgruppen hergeleitet. Jede Kristallstruktur gehört zu einer bestimmten Raumgruppe. Eine Raumgruppe kann jedoch verschiedene Kristallstrukturen enthalten; so gehören beispielsweise die Strukturen des Cu-Typs und des NaCl-Typs (vgl. Tabelle 2) zu derselben Raumgruppe.

3. *Symbolisierung für Kristallstrukturen*

Die Bezeichnungsweise für BRAVAIS-Gitter gibt an, ob es sich um einfach oder um mehrfach primitive Translationsgitter handelt:

P	einfach primitives Gitter
I	innenzentriertes (= raumzentriertes) Gitter
F	allseitig flächenzentriertes Gitter
C, *A*, *B*	basisflächenzentriertes Gitter; *C* bzw. *A* bzw. *B* bedeutet die Fläche in der die Achsen a_1 und a_2 bzw. a_2 und a_3 bzw. a_3 und a_1 liegen
R	rhomboedrisches Gitter

Zur Symbolisierung der Kristallklassen sind zwei Systeme gebräuchlich, das nach A. SCHOENFLIES und das nach C. HERMANN und C. MAUGUIN, das auch zur Bezeichnung der Raumgruppen international anerkannt ist (‹Internationale Symbole›). Es soll hier nicht auf die Grundlagen und Begründung der verschiedenen Symbolisierungen eingegangen werden; die folgende Zusammenstellung soll lediglich die in der Fachliteratur übliche Bezeichnungsweise verständlich machen.

SCHOENFLIES-Symbole

C_j	*j*-zählige Drehachse ($j = 1, 2, 3, 4, 6$)
S_j	*j*-zählige Drehinversionsachse ($j = 1, 2, 3, 4, 6$)
D_j	*j* zwei-zählige Drehachsen senkrecht zu einer Hauptdrehachse ($j = 2, 3, 4, 6$)
$C_i \equiv S_1$	Inversionszentrum
$C_s \equiv S_2$	allein vorkommende Symmetrieebene
T	4 drei-zählige und 3 zwei-zählige Drehachsen, angeordnet wie im Tetraeder
O	4 drei-zählige und 3 vier-zählige Drehachsen, angeordnet wie im Oktaeder.

Weitere Indices geben die Lage einer Symmetrieebene bezüglich der Drehachsen an:

h	‹horizontal›	= senkrecht zur Drehachse
v	‹vertikal›	= parallel zur Drehachse
d	‹diagonal›	= parallel zur Hauptdrehachse, in den Winkelhalbierenden zwischen den zwei-zähligen Drehachsen.

Internationale Symbole

Die Symbolisierung der Kristallklassen umfasst Angaben in maximal drei geometrisch ausgezeichneten Richtungen, die zu Symmetrieachsen oder Normalen auf Symmetrieebenen parallel sind.

Die Symbolisierung der Raumgruppen zeigt zuerst ein Symbol für das Translationsschema (*P*, *I*, *F*, *C*, *B*, *A*, *R*) und dann in derselben Reihenfolge wie bei den Kristallklassen die weiteren Symmetrieelemente:

X	X-zählige Drehachse
$\bar{X}$	X-zählige Drehinversionsachse
$m(\equiv \bar{2})$	Spiegelebene
$\bar{1}$	Inversionszentrum
$\frac{X}{m}$, X/m	X-zählige Drehachse, Spiegelebene normal dazu
Xm	X-zählige Drehachse, Spiegelebene parallel dazu
$X2$	X-zählige Hauptdrehachse, zwei-zählige Drehachse(n) normal dazu
$\bar{X}2$	X-zählige Drehinversionsachse, zwei-zählige Drehachse(n) normal dazu
$\bar{X}m$	X-zählige Drehinversionsachse, Spiegelebene(n) parallel dazu
$\frac{X}{m}m$, X/mm	X-zählige Drehachse, Spiegelebene normal und Spiegelebene(n) parallel dazu.

4. *Einfache Kristallstrukturen*

In Tabelle 2 sind die wesentlichen Eigenschaften einiger Kristallstrukturen angegeben. Elemente, Legierungen und Verbindungen, die in diesen Strukturen kristallisieren, findet man in Tabelle 3. Viele Substanzen kommen schon bei ein und derselben Temperatur in verschiedenen Modifikationen vor (Polymorphie und Polytypie). So kann beispielsweise ZnS in Zinkblende-Struktur oder in Wurtzit-Struktur kristallisieren. Besonders ausgeprägt ist die Polytypie für die hexagonalen α-SiC-Strukturen; die zahlreichen Polytypen entstehen durch regelmässige Änderungen in der Stapelfolge (vgl. S. 122).

Legierungen haben stets einen mehr oder weniger ausgedehnten Homogenitätsbereich und existieren demnach in nicht-stöchiometrischem Verhältnis (vgl. S. 238 ff.). Aber auch viele Verbindungen, insbesondere zahlreiche Oxide, sind nicht immer streng stöchiometrisch (vgl. S. 151 ff.).

Als Elementarzelle ist für die kubischen Strukturen ein Kubus vom Volumen a^3 gewählt und für die hexagonale Struktur (*A3*) ein rhombisches Prisma vom Volumen $\frac{\sqrt{3}}{2}\,c\,a^2$ (vgl. Fig. 6). Aus dem Volumen der Elementarzelle und den Massen der darin enthaltenen Atome lässt sich eine mikroskopische Dichte, die sog. Röntgendichte ϱ_X berechnen. Diese Dichte weicht infolge verschiedener Gitterdefekte (vgl. S. 128) vielfach leicht von der makroskopisch

Tabelle 2
Einige einfache Strukturen von Elementen (A), Legierungen und Verbindungen (B, C)

Bezeichnung[1]	Strukturtyp	Anzahl Atome/E.Z.	Lagen der Atome in der E.Z. (Basiskoordinaten)	Anzahl nächster Nachbarn (Koordinationszahl)	Abstand nächster Nachbarn
A 1	kubisch flächenzentrierte Struktur (Cu-Typ)	4	$000;\ \frac{1}{2}\frac{1}{2}0;\ \frac{1}{2}0\frac{1}{2};\ 0\frac{1}{2}\frac{1}{2}$	12	$\frac{a}{\sqrt{2}}$
A 2	kubisch raumzentrierte Struktur (W-Typ)	2	$000;\ \frac{1}{2}\frac{1}{2}\frac{1}{2}$	8	$\frac{\sqrt{3}\,a}{2}$
A 3	Struktur der hexagonalen dichtesten Packung (Mg-Typ)	2	$\frac{2}{3}\frac{1}{3}0$ $\frac{1}{3}\frac{2}{3}\frac{1}{2}$	12	$\sqrt{\frac{a^2}{3}+\frac{c^2}{4}}$
A 4	Diamant-Struktur	8	$000;\ \frac{1}{2}\frac{1}{2}0;\ \frac{1}{2}0\frac{1}{2};\ 0\frac{1}{2}\frac{1}{2}$ $\frac{1}{4}\frac{1}{4}\frac{1}{4};\ \frac{3}{4}\frac{3}{4}\frac{1}{4};\ \frac{3}{4}\frac{1}{4}\frac{3}{4};\ \frac{1}{4}\frac{3}{4}\frac{3}{4}$	4	$\frac{\sqrt{3}\,a}{4}$
B 1	NaCl-Struktur	(Na): 4 (Cl): 4	(Na): $000;\ \frac{1}{2}\frac{1}{2}0;\ \frac{1}{2}0\frac{1}{2};\ 0\frac{1}{2}\frac{1}{2}$ (Cl): $\frac{1}{2}\frac{1}{2}\frac{1}{2};\ 00\frac{1}{2};\ 0\frac{1}{2}0;\ \frac{1}{2}00$	6	$\frac{a}{2}$ (Na—Cl)
B 2	CsCl-Struktur	(Cs): 1 (Cl): 1	(Cs): 000 (Cl): $\frac{1}{2}\frac{1}{2}\frac{1}{2}$	8	$\frac{\sqrt{3}\,a}{2}$ (Cs—Cl)
B 3	Zinkblende-Struktur (Sphalerit ZnS-Typ)	(Zn): 4 (S): 4	(Zn): $000;\ \frac{1}{2}\frac{1}{2}0;\ \frac{1}{2}0\frac{1}{2};\ 0\frac{1}{2}\frac{1}{2}$ (S): $\frac{1}{4}\frac{1}{4}\frac{1}{4};\ \frac{3}{4}\frac{3}{4}\frac{1}{4};\ \frac{3}{4}\frac{1}{4}\frac{3}{4};\ \frac{1}{4}\frac{3}{4}\frac{3}{4}$	4	$\frac{\sqrt{3}\,a}{4}$ (Zn—S)
C 1	Fluorit-Struktur (CaF_2-Typ)	(Ca): 4 (F): 8	(Ca): $000;\ \frac{1}{2}\frac{1}{2}0;\ \frac{1}{2}0\frac{1}{2};\ 0\frac{1}{2}\frac{1}{2}$ (F): $\frac{1}{4}\frac{1}{4}\frac{1}{4};\ \frac{3}{4}\frac{3}{4}\frac{1}{4};\ \frac{3}{4}\frac{1}{4}\frac{3}{4};\ \frac{1}{4}\frac{3}{4}\frac{3}{4}$ (F): $\frac{3}{4}\frac{3}{4}\frac{3}{4};\ \frac{1}{4}\frac{1}{4}\frac{3}{4};\ \frac{1}{4}\frac{3}{4}\frac{1}{4};\ \frac{3}{4}\frac{1}{4}\frac{1}{4}$	(Ca): 8 (F): 4	$\frac{\sqrt{3}\,a}{4}$ (Ca—F)

[1] Nach P. P. Ewald und C. Hermann, *Struktur-Bericht*, Z. f. Kristallographie, Ergänzungsband 1931 (Akademische Verlagsgesellschaft Leipzig).

gemessenen Dichte ϱ ab. Als weitere nützliche Grösse erwähnen wir in diesem Zusammenhang das Atomvolumen, das definiert ist durch den Quotienten aus dem Atomgewicht A und der Dichte ϱ, d.h. $V_A = A/\varrho$.

Tabelle 3
Strukturen und Gitterkonstanten von Elementen, Legierungen und Verbindungen; die Angaben gelten in der Regel für Zimmertemperatur, falls nicht anders vermerkt (nach LANDOLT-BÖRNSTEIN, Bd. 1/4 [Springer, Berlin 1955], S. 81–89; W. B. PEARSON, *Handbook of Lattice Spacings and Structure of Metals*, Bd. 2 [Pergamon, Oxford 1967], S. 79 ff.; G. V. SAMSONOV [Herausgeber], *Handbook of the Physicochemical Properties of the Elements* (Plenum, New York 1968), S. 110–123; A. TAYLOR und B. J. KAGLE, *Crystallographic Data on Metal and Alloy Structures* [Dover, New York 1963], S. 254 ff.; R. W. G. WYCKOFF, *Crystal Structures*, 2. Aufl. [Interscience, New York 1963–69], hauptsächlich Bd. 1)

Kubisch flächenzentrierte Struktur (A 1)

Substanz	*a* [Å]	Substanz	*a* [Å]	Substanz	*a* [Å]
Ca	5,59	Rh	3,80	Cu	3,61
α-Sr	6,08	Ir	3,84	Ag	4,09
				Au	4,08
γ-Ce	5,16	Ni	3,52		
Yb	5,49	Pd	3,89	Al	4,05
		Pt	3,92		
Ac	5,31			Pb	4,95
α-Th	5,08				
				Ne	4,46 (4 °K)
				Ar	5,31 (4 °K)
				Kr	5,71 (92 °K)
				Xe	6,25 (88 °K)

Kubisch raumzentrierte Struktur (A 2)

Substanz	*a* [Å]	Substanz	*a* [Å]	Substanz	*a* [Å]
Li	3,51	Ba	5,02	α-Cr	2,88
Na	4,29			Mo	3,15
K	5,23 (5°K)	Eu	4,58	α-W	3,17
Rb	5,63				
Cs	6,08 (173 °K)	V	3,03	α-Fe	2,87
		Nb	3,30		
		Ta	3,30		

Struktur der hexagonal dichtesten Packung (A 3)

Substanz	*a* [Å]	*c* [Å]	Substanz	*a* [Å]	*c* [Å]
He	3,58	5,84 (1,45 °K, 37 Atm)	α-Ti	2,95	4,68
			α-Zr	3,23	5,15
Be	2,29	3,58	α-Hf	3,19	5,05
Mg	3,21	5,21			
			Re	2,76	4,46
α-Sc	3,31	5,27			
Y	3,65	5,73	Ru	2,71	4,28
			Os	2,74	4,32
α-La	3,77	2·6,08[1]			
α-Pr	3,67	2·5,94[1]	α-Co	2,51	4,07
α-Nd	3,66	2·5,80[1]			
α-Gd	3,64	5,78	Zn	2,66	4,95
α-Tb	3,60	5,69	Cd	2,98	5,62
α-Dy	3,59	5,65			
α-Ho	3,58	5,62	α-Tl	3,46	5,52
α-Er	3,56	5,59			
α-Tm	3,54	5,55			
α-Lu	3,50	5,55			

[1] Der Faktor 2 rührt davon her, dass strenggenommen α-La, α-Pr und α-Nd in der Struktur der doppelt hexagonal dichtesten Packung kristallisieren.

Diamant-Struktur (A 4)

Substanz	*a* [Å]	Substanz	*a* [Å]
C (Diamant)	3,57	Ge	5,66
Si	5,43	α-Sn (graues Zinn)	6,50 (286 °K)

NaCl-Struktur (B 1)

Substanz	*a* [Å]	Substanz	*a* [Å]	Substanz	*a* [Å]
LiH	4,08	PbS	5,94	PrN	5,16
		PbSe	6,12	PrP	5,87
LiF	4,02	PbTe	6,46	PrAs	6,01
LiCl	5,13			PrSb	6,37
LiBr	5,49	CaO	4,80	PrBi	6,46
LiJ	6,00	CaS	5,68		
		CaSe	5,91	DyN	4,89
NaF	4,62	CaTe	6,35	DyP	5,65
NaCl	5,63			DyAs	5,79
NaBr	5,96	TiO	4,18	DySb	6,16
NaJ	6,46	VO	4,08	DyBi	6,25
KF	5,33	MnO	4,44	UC	4,96
KCl	6,28	FeO	4,31	UN	4,89
KBr	6,59	CoO	4,26	UO	4,93
KJ	7,05	NiO	4,19 (548 °K)		
				NpO	5,01
RbF	5,63	EuO	5,14	PuO	4,96
RbCl	6,58	EuS	5,97	AmO	5,05
RbBr	6,85	EuSe	6,19		
RbJ	7,34	EuTe	6,60		
CsF	6,01				
AgF	4,92				
AgCl	5,54				
AgBr	5,77				

CsCl-Struktur (B 2)

Substanz	a [Å]	Substanz	a [Å]	Substanz	a [Å]
				β′-CuZn (β-Messing)	2,95
CsCl	4,11	BeCo	2,61		
CsBr	4,29	BeNi	2,62	β′-AgZn	3,16
CsJ	4,56	BePd	2,82	β′-AgCd	3,33
		γ-BeCu	2,70	AgLa	3,78
TlCl	3,84			AgCe	3,74
TlBr	3,97	MgLa	3,96	AgGd	3,65
TlJ	4,20	MgCe	3,91	AgDy	3,61
		MgPr	3,89	AgLu	3,54
β-LiAg	3,17	MgAg	3,31		
LiHg	3,29	MgTl	3,64	β-AlCo	2,86
LiTl	3,43			β-AlNi	2,89
				AlOs	3,00

Zinkblende-Struktur (B 3)

Substanz	a [Å]	Substanz	a [Å]	Substanz	a [Å]
CuF	4,26	ZnS	5,42	AlP	5,47
CuCl	5,41	ZnSe	5,66	AlAs	5,66
CuBr	5,68	ZnTe	6,09	AlSb	6,14
CuJ	6,05				
		CdS	5,83	GaP	5,45
AgJ	6,47	CdSe	6,05	GaAs	5,65
		CdTe	6,48	GaSb	6,10
BeS	4,89				
BeSe	5,14	HgS	5,85	InP	5,87
BeTe	5,63	HgSe	6,08	InAs	6,06
		HgTe	6,43	InSb	6,48
				β-SiC	4,36

Fluorit- und Antifluorit-Struktur[1] *(C 1)*

Substanz	a [Å]	Substanz	a [Å]	Substanz	a [Å]
LaH_2	5,67	UN_2	5,32	Li_2O	4,62
CeH_2	5,58	UO_2	5,47	Li_2S	5,72
PrH_2	5,51	NpO_2	5,43	Li_2Se	6,02
DyH_2	5,20	PuO_2	5,40	Li_2Te	6,52
		AmO_2	5,38	Na_2O	5,56
NbH_2	4,55	CmO_2	5,37	K_2O	6,45
				Rb_2O	6,76
CaF_2	5,45	$PtAl_2$	5,91		
SrF_2	5,78	$PtGa_2$	5,92	Mg_2Si	6,35
BaF_2	6,19	$PtSn_2$	6,43	Mg_2Ge	6,39
				Mg_2Sn	6,76
CdF_2	5,40	$AuAl_2$	6,00	Mg_2Pb	6,81
HgF_2	5,54	$AuGa_2$	6,08		
PbF_2	5,93	$AuIn_2$	6,52	Ir_2P	5,54
				$IrSn_2$	6,34
EuF_2	5,80			$CoSi_2$	5,36
α-CeO_2	5,41				

[1] Fluorit- und Anti-Fluorit-Struktur unterscheiden sich dadurch, dass die Lagen der Kationen und der Anionen gegenseitig vertauscht sind.

II. Röntgenstrahl-Interferenzen an Kristallen

Die besprochenen geometrischen Eigenschaften der Kristalle basieren auf der Forderung der dreidimensionalen Periodizität im Kristallaufbau. Die Symmetrieeigenschaften können theoretisch hergeleitet werden, einige sind an Makrokristallen unmittelbar sichtbar.

Während die grundlegenden theoretischen Untersuchungen über den Kristallaufbau schon um die Jahrhundertwende abgeschlossen waren, wurden experimentelle Beweise erst um 1912 von W. Friedrich und P. Knipping mit Hilfe von Röntgenstrahlen erbracht. Diese Versuche ergaben nicht nur den Nachweis des periodischen Kristallbaus, sondern zugleich auch die Bestätigung für die Wellennatur der Röntgenstrahlen.

Die Analyse von Kristallstrukturen erfordert Strahlung, deren Wellenlänge die Grössenordnung der Atomabstände im Kristall hat. Neben Elektronen- und Neutronenstrahlen werden wegen ihrer geringen Absorption vor allem Röntgenstrahlen für Strukturuntersuchungen benutzt.

Die Theorie der Wechselwirkung von Röntgenstrahlen mit einer periodischen Struktur geht auf die Arbeiten von M. von Laue (1912) zurück. Unter dem Einfluss der elektromagnetischen Strahlung werden die Hüllenelektronen der Atome zu erzwungenen Schwingungen angeregt, wodurch jedes Atom im Kristall zum Ausgangspunkt einer elektromagnetischen Kugelwelle von der Frequenz der einfallenden Welle wird: die Röntgenwelle wird gestreut. Alle Streuwellen addieren sich nach dem Huyghens–Fresnelschen Prinzip. In gewissen Richtungen können aufgrund passender Phasenbeziehungen Interferenzmaxima der gestreuten Röntgenwelle beobachtet werden.

Während die sog. geometrische Theorie nur Aussagen über die Interferenzbedingungen macht, liefert die sog. dynamische Theorie zusätzlich Aussagen über die Intensität und die Form der Interferenzmaxima. Die dynamische Theorie berücksichtigt auch die Temperaturbewegung der Kristallbausteine. Die Temperaturabhängigkeit der Intensität von Röntgenreflexen ist durch den Debye–Waller-Faktor bestimmt und wird auf S. 83 ff. hergeleitet.

Die im folgenden behandelte geometrische Theorie der Interferenzen gilt nicht nur für die Streuung von Röntgenstrahlen, sondern ebenso für die Streuung von Elektronen oder Neutronen.

1. *Geometrische Theorie nach* M. von Laue

Wir beschreiben hier die Streuung von Röntgenstrahlen an einem triklinen Kristall. Das Translationsschema des Kristalls sei ein einfach primitives, triklines Gitter, dessen Gitterpunkte mit identischen Atomen besetzt sind. Die Voraussetzungen der geometrischen Theorie sind:

1) Strenge Periodizität des Kristallaufbaus; alle Atome sind in vollkommener Ruhe, d.h. die absolute Temperatur T ist gleich Null.

2) Vernachlässigung von Mehrfachstreuung; die Atome streuen nur die einfallende Welle.

3) Die Phasenunterschiede der Streuwelle im Beobachtungspunkt ergeben sich nur aus der Geometrie des Gitters (daher die Bezeichnung ‹geometrische Theorie›).

Wir berechnen zunächst die Amplitude einer Röntgenwelle, die von *einem* Zentrum gestreut wird, und im Anschluss daran behandeln wir die Streuung an *vielen* Zentren.

a) Streuung an *einem* Zentrum

Das Streuzentrum P und der Beobachtungspunkt B für die gestreute Röntgenwelle sind bestimmt durch die Ortsvektoren $\vec{r}$ und $\vec{R}$ (vgl. Fig. 8). Eine ebene Röntgenwelle der Kreisfrequenz ω fällt in Richtung des Wellenvektors $\vec{k}_0$ ein.

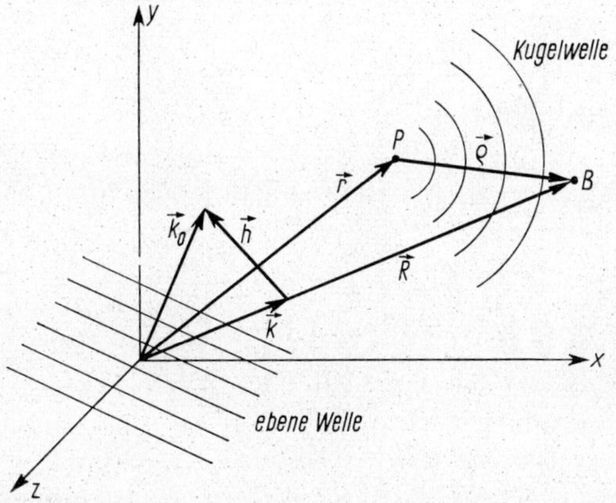

Fig. 8: Streuung einer ebenen Welle an einem Zentrum P

Ihre Amplitude A_P im Streuzentrum P zur Zeit t ist

$$A_P = a\, e^{-i\omega t}\, e^{i\vec{k}_0\vec{r}}. \tag{B3}$$

In P werde der Bruchteil ψ der Amplitude als Kugelwelle kohärent gestreut; die Amplitude der Kugelwelle im Beobachtungspunkt B ist

$$A_B = \psi \frac{A_P}{\varrho}\, e^{i\vec{k}\vec{\varrho}} \tag{B4}$$

mit

$$|\vec{k}| = |\vec{k}_0| = \frac{2\pi}{\lambda}. \tag{B5}$$

ψ Streufaktor, Bruchteil der gestreuten Amplitude der einfallenden Welle
$\vec{\varrho}$ Ortsvektor vom Streuzentrum P zum Beobachtungspunkt B
$\vec{k}$ Wellenvektor in Beobachtungsrichtung
λ Wellenlänge der Röntgenstrahlung

Für $R \gg r$ sind die Vektoren $\vec{R}$ und $\vec{\varrho}$ nahezu parallel, und es gilt

$$\varrho \approx R - \frac{1}{k}\vec{k}\,\vec{r} \approx R. \tag{B6}$$

Damit erhält man aus Gl. B4

$$\begin{aligned} A_B &= \frac{\psi}{R}\, a\, e^{-i\omega t}\, e^{i\vec{k}_0\vec{r}}\, e^{i\vec{k}(\vec{R}-\vec{r})} \\ &= \frac{a}{R}\, e^{-i\omega t}\, e^{i\vec{k}\vec{R}}\, \psi\, e^{i(\vec{k}_0-\vec{k})\vec{r}}. \end{aligned} \tag{B7}$$

Mit

$$A_0 = \frac{a}{R}\, e^{-i\omega t}\, e^{i\vec{k}\vec{R}} \tag{B8}$$

und

$$\vec{h} = \vec{k}_0 - \vec{k} \tag{B9}$$

wird die Streuamplitude, verursacht durch ein einziges Streuzentrum P, in einem fernen Beobachtungspunkt B

$$A_B = A_0\, \psi\, e^{i\vec{h}\vec{r}}. \tag{B10}$$

b) Streuung an *vielen* Zentren

Die Streuzentren seien identische Atome mit dem Streufaktor ψ auf den Gitterpunkten eines triklinen BRAVAIS-Gitters. Die Ortsvektoren der Streuzentren sind Gittervektoren, gegeben durch die drei Translationsvektoren $\vec{a}_1$, $\vec{a}_2$, $\vec{a}_3$

$$\vec{r}_n = n_1\vec{a}_1 + n_2\vec{a}_2 + n_3\vec{a}_3. \tag{B11}$$

Alle Streuwellen interferieren, und die totale Streuamplitude im fernen Beobachtungspunkt B ergibt sich als Summe der von allen Gitterpunkten ausgehenden Streuwellen

$$\begin{aligned} A_{\text{tot}} &= \sum_{n_1, n_2, n_3} A_B = A_0 \sum_{n_1, n_2, n_3} \psi\, e^{i\vec{h}(n_1\vec{a}_1 + n_2\vec{a}_2 + n_3\vec{a}_3)} \\ &= A_0\, \psi \sum_{n_1, n_2, n_3} e^{i(n_1\vec{a}_1\vec{h} + n_2\vec{a}_2\vec{h} + n_3\vec{a}_3\vec{h})}. \end{aligned} \tag{B12}$$

Physikalisch interessant ist die Frage nach Bedingungen für eine maximale, kohärente Streuamplitude im Beobachtungspunkt B, da diese Bedingungen die im Experiment beobachteten Intensitätsmaxima festlegen, aus denen sich Rückschlüsse auf die Struktur eines Kristalls ergeben. Die Streuamplitude A_{tot} wird maximal, wenn im Beobachtungspunkt B alle Teilstreuwellen in Phase sind, d.h.

$$n_1\vec{a}_1\vec{h} + n_2\vec{a}_2\vec{h} + n_3\vec{a}_3\vec{h} = p\, 2\pi. \tag{B13}$$

p ganze Zahl

Bei Vorgabe des Gitters durch die Vektoren $\vec{a}_1, \vec{a}_2, \vec{a}_3$ stellt Gl. B 13 Bedingungen für den Vektor $\vec{h}$ dar, der die Beobachtungsrichtung bezüglich der Einfallsrichtung einer monochromatischen Röntgenwelle festlegt. Gleichbedeutend mit Gl. B 13 sind die drei LAUEschen Gleichungen

$$\vec{a}_1 \vec{h} = h_1 2\pi, \quad \vec{a}_2 \vec{h} = h_2 2\pi, \quad \vec{a}_3 \vec{h} = h_3 2\pi. \tag{B 14}$$

h_1, h_2, h_3 ganze Zahlen

Werte von $\vec{h}$, für welche die drei LAUEschen Gleichungen *gleichzeitig* erfüllt sind, legen die Beobachtungsrichtungen für maximale Streuamplituden fest: $\vec{h}$ ist so zu finden, dass seine Projektion auf die Richtungen von $\vec{a}_1, \vec{a}_2, \vec{a}_3$, multipliziert mit den Beträgen a_1, a_2, a_3, jeweils ganzzahlige Vielfache von 2π ergeben ($\vec{h}$ hat die Dimension einer reziproken Länge).

Die Auswertung der LAUEschen Gleichungen wird sehr übersichtlich mit der Einführung des wichtigen Begriffs des reziproken Gitters, das durch die zu $\vec{a}_1, \vec{a}_2, \vec{a}_3$ reziproken Vektoren bestimmt wird.

Im Rahmen einer Hilfsaufgabe definieren wir reziproke Vektoren.

Hilfsaufgabe: Gegeben sei der Vektor $\vec{w}$. Man zerlege ihn in Komponenten in drei vorgeschriebenen Richtungen $\vec{a}_1, \vec{a}_2, \vec{a}_3$. Es soll also gelten

$$\vec{w} = x_1 \vec{a}_1 + x_2 \vec{a}_2 + x_3 \vec{a}_3. \tag{B15}$$

Gesucht sind die Werte x_1, x_2, x_3.

Die Lösung dieser Hilfsaufgabe ergibt sich unmittelbar, wenn man den Vektor $\vec{w}$ mit dem Vektor $\vec{a}_2 \times \vec{a}_3$ bzw. $\vec{a}_3 \times \vec{a}_1$ bzw. $\vec{a}_1 \times \vec{a}_2$ skalar multipliziert

$$\vec{w}(\vec{a}_2 \times \vec{a}_3) = x_1 \vec{a}_1 (\vec{a}_2 \times \vec{a}_3), \tag{B 16}$$

d.h.:

$$x_1 = \vec{w} \frac{\vec{a}_2 \times \vec{a}_3}{\vec{a}_1(\vec{a}_2 \times \vec{a}_3)} = \vec{w} \frac{a_2 \times \vec{a}_3}{V_{EZ}}. \tag{B 17}$$

Analog erhält man

$$x_2 = \vec{w} \frac{\vec{a}_3 \times \vec{a}_1}{\vec{a}_2(\vec{a}_3 \times \vec{a}_1)} = \vec{w} \frac{\vec{a}_3 \times \vec{a}_1}{V_{EZ}} \tag{B 18}$$

$$x_3 = \vec{w} \frac{\vec{a}_1 \times \vec{a}_2}{\vec{a}_3(\vec{a}_1 \times \vec{a}_2)} = \vec{w} \frac{\vec{a}_1 \times \vec{a}_2}{V_{EZ}}. \tag{B 19}$$

$V_{EZ} = \vec{a}_1(\vec{a}_2 \times \vec{a}_3)$ Volumen der Elementarzelle

Man definiert die zu $\vec{a}_1, \vec{a}_2, \vec{a}_3$ reziproken Vektoren:

$$\vec{b}_1 = 2\pi \frac{\vec{a}_2 \times \vec{a}_3}{V_{EZ}}, \quad \vec{b}_2 = 2\pi \frac{\vec{a}_3 \times \vec{a}_1}{V_{EZ}}, \quad \vec{b}_3 = 2\pi \frac{\vec{a}_1 \times \vec{a}_2}{V_{EZ}}. \tag{B 20}$$

Der Faktor 2π erweist sich als zweckmässig hinsichtlich der Definition der BRILLOUIN-Zonen; diese bestimmen im Impulsraum Interferenzbedingungen, denen elektromagnetische Wellen sowie Materiewellen in periodischen Strukturen unterliegen (vgl. S. 51, 79 und 217). Die reziproken Vektoren $\vec{b}_1$, $\vec{b}_2$, $\vec{b}_3$ stehen senkrecht auf den Vektoren $\vec{a}_2$ und $\vec{a}_3$, $\vec{a}_3$ und $\vec{a}_1$, $\vec{a}_1$ und $\vec{a}_2$. Sie haben die Dimension einer reziproken Länge, ihre Beträge sind proportional zu $1/a_1$, $1/a_2$, $1/a_3$. Die reziproken Vektoren $\vec{b}_1$, $\vec{b}_2$, $\vec{b}_3$ sind die Translationsvektoren des sog. reziproken Gitters.

Allgemein gilt

$$\vec{a}_i \vec{b}_j = 2\pi \delta_{ij}; \qquad \delta_{ij} = 1 \quad \text{für} \quad i = j, \quad \delta_{ij} = 0 \quad \text{für} \quad i \neq j. \tag{B21}$$

Die gesuchte Zerlegung des Vektors $\vec{w}$ ist

$$\vec{w} = \frac{1}{2\pi}[(\vec{w}\vec{b}_1)\,\vec{a}_1 + (\vec{w}\vec{b}_2)\,\vec{a}_2 + (\vec{w}\vec{b}_3)\,\vec{a}_3]. \tag{B22}$$

Das Resultat dieser Hilfsaufgabe benutzen wir zur Auffindung der Röntgeninterferenzmaxima. Analog zum Vektor $\vec{w}$ zerlegt man den Vektor $\vec{h}$ in Komponenten parallel zu den Translationsvektoren $\vec{b}_1$, $\vec{b}_2$, $\vec{b}_3$ des reziproken Gitters

$$\vec{h} = \frac{1}{2\pi}[(\vec{h}\vec{a}_1)\,\vec{b}_1 + (\vec{h}\vec{a}_2)\,\vec{b}_2 + (\vec{h}\vec{a}_3)\,\vec{b}_3]. \tag{B23}$$

Unter Verwendung der LAUEschen Gleichungen (B14) erhält man

$$\vec{h} = h_1 \vec{b}_1 + h_2 \vec{b}_2 + h_3 \vec{b}_3. \tag{B24}$$

Das bedeutet: Falls $\vec{h}$ ein Gittervektor des *reziproken* Gitters ist, sind die LAUEschen Gleichungen erfüllt. Dann und nur dann ist die Streuamplitude A_{tot} in einem fernen Beobachtungspunkt B maximal. Die Lage jedes Punkts im reziproken Gitter, bezogen auf einen beliebigen Gitterpunkt als Ursprung, ist durch ein Zahlentripel h_1, h_2, h_3 festgelegt.

Mit Hilfe einer einfachen geometrischen Konstruktion nach P. P. EWALD können die Lagen der Röntgeninterferenzmaxima aufgrund der Maximalbedingung Gl. B 24 ermittelt werden (vgl. Fig. 9). Zu dem gegebenen triklinen Gitter konstruiert man das reziproke Gitter, festgelegt durch die drei Translationsvektoren $\vec{b}_1$, $\vec{b}_2$, $\vec{b}_3$. Die Einfallsrichtung der Röntgenstrahlen der Wellenlänge λ ist ebenfalls vorgegeben und wird im reziproken Gitter eingezeichnet: Von einem beliebigen Gitterpunkt O des reziproken Gitters tragen wir den Vektor $-\vec{k}_0$ ab ($|\vec{k}_0| = 2\pi/\lambda$). Die Pfeilspitze dieses Vektors bestimmt den Punkt M, der im allgemeinen kein Gitterpunkt des reziproken Gitters ist, da ja die Richtung und die Wellenlänge des einfallenden Röntgenstrahls beliebig sind. Der Vektor $+\vec{k}_0$ zeigt von M nach O. Um M schlagen wir die Kugel mit dem Radius $|\vec{k}_0| = 2\pi/\lambda$, die man als EWALDsche Ausbreitungskugel bezeichnet.

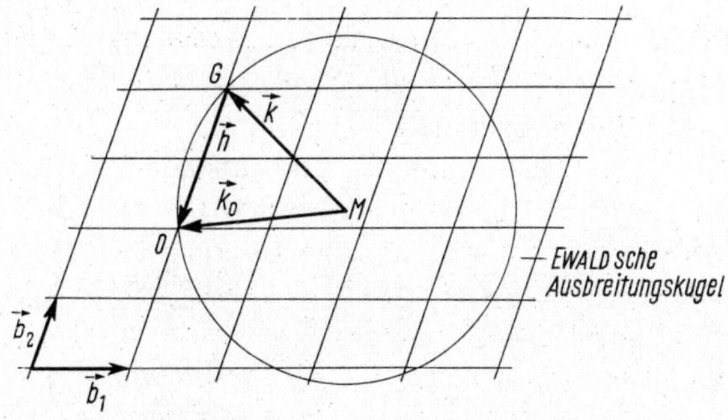

Fig. 9: EWALDsche Konstruktion

Falls Gitterpunkte G auf der EWALDschen Ausbreitungskugel liegen, werden Richtungen festgelegt, für die Intensitätsmaxima auftreten: Von G nach O zeigt der Gittervektor $\vec{h}$, der die LAUEschen Bedingungen (Gl. B14) erfüllt. Eine Beobachtungsrichtung für maximale Intensität ist die Richtung des Wellenvektors $\vec{k}$ der gestreuten Röntgenwelle, der nach Gl. B9 durch $\vec{k}_0$ und $\vec{h}$ bestimmt ist und von M nach G zeigt.

Die EWALDsche Konstruktion führt unmittelbar zu folgenden Aussagen:

1) Der Primärstrahl ist stets vorhanden, denn der Punkt O liegt immer auf der Kugel. In diesem Fall ist der Gittervektor $\vec{h} = 0$, d.h. Einfallsrichtung ($\vec{k}_0$) und Beobachtungsrichtung ($\vec{k}$) fallen zusammen.

2) Für monochromatische Strahlung ergeben Einkristalle nur wenige oder überhaupt keine Interferenzmaxima, da im allgemeinen Fall keine Punkte des reziproken Gitters auf der Kugeloberfläche liegen.

3) Fällt die Richtung von $\vec{k}_0$ der einfallenden Welle mit der Richtung einer ausgezeichneten Kristallachse zusammen, so hat das Interferenzbild die Symmetrie des streuenden Kristalls. Diese Tatsache wird benutzt sowohl für Strukturbestimmungen als auch zur Festlegung der Orientierung eines Kristalls.

In Röntgenbeugungsexperimenten wird man daher entweder die Wellenlänge variieren (LAUE-Methode) oder aber die Orientierung des Gitters bezüglich der einfallenden monochromatischen Strahlung (Drehkristall-Methode, DEBYE—SCHERRER—HULL-Methode). In beiden Fällen erhält man hinreichend viele Interferenzmaxima; im ersten Fall ändert der Radius der EWALDschen Kugel kontinuierlich, im zweiten Fall wird das reziproke Gitter in bestimmter Weise um den Punkt O auf der Kugeloberfläche gedreht. Damit liegen jeweils viele Punkte des reziproken Gitters auf der Kugel und geben Anlass zu Interferenzmaxima.

2. *Experimentelle Methoden*

a) Spektrum der Röntgenstrahlung

Röntgenstrahlen entstehen beim Auftreffen schneller Elektronen auf Materie. Die Emission der Strahlung wird von zwei Prozessen bestimmt:

1) Die Elektronen werden im elektrischen Feld der Atomkerne gebremst und verlieren dabei einen Teil ihrer kinetischen Energie, der in Form von elektromagnetischer Strahlung abgegeben wird. Das Spektrum dieser sog. Bremsstrahlung ist kontinuierlich (weisse Röntgenstrahlung) und hat eine scharf definierte kurzwellige Grenze λ_{min}, die durch die Beschleunigungsspannung U der Elektronen gegeben ist:

$$\lambda_{min} = \frac{h\,c}{e\,U}. \tag{B25}$$

h PLANCKsche Konstante
c Lichtgeschwindigkeit
e Elementarladung

2) Die Elektronen ionisieren die Atome der Antikathode. Dabei werden Elektronen aus den inneren Atomschalen befreit, und Elektronen der äusseren Schalen springen unter Emission der sog. charakteristischen Strahlung auf die leer gewordenen Plätze der inneren Schalen. Diese Strahlung hat entsprechend den Elektronenübergängen ein Linienspektrum, das für das Material der Antikathode charakteristisch ist und dem Bremsspektrum überlagert ist. Die sog. K-Serie im Röntgenspektrum entsteht, wenn ein L-, M-, N-, ... Elektron auf einen leeren Platz in der K-Schale fällt ($K\alpha$-Linien durch Übergänge von der L- in die K-Schale, $K\beta$-Linien durch Übergänge von der M- in die K-Schale). Für

Tabelle 4

Wellenlängen der charakteristischen Röntgenstrahlung und der entsprechenden Absorptionskanten einiger gebräuchlicher Materialien für Antikathoden, sowie geeignete β-Filter-Materialien und ihre K-Absorptionskanten (nach *International Tables for X-Ray Crystallography*, Bd. 3 [Kynoch Press, Birmingham 1962], S. 60, 69, 71).

Antikathode	*K-Serie* Charakteristische Spektrallinien λ [Å]				Absorptionskante λ_{Kante} [Å]	β-Filter (λ_{Kante} [Å])
	$K\alpha_2$	$K\alpha_1$	$K\beta_1$	$K\beta_2$		
Cr	2,2935	2,2896	2,0848	—	2,0701	V (2,2690)
Fe	1,9399	1,9360	1,7565	—	1,7433	Mn (1,8964)
Co	1,7928	1,7889	1,6208	—	1,6081	Fe (1,7433)
Ni	1,6617	1,6578	1,5001	1,4886	1,4880	Co (1,6081)
Cu	1,5443	1,5405	1,3922	1,3810	1,3804	Ni (1,4880)
Mo	0,7135	0,7093	0,6323	0,6210	0,6198	Zr (0,6888)
Ag	0,5638	0,5594	0,4970	0,4870	0,4858	Rh (0,5338)
	L-Serie					
	$L\alpha_2$	$L\alpha_1$	$L\beta_1$	$L\beta_2$		
W	1,4847	1,4764	1,2818	1,2446	1,2155	Cu (1,3804)

Strukturanalysen wird meistens die $K\alpha$-Strahlung benutzt. Die kurzwelligere $K\beta$-Strahlung kann mittels geeigneter β-Filter von der $K\alpha$-Strahlung getrennt werden. Als Material für die Antikathode wird vielfach Kupfer, Molybdän oder Wolfram verwendet. Die Wellenlängen der charakteristischen Röntgenstrahlung einiger Materialien sind in Tabelle 4 zusammengestellt.

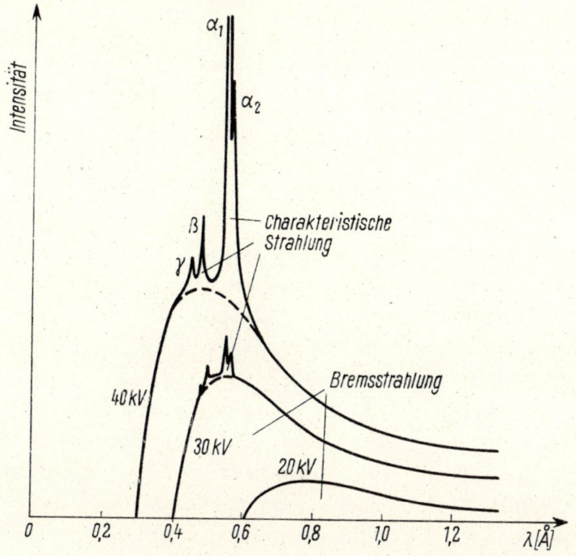

Fig. 10: Intensitätsverteilung der Strahlung einer Röntgenröhre für verschiedene Beschleunigungsspannungen (nach L. V. Azaroff, *Elements of X-ray Crystallography*, McGraw-Hill, New York 1968)

Gebräuchliche Röntgenröhren emittieren im Spektralbereich zwischen etwa 0,2 und 3 Å (vgl. Fig. 10). Die Beschleunigungsspannung der Elektronen ist grössenordnungsmässig 10 kV.

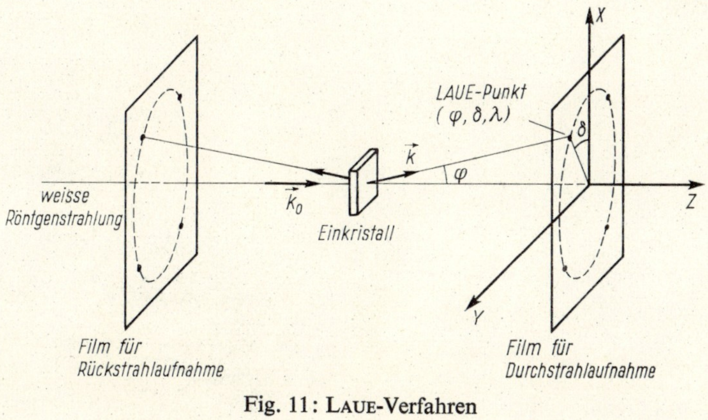

Fig. 11: Laue-Verfahren

Im folgenden werden die Grundlagen der Beugungsmethoden für Röntgenstrahlen kurz beschrieben. Die verschiedenen Typen der Beugungsbilder sind mit Hilfe der EWALDschen Konstruktion unmittelbar verständlich. Für die quantitative Auswertung von Interferenzbildern muss auf die Spezialliteratur verwiesen werden.

b) LAUE-Methode

Die LAUE-Methode eignet sich speziell zur Bestimmung der Kristallorientierung. Ein Einkristall wird mit weissem Röntgenlicht bestrahlt (vgl. Fig. 11). Das Beugungsbild wird auf einem ebenen Film aufgenommen. Es besteht aus einer gewissen Anordnung von Punkten, die die Symmetrie des Kristalls bezüglich seiner Orientierung zum einfallenden Röntgenstrahl zeigt (vgl. Fig. 12 und 13).

Mit Hilfe der EWALDschen Konstruktion lassen sich die Lage sowie die Wellenlänge der Interferenzmaxima leicht voraussagen. Dies soll am Beispiel der Streuung an einem einfach primitiven kubischen Kristall gezeigt werden:

Die Translationsvektoren $\vec{b}_1, \vec{b}_2, \vec{b}_3$ des reziproken Gitters stehen senkrecht aufeinander, ihre Beträge sind gleich $2\pi/a$ ($a = a_1 = a_2 = a_3$). Der Wellenvektor $\vec{k}_0$ des einfallenden Röntgenstrahls sei einem der Translationsvektoren parallel und bilde mit der Richtung von $\vec{k}$ für Interferenzmaxima den Winkel φ. Die Ebene, die $\vec{k}_0$ und $\vec{k}$ enthält, sei um den Winkel δ gedreht gegenüber der Ebene, die $\vec{k}_0$ und einen dazu senkrechten Translationsvektor enthält. Mit φ und δ ist die Lage der Interferenzmaxima festgelegt. Aufgrund der EWALDschen Konstruktion erhält man durch einfache geometrische Betrachtungen die folgenden Beziehungen (vgl. Fig. 11 und 14):

$$\tan\delta = \frac{h_2}{h_1}, \tag{B26}$$

$$\tan\alpha = \frac{(h_1^2+h_2^2)^{\frac{1}{2}}}{h_3}, \tag{B27}$$

$$2\alpha = \varphi, \tag{B28}$$

$$\cos\varphi = \frac{1-\tan^2\alpha}{1+\tan^2\alpha} = \frac{h_3^2-h_1^2-h_2^2}{h_1^2+h_2^2+h_3^2}, \tag{B29}$$

$$\sin\varphi = \frac{(h_1^2+h_2^2)^{\frac{1}{2}}\, 2\pi/a}{2\pi/\lambda} = \frac{\lambda}{a}(h_1^2+h_2^2)^{\frac{1}{2}}. \tag{B30}$$

Die Elimination von φ aus Gl. B29 und B30 liefert die Wellenlängen λ, für welche Interferenzmaxima auftreten:

$$\lambda = \frac{|h_3|}{h_1^2+h_2^2+h_3^2}\, 2a. \tag{B31}$$

Nur die Punkte $h_1 h_2 h_3$ des reziproken Gitters, welche ausserhalb der EWALD-

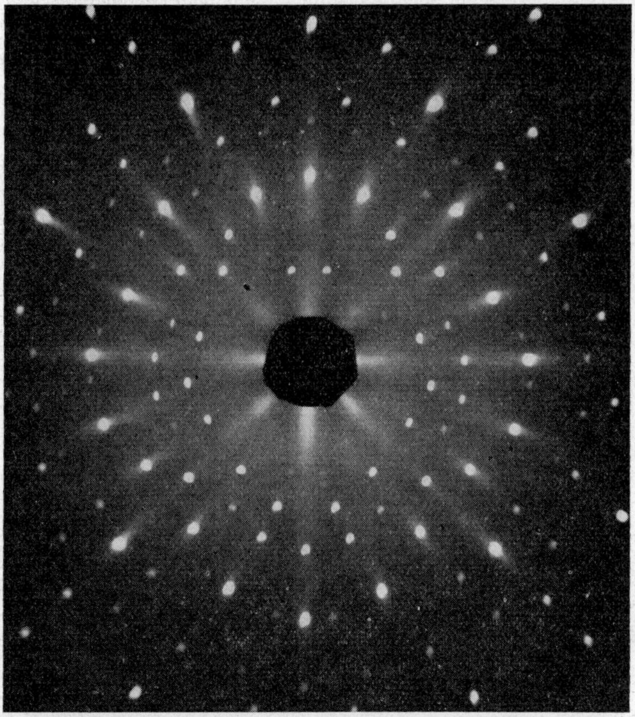

Fig. 12: LAUE-Aufnahme eines kubischen Kristalls

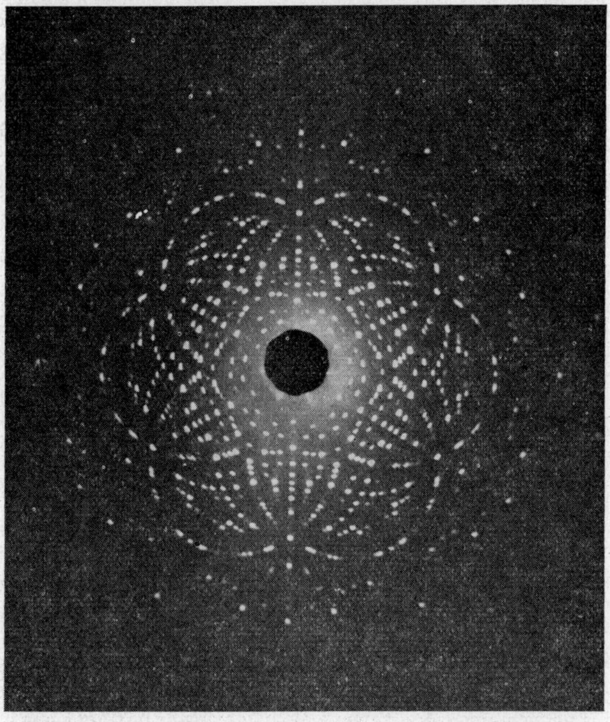

Fig. 13: LAUE-Aufnahme eines hexagonalen Kristalls (Barium-Platinat-Titanat)

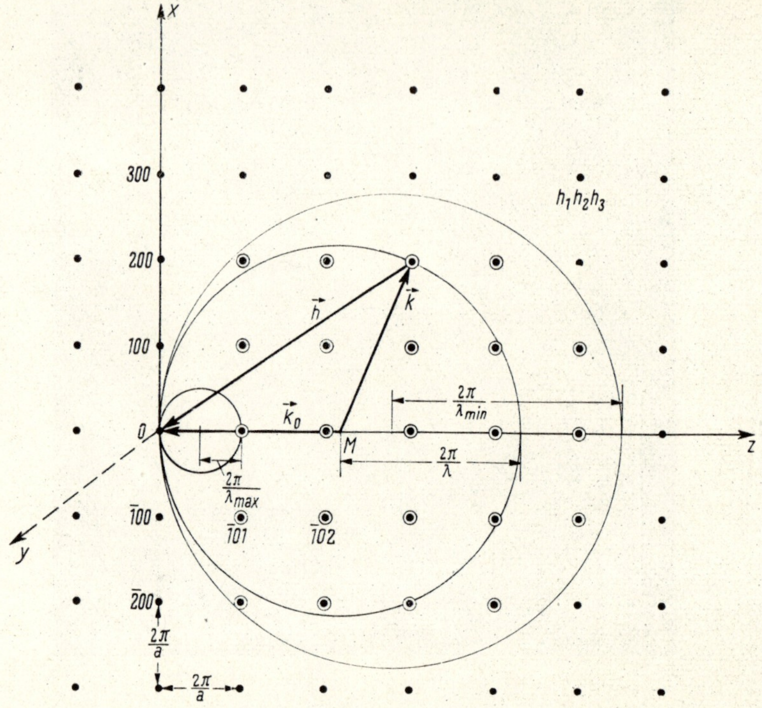

Fig. 14: EWALDsche Konstruktion der LAUE-Interferenzen (Nur die hervorgehobenen Punkte ◉ ergeben Interferenzmaxima)

schen Kugel mit dem Radius $2\pi/\lambda_{max}$ und innerhalb der Kugel mit dem Radius $2\pi/\lambda_{min}$ liegen (einschliesslich der Punkte auf den beiden Kugelschalen), bestimmen Interferenzmaxima (LAUE-Flecke). Die minimale Wellenlänge λ_{min} ist gegeben durch Gl. B25. Für λ_{max} gilt

$$\lambda_{max} = 2a. \tag{B32}$$

Alle Wellenlängen $\lambda > \lambda_{max}$ ergeben EWALDsche Kugeln mit Radien, die kleiner als $2\pi/2a$ sind. Auf solchen Kugeln liegt ausser dem Koordinatenursprung kein weiterer Gitterpunkt, und demzufolge erhält man keine Interferenzmaxima für $\lambda > \lambda_{max}$.

c) Drehkristall-Methode

Diese Methode erlaubt die Strukturbestimmung von einkristallinen Proben. Man dreht während der Aufnahme den Einkristall um eine Achse, die senkrecht oder auch schief zum einfallenden, monochromatischen Röntgenstrahl steht. Die Interferenzmaxima werden auf einem Film, der im allgemeinen zylindersymmetrisch bezüglich der Drehachse angeordnet ist, registriert (vgl. Fig. 15).

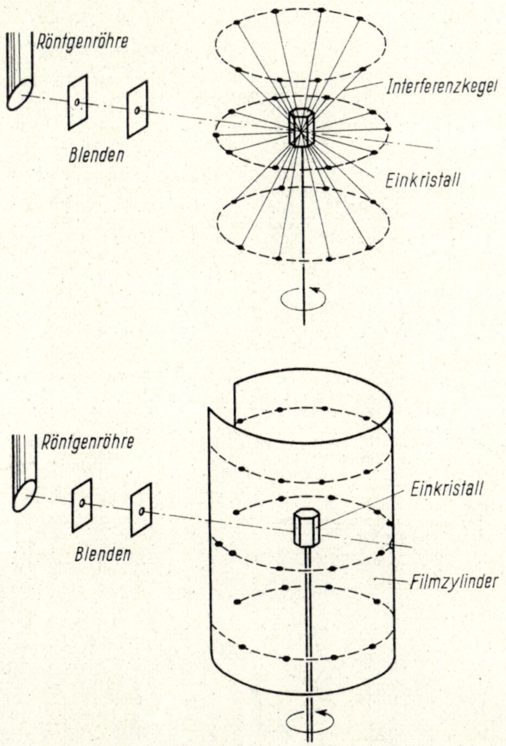

Fig. 15: Strahlengang bei der Drehkristall-Methode

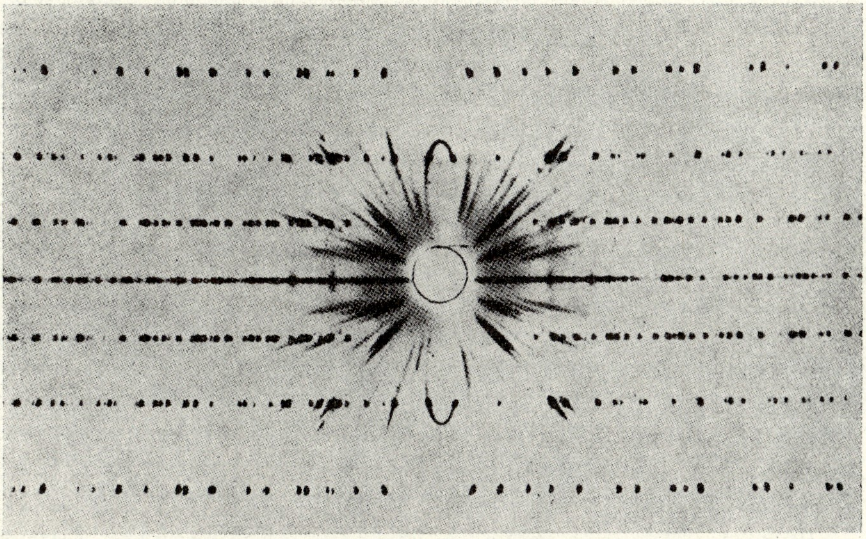

Fig. 16: Drehkristall-Aufnahme

Entsprechend der Rotation des Kristalls dreht sich das reziproke Gitter um eine zur Drehachse parallele Gerade, während die EWALDsche Ausbreitungskugel unverändert bleibt. Die Gesamtzahl der möglichen Interferenzen ist gleich der Zahl der Punkte des reziproken Gitters, die innerhalb und auf der Oberfläche eines Toroids liegen. Die Interferenzmaxima sind auf dem ausgebreiteten Film als Punkte auf zur Drehachse senkrechten Linien, den sog. Schichtlinien, angeordnet (vgl. Fig. 16). Die Interferenzpunkte einer Schichtlinie gehören zu den Punkten des reziproken Gitters auf einer Ebene senkrecht zur Drehachse.

d) Pulver-Methode (nach P. DEBYE und P. SCHERRER sowie nach A. W. HULL)

Im Gegensatz zu den ersten beiden Verfahren, welche Einkristalle erfordern, arbeitet diese Methode mit einem Pulver vieler kleiner Kristallite, das monochromatisch bestrahlt wird. Ähnlich wie bei der Drehkristallmethode wird das Beugungsbild auf einem zylindersymmetrisch um die Probe angeordneten Film aufgenommen; dabei ist der einfallende Röntgenstrahl senkrecht zur Zylinderachse (vgl. Fig. 17).

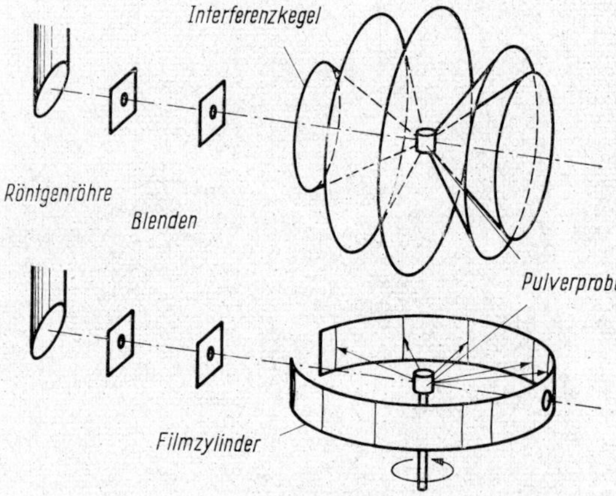

Fig. 17: Strahlengang bei der Pulver-Methode (DEBYE–SCHERRER–HULL-Verfahren)

Aus der EWALDschen Konstruktion wird leicht verständlich, dass das Beugunsgbild jetzt aus einzelnen Linien besteht (vgl. Fig. 24). Man erkennt dies, wenn man bei feststehender Ausbreitungskugel jede Drehung des reziproken Gitters um den Koordinatenursprung O entsprechend den möglichen Orientierungen der verschiedenen kleinen Kristallite zulässt. Jeder Gitterpunkt $h_1 h_2 h_3$ bewegt sich dabei auf einer Kugel um O. Falls diese Kugel die Ausbreitungskugel schneidet, erhält man als Schnittkurve einen Breitenkreis mit $\vec{k}_0$ als Achse. Für alle Punkte eines solchen Breitenkreises ergeben sich Interferenzmaxima.

3. *Deutung der Röntgenstrahl-Interferenzen nach* W. L. BRAGG

Man bezeichnet jede Ebene durch drei nicht auf einer Geraden liegende Punkte des direkten Gitters als eine Netzebene. Die Orientierung paralleler Netzebenen wird charakterisiert durch die MILLERschen Indices, die auf folgende Art gefunden werden (vgl. Fig. 18):

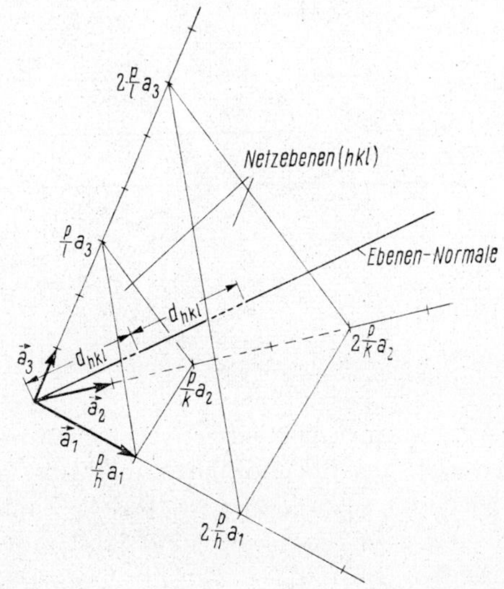

Fig. 18: Bestimmung der Lage von Netzebenen (*hkl*) durch die MILLERschen Indices *h*, *k*, *l*

1) Man bestimmt im Koordinatensystem, das von den Kristallachsen $\vec{a}_1$, $\vec{a}_2$, $\vec{a}_3$ aufgespannt wird, die Schnittpunkte der Netzebene mit den drei Achsen und gebe ihre Koordinaten n_1, n_2, n_3 in Einheiten von a_1, a_2, a_3 an.

2) Die Reziprokwerte $1/n_1$, $1/n_2$, $1/n_3$ dieser drei Achsenabschnitte multipliziere man mit einer Zahl p derart, dass sie ganzzahlig und teilerfremd werden. Die so erhaltenen drei Werte p/n_1, p/n_2, p/n_3 sind die MILLERschen Indices h, k, l.

Jede Netzebenenschar wird durch ein Zahlentripel $(h\ k\ l)$ festgelegt (‹indiziert›). Schneidet die zu indizierende Ebene eine Achse im Negativen, so wird dies durch ein über dem entsprechenden Index geschriebenes Minuszeichen angedeutet, z. B. $(h\bar{k}l)$. Eine Gruppe von Ebenen, die dieselben Symmetrieeigenschaften haben, wird bezeichnet mit $\{h\ k\ l\}$; beispielsweise umfasst die Gruppe $\{1\ 1\ 1\}$ im kubischen Gitter die 8 folgenden Ebenenscharen: $(1\ 1\ 1)$, $(\bar{1}\ \bar{1}\ \bar{1})$, $(1\ \bar{1}\ 1)$, $(\bar{1}\ 1\ \bar{1})$, $(\bar{1}\ \bar{1}\ 1)$, $(1\ 1\ \bar{1})$, $(\bar{1}\ 1\ 1)$, $(1\ \bar{1}\ \bar{1})$.

Kristallrichtungen werden ebenfalls durch ein Zahlentripel $[u\ v\ w]$ festgelegt, wobei die ganzen Zahlen u, v, w teilerfremd sind und im selben Verhältnis stehen wie die auf die Achsen $\vec{a}_1$, $\vec{a}_2$, $\vec{a}_3$ bezogenen Komponenten des Vektors mit der entsprechenden Richtung. Komponenten in negativer Richtung der Kristallachsen werden wiederum durch ein Minuszeichen über der entsprechenden Zahl angedeutet, z.B. $[\bar{u}\ v\ w]$. Äquivalente Kristallrichtungen bezeichnet man mit $\langle u\,v\,w\rangle$; beispielsweise umfassen die Flächendiagonalen $\langle 1\,1\,0\rangle$ in einem kubischen Kristall die folgenden 12 Richtungen: $[1\,1\,0]$, $[1\,\bar{1}\,0]$, $[\bar{1}\,1\,0]$, $[\bar{1}\,\bar{1}\,0]$, $[1\,0\,1]$, $[\bar{1}\,0\,1]$, $[1\,0\,\bar{1}]$, $[\bar{1}\,0\,\bar{1}]$, $[0\,1\,1]$, $[0\,\bar{1}\,1]$, $[0\,1\,\bar{1}]$, $[0\,\bar{1}\,\bar{1}]$.

Speziell in kubischen Kristallen bestimmen die MILLERschen Indices sowohl Ebenen als auch Richtungen im direkten Gitter, und zwar ist die Richtung $[h\,k\,l]$ senkrecht auf der Ebene $(h\,k\,l)$. Dies gilt also nicht für beliebige Kristallsysteme.

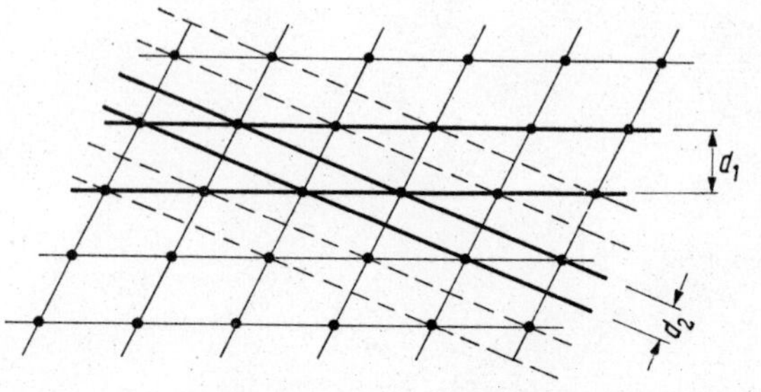

Fig. 19: Netzebenenscharen im zweidimensionalen Gitter

Der Abstand d_{hkl} zweier benachbarter Netzebenen ist gegeben durch die Richtungskosinus α_1, α_2, α_3 der Ebennormalen, die MILLERschen Indices h, k, l und die Zahl p, die wiederum so zu wählen ist, dass die Zahlen p/h, p/k, p/l ganz und teilerfremd sind (p/h, p/k, p/l sind die Achsenabschnitte, die von den Netzebenen gebildet werden)

$$d_{hkl} = \frac{p}{h} a_1 \cos\alpha_1 = \frac{p}{k} a_2 \cos\alpha_2 = \frac{p}{l} a_3 \cos\alpha_3 . \qquad \text{(B33)}$$

Nach der BRAGGschen Betrachtungsweise rühren Röntgeninterferenzen von Reflexionen an den Netzebenenscharen her. Wegen der geringen Absorption der Röntgenstrahlung in Kristallen wird der einfallende Strahl jeweils an vielen, zueinander parallelen Netzebenen reflektiert (vgl. Fig. 19).

Falls die an den einzelnen Netzebenen reflektierte Strahlung den Gangunterschied von einer oder mehreren Wellenlängen aufweist, entstehen Reflexionsmaxima, sog. Röntgenreflexe. Die Bedingung hierfür ist aus Fig. 20 unmittelbar

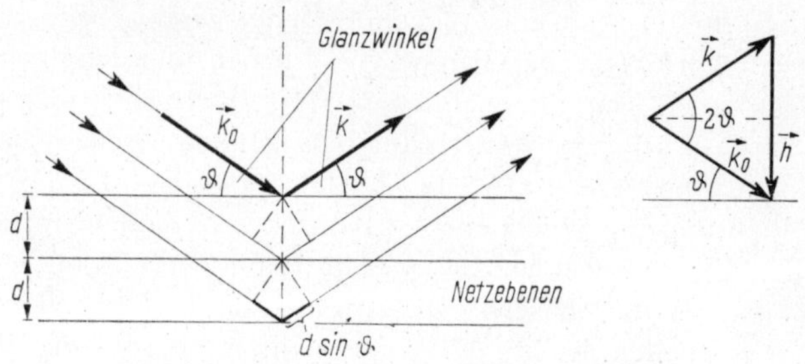

Fig. 20: Zur BRAGGschen Reflexionsbedingung

abzulesen und als BRAGGsche Gleichung bekannt:

$$2\,d \sin\vartheta = n\,\lambda. \tag{B 34}$$

d Abstand der Netzebenen
ϑ Glanzwinkel
n ganze Zahl

Daraus folgt, dass die Wellenlänge für BRAGG-Reflexion an parallelen Netzebenen mit dem Abstand d maximal

$$\lambda_{\max} = 2\,d \tag{B 35}$$

betragen kann. Diese Folgerung hat sich für einen Spezialfall ($d = a$) auch aus der EWALDschen Konstruktion ergeben (vgl. Gl. B 32), sie kann aber hieraus auch ganz allgemein hergeleitet werden.

Die BRAGGsche Gleichung basiert nur auf der Periodizität des Kristallaufbaus und beschreibt allein die Geometrie der Röntgenstrahlinterferenzen. Dabei ist die Anordnung der Atome (Streuzentren) in den Netzebenen ohne Einfluss, sie äussert sich nur in der Intensität der verschiedenen Röntgenreflexe.

Die LAUEschen Gleichungen (Gl. B 14) und die BRAGGsche Gleichung (Gl. B 34) sind vollkommen äquivalent:
Einfalls- und Beobachtungsrichtung ($\vec{k}_0$ und $\vec{k}$) schliessen den Winkel $2\,\vartheta$ ein. Dann ist aufgrund der Gl. B 5 und B 9 der Betrag des Vektors $\vec{h}$ gegeben durch

$$|\vec{h}| = 2\,\frac{2\pi}{\lambda} \sin\vartheta. \tag{B 36}$$

Die LAUEschen Gleichungen heissen hiermit:

$$\begin{aligned}
\vec{a}_1 \vec{h} &= a_1 \frac{4\pi}{\lambda} \sin\vartheta \cos\alpha_1 = h_1\,2\pi = m\,h\,2\pi,\\
\vec{a}_2 \vec{h} &= a_2 \frac{4\pi}{\lambda} \sin\vartheta \cos\alpha_2 = h_2\,2\pi = m\,k\,2\pi,\\
\vec{a}_3 \vec{h} &= a_3 \frac{4\pi}{\lambda} \sin\vartheta \cos\alpha_3 = h_3\,2\pi = m\,l\,2\pi.
\end{aligned} \tag{B 37}$$

$\cos\alpha_1, \cos\alpha_2, \cos\alpha_3$ Richtungskosinus des Vektors $\vec{h}$ bezüglich $\vec{a}_1, \vec{a}_2, \vec{a}_3$
h, k, l ganze Zahlen, teilerfremd, (MILLERsche Indices)
m gemeinsamer Teiler von h_1, h_2, h_3

Die Richtungskosinus des Vektors $\vec{h}$ erfüllen hiernach die folgenden Proportionalitäten:

$$\cos\alpha_1 \sim \frac{h}{a_1}, \quad \cos\alpha_2 \sim \frac{k}{a_2}, \quad \cos\alpha_3 \sim \frac{l}{a_3}. \tag{B 38}$$

Andererseits erfüllen die Richtungskosinus der Normalen einer Netzebenenschar ($h\,k\,l$) dieselben Proportionalitäten (vgl. Gl. B 33).

Die LAUEschen Gleichungen werden also immer dann erfüllt, wenn der Vektor $\vec{h}$ senkrecht auf einer Netzebenenschar steht. Das bedeutet: Röntgeninterferenzmaxima ergeben sich durch Reflexion des einfallenden Röntgenstrahls an den Netzebenen.

Setzt man den Abstand d_{hkl} zweier benachbarter Netzebenen (Gl. B33) in Gl. B37 ein, so erhält man die BRAGGsche Gleichung

$$2d_{hkl}\sin\vartheta = n\,\lambda. \tag{B39}$$

$n = mp$ ganze Zahl, ‹Ordnung der Reflexion›

Aus der Äquivalenz der LAUEschen Gleichungen und der BRAGGschen Gleichung folgt: jeder Punkt mh, mk, ml des reziproken Gitters, der auf der EWALDschen Kugel liegt, entspricht der Schar der Ebenen $(h\,k\,l)$ im direkten Gitter, die Röntgenstrahlen reflektieren.

Nach der EWALDschen Konstruktion sind die LAUEschen Gleichungen bzw. die BRAGGsche Reflexionsbedingung immer erfüllt, wenn die beiden Gl. B5 und B9 gelten. Danach werden Interferenzmaxima beobachtet, wenn die Wellenvektoren der einfallenden und der gestreuten Welle sich um einen reziproken Gittervektor unterscheiden. Ferner ist dabei vorausgesetzt, dass die Energie der einfallenden und der gestreuten Strahlung gleich ist, d.h. dass die Beträge der Vektoren $\vec{k}_0$ und $\vec{k}$ gleich sind. Aus diesen beiden Bedingungen folgt

$$2\vec{k}\,\vec{h} + |\vec{h}|^2 = 0 \tag{B40}$$

oder (vgl. Fig. 20)

$$|\vec{k}|\sin\vartheta = \frac{|\vec{h}|}{2}. \tag{B41}$$

Diese Beziehungen sind identisch mit der BRAGGschen Reflexionsbedingung. Man kann nämlich zeigen, dass der Abstand d von Netzebenen im direkten Gitter proportional ist zum Betrag $|\vec{h}|$ eines reziproken Gittervektors senkrecht zu diesen Ebenen, d.h.

$$d = \frac{2\pi n}{|\vec{h}|}. \tag{B42}$$

Hiermit und unter Verwendung von $|\vec{k}| = 2\pi/\lambda$ folgt aus Gl. B41 wiederum die BRAGGsche Reflexionsbedingung.

4. *Strukturfaktor*

Die Bedingungen für Röntgenstrahl-Interferenzmaxima ergaben sich aus der Betrachtung der Streuung einer Röntgenwelle an einer Struktur, die durch ein mit identischen Atomen besetztes BRAVAIS-Gitter beschrieben wird. Die BRAGGsche Gleichung bzw. die LAUEschen Gleichungen bestimmen sämtliche

Reflexe, die für solche einfache Strukturen auftreten können, erlauben aber keine Aussagen über die Intensitäten der einzelnen Reflexe.

Aus Gl. B 12 geht bereits hervor, dass die Intensität der gestreuten Röntgenwelle vom Streufaktor ψ der Atome abhängt. Der Streufaktor berücksichtigt die Tatsache, dass das Streuzentrum im Vergleich zur Wellenlänge der Röntgenstrahlung eine endliche Ausdehnung besitzt. Die Streuwelle setzt sich aus der von den einzelnen Hüllenelektronen ausgehenden elektromagnetischen Strahlung phasengerecht zusammen. Der Wert des Streufaktors ist proportional zur Zahl der Hüllenelektronen, d.h. zur Atomordnungszahl, und hängt von der Wellenlänge der Röntgenstrahlung und vom Glanzwinkel ϑ ab.

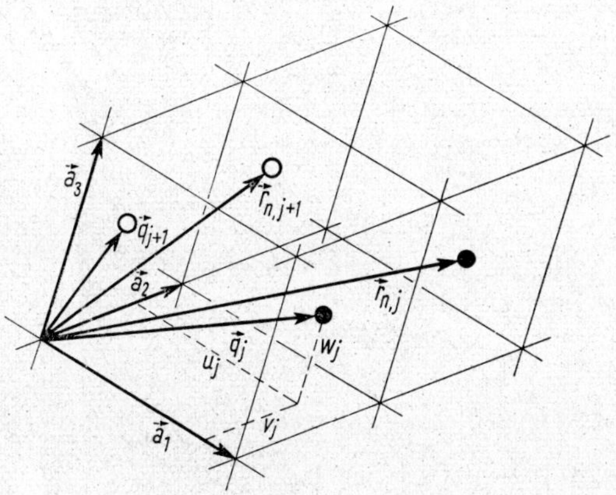

Fig. 21: Gitter mit Basis

Für Strukturen, denen ein mehrfach primitives Gitter bzw. ein Gitter mit Basis zugrunde liegt, werden die Intensitäten im wesentlichen durch den sog. Strukturfaktor bestimmt, der den atomaren Streufaktor ψ mit enthält. Der Strukturfaktor berücksichtigt sowohl die Art der Atome als auch ihre geometrische Anordnung in der Elementarzelle. Im folgenden wird gezeigt, dass der Strukturfaktor und damit die Intensität gewisser Reflexe identisch zu Null werden kann. Strukturen, die ein Gitter mit Basis haben, ergeben im allgemeinen weniger Reflexe als die Strukturen mit den entsprechenden einfach primitiven Gittern.

Die Lagen der Atome in einem Gitter mit Basis sind bestimmt durch (vgl. Fig. 21)

$$\vec{r}_{nj} = n_1 \vec{a}_1 + n_2 \vec{a}_2 + n_3 \vec{a}_3 + \vec{q}_j . \tag{B43}$$

q_j ist der Basisvektor, der die Lage des j-ten Atoms innerhalb der Elementarzelle durch die Basiskoordinaten u_j, v_j, w_j festlegt:

$$\vec{q}_j = u_j \vec{a}_1 + v_j \vec{a}_2 + w_j \vec{a}_3 . \tag{B44}$$

Für die totale Streuamplitude der Röntgenstrahlung (vgl. Gl. B 12) erhält man jetzt

$$A_{\text{tot}} = A_0 \sum_{n_1, n_2, n_3, j} \psi_j \, e^{i \vec{r}_{nj} \vec{h}}$$

$$= A_0 \sum_j \psi_j \, e^{i \vec{q}_j \vec{h}} \sum_{n_1, n_2, n_3} e^{i(n_1 \vec{a}_1 \vec{h} + n_2 \vec{a}_2 \vec{h} + n_3 \vec{a}_3 \vec{h})}. \tag{B45}$$

Die Summe über n_1, n_2, n_3 erreicht maximale Werte, wenn die LAUEschen Gleichungen erfüllt sind (vgl. S. 33 ff.). Die Summe über j bezeichnet man als Strukturfaktor S

$$S = \sum_j \psi_j \, e^{i \vec{q}_j \vec{h}} = \sum_j \psi_j \, e^{i(u_j \vec{a}_1 \vec{h} + v_j \vec{a}_2 \vec{h} + w_j \vec{a}_3 \vec{h})}. \tag{B46}$$

Unter Verwendung der LAUEschen Gleichungen (B 14) erhält man den Strukturfaktor, der zum Interferenzmaximum ($h_1 \; h_2 \; h_3$) gehört:

$$S = \sum_j \psi_j \, e^{2\pi i(u_j h_1 + v_j h_2 + w_j h_3)}. \tag{B47}$$

Jedem Punkt des reziproken Gitters wird also ein bestimmter Wert des Strukturfaktors zugeordnet.

Strukturfaktoren des kubisch raumzentrierten und des kubisch flächenzentrierten Gitters

Alle Gitterpunkte seien mit identischen Atomen besetzt. Die kubische Elementarzelle des kubisch *raumzentrierten* Gitters enthält 2 Gitterpunkte mit den folgenden Koordinaten u_j, v_j, w_j (vgl. Tabelle 2 und Fig. 22a)

j	u_j	v_j	w_j
1	0	0	0
2	$\frac{1}{2}$	$\frac{1}{2}$	$\frac{1}{2}$

Der Strukturfaktor S_{krz} beträgt somit

$$S_{krz} = \psi \, [1 + e^{\pi i(h_1 + h_2 + h_3)}]. \tag{B48}$$

Daraus folgt

$$S_{krz} = 2\psi \quad \text{für} \quad h_1 + h_2 + h_3 = 2p$$

$$S_{krz} = 0 \quad \text{für} \quad h_1 + h_2 + h_3 = 2p + 1.$$

$p = 0, 1, 2 \ldots$

Alle Reflexe von Netzebenen ($h_1 \; h_2 \; h_3$) löschen sich also aus, wenn $h_1 + h_2 + h_3$ ungerade ist.

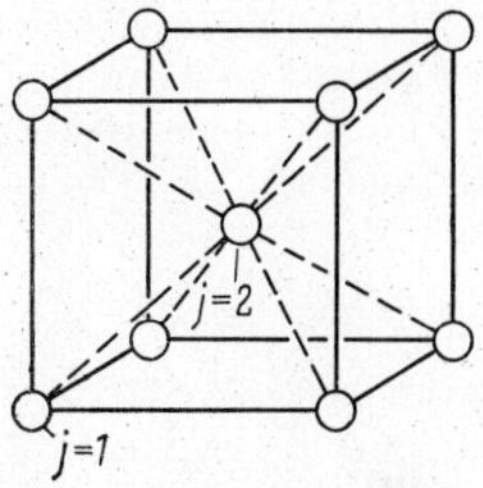

a) Kubisch raumzentriertes Gitter

Basiskoordinaten	u_j	v_j	w_j
$j = 1$	0	0	0
$j = 2$	$\frac{1}{2}$	$\frac{1}{2}$	$\frac{1}{2}$

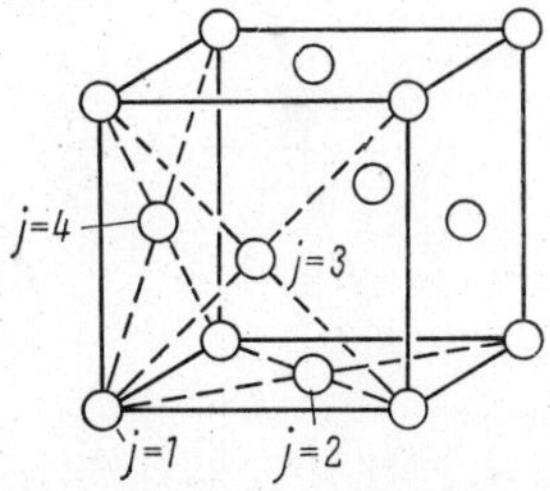

b) Kubisch flächenzentriertes Gitter

Basiskoordinaten	u_j	v_j	w_j
$j = 1$	0	0	0
$j = 2$	$\frac{1}{2}$	$\frac{1}{2}$	0
$j = 3$	$\frac{1}{2}$	0	$\frac{1}{2}$
$j = 4$	0	$\frac{1}{2}$	$\frac{1}{2}$

Fig. 22: Kubische Gitter mit Basis

Die Elementarzelle des kubisch *flächenzentrierten* Gitters enthält 4 Gitterpunkte mit den folgenden Koordinaten u_j, v_j, w_j (vgl. Tabelle 2 und Fig. 22b)

j	u_j	v_j	w_j
1	0	0	0
2	$\frac{1}{2}$	$\frac{1}{2}$	0
3	$\frac{1}{2}$	0	$\frac{1}{2}$
4	0	$\frac{1}{2}$	$\frac{1}{2}$

Der Strukturfaktor S_{kfz} beträgt somit

$$S_{kfz} = \psi[1 + e^{i\pi(h_1+h_2)} + e^{i\pi(h_1+h_3)} + e^{i\pi(h_2+h_3)}]. \tag{B49}$$

Daraus folgt:

$S_{kfz} = 4\psi$, falls die Zahlen h_1, h_2, h_3 nur gerade oder nur ungerade sind (Beispiele: 111, 113, 220),

$S_{kfz} = 0$, falls die Zahlen h_1, h_2, h_3 gerade und ungerade sind (Beispiele: 100, 110, 112).

Abschliessend wird am Beispiel der NaCl-Struktur der Fall behandelt, dass die Gitterpunkte der Elementarzelle mit Atomen unterschiedlicher Ordnungszahl besetzt sind. Das Gitter der NaCl-Struktur besteht aus 2 kubisch flächenzentrierten Gittern, die jeweils nur von einer Atomsorte besetzt sind und die gegeneinander in den 3 Würfelkantenrichtungen um $a/2$ verschoben sind (vgl. Fig. 23). Die Basis dieses Gitters umfasst 8 Punktlagen, die von je 4 Atomen der Art A bzw. B besetzt sind.

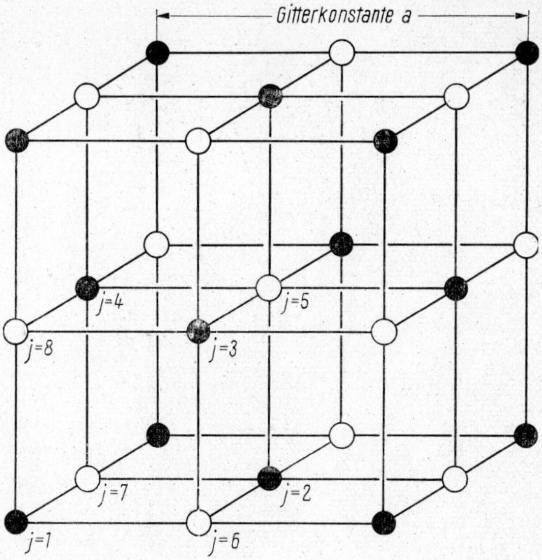

Fig. 23: NaCl-Struktur; die Basis des kubischen Gitters mit der Gitterkonstante a umfasst die Punktlagen $j = 1 \ldots 8$

j	u_j	v_j	w_j	
1	0	0	0	ψ_A
2	$\frac{1}{2}$	$\frac{1}{2}$	0	ψ_A
3	$\frac{1}{2}$	0	$\frac{1}{2}$	ψ_A
4	0	$\frac{1}{2}$	$\frac{1}{2}$	ψ_A
5	$\frac{1}{2}$	$\frac{1}{2}$	$\frac{1}{2}$	ψ_B
6	$\frac{1}{2}$	0	0	ψ_B
7	0	$\frac{1}{2}$	0	ψ_B
8	0	0	$\frac{1}{2}$	ψ_B

Für den Strukturfaktor erhält man:

$$\begin{aligned} S_{\text{NaCl}} &= \psi_A\left[1+e^{i\pi(h_1+h_2)}+e^{i\pi(h_1+h_3)}+e^{i\pi(h_2+h_3)}\right] \\ &\quad +\psi_B\left[e^{i\pi(h_1+h_2+h_3)}+e^{i\pi h_1}+e^{i\pi h_2}+e^{i\pi h_3}\right] \\ &= \left[\psi_A+\psi_B\, e^{i\pi(h_1+h_2+h_3)}\right]\left[1+e^{i\pi(h_1+h_2)}+e^{i\pi(h_1+h_3)}+e^{i\pi(h_2+h_3)}\right]. \qquad \text{(B 50)} \end{aligned}$$

Daraus folgt:

$S_{\text{NaCl}} = 0$, falls die Zahlen h_1, h_2, h_3 gerade und ungerade sind;
$S_{\text{NaCl}} = 4(\psi_A+\psi_B)$, falls die Zahlen h_1, h_2, h_3 alle gerade sind;
$S_{\text{NaCl}} = 4(\psi_A-\psi_B)$, falls die Zahlen h_1, h_2, h_3 alle ungerade sind.

Vergleicht man beispielsweise die Röntgenaufnahmen von NaCl mit denen von KCl, welches ebenfalls NaCl-Struktur besitzt, so findet man einen deutlichen

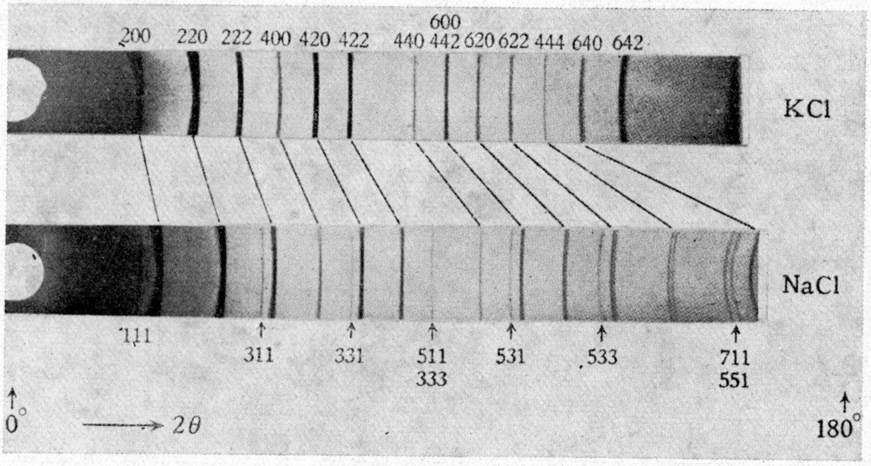

Fig. 24: Pulver-Aufnahmen von KCl und NaCl (aus L. BRAGG, *The Crystalline State*, Bd. 1, Bell, London 1955)

Unterschied (vgl. Fig. 24): die Reflexe $h_1\, h_2\, h_3$, für welche die Zahlen h_1, h_2, h_3 ungerade sind, fehlen in der Aufnahme für KCl. Demnach müssen die atomaren Streufaktoren und damit die massgebenden Zahlen der Hüllenelektronen von Kalium und Chlor gleich sein. Dies ist aber nur möglich, wenn die Streuzentren die *Ionen* K^+ und Cl^- sind, denn

$$\psi_A \sim Z_{K^+} = Z_K - 1 = 19 - 1 = 18,$$
$$\psi_B \sim Z_{Cl^-} = Z_{Cl} + 1 = 17 + 1 = 18.$$

Man hat hiermit einen direkten experimentellen Beweis, dass KCl ein Ionenkristall ist.

Die Gitterbausteine der Alkalihalogenidkristalle sind immer Metall- und Halogen*ionen*, d.h. Alkalihalogenidkristalle sind – unabhängig vom Gittertyp – Ionenkristalle. CsCl, CsBr und CsJ haben eine kubisch raumzentrierte Struktur (CsCl-Struktur), d.h. die Metallionen und die Halogenionen besetzen kubisch primitive Gitter, die in den drei Würfelkantenrichtungen um $a/2$ gegeneinander verschoben sind. Alle übrigen Alkalihalogenide kristallisieren in NaCl-Struktur.

III. BRILLOUIN-Zonen

Mit der Einführung des reziproken Gitters ergab sich eine einfache Auswertung der LAUEschen Gleichungen: Eine Röntgenwelle der Wellenlänge λ und mit der Einfallsrichtung von $\vec{k}_0$ wird in Richtungen von $\vec{k}$ maximal gestreut, wenn der Vektor $\vec{h} = \vec{k}_0 - \vec{k}$ ein Translationsvektor des reziproken Gitters ist.

Man kann nun jeden Gittervektor des reziproken Gitters mit einem Vektor $\vec{h}$ identifizieren. Dann ist die Mittelsenkrechten-Ebene auf $\vec{h}$ der geometrische

Ort aller Pfeilspitzen der Vektoren $\vec{k}_0$ und $\vec{k}$, die von den Endpunkten dieses Vektors $\vec{h}$ ausgehen. Bezeichnet man mit $\vec{k}_L$ alle Wellenvektoren, für die die gestreute Röntgenwelle maximale Intensität hat, so lautet die Gleichung der Mittelsenkrechten-Ebene auf dem Gittervektor $\vec{h}$

$$\vec{k}_L \vec{h} = \frac{|\vec{h}|^2}{2}. \tag{B51}$$

Bestimmt man alle Mittelsenkrechten-Ebenen auf den Vektoren $\vec{h}$, die von einem willkürlich gewählten Gitterpunkt zu den Nachbargitterpunkten des reziproken Gitters gehen, so schliessen diese Ebenen ein Volumen vom Betrag $V_{BZ} = \vec{b}_1(\vec{b}_2 \times \vec{b}_3)$ ein, das als 1. BRILLOUIN-Zone bezeichnet wird ($\vec{b}_1$, $\vec{b}_2$, $\vec{b}_3$ sind die Translationsvektoren des reziproken Gitters). Analog findet man die

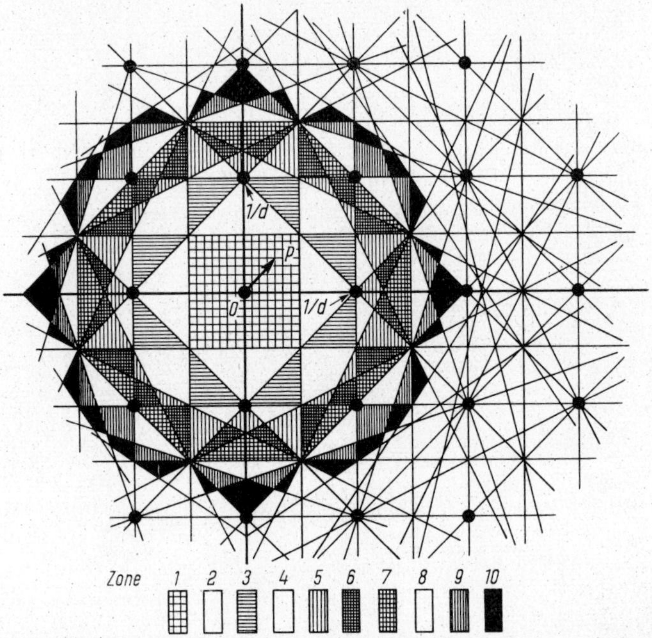

Fig. 25: BRILLOUIN-Zonen für ein quadratisches Flächengitter (aus L. BRILLOUIN, *Wave Propagation in Periodic Structures*, McGraw-Hill, New York 1946)

n-te BRILLOUIN-Zone als das Volumen desselben Betrags V_{BZ} ausserhalb der $(n-1)$-ten Zone. In Fig. 25 ist für einen zweidimensionalen Fall die Einteilung des reziproken Gitters in BRILLOUIN-Zonen dargestellt; eine BRILLOUIN-Zone ist hier die von den Mittelsenkrechten auf den Vektoren zu den Nachbarpunkten eingeschlossene Fläche.

Die Begrenzungsflächen der BRILLOUIN-Zonen sind durch die LAUEschen Gleichungen gegeben, d.h. BRAGGsche Reflexion kann auftreten, wenn die Pfeilspitze des vom Koordinatenursprung ausgehenden Vektors $\vec{k}_0$ auf der Begrenzungsfläche einer BRILLOUIN-Zone liegt. Wir werden später zeigen, dass die Elektronen im Festkörper Wellennatur besitzen und dass dementsprechend auch Elektronenwellen BRAGGsche Reflexionen erleiden können. Die Einteilung des reziproken Raums nach Zonen ist von grundlegender Bedeutung für die Elektronenbewegung in periodischen Strukturen (vgl. S. 217).

Die Form der BRILLOUIN-Zonen hängt nur von der Geometrie des BRAVAIS-Gitters ab, das einer gewissen Kristallstruktur zugrunde liegt, und ist unabhängig vom chemischen Aufbau und von der Zahl der Atome in der Elementarzelle. Für ein gegebenes Gitter haben alle BRILLOUIN-Zonen dasselbe Volumen V_{BZ}, und zwar können durch Translationen alle Teile einer höheren BRILLOUIN-Zone genau in der 1. BRILLOUIN-Zone untergebracht werden (vgl. Fig. 25 für den zweidimensionalen Fall).

Literatur

Struktur

BUERGER, M. J., *Elementary Crystallography: An Introduction to the Fundamental Geometrical Features of Crystals* (Wiley, New York 1956).

HUME-ROTHERY, W., und RAYNOR, G. V., *The Structure of Metals and Alloys* (Institute of Metals, London 1956).

KLEBER, W., *Einführung in die Kristallographie* (Verlag Technik, Berlin 1963).

NIGGLI, P., *Lehrbuch der Mineralogie und Kristallchemie*, 2 Bde. (Bornträger, Berlin 1942).

NIGGLI, P., *Grundlagen der Stereochemie* (Birkhäuser, Basel 1945).

PAULING, L., *The Nature of the Chemical Bond, 3. Aufl.* (Cornell University Press, Ithaca 1960).

WELLS, A. F., *Structural Inorganic Chemistry* (Oxford University Press, London 1962).

WINKLER, H. G. F., *Struktur und Eigenschaften der Kristalle*, 2. Aufl. (Springer, Berlin 1955).

Strukturbestimmung

ARNDT, U. W., und WILLIS, B. T. M., *Single Crystal Diffractometry* (Cambridge University Press, London 1966).

AZAROFF, L. V., und BUERGER, M. J., *The Powder Method in X-Ray Crystallography* (McGraw-Hill, New York 1958).

BACON, G. E., *Neutron Diffraction* (Oxford University Press, London 1960).

BRAGG, W. L., *The Crystalline State*, Bd. 1 (Bell, London 1933).

BUERGER, M. J., *X-Ray Crystallography* (Wiley, New York 1942).

BUERGER, M. J., *Crystal Structure Analysis* (Wiley, New York 1960).

GUINIER, A., *Théorie et technique de la radiocristallographie* (Dunod, Paris 1956).

VON LAUE, M., *Materiewellen und ihre Interferenzen*, 2. Aufl. (Akademische Verlagsgesellschaft, Leipzig 1948).

VON LAUE, M., *Röntgenstrahl-Interferenzen* (Akademische Verlagsgesellschaft, Frankfurt 1960).

Verschiedene zusammenfassende Artikel in:

Handbuch der Physik, herausgegeben von S. FLÜGGE, (Springer, Berlin 1955 ff.),

Bd. 7/1,2: *Kristallphysik I, II* (1955, 1958),

Bd. 30: *Röntgenstrahlen* (1957),

Bd. 32: *Strukturforschung* (1957),

Bd. 33: *Korpuskularoptik* (1956).

Nachschlagewerke

LANDOLT–BÖRNSTEIN, *Zahlenwerte und Funktionen*, Bd. 1/4: *Kristalle* (Springer, Berlin 1955).

LONSDALE, K., et al. (Herausgeber), *International Tables for X-Ray Crystallography* (Kynoch, Birmingham 1952 ff.)
Bd. 1: *Symmetry Groups* (1952),
Bd. 2: *Mathematical Tables* (1959),
Bd. 3: *Physical and Chemical Tables* (1962).

PEARSON, W. B., *A Handbook of Lattice Spacings and Structures of Metals and Alloys*, 2 Bde. (Pergamon, Oxford 1958, 1967).

EWALD, P. P., et al. (Herausgeber), *Struktur-Bericht*, 7 Bde. (Akademische Verlagsgesellschaft, Leipzig 1913–1939).

WILSON, A. J. C./PEARSON, W. B. (Herausgeber für ‹The International Union of Crystallography›), *Structure Reports for 1940–1960* (Oosthoek, Utrecht 1956–1968).

WYCKOFF, R. W. G., *Crystal Structures*, 6 Bde., 2. Aufl. (Interscience, New York 1963–1969).

C. Dynamik der Kristallgitter

Kristalle besitzen die im vorhergehenden Kapitel behandelten geometrischen Eigenschaften streng nur unter der Voraussetzung, dass die absolute Temperatur gleich Null und der äussere Druck hydrostatisch ist. Im folgenden untersuchen wir Festkörpereigenschaften, die unmittelbar von der im Kristall enthaltenen inneren Energie abhängen. Wir interessieren uns vor allem für die Frage, wie sich die innere Energie unter dem Einfluss der Temperatur und des Drucks ändert. Die Grundlage für die Herleitung solcher Zusammenhänge bietet die Thermodynamik. Zusätzlich sind Angaben über den mikroskopischen Aufbau des Festkörpers erforderlich, wie beispielsweise die Herleitung der Zustandsgleichung auf S. 111 ff. zeigt.

I. Thermodynamische Grundlagen

Ein Festkörper vom Volumen V stehe bei der Temperatur T unter dem hydrostatischen Druck p. Thermodynamisch definiert man als isotherme Kompressibilität

$$\varkappa = -\frac{1}{V}\left(\frac{\partial V}{\partial p}\right)_T \tag{C1}$$

und als isobaren Volumenausdehnungskoeffizienten

$$\alpha = \frac{1}{V}\left(\frac{\partial V}{\partial T}\right)_p. \tag{C2}$$

Weiterhin kann man ohne spezielle Angaben über den Aufbau des Festkörpers die Kompressionsarbeit sowie die *Differenz* der spezifischen Wärmen bei konstantem Druck und bei konstantem Volumen berechnen.

Kompressionsarbeit: Erhöht man bei konstanter Temperatur den hydrostatischen Druck, so wird das ursprüngliche Volumen V_0 des Festkörpers auf das Volumen V reduziert. Dabei wird die Kompressionsarbeit A_K geleistet. Die notwendige Druckerhöhung ergibt sich aus der Kompressibilität (Gl. C1):

$$dp = -\frac{1}{\varkappa}\frac{dV}{V_0}. \tag{C3}$$

Das Volumen V_0 entspreche dem Druck $p = 0$. Dann ist die Druckerhöhung gleich dem angewandten Druck p

$$p = -\frac{1}{\varkappa}\,\frac{V-V_0}{V_0}. \tag{C4}$$

Für die Kompressionsarbeit erhält man

$$A_K^{\swarrow} = -\int_{V_0}^{V} p\,dV = \frac{1}{\varkappa V_0}\int_{V_0}^{V} (V-V_0)\,dV$$

$$A_K^{\swarrow} = \frac{1}{2\varkappa}\,\frac{(V-V_0)^2}{V_0}. \tag{C5}$$

Differenz der spezifischen Wärmen: Thermodynamisch gilt allgemein

$$c_p - c_V = -T\left(\frac{\partial V}{\partial T}\right)_p^2 \left(\frac{\partial p}{\partial V}\right)_T \tag{C6}$$

und mit Gl. C1 und C2

$$c_p - c_V = \frac{\alpha^2 V T}{\varkappa}. \tag{C7}$$

Die Messung der spezifischen Wärme erfolgt stets bei konstantem Druck; die Theorien der spezifischen Wärme basieren aber auf der Annahme konstanten Volumens, wie wir noch zeigen werden (vgl. S. 65 ff.). Die allgemein gültige

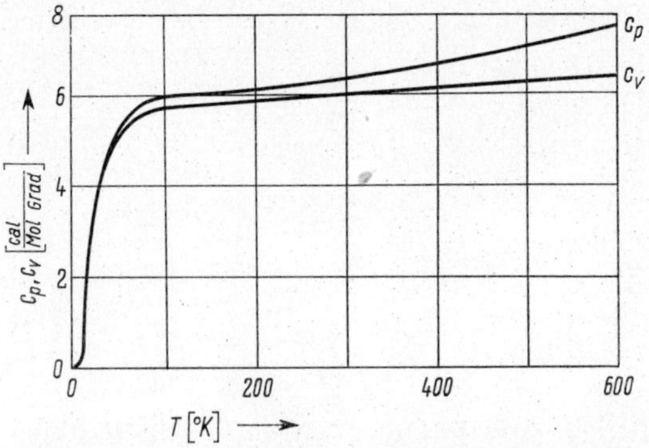

Fig. 26: Spezifische Wärme von Blei bei konstantem Druck und bei konstantem Volumen in Funktion der Temperatur (nach F. SEITZ, *Modern Theory of Solids*, McGraw-Hill, New York 1940)

Beziehung C7 ist daher wichtig zum Vergleich von experimentellen und theoretischen Werten der spezifischen Wärme. Die Differenz zwischen c_p und c_V verschwindet für $T = 0$ °K, nimmt aber linear mit T zu und ist daher vor allem bei höheren Temperaturen keineswegs vernachlässigbar (vgl. Fig. 26).

II. Innere Energie

Die totale Energie, die in einem abgeschlossenen System enthalten ist, bezeichnet man als innere Energie U. Die innere Energie eines Festkörpers besteht aus der kinetischen und der potentiellen Energie der Gitterbausteine (Atome, Ionen, Moleküle), der Gitterdefekte und der Elektronen.

Man teilt die innere Energie in folgende Beiträge auf:

1) Die Gitterenergie U_g wird bestimmt durch die Kräfte zwischen den Gitterbausteinen. Sie ist zahlenmässig gleich der Energie, die für die Zerlegung des Kristalls vom Volumen V in freie Atome, Ionen bzw. Moleküle erforderlich wäre. ‹Freie› Teilchen haben untereinander keine Wechselwirkungen; sie sind voneinander unendlich weit entfernt, und man setzt ihre potentielle Energie gleich Null. Die Gitterenergie ist demnach negativ. Sie ist abhängig vom Volumen des Kristalls, d.h. $U_g(V)$, und hängt infolge der schwachen Temperaturabhängigkeit des Volumens nur indirekt von der Temperatur ab.

2) Die Energie $U_s(V, T)$ der Gitterschwingungen ist — abgesehen von der Nullpunktsenergie (s. S. 70) — gegeben durch den Energiezuwachs, den der Kristall bei der Erwärmung vom absoluten Nullpunkt auf die Temperatur T beim Volumen V erfährt. Diese Schwingungsenergie ist sowohl vom Volumen als auch von der Temperatur abhängig und setzt sich zusammen aus der kinetischen Energie der schwingenden Gitterbausteine und ihrer potentiellen Energie bezüglich ihrer Ruhelage.

3) Weitere Beiträge ΔU enthalten beispielsweise die Energie der Gitterdefekte (vgl. S. 128), des Elektronengases (vgl. S. 176) oder der Spinwellen.

Im Rahmen dieses Kapitels werden nur die beiden ersten Beiträge zur inneren Energie behandelt, und hierzu wird das folgende Modell eines Idealkristalls zugrunde gelegt: Die Atome bzw. Ionen seien im zeitlichen Mittel durch gegenseitige Kräfte auf Gitterplätzen lokalisiert, führen aber eine Temperaturbewegung in Form von räumlichen Schwingungen um ihre Ruhelage aus. Die innere Energie beträgt also:

$$U = U_g(V) + U_s(V, T). \tag{C8}$$

Zur Berechnung der beiden Energiebeiträge dienen die Modellvorstellungen von G. Mie (Gitterenergie) und von A. Einstein oder P. Debye (Energie der Gitterschwingungen).

1. *Gitterenergie*

Erfahrungsgemäss lassen sich Festkörper nur unter Aufwendung von Kräften deformieren. Die Reaktionskräfte im Festkörper sind zurückzuführen auf die Kräfte zwischen den Gitterbausteinen. G. Mie hat die Annahme eingeführt, dass sowohl die anziehende wie die abstossende Kraft zwischen zwei Atomen (bzw. Ionen) aus einem Potential abgeleitet ist, das umgekehrt proportional ist zu einer Potenz des Abstands. Danach gilt für die potentielle Energie zweier Atome im gegenseitigen Abstand r (vgl. Fig. 27)

$$\phi(r) = -\frac{a}{r^m} + \frac{b}{r^n}. \tag{C9}$$

a, b, m, n Konstanten

Der erste Term bedeutet gegenseitige Anziehung, der zweite Term Abstossung.

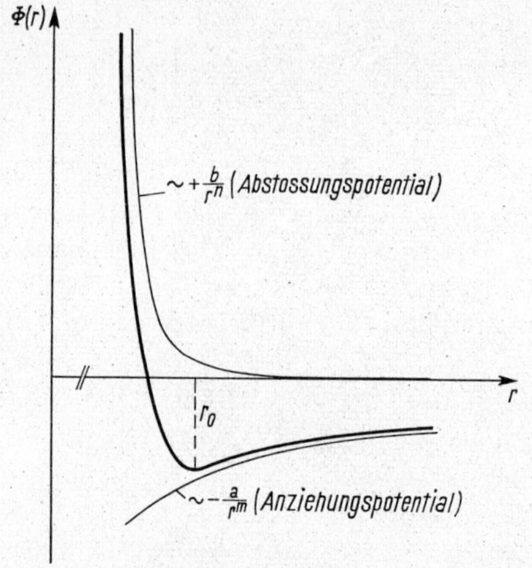

Fig. 27: Potentielle Energie zweier Gitterteilchen in Funktion ihres gegenseitigen Abstands

Der Gleichgewichtsabstand r_0 folgt aus der Bedingung für minimale potentielle Energie, d.h.

$$\frac{d\phi}{dr} = 0. \tag{C10}$$

Man muss annehmen, dass in grosser Entfernung die Abstossung wesentlich schwächer ist als die Anziehung, so dass der Zusammenbau zu einem festen Körper möglich ist. Bei kleinen Abständen der Atome muss dagegen die Abstossungskraft überwiegen, sonst ergäbe sich keine stabile Gleichgewichtslage. Daher gilt $n > m$. Dies tritt beispielsweise bei der uniaxialen Deformation eines Festkörpers in Erscheinung: die uniaxiale Kompression erfordert grössere Kräfte als die uniaxiale Dehnung, um eine bestimmte relative Längenänderung zu erreichen.

Die gesamte Gitterenergie eines Kristalls vom Volumen V ergibt sich aus der Summation über die potentiellen Energien zwischen allen Paaren von Gitterteilchen, d.h.

$$U_g = \frac{1}{2} \sum_i \sum_{\substack{j \\ i \neq j}} \phi_{ij}(r_{ij}). \tag{C11}$$

Der Faktor $\frac{1}{2}$ trägt der Tatsache Rechnung, dass der Energiebeitrag jedes Paars nur einmal gezählt wird. Einsetzen von Gl. C9 in Gl. C11 ergibt

$$U_g = -\frac{1}{2} \sum_i \sum_{\substack{j \\ i \neq j}} \frac{a_{ij}}{(r_{ij})^m} + \frac{1}{2} \sum_i \sum_{\substack{j \\ i \neq j}} \frac{b_{ij}}{(r_{ij})^n}. \tag{C12}$$

Bezieht man die gegenseitigen Abstände r_{ij} zwischen den Gitterteilchen auf den Abstand nächster Nachbarn, der durch die Zahl der Gitterteilchen im Kristallvolumen V definiert ist, so erhält man

$$r_{ij} = c_{ij} r_1 \qquad \text{(C13)}$$

mit

$$r_1^3 = \frac{V}{2N_P}. \qquad \text{(C14)}$$

N_P Zahl der Atom- oder Ionenpaare im Volumen V (Zahl der Moleküle in Ionenkristallen)

Unter Verwendung von Gl. C13 geht Gl. C12 über in

$$U_g = -\frac{A'}{r_1^m} + \frac{B'}{r_1^n} \qquad \text{(C15)}$$

mit

$$A' = \sum_i \sum_{\substack{j \\ i \neq j}} \frac{a_{ij}}{2\,c_{ij}^m} \quad \text{und} \quad B' = \sum_i \sum_{\substack{j \\ i \neq j}} \frac{b_{ij}}{2\,c_{ij}^n}. \qquad \text{(C16)}$$

Einsetzen von Gl. C14 in Gl. C15 liefert

$$U_g = -\frac{A}{V^{\frac{m}{3}}} + \frac{B}{V^{\frac{n}{3}}} \qquad \text{(C17)}$$

mit

$$A = (2N_P)^{\frac{m}{3}} A' \quad \text{und} \quad B = (2N_P)^{\frac{n}{3}} B'. \qquad \text{(C18)}$$

Die Konstanten A und B hängen also ab von der Zahl der Gitterteilchen im Kristallvolumen, von ihrer räumlichen Anordnung (d.h. von der Kristallstruktur) sowie von den Exponenten m und n.

Die Kristallstruktur wird so gebildet, dass die resultierende Kraft auf jeden Gitterbaustein gleich Null ist, d.h. die Atome befinden sich in einer Gleichgewichtslage. Das thermodynamische Gleichgewicht ist erreicht, wenn die freie Energie F des Kristalls minimal ist. Die freie Energie ist definiert als

$$F = U - TS. \qquad \text{(C19)}$$

S Entropie

Für $T = 0$ und $p = 0$ ist die freie Energie gleich der Gitterenergie. Die Gleichgewichtsbedingung heisst dann

$$\left(\frac{\partial U_g}{\partial V}\right)_{T=0} = 0 \qquad \text{(C20)}$$

und liefert die Beziehung

$$\frac{m}{3}\,\frac{A}{V_0^{\frac{m}{3}+1}} = \frac{n}{3}\,\frac{B}{V_0^{\frac{n}{3}+1}}. \qquad \text{(C21)}$$

V_0 Gleichgewichtsvolumen

Hiermit kann die Konstante B in Gl. C 17 eliminiert werden, und man erhält den Gleichgewichtswert der Gitterenergie

$$U_{g\,0} = -\frac{A}{V_0^{\frac{m}{3}}}\left(1-\frac{m}{n}\right). \tag{C22}$$

Bis hierher sind noch keine Annahmen über den Ursprung der Gitterkräfte gemacht worden. Der Potenzansatz von G. Mie war zunächst eine Hypothese, um thermisch-elastische Eigenschaften fester Stoffe theoretisch diskutieren zu können. Die Konstanten A, m, n sind nur empirisch bestimmbar, sofern nicht weitere Annahmen über die Natur der Gitterkräfte, d.h. die chemische Bindung, eingeführt werden.

Man unterscheidet je nach der Art der Kräfte zwischen den Gitterbausteinen im wesentlichen 4 verschiedene Typen der chemischen Bindung. Für jeden Bindungstyp ist eine spezielle Diskussion der Gitterenergie erforderlich. Von allen Typen ist der Fall der heteropolaren (ionogenen) Bindung am besten bekannt. Daher beschränken wir uns hier auf die Behandlung der Gitterenergie in Ionenkristallen.

a) Gitterenergie von Ionenkristallen

Der wesentliche Anteil der Bindungskräfte in Ionenkristallen ist elektrostatischer Natur. Die Coulomb-Energie u_{coul} für zwei Punktladungen $Z\,e$ im Abstand r beträgt

$$u_{\text{coul}} = -\frac{1}{4\pi\varepsilon_0}\,\frac{Z^2 e^2}{r}. \tag{C23}$$

ε_0 Influenzkonstante

Die gesamte Coulomb-Energie U_{coul} eines Ionenkristalls erhält man aus der Summation über sämtliche Ionenpaare. Sie besteht aus einem anziehenden und einem abstossenden Beitrag zwischen Ionen entgegengesetzter bzw. gleicher Ladung. Daraus resultiert ein negativer Beitrag zur Gitterenergie, der die Kohäsion der Ionenkristalle darstellt.

Die Summation erfolgt nach einem Verfahren von E. Madelung und P. P. Ewald und führt unter der Annahme punktförmiger Ionenladungen, die nur auf Gitterpunkten angeordnet sind, zu dem Ausdruck

$$U_{\text{coul}} = -\alpha_M N_P \frac{Z^2 e^2}{4\pi\varepsilon_0}\,\frac{1}{r_1}. \tag{C24}$$

α_M Madelungsche Zahl
N_P Zahl der Ionenpaare
Z Wertigkeit der Ionen
e Elementarladung
r_1 Abstand nächster Nachbarn

Die MADELUNGsche Zahl α_M ist definiert als

$$\alpha_M = r_1 \sum_j (\pm) \frac{1}{r_j} . \tag{C25}$$

r_j Abstand zwischen einem Referenz-Ion und dem j-nächsten Ion
$+$ für *verschiedenes* Vorzeichen der Ladungen im Abstand r_j
$-$ für *gleiches* Vorzeichen der Ladungen im Abstand r_j

α_M hängt nur ab vom Gittertyp, ist aber unabhängig von den Gitterdimensionen und der Art der Ionen. Für kompliziertere Strukturen wird die MADELUNGsche Zahl aus Gl. C24 anstatt aus Gl. C25 hergeleitet. Im Fall $Z_{\text{Kation}} \neq Z_{\text{Anion}}$ bedeuten N_P die Zahl der Moleküle und Z den grössten gemeinsamen Faktor von Z_{Kation} und Z_{Anion}, z.B. ist $Z = 2$ für TiO_2 und UO_2, $Z = 1$ für CaF_2 und Al_2O_3. Werte von α_M sind in Tabelle 5 für verschiedene Strukturtypen zusammengestellt.

Tabelle 5
MADELUNGsche Zahlen α_M für verschiedene Strukturtypen (nach M. P. TOSI, Solid State Physics *16*, 1 [1964], Tab. 1).

Strukturtyp	Beispiele	α_M
Steinsalz NaCl	AgBr, EuS	1,748
Cäsiumchlorid CsCl	CsBr, TlBr	1,763
Zinkblende ZnS	CuCl, GaAs	1,638
Wurtzit ZnS	ZnO, GaN	1,641
Fluorit CaF_2	LaH_2, UO_2	5,039
Rutil TiO_2	CrO_2, MnF_2	4,816
Korund Al_2O_3	V_2O_3, Cr_2O_3	25,031
Perowskit $CaTiO_3$	$BaTiO_3$, KJO_3	12,377

Das Anziehungspotential U_{coul} der Gitterenergie ist also proportional zu $1/r_1$, d.h. der entsprechende Exponent ist $m = 1$ (vgl. Gl. C22). Die Gitterenergie ist damit

$$U_{g\,0} = -\frac{A}{V_0^{\frac{1}{3}}} \left(1 - \frac{1}{n}\right), \tag{C26}$$

und unter Verwendung von Gl. C24

$$U_{g\,0} = -\alpha_M N_P \frac{Z^2 e^2}{4\pi \varepsilon_0} \frac{1}{r_1} \left(1 - \frac{1}{n}\right). \tag{C27}$$

Die Gitterenergie eines Ionenkristalls ist also bis auf den Exponenten n des Abstossungspotentials bekannt. Der Wert von n kann aus der Kompressibilität ermittelt werden, wie im folgenden gezeigt wird.

Die Gitterenergie ändert sich mit dem Volumen. Da die relative Volumenänderung mit dem äusseren hydrostatischen Druck p klein ist, kann man die Gitterenergie in einer TAYLOR-Entwicklung an der Stelle $V = V_0$ angeben:

$$U_g(V) = U_{g0} + \left(\frac{\partial U_g}{\partial V}\right)_{V_0} \Delta V + \frac{1}{2}\left(\frac{\partial^2 U_g}{\partial V^2}\right)_{V_0} (\Delta V)^2 + \ldots \tag{C28}$$

Für $V = V_0$ hat die Gitterenergie U_g ein Minimum (vgl. Gl. C20), es ist also

$$\left(\frac{\partial U_g}{\partial V}\right)_{V_0} = 0 \tag{C29}$$

und damit gilt in erster Näherung

$$U_g(V) = U_{g0} + \frac{1}{2}\left(\frac{\partial^2 U_g}{\partial V^2}\right)_{V_0} (\Delta V)^2 . \tag{C30}$$

Der zweite Term muss gleich der bei $T = 0$ °K geleisteten Kompressionsarbeit sein; mit Gl. C5 erhält man

$$\left(\frac{\partial^2 U_g}{\partial V^2}\right)_{V_0} = \frac{1}{\varkappa V_0} . \tag{C31}$$

Durch zweimalige Differentiation des MIEschen Ansatzes (Gl. C17) und unter Berücksichtigung der Gleichgewichtsbedingung (Gl. C21) erhält man eine Beziehung für die Kompressibilität, die unabhängig von der Art der chemischen Bindung gilt:

$$\frac{1}{\varkappa} = \frac{m(n-m)}{9} \frac{A}{V_0^{\frac{m}{3}+1}} . \tag{C32}$$

Speziell für Ionenkristalle ist $m = 1$, nach Gl. C27

$$A = \alpha_M N_P V_0^{\frac{1}{3}} \frac{Z^2 e^2}{4\pi \varepsilon_0} \frac{1}{r_1} \tag{C33}$$

und somit

$$\frac{1}{\varkappa} = \frac{n-1}{9} \frac{\alpha_M Z^2 e^2}{4\pi \varepsilon_0} \frac{1}{r_1} \frac{N_P}{V_0} . \tag{C34}$$

Bezeichnet man mit n_P die Zahl der Ionenpaare im Volumen r_1^3, so ist

$$\frac{1}{\varkappa} = \frac{n-1}{9} \frac{\alpha_M Z^2 e^2}{4\pi \varepsilon_0} \frac{n_P}{r_1^4} . \tag{C35}$$

Die Messung von $\varkappa$ erlaubt also die Bestimmung des Abstossungsexponenten n, der für viele Ionenkristalle grössenordnungsmässig den Wert $n \approx 10$ hat (vgl. Tabelle 6).

Tabelle 6

Abstossungsexponent n und Gitterenergie U_g (in kcal/Mol) von Alkalihalogeniden; U_g berechnet aus elektrostatischer Anziehung und Abstossung (Gl. C27), U_g experimentell aus dem BORN-HABERschen Kreisprozess; alle Werte beziehen sich auf Normaldruck und Zimmertemperatur (nach M. P. TOSI, Solid State Physics *16*, 1 [1964], Tab. 8, 11, 12).

	F	Cl	Br	J	
	6,2	7,3	7,7	7,0	n
Li	239,3	194,0	183,3	165,7	$-U_g$ (ber.)
	242,3	198,9	189,8	177,7	$-U_g$ (exp.)
	6,4	8,4	8,3	8,0	n
Na	210,0	180,9	170,5	157,1	$-U_g$ (ber.)
	214,4	182,6	173,6	163,2	$-U_g$ (exp.)
	7,4	8,6	9,1	9,2	n
K	187,1	162,9	157,0	147,1	$-U_g$ (ber.)
	189,8	165,8	158,5	149,9	$-U_g$ (exp.)
	8,1	9,5	9,5	10,1	n
Rb	181,0	158,8	151,5	143,8	$-U_g$ (ber.)
	181,4	159,3	152,6	144,9	$-U_g$ (exp.)
	10,2	10,6	10,5	11,1	n
Cs	176,4	152,0	146,1	138,6	$-U_g$ (ber.)
	172,5	155,4	149,4	142,4	$-U_g$ (exp.)

Die hohen Werte $n > m$ bewirken eine Abstossung hauptsächlich nur zwischen den nächsten Nachbar-Ionen (trotz ihrer entgegengesetzten Ladung!). Diese Abstossung nimmt mit abnehmendem Ionenabstand sehr stark zu.

Zwischen Kompressibilität und Abstossungsexponent besteht eine umgekehrte Proportionalität. Der hohe Wert von n rechtfertigt in vielen Fällen die Annahme, die Ionen als starre, undurchdringliche Kugeln aufzufassen ($n \to \infty$), die im Gitter so angeordnet sind, dass die nächsten Nachbarn sich berühren. Dann wird die Gitterkonstante durch die Ionenradien festgelegt (vgl. Tabelle 7).

Die Abstossung der Ionen bei grosser Annäherung beruht darauf, dass die Ladungsverteilung innerhalb der Ionen massgebend wird und benachbarte Elektronenwolken in Wechselwirkung treten. Letztlich ist das PAULIsche Ausschliessungsprinzip Ursache für die Abstossungskraft. Die Methoden der Quantenmechanik erlauben die Berechnung der Abstossung unabhängig von der Einführung empirischer Grössen.

Mit bekanntem n kann man die Gitterenergie U_{g0} eines Ionenkristalls berechnen, deren Hauptbeitrag ($\approx$ 90%) aus dem elektrostatischen Anziehungspotential besteht (vgl. Gl. C27 und Tabelle 6).

Tabelle 7

Ionenradien und Gitterkonstanten von Alkalihalogeniden mit NaCl-Struktur; die Gitterkonstante von *AB* ist ungefähr gleich der doppelten Summe aus den Ionenradien von A^+ und B^- (nach C. Kittel, *Introduction to Solid State Physics*, 2. Aufl. [Wiley, New York 1956], S. 80, 82).

		F^-	Cl^-	Br^-	J^-
	Ionenradien [Å]	1,36	1,81	1,95	2,16
		Gitterkonstanten [Å]			
Li^+	0,68	4,02	5,13	5,49	6,00
Na^+	0,98	4,62	5,63	5,96	6,46
K^+	1,33	5,33	6,28	6,59	7,05
Rb^+	1,47	5,63	6,58	6,85	7,34

b) Born–Haberscher Kreisprozess

Eine direkte experimentelle Bestimmung der Gitterenergie ist im allgemeinen nicht möglich, denn ein Ionenkristall zerfällt unter Aufwendung von Energie nicht in voneinander unabhängige Ionen, sondern in neutrale Moleküle bzw. Atome. Die Gitterenergie ist definiert als die Energie, die aufgebracht werden muss, um einen Kristall (z.B. NaJ) in seine Bausteine (Na^+- und J^--Ionen) zu zerlegen. Diese Energie kann man indirekt aus thermochemischen Daten mit Hilfe des Born–Haberschen Kreisprozesses ermitteln. Man hat damit eine Möglichkeit, den Wert von U_{g0} aus Gl.C27 zu prüfen. Im folgenden beschreiben wir am Beispiel eines NaJ-Kristalls die Teilprozesse, die zu einem

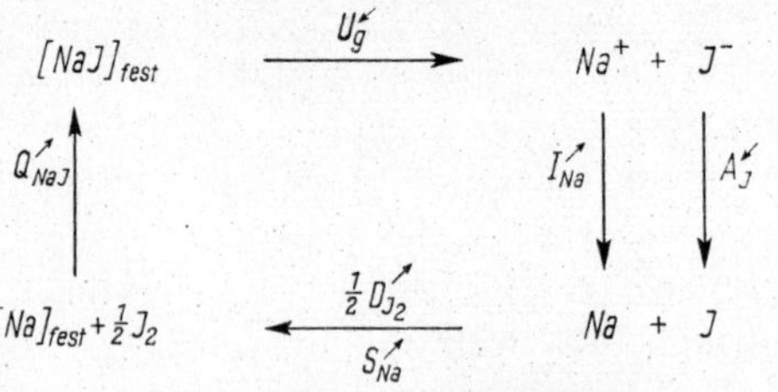

Fig. 28: Born–Haberscher Kreisprozess

Kreisprozess führen (vgl. Fig. 28). Die Summe aller Energien, die hierbei umgesetzt werden, ist gleich Null.

1) Die Zerlegung des NaJ-Kristalls in seine Bausteine, die Na^+- und J^--Ionen, erfordert die Gitterenergie $U_{g0}^{\swarrow}$.

2) Na^+ geht in gasförmiges Na über durch Abgabe der Ionisationsenergie $I_{Na}^{\swarrow}$, J^- geht in atomares J über durch Aufnahme der Energie $A_J^{\swarrow}$, die gleich dem Wert der Elektronenaffinität des J ist.

3) Aus gasförmigem Na entsteht unter Abgabe der Sublimationswärme $S_{Na}^{\nearrow}$ festes metallisches Na;

atomares J geht über in molekulares $\frac{1}{2}$ J_2 unter Abgabe der Dissoziationsenergie $\frac{1}{2} D_{J_2}^{\nearrow}$.

4) Aus festem Na und gasförmigem $\frac{1}{2}$ J_2 bildet sich kristallines NaJ unter Abgabe der Bildungswärme $Q_{\mathrm{NaJ}}^{\nearrow}$.

Für die Gitterenergie ergibt sich hieraus

$$U_{g\,0} = Q_{\mathrm{NaJ}} + S_{\mathrm{Na}} + \frac{1}{2} D_{J_2} + I_{\mathrm{Na}} - A_{\mathrm{J}}\,. \tag{C36}$$

Die Grössen auf der rechten Seite dieser Gleichung sind im allgemeinen bekannt; die hieraus berechneten Gitterenergien stimmen mit den nach Gl. C 27 und auch mit quantentheoretisch berechneten Gitterenergien gut überein.

2. *Energie der Gitterschwingungen*

Ein Kristall enthalte N Gitterteilchen, die in 3 Richtungen um ihre Gleichgewichtslage (Gitterpunkte) Schwingungen ausführen. Für die Berechnung der Energie dieser Schwingungen betrachtet man den Kristall als ein System von $3N$ linearen harmonischen Oszillatoren. Die gesamte Energie der Gitterschwingungen erhält man aus der Summation über alle Energiebeiträge der linearen Oszillatoren:

$$U_s = \sum_{i=1}^{3N} \bar{u}(\omega_i, T). \tag{C37}$$

Die mittlere Energie $\bar{u}(\omega_i, T)$ eines Oszillators der Frequenz ω_i beträgt bei der Temperatur T

$$\bar{u}(\omega_i, T) = \frac{\hbar\omega_i}{2} + \frac{\hbar\omega_i}{\exp\left(\dfrac{\hbar\omega_i}{kT}\right) - 1}. \tag{C38}$$

$\hbar = \dfrac{h}{2\pi}$ PLANCKsche Konstante

k BOLTZMANNsche Konstante

Man hat nun die Aufgabe, die möglichen Werte ω_i, das sog. Spektrum der Eigenfrequenzen, zu bestimmen.

a) Theorie von A. EINSTEIN

Die einfachste Annahme über das Spektrum der Schwingungen stammt von A. EINSTEIN: das Spektrum enthält nur eine einzige Frequenz ω_E. Damit ergibt sich für die Energie der Gitterschwingungen aus Gl. C 37:

$$U_s = U_s(V, T) = 3N\left[\frac{\hbar\omega_E}{2} + \frac{\hbar\omega_E}{\exp\left(\dfrac{\hbar\omega_E}{kT}\right) - 1}\right]. \tag{C39}$$

U_s bezieht sich auf einen Kristall vom Volumen V, das N Gitterteilchen enthält.

Mit Hilfe von $U_s(V, T)$ kann man die spezifische Wärme der Gitterschwingungen bei konstantem Kristallvolumen angeben:

$$c_V \equiv \left(\frac{\partial U}{\partial T}\right)_V = \left(\frac{\partial U_s}{\partial T}\right)_V. \tag{C40}$$

Mit der EINSTEINschen Annahme des monochromatischen Eigenfrequenz-Spektrums ist

$$c_V = 3Nk \frac{\left(\frac{\hbar\omega_E}{kT}\right)^2 \exp\left(\frac{\hbar\omega_E}{kT}\right)}{\left[\exp\left(\frac{\hbar\omega_E}{kT}\right) - 1\right]^2}. \tag{C41}$$

Im Fall $\hbar\omega_E \ll kT$ kann man die Exponentialfunktionen in Gl. C 41 entwickeln, und man erhält das DULONG–PETITsche Gesetz:

$$c_V = 3Nk. \tag{C42}$$

Für hinreichend hohe Temperaturen ist also die mittlere Energie eines linearen Oszillators gleich dem Äquipartitionswert kT und ist der Beitrag zur spezifischen Wärme gleich k.

Bei tieferen Temperaturen hat man den klassischen Äquipartitionswert der mittleren Energie zu ersetzten durch den quantentheoretischen Wert $\bar{u}(\omega_E, T)$, der durch Gl. C 38 gegeben ist. Für $\hbar\omega_E \gg kT$ erhält man aus Gl. C41

$$c_V = 3Nk \left(\frac{\hbar\omega_E}{kT}\right)^2 \exp\left(-\frac{\hbar\omega_E}{kT}\right). \tag{C43}$$

Für $T \to 0$ geht $c_V \to 0$. Dieses Verhalten steht im Einklang mit dem NERNSTschen Wärmesatz und stimmt qualitativ mit der experimentellen Erfahrung überein. Quantitativ dagegen ist die Übereinstimmung für $\hbar\omega_E \gg kT$ unbefriedigend; die experimentell bestimmten Werte von c_V (im Bereich tiefer Temperaturen gilt $c_p \approx c_V$, vgl. S. 56) befolgen nicht den exponentiellen Verlauf (Gl. C 43).

b) Theorie von P. DEBYE

Die Theorie der spezifischen Wärme von P. DEBYE ist trotz ihrer einfachen Annahmen in relativ guter Übereinstimmung mit den Experimenten. Zur Berechnung des Spektrums der Eigenfrequenzen geht DEBYE aus von der phänomenologischen Elastizitätstheorie der Kontinua. Das diskontinuierliche Kristallmodell wird ersetzt durch ein Kontinuum, d.h. durch ein isotropes, homogenes, elastisches Medium, das man in kubische Grundgebiete vom Volumen L^3 unterteilt. Die Abweichung von der mittleren Dichte des Mediums sei $S(x, y, z, t)$. Man sucht die möglichen Schwingungszustände (‹modes›) und Eigenfrequenzen in einem Grundgebiet L^3 (vgl. Fig. 29). Dieses Eigen-

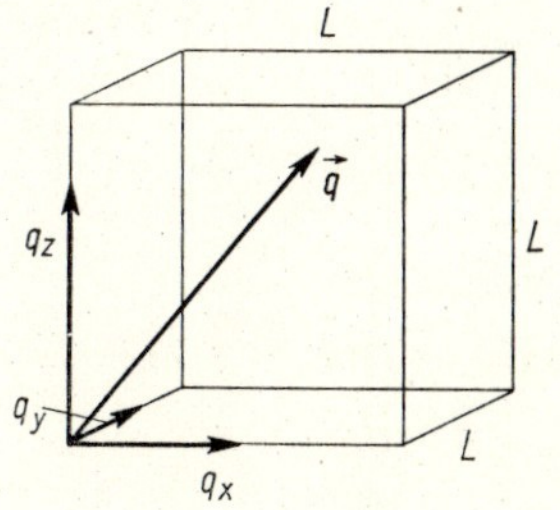

Fig. 29: Ausbreitungsvektor q im kubischen Grundgebiet vom Volumen $V = L^3$

wertproblem bedeutet die Lösung der Wellengleichung

$$\frac{\partial^2 S}{\partial t^2} = c^2 \Delta S \tag{C44}$$

mit den passenden Randbedingungen; c ist die Fortpflanzungsgeschwindigkeit der Störung S, im vorliegenden Fall also die Schallgeschwindigkeit im betreffenden Medium. Sie ist wegen der vorausgesetzten Isotropie richtungsunabhängig. Die Wellengleichung (C 44) ist erfüllt für ebene Wellen:

$$S(x, y, z, t) = \psi(x, y, z)\, e^{i\omega t} \tag{C45}$$

mit

$$\psi(x, y, z) = A\, e^{i(q_x x + q_y y + q_z z)} \tag{C46}$$

und

$$c = \frac{\omega}{q}. \tag{C47}$$

$\vec{q}$, q Wellenvektor bzw. Wellenzahl

Wir betrachten nur stationäre Lösungen und beschränken uns auf die Diskussion des ortsabhängigen Teils $\psi(x, y, z)$.

Die Randbedingungen ergeben sich aus der Forderung der Homogenität des Kristalls, d.h. alle Grundgebiete vom Volumen L^3 sollen identische Eigenschaften besitzen. Die Homogenität des Kristalls ist dann ausdrückbar durch die sog. periodischen Randbedingungen (zyklische Randbedingungen):

$$\psi(x+L, y, z) = \psi(x, y+L, z) = \psi(x, y, z+L) = \psi(x, y, z). \tag{C48}$$

Mit Gl. C46 ergibt sich daraus eine Auswahl von möglichen q-Werten:

$$q_x = n_x \frac{2\pi}{L}, \quad q_y = n_y \frac{2\pi}{L}, \quad q_z = n_z \frac{2\pi}{L}. \tag{C49}$$

$$q^2 = q_x^2 + q_y^2 + q_z^2 = \left(\frac{2\pi}{L}\right)^2 n^2. \tag{C50}$$

n_x, n_y, n_z ganze Zahlen

Man erhält aufgrund der periodischen Randbedingungen also eine diskrete

5*

Folge von q-Werten: $q = 0, \pm\frac{2\pi}{L}1, \pm\frac{2\pi}{L}\sqrt{2}, \pm\frac{2\pi}{L}\sqrt{3}, \ldots$ Zu jedem q-Wert gehört in einem Zahlenraum mit den Achsen n_x, n_y, n_z ein Punkt mit ganzzahligen Koordinaten n_x, n_y, n_z und das Volumen von der Grösse ‹1›

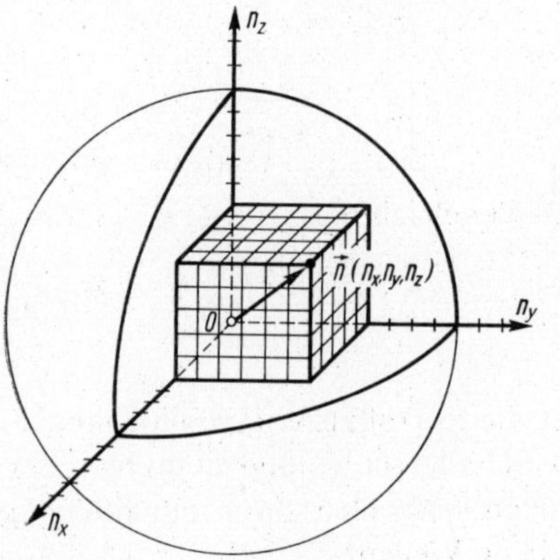

Fig. 30: Zahlenraum

(vgl. Fig. 30). Die Zahl Z_q^0 der q-Werte von $q = 0$ bis $q = q(n)$ ist gegeben durch das Volumen der Kugel im Zahlenraum mit dem Radius n:

$$Z_q^0 = \frac{4\pi}{3} n^3 = \frac{L^3}{6\pi^2} q^3. \tag{C51}$$

Die Eigenwertdichte, d.h. die Zahl der q-Werte im Bereich zwischen q und $q+dq$, ist dann

$$\frac{dZ_q}{dq} = \frac{L^3}{2\pi^2} q^2. \tag{C52}$$

Entsprechend den 3 Schwingungsrichtungen sind jeder Wellenzahl 3 Schwingungszustände zugeordnet: eine longitudinale Welle mit der Fortpflanzungsgeschwindigkeit c_l und 2 transversale Wellen mit der Fortpflanzungsgeschwindigkeit c_t. Unter Verwendung der Gl. C 47 und C 50 erhält man für die Zahl der möglichen Frequenzen zwischen 0 und ω

$$Z_\omega^0 = \frac{L^3}{6\pi^2} \omega^3 \left(\frac{1}{c_l^3} + \frac{2}{c_t^3}\right) \tag{C53}$$

und daraus für die Frequenzdichte $\varrho(\omega)$, d.h. für die Zahl der möglichen Frequenzen im Bereich zwischen ω und $\omega + d\omega$,

$$\frac{dZ_\omega}{d\omega} = \varrho(\omega) = \frac{L^3}{2\pi^2} \omega^2 \left(\frac{1}{c_l^3} + \frac{2}{c_t^3}\right). \tag{C54}$$

Definiert man eine mittlere Fortpflanzungsgeschwindigkeit $\bar{c}$ der elastischen

Störung gemäss

$$\frac{3}{\bar{c}^3} = \frac{1}{c_l^3} + \frac{2}{c_t^3}, \tag{C55}$$

so wird die Frequenzdichte

$$\varrho(\omega) = \frac{3}{2\pi^2} \frac{L^3}{\bar{c}^3} \omega^2. \tag{C56}$$

Das Spektrum der Eigenfrequenzen (vgl. Fig. 31) wird also mit zunehmendem ω immer dichter und ginge für $\omega \to \infty$ in ein kontinuierliches Spektrum über:

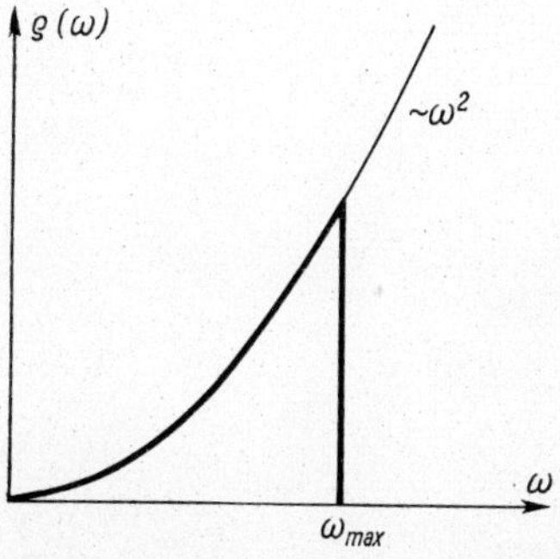

Fig. 31: Frequenzdichte $\varrho(\omega)$ nach dem DEBYEschen Modell

$\varrho(\omega \to \infty) = \infty$. Die Annahme eines elastischen Kontinuums ist aber nur gerechtfertigt, solange die Wellenlänge der elastischen Wellen grösser als der Abstand der Gitterteilchen ist, denn in Wirklichkeit besteht der Kristall aus N Gitterteilchen mit insgesamt $3N$ Freiheitsgraden. Die Gesamtzahl der Eigenschwingungen für ein solches System ist gleich der Anzahl der Freiheitsgrade, d.h. gleich $3N$. DEBYE berücksichtigt daher anstelle der unendlich vielen Eigenschwingungen des Kontinuums nur die $3N$ niedrigsten Eigenfrequenzen. Das Spektrum wird somit bei einer maximalen Frequenz $\omega_{\max}$ abgeschnitten, die durch die folgende Bedingung bestimmt wird:

$$3N = \int_0^{\omega_{\max}} dZ = \int_0^{\omega_{\max}} \varrho(\omega)\, d\omega = \frac{1}{2\pi^2} \frac{L^3}{\bar{c}^3} \omega_{\max}^3. \tag{C57}$$

Damit wird Gl. C 56

$$\varrho(\omega) = \frac{9N}{\omega_{\max}^3} \omega^2 \quad \text{gültig für} \quad \omega \leqslant \omega_{\max}. \tag{C58}$$

Mit der Kenntnis der Zahl $\varrho(\omega)\, d\omega$ der Eigenfrequenzen im Frequenzintervall $\omega \ldots \omega + d\omega$ kann man die Schwingungsenergie U_s angeben. Jede Eigenschwingung hat die Energie eines Oszillators der Frequenz ω. Die Summation über alle Oszillator-Energien wird wegen der grossen Frequenzdichte durch eine Integration ersetzt. Anstelle von Gl. C 37 tritt jetzt

$$U_s = \int_0^{\omega_{\max}} \bar{u}(\omega)\, \varrho(\omega)\, d\omega \tag{C59}$$

und nach Einsetzen der Gl. C38 und C58:

$$U_s = \frac{9N}{\omega_{\max}^3} \int_0^{\omega_{\max}} \frac{\hbar\omega^3}{\exp\left(\frac{\hbar\omega}{kT}\right) - 1}\, d\omega + U_0 \tag{C60}$$

mit

$$U_0 = \frac{9N\hbar}{2\,\omega_{\max}^3} \int_0^{\omega_{\max}} \omega^3\, d\omega = \frac{9}{8} N\hbar\omega_{\max}. \tag{C61}$$

Die Nullpunktsenergie U_0 ist temperaturunabhängig.
Mit den Substitutionen

$$\Theta = \frac{\hbar\omega_{\max}}{k} \tag{C62}$$

und

$$x = \frac{\hbar\,\omega}{k\,T} \tag{C63}$$

geht Gl. C60 über in

$$U_s = 9\,N\,k\,T\left(\frac{T}{\Theta}\right)^3 \int_0^{\Theta/T} \frac{x^3}{e^x - 1}\, dx + U_0 \tag{C64}$$

$$= 9\,N\,k\,T\left(\frac{T}{\Theta}\right)^3 D\left(\frac{\Theta}{T}\right) + U_0,$$

Die Grösse $\Theta = \hbar\,\omega_{\max}/k$ bezeichnet man als die charakteristische Temperatur oder als die Debye-Temperatur. Die Funktion

$$D\left(\frac{\Theta}{T}\right) = \int_0^{\Theta/T} \frac{x^3}{e^x - 1}\, dx \tag{C65}$$

ist tabelliert und heisst Debyesche Funktion.

Wir berechnen die Schwingungsenergie und daraus die spezifische Wärme der Gitterschwingungen für die beiden Grenzfälle: hohe Temperaturen $T \gg \Theta$ und tiefe Temperaturen $T \ll \Theta$ (vgl. Fig. 32).

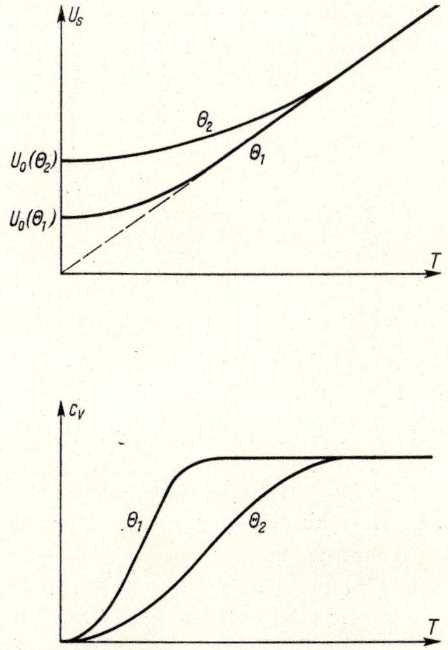

Fig. 32: Schwingungsenergie U_s und spezifische Wärme c_V in Funktion der Temperatur T für zwei verschiedene charakteristische Temperaturen Θ_1 und Θ_2 (unter der Annahme $\Theta_2 > \Theta_1$)

1) Für hinreichend hohe Temperaturen $T \gg \Theta$ ist $\frac{\hbar\omega}{kT} = x \ll 1$. In diesem Fall kann man in der DEBYEschen Funktion den Nenner des Integranden entwickeln und erhält für die Schwingungsenergie

$$U_s \approx 9NkT\left(\frac{T}{\Theta}\right)^3 \int\limits_0^{\Theta/T} \frac{x^3dx}{1+x+\frac{x^2}{2}+\ldots-1} + U_0$$

$$= 9NkT\left(\frac{T}{\Theta}\right)^3 \left[\frac{1}{3}\left(\frac{\Theta}{T}\right)^3 - \frac{1}{8}\left(\frac{\Theta}{T}\right)^4\right] + U_0. \qquad \text{(C66)}$$

Unter Berücksichtigung von Gl. C61 und der Definition von Θ ergibt sich somit

$$U_s \approx 3NkT. \qquad \text{(C67)}$$

Mit Gl. C 40 folgt daraus für die spezifische Wärme bei hohen Temperaturen

$$c_V \approx 3Nk, \qquad \text{(C68)}$$

d.h. also wiederum der DULONG–PETITsche Wert, der sich auch mit der EINSTEINschen Herleitung ergeben hat (vgl. S. 66).

2) Für hinreichend tiefe Temperaturen $T \ll \Theta$ ist $x \gg 1$. Da der Integrand in der DEBYEschen Funktion für grosse Werte von x sehr klein wird, kann die

obere Integrationsgrenze $\Theta/T \gg 1$ durch ∞ ersetzt werden. Die DEBYEsche Funktion ist in dieser Näherung gleich einem Zahlenwert, also unabhängig von Θ/T:

$$D\left(\frac{\Theta}{T}\right) \approx \int_0^\infty \frac{x^3}{e^x - 1}\, dx = \frac{\pi^4}{15}. \tag{C69}$$

Die Schwingungsenergie ist damit

$$U_s \approx \frac{9}{15}\pi^4 N k T \left(\frac{T}{\Theta}\right)^3 + U_0 \tag{C70}$$

und die spezifische Wärme bei tiefen Temperaturen

$$c_V \approx \frac{12}{5}\pi^4 N k \left(\frac{T}{\Theta}\right)^3 \sim T^3. \tag{C71}$$

Nach der DEBYEschen Theorie ist die Temperaturabhängigkeit der spezifischen Wärme für alle Substanzen durch eine universelle Kurve darstellbar, wenn man jeweils die spezifische Wärme, dividiert durch die Anzahl N von Gitterteilchen, aufträgt gegenüber der reduzierten Temperatur T/Θ. Vergleicht man beispielsweise die molaren spezifischen Wärmen von Na und von NaCl, so gilt bei einer gegebenen Temperatur

$$\frac{c_V}{N_A}(\mathrm{Na}) = \frac{c_V}{2N_A}(\mathrm{NaCl}), \tag{C72}$$

weil N_A Gitterteilchen in einem Mol Na, aber $2N_A$ Gitterteilchen in einem Mol NaCl enthalten sind.

c) Vergleich der DEBYEschen Theorie mit dem Experiment

Das T^3-Gesetz bei tiefen Temperaturen (Gl. C71) erweist sich nach der bisherigen Erfahrung im allgemeinen als gültig für Temperaturen $T < \Theta/12$. Die Messwerte zahlreicher Substanzen (Elemente und Verbindungen) liegen auf der universellen Kurve c_V/N in Funktion von T/Θ, wie dies aufgrund der Theorie zu erwarten ist (vgl. Fig. 33). Fig. 34 zeigt Kurven c_V in Funktion von T für einige Elemente mit stark verschiedenen DEBYE-Temperaturen. Man beachte, dass der DULONG–PETITsche Sättigungswert bei um so tieferer Temperatur erreicht wird, je tiefer die DEBYE-Temperatur ist (vgl. Fig. 32 und Tab. 8).

Aus der Messung der spezifischen Wärme bei der Temperatur T ermittelte Werte der DEBYE-Temperatur Θ_{th} sind in Tabelle 8 zusammengestellt. Unabhängig von Θ_{th} kann die DEBYE-Temperatur Θ_{el} auch aus elastischen Daten hergeleitet werden. Unter Verwendung von $\Theta = \hbar\omega_{max}/k$ geht Gl. C57 über in

$$\Theta = (6\pi^2 n)^{\frac{1}{3}} \frac{\hbar}{k} \bar{c}. \tag{C73}$$

$n = N/L^3$ Zahl der Gitterteilchen im Volumen L^3

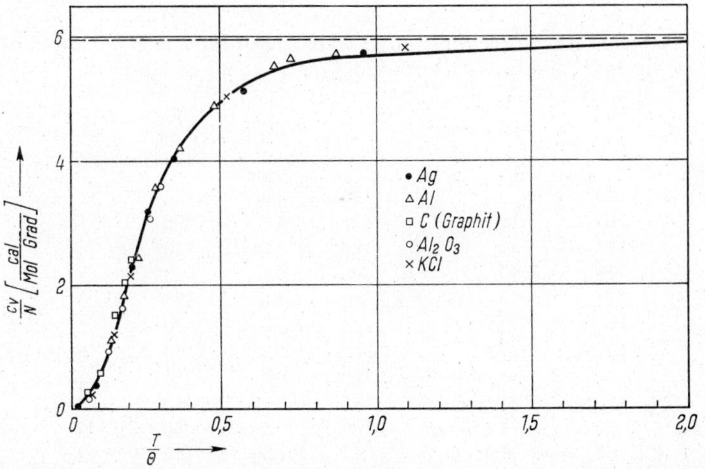

Fig. 33: Spezifische Wärmen verschiedener Substanzen, bezogen auf die Zahl der Gitterteilchen pro Mol, in Funktion der reduzierten Temperatur (nach F. SEITZ, *Modern Theory of Solids*, McGraw-Hill, New York 1940). Bei dem gewählten Ordinatenmasstab bedentet c_V/N die spezifische Molwärme C_V geteilt durch die Zahl z der Atome pro Molekül, d. h. $c_V/N = C_V/z$.

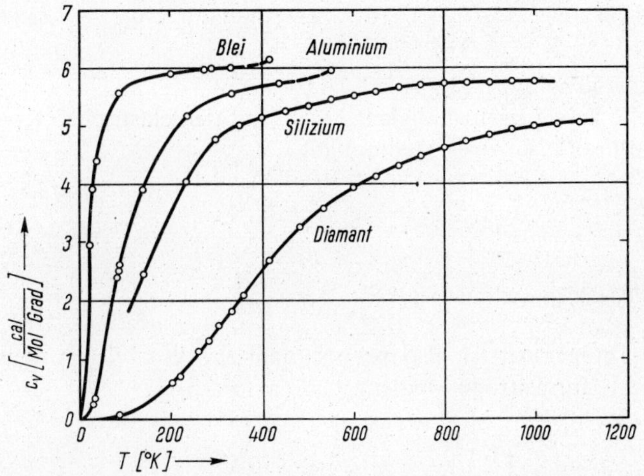

Fig. 34: Spezifische Wärme c_V in Funktion der Temperatur T für verschiedene Elemente (nach F. K. RICHTMYER und E. H. KENNARD, *Introduction to Modern Physics*, McGraw-Hill, New York 1947)

Tabelle 8

DEBYE-Temperaturen einiger Elemente und Verbindungen für $T \approx \Theta/2$ (nach E. S. GOPAL, *Specific Heats at Low Temperatures* [Heywood, London 1966], S. 33).

Element	Θ [°K]	Element	Θ [°K]	Element	Θ [°K]	Element	Θ [°K]
Ac	100	Cu	310	La	130	Re	300
Ag	220	Dy	155	Li	420	Rh	350
Al	385	Er	165	Mg	330	Sb	140
Ar	90	Fe	460	Mn	420	Se	150
As	275	Ga (rhomb.)	240	Mo	375	Si	630
Au	180	Ga (tetrag.)	125	N	70	Sn (kfz)	240
B	1220	Gd	160	Na	150	Sn (tetrag.)	140
Be	940	Ge	370	Nb	265	Sr	170
Bi	120	H (para)	115	Nd	150	Ta	230
C (Diamant)	2050	H (ortho)	105	Ne	60	Tb	175
C (Graphit)	760	H (n–D_2)	95	Ni	440	Te	130
Ca	230	He	30	O	90	Th	140
Cd (hdP)	280	Hf	195	Os	250	Ti	355
Cd (krz)	170	Hg	100	Pa	150	Tl	90
Ce	110	J	105	Pb	85	V	280
Cl	115	In	140	Pd	275	W	315
Co	440	Ir	290	Pr	120	Y	230
Cr	430	K	100	Pt	225	Zn	250
Cs	45	Kr	60	Rb	60	Zr	240
Verbindung		*Verbindung*		*Verbindung*		*Verbindung*	
AgBr	140	$CrCl_3$	100	KBr	180	NaCl	280
AgCl	180	Cr_2O_3	360	KCl	230	RbBr	130
As_2O_3	140	Cu_3Au		KJ	195	RbJ	115
As_2O_5	240	geordnet	200	LiF	680	SiO_2 (Quarz)	255
BN	600	ungeordnet	180	MgO	800	TiO_2 (Rutil)	450
CaF_2	470			MoS_2	290	ZnS (kub.)	260
$CrCl_2$	80	FeS_2 (kub.)	630				

Die gemittelte Schallgeschwindigkeit $\bar{c}$ steht mit den elastischen Konstanten in Beziehung. Für ein isotropes Medium gilt

$$\bar{c} = \left(\frac{E}{\varrho}\right)^{\frac{1}{2}}. \qquad \text{(C74)}$$

E Elastizitätsmodul
ϱ Dichte

Die DEBYE-Temperatur ist also proportional zur Wurzel aus dem Elastizitätsmodul, d.h. für isotrope Medien ist

$$\Theta_{\text{el}} = (6\pi^2 n)^{\frac{1}{3}} \frac{\hbar}{k} \left(\frac{E}{\varrho}\right)^{\frac{1}{2}}. \qquad \text{(C75)}$$

Die Übereinstimmung der Werte Θ_{th} und Θ_{el} ist im allgemeinen gut (vgl. Tab. 9).

Tabelle 9

DEBYE-Temperaturen Θ_{th} und Θ_{el} für $T = 0\,°K$, ermittelt aus Messungen der spezifischen Wärme bzw. des Elastizitätsmoduls (nach K. A. GSCHNEIDNER, JR., Solid State Physics *16*, 275 [1964], Tab. 16).

Element	Θ_{th} [°K]	Θ_{el} [°K]
Cu	342	345
Ag	228	227
Au	165	162
Be	1160	1462
Mg	396	387
Zn	316	324
Cd	252	212
Al	423	428
In	109	111
C (Diamant)	2240	2240
Si	647	649
Ge	378	375
Sn (weiss)	236	202
Pb	102	105
V	326	399
Ta	247	262
Mo	459	474
W	388	384
Fe	457	477
Ni	427	476
Pd	283	275

Wäre die DEBYEsche Theorie streng richtig, so müsste das aus c_V ermittelte Θ_{th} gemäss seiner Definition temperaturunabhängig sein. Abweichungen von der Theorie erklärt man zunächst phänomenologisch mit einer Temperaturab-

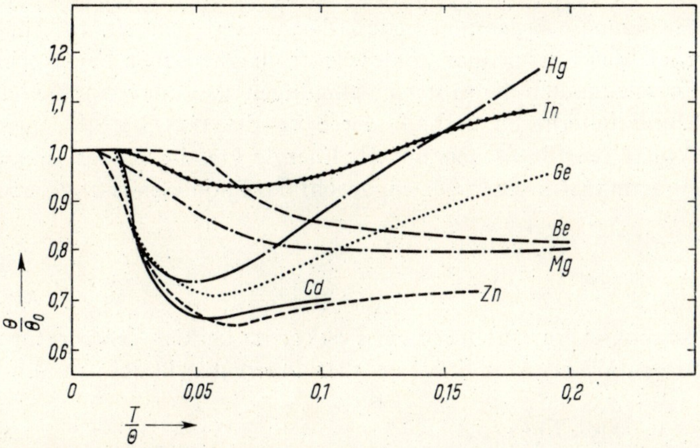

Fig. 35: Temperaturabhängigkeit der DEBYE-Temperaturen verschiedener Elemente (aus D. H. PARKINSON, Rep. Progr. Phys. *21*, 226 (1958))

hängigkeit der DEBYE-Temperatur $\Theta_{\text{th}}(T)$: Die zu den Messwerten von $c_V(T)$ ermittelten Werte von Θ_{th} sind temperaturabhängig (vgl. Fig. 35). Der Unterschied zwischen den Darstellungen $\Theta_{\text{th}}(T)$ und $\Theta_{\text{th}} = \text{const}$ beträgt aber selten mehr als 20% und ist in vielen Fällen kleiner als 10%.

Zusammenfassend gesehen ist die DEBYEsche Theorie in befriedigender Übereinstimmung mit dem Experiment. Die verbleibenden Diskrepanzen zwischen Theorie und Experiment werden leicht verständlich, wenn man das von DEBYE angenommene Frequenzspektrum $\varrho(\omega) \sim \omega^2$ (Gl. C58) vergleicht mit berechneten bzw. gemessenen Frequenzspektren (vgl. Fig. 53 und 56), die sich auch nicht angenähert durch Gl. C58 beschreiben lassen. Die physikalische Ursache für die $\Theta_{\text{th}}(T)$-Abhängigkeit ist die von $\varrho(\omega) \sim \omega^2$ stark abweichende Frequenzdichte und nicht etwa eine temperaturabhängige Fortpflanzungsgeschwindigkeit $\bar{c}$. Mit Hilfe bekannter Frequenzspektren lassen sich im Rahmen der DEBYEschen Theorie typische $\Theta_{\text{th}}(T)$-Kurven berechnen, die man auch aufgrund der Experimente erhält.

Die allgemeinere Theorie der Gitterschwingungen liefert keine einfache Beziehung zwischen der spezifischen Wärme und der Temperatur. Daher ist es vorteilhaft und üblich, den Formalismus der DEBYEschen Theorie beizubehalten und die Temperaturabhängigkeit der DEBYE-Temperatur $\Theta_{\text{th}}(T)$ anzugeben.

d) Phononen

In der EINSTEINschen und DEBYEschen Theorie wie auch allgemein in der Gitterdynamik wird die Energie eines Schwingungszustands der Frequenz ω mit der mittleren Energie $\bar{u}(\omega)$ eines linearen Oszillators identifiziert. Entsprechend den möglichen Energiewerten des Oszillators

$$u(\omega) = \left(n + \frac{1}{2}\right) \hbar\omega \tag{C76}$$

$$n = 0, 1, 2 \ldots$$

ist die Schwingungsenergie eines jeden Zustands gequantelt. In Analogie zu den Photonen, den Energiequanten des elektromagnetischen Feldes, bezeichnet man die Energiequanten der Gitterschwingungen als Phononen. Sie haben den Spin Null und unterliegen deshalb der BOSE–EINSTEIN-Statistik. Danach ist die Zahl $N(\omega, T)$ der Phononen mit der Energie $\hbar\omega$, die bei der Temperatur T angeregt sind, im thermischen Gleichgewicht des Phononengases gegeben durch

$$N(\omega, T) = \frac{1}{\exp\left(\frac{\hbar\omega}{kT}\right) - 1}. \tag{C77}$$

Die Schwingungsenergie U_s in einem Festkörper bei der Temperatur T ergibt sich als Integration über die Energien aller angeregten Phononen, d.h.

$$U_s = \int_0^{\omega_{\max}} N(\omega, T)\, \hbar\omega\, \varrho(\omega)\, d\omega. \tag{C78}$$

Diese Beziehung ist bis auf die Nullpunktsenergie identisch mit Gl. C59.

Der Begriff der Phononen ist sehr zweckmässig bei der Beschreibung von Wechselwirkungen zwischen den Gitterschwingungen und Anregungen durch elektrische oder magnetische Felder oder durch Strahlung. Solche Wechselwirkungen, wie z. B. Phonon–Phonon-, Photon–Phonon-, Elektron–Phonon-, Neutron–Phonon-Wechselwirkungen, werden als Stossprozesse behandelt. Fundamentale Bedingung für diese Stossprozesse ist die Erhaltung von Energie und Impuls. Diese Bedingung kann sich ausser auf die Stosspartner auch auf den ganzen Kristall als ‹starren Körper› beziehen, auf den ebenfalls ein Impuls übertragen werden kann (vgl. S. 79).

Während sich Photonen auch im Vakuum mit der Lichtgeschwindigkeit c ausbreiten, ist die Bewegung von Phononen nur in einem Medium mit der entsprechenden Schallgeschwindigkeit c_s möglich.

In Analogie zum Photon ist die Energie eines Phonons

$$u_P = \hbar\omega. \tag{C79}$$

Im Gegensatz zum Photon hat das Phonon keinen Impuls, denn ein Phonon bedeutet einen mechanischen Schwingungszustand, durch den im zeitlichen Mittel keine Materie transportiert wird. Dennoch definiert man *formal* den Impuls des Phonons

$$\vec{p}_P = \hbar\vec{q}, \tag{C80}$$

dessen Betrag nach der DE BROGLIEschen Beziehung gegeben ist:

$$p_P = \frac{h}{\lambda} = \hbar q. \tag{C81}$$

$\vec{q}, q$ Wellenvektor bzw. Wellenzahl des Phonons

Zwischen dem so definierten Impuls und der Energie des Phonons besteht in der DEBYEschen Theorie der Zusammenhang

$$u_P = \hbar\omega = p_P c_s = \hbar q c_s = \frac{h}{\lambda} c_s. \tag{C82}$$

c_s Schallgeschwindigkeit im Kristall

Die formale Definition des Impulses erweist sich als sinnvoll, da bei ‹normalen› Stossprozessen mit Phononen die Impulserhaltung erfüllt wird, wenn man den Phononen den Impuls $\hbar\vec{q}$ zuordnet. Dieser Impuls $\hbar\vec{q}$ ist strenggenommen ein Kristallimpuls (vgl. S. 225), der mit der Erzeugung oder der Vernichtung eines Phonons verknüpft ist und eine Schwerpunktsbewegung des Kristalls bewirkt. Beispielsweise kann die Streuung eines Photons an einem Gitteratom zur Erzeugung (Emission) oder zur Vernichtung (Absorption) eines Phonons führen (vgl. Fig. 36). Für ‹normale› Stossprozesse gelten die Erhaltungssätze für Energie und Impuls:

$$u = u_0 \pm \hbar\omega \tag{C 83}$$

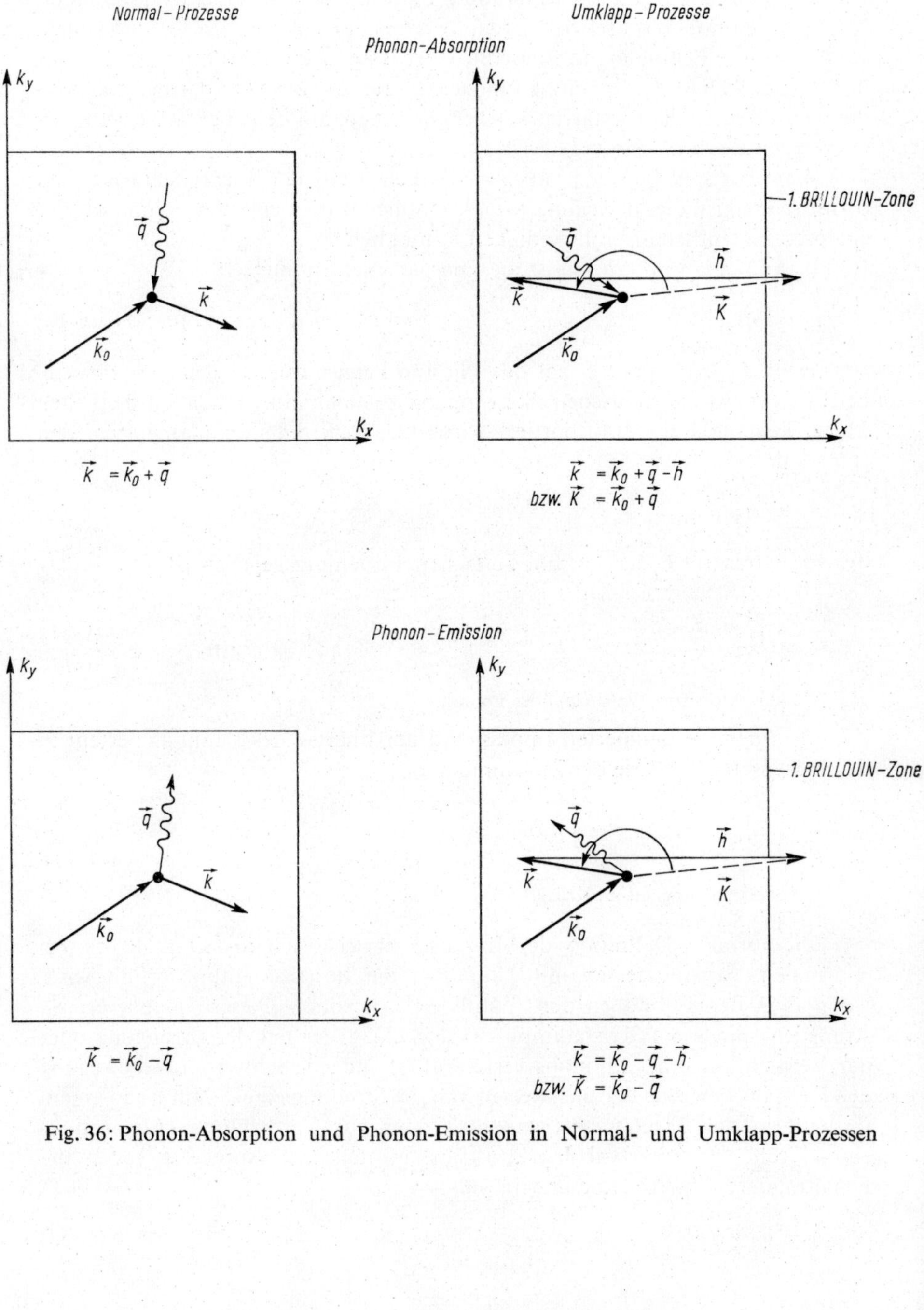

Fig. 36: Phonon-Absorption und Phonon-Emission in Normal- und Umklapp-Prozessen

und

$$\hbar \vec{k} = \hbar \vec{k}_0 \pm \hbar \vec{q}. \qquad \text{(C84)}$$

u_0, u Energie des Photons vor bzw. nach dem Stoss
$\vec{k}_0, \vec{k}$ Wellenvektor des Photons vor bzw. nach dem Stoss
$+$ für Phonon-Absorption
$-$ für Phonon-Emission

Ausser den ‹normalen› Prozessen (N-Prozessen) gibt es sog. Umklapp-Prozesse (U-Prozesse), die auf der Periodizität des Gitters beruhen. Sie treten auf, wenn der Endpunkt des im reziproken Gitter aufgetragenen Vektors $\vec{k}_0 \pm \vec{q}$ ausserhalb der 1. BRILLOUIN-Zone (s. S. 51) fällt. Da die Wellenvektoren nur bis auf einen Translationsvektor $\vec{h}$ des reziproken Gitters definiert sind (vgl. S. 217), wird der auf die 1. BRILLOUIN-Zone reduzierte Wellenvektor nach dem Stossprozess

$$\vec{k} = \vec{k}_0 \pm \vec{q} - \vec{h}. \qquad \text{(C85)}$$

Die Multiplikation dieser Beziehung mit $\hbar$ zeigt, dass sich der Impulssatz nicht nur auf die Stosspartner, sondern auch auf den Kristall als Ganzes beziehen muss. Physikalisch bedeutet ein Umklapp-Prozess die Absorption oder Emission eines Phonons bei gleichzeitig auftretender BRAGG-Reflexion des anderen Stosspartners (z.B. Elektron, Photon oder Neutron). Die Bezeichnung Umklapp-Prozess rührt daher, dass die Richtung des *reduzierten* Vektors $\vec{k}_0 \pm \vec{q} - \vec{h}$ nahezu umgeklappt ist im Vergleich zu der Richtung des entsprechenden, nicht auf die 1. BRILLOUIN-Zone reduzierten Vektors $\vec{K}_0 \pm \vec{q}$ (vgl. Fig. 36). Umklapp-Prozesse sind vor allem bei tieferen Temperaturen wesentlich für die Herstellung des thermischen Gleichgewichts im Kristall.

Als Beispiel für Photon–Phonon-Wechselwirkungen wird im folgenden Abschnitt u.a. der Einfluss der Gitterschwingungen auf die Röntgenstrahl-Interferenzen, d.h. die thermische Streuung von Röntgenstrahlen, behandelt.

3. *Rückstossfreie Emissions- und Absorptionsprozesse*

Die geometrischen Bedingungen für Röntgenstrahlinterferenzen (vgl. S. 30 ff.) wurden hergeleitet unter der Voraussetzung der strengen Periodizität des Kristallaufbaus, die unter Vernachlässigung der Nullpunktsbewegung nur am absoluten Nullpunkt erfüllbar wäre. Die Intensität der Interferenzmaxima ist jedoch abhängig von der Temperatur des Kristalls, und zwar nimmt die Intensität eines bestimmten Reflexes mit der Temperatur ab (vgl. Fig. 37). Überdies werden Röntgenstrahlen auch diffus gestreut, d.h. in Richtungen, für welche die BRAGGsche Reflexionsbedingung meist nicht erfüllt ist. Diese Effekte sind wesentlich durch die Gitterschwingungen bedingt.

Zur Behandlung der thermischen Streuung von Röntgenstrahlen gehen wir von Impuls- und Energiesatz für den entsprechenden Stossprozess aus. Bei der Reflexion eines Photons nimmt der Kristall der Masse M den Impuls $\vec{p}$

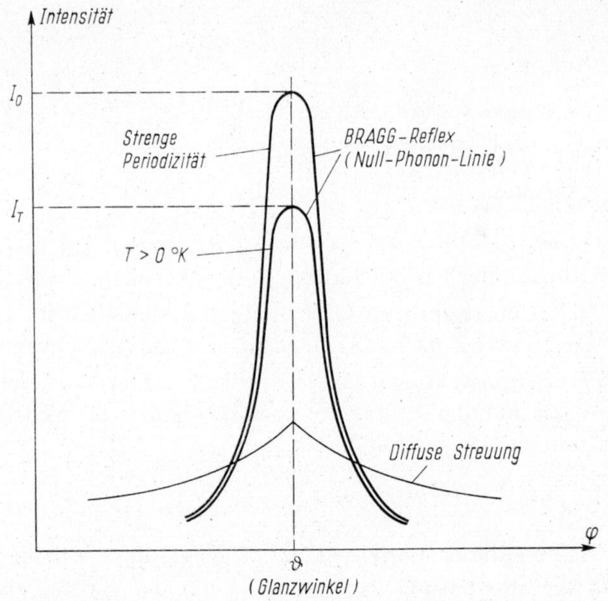

Fig. 37: Thermische Streuung von Röntgenstrahlen; gestreute Intensität in Funktion des Beobachtungswinkels, schematisch dargestellt für einen BRAGG-Reflex von einem Kristall mit streng periodischem Aufbau bzw. mit Gitterschwingungen ($T > 0$ °K). Ebenso ist der Untergrund der diffusen Streuung angedeutet.

auf, der gegeben ist durch

$$\hbar \vec{k}_0 = \hbar \vec{k} + \vec{p}. \tag{C86}$$

Diese Gleichung bedeutet die Impulserhaltung für den Fall, dass sich der Eigenschwingungszustand des Kristalls beim Stoss nicht ändert.

Man kann leicht abschätzen, dass das Photon an den Kristall der Masse M verschwindend wenig Energie überträgt. Die Rückstossenergie E_R ist gegeben durch

$$E_R = \frac{p^2}{2M}. \tag{C87}$$

Der vom Photon der Energie u_X erteilte Kristallimpuls kann höchstens gleich dem doppelten Photonenimpuls sein. Damit erhält man unter Verwendung der DE BROGLIEschen Beziehung als maximale Rückstossenergie

$$E_R = 2\frac{u_X^2}{Mc^2}. \tag{C88}$$

Beispielsweise hat das Verhältnis von Rückstossenergie zu Photonenergie die Grössenordnung 10^{-29}, wenn ein Röntgenquant der Energie 10^4 eV auf einen Kristall der Masse 1 g auftrifft.

Für alle praktischen Fälle ist also die Rückstossenergie verschwindend klein, und die Röntgenstrahlen werden rückstossfrei reflektiert. Die Energie der Photonen ändert sich praktisch nicht, d.h. die Wellenlänge λ bzw. die Beträge der Wellenvektoren $\vec{k}_0$ und $\vec{k}$ vor und nach der Streuung sind gleich. Die Streuung ist also elastisch. Diese Voraussetzung liegt der EWALDschen Konstruktion bzw. der BRAGGschen Reflexionsbedingung (vgl. S.46) zugrunde und ist somit gerechtfertigt. Bei der BRAGGschen Reflexion handelt es sich um eine elastische und kohärente Streuung. Durch Reflexion eines Photons unter dem Glanzwinkel ϑ nimmt der Kristall den Impuls

$$\vec{p} = \hbar \vec{h} \qquad \text{(C89)}$$

auf, wobei $\vec{h}$ den entsprechenden Translationsvektor des reziproken Gitters bedeutet (vgl. Gl. B9 und Fig. 38).

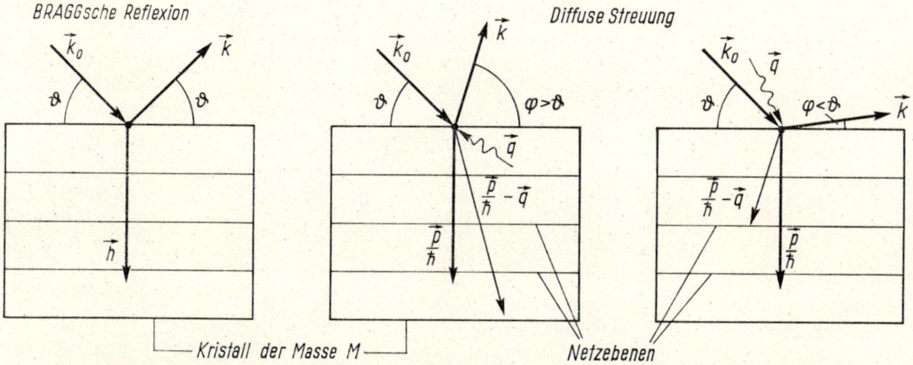

Fig. 38: BRAGGsche Reflexion und inelastische diffuse Streuung von Röntgenstrahlen an einem Kristall der Masse M (dargestellt als Folge von Phonon-Absorption)

Streuungen, die kein Interferenzmaximum, sondern einen diffusen Untergrund verursachen, nennt man diffuse Streuungen. Diese sind inkohärent und meist auch inelastisch. Mit Steigerung der Temperatur werden im Kristall Gitterschwingungen angeregt, welche die Streuung von Röntgenstrahlen auf zwei Arten beeinflussen. Einerseits führt die Photon–Phonon-Wechselwirkung zu inelastischer diffuser Streuung, andererseits bedingt die Auslenkung der Atome aus ihrer Gleichgewichtslage eine Schwächung in der Intensität der BRAGG-Reflexe.

Die inelastische Streuung kann wiederum als Stossprozess aufgefasst werden. Dabei wird das Röntgenquant bei gleichzeitiger Emission oder Absorption von ein oder mehreren Phononen unter einem Winkel gestreut, der vom BRAGGschen Glanzwinkel verschieden ist. Obwohl diese Streuung im Prinzip inelastisch ist, bleibt die Energie des Photons nach dem Stoss praktisch unverändert, d.h. die Beträge der Wellenvektoren $\vec{k}_0$ und $\vec{k}$ sind in guter Näherung gleich. Die Energie des Photons ist

$$u_X = \hbar \frac{2\pi c}{\lambda_X}. \tag{C90}$$

Analog ist die Energie des Phonons (Gl. C79)

$$u_P = \hbar \frac{2\pi c_s}{\lambda_P}. \tag{C91}$$

Die Wellenlängen λ_X der Röntgenstrahlen und λ_P der energiereichsten Phononen sind grössenordnungsmässig gleich (vgl. S. 40 und 101). Dann ist das Verhältnis aus Photonen- und Phononenenergie etwa gleich dem Verhältnis aus Licht- und Schallgeschwindigkeit, d.h. $u_X/u_P \approx c/c_s \approx 10^5$. Beim Stoss zwischen Röntgenphoton und Phonon wird also die Energie des Photons praktisch nicht geändert, wohl aber der Impuls des Photons. Gerade weil die Wellenlängen λ_X und λ_P grössenordnungsmässig gleich sind, ist der Impulsaustausch zwischen Photon und Phonon wesentlich. Der Photonenimpuls ist

$$p_X = \hbar \frac{2\pi}{\lambda_X} \tag{C92}$$

und der dem Phonon zugeordnete Impuls ist (Gl. C81)

$$p_P = \hbar \frac{2\pi}{\lambda_P}. \tag{C93}$$

Das Zustandekommen der inelastischen diffusen Streuung kann man mit Hilfe der Erhaltungssätze für Energie und Impuls verstehen (vgl. Fig. 38). Da die Photonenenergie praktisch unverändert bleibt, ist

$$|\vec{k}_0| \approx |\vec{k}|. \tag{C94}$$

Gleichzeitig ist die Impulserhaltung zu erfüllen, die durch Gl. C 84 oder C 85 für sog. Ein-Phonon-Prozesse gegeben ist. Ein-Phonon-Prozesse bedeuten die Erzeugung oder Vernichtung eines einzigen Phonons. Für sog. Mehr-Phononen-Prozesse, die unwahrscheinlicher sind, gilt anstelle der Gl. C 85

$$\vec{k} = \vec{k}_0 + \sum_i \vec{q}_i - \frac{\vec{p}}{\hbar}. \tag{C95}$$

$\vec{q}_i$ Wellenvektoren der am Stossprozess beteiligten Phononen

Im Fall der inelastischen kohärenten Streuung ist $\vec{p}$ durch Gl. C89 gegeben. Wesentlich ist, dass durch die Wirkung der Phononen Röntgenstrahlen mit beliebigem Einfallswinkel in Richtungen gestreut werden können, die nicht durch die Braggsche Bedingung, sondern durch die modifizierten Erhaltungssätze (Gl. C83 und C84, C85, C95) gegeben sind.

Bei Temperaturen $T > 0$ °K werden Röntgenquanten nicht nur diffus, sondern auch unter Einhaltung der BRAGGschen Bedingung, d.h. ohne Beteiligung von Phononen am Stossprozess und somit für $\vec{q}_i = 0$, gestreut. Man bezeichnet daher die BRAGGschen Reflexionen auch als Null-Phonon-Prozesse und BRAGG-Reflexe entsprechend als Null-Phonon-Linien (vgl. Fig. 37). Die Intensität dieser Null-Phonon-Linien ist eine Funktion der Temperatur, die wir im folgenden Abschnitt berechnen.

a) DEBYE–WALLER-Faktor

Die Intensitäten der BRAGG-Reflexe werden mit steigender Temperatur des Kristalls kleiner. Ein Beispiel dieser Beobachtung zeigt Fig. 39. Wesentlich ist, dass sich die Linienbreite der Reflexe nicht mit der Temperatur ändert. Die BRAGG-Reflexe bleiben also scharf, obwohl die streuenden Atome Gitterschwingungen ausführen. Die Linienbreite ist hauptsächlich durch den Kristall und die apparative Anordnung bestimmt.

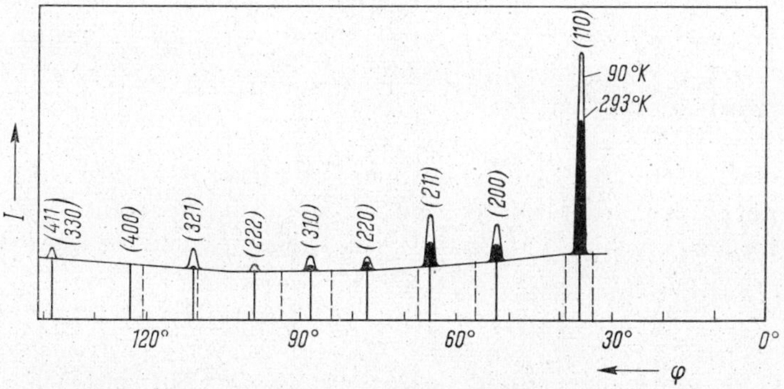

Fig. 39: Intensität der Interferenzlinien im DEBYE–SCHERRER-Diagramm von Lithium bei 90 °K und 293 °K (aus G. PANKOW, Helv. Phys. Acta *9*, 87 (1936))

Die Intensitätsabnahme der BRAGG-Reflexe mit der Temperatur ist gegeben durch den sog. DEBYE–WALLER-Faktor

$$D(T) = \frac{I_T}{I_0}. \tag{C96}$$

I_T gestreute Intensität bei der Temperatur $T > 0$ °K
I_0 gestreute Intensität bei streng periodischem Kristallaufbau

Der DEBYE–WALLER-Faktor ist die Wahrscheinlichkeit, dass das Röntgenquant beim Stossprozess keine Wechselwirkung mit Phononen erleidet (→ Null-Phonon-Prozess) und somit elastisch und kohärent gestreut wird. Die mit der Temperatur zunehmende Intensität der diffusen, d.h. der inkohärenten und inelastischen, Streuung (vgl. S.81) wird kompensiert durch die Intensitätsabnahme der BRAGG-Reflexe.

Wir zeigen im folgenden, dass der DEBYE–WALLER-Faktor allein von der Verschiebung der Atome aus ihrer Gleichgewichtslage herrührt. Gegeben sei ein einfach primitives Gitter; $\overrightarrow{\Delta r}_n$ sei die Verschiebung des Atoms der n-ten Elementarzelle aus der Ruhelage. Die Verschiebungen $\overrightarrow{\Delta r}_n$ sind zeitabhängig und ändern etwa mit der Frequenz der Phononen, die maximal die Grössenordnung von 10^{13} sec^{-1} erreicht. Diese Änderungen sind schnell im Vergleich zur Dauer des Experiments, aber langsam in bezug auf die Frequenz von Röntgenstrahlen, die 10^{19} bis 10^{20} sec^{-1} beträgt. Die Streuung der Röntgenquanten geschieht daher an aus der Gleichgewichtslage verschobenen, aber ‹ruhenden› Atomen. Die beobachteten Reflexe ergeben sich als über lange Zeiten genommene Mittelwerte der Streuung an allen möglichen räumlichen Konfigurationen der Atome. Wir nehmen an, dass für die Verschiebungen eines jeden Atoms dieselben statistischen Gesetze massgebend sind. In einem bestimmten Zeitpunkt ist die Gesamtheit der möglichen Verschiebungen aller N Atome des Kristalls also gleich der Gesamtheit der möglichen Verschiebungen eines einzigen Atoms in N verschiedenen Zeitpunkten. Hierbei ist vorauszusetzen, dass diese Zeitpunkte weit auseinanderliegen im Vergleich zur Periode der Gitterschwingungen. Unter diesen Annahmen ist das Scharmittel der Verschiebungen gleich dem Zeitmittel, was in der folgenden Berechnung des DEBYE–WALLER-Faktors benützt wird.

Wir gehen aus von der totalen Streuamplitude der Röntgenstrahlung, die auf S.48 für einen Kristall mit streng periodischem Aufbau angegeben wurde. Für ein einfach primitives Gitter, das hier vorausgesetzt wird, und für strenge Periodizität ist der Strukturfaktor identisch mit dem Streufaktor ψ der Atome des gegebenen Kristalls, und die totale Streuamplitude beträgt (Gl. B45)

$$A_{\text{tot}} = A_0 \psi \sum_n e^{i\vec{h}\vec{r}_n}. \tag{C97}$$

Durch Gitterschwingungen sind die Atome aus der Gleichgewichtslage um $\overrightarrow{\Delta r}_n$ verschoben, und die Gittervektoren sind zu ersetzen durch (vgl. Fig. 40)

$$\vec{r}_n(T) = \vec{r}_n + \overrightarrow{\Delta r}_n. \tag{C98}$$

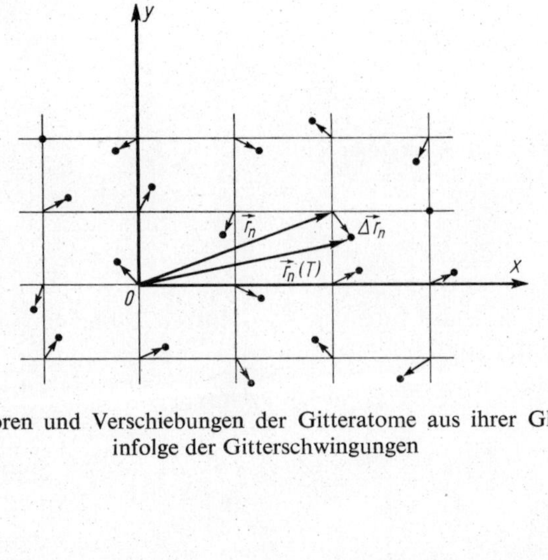

Fig. 40: Ortsvektoren und Verschiebungen der Gitteratome aus ihrer Gleichgewichtslage infolge der Gitterschwingungen

Damit wird der Strukturfaktor F_n der n-ten Elementarzelle verschieden vom Streufaktor ψ, und zwar ist

$$F_n = \psi\, S_n = \psi\, e^{i \vec{h}\, \overrightarrow{\Delta r_n}}. \tag{C99}$$

Für die totale Streuamplitude und damit für die bei $T > 0$ °K beobachtbare Intensität

$$I_T = |A_{\text{tot}}(T)|^2 \tag{C100}$$

ist der Scharmittelwert $\overline{F_n}^S$ aller Strukturfaktoren massgebend. Anstelle von Gl. C 97 erhält man

$$A_{\text{tot}}(T) = A_0\, \psi\, \overline{S_n}^S \sum_n e^{i \vec{h}\, \vec{r}_n} \tag{C101}$$

und unter Verwendung der Gl. C 96, C 100 und C 101 folgt für den DEBYE–WALLER-Faktor

$$D(T) = \left(\overline{S_n}^S\right)^2. \tag{C102}$$

Wie schon erwähnt, ergibt sich der Scharmittelwert als zeitlicher Mittelwert der Verschiebungen in der n-ten Elementarzelle. Nach Entwicklung der Exponentialfunktion in Gl. C 99 ist

$$\overline{S_n}^S = 1 + i\, \overline{\vec{h}\, \overrightarrow{\Delta r_n}}^S - \frac{1}{2}\, \overline{(\vec{h}\, \overrightarrow{\Delta r_n})^2}^S + \dots\,. \tag{C103}$$

Der lineare Term verschwindet, da im zeitlichen Mittel die Verschiebung der Atome aus der Ruhelage gleich Null ist, d.h.

$$\overline{\vec{h}\, \overrightarrow{\Delta r_n}}^S = \vec{h}\, \overline{\overrightarrow{\Delta r_n}}^S = 0. \tag{C104}$$

Der quadratische Term geht über in

$$\frac{1}{2}\, \overline{(\vec{h}\, \overrightarrow{\Delta r_n})^2}^S = \frac{1}{2}\, h^2\, \frac{\overline{\Delta r_n^2}^S}{3}, \tag{C105}$$

wenn man annimmt, dass die Beträge der Komponenten der Verschiebung $\overrightarrow{\Delta r_n}$ im zeitlichen Mittel gleich sind. Setzt man nämlich

$$\overrightarrow{\Delta r_n} = \overrightarrow{\Delta x} + \overrightarrow{\Delta y} + \overrightarrow{\Delta z} \tag{C106}$$

und

$$\vec{h} = \vec{h}_x + \vec{h}_y + \vec{h}_z, \tag{C107}$$

so ist

$$\overline{(\vec{h}\, \overrightarrow{\Delta r_n})^2}^S = h_x^2\, \overline{\Delta x^2} + h_y^2\, \overline{\Delta y^2} + h_z^2\, \overline{\Delta z^2}. \tag{C108}$$

Mit

$$\overline{\Delta x^2} = \overline{\Delta y^2} = \overline{\Delta z^2} = \frac{1}{3}\,\overline{\Delta r_n^2} \tag{C109}$$

ergibt sich hieraus Gl. C105.
Gl. C103 geht über in

$$\overline{S_n}^S = 1 - \frac{h^2}{2}\,\frac{\overline{\Delta r_n^2}^S}{3} + \dots\,. \tag{C110}$$

Hierfür kann man schreiben:

$$\overline{S_n}^S = e^{-M} \tag{C111}$$

mit

$$M = \frac{h^2}{2}\,\frac{\overline{\Delta r_n^2}^S}{3}\,. \tag{C112}$$

Unter Verwendung der BRAGGschen Reflexionsbedingung (Gl. B41) folgt

$$M = \frac{8\,\pi^2 \sin^2\vartheta}{\lambda^2}\,\frac{\overline{\Delta r_n^2}^S}{3}\,. \tag{C113}$$

Zur Berechnung des Verschiebungsquadrats $\overline{\Delta r_n^2}^S$ verwenden wir die DEBYEsche Theorie der spezifischen Wärme (s. S. 66 ff.). Für einen Eigenschwingungszustand mit der Frequenz ω schwingen die Atome um ihre Ruhelagen mit den Auslenkungen

$$\overrightarrow{\Delta r}_{n,\,\omega} = \vec{a}_\omega \cos(\omega\, t). \tag{C114}$$

Die Richtung von $\vec{a}_\omega$ charakterisiert die Polarisation des Zustands. Das zeitlich gemittelte Quadrat der Auslenkung $\overrightarrow{\Delta r}_{n,\,\omega}$ des n-ten Atoms beträgt

$$\overline{\Delta r_{n,\,\omega}^2}^t = \frac{a_\omega^2}{2}\,. \tag{C115}$$

Da es im Kristall $3\,N$ Eigenschwingungszustände gibt, ist der Zeitmittelwert der gesamten Auslenkung des n-ten Atoms durch ein Integral über die Frequenzen dieser $3\,N$ Zustände gegeben:

$$\overline{\Delta r_n^2}^t = \int\limits_0^{\omega_{\max}} \frac{a_\omega^2}{2}\,\varrho(\omega)\,d\omega \tag{C116}$$

mit der Frequenzdichte nach DEBYE (Gl. C58):

$$\varrho(\omega) = \frac{9\,N}{\omega_{\max}^3}\,\omega^2. \tag{C117}$$

Die Maximalamplitude a_ω für den Eigenschwingungszustand mit der Frequenz ω ergibt sich aus einem Energievergleich. N Atome der Masse m, die mit der Frequenz ω schwingen, liefern zur Schwingungsenergie des Kristalls den Beitrag

$$u(\omega) = N m \omega^2 \frac{a_\omega^2}{2}. \tag{C118}$$

Dieser ist gleich der Energie des entsprechenden Oszillators (vgl. Gl. C 38):

$$u(\omega) = \frac{\hbar\omega}{2} + \frac{\hbar\omega}{\exp\left(\frac{\hbar\omega}{kT}\right) - 1}. \tag{C119}$$

Daraus folgt für das maximale Amplitudenquadrat

$$\frac{a_\omega^2}{2} = \frac{\hbar}{N m \omega}\left[\frac{1}{2} + \frac{1}{\exp\left(\frac{\hbar\omega}{kT}\right) - 1}\right]. \tag{C120}$$

Einsetzen der Gl. C 117 und C 120 in Gl. C 116 liefert das mittlere Verschiebungsquadrat unter der Voraussetzung, dass der Zeitmittelwert gleich dem Scharmittelwert ist:

$$\overline{\Delta r_n^{2t}} = \overline{\Delta r_n^{2S}} = \frac{9}{\omega_{\max}^3 m} \int_0^{\omega_{\max}} \left[\frac{\hbar\omega}{2} + \frac{\hbar\omega}{\exp\left(\frac{\hbar\omega}{kT}\right) - 1}\right] d\omega. \tag{C121}$$

Mit den Substitutionen (vgl. S.70)

$$\Theta = \frac{\hbar\omega_{\max}}{k} \tag{C122}$$

und

$$x = \frac{\hbar\omega}{kT} \tag{C123}$$

erhält man aus Gl. C 121

$$\overline{\Delta r_n^{2S}} = \frac{9}{4} \frac{\hbar^2}{m k \Theta} P\left(\frac{T}{\Theta}\right) \tag{C124}$$

mit der Funktion

$$P\left(\frac{T}{\Theta}\right) = 1 + 4\left(\frac{T}{\Theta}\right)^2 \int_0^{\Theta/T} \frac{x\,dx}{e^x - 1}. \tag{C125}$$

Damit erhält man für den DEBYE–WALLER-Faktor nach Einsetzen der Gl. C111, C113 und C124 in Gl. C102:

$$D(T) = \exp(-2M) = \exp\left[-3\,\frac{(2\pi\hbar)^2}{m\,k\,\Theta}\,\frac{\sin^2\vartheta}{\lambda^2}\,P\left(\frac{T}{\Theta}\right)\right]. \tag{C126}$$

Die Intensitätsschwächung der BRAGG-Reflexe ist also gross, wenn die Masse der streuenden Atome sowie die DEBYE-Temperatur klein sind. In diesem Fall sind die Amplituden der Gitterschwingungen gross; man spricht dann auch von einem ‹weichen› Gitter. Tabelle 10 zeigt, dass die Schwächung der Reflexe

Tabelle 10

DEBYE-Temperaturen, mittlere Verschiebungsquadrate und DEBYE–WALLER-Faktoren verschiedener Materialien für $T = 293$ °K; die angegebenen Werte der DEBYE–WALLER-Faktoren bzw. der Exponenten M beziehen sich nicht auf bestimmte Reflexe $h_1\,h_2\,h_3$, sondern sind Minimal- bzw. Maximalwerte, die man für $\vartheta = 90°$ erhält (vgl. Gl. C113 und C126). Sie sind berechnet unter der Annahme von Cu $K\alpha$-Strahlung ($\lambda = 1{,}54$ Å) (nach A. GUINIER, *X-Ray Diffraction* [Freeman, San Francisco 1963], S. 192).

Material	Θ [°K]	$\overline{\Delta r^2}$ [Å²]	$D = e^{-2M}$	$\frac{M(0\,°K)}{M(293\,°K)}$
Blei	88	0,074	0,18	0,075
Silber	215	0,026	0,57	0,18
Wolfram	280	0,009	0,82	0,22
Kupfer	315	0,020	0,64	0,26
Aluminium	398	0,030	0,49	0,32
Eisen	453	0,012	0,77	0,36
Diamant	1860	0,005	0,88	0,85

umso kleiner ist, je höher die DEBYE-Temperatur ist. So sind beispielsweise in Diamant bei Zimmertemperatur noch wenig Phononen angeregt, und dementsprechend sind die Auslenkungen der Atome aus der Ruhelage klein und der DEBYE–WALLER-Faktor gross. Die Intensitätsabnahme der Reflexe hängt ferner ab von der Röntgenwellenlänge λ und vom Glanzwinkel ϑ; mit kleinerer Wellenlänge und grösserem Glanzwinkel werden die Reflexe stärker geschwächt.

Die Temperaturabhängigkeit des DEBYE–WALLER-Faktors ist in der Funktion $P\left(\frac{T}{\Theta}\right)$ enthalten, die für die folgenden beiden Temperaturbereiche diskutiert wird (vgl. Fig. 41):

1) Für $T \gg \Theta$ kann man ähnlich wie bei der DEBYEschen Funktion (Gl. C65) das Integral in Gl. C125 entwickeln; man erhält

$$P\left(\frac{T}{\Theta}\right) \approx 4\,\frac{T}{\Theta}, \tag{C127}$$

d.h. für hohe Temperaturen nimmt die Intensität der BRAGG-Reflexe exponentiell mit der Temperatur ab. Einsetzen von Gl. C 127 in Gl. C 126 liefert

$$D(T) \approx \exp(-c_1 T). \qquad (C128)$$

Die von der Temperatur unabhängige Konstante c_1 ist durch Gl. C 126 bestimmt.
2) Für $T \ll \Theta$ ist das Integral in Gl. C 125 gleich einem Zahlenwert, d.h.

$$P\left(\frac{T}{\Theta}\right) \approx 1+4\frac{\pi^2}{6}\left(\frac{T}{\Theta}\right)^2. \qquad (C129)$$

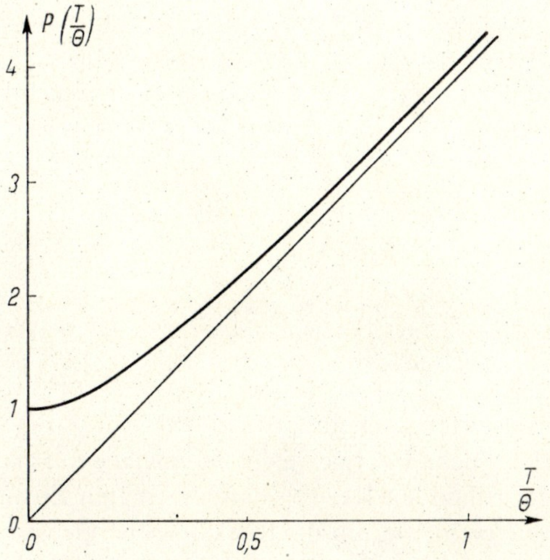

Fig. 41: Die Funktion $P\left(\frac{T}{\Theta}\right)$ zur Berechnung der Temperaturabhängigkeit des Debye–Waller-Faktors

Damit erhält der Debye–Waller-Faktor die Form

$$D(T) = \exp(-c_0 - c_2 T^2). \qquad (C130)$$

Die Konstanten c_0 and c_2 ergeben sich wiederum aus dem Vergleich mit Gl. C 126. Die Konstante c_0 ist auf die Wirkung der Nullpunktsenergie der Oszillatoren zurückzuführen; dies bedeutet, dass man selbst durch Abkühlen auf den absoluten Nullpunkt die Temperaturbewegung der Atome nicht ganz zum Verschwinden bringen könnte. Der Debye–Waller-Faktor ist also auch für $T = 0$ °K kleiner als Eins. Gl. C 126 und Fig. 41 zeigen aber, dass der Einfluss der Temperatur auf die Intensität der Reflexe mit tieferen Temperaturen immer kleiner wird.

Zu erwähnen bleibt, dass die Messung des Debye–Waller-Faktors die Möglichkeit bietet, Debye-Temperaturen zu bestimmen. Diese aus Röntgendaten ermittelten Debye-Temperaturen sind im allgemeinen etwas kleiner als die Werte aus Messungen der spezifischen Wärme oder der elastischen Daten (vgl. S. 72 ff.).

b) MÖSSBAUER-Effekt

Der DEBYE–WALLER-Faktor ist von grundlegender Bedeutung für die Beobachtbarkeit des MÖSSBAUER-Effekts. Dieser von R. L. MÖSSBAUER im Jahr 1958 entdeckte Effekt ist die rückstossfreie Emission und Resonanzabsorption von γ-Quanten durch Atomkerne, die in einem Festkörper gebunden sind. Der DEBYE–WALLER-Faktor $D_\gamma(T)$ bezeichnet hier den Bruchteil der Atomkerne im Kristall, die γ-Quanten rückstossfrei, d.h. ohne Wechselwirkung mit Phononen, emittieren bzw. absorbieren.

Zum Verständnis des MÖSSBAUER-Effekts geht man aus von folgender Überlegung: Ein freier, ruhender Atomkern der Masse m_K gehe aus einem angeregten Zustand der Energie E_a in den Grundzustand E_g über unter Emission eines γ-Quants. Dabei wird dem Kern die Rückstossenergie E_R erteilt:

$$E_R = \frac{E_0^2}{2\, m_K\, c^2} \tag{C131}$$

mit

$$E_0 = E_a - E_g \gg E_R\,. \tag{C132}$$

E_0 Anregungsenergie des Atomkerns

Die Energie des emittierten γ-Quants ist um die Rückstossenergie vermindert und beträgt $E_0 - E_R$. Diese Energie reicht normalerweise nicht aus, um einen anderen identischen, ruhenden Kern in den angeregten Zustand E_a zu bringen. Zur Anregung ist vielmehr die um die Rückstossenergie vermehrte Anregungsenergie $E_0 + E_R$ erforderlich. Die Emissions- und Absorptionslinien freier Atomkerne (z.B. in einem Gas) sind also gegeneinander verschoben (vgl. Fig. 42). Falls die spektralen Linienbreiten zu einer teilweisen Überlappung der Emissions- und Absorptionslinie führen, ist die sog. Resonanzabsorption (Resonanzfluoreszenz der Kerne) möglich, d.h. ein Bruchteil der von den angeregten Kernen emittierten γ-Quanten wird von identischen Kernen im Grund-

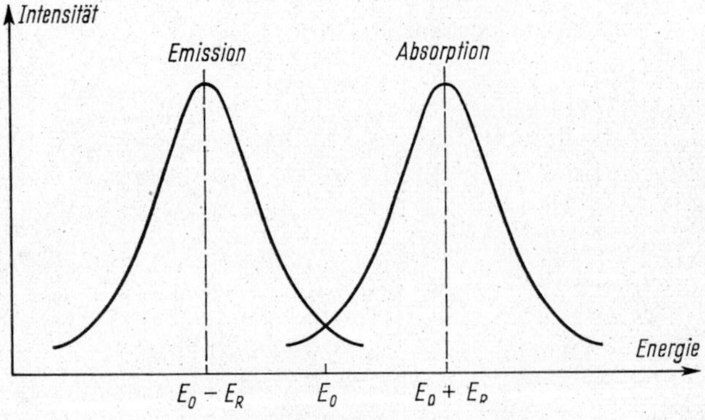

Fig. 42: Emissions- und Absorptionsspektrum für γ-Übergänge der Energie E_0 in ungebundenen Kernen

zustand absorbiert und zu deren Anregung benutzt. Die Bewegung der Atomkerne, die durch die Temperatur, durch frühere Emissions- oder Absorptionsprozesse oder durch äussere mechanische Mittel (z.B. die Bewegung von Absorber oder Emitter mit Hilfe von Ultrazentrifugen) verursacht wird, gibt Anlass zu DOPPLER-Effekten. Dadurch werden die Emissions- und die Absorptionslinie verbreitert oder verschoben. Dies kann zu stärkerer Überlappung und damit zu grösserer Resonanzabsorption führen.

Im Gegensatz zu der Erwartung, dass die DOPPLER-Effekte und damit die Resonanzabsorption mit sinkender Temperatur abnehmen, fand R. L. MÖSSBAUER zuerst für den 129 keV γ-Übergang in Ir^{191}, dass in einem Festkörper die Resonanzabsorption mit sinkender Temperatur stark ansteigen kann. Dieser Effekt beruht darauf, dass die emittierenden und absorbierenden Kerne in einem Kristall gebunden sind und dass daher unter gewissen Bedingungen die Rückstossenergie vom Kristall als Ganzem aufgenommen werden kann. Dann ist in Gl. C 131 die Masse des Atomkerns durch die des ganzen Kristalls zu ersetzen, und dementsprechend ist die Rückstossenergie E_R vernachlässigbar klein gegenüber der Anregungsenergie E_0. In diesem Fall erfolgen Emission und Absorption der γ-Quanten praktisch rückstossfrei. Die Emissions- und Absorptionslinien liegen fast bei derselben Energie E_0, und damit ist die Bedingung für Resonanzabsorption nahezu ideal erfüllt. Mit zunehmender Temperatur werden rückstossfreie Prozesse unwahrscheinlicher, und die Rückstossenergie wird mehr und mehr von einzelnen Atomen aufgenommen, was mit der Emission oder der Absorption von Phononen verbunden ist.

Das Emissions- bzw. Absorptionsspektrum für γ-Strahlen, das durch einen bestimmten Übergang zwischen Kern-Niveaus bedingt ist, hat also zwei Anteile: 1) Eine breite Emissions- bzw. Absorptionslinie unterhalb bzw. oberhalb der Anregungsenergie E_0. Die Form und Lage dieser Linie ist bestimmt durch die Zahl der inelastischen, d.h. mit Rückstossverlust behafteten Prozesse. 2) Eine äusserst scharfe Linie bei der Energie E_0, die durch die rückstossfreien Prozesse verursacht wird. Diese ‹rückstossfreie Linie› wird auch als ‹MÖSSBAUER-Linie› bezeichnet.

Die Ähnlichkeit der Effekte, die sowohl mit der Streuung von Röntgenstrahlen in Kristallen als auch mit der Emission und Absorption von γ-Quanten verbunden sind, ist offensichtlich. Die inelastischen Prozesse, die auf Wechselwirkungen mit den Phononen beruhen, geben Anlass zur diffusen Röntgenstreuung bzw. zu breiten, gegeneinander verschobenen Emissions- und Absorptionslinien von γ-Quanten. Die rückstossfreien Prozesse äussern sich als BRAGG-Reflexion (vgl. S. 83) bzw. als MÖSSBAUER-Effekt und ergeben Null-Phonon-Linien bzw. MÖSSBAUER-Linien. Die Temperaturbewegung der streuenden bzw. der emittierenden oder absorbierenden Atome führt zu einer Intensitätsverminderung, aber nicht zu einer Verbreiterung dieser Linien. Die relative Intensität ist in beiden Fällen bestimmt durch einen DEBYE–WALLER-Faktor, der die Wahrscheinlichkeit für rückstossfreie Prozesse angibt.

Man kann den DEBYE–WALLER-Faktor für rückstossfreie Emission oder Absorption von γ-Quanten leicht aus demjenigen für die Röntgeninterferenzen herleiten. Hierbei hat man zu berücksichtigen, dass das Kristallatom während einer Gitterschwingung ein γ-Quant entweder nur emittiert oder nur absorbiert, während bei der Streuung von Röntgenstrahlen das Röntgenquant absorbiert und reemittiert wird. Dementsprechend sind die an das Atom maximal übertragbaren Rückstossenergien in beiden Fällen grundsätzlich verschieden, und zwar gilt im Fall der Emission oder Absorption eines γ-Quants der Energie E_0 (vgl. Gl. C 131):

$$E_{R\gamma} = \frac{E_0^2}{2\, m_K\, c^2} \tag{C 133}$$

und im Fall der Streuung eines Röntgenquants der Energie E_0 an einem Atom der Masse m_A (vgl. Gl. C 88):

$$E_{RX} = 2\,\frac{E_0^2}{m_A\, c^2}\,. \tag{C 134}$$

Man führt im DEBYE–WALLER-Faktor $D(T)$ für Röntgeninterferenzen die an das streuende Atom übertragbare Rückstossenergie ein. Ersetzt man diese dann durch die vom γ-Quant übertragbare Rückstossenergie $E_{R\gamma}$, so erhält man den für den MÖSSBAUER-Effekt massgebenden DEBYE–WALLER-Faktor $D_\gamma(T)$. Wir beschränken uns hier wiederum auf die Verwendung der DEBYEschen Näherung für das Spektrum der Phononen. Mit der Photonenenergie E_0 (vgl. Gl. C 90 mit $u_X = E_0$) ergibt sich aus Gl. C 126

$$D(T) = \exp\left[-3\,\frac{E_0^2}{m_A\, c^2}\,\frac{\sin^2\vartheta}{k\Theta}\,P\left(\frac{T}{\Theta}\right)\right]. \tag{C 135}$$

Die Photonen der Energie E_0, die unter dem BRAGG-Winkel ϑ einfallen, werden vom Atom der Masse m_A um den Winkel $2\,\vartheta$ gestreut (vgl. Fig. 20). Wäre das Atom frei, so würde beim Streuprozess die folgende Rückstossenergie übertragen:

$$E_{RX} = \frac{E_0^2}{m_A\, c^2}\,[1-\cos(2\,\vartheta)] = 2\,\frac{E_0^2}{m_A\, c^2}\,\sin^2\vartheta, \tag{C 136}$$

Setzt man diesen Wert in Gl. C 135 ein, so ist

$$D(T) = \exp\left[-\frac{3}{2}\,\frac{E_{RX}}{k\Theta}\,P\left(\frac{T}{\Theta}\right)\right]. \tag{C 137}$$

Ersetzt man E_{RX} durch $E_{R\gamma}$ (vgl. Gl. C 133), so erhält man den DEBYE–WALLER-Faktor für rückstossfreie Emission bzw. Absorption von γ-Quanten:

$$D_\gamma(T) = \exp\left[-\frac{3}{4}\,\frac{E_0^2}{m_K\, c^2\, k\Theta}\,P\left(\frac{T}{\Theta}\right)\right]. \tag{C 138}$$

Die Resonanzabsorption wird in ihrer Grösse bestimmt durch das Produkt von zwei DEBYE–WALLER-Faktoren, von denen der eine die Intensität der rückstossfreien Emission und der andere die der rückstossfreien Absorption bestimmt. Man bezeichnet diese Faktoren auch als LAMB–MÖSSBAUER-Faktoren. Die Temperaturabhängigkeit der Resonanzabsorption ist für identische Quelle und Absorber (vgl. S. 94), die dieselbe Temperatur haben, gegeben durch

$$f_M = \exp(-4M) \tag{C 139}$$

mit

$$M = \frac{3}{8}\,\frac{E_0^2}{m_K\,c^2\,k\Theta}\,P\!\left(\frac{T}{\Theta}\right). \tag{C 140}$$

α) Experimenteller Nachweis des MÖSSBAUER-*Effekts*

Der Nachweis des MÖSSBAUER-Effekts beruht auf der Messung der Resonanzabsorption von γ-Quanten. MÖSSBAUER-Linien treten aus dem durch inelastische Prozesse bedingten Untergrund im Spektrum der γ-Quanten hervor, wenn der DEBYE–WALLER-Faktor grösser als etwa 10^{-2} ist. Diese Bedingung ist in der Näherung tiefer Temperaturen (vgl. Gl. C 129) gleichbedeutend mit der Bedingung

$$\frac{E_0^2}{2\,m_K\,c^2} = E_R \lesssim 2\,k\,\Theta \tag{C 141}$$

und begrenzt die Beobachtbarkeit des MÖSSBAUER-Effekts auf relativ niederenergetische (‹weiche›) γ-Quanten-Übergänge, für die die Rückstossenergie des freien Kerns nicht grösser als die doppelte Maximalenergie im DEBYEschen Schwingungsspektrum ist. Dies bedeutet, dass man bei hinreichend tiefen Temperaturen den MÖSSBAUER-Effekt für relativ schwere Kerne mit γ-Übergängen von Energien bis zu etwa 10^2 keV erwarten kann. Für den 129 keV-Übergang in Ir^{191}, der der Entdeckung der rückstossfreien Resonanzabsorption zugrunde lag, betragen die Rückstossenergie $E_R = 0{,}046$ eV und die DEBYEsche Maximalenergie $k\Theta \approx 0{,}025$ eV, d.h. für hinreichend tiefe Temperaturen beträgt der DEBYE–WALLER-Faktor etwa 1%. Die Bedingung $E_R \lesssim 2\,k\,\Theta$ ist ein Grund dafür, dass der MÖSSBAUER-Effekt nur für relativ wenige Kernübergänge (hauptsächlich für die Übergänge in Fe^{57}, Sn^{119}, Dy^{161}, Tm^{169}, Au^{197}) studiert wurde. Fe^{57} beispielsweise hat einen γ-Übergang mit $E_0 = 14{,}4$ keV; damit erhält man aus Gl. C 138 als Anteil der rückstossfreien Emission selbst für Zimmertemperatur noch 70%. Der MÖSSBAUER-Effekt des 14,4 keV-Übergangs in Fe^{57} ist demnach besonders gross; da ausserdem die Resonanzlinie äusserst scharf ist (Linienbreite $\Gamma = 5 \cdot 10^{-9}$ eV), eignet sich dieser Übergang zum Studium zahlreicher interessanter Probleme aus den verschiedensten Gebieten der Physik (vgl. S. 95).

Gl. C 141 hat ihre anschauliche Begründung darin, dass für hinreichend kleine Rückstossenergien $E_R \ll k\,\Theta$ im DEBYEschen Frequenzspektrum nur relativ wenige Oszillatoren zur Aufnahme der Rückstossenergie zur Verfügung stehen und dass daher die Wahrscheinlichkeit für rückstossfreie Prozesse gross ist. Grössere Rückstossenergien können von einer relativ grösseren Zahl energiereicherer Oszillatoren aufgenommen werden, und dementsprechend wird der Anteil der rückstossfreien Prozesse mit zunehmender Energie der γ-Quanten immer kleiner.

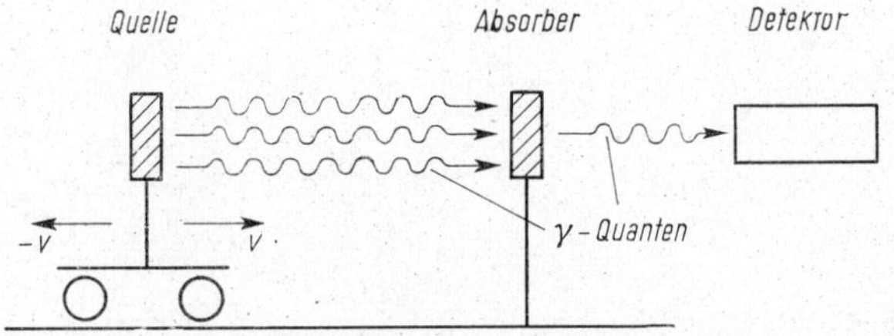

Fig. 43: Versuchsanordnung zur Messung des Mössbauer-Effekts

Die experimentelle Anordnung zur Messung des Mössbauer-Effekts (vgl. Fig. 43) besteht im wesentlichen aus der Quelle, die das γ-aktive Isotop enthält, aus einem Absorber, der dasselbe Isotop im Grundzustand enthält, und aus einem Detektor für γ-Quanten. Mit einem Bewegungsmechanismus stellt man eine relative Geschwindigkeit v zwischen Quelle und Absorber her. Die dadurch verursachte Doppler-Verschiebung

$$\Delta E = \frac{v}{c} E_0 \tag{C142}$$

der ausgesandten γ-Energie E_0 führt zum Verschwinden der Resonanzabsorption; damit werden mehr γ-Quanten vom Absorber durchgelassen und vom Detektor gezählt. Aus der relativen Strahlungsintensität in Abhängigkeit von der relativen Geschwindigkeit lassen sich Linienbreiten, Linienaufspaltungen oder Linienverschiebungen von gewissen γ-Übergängen bestimmen. Falls sich die Isotope in Quelle und Absorber unter vollkommen identischen Bedingungen befinden, hat die Strahlungsintensität (Zählrate) bei der Geschwindigkeit $v = 0$ ein Minimum (vgl. Fig. 44). Man bezeichnet die Zählrate in Funktion der Relativgeschwindigkeit als Mössbauer-Spektrum.

Die zum Nachweis der Resonanzabsorption notwendigen Geschwindigkeiten müssen der zu beobachtenden Linienbreite und Linienaufspaltung angepasst sein. Die natürliche Linienbreite Γ ist verknüpft mit der mittleren Lebensdauer τ des angeregten Zustands durch

$$\Gamma = \frac{\hbar}{\tau}. \tag{C143}$$

Typische Lebensdauern von angeregten Zuständen, die durch γ-Zerfall in den Grundzustand übergehen, liegen zwischen 10^{-7} und 10^{-10} sec, und nach

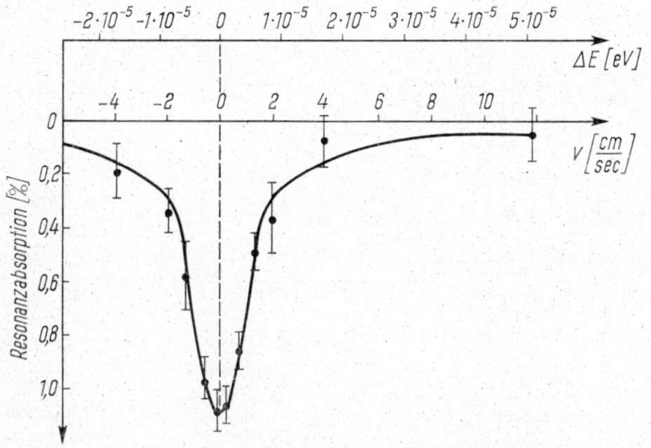

Fig. 44: Resonanzabsorption der 129 keV γ-Strahlung des Ir^{129} in Funktion der Relativgeschwindigkeit v zwischen Quelle und Absorber bzw. in Funktion der DOPPLER-Verschiebung ΔE (nach R. L. MÖSSBAUER, Z. Naturforsch. *14a*, 211 (1959))

Gl. C 143 ergeben sich damit typische Werte von Linienbreiten zwischen 10^{-8} eV und 10^{-5} eV. Die zum Nachweis solcher Linien erforderlichen DOPPLER-Verschiebungen verlangen dieselben Grössenordnungen. Damit ergeben sich aus Gl. C 142 typische Relativgeschwindigkeiten zwischen 10^{-3} und 10^{+1} cm sec^{-1}, wenn man berücksichtigt, dass γ-Energien E_0 von der Grössenordnung 10 bis 100 keV sind.

Durch die Möglichkeit, mit MÖSSBAUER-Experimenten nahezu natürliche Linienbreiten zu beobachten, ist die rückstossfreie Resonanzabsorption von weichen γ-Quanten eine Methode der Spektroskopie mit äusserst hohem Auflösungsvermögen E_0/Γ. Damit sind kleinste Energieänderungen von γ-Quanten nachweisbar, die beispielsweise durch Hyperfeinaufspaltungen der Kernniveaus oder durch die Bewegung des γ-Quants im Gravitationsfeld entstehen. Die Auswertung von Hyperfeinstrukturmessungen wird vereinfacht, wenn entweder nur in der Quelle oder nur im Absorber die Linienaufspaltung besteht. Vielfach benutzt man sog. Einzellinien-Quellen und kann damit die Hyperfeinstrukturaufspaltung des Absorbers ‹abtasten›.

β) Anwendungen des MÖSSBAUER-*Effekts*

Der MÖSSBAUER-Effekt eignet sich zum Studium zahlreicher Probleme aus den Gebieten der allgemeinen Physik, der Kernphysik, der Festkörperphysik sowie der Chemie. Im folgenden werden nur zwei Effekte erwähnt, die mit dem MÖSSBAUER-Effekt studiert werden können und die für die Festkörperphysik von Bedeutung sind: Kern-ZEEMAN-Effekt (magnetische Hyperfeinstrukturaufspaltung) und Isomerieverschiebung (eine Art ‹chemical shift›).

Ein Magnetfeld am Ort eines Kerns, der ein magnetisches Moment besitzt (vgl. S. 431), bewirkt eine Aufspaltung der entarteten Energiezustände. Diese Aufspaltung erscheint im MÖSSBAUER-Spektrum, wenn sie die natürliche Linienbreite übersteigt. Für Fe^{57} beispielsweise spaltet bei Anwesenheit eines Magnetfeldes am Kernort der Grundzustand in 2 und der angeregte Zustand

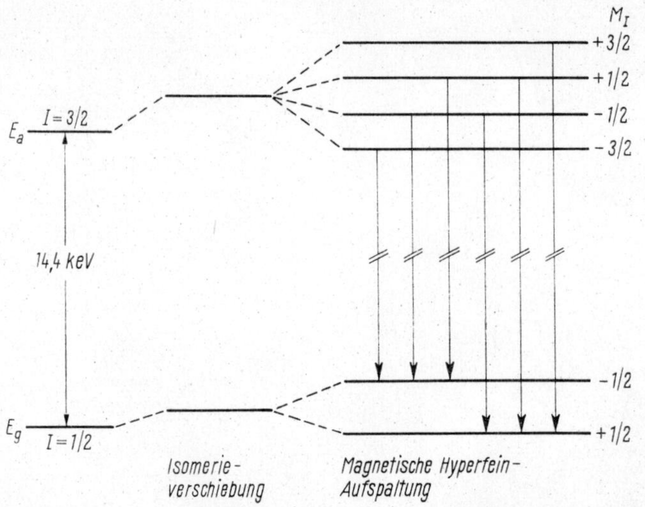

Fig. 45: Magnetische Hyperfeinstruktur-Aufspaltung des Grundniveaus E_g und des angeregten 14,4 keV-Niveaus E_a in Fe^{57}; die γ-Übergänge zwischen den beiden Niveaus (Kernspinquantenzahlen $I = 3/2$ und $I = 1/2$) unterliegen der Bedingung $|\Delta M_I| \leq 1$ für die magnetischen Quantenzahlen M_I

in 4 Niveaus auf. Die γ-Übergänge zwischen beiden Zuständen sind erlaubt, wenn sich dabei die magnetische Quantenzahl M_I höchstens um Eins ändert. Mit dieser Auswahlregel sind 6 verschiedene γ-Übergänge möglich (vgl. Fig. 45). Dementsprechend kann man 6 MÖSSBAUER-Linien beobachten (vgl. Fig. 46), sofern das Magnetfeld eine hinreichend grosse Aufspaltung der Zustände bewirkt. Im ferromagnetischen, metallischen Eisen beträgt bei Zimmertemperatur das innere Magnetfeld am Kernort etwa $4 \cdot 10^7$ A/m. Die dadurch verursachte magnetische Hyperfeinaufspaltung hat die Grössenordnung 10^{-7} eV

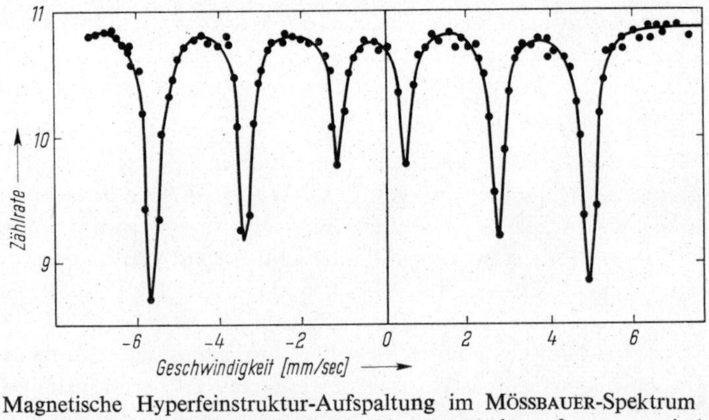

Fig. 46: Magnetische Hyperfeinstruktur-Aufspaltung im MÖSSBAUER-Spektrum von Fe^{57}, aufgenommen mit einer Einzellinien-Quelle (Co^{57} in Pt) und einem ferromagnetischen, metallischen Fe-Absorber; die 6 MÖSSBAUER-Linien entsprechen den 6 γ-Übergängen, die in Fig. 45 gezeigt sind (nach W. KERLER und W. NEUWIRTH, Z. Physik *167*, 176 (1962))

und ist etwa 30mal grösser als die natürliche Linienbreite von $5 \cdot 10^{-9}$ eV des 14,4 keV γ-Übergangs in Fe^{57}. Die zum Nachweis der Linienaufspaltung erforderliche Energieauflösung muss somit mindestens 10^{11} betragen.

Zusätzlich zum Betrag des inneren Magnetfeldes kann man auch das Vorzeichen bestimmen, wenn man die Linienaufspaltung in Abhängigkeit eines äusseren Magnetfeldes misst. Für metallisches Eisen ergibt sich das überraschende Resultat, dass das innere Feld antiparallel zum magnetischen Atommoment und damit zur makroskopischen Magnetisierung ist. Allgemein ist der

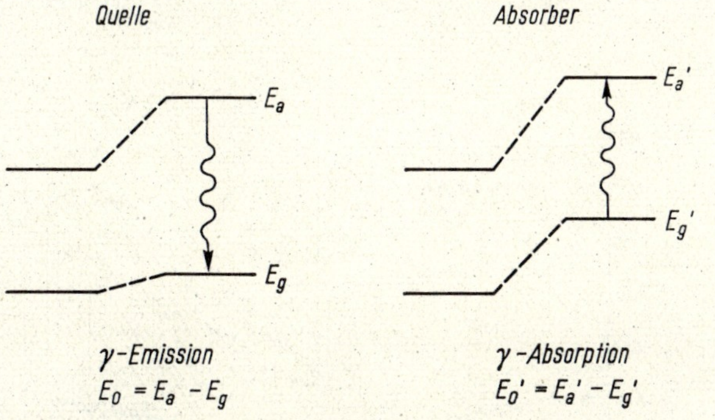

Fig. 47: Isomerieverschiebung der Kernniveaus eines Isotops, das sich in Quelle und Absorber in verschiedener chemischer Umgebung befindet; die Differenz der Übergangsenergien für γ-Emission (E_0) und für γ-Absorption (E_0') gibt Anlass zum ‹chemical shift› δ. Die linke Hälfte in jedem Teilbild zeigt die Kernniveaus des entsprechenden punktförmig gedachten Kerns.

MÖSSBAUER-Effekt eine wichtige Methode, um Grösse und Vorzeichen innerer Magnetfelder am Kernort in ferro- und antiferromagnetischen Materialien zu bestimmen.

Eine weitere Hyperfeinwechselwirkung ist die Isomerieverschiebung, die auf der elektrostatischen Wechselwirkung zwischen den Ladungsverteilungen des Kerns und derAtomelektronen beruht. Die dadurch bedingte Wechselwirkungsenergie ist proportional zur Elektronenladungsdichte am Kernort und zu einem mittleren quadratischen Kernradius und führt zu einer Verschiebung der Kernniveaus. Die Übergangsenergie E_0 zwischen zwei Kernniveaus wird verändert, wenn der mittlere quadratische Kernradius und damit die Verschiebung der Kernniveaus vom Anregungszustand des Kerns abhängt. Die Änderung der Übergangsenergie bezeichnet man als Isomerieverschiebung (vgl. Fig. 47). Diese Änderung kann nicht unmittelbar beobachtet werden. Jedoch kann man mit einem MÖSSBAUER-Experiment die Differenz zwischen zwei Isomerieverschiebungen messen, wenn sich die MÖSSBAUER-Kerne in Quelle und Absorber in verschiedenen chemischen Verbindungen befinden. Dann sind die Elektronendichten am Ort der Kerne in Quelle und Absorber verschieden. Die Energieverschiebung zwischen rückstossfreier Emission und Absorption ist proportional zur Differenz der Quadrate der

Kernradien im Grundzustand und im angeregten Zustand und proportional zur Differenz der Elektronendichten am Kernort in den beiden Verbindungen. Die Isomerieverschiebung tritt dadurch in Erscheinung, dass die Resonanzbedingung nicht mehr bei der Geschwindigkeit $v = 0$, sondern für $v = \delta \gtrless 0$ erfüllt ist (vgl. Fig. 48).

Aufgrund ihrer Abhängigkeit von der Elektronendichte am Kernort liefert die Isomerieverschiebung wertvolle Aufschlüsse über Fragen der chemischen

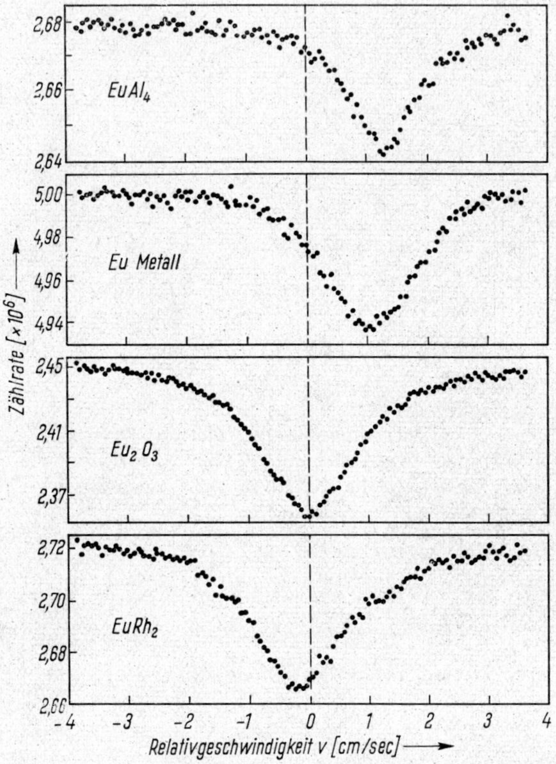

Fig. 48: Isomerieverschiebungen für den 97 keV γ-Übergang von Eu^{153} in einigen Europium-Verbindungen (nach U. ATZMONY et al., Phys. Rev. *156*, 262 (1967))

Bindung in Festkörpern. Nur die s-Elektronen haben eine endliche Wahrscheinlichkeit $|\psi_s(0)|^2$, sich am Kernort zu befinden. Der Wert der Elektronendichte $|\psi_s(0)|^2$ wird jedoch im allgemeinen nicht nur von der Zahl der s-Elektronen bestimmt, sondern auch von Elektronen in anderen Schalen, die die Kernladung teilweise abschirmen und dadurch die Anziehung des Kerns auf die s-Elektronen vermindern. Die Abhängigkeit der Isomerieverschiebung von der chemischen Bindung lässt sich einfach verfolgen, wenn das MÖSSBAUER-Isotop abgeschlossene Elektronenschalen hat und wenn die chemische Bindung nur über die äusseren, unabgeschlossenen Schalen erfolgt. Ein Beispiel hierfür ist Sn^{119}, das einen 24 keV γ-Übergang hat. Die Isomerieverschiebung wird hier durch die 5 s-Elektronen bestimmt; sie ist gross, wenn die Elektronenaffinität des Bindungspartners klein ist. Die Differenz der Elektronenaffinität zweier Bindungspartner lässt sich ausdrücken durch den Unterschied in der Elektronegativität. Tabelle 11 zeigt am Beispiel der Zinn-Verbindungen, dass die Isomerieverschiebung mit dem Elektronegativitätsunterschied, bezogen auf eine konstante Quelle, zunimmt.

Tabelle 11

Isomerieverschiebungen δ einiger Sn-Verbindungen gegenüber β-Sn beim MÖSSBAUER-Effekt der Sn^{119}-Kerne (E_γ = 24 keV) und Unterschiede $\Delta\chi$ der Elektronegativität des Anions und Kations (nach O. C. KISTNER, V. JACCARINO und L. R. WALKER, in *The Mössbauer-Effect*, herausgegeben von D. M. J. COMPTON und A. H. SCHOEN [Wiley, New York 1962], S. 264).

Verbindung	δ [mm/sec]	$\Delta\chi$
Sn—F	–2,77	2,2
Sn—O	–2,54	1,7
Sn—Cl	–2,26	1,2
Sn—Br	–1,32	1,0
Sn—J	–1,19	0,7

(1 mm/sec $\triangleq$ $8 \cdot 10^{-8}$ eV)

Die Isomerieverschiebung tritt im allgemeinen auch bei der Messung der magnetischen Hyperfeinaufspaltung in Erscheinung sowie bei der Quadrupolaufspaltung, auf die hier nicht weiter eingegangen wird. In diesen Fällen sind die MÖSSBAUER-Spektren nicht symmetrisch um $v = 0$, sondern um den durch die Isomerieverschiebung bedingten Geschwindigkeitswert δ (vgl. Fig. 46).

4. *Modelle des diskontinuierlichen Kristalls*

A. EINSTEIN und P. DEBYE benutzten bei der Herleitung des Spektrums der Gitterschwingungen keine Annahmen über die atomare Struktur der Kristalle. Lediglich das Kristallvolumen und damit die Zahl der schwingenden Gitterteilchen sowie der makroskopisch homogene Aufbau (→ periodische Randbedingungen, vgl. S. 67) wurden zur Charakterisierung der Kristalle verwendet.

Genauere Aussagen über das Spektrum der Gitterschwingungen liefern Theorien, die von den Bewegungsgleichungen der Gitterteilchen ausgehen. M. BORN und TH. VON KARMAN haben gezeigt, dass man an dem rechnerisch einfachen Beispiel des eindimensionalen Gittermodells schon die wesentlichen Eigenschaften des allgemeinen dreidimensionalen Gitters verstehen kann. Wir beschränken uns im folgenden auf die Diskussion der Gitterschwingungen eines zwei-atomigen eindimensionalen ‹Kristalls›.

a) Lineares zwei-atomiges Kristallmodell

Die Elementarzelle des eindimensionalen Kristalls enthalte je 1 Teilchen mit der Masse M bzw. m. Die Gleichgewichtslagen der Teilchen haben alle denselben Abstand a und seien durchgehend numeriert mit $n = 0, 1, 2, \ldots \infty$. Der Kristall bestehe also aus einer unendlich langen linearen Kette von Massen M und m. Die geradzahligen Punkte $2n$ seien die Gleichgewichtslagen der Massen M, die ungeradzahligen Punkte $2n-1$ die der Massen m (vgl. Fig. 49).

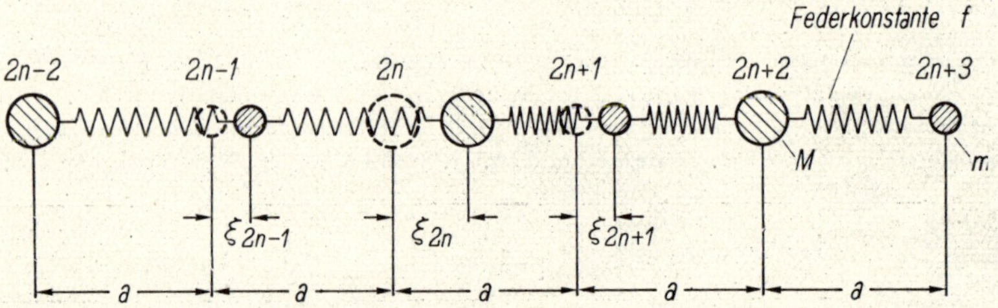

Fig. 49: Gitterschwingungen im linearen zwei-atomigen Kristallmodell

Die Kräfte zwischen den Teilchen kann man sich realisiert denken durch identische Federn der Federkonstante f. Die Kraft, die die Teilchen in ihre Gleichgewichtslage zurücktreibt, soll nur vom Abstand zu ihren nächsten Nachbarn abhängen. Die Auslenkung aus der Ruhelage betrage ξ_{2n} bzw. ξ_{2n-1} für die Massen M bzw. m.

Die NEWTONschen Bewegungsgleichungen für die beiden Teilchensorten lauten:

$$\begin{aligned} M\ddot{\xi}_{2n} &= f(\xi_{2n-1}-\xi_{2n}) - f(\xi_{2n}-\xi_{2n-1}), \\ m\ddot{\xi}_{2n-1} &= f(\xi_{2n}-\xi_{2n-1}) - f(\xi_{2n-1}-\xi_{2n-2}). \end{aligned} \tag{C144}$$

Definiert man die Frequenzen der freien Schwingung mit

$$\omega_0^2 = \frac{f}{M} \quad \text{und} \quad \Omega_0^2 = \frac{f}{m}, \tag{C145}$$

so ergibt sich

$$\begin{aligned} \ddot{\xi}_{2n} &= \omega_0^2(\xi_{2n+1}+\xi_{2n-1}-2\,\xi_{2n}), \\ \ddot{\xi}_{2n-1} &= \Omega_0^2(\xi_{2n}+\xi_{2n-2}-2\,\xi_{2n-1}). \end{aligned} \tag{C146}$$

Man hat also ein System von unendlich vielen, gekoppelten Differentialgleichungen. Als Ansatz für die stationären Lösungen dieses Systems wählt man zeitlich und örtlich periodische Funktionen ähnlich den harmonischen Wellen im elastischen Kontinuum (vgl. Gl. C45 und C46):

$$\begin{aligned} \xi_{2n} &= A\,e^{i\omega t}\,e^{iq2na} && \text{für die Massen } M, \\ \xi_{2n-1} &= B\,e^{i\omega t}\,e^{iq(2n-1)a} && \text{für die Massen } m. \end{aligned} \tag{C147}$$

A, B zeitunabhängige Maximalamplitude der Massen M bzw. m

$q = \frac{2\pi}{\lambda}$ Wellenzahl

$n\,a$ Ortskoordinate (nur die Amplitudenwerte am Ort der Gitterpunkte haben physikalische Bedeutung)

Setzt man diesen Ansatz in die Bewegungsgleichungen C146 ein, so erhält man zwei lineare homogene Gleichungen für die Amplituden A und B:

$$\begin{aligned} -\omega^2 A &= \omega_0^2 B(e^{iqa}+e^{-iqa})-2\omega_0^2 A, \\ -\omega^2 B &= \Omega_0^2 A(e^{iqa}+e^{-iqa})-2\Omega_0^2 B. \end{aligned} \tag{C148}$$

Ausser der trivialen Lösung $A = B = 0$ haben diese Gleichungen für A und B nur dann eine Lösung, wenn die Determinante der Koeffizienten gleich Null wird:

$$\begin{vmatrix} 2\omega_0^2-\omega^2 & -\omega_0^2(e^{iqa}+e^{-iqa}) \\ -\Omega_0^2(e^{iqa}+e^{-iqa}) & 2\Omega_0^2-\omega^2 \end{vmatrix} = 0. \tag{C149}$$

Daraus folgt als Lösbarkeitsbedingung unmittelbar die wichtige Beziehung zwischen ω und q,

$$\omega_\pm^2 = \omega_0^2+\Omega_0^2 \pm [(\omega_0^2+\Omega_0^2)^2-4\,\omega_0^2\,\Omega_0^2 \sin^2(q\,a)]^{\frac{1}{2}}, \tag{C150}$$

die eine Dispersionsrelation darstellt, denn $\omega/q \neq \partial\omega/\partial q \neq$ const (Für elastische Kontinua dagegen gilt $\omega/q = c =$ const, vgl. Gl. C40).

Die $\omega(q)$-Beziehung (Gl. C150) ist periodisch in q, der Bereich der q-Werte kann daher beschränkt bleiben auf

$$0 \leqslant \bar{q} \leqslant \frac{\pi}{a}. \tag{C151}$$

Die so beschränkte Wellenzahl $\bar{q}$ heisst reduzierte Wellenzahl; der angegebene Bereich ist die 1. Brillouin-Zone des eindimensionalen Kristalls. Überdies ist $\omega(q)$ symmetrisch bezüglich des Wertes $q = \pi/2\,a$. Daher braucht man Gl. C150 nur für $0 \leqslant \bar{q} \leqslant \pi/2\,a$ zu diskutieren:

Zu jedem q–Wert gehören die beiden Werte ω_+ und ω_- entsprechend den beiden Lösungen für ω^2. Die Funktion $\omega(q)$ zerfällt in 2 getrennte Zweige $\omega_+(q)$ und $\omega_-(q)$, die zu verschiedenen, beschränkten Frequenzbereichen gehören. Um dies zu zeigen, berechnen wir die speziellen $\omega_\pm$-Werte für $\bar{q} = 0$ und $\bar{q} = \pi/2\,a$:

$$\bar{q} = 0: \quad \begin{aligned} \omega_+ &= 2^{\frac{1}{2}}(\Omega_0^2+\omega_0^2)^{\frac{1}{2}}, \\ \omega_- &= 0; \end{aligned} \tag{C152}$$

$$\bar{q} = \frac{\pi}{2\,a}: \quad \begin{aligned} \omega_+ &= 2^{\frac{1}{2}}\,\Omega_0, \\ \omega_- &= 2^{\frac{1}{2}}\,\omega_0. \end{aligned} \tag{C153}$$

Hierbei ist angenommen, dass $M > m$, d.h. nach Gl. C145 $\Omega_0 > \omega_0$, ist.

Für Frequenzen im Bereich $2^{\frac{1}{2}}\omega_0 < \omega < 2^{\frac{1}{2}}\Omega_0$ ist die Dispersionsrelation nur für komplexe Wellenzahlen q erfüllt. Dies bedeutet Dämpfung der Amplitude bezüglich der Ortskoordinate. Lösungen von der Form der harmonischen Wellen existieren in diesem angegebenen Frequenzbereich nicht, man bezeichnet ihn daher auch als ‹verbotenen› Frequenzbereich. Alle Frequenzen oberhalb der Maximalfrequenz $\omega_{\max} = 2^{\frac{1}{2}}(\Omega_0^2+\omega_0^2)^{\frac{1}{2}}$ sind ebenfalls ‹verboten›.

Die $\omega(q)$-Beziehung ist in Fig. 50 dargestellt. Die Schwingungen im Frequenzbereich $0 < \omega < 2^{\frac{1}{2}}\omega_0$ heissen akustische oder auch elastische Schwin-

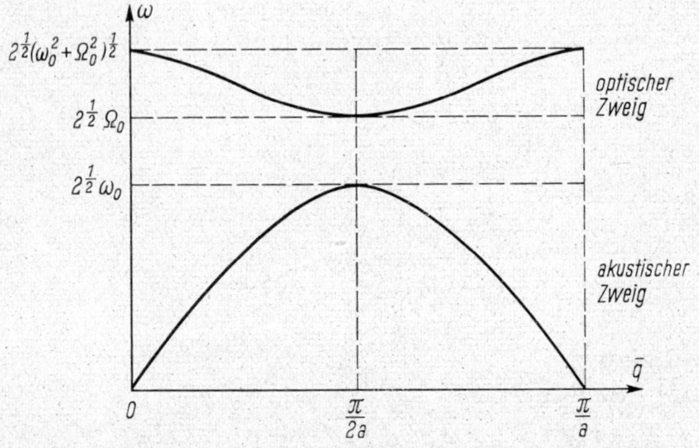

Fig. 50: Dispersionsrelation $\omega(q)$ für das lineare zwei-atomige Kristallmodell

gungen, und die Funktion $\omega_-(q)$ heisst akustischer Zweig. Die Schwingungen im Frequenzbereich $2^{\frac{1}{2}}\Omega_0 < \omega < 2^{\frac{1}{2}}(\Omega_0^2+\omega_0^2)^{\frac{1}{2}}$ werden als optische Schwingungen und die Funktion $\omega_+(q)$ entsprechend als optischer Zweig bezeichnet. Die Schwingungsvorgänge, die den beiden Zweigen zugrunde liegen, sind voneinander verschieden, weil die Amplitudenverhältnisse benachbarter Teilchen in den beiden erlaubten Frequenzbereichen verschiedene Vorzeichen haben. Das Amplitudenverhältnis zu jeder Zeit t ist unter Berücksichtigung der Gl. C 147 und C 148:

$$\frac{\xi_{2n}}{\xi_{2n-1}} = \frac{A}{B}e^{iqa} \tag{C154}$$

mit

$$\frac{A}{B} = \frac{2\omega_0^2}{2\omega_0^2-\omega^2}\cos(qa) = \frac{2\Omega_0^2-\omega^2}{2\Omega_0^2\cos(qa)}\,. \tag{C155}$$

Für die akustischen Schwingungen gilt $2\omega_0^2-\omega^2 > 0$ und $2\Omega_0^2-\omega_0^2 > 0$ (vgl. Fig. 27), und daher ist $\xi_{2n}/\xi_{2n-1} > 0$, d.h. benachbarte Teilchen schwingen immer in dieselbe Richtung. In der Näherung $q \ll 1/a$ ($\lambda \gg a$) wird das Amplitudenverhältnis unabhängig von den Massen M und m: $\xi_{2n}/\xi_{2n-1} \to 1$. Dies bedeutet, dass der lineare Kristall gesamthaft als starres System schwingt. In dieser Näherung unterscheiden sich die Amplituden benachbarter Teilchen nur noch infinitesimal voneinander. Die Addition der beiden Bewegungsgleichungen (Gl. C 146) führt dann auf die Differentialgleichung der schwingenden Saite, d.h. auf die eindimensionale Form der Wellengleichung des elastischen Kontinuums (vgl. Gl. C 44). Gleichzeitig muss in dieser Näherung das Verhältnis ω/q in einen konstanten Geschwindigkeitswert übergehen, denn aus Gl. C 150 folgt für $\omega_{-}(q)$ in der Näherung $q \ll 1/a$:

$$\omega_{-}(q) = \left(\frac{2a}{m+M} fa\right)^{\frac{1}{2}} q = \text{const.}\, q. \tag{C156}$$

Die Schwingungen mit Frequenzen $0 < \omega_{-} < 2^{\frac{1}{2}}\omega_0$ heissen also elastisch oder akustisch, weil sie für grosse Wellenlängen (im Vergleich zur Gitterkonstante) mit den elastischen Wellen des Kontinuums identisch sind.

Für die optischen Schwingungen gilt $2\omega_0^2 - \omega^2 < 0$ und $2\Omega_0^2 - \omega^2 < 0$, und daher ist $\xi_{2n}/\xi_{2n-1} < 0$, d.h. benachbarte Teilchen schwingen immer in entgegengesetzte Richtung. In der Näherung $q \ll 1/a$ ($\lambda \gg a$) erhält man jetzt für das Amplitudenverhältnis $\xi_{2n}/\xi_{2n-1} = -m/M$. Die Amplituden verhalten sich also wie die entsprechenden Reziprokwerte der Massen, und der Schwerpunkt der Elementarzelle bleibt in Ruhe. Besitzen die beiden Massen elektrische Ladung mit verschiedenem Vorzeichen (lineares Modell des Ionenkristalls), so verursachen die Schwingungen mit negativem Amplitudenverhältnis Dipolmomente, die zeitlich mit der Frequenz ω_{+} variieren. Man hat somit pro Ionenpaar einen elektrischen Oszillator als Quelle elektromagnetischer Strahlung. Umgekehrt wird elektromagnetische Strahlung der Frequenz ω_{+} absorbiert, weil sie Teilchen verschiedener Masse und Ladung zu Dipolschwingungen anregt. Die Frequenzen betragen grössenordnungsmässig 10^{13} bis 10^{14} sec^{-1}, entsprechen also Strahlung im Infrarot. Die allgemeine Bezeichnung ‹optische Schwingungen› hat ihre Begründung in der beschriebenen Wechselwirkung zwischen Licht und Kristall.

Wegen der Impulserhaltung (vgl. S. 79) werden von Licht der Wellenlänge von grössenordnungsmässig 50 μm nur optische Schwingungen mit der Wellenzahl $q \approx 0$ angeregt, denn $q = 2\pi/\lambda \ll 2\pi/a$. Die entsprechende Frequenz ist

$$\omega_{\max} \approx 2^{\frac{1}{2}}(\Omega_0^2 + \omega_0^2)^{\frac{1}{2}} = (2f)^{\frac{1}{2}}\left(\frac{1}{m} + \frac{1}{M}\right)^{\frac{1}{2}}. \tag{C157}$$

Diese Maximalfrequenz der optischen Gitterschwingungen ist in Ionenkristallen direkt messbar. Sie wird bestimmt aus der Frequenz der sog. Reststrahlen, einer nahezu monochromatischen Strahlung, die nach mehrmaliger Reflexion von weissem Licht an Ionenkristalloberflächen übrigbleibt. Aus der Optik ist bekannt, dass starke Absorption und starke Reflexion ungefähr bei denselben

Frequenzen auftreten, und zwar befindet sich das Reflexionsmaximum auf der kurzwelligen Seite in der Nähe des entsprechenden Absorptionsmaximums. Die Lage des Absorptionsmaximums der Reststrahlen liefert im wesentlichen die maximale Frequenz der optischen Gitterschwingungen und damit die Federkonstante f (vgl. Gl. C 157). Wellenlängen der Absorptionsmaxima der Reststrahlen in den Alkalihalogeniden sind in Tabelle 12 zusammengestellt.

Tabelle 12

Wellenlängen für Absorptionsmaxima per Reststrahlen in Alkalihalogeniden (aus J. T. HOUGHTON und S. D. SMITH, *Infrared Physics* [Oxford University Press, London 1966], S. 95).

λ [μm]	F	Cl	Br	J
Li	32,9	58,5	58,5	69,4
Na	40,6	61,0	73,9	85,6
K	52,1	70,8	84,7	99
Rb	62,5	84,1	112	134
Cs	78,6	101	135	163

b) Lineares ein-atomiges Kristallmodell

Beim Übergang zu gleichen Massen $m^* = m = M(\rightarrow \omega^* = \omega_0 = \Omega_0)$ erhält die Dispersionsrelation Gl. C150 die Form

$$\begin{aligned} \omega_+ &= 2\omega^* \left| \cos \frac{q a}{2} \right|, \\ \omega_- &= 2\omega^* \left| \sin \frac{q a}{2} \right|. \end{aligned} \tag{C158}$$

Die beiden Zweige $\omega_+(q)$ und $\omega_-(q)$ haben jetzt denselben beschränkten Frequenzbereich $0 \leq \omega \leq 2\omega^*$. Ein ‹verbotener› Frequenzbereich zwischen den beiden Zweigen existiert also nicht mehr (vgl. Fig. 51). Der optische und der akustische Zweig gehen ineinander über wie folgt:

$\omega_+(q)$: $\quad 0 \leq \bar{q} \leq \frac{\pi}{2a}$, optische Schwingungen,

$\quad \frac{\pi}{2a} \leq \bar{q} \leq \frac{\pi}{a}$, akustische Schwingungen;

$\omega_-(q)$: $\quad 0 \leq \bar{q} \leq \frac{\pi}{2a}$, optische Schwingungen,

$\quad \frac{\pi}{2a} \leq \bar{q} \leq \frac{\pi}{a}$, akustische Schwingungen.

Der Zweig $\omega_+(q)$ hat nur dann physikalische Bedeutung, wenn sich benachbarte Massen durch das Vorzeichen ihrer elektrischen Ladung unterscheiden,

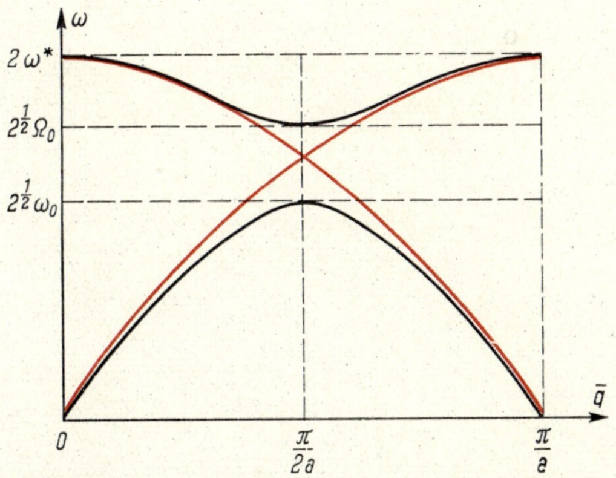

Fig. 51: Dispersionsrelationen $\omega(q)$ für das ein-atomige (rote Kurven) und zwei-atomige lineare Kristallmodell

d.h. wenn die Elementarzelle 2 verschiedene Teilchen enthält. Setzt man die Bewegungsgleichungen für die lineare Kette mit vollkommen identischen Teilchen an, so erhält man allein die Dispersionsrelation $\omega_-(q)$. Die BRILLOUIN-Zone ist dann doppelt so gross wie im Fall nicht vollkommen identischer Teilchen.

In Fig. 51 werden die Dispersionsrelationen des ein-atomigen und des zwei-atomigen linearen Kristallmodells verglichen unter der Annahme, dass die Massen m^*, m und M in folgender Beziehung stehen: $m^* = \dfrac{2\,m\,M}{m+M}$.

c) Spektrum der Gitterschwingungen für das lineare Kristallmodell

Für das unendlich ausgedehnte Kristallmodell ist die Zahl der Eigenschwingungen in jedem Intervall $d\omega$ erlaubter Frequenzen unendlich, da sämtliche $\bar{q}$-Werte möglich sind. Die Lösungen (Gl. C45) unterliegen Randbedingungen, wenn man eine räumliche Periode der Bewegung fordert. Die Erfüllung der Randbedingungen führt zu einer Auswahl von endlich vielen $\bar{q}$-Werten und damit von endlich vielen Eigenfrequenzen. Das Spektrum der Schwingungen gibt Aufschluss über die Zahl $\varrho(\omega)\,d\omega$ der Frequenzen im Intervall $\omega \ldots \omega + d\omega$.

Die räumliche Periode der Schwingungen der zwei-atomigen linearen Kette (Gitterkonstante $2\,a$) sei $2\,a\,N$, d.h. N Elementarzellen bilden ein Grundgebiet $L = 2\,a\,N$ (vgl. S. 67). Die periodischen Randbedingungen heissen:

$$\begin{aligned} \xi_{2n} &= \xi_{2(n+N)}, \\ \xi_{2n-1} &= \xi_{2(n+N)-1}. \end{aligned} \tag{C159}$$

Daraus folgt die Auswahl der q-Werte:

$$q = n\,\frac{2\pi}{2\,a\,N} = n\,\frac{2\pi}{L} \tag{C160}$$

mit $n = 0, 1, 2, \ldots N$.

Die q-Werte sind äquidistant verteilt in Abständen $2\pi/L$. Die Zahl Z_q^0 der q-Werte von $q = 0 \ldots q$ ist

$$Z_q^0 = \frac{L}{2\pi} q. \tag{C161}$$

In der BRILLOUIN-Zone ($q = 0 \ldots 2\pi/2a$) ist die Zahl der erlaubten q-Werte dann gleich N. Die Zahl der Eigenzustände mit Wellenzahlen zwischen q und $q + dq$ ist

$$dZ_q = \frac{L}{2\pi}\, dq = \frac{2aN}{2\pi}\, dq. \tag{C162}$$

Mit Hilfe der entsprechenden Dispersionsrelation $\omega_\pm(q)$ ergibt sich hieraus die Frequenzdichte als Funktion von $\omega_\pm$:

$$dZ_\omega = \frac{dZ_q}{d\omega}\, d\omega = \varrho(\omega)\, d\omega \tag{C163}$$

mit

$$\varrho(\omega) = \frac{L}{2\pi} \left| \frac{dq}{d\omega} \right|. \tag{C164}$$

Die Berechnung von $\varrho(\omega)$ ist im Fall gleicher Massen, d.h. für die einatomige Kette mit der Gitterkonstante a, leicht durchführbar. Wir berechnen $\varrho(\omega)$ für den Zweig $\omega_-(q)$. Dann ergibt sich aus Gl. C158

$$\frac{d\omega}{dq} = \omega^* a \cos\frac{qa}{2} = a\left[\omega^{*2} - \left(\frac{\omega_-}{2}\right)^2\right]^{\frac{1}{2}} \tag{C165}$$

und mit Gl. C164

$$\varrho(\omega) = \frac{N}{2\pi}\left[\omega^{*2} - \left(\frac{\omega_-}{2}\right)^2\right]^{-\frac{1}{2}}. \tag{C166}$$

Das Spektrum der Eigenfrequenzen (Fig. 52) hat also einen anderen Charakter als das DEBYEsche Spektrum $\varrho(\omega) \sim \omega^2$ (vgl. Gl. C 58). Nur für Frequenzen unterhalb der Maximalfrequenz ($\omega < 2\omega^*$) ist $\varrho(\omega)$ reell.

Mit Hilfe von Gl. C 164 und Fig. 51 kann man für die zwei-atomige Kette den qualitativen Verlauf des Frequenzspektrums $\varrho(\omega)$ unmittelbar angeben (vgl. Fig. 52). Die Maxima und Minima der Zweige $\omega_\pm(q)$ entsprechen unendlich hoher Frequenzdichte. Das Spektrum zerfällt in 2 Teile, die durch eine ‹verbotene Zone› getrennt sind. Dies ist typisch für das Modell der linearen Kette.

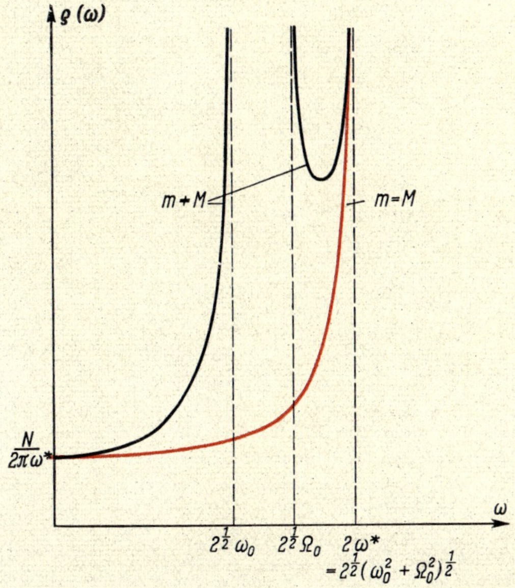

Fig. 52: Frequenzdichte für das ein-atomige (rote Kurve) und zwei-atomige lineare Kristallmodell

d) Dispersionsrelationen und Spektren der Gitterschwingungen für wirkliche Kristalle

Zur Berechnung der Dispersionsrelationen eines wirklichen Kristalls geht man aus von der Bewegungsgleichung der Gitterteilchen. Wie im eindimensionalen Fall hat man z unabhängige Bewegungsgleichungen, wenn die Elementarzelle z Teilchen enthält. Die Auslenkungen ξ der Teilchen aus ihren Ruhelagen sind gegeben durch Vektoren. Die Vektorkomponenten sind einer longitudinalen und zwei transversalen Wellen zugeordnet. Demnach erhält man $3z$ lineare, homogene Gleichungen, die eine nichttriviale Lösung haben, wenn die entsprechende Determinante gleich Null ist. Aus dieser Bedingung ergibt sich eine Gleichung für ω^2 vom Grad $3z$ (vgl. S. 101). Die Dispersionsrelationen umfassen also im allgemeinen Fall $3z$ Frequenzzweige (3 akustische und $3z$–3 optische Zweige), wovon in konkreten Fällen allerdings Zweige zusammenfallen können.

Mit Hilfe der Dispersionsrelationen $\omega(\vec{q})$ lässt sich analog zu Gl. C 164 das Frequenzspektrum $\varrho(\omega)$ berechnen. Die Frequenzdichte eines Zweigs erreicht Maxima für Werte von ω, für welche die Ableitung der Dispersionsrelation nach der Wellenzahl verschwindet. Die totale Frequenzdichte ergibt sich als Summe über die Frequenzdichten aller Dispersionszweige. Das Spektrum enthält wohl eine Maximalfrequenz, hat aber vielfach keine ‹verbotenen› Frequenzbereiche. Fig. 53 zeigt ein berechnetes Frequenzspektrum für Silber. Zur Berechnung wurden Zentralkräfte zwischen nächsten und übernächsten Nachbarn angenommen; ferner wurden experimentelle Daten der Gitterkonstante sowie von drei elastischen Konstanten benutzt.

Die Ergebnisse der hier nur angedeuteten Berechnungen für Dispersions-

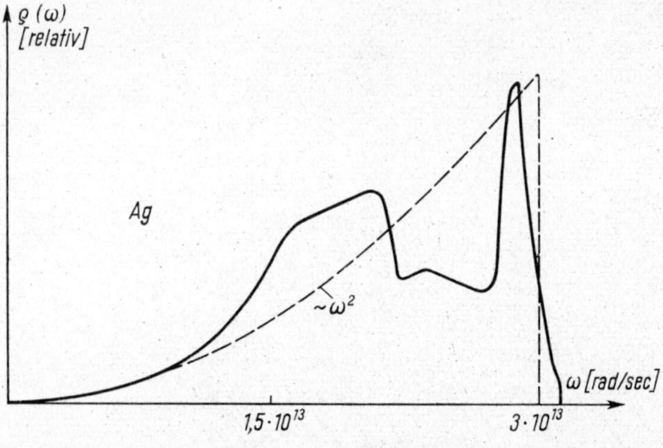

Fig. 53: Frequenzspektrum der Phononen in Silber, berechnet unter der Annahme von Zentralkräften zwischen nächsten und übernächsten Nachbarn und unter Verwendung von 3 elastischen Konstanten und der Gitterkonstante (aus LANDOLT–BÖRNSTEIN, Bd. 1/4, Springer, Berlin 1955)

relationen und Frequenzspektren der Phononen werden experimentell im allgemeinen sehr gut bestätigt. Zahlreiche Experimente beruhen auf dem Studium von inelastischen Streuprozessen, die unter Berücksichtigung der Erhaltungssätze für Energie und Impuls (vgl. Gl. C 83 und C 84) zwischen Phononen und Photonen oder Materieteilchen erfolgen, wie z.B. die inelastische Streuung von Röntgenquanten, Lichtquanten oder Neutronen. Für solche Streuexperimente eignen sich insbesondere thermische Neutronen, deren Energie und Impuls dieselbe Grössenordnung haben wie die entsprechenden Werte, die bei der Entstehung oder der Vernichtung von Phononen massgebend sind. Die Streuung bewirkt daher eine deutliche Änderung von Energie und Impuls der einfallenden Neutronen.

Neutronen werden an den Atomkernen im Kristall infolge der Kernkräfte gestreut. Zusätzlich erfahren die Neutronen infolge ihres Spins magnetische Wechselwirkungen mit den magnetischen Momenten der Elektronenhüllen und der Atomkerne. Der Streuquerschnitt für Neutronen ist nicht nur für verschiedene Elemente, sondern bereits für Isotope verschieden. Er setzt sich zusammen aus zwei Anteilen, einem kohärenten und einem inkohärenten Anteil. Kohärente Streuung erfolgt an identischen Streuzentren, wenn die Streuwellen miteinander interferieren. Isotope oder Streuzentren mit verschiedener Spinorientierung geben Anlass zu inkohärenter Streuung, d.h. die Zentren streuen unabhängig voneinander, und die Streuwellen sind nicht interferenzfähig.

Kohärente und inkohärente Streuung kann sowohl elastisch als auch inelastisch erfolgen. Während die elastische Streuung Aufschluss über Gitterstrukturen und insbesondere über magnetische Strukturen gibt, eignet sich die inelastische Streuung zum Studium der Gitterdynamik. Wählt man die DE BROGLIE-Wellenlänge λ_n der Neutronen so gross, dass die BRAGGsche Bedingung nicht mehr erfüllbar ist, d.h. $\lambda_n > 2\,d_{h\,k\,l}$ (vgl. Gl. B 35), so ist die Neutronenstreuung im wesentlichen inelastisch. Die entsprechenden Neutronenenergien sind kleiner als die thermische Energie $k\,T$; man spricht daher von ‹kalter Neutronenstreuung›.

Die Messung der Phononen-Dispersionsrelationen $\omega(\vec{q})$ verlangt, dass die inelastische Streuung der Neutronen vorwiegend kohärent ist. Man strahlt

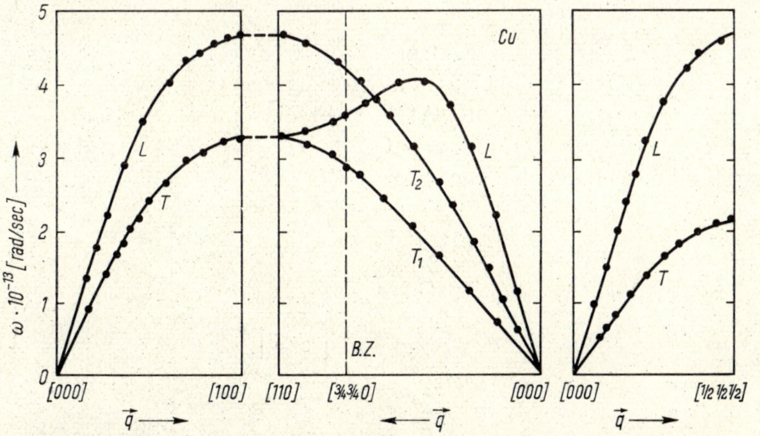

Fig. 54: Dispersionszweige für Phononen in Kupfer, ermittelt aus Messungen der inelastischen, kohärenten Streuung monochromatischer Neutronen (nach E. C. Svensson, B. N. Brockhouse und J. M. Rowe, Phys. Rev. *155*, 619 (1967))

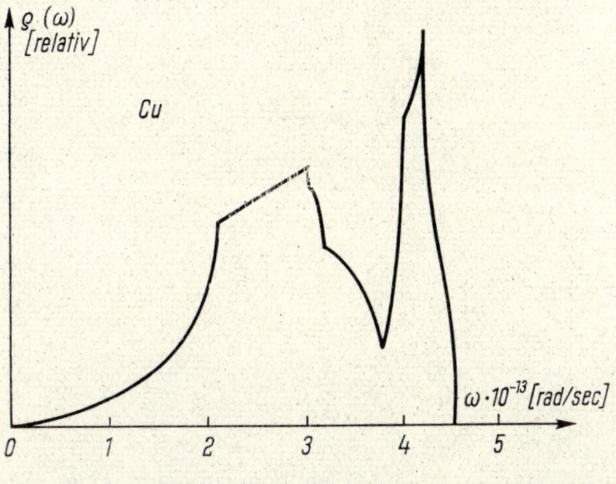

Fig. 55: Frequenzspektrum der Phononen in Kupfer, berechnet aus den durch Neutronenstreuung ermittelten Dispersionskurven der Fig. 54 (nach E. C. Svensson, B. N. Brockhouse und J. M. Rowe, Phys. Rev. *155*, 619 (1967))

monochromatische Neutronen in verschiedenen Kristallrichtungen ein und misst für jede Einfallsrichtung die Energie und Richtung der gestreuten Neutronen. Solche Messungen ergeben mit Hilfe der Erhaltungssätze die Dispersionsrelationen $\omega(\vec{q})$ der Phononen (vgl. Fig. 54). Hieraus kann dann die Frequenzdichte $\varrho(\omega)$ numerisch berechnet werden (vgl. Fig. 55).

Im Fall kubischer Kristalle kann man das Frequenzspektrum $\varrho(\omega)$ der Phononen auch direkt bestimmen, wenn man die Energieverteilung der inkohärent gestreuten Neutronen misst. Die Streuung wird dann allein nach

Massgabe des Energiesatzes beobachtet. Für Ein-Phonon-Prozesse ist die Energieänderung der Neutronen gegeben durch (vgl. Gl. C 83)

$$\frac{\hbar^2}{2\,m_n}\,|k^2-k_0^2| = \hbar\,\omega. \tag{C167}$$

Sofern die einfallenden Neutronen monochromatisch sind, ist die Zahl der gestreuten Neutronen der Energie $\frac{\hbar^2}{2\,m_n}k^2$ proportional zur Zahl der Phononen der Energie $\hbar\,\omega$. Das Energiespektrum der gestreuten Neutronen hat daher im wesentlichen dasselbe Aussehen wie das Frequenzspektrum der Phononen, $\varrho(\omega)$.

Für kubische Kristalle mit 1 Atom pro Elementarzelle ist der inkohärente differentielle Streuquerschnitt nach G. Plazcek und L. van Hove direkt proportional zur Frequenzdichte, d.h.

$$\frac{d^2\sigma_{\text{inkoh}}}{d\Omega\,dk} = \frac{S}{4\pi}\,\frac{2\,\hbar\,k^2}{m_K\,k_0}\exp(-2\,M)\,\frac{(\vec{k}-\vec{k}_0)^2}{|k^2-k_0^2|}\left[\frac{1}{\exp\left(\frac{\hbar\,\omega}{k\,T}\right)-1}+\frac{1}{2}(1\pm 1)\right]\varrho(\omega). \tag{C168}$$

Ω	Raumwinkel
S	inkohärenter Streuquerschnitt des Atomkerns
m_K	Kernmasse
$\exp(-2\,M)$	Debye-Waller-Faktor
$+$	für Phonon-Emission
$-$	für Phonon-Absorption

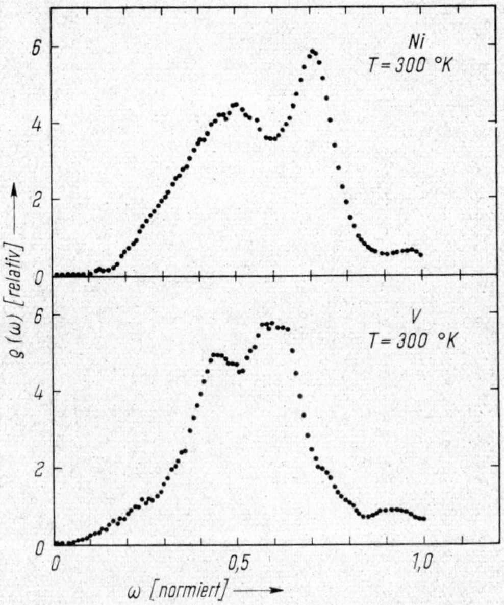

Fig. 56: Frequenzspektrum der Phononen in Nickel und Vanadium, ermittelt aus Messungen der inelastischen, inkohärenten Neutronenstreuung (nach B. Mozer, K. Otnes und H. Palevsky, in *Lattice Dynamics*, herausgegeben von R. F. Wallis, Pergamon, Oxford 1965)

Zur direkten Messung von $\varrho(\omega)$ eignen sich Kristalle aus Materialien, die Neutronen vorwiegend inkohärent streuen. Dies ist nur für wenige Elemente der Fall; als Beispiele sind Messungen an Nickel und Vanadium in Fig. 56 dargestellt.

5. DEBYE*sche Zustandsgleichung des festen Körpers*

Die allgemeine Zustandsgleichung des festen Körpers ist eine Beziehung zwischen dem Tensor der mechanischen Spannungen, dem Deformationstensor und der Temperatur. Wir beschränken uns auf hydrostatische Drucke p. Dann ist die Zustandsgleichung wie bei Flüssigkeiten und Gasen ein Zusammenhang zwischen Druck p, Volumen V und Temperatur T des Festkörpers.

Zur Herleitung der Zustandsgleichung geht man zweckmässig von der freien Energie $F(V, T)$ aus, die definiert ist als

$$F = U - TS. \tag{C169}$$

U innere Energie
S Entropie

Die Zustandsgleichung folgt unmittelbar aus der thermodynamischen Gleichung

$$p = -\left(\frac{\partial F}{\partial V}\right)_T, \tag{C170}$$

die die gesuchte Beziehung zwischen p, V, T darstellt und sich folgendermassen ergibt:
Aus der Definition Gl. C169 folgt

$$dF = dU - T\,dS - S\,dT. \tag{C171}$$

Mit

$$dS = \frac{\delta Q}{T} \tag{C172}$$

und mit dem 1. Hauptsatz

$$dU = \delta Q + \delta A \tag{C173}$$

δQ "Differential" der zugeführten Wärmeenergie
δA "Differential" der am Festkörper geleisteten Arbeit

geht Gl. C171 über in

$$dF = \delta A - S\,dT. \tag{C174}$$

Da wir nur Zustandsänderungen in Funktion von p, V, T betrachten, ist (vgl. Gl. C 5)

$$\delta A = \delta A_K = -p\,dV. \tag{C175}$$

F ist eine Zustandsgrösse, und darum ist dF ein vollständiges Differential. Mit Gl. C175 erhält man aus Gl. C174

$$p = -\left(\frac{\partial F}{\partial V}\right)_T \tag{C176}$$

und

$$S = -\left(\frac{\partial F}{\partial T}\right)_V . \tag{C177}$$

Die innere Energie des Festkörpers setzt sich aus verschiedenen Beiträgen zusammen (vgl. S. 57), von denen wir hier nur U_g und U_s berücksichtigen. Mit Gl. C8 ergibt sich damit eine analoge Zerlegung der freien Energie in einen Gitteranteil F_g und einen Schwingungsanteil F_s:

$$F = U_g + U_s - T\,S = F_g + F_s . \tag{C178}$$

F_g hängt wie U_g praktisch nicht von T ab, daher gilt

$$F_g = U_g \quad \text{und} \quad \left(\frac{\partial F}{\partial T}\right)_V = \left(\frac{\partial F_s}{\partial T}\right)_V . \tag{C179}$$

Unter Verwendung von Gl. C177 und C178 ist

$$F_s = U_s - T\,S = U_s + T\left(\frac{\partial F_s}{\partial T}\right)_V \tag{C180}$$

bzw.

$$U_s = F_s - T\left(\frac{\partial F_s}{\partial T}\right)_V = \left(\frac{\partial\left(\frac{F_s}{T}\right)}{\partial\left(\frac{1}{T}\right)}\right)_V . \tag{C181}$$

Einsetzen von Gl. C178 in Gl. C170 liefert

$$p + \left(\frac{\partial U_g}{\partial V}\right)_T = -\left(\frac{\partial F_s}{\partial V}\right)_T . \tag{C182}$$

Die Bestimmung von $\left(\frac{\partial F_s}{\partial V}\right)_T$ ist nur möglich, wenn man die Schwingungsenergie U_s kennt. Wir verwenden das Debyesche Modell (vgl. S. 66 ff.), wonach U_s die Form hat (vgl. Gl. C64):

$$U_s = T f\left(\frac{\Theta}{T}\right). \tag{C183}$$

Mit Hilfe von Gl. C181 kann man zeigen, dass auch die freie Energie F_s die Form hat:

$$F_s = T\,g\left(\frac{\Theta}{T}\right). \tag{C184}$$

Die Volumenabhängigkeit von F_s ist in der DEBYE-Temperatur Θ enthalten: eine Volumenänderung bewirkt die Änderung der Eigenfrequenzen ω_i, und demzufolge ändert sich auch die Frequenzdichte $\varrho(\omega)$. Da aber die Zahl $3N$ der Oszillatoren konstant bleibt, muss sich nach Gl. C57 $\omega_{\max} = k\Theta/\hbar$ ändern.

Gl. C182 geht hiermit über in:

$$p + \left(\frac{\partial U_g}{\partial V}\right)_T = -T\frac{\partial g}{\partial \Theta}\frac{\partial \Theta}{\partial V} = -\frac{\partial g}{\partial\left(\frac{\Theta}{T}\right)}\frac{\partial \Theta}{\partial V}. \tag{C185}$$

Unter Verwendung der Gl. C184 und C181 folgt

$$p + \left(\frac{\partial U_g}{\partial V}\right)_T = -\frac{\partial\left(\frac{F_s}{T}\right)}{\Theta\,\partial\left(\frac{1}{T}\right)}\frac{\partial \Theta}{\partial V} = -U_s\left(\frac{\frac{\partial\Theta}{\Theta}}{\frac{\partial V}{V}}\right)\frac{1}{V} \tag{C186}$$

und daraus die DEBYEsche Zustandsgleichung

$$\left[p + \left(\frac{\partial U_g}{\partial V}\right)_T\right]V = \gamma U_s \tag{C187}$$

mit dem GRÜNEISEN-Parameter

$$\gamma = -\frac{d(\log\Theta)}{d(\log V)}. \tag{C188}$$

Für $T \gg \Theta$ ist nach Gl. C67 $U_s \approx 3NkT$. Die DEBYEsche Zustandsgleichung hat dann grosse Ähnlichkeit mit der VAN DER WAALSschen Zustandsgleichung realer Gase, wobei der Term $\left(\frac{\partial U_g}{\partial V}\right)_T$ das Analogon zum Binnendruck darstellt.

Für $p = 0$ und $T = 0$ ($\rightarrow U_s = 0$) geht die Zustandsgleichung über in die Bedingung für thermodynamisches Gleichgewicht (vgl. Gl. C20):

$$\left(\frac{\partial U_g}{\partial V}\right)_T = 0. \tag{C189}$$

Der GRÜNEISEN-Parameter (Gl. C188) beschreibt die relative Änderung der Grenzfrequenz $\omega_{\max}$ bzw. der DEBYE-Temperatur Θ in Abhängigkeit von der relativen Volumenänderung. Gemäss dieser Definition von γ besteht die Proportionalität

$$\Theta \sim \frac{1}{V^\gamma} \quad (\gamma > 0). \tag{C190}$$

Die Differentiation der Zustandsgleichung (Gl. C187) nach der Temperatur bei konstantem Volumen liefert einen Zusammenhang zwischen γ, der Kompressibilität $\varkappa$, der Volumenausdehnung α und der spezifischen Wärme c_V, aus dem γ-Werte experimentell bestimmbar sind:

$$V\left(\frac{\partial p}{\partial T}\right)_V = \gamma\, c_V\,. \tag{C 191}$$

Unter Verwendung der thermodynamischen Beziehung

$$\left(\frac{\partial p}{\partial T}\right)_V = -\left(\frac{\partial p}{\partial V}\right)_T \left(\frac{\partial V}{\partial T}\right)_p \tag{C 192}$$

und der Definitionen von $\varkappa$ und α (Gl. C 1 und C 2) ergibt sich

$$\gamma = \frac{\alpha\, V}{\varkappa\, c_V}\,. \tag{C 193}$$

Die γ-Werte zahlreicher Elemente und Verbindungen haben dieselbe Grössenordnung Eins (vgl. Tab. 13). Dies ist in Übereinstimmung mit der Erfahrungstatsache, dass der Ausdehnungskoeffizient und die Kompressibilität, die für verschiedene Stoffe über einige Grössenordnungen variieren, zueinander proportional sind.

Tabelle 13

Thermodynamische Daten kubischer Kristalle bei Zimmertemperatur (nach A. Eucken, *Lehrbuch der Chemischen Physik* [Akademische Verlagsgesellschaft, Leipzig 1944], S. 675)

	Kubischer Ausdehnungskoeffizient $\alpha \cdot 10^6$[Grad^{-1}]	Kompressibilität $\varkappa \cdot 10^{12}$ [dyn^{-1} cm^2]	Molwärme C_V [erg/Grad]	Molvolumen V[cm^3]	Grüneisen-Konstante $\gamma = \frac{\alpha V}{\varkappa C_V}$
Na	216	15,8	26,0	23,7	1,25
K	250	33	25,8	45,5	1,34
Cu	49,2	0,75	23,7	7,1	1,96
Ag	57	1,01	24,2	10,3	2,40
Al	67,8	1,37	22,8	10,0	2,17
C	2,9	0,16	5,66	3,42	1,10
Fe	33,6	0,6	24,8	8,1	1,60
Pt	26,7	0,38	24,5	9,2	2,54
NaCl	121	4,2	48,3	27,1	1,61
KCl	114	5,6	49,7	37,5	1,54
KBr	126	6,7	48,4	43,3	1,68
KJ	128	8,6	48,7	53,2	2,12

Man sieht leicht ein, dass der Grüneisen-Parameter in Beziehung steht zur Form des Potentialverlaufs $U_g(V)$, der von den Exponenten n und m bestimmt wird (vgl. S. 57 ff.): aus $U_g(V)$ ergibt sich ein nichtlinearer Kraftverlauf in Funktion des Abstands zweier Gitterteilchen. Die Steigung des Kraftverlaufs ist ein Mass für den Elastizitätsmodul, der demnach vom Abstand bzw. vom Volumen abhängt und im wesentlichen durch die 2. Ableitung des Gitterpotentials nach dem Volumen gegeben ist. Die Änderung des Elastizitätsmoduls mit dem Volumen, d.h. eine Abweichung vom HOOKEschen Gesetz, ergibt nach Gl. C 75 eine Änderung der DEBYE-Temperatur mit dem Volumen und ist somit nach Gl. C 188 massgebend für den Wert von γ. Nach E. GRÜNEISEN steht γ in einfacher Beziehung zum Abstossungsexponenten n:

$$\gamma = \frac{n+2}{6}. \tag{C194}$$

Die Abhängigkeit vom Anziehungsexponenten m ist vernachlässigbar, sofern $n \gg m$ ist, was vielfach erfüllt wird (vgl. S. 62).

Der GRÜNEISEN-Parameter hängt also nur von der Art der Gitterkräfte ab und ist für Kristalle derselben Struktur weitgehend konstant. Nach Gl. C194 ist γ von der Temperatur unabhängig. Diese Forderung stimmt mit der Erfahrung überein, dass das Verhältnis von Ausdehnungskoeffizient zu spezifischer Wärme nahezu temperaturunabhängig ist. Die Kompressibilität ist ebenfalls temperaturunabhängig (vgl. Gl. C34).

Literatur

BAK, T. A. (Herausgeber), *Phonons and Phonon Interactions* (Benjamin, New York 1964).

BARKER, J. A., *Lattice Theories of the Liquid State* (Pergamon, Oxford 1963).

BLACKMAN, M., *The Theory of the Specific Heat of Solids*, in *Reports on Progress in Physics*, Bd. 8 (Physical Society, London 1941).

BLACKMAN, M., *Specific Heat of Solids*, in *Handbuch der Physik*, Bd. 7/1 (Springer, Berlin 1955).

BORN, M., und HUANG, K., *Dynamical Theory of Crystal Lattices* (Oxford University Press, London 1954).

BRILLOUIN, L., *Wave Propagation in Periodic Structures* (Dover, New York, 1953).

DELAUNEY, J., *Theory of Specific Heat and Lattice Vibrations*, in *Solid State Physics*, Bd. 2 (Academic Press, New York 1956).

EUCKEN, A., *Lehrbuch der chemischen Physik*, Bd. 2/2 (Akademische Verlagsgesellschaft, Leipzig, 1944).

GOPAL, E. S. R., *Specific Heats at Low Temperatures* (Heywood, London 1966).

GSCHNEIDNER JR., K. A., *Physical Properties and Interrelationships of Metallic and Semimetallic Elements*, in *Solid State Physics*, Bd. 16 (Academic Press, New York 1964).

KEESOM, P. H., und PEARLMAN, M., *Low Temperature Heat Capacity of Solids*, in *Handbuch der Physik*, Bd. 14/1 (Springer, Berlin 1956).

LEIBFRIED, G., *Gittertheorie der mechanischen und thermischen Eigenschaften der Kristalle*, in *Handbuch der Physik*, Bd. 7/1 (Springer, Berlin 1955).

MARADUDIN, A. A., MONTROLL, E. W., und WEISS, G. H., *Theory of Lattice Dynamics in the Harmonic Approximation*, in *Solid State Physics*, Suppl. 3 (Academic Press, New York 1963).

MITRA, S. S., *Vibration Spectra of Solids*, in *Solid State Physics*, Bd. 13 (Academic Press, New York 1962).

PARKINSON, D. H., *The Specific Heat of Metals at Low Temperature*, in *Reports on Progress in Physics*, Bd. 21 (Physical Society, London 1958).

SHAM, L. J. und ZIMAN, J. M., *The Electron-Phonon Interaction*, in *Solid State Physics*, Bd. 15 (Academic Press, New York 1963).

SLATER, J. C., *Introduction to Chemical Physics* (McGraw-Hill, New York 1939).
STEVENSON, R. W. H. (Herausgeber), *Phonons* (Oliver and Boyd, Edinburgh 1966).
TOSI, M. P., *Cohesion of Ionic Solids in the Born Model*, in *Solid State Physics*, Bd. 16 (Academic Press, New York 1964).
VOGT, E., *Physikalische Eigenschaften der Metalle*, Bd. 1 (Akademische Verlagsgesellschaft, Leipzig 1958).
WALLIS, R. F. (Herausgeber), *Lattice Dynamics* (Pergamon, Oxford 1965).

D. Fehlordnungsphänomene

Bisher haben wir die Kristalle als exakt periodische Gebilde (‹Idealkristalle›) behandelt. Wirkliche Kristalle (‹Realkristalle›) enthalten im zeitlichen Mittel Abweichungen vom idealen Aufbau, die nie vollständig zum Verschwinden gebracht werden können. Alle Abweichungen von der strengen dreidimensionalen Periodizität des Kristallaufbaus bezeichnet man als Gitterfehler oder auch als Fehlordnung. Gitterfehler, die nicht zu einem Verlust der sog. Fernordnung im Kristall führen, bezeichnet man als ‹Gitterstörungen› erster Art. Hierzu gehören die Gitterschwingungen, die im vorhergehenden Kapitel behandelt wurden. Sie sind eine Folge der Temperaturbewegung der Gitterteilchen und verursachen eine Störung im streng periodischen Kristallaufbau, die nur im zeitlichen Mittel verschwindet. Ferner zählt man zu den Gitterstörungen erster Art strukturelle und chemische Fehlordnungen, die in zahlreichen Kombinationen vorkommen können und die wir in den folgenden Abschnitten behandeln. Bei ‹Gitterstörungen zweiter Art›, auf die wir hier nicht weiter eingehen, ist die Fernordnung im Aufbau des Festkörpers nicht mehr vorhanden, d.h. die Bauteilchen haben keine ‹idealen› Lagen und schwanken in ihren Abständen statistisch gegenüber den Lagen der nächsten Nachbarteilchen. Dies gilt für parakristalline und amorphe Substanzen (vgl. S. 15 ff.).

Die Fehlordnung in Kristallen ist wesentlich für das Verständnis zahlreicher Phänomene, die mit einer Theorie des Idealkristalls prinzipiell nicht erklärbar wären, wie z.B. Festigkeit, Plastizität, Diffusion, Ionenleitung, Störleitung in Halbleitern, Farbzentren.

I. Strukturelle Fehlordnung

Die strukturelle Fehlordnung bezieht sich auf stöchiometrische Kristalle ohne Fremdstoffgehalt und umfasst sämtliche Abweichungen von der vollkommen regelmässigen Anordnung der Kristallbausteine im Idealgitter. Je nach der räumlichen Ausdehnung der Fehlordnung unterscheidet man Punktdefekte (atomare Fehlordnung), Liniendefekte und Flächendefekte.

1. *Punktdefekte*

Man unterscheidet die folgenden Punktdefekte (vgl. Fig. 57):

a) Leerstellen: Gitterteilchen sind an die Kristalloberfläche gewandert und haben leere, reguläre Gitterplätze zurückgelassen. Man bezeichnet diese Gitterfehler auch als SCHOTTKY-Defekte.

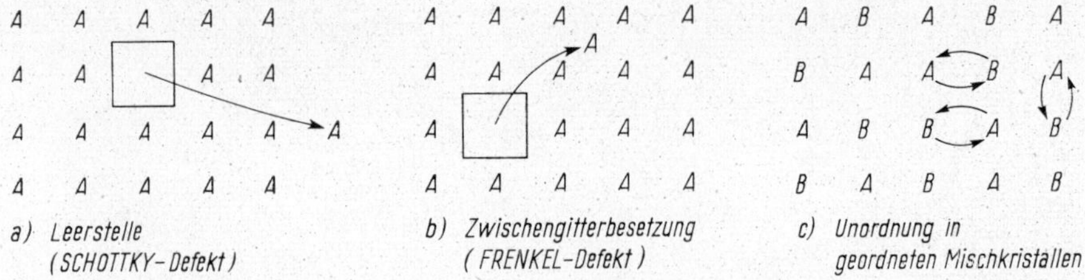

Fig. 57: Punktdefekte

b) Zwischengitterbesetzung: Gitterteilchen besetzen im Kristallinnern nichtreguläre Gitterplätze und verursachen dafür Leerstellen. Man bezeichnet das Gebilde aus Zwischengitteratom und Leerstelle als Frenkel-Defekt.
c) Unordnung in geordneten Mischkristallen: In Verbindungen oder geordneten Legierungen sind Gitterplätze von ‹falschen› Atomen besetzt.

2. *Liniendefekte*

Liniendefekte sind Gitterfehler, die sich längs geschlossener oder offener und auf der Kristalloberfläche endender Linien erstrecken. Der Kristallaufbau ist wesentlich gestört in einem Volumenbereich längs dieser Linien, dessen Ausdehnung senkrecht dazu etwa die Grössenordnung eines Atomabstands hat. Man bezeichnet diese eindimensionalen Gitterfehler als Versetzungen oder als Dislokationen.

Die Geometrie einer Versetzung ist im allgemeinen schwierig darzustellen. Jede Versetzung kann aber aufgefasst werden als eine Kombination von zwei speziellen Typen, Stufenversetzung und Schraubenversetzung, die im folgenden beschrieben werden:
a) Stufenversetzung (vgl. Fig. 58): Eine im Kristallinnern aufhörende Netzebene verursacht längs ihrer Begrenzung eine starke Verzerrung des Gitters. Der Rand der ‹halben› Netzebene ist die Versetzungslinie. In ihrer Umgebung besitzen die Gitterteilchen nicht dieselbe Umgebung wie im ungestörten Kristall, und dementsprechend sind die Gitterkräfte verändert.

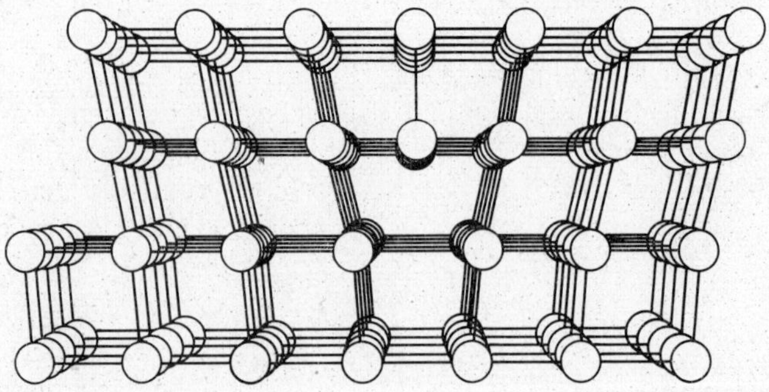

Fig: 58. Anordnung der Atome in der Umgebung einer Stufenversetzung in einem kubischen Kristall (aus J. E. Goldman (Herausgeber), *The Science of Engineering Materials*, Wiley, New York 1957)

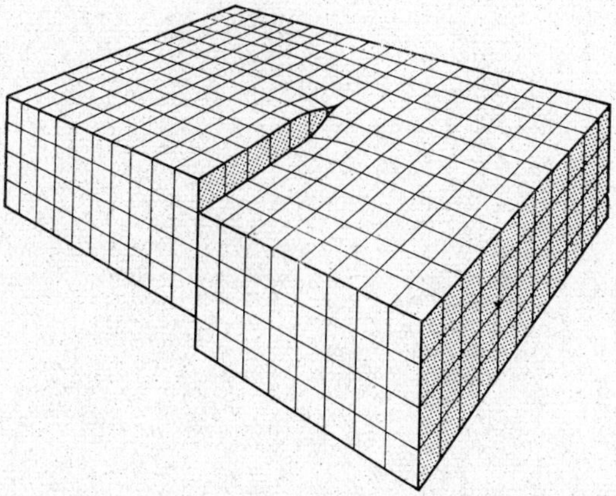

Fig. 59: Schraubenversetzung (aus W. T. READ, Jr., *Dislocations in Crystals*, McGraw-Hill, New York 1953)

b) Schraubenversetzung (vgl. Fig. 59 und 60): Die Netzebenen senkrecht zu einer gewissen Richtung sind entartet zu einer einzigen in sich zusammenhängenden Schraubenfläche. Die Schraubenachse ist die Versetzungslinie, in deren Umgebung das Gitter stark verzerrt ist. Zur Veranschaulichung dient folgendes Gedankenexperiment: Ein Idealkristall wird parallel zu einer Netz-

Fig. 60: Wachstumsspiralen als Folge von Schraubenversetzungen, dargestellt für einen SiC-Kristall (nach W. F. KNIPPENBERG, Philips Res. Rep. *18*, 161 (1963))

ebenenschar eingeschnitten. Die Begrenzung des Schnitts im Kristallinnern sei eine Gerade. Man verschiebt die Teile zu beiden Seiten des Schnitts in Richtung dieser Geraden um einen Gittervektor (BURGERS-Vektor, s. u.) und fügt sie wieder zusammen. Die Netzebenen senkrecht zur Geraden werden dadurch zu einer Schraubenfläche. Die Gerade ist identisch mit der Versetzungslinie (die Verschiebung parallel zum Schnitt in Richtung senkrecht zur Geraden ergibt eine Stufenversetzung). Eine Versetzungslinie ist von einer längs einer Linie angeordneten Reihe von Punktdefekten fundamental verschieden und kann nicht durch diese ersetzt werden.

Allgemein wird die Geometrie einer Versetzung bestimmt durch den sog. BURGERS-Vektor, der nach Grösse und Richtung die Verschiebung von zwei Kristallteilen angibt. Der BURGERS-Vektor muss ein Gittervektor sein, wenn der Kristall nur Versetzungen und nicht zusätzlich noch Flächendefekte (s. u.)

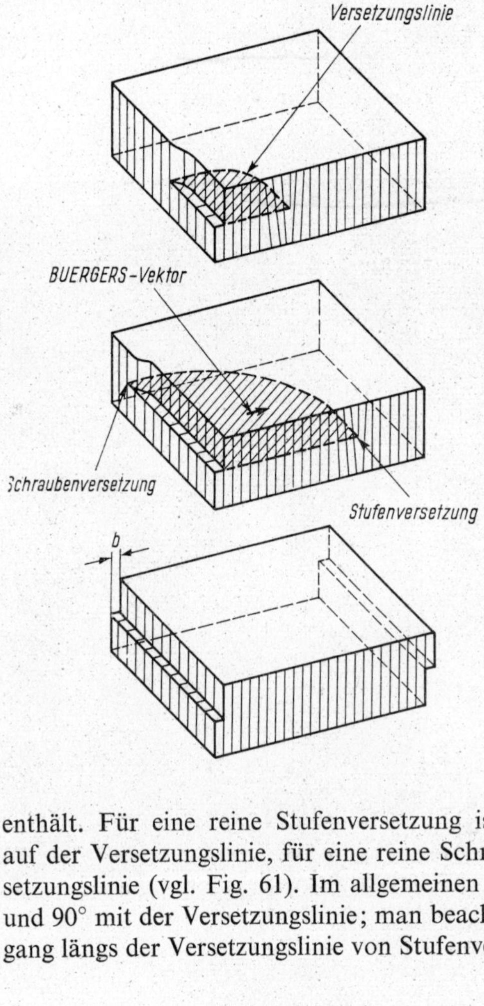

Fig. 61: Stufen- und Schraubenversetzung, Erklärung des Gleitvorgangs durch die Bewegung von Versetzungen (nach J. J. GILMAN)

enthält. Für eine reine Stufenversetzung ist der BURGERS-Vektor senkrecht auf der Versetzungslinie, für eine reine Schraubenversetzung parallel zur Versetzungslinie (vgl. Fig. 61). Im allgemeinen Fall bildet er Winkel zwischen 0° und 90° mit der Versetzungslinie; man beachte in der Figur den stetigen Übergang längs der Versetzungslinie von Stufenversetzung zu Schraubenversetzung.

Versetzungen entstehen im allgemeinen schon während des Kristallwachstums, ausserdem werden sie durch hinreichend starke äussere mechanische Spannungen gebildet. Versetzungen können sichtbar gemacht werden durch chemische Ätzmethoden. Spezifische Ätzmittel greifen die Kristalloberfläche bevorzugt an Durchstosspunkten von Versetzungslinien an, in deren Umgebung der Kristallaufbau gestört ist. Dadurch entstehen sog. Ätzgrübchen (vgl. Fig. 62). Die Zahl der Ätzgrübchen pro Flächeneinheit ist ein unmittelbares Mass für die Versetzungsdichte.

Fig. 62: Ätzgrübchen in LiF (aus J. J. Gilman, W. G. Johnston und G. W. Sears, J. Appl. Phys. *29*, 747 (1958))

Die plastische Deformation der Kristalle ist eine typische Erscheinung, die sich mit dem Modell des Idealkristalls nicht erklären lässt. Obwohl plastische Deformationen recht beträchtlich sein können, bleiben Struktur und Dichte des deformierten Kristalls praktisch unverändert. Demnach werden bei der Deformation Kristallteile gegeneinander verschoben, d.h. man hat ein Gleiten von Netzebenen. Für einen Idealkristall müssten dann die Netzebenen als Ganzes um einen Gittervektor gleiten. Man kann die für diesen Prozess erforderlichen Schubspannungen abschätzen. Demgegenüber sind die experimentell gefundenen Schubspannungen für plastische Deformation in den meisten Fällen aber um Grössenordnungen kleiner. Diese Diskrepanz hat den folgenden Grund: In einem Realkristall erfolgt der Gleitvorgang nicht gleichzeitig in der ganzen Gleitebene, sondern nur schrittweise durch die Bewegung von Versetzungen. Dies erfordert wesentlich kleinere Schubspannungen, da jeweils nur die Bindungskräfte zwischen den Gitterteilchen in der Umgebung der Versetzungslinie zu überwinden sind. Fig. 61 zeigt, dass die Bewegung von Versetzungen quer durch den ganzen Kristall der relativen Verschiebung zweier Kristallteile äquivalent ist. Die effektive Komponente des Schubs, welche die Gleitung bewirkt, ist parallel zum Burgers-Vektor der Versetzung.

3. *Flächendefekte*

Gitterfehler in zweidimensionaler Ausdehnung (Flächendefekte) sind Flächen innerhalb des Kristalls, an denen der periodische Aufbau gestört ist. Man hat im wesentlichen 2 Typen zu unterscheiden, die auch in Kombination vorkommen:

a) Korngrenze: Die Orientierung der Kristallteile zu beiden Seiten der fehlgeordneten Zone stimmt nicht überein. Man kann eine Korngrenze vielfach auffassen als eine Reihe von Versetzungen. Fig. 63 zeigt einen einfachen Fall, für den der Orientierungsunterschied klein ist und für den die Korngrenze darstellbar ist durch eine Reihe von Stufenversetzungen.

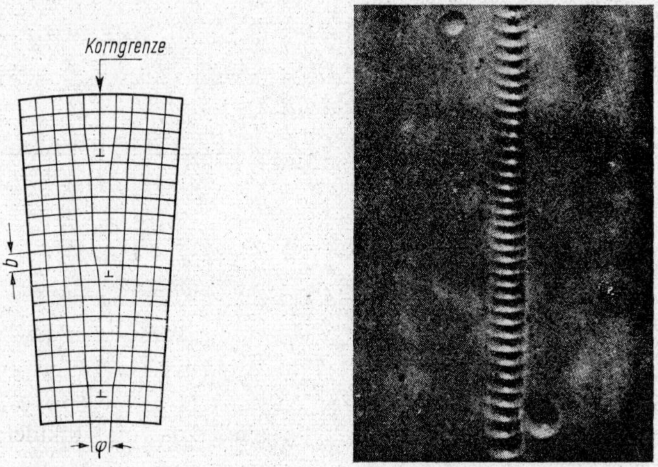

a) *b)*

Fig. 63: Korngrenze in einem kubischen Kristall als Folge einer Reihe von parallelen Stufenversetzungen, a) schematisch, b) sichtbar gemacht durch eine Reihe von Ätzgrübchen an der Grenze zwischen zwei Ge-Kristallen (aus D. Hull, *Introduction to Dislocations*, Pergamon, Oxford 1965)

b) Stapelfehler: Zwei Netzebenen sind in ihrer Ebene gegeneinander um einen Vektor verschoben, der *kein* Gittervektor ist. Stapelfehler treten besonders deutlich in Erscheinung in Kristallen mit dichtester Kugelpackung. Man denkt sich solche Kristalle aufgebaut aus ebenen Schichten von gleich grossen Kugeln, die alle so dicht wie möglich angeordnet sind. Die Kugeln einer Schicht liegen jeweils in den Vertiefungen der darunterliegenden Schicht. Es gibt zwei verschiedene Möglichkeiten, die Schichten aufeinander folgen zu lassen (vgl. Fig. 64):

1) Die Kugeln der 3. Schicht haben die gleiche Lage wie die in der 1. Schicht. Die Lagen seien charakterisiert durch die Buchstaben A, B, C. Man hat im vorliegenden Fall die Lagenfolge ABABAB... In dieser Anordnung baut sich die hexagonal dichteste Kugelpackung auf; die hexagonale Achse ist normal zu den dichtesten Schichten.

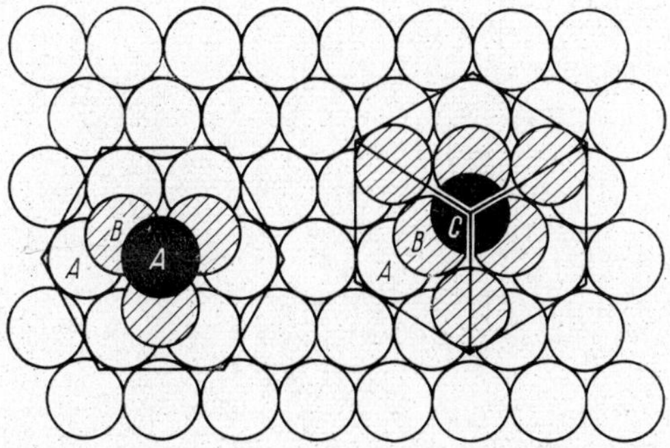

Fig. 64: Hexagonal dichteste Kugelpackung (Lagenfolge ABAB...) und kubisch dichteste Kugelpackung (Lagenfolge ABCABC...)

2) Erst die Kugeln der 4. Schicht haben wieder die gleiche Lage wie die in der 1. Schicht. Die Lagenfolge ist also ABCABCABC... und führt zum Aufbau der kubisch dichtesten Kugelpackung (kubisch flächenzentriert); die dichtesten Schichten sind normal zur ⟨111⟩-Richtung.

Stapelfehler entstehen durch eine unregelmässige Lagenfolge, z.B. ABACBAB...

4. *Thermodynamisch-statistische Theorie der atomaren Fehlordnung*

Die Konzentration der Linien- und Flächendefekte hängt stark von den Wachstumsbedingungen der Kristalle und von äusseren, mechanischen Beanspruchungen ab. Zwischen der Konzentration dieser Defekte und den Parametern, die sie verursachen, lässt sich kein quantitativer Zusammenhang angeben. Während Linien- und Flächendefekte nicht im thermodynamischen Gleichgewicht auftreten, ist jedoch die Konzentration von Punktdefekten oberhalb einer gewissen Temperatur durch das thermodynamische Gleichgewicht bestimmt, wie in den folgenden Abschnitten gezeigt wird.

a) Atomare Fehlordnung in ein-atomigen Kristallen

Wir berechnen zunächst die Konzentration von SCHOTTKY-Defekten in Funktion der Temperatur unter den folgenden Annahmen:

1) Der Kristall bestehe aus N identischen Atomen; sein Volumen sei temperaturunabhängig.

2) Die Fehlordnungsenergie W_S eines SCHOTTKY-Defekts sei temperaturunabhängig. W_S kann aufgefasst werden als Energiedifferenz zwischen der Energie, die aufzuwenden ist, um ein Gitteratom ins Unendliche zu bringen, und der Energie, die gewonnen wird, wenn dieses Gitteratom zurück zur Kristalloberfläche gebracht wird.

3) Die Zahl der SCHOTTKY-Defekte betrage n_S, die Defekte seien unabhängig voneinander.

4) Die Eigenfrequenzen der Gitterschwingungen seien nicht beeinflusst von den Defekten.

Die Zahl der SCHOTTKY-Defekte n_S bei der Temperatur T ist im thermodynamischen Gleichgewicht bestimmt durch die Bedingung, dass die freie

Energie F minimal wird. Da die Fehlordnung sowohl die innere Energie als auch die Entropie des Kristalls erhöht, gilt anstelle von Gl. C178:

$$F = U_g + T\, g\left(\frac{\Theta}{T}\right) + n_S W_S - k T \ln P_S. \tag{D1}$$

Die Zahl P_S der möglichen Anordnungen von n_S SCHOTTKY-Leerstellen in einem Kristall von N identischen Atomen ergibt sich aus der Kombinatorik:

$$P_S = \binom{N}{n_S} = \frac{N!}{(N-n_S)!\, n_S!}. \tag{D2}$$

Unter Verwendung der STIRLINGschen Näherung

$$\ln N! \approx N \ln N - N, \tag{D3}$$

die für grosse N gut erfüllt ist, erhält man aus Gl. D2:

$$\ln P_S \approx N \ln N - (N-n_S) \ln(N-n_S) - n_S \ln n_S. \tag{D4}$$

Unter Berücksichtigung der erwähnten Voraussetzungen liefert die Minimalbedingung für die freie Energie in Funktion der Defektzahl n_S:

$$\frac{\partial F}{\partial n_S} = W_S - k T\bigl(1 + \ln(N-n_S) - 1 - \ln n_S\bigr) = 0. \tag{D5}$$

Daraus ergibt sich für den sog. SCHOTTKY-Fehlordnungsgrad γ_S (unter der Annahme $n_S \ll N$):

$$\gamma_S \equiv \frac{n_S}{N} = \exp\left(-\frac{W_S}{k T}\right). \tag{D6}$$

Die Zahl der Leerstellen im thermischen Gleichgewicht nimmt also exponentiell mit der Temperatur zu, W_S ist die Aktivierungsenergie.

Der FRENKEL-Fehlordnungsgrad lässt sich unter denselben Voraussetzungen ähnlich berechnen. Die Fehlordnungsenergie eines FRENKEL-Defekts, d.h. also die notwendige Energie, um ein Atom auf einen Zwischengitterplatz zu bringen, betrage W_F. Da ein FRENKEL-Defekt aus einer Leerstelle und einem Zwischengitteratom besteht, setzt sich die Entropieänderung aus zwei Anteilen zusammen:

1) n_F Leerstellen können in einem Kristall von N Atomen auf P_S verschiedene Arten angeordnet sein. Die entsprechende Entropieänderung ist $k \ln P_S$.

2) Die n_F Atome aus den Leerstellen können in P_Z verschiedenen Anordnungen auf die N_Z Zwischengitterplätze im Kristall verteilt werden. Der entsprechende Beitrag zur Entropie ist $k \ln P_Z$.

Der gesamte Entropiezuwachs infolge der FRENKEL-Fehlordnung beträgt also

$$\Delta S_F = k\left(\ln \frac{N!}{(N-n_F)!\, n_F!} + \ln \frac{N_Z!}{(N_Z-n_F)!\, n_F!}\right). \tag{D7}$$

Aus der Minimalbedingung für die freie Energie ergibt sich damit der FRENKEL-Fehlordnungsgrad γ_F (unter der Annahme $n_F \ll N$, $n_F \ll N_Z$)

$$\gamma_F \equiv \frac{n_F}{(N N_Z)^{\frac{1}{2}}} = \exp\left(-\frac{W_F}{2kT}\right). \tag{D8}$$

Abweichend von Gl. D6 ist also die Aktivierungsenergie für die FRENKEL-Fehlordnung durch die *halbe* Energie eines Defekts gegeben.

b) Atomare Fehlordnung in Ionenkristallen

In einem Ionenkristall kann für beide Ionensorten unabhängig voneinander FRENKEL-Fehlordnung auftreten, die durch Gl. D8 bestimmt ist. Wegen der exponentiellen Abhängigkeit wird praktisch nur die Fehlordnung der Ionensorte mit der kleineren Fehlordnungsenergie in Erscheinung treten. N bedeutet jetzt die Zahl der Moleküle.

Unter der Voraussetzung exakter Stöchiometrie treten SCHOTTKY-Defekte in Ionenkristallen stets paarweise auf (sog. SCHOTTKY-Paare), und zwar entsteht je eine Leerstelle für ein positives und für ein negatives Ion. Nur dann bleibt die elektrische Neutralität der Kristalloberfläche erhalten. Die Leerstelle eines positiven Ions verhält sich wie eine negative Ladung und umgekehrt. Demzufolge stehen die Leerstellen in elektrostatischer Wechselwirkung, und die Partner eines SCHOTTKY-Paars können assoziieren und eine neutrale Doppelleerstelle bilden. In Ionenkristallen bestehen also sowohl dissoziierte als auch assoziierte SCHOTTKY-Paare. Im folgenden berechnen wir — analog zum vorhergehenden Abschnitt — den Fehlordnungsgrad von dissoziierten SCHOTTKY-Paaren. Die Leerstellen können auch in diesem Fall als voneinander unabhängig betrachtet werden. Die freie Energie beträgt

$$F = U_g + T g\left(\frac{\Theta}{T}\right) + n_{SP} W_{SP} - kT \ln P_+ - kT \ln P_- \tag{D9}$$

mit

$$P_+ = \binom{N}{n_+} = P_- = \binom{N}{n_-} \tag{D10}$$

und

$$n_{SP} = n_+ = n_- . \tag{D11}$$

N Zahl der Moleküle
n_{SP} Zahl der SCHOTTKY-Paare
n_+, n_- Zahl der Leerstellen von positiven bzw. negativen Ionen
W_{SP} Energie zur Erzeugung eines dissoziierten SCHOTTKY-Paars

Aus der Minimalbedingung der freien Energie in Funktion der Defektzahl n_{SP} ergibt sich

$$\gamma_{SP} \equiv \frac{n_{SP}}{N} = \exp\left(-\frac{W_{SP}}{2kT}\right). \tag{D12}$$

In ähnlicher Weise kann der Fehlordnungsgrad von assoziierten SCHOTTKY-Paaren hergeleitet werden. Die Energie zur Erzeugung eines assoziierten SCHOTTKY-Paars ist im Vergleich zu W_{SP} um die zur Dissoziation der Doppelleerstelle benötigte Energie U_{Diss} vermindert und beträgt also $W_{SP} - U_{\mathrm{Diss}}$. Der Fehlordnungsgrad assoziierter SCHOTTKY-Paare ist proportional zu $\exp\,[(U_{\mathrm{Diss}} - W_{SP})/kT]$. Aus dem Vergleich mit Gl. D 12 folgt, dass der Assoziationsgrad, d.h. das Verhältnis von assoziierten zu dissoziierten SCHOTTKY-Paaren, im wesentlichen von dem Faktor $\exp\,[(U_{\mathrm{Diss}} - \frac{1}{2} W_{SP})/kT]$ abhängt. Die Dissoziationsenergie ist bestimmt durch den Abstand d der ungleichnamigen Ionen der Ladung q und durch die statische Dielektrizitätskonstante ε des Ionenkristalls und beträgt näherungsweise

$$U_{\mathrm{Diss}} \approx \frac{1}{4\pi} \frac{q^2}{\varepsilon_0\, \varepsilon\, d}\,. \qquad \text{(D 13)}$$

Für Alkalihalogenide ist $U_{\mathrm{Diss}} \approx 1$ eV. Die Abschätzung der Energie W_{SP} zur Bildung eines dissoziierten SCHOTTKY-Paars ist komplizierter. Als typischer Wert ergibt sich für Alkalihalogenide $W_{SP} \approx 2$ eV. Die Energien U_{Diss} und $\frac{1}{2} W_{SP}$ sind vielfach nicht stark voneinander verschieden. Damit ist angedeutet, dass die zuverlässige Berechnung des Assoziationsgrads eine genauere Kenntnis dieser Energiewerte verlangt als die hier erwähnten Abschätzungen liefern.

Wir haben bisher angenommen, dass die elektrische Neutralität der Ionenkristalle gegeben ist durch die Bedingung exakter Stöchiometrie, d.h. für die gleiche Anzahl positiver und negativer Ionen ($N_+ = N_-$). Falls dagegen diese Bedingung nicht erfüllt ist ($N_+ \neq N_-$), enthalten Ionenkristalle sog. Farbzentren (vgl. S. 152 ff.). In diesem Fall ist die Neutralität in kleinen Kristallbereichen dadurch gewährleistet, dass die Leerstellen durch Fehlen der entsprechenden *Atome* entstehen.

Die SCHOTTKY- und die FRENKEL-Fehlordnung sind Spezialfälle einer allgemeinen, atomaren Fehlordnung. In praktischen Fällen wird wegen der exponentiellen Abhängigkeit der Fehlordnungsgrade jeweils die Fehlordnung mit der kleineren Energie W stark vorherrschen. Daher ist für bestimmte Kristallstrukturen die FRENKEL- *oder* die SCHOTTKY-Fehlordnung typisch.

Man kann die Fehlordnungsenergie am absoluten Nullpunkt abschätzen. Danach betragen die Werte von W grössenordnungsmässig 1 eV, d.h. etwa 10 bis 25% der Gitterenergie pro Kristallbaustein. Qualitativ ist leicht einzusehen, dass die Energie zur Erzeugung eines SCHOTTKY-Defekts proportional zur Bindungsenergie eines Gitterteilchens und damit proportional zur Gitterenergie ist. Die Energie zur Erzeugung eines FRENKEL-Defekts hängt ausserdem vom Volumen ab, das für die Zwischengitterbesetzung zur Verfügung steht. Daher hat man vor allem für Strukturen mit dichtester Packung eher SCHOTTKY-Fehlordnung zu erwarten.

5. *Erweiterte thermodynamisch-statistische Theorie der atomaren Fehlordnung*

Die oben angegebenen Fehlordnungsgrade erhalten beträchtliche Korrekturen, wenn man anstelle der Annahmen auf S. 123 die Änderung der Eigenfrequenzen in der Umgebung der Fehlstellen sowie die thermische Ausdehnung des Kristalls zulässt.

Unter Zugrundelegung des EINSTEINschen Modells (vgl. S. 65 ff.) berechnen wir zunächst explizit die freie Energie eines Idealkristalls. Die Schwingungsenergie ist (vgl. Gl.C 39)

$$U_s = 3N \frac{\hbar\omega_E}{\exp\left(\frac{\hbar\omega_E}{kT}\right)-1}. \tag{D 14}$$

Der Beitrag der Gitterschwingungen zur Entropie beträgt

$$S = \int_0^{U_s(T)} \frac{dU_s}{T}. \tag{D 15}$$

Partielle Integration liefert

$$S = \frac{U_s}{T} - 3Nk\ln\left[1-\exp\left(-\frac{\hbar\omega_E}{kT}\right)\right] \tag{D 16}$$

und für $T > \frac{\hbar\omega_E}{k}$:

$$S \approx \frac{U_s}{T} - 3Nk\ln\left(\frac{\hbar\omega_E}{kT}\right). \tag{D 17}$$

Damit erhält man für die freie Energie des Idealkristalls (vgl. Gl. C178):

$$F = U_g + 3NkT\ln\left(\frac{\hbar\omega_E}{kT}\right). \tag{D 18}$$

Zur Berechnung des Fehlordnungsgrads hat man jetzt folgendes zu berücksichtigen: 1) Im Kristall schwingen nicht mehr alle N Teilchen in den 3 Raumrichtungen mit der Frequenz ω_E. Es wird angenommen, dass die l nächsten Nachbarn eines Defekts eine in Richtung der Verbindungslinie vom Nachbarn zum Defekt veränderte Frequenz ω' haben. Für Leerstellen wird $\omega' < \omega_E$; für Zwischengitterbesetzung wird sowohl die Frequenz ω' der Nachbarn als auch die Frequenz ω_Z des Zwischengitterteilchens erhöht: $\omega_Z \approx \omega' > \omega_E$. 2) Die Änderung des Kristallvolumens in Funktion der Temperatur bewirkt auch eine Temperaturabhängigkeit der Fehlordnungsenergie W:

$$W(T) = W^0 - \beta T. \tag{D 19}$$

W^0 Fehlordnungsenergie für $T = 0$ °K
β Konstante

Für einen ein-atomigen Kristall mit SCHOTTKY-Fehlordnung wird die freie Energie

$$F = U_g + n_S W_S(T) + kT(3N - l\,n_S)\ln\left(\frac{\hbar\omega_E}{kT}\right) + l\,n_S kT\ln\left(\frac{\hbar\omega'}{kT}\right) - kT\ln P_S. \tag{D20}$$

Aus der Minimalbedingung $\frac{\partial F}{\partial n_S} = 0$ folgt unter Verwendung von Gl. D4 für $n_S \ll N$:

$$\gamma_S \equiv \frac{n_S}{N} = f\exp\left(-\frac{W_S^0}{kT}\right) = f\gamma_S^0 \tag{D21}$$

mit

$$f = \left(\frac{\omega_E}{\omega'}\right)^l \exp\left(\frac{\beta}{k}\right). \tag{D22}$$

Um eine Grössenordnung des Korrekturfaktors f zu erhalten, wählen wir folgende Annahmen: einfach kubischer Kristall, d.h. $l = 6$; SCHOTTKY-Fehlordnung, $\omega_E/\omega' = 2$, $\beta = 10^{-4}$ eV/Grad. Damit wird $f \approx 64 \cdot 3{,}2 \approx 200$. Allgemein kann der Korrekturfaktor bei SCHOTTKY-Fehlordnung von der Grössenordnung 10^2 bis 10^4 sein. Bei FRENKEL-Fehlordnung ist er im allgemeinen kleiner, da $\omega_E/\omega' < 1$ ist. Die Herleitung der korrigierten Fehlordnungsgrade γ_{SP} und γ_F verläuft analog zu der von γ_S.

6. *Experimentelle Beweise der atomaren Fehlordnung*

Dichteänderungen. Die Bildung von SCHOTTKY-Leerstellen bewirkt bei konstanter Temperatur eine Vergrösserung des Kristallvolumens und damit eine Dichteabnahme. Der Unterschied zwischen gemessener Dichte und Röntgendichte ist ein Mass für den SCHOTTKY-Fehlordnungsgrad. Die Röntgendichte ist gegeben durch die Masse der Atome pro Elementarzelle dividiert durch das Volumen der Elementarzelle. FRENKEL-Fehlordnung lässt die Dichte im wesentlichen unbeeinflusst und kann mit Hilfe von Dichtemessungen nicht nachgewiesen werden.

Anomalie der spezifischen Wärme. Die Erzeugung von Gitterdefekten erfordert Energie, daher ist die innere Energie von fehlgeordneten Kristallen höher als die von Idealkristallen:

$$U = U_g + U_s + nW. \tag{D23}$$

n Zahl der Punktdefekte
W Fehlordnungsenergie pro Defekt

Die Zahl der Defekte ist gegeben durch den Fehlordnungsgrad

$$\gamma = \frac{n}{N} = f \exp\left(-\frac{W^0}{k\,T}\right). \tag{D 24}$$

Hiermit erhält man aus Gl. D 23 für die spezifische Wärme eines fehlgeordneten Kristalls

$$c_V = \left(\frac{\partial U}{\partial T}\right)_V = c_V^{\text{ideal}} + \Delta c_V \tag{D 25}$$

mit

$$\Delta c_V = N f \frac{(W^0)^2}{k\,T^2} \exp\left(-\frac{W^0}{k\,T}\right). \tag{D 26}$$

Dabei wurde in guter Näherung in Gl. D 23 W durch W^0 ersetzt.

Die Differenz zwischen der gemessenen spezifischen Wärme und dem Wert c_V^{ideal} (vgl. S. 71) nimmt also exponentiell mit der Temperatur zu und tritt bei höheren Temperaturen in Erscheinung (vgl. Fig. 66). Aus Gl. D 25 folgt

$$\ln[(c_V - c_V^{\text{ideal}})\,T^2] = -\frac{W^0}{k\,T} + \ln\left(N f \frac{(W^0)^2}{k}\right). \tag{D 27}$$

Die Darstellung $\ln[(c_V - c_V^{\text{ideal}})\,T^2]$ in Funktion von $1/T$ ist eine Gerade. Aus ihrer Steigung erhält man den Wert W^0 der Fehlordnungsenergie für $T = 0\,°\text{K}$ und damit aus dem Ordinatenwert für $1/T = 0$ den Korrekturfaktor f. Auf diese Weise kann man mit Gl. D 24 den Fehlordnungsgrad γ angeben. Der Fehlordnungsgrad befolgt oberhalb einer gewissen Temperatur T_E das mit Hilfe der Thermodynamik hergeleitete Exponentialgesetz. Unterhalb dieser Temperatur bleibt die Zahl der Defekte nahezu konstant, d.h. die Fehlordnung ‹friert ein› (vgl. Fig. 65). Dieses Verhalten widerspricht nicht den Berechnungen, die ja auf der Einstellung des thermodynamischen Gleichgewichts beruhen und die keine Angaben enthalten, nach welcher Zeitdauer sich das Gleichgewicht

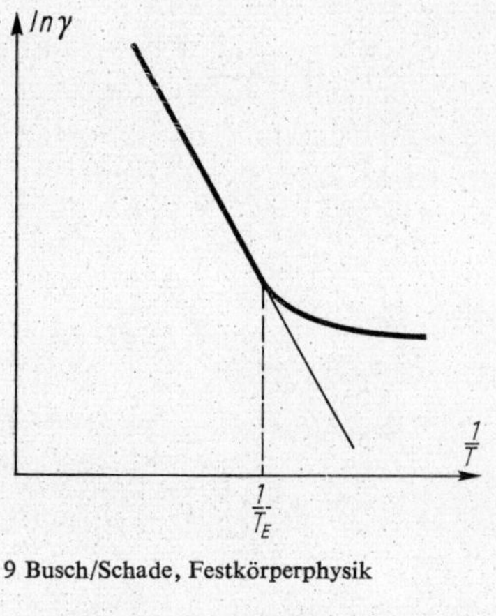

Fig. 65: Fehlordnungsgrad in Funktion der reziproken Temperatur; T_E bezeichnet die ‹Einfrier›-Temperatur.

wirklich einstellt. Unterhalb T_E bleibt die Defektkonzentration grösser als die entsprechende Gleichgewichtskonzentration, deren Einstellzeit gegen Unendlich geht.

Die Messungen der Anomalie der spezifischen Wärme von AgBr (vgl. Fig. 66) sind in guter Übereinstimmung mit dem beschriebenen Verhalten. Danach besteht in AgBr FRENKEL-Fehlordnung mit der Fehlordnungsenergie $W_F \approx 1{,}3$ eV, dem Faktor $f \approx 10^3$ und dem Fehlordnungsgrad $\gamma_F \approx 3{,}7\%$ am Schmelzpunkt $T_S \approx 700$ °K.

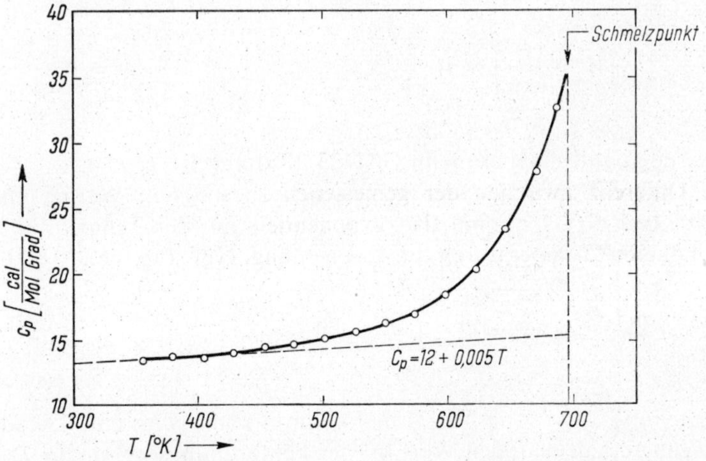

Fig. 66: Anomalie der spezifischen Wärme als Folge der Fehlordnung; spezifische Wärme bei konstantem Druck in AgBr in Funktion der Temperatur (nach R. W. CHRISTY und A. W. LAWSON, J. Chem. Phys. *19*, 517 (1951))

7. *Materietransport in Kristallen*

Die atomare Fehlordnung ist Ursache sowohl für die Diffusion als auch für die Ionenleitung in Kristallen. Punktdefekte besitzen die wichtige Eigenschaft, dass sie sich unter dem Einfluss von thermischen Schwankungen, d.h. durch Wechselwirkung mit Phononen, relativ leicht im Kristall bewegen können. Dadurch kommt ein Materietransport im Kristall zustande, den man allgemein als Diffusion bezeichnet. Ein resultierender Teilchenstrom entsteht entweder infolge eines Konzentrationsgradienten von Defekten (Diffusion im engeren Sinn) oder infolge eines angelegten elektrischen Feldes (Ionenleitung).

a) Diffusion

Diffusion infolge von Konzentrationsgradienten ist in allen Aggregatzuständen möglich. Die Gesetze von E. FICK sind Ausgangspunkt zur phänomenologischen Behandlung von Diffusionsproblemen. Aus dem 1. FICKschen Gesetz

$$\vec{s} = -D \operatorname{grad} C \qquad \text{(D28)}$$

folgt unter Verwendung der Kontinuitätsgleichung

$$\operatorname{div}\vec{s} + \frac{\partial C}{\partial t} = 0 \tag{D 29}$$

das 2. FICKsche Gesetz:

$$\frac{\partial C}{\partial t} = \operatorname{div}(D \operatorname{grad} C). \tag{D 30}$$

t	Zeit
$C(x, y, z)$	Teilchendichte
$\vec{s}(x, y, z)$	Teilchenstromdichte
D	Diffusionskoeffizient der betrachteten Teilchenart

Der Diffusionskoeffizient D ist allgemein ein Tensor zweiter Stufe. Wir nehmen im folgenden D als skalare Grösse (sog. Diffusionskonstante) an, die von der Temperatur und dem Material abhängt, aber unabhängig ist von der Konzentration der diffundierenden Teilchen. Gl. D 30 geht dann über in

$$\frac{\partial C}{\partial t} = D \Delta C. \tag{D 31}$$

b) Atomare Theorie der Diffusion

Diffusionsprozesse sind grundsätzlich nur in Realkristallen möglich. Der Transport von Materie erfolgt durch den Platzwechsel von Defekten. Handelt es sich um die Bewegung von SCHOTTKY- oder FRENKEL-Defekten, so bezeichnet man den dadurch bedingten Materietransport als Selbstdiffusion. In diesem Fall sind nur die Gitteratome bzw. -ionen an den Platzwechselvorgängen beteiligt. Fremddiffusion dagegen kommt durch die Bewegung von Fremdatomen bzw. -ionen zustande.

Man unterscheidet im wesentlichen zwei atomare Diffusionsmechanismen:

1) Leerstellendiffusion: Durch den Übergang eines Atoms bzw. Ions in eine Leerstelle entsteht am ursprünglichen Platz des Teilchens eine Leerstelle. Leerstellenwanderung in einer bestimmten Richtung ergibt also einen Materietransport in entgegengesetzter Richtung.

2) Zwischengitterdiffusion: Atome bzw. Ionen bewegen sich von einem Zwischengitterplatz zu einem benachbarten.

Im folgenden behandeln wir die Grundzüge der Theorie der atomaren Diffusion am Beispiel der Leerstellendiffusion, die durch die Bewegung von SCHOTTKY-Fehlstellen zustandekommt.

Diffusion von SCHOTTKY-*Defekten.* Fig. 67 zeigt den Verlauf der potentiellen Energie eines Gitterteilchens in einem linearen Kristallmodell. Die Energieschwelle zwischen den Gleichgewichtslagen 1 und 2 sei w. Die Wahrscheinlichkeit φ_S für einen Sprung des Gitterteilchens von 1 nach 2 (Leerstelle von 2 nach 1) ist proportional zum Exponentialfaktor $\exp(-w/kT)$ und zur Sprung-

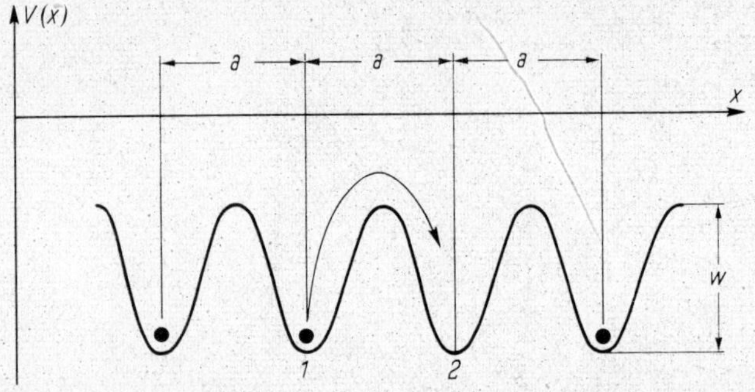

Fig. 67: Verlauf der potentiellen Energie eines Gitterteilchens längs einer Gittergeraden

frequenz ν ($\nu \approx 10^{13}$ sec^{-1} ist ungefähr die maximale Frequenz der Gitterschwingungen):

$$\varphi_S = \frac{1}{l}\,\nu \exp\left(-\frac{w}{kT}\right). \tag{D 32}$$

l Zahl der nächsten Nachbarn des Defekts

Dieser anschauliche Zusammenhang ist quantenmechanisch begründbar[1].

Die Teilchenstromdichte $\vec{s}$ kann mit Hilfe des folgenden Modells (Fig. 68) berechnet werden und ergibt durch Vergleich mit der phänomenologischen Gleichung D28 einen Ausdruck für die Diffusionskonstante. Wir betrachten 2 parallele Netzebenen im Abstand a. In der x-Richtung senkrecht zu den Netzebenen bestehe ein Konzentrationsgradient von Defekten. Im Volumen von der Grösse $a \cdot 1^2$ seien $a\,n_S$ Defekte an der Stelle x und $a\left(n_S + \frac{\partial n_S}{\partial x}\,a\right)$ Defekte an der Stelle $(x+a)$. Der Teilchenstrom s_+ von x nach $(x+a)$ ist gegeben durch die Zahl der Teilchen $(N-n_S)\,a$, die Sprungwahrscheinlichkeit φ_S und die Wahrscheinlichkeit γ_S, dass die Teilchen in der benachbarten Netzebene eine Leerstelle finden:

$$s_+ = (N-n_S)\,a\,\varphi_S\,\gamma_S. \tag{D 33}$$

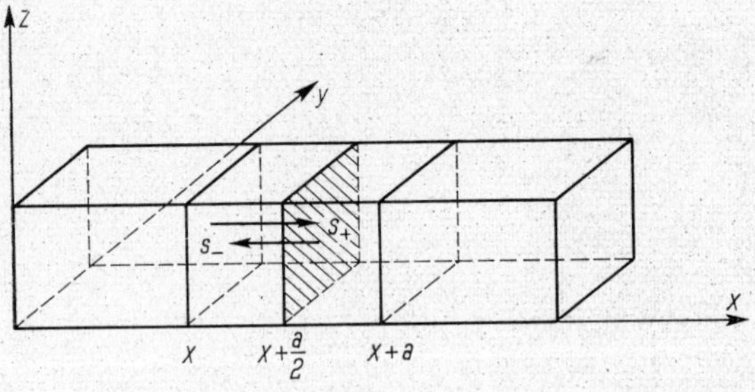

Fig. 68: Modell zur Berechnung des Diffusionsstroms

---

[1] Vgl. J. A. SUSSMANN, J. Phys. Chem. Solids *28*, 1643 (1967).

Der Teilchenstrom s_- in entgegengesetzter Richtung ist analog

$$s_- = \left[N - \left(n_S + \frac{\partial n_S}{\partial x}\, a\right)\right] a\, \varphi_S\, \gamma_S\,. \tag{D 34}$$

Der resultierende Teilchenstrom durch die Fläche an der Stelle $\left(x + \frac{a}{2}\right)$ beträgt somit

$$s = s_+ - s_- = -a^2 \varphi_S\, \gamma_S\, \frac{\delta n_S}{\delta x}\,. \tag{D 35}$$

Aus dem Vergleich mit Gl. D 28 und mit Gl. D 21 und D 32 folgt für die Diffusionskonstante infolge Leerstellenwanderung:

$$D = a^2 \varphi_S\, \gamma_S = \frac{1}{l}\, a^2\, \nu\, f_S \exp\left(-\frac{W_S^0 + w}{k\,T}\right) \tag{D 36}$$

oder

$$D = D_0 \exp\left(-\frac{Q}{k\,T}\right) \tag{D 37}$$

mit der Mengenkonstante der Diffusion

$$D_0 = \frac{1}{l}\, a^2\, \nu\, f_S \tag{D 38}$$

und der Aktivierungsenergie der Diffusion

$$Q = W_S^0 + w. \tag{D 39}$$

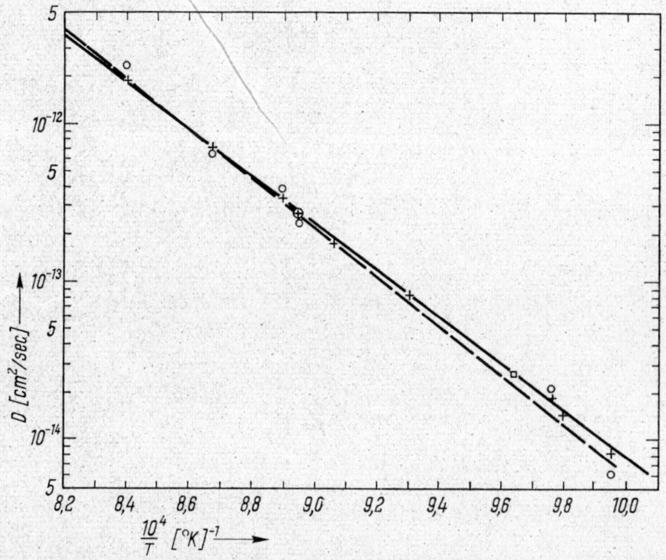

Fig. 69: Selbstdiffusionskoeffizient für Germanium in Funktion der reziproken Temperatur (nach H. Widmer und G. R. Gunther-Mohr, Helv. Phys. Acta *34*, 635 (1961))

Als wesentliches Ergebnis findet man eine starke exponentielle Zunahme der Diffusionskonstante mit der Temperatur (vgl. Fig. 69 und 70). Die Messungen der Temperaturabhängigkeit von D ergeben den Wert Q, liefern aber keine Aussage über die Werte W_S^0 der Fehlordnungsenergie und w der Schwellenenergie.

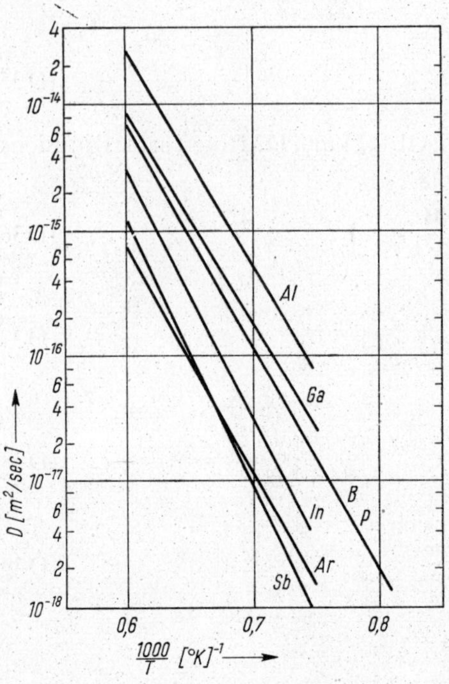

Fig. 70: Diffusionskoeffizienten in Funktion der reziproken Temperatur für verschiedene Elemente in Silizium (nach T. S. HUTCHISON und D. C. BAIRD, *The Physics of Engineering Solids*, 2. Aufl., Wiley, New York 1968)

Die Diffusionskonstante für Zwischengitterdiffusion kann analog zu der für Leerstellendiffusion hergeleitet werden. Die Aktivierungsenergie Q ist wiederum eine Summe aus einer Schwellenenergie (Energieschwelle zwischen zwei benachbarten Gitterplätzen) und der *halben* FRENKEL-Fehlordnungsenergie: $Q = w + W_F^0/2$. Die Selbstdiffusion von Zwischengitteratomen wurde bisher noch nicht mit Sicherheit nachgewiesen.

Die theoretische Behandlung der Fremddiffusion unterscheidet sich nicht grundsätzlich von der der Selbstdiffusion. Die Sprungwahrscheinlichkeit φ_S richtet sich hierbei nach der Art der Fremdatome; die Schwellenenergie ist eine Funktion der Kernladungszahl des Fremdatoms.

c) Experimentelle Bestimmung der Diffusionskonstante

Die Kenntnis der Werte von D_0 und Q ist vor allem aus praktischen Gründen wichtig. Geringe Konzentrationen von Fremdatomen können die elektrischen Eigenschaften von Kristallen, beispielsweise von Halbleitern und Photoleitern, entscheidend bestimmen. Ebenso können die mechanischen

Eigenschaften durch Fremdstoffzusätze stark beeinflusst werden, was beispielsweise bei der Vergütung von Metallen technisch ausgewertet wird. Die Zugabe von Fremdstoffen erfolgt vielfach auf dem Weg der Diffusion und ist aufgrund der Kenntnis von D bzw. von D_0 und Q kontrollierbar.

Die Diffusionskonstante kann mit einer ‹Tracer›-Methode direkt bestimmt werden. Zudem ist dies die einzige Methode, mit der man die Konstante der Selbstdiffusion messen kann. Man verfolgt die Bewegung von ‹markierten› Atomen, d.h. radioaktiven Isotopen, im Kristall als Funktion von Zeit, Ort und Temperatur. D ergibt sich aus der Lösung von Gl.D31, die die Randbedingungen der Versuchsanordnung erfüllen muss.

In einem typischen Experiment dampft man auf eine Oberfläche des Kristalls radioaktive Isotope auf (für Selbstdiffusionsmessungen radioaktive Isotope der Wirtsatome) und bringt den Kristall dann während der Zeit t auf eine erhöhte Temperatur T, so dass die radioaktiven Isotope schneller in

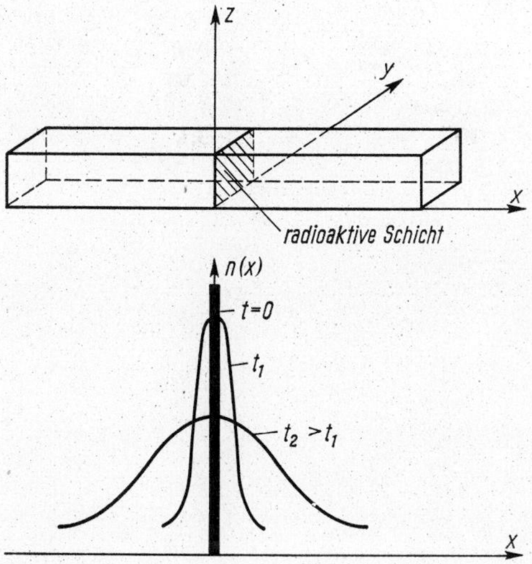

Fig. 71: Zur Bestimmung der Diffusionskonstante nach der ‹Tracer›-Methode

den Kristall eindiffundieren. Anschliessend trennt man vom Kristall dünne Scheibchen parallel zur bedampften Oberfläche ab und misst ihre Radioaktivität. Die Zählrate ist proportional zur Zahl der radioaktiven Teilchen $n(x, t)$, die während der Zeit t bei der Temperatur T bis zur Tiefe x in den Kristall eindiffundiert sind. Für die in Fig. 71 skizzierte symmetrische Versuchsanordnung heisst die Lösung von Gl. D31:

$$n(x, t) = \frac{n_0}{(\pi D(T)\, t)^{\frac{1}{2}}} \exp\left(-\frac{x^2}{4\, D(T)\, t}\right). \qquad \text{(D40)}$$

n_0 Konzentration der radioaktiven Isotope an der Stelle $x = 0$ zur Zeit $t = 0$

Eine Angabe über die Diffusionsgeschwindigkeit erhält man aus dem mittleren Verschiebungsquadrat $\overline{x^2}$ der wandernden Teilchen, für das allgemein der

Zusammenhang besteht:

$$\overline{x^2} = 2\,D\,t. \tag{D41}$$

Abschätzungen zeigen, dass die Diffusion ein sehr langsamer Prozess ist (vgl. die Diffusionsdaten in Tabelle 14).

Tabelle 14

Mengenkonstanten und Aktivierungsenergien für Selbst-und Fremddiffusion. Der Diffusionskoeffizient folgt aus Gl.D37 (nach B. CHALMERS, *Physical Metallurgy* [Wiley, New York 1959], S. 375; N. B. HANNAY, *Semiconductors* [Reinhold, New York 1959], S. 244; C. A. WERT und R. M. THOMSON, *Physics of Solids* [McGraw-Hill, New York 1964], S. 64).

Material		D_0	Q
Kristall	Atome	[cm²/sec]	[eV]
		Selbstdiffusion	
Na	Na	0,24	0,45
Cu	Cu	0,20	2,04
Ag	Ag	0,40	1,91
Ge	Ge	10	3,1
U	U	$1{,}8 \cdot 10^{-3}$	1,20
		Fremddiffusion	
Cu	Zn	0,34	1,98
Ag	Cu	1,2	2,00
	Au	0,26	1,98
	Cd	0,44	1,81
	Pb	0,22	1,65
	Sb	0,17	1,66
Si	Al	8,0	3,47
	Ga	3,6	3,51
	In	16	3,90
	As	0,32	3,56
	Sb	5,6	3,94
	Li	$2{,}3 \cdot 10^{-3}$	0,66
	Au	$1{,}1 \cdot 10^{-3}$	1,13
W	Th	1,0	5,4

d) Ionenleitung

Diffusionsprozesse in Ionenkristallen sind mit dem Transport von elektrischer Ladung verknüpft. Anstelle des Konzentrationsgradienten von Defekten bewirkt ein elektrisches Feld einen resultierenden Ionenstrom und damit Ionenleitung.

Wir berechnen den Strom *einer* Ionensorte A in Richtung eines konstanten inneren elektrischen Feldes F. Der Verlauf der potentiellen Energie im Kristall erhält in dieser Richtung ein Gefälle (vgl. Fig. 72). Dadurch sind die Schwellenenergien zwischen einem Gitterplatz und benachbarten Gitterplätzen verschieden; entsprechend sind die Sprungwahrscheinlichkeiten φ_S (vgl. Gl. D 32) richtungsabhängig. Bezeichnet a den zur Feldrichtung parallelen periodischen Abstand von Gitterpunkten, dann ist für positive Ionen der Ladung $+q$ die

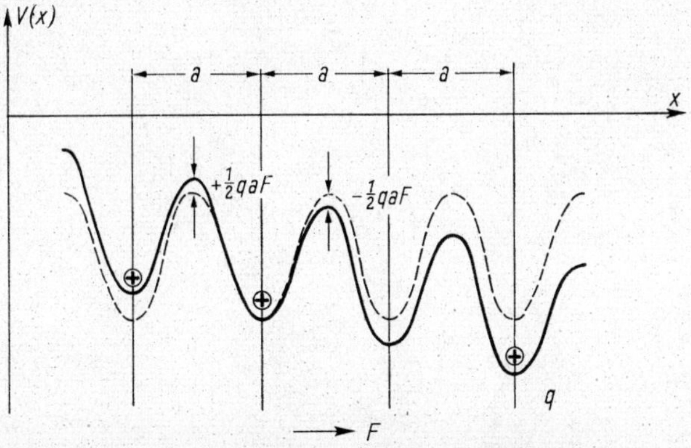

Fig. 72: Verlauf der potentiellen Energie eines positiven Ions längs einer Gittergeraden bei Anwesenheit eines elektrischen Feldes

Energieschwelle um $qaF/2$ *in* Feldrichtung erniedrigt; die Sprungwahrscheinlichkeit beträgt:

$$\varphi_{SA}^{+} = \frac{1}{l}\,\nu \exp\left(-\frac{w_A - \frac{1}{2}\,q\,a\,F}{k\,T}\right). \tag{D42}$$

Entsprechend gilt für die Sprungwahrscheinlichkeit *gegen* die Feldrichtung:

$$\varphi_{SA}^{-} = \frac{1}{l}\,\nu \exp\left(-\frac{w_A + \frac{1}{2}\,q\,a\,F}{k\,T}\right). \tag{D43}$$

Analog zu Gl. D33 ergibt sich für die Ionenstromdichte in Feldrichtung:

$$j_A^{+} = q(N - n_A)\,a\,\varphi_{SA}^{+}\,\gamma_{SP} \tag{D44}$$

und gegen Feldrichtung:

$$j_A^{-} = q(N - n_A)\,a\,\varphi_{SA}^{-}\,\gamma_{SP}. \tag{D45}$$

N Konzentration der Moleküle
n_A Konzentration der Leerstellen von Ionen der Sorte A; es gilt $n_A = n_{SP}$
γ_{SP} Fehlordnungsgrad von dissoziierten SCHOTTKY-Paaren

Unter Verwendung der Gl. D12 und D21 erhält man für den resultierenden Ionenstrom der Sorte A mit der Annahme $n_{SP} \ll N$:

$$j_A = j_A^{+} - j_A^{-} \approx q\,N\,f \exp\left(-\frac{W_{SP}^{0}}{2\,k\,T}\right) a\,(\varphi_{SA}^{+} - \varphi_{SA}^{-}). \tag{D46}$$

Allgemein ist eine Stromdichte gegeben durch das Produkt aus Ladung, Trägerkonzentration und Driftgeschwindigkeit. Im vorliegenden Fall ist also die massgebende Ladungsträgerkonzentration gleich der Konzentration der Leerstellen:

$$n_{SP} = N f \exp\left(-\frac{W_{SP}^0}{2kT}\right). \tag{D47}$$

Die Driftgeschwindigkeit $\bar{v}$ ist mit Hilfe der Gl. D42 und D43:

$$\bar{v} = a(\varphi_{SA}^+ - \varphi_{SA}^-) = \frac{2}{l} a \nu \exp\left(-\frac{w_A}{kT}\right) \sinh\left(\frac{q\,aF}{2kT}\right). \tag{D48}$$

Für *schwache Felder* $\left(\frac{q\,a\,F}{2kT} \ll 1\right)$ kann man $\sinh\left(\frac{q\,a\,F}{2kT}\right)$ entwickeln; die Driftgeschwindigkeit wird damit proportional zum angelegten Feld:

$$\bar{v} \approx \frac{1}{l} a \nu \exp\left(-\frac{w_A}{kT}\right) \frac{q\,a}{kT} F. \tag{D49}$$

In dieser Näherung gilt das OHMsche Gesetz (das innere Feld F sei gleich dem angelegten äusseren Feld):

$$j_A = \sigma_A F \tag{D50}$$

mit der Leitfähigkeit

$$\sigma_A = \frac{1}{l} \frac{a^2 q^2 \nu}{kT} N f \exp\left(-\frac{\frac{1}{2} W_{SP}^0 + w_A}{kT}\right). \tag{D51}$$

Die Ionenleitfähigkeit hat also dieselbe Temperaturabhängigkeit wie die Diffusionskonstante (vgl. Gl. D37):

$$\sigma = \sigma_A^0 \exp\left(-\frac{\frac{1}{2} W_{SP}^0 + w_A}{kT}\right) \tag{D52}$$

mit

$$\sigma_A^0 = \frac{1}{l} \frac{a^2 q^2 \nu}{kT} N f. \tag{D53}$$

Die Leitfähigkeit der Ionensorte B kann analog geschrieben werden; sie unterscheidet sich vor allem durch den Wert der Schwellenenergie w_B. Der gesamte Ionenstrom in einem Ionenkristall AB beträgt für schwache Felder:

$$j = (\sigma_A + \sigma_B)\; F = \sigma F. \tag{D54}$$

Die Näherung schwacher Felder gilt bei $T \approx 300\,°\mathrm{K}$ für $F \ll 10^6\ \mathrm{V\,cm^{-1}}$.

Für *hohe Felder* $\left(\frac{q\,a\,F}{2kT} \gg 1\right)$ wird die Ionenleitfähigkeit eine Funktion der Feldstärke. Aus Gl. D46 und D48 folgt für die differentielle Leitfähigkeit (nur die Ionensorte A sei beweglich):

$$\sigma_A = \frac{\partial j_A}{\partial F} = \sigma_A^0 \cosh \frac{q\,a\,F}{2kT} \approx \sigma_A^0 \exp\left(\frac{q\,a}{2kT} F\right) \tag{D55}$$

oder

$$\sigma_A = \sigma_A^0 \exp(\beta F) \qquad \text{(D 56)}$$

mit

$$\beta = \frac{q\,a}{2\,k\,T}. \qquad \text{(D 57)}$$

Für hohe Felder nimmt also die Ionenleitfähigkeit exponentiell mit der Feldstärke zu (POOLEsches Gesetz), bis schliesslich ein elektrischer Durchbruch erfolgt.

e) Experimentelle Ergebnisse aus der Ionenleitung

Die Leitung des elektrischen Stroms durch Ionen ist nachweisbar durch den Transport von Materie. Benutzt man als Elektrodenmaterial das Metall, das im Kristall als Kation vorkommt (z.B. Ag-Elektroden auf AgCl), so ändern sich in der Tat die Elektrodenmassen infolge Stromdurchgangs: die Masse der Kathode nimmt zu, die der Anode nimmt ab. Bei hinreichend hohen Temperaturen sind die Massenänderungen gleich den abgeschiedenen Massen, die durch das FARADAYsche Gesetz bestimmt werden.

Die Temperaturabhängigkeit der Ionenleitfähigkeit für $\frac{q\,a\,F}{2\,k\,T} \ll 1$ liefert in der Darstellung $\ln\sigma$ in Funktion von $1/T$ eine Kurve, die im wesentlichen aus zwei Geraden besteht (vgl. Fig. 73). Der gerade Teil im Bereich hoher Temperaturen ist charakteristisch für den Stoff, während der Verlauf im Bereich niedrigerer Temperaturen ‹struktursensitiv› ist, d.h. er hängt von dem Fremdstoffgehalt und der Vorgeschichte des betreffenden Kristalls ab. Der deutliche Knick in den Kurven bedeutet, dass die Ionenleitung in den beiden Temperaturbereichen durch verschiedene Aktivierungsenergien bestimmt wird.

Im Bereich hoher Temperaturen entspricht die Aktivierungsenergie der Summe aus der halben Fehlordnungsenergie und der Schwellenenergie (vgl. Gl. D 52). Dies gilt im allgemeinen auch für den Fall, dass beide Ionensorten am Ladungstransport durch Leerstellenwanderung teilnehmen. In diesem Fall sind die Schwellenenergien w_A und w_B nahezu gleich. Die Transportmechanismen für einige konkrete Fälle werden weiter unten angegeben.

Im Bereich niedrigerer Temperaturen wird die massgebende Defektkonzentration nicht mehr durch den thermischen Fehlordnungsgrad (Gl. D 47) bestimmt, und dementsprechend verliert der Exponentialfaktor $\exp(-W^0/2\,k\,T)$ für die Ionenleitfähigkeit seinen Einfluss. Im einfachsten Fall kann man annehmen, dass die Defektkonzentration unterhalb der ‹Einfriertemperatur› T_E (vgl. S. 129) konstant bleibt. Dann ist die Aktivierungsenergie der Ionenleitung allein durch die Schwellenenergie w gegeben. Aus der Differenz der Steigungen der Geraden im Bereich hoher und tiefer Temperaturen (vgl. Fig. 73) ermittelt man somit den Wert der Fehlordnungsenergie W_{SP}^0 bzw. W_F^0.

Durch den Einbau von höherwertigen Metallionen wird die Einfriertemperatur T_E erhöht, und dementsprechend wird die temperaturunabhängige

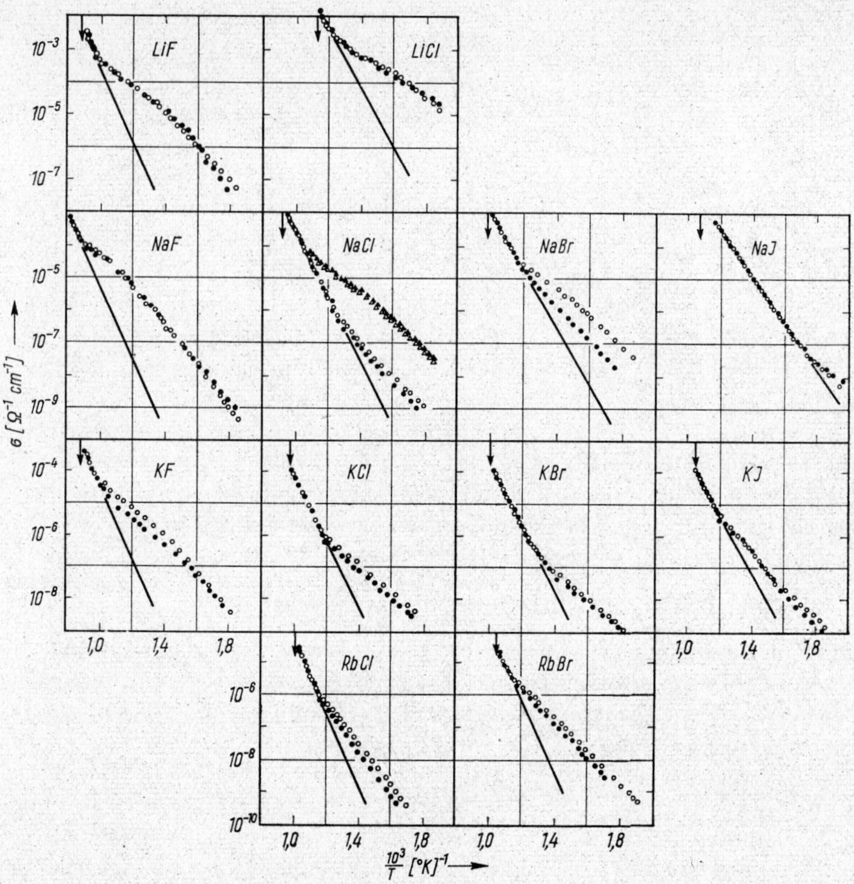

Fig. 73: Ionenleitfähigkeit in Funktion der reziproken Temperatur für verschiedene Alkalihalogenide; die Pfeile markieren die Schmelztemperaturen, die verschiedenen Messpunkte beziehen sich jeweils auf Messungen an verschiedenen Proben (nach W. LEHFELDT, Z. Physik *85*, 717 (1933))

Defektkonzentration grösser. Die Ionenleitfähigkeit nimmt daher im Bereich niedriger Temperaturen stark mit der Konzentration von Fremdionen zu. Ausführlich studiert wurde der Einfluss von 2-wertigen Metallionen (Ca^{++}, Sr^{++}, Cd^{++}, Mg^{++}) auf die Ionenleitfähigkeit von NaCl, KCl, AgCl, AgBr. Damit die elektrische Neutralität erhalten bleibt, muss für jedes eingefügte 2-wertige Ion eine Leerstelle im Kationengitter gebildet werden. Die zusätzliche Leerstellenkonzentration ist also gleich der Konzentration der 2-wertigen Metallionen und gibt Anlass zu der erhöhten Ionenleitfähigkeit, die gegeben ist (für 1 Ionensorte) durch

$$\Delta\sigma = \frac{1}{l}\,\frac{a^2 q^2}{k\,T}\,\nu\,\Delta N \exp\left(-\frac{w}{k\,T}\right). \qquad \text{(D 58)}$$

ΔN Konzentration der Fremdionen

Erst oberhalb der Temperatur T_E ist die thermische Gleichgewichtskonzentration der Defekte höher als die Fremdionenkonzentration. Die Ionenleitfähigkeit wird dann bestimmt durch Gl. D52.

f) EINSTEIN-Relation

Die Ionenleitfähigkeit und der Diffusionskoeffizient einer Ionensorte sind miteinander durch die sog. EINSTEIN-Relation verknüpft, die sich unter der Annahme schwacher Felder $\left(\frac{q\,a\,F}{k\,T} \ll 1\right)$ unmittelbar aus den Gl. D37 und D52 ergibt:

$$\frac{\sigma}{D} = \frac{q^2 N}{k\,T} \tag{D59}$$

Die EINSTEIN-Relation wird vielfach als Beziehung zwischen der elektrischen Beweglichkeit und dem Diffusionskoeffizienten einer Ladungsträgersorte angegeben. Im Fall der Ionenleitung definiert man die Beweglichkeit b durch die Beziehung

$$\sigma = q\,n\,b, \tag{D60}$$

d.h. die Ionenleitfähigkeit einer Ionensorte A wird ausgedrückt durch die Konzentration n und die Beweglichkeit b der Fehlstellen, die durch die Fehl ordnung der Ionen A entstanden sind. Die Kombination von Gl. D59 und D60 ergibt die EINSTEIN-Relation in der üblichen Form:

$$D_F = \frac{k\,T}{q}\,b, \tag{D61}$$

wenn man entsprechend der Beweglichkeit den Diffusionskoeffizienten D_F der Fehlstellen definiert als

$$D_F = \frac{N}{n}\,D \tag{D62}$$

bzw.

$$D_F = a^2\,\varphi. \tag{D63}$$

Der Diffusionskoeffizient der Fehlstellen ergibt sich analog zu Gl. D33 bis D36, wenn man die Fehlstellen selber als diffundierende Teilchen auffasst. Diffusionsexperimente liefern jedoch grundsätzlich nur den Diffusionskoeffizienten der wirklich diffundierenden Teilchen (vgl. S. 131 ff.).

Die EINSTEIN-Relation wird experimentell bestätigt (vgl. Fig. 74). Vielfach stimmen jedoch nur die Aktivierungsenergien überein, die man aus Messungen der Temperaturabhängigkeit von Diffusion und Ionenleitung findet. Abweichungen von der EINSTEIN-Relation sind beispielsweise durch Diffusionsmechanismen bedingt, die nicht zu einem Ladungstransport beitragen, wie z.B. die Diffusion von assoziierten SCHOTTKY-Paaren (vgl. S. 125) Nehmen am Ladungstransport beide Ionensorten teil, so ist für die Prüfung

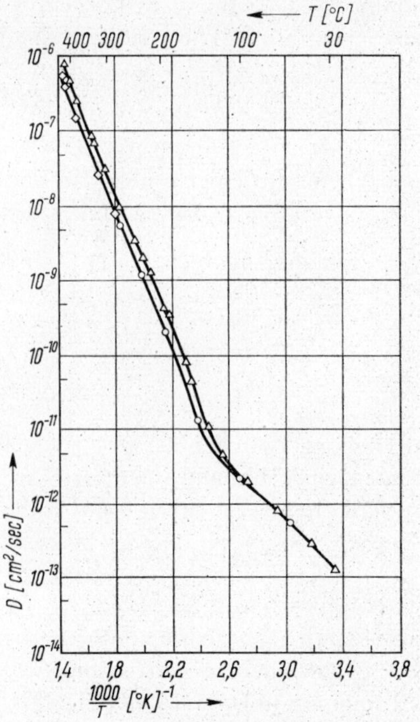

Fig. 74: Temperaturabhängigkeit des Selbstdiffusionskoeffizienten von radioaktivem Ag^{110} in AgCl; die untere Kurve zeigt die an zwei Proben gemessenen Diffusionskoeffizienten, die obere Kurve ist aus Leitfähigkeitsmessungen mittels der EINSTEIN-Relation (Gl. D 59) berechnet (nach W. D. COMPTON und R. J. MAURER, J. Phys. Chem. Solids *1*, 191 (1956))

der EINSTEIN-Relation die Kenntnis der sog. Überführungszahlen der beiden Ionensorten erforderlich. Die Überführungszahl der Ionen A ist der prozentuale Anteil von σ_A an der Gesamtleitfähigkeit σ.

Mit Leitfähigkeits- und Diffusionsmessungen allein kann nicht festgestellt werden, ob die Ionen über Leerstellen oder über Zwischengitterplätze wandern. Diese Frage kann durch zusätzliche geometrische Betrachtungen (Ionenradien, Struktur) entschieden werden. Nach der heutigen Auffassung besteht in den Silberhalogeniden eine FRENKEL-Fehlordnung. Der Stromtransport erfolgt durch die Ag^+-Ionen über die Zwischengitterplätze oder über die Leerstellen. Die Halogenionen nehmen am Ladungstransport nicht teil. In den Alkalihalogeniden herrscht SCHOTTKY-Fehlordnung, auch hier sind die Ladungsträger fast ausschliesslich die Kationen.

8. *Dielektrische Verluste in Ionenkristallen*

Die atomare Fehlordnung gibt Anlass zu Relaxationseffekten bei den dielektrischen und elastischen Eigenschaften der Kristalle. Wir beschränken uns hier auf die Behandlung von dielektrischen Verlusten in Ionenkristallen, die erstmals von R. G. BRECKENRIDGE mit speziellen, atomaren Fehlordnungen in Zusammenhang gebracht wurden.

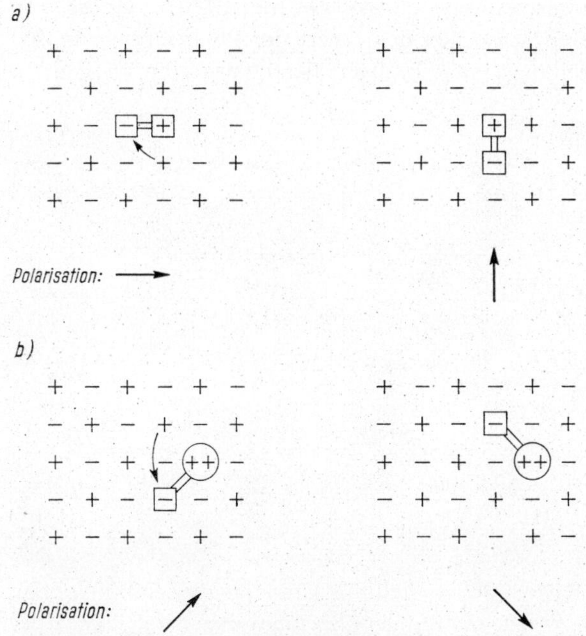

Fig. 75: ‹Drehung› von Dipolen, bestehend aus a) assoziierten SCHOTTKY-Paaren, b) Fremdion und assoziierter Leerstelle

In einem Dielektrikum wird elektrische Energie verbraucht, wenn die elektrische Feldstärke und die Verschiebungsdichte bzw. die Polarisation einen Phasenunterschied haben. Man spricht daher von dielektrischen Verlusten. Als Ursachen hierfür kommen in Frage: 1) elektrische Leitfähigkeit des Dielektrikums, d.h. die Phasendifferenz zwischen Feld und Strom ist kleiner als $\pi/2$ (im idealen Dielektrikum ist sie gleich $\pi/2$); 2) Relaxationseffekte im Zusammenhang mit permanenten Dipolen, d.h. oberhalb einer gewissen Frequenz des elektrischen Feldes ist die Orientierungspolarisation nicht mehr in Phase mit dem Feld.

Die permanenten Dipole in reinen Ionenkristallen sind assoziierte SCHOTTKY-Paare (vgl. S. 125). In ‹dotierten› Kristallen (z.B. $NaCl + CdCl_2$) hat man zusätzliche Dipole, die aus den höherwertigen Metallionen (Cd^{++}) und den dazugehörigen Leerstellen gebildet werden. Die Einstellung der sog. Defektdipole kommt durch Sprünge von Ionen aus benachbarten Gitterplätzen in die Leerstellen zustande, wobei die Assoziation mit den entgegengesetzt geladenen Leerstellen bzw. mit den höherwertigen Metallionen erhalten bleibt (vgl. Fig. 75). Die dielektrische Relaxationszeit ist ein Mass für die Sprungwahrscheinlichkeit der Ionen des betreffenden Kristalls.

Die Orientierungspolarisation P_D der Defektdipole ist für konstante Felder gegeben durch

$$P_D = n_D \alpha_D F. \qquad \text{(D64)}$$

n_D Konzentration der Defektdipole
α_D Polarisierbarkeit der Defektdipole
F inneres elektrisches Feld

Wie bei anderen Relaxationsphänomenen ist die zeitliche Änderung von P_D proportional zur Differenz zwischen dem Wert der Polarisation zur Zeit t und einem bestimmten Anfangs- bzw. Endwert der Polarisation P_D^0:

$$\frac{dP_D}{dt} = \frac{1}{\tau}\left(P_D^0 - P_D(t)\right). \tag{D 65}$$

τ Relaxationszeit

Für einen Abschaltvorgang gilt

$$t \leqslant 0: \quad \frac{dP_D}{dt} = 0; \qquad P_D^0 = n_D\,\alpha_D\,F, \tag{D 66}$$

$$t > 0: \quad F = 0; \qquad \frac{dP_D}{dt} = -\frac{1}{\tau}P_D(t),$$

$$P_D(t) = P_D^0 \exp\left(-\frac{t}{\tau}\right). \tag{D 67}$$

Mit Hilfe der folgenden Modellvorstellung kann die Relaxationszeit in Zusammenhang gebracht werden mit der Sprungwahrscheinlichkeit der Ionen: n_1 sei die Konzentration der Defektdipole *in* Feldrichtung, n_2 diejenige *entgegengesetzt* zur Feldrichtung. Die Summe dieser Konzentrationen ist gleich der gesamten Defektdipol-Konzentration n_D:

$$n_D = n_1 + n_2. \tag{D 68}$$

Die resultierende Defektpolarisation ist proportional zur Differenz der Konzentrationen n_1 und n_2 und beträgt

$$P_D = q\,a\,(n_1 - n_2) = q\,a\,\Delta n. \tag{D 69}$$

q Ionenladung
a Abstand der Ladungen der Defektdipole

Für die zeitliche Änderung von P_D erhält man hieraus

$$\frac{dP_D}{dt} = q\,a\left(\frac{dn_1}{dt} - \frac{dn_2}{dt}\right) = q\,a\,\frac{d\,\Delta n}{dt} \tag{D 70}$$

mit

$$\frac{dn_1}{dt} = -\varphi_{12}\,n_1 + \varphi_{21}\,n_2, \tag{D 71}$$

$$\frac{dn_2}{dt} = +\varphi_{12}\,n_1 - \varphi_{21}\,n_2. \tag{D 72}$$

$\varphi_{12}, \varphi_{21}$ Wahrscheinlichkeiten für die ‹Drehung› der Dipole aus bzw. in Feldrichtung

Die ‹Drehung› der Dipole wird bestimmt durch die Sprungwahrscheinlichkeiten φ_{12} und φ_{21} der Ionen bei Anwesenheit eines elektrischen Feldes (vgl. S. 137). Je nach der Sprungrichtung bezüglich der Feldrichtung ergibt sich eine Einstellung der Dipole in oder entgegengesetzt zur Feldrichtung.

Im Fall $F = 0$ wird (vgl. Gl. D42)

$$\varphi_{12} = \varphi_{21} = \varphi = \frac{1}{l'}\,\nu \exp\left(-\frac{w}{kT}\right). \qquad \text{(D73)}$$

l' Zahl der Nachbarionen auf äquivalenten Gitterplätzen, die eine ‹Drehung› des Defektdipols durch den Übergang in die Leerstelle bewirken können

Damit folgt aus Gl. D 71 und D 72:

$$\frac{dn_1}{dt} = -\frac{dn_2}{dt} \qquad \text{(D74)}$$

oder mit Gl. D68:

$$\frac{dn_D}{dt} = 0. \qquad \text{(D75)}$$

Analog zu Gl. D 66 und D67 erhält man unter Verwendung von Gl. D 69 und D 70 für einen Abschaltvorgang

$$t \leqslant 0:\quad \frac{dP_D}{dt} = 0; \qquad P_D^0 = q\,a\,\Delta n_0, \qquad \text{(D76)}$$

$$t > 0:\quad F = 0; \qquad \frac{dP_D}{dt} = q\,a\,\frac{d\Delta n}{dt}. \qquad \text{(D77)}$$

Aus Gl. D77 folgt mit Hilfe von Gl. D69, D71 und D72

$$\frac{dP_D}{dt} = -2\varphi\; q\,a\,\Delta n = -2\varphi\, P_D(t) \qquad \text{(D78)}$$

oder

$$P_D(t) = P_D^0 \exp(-2\varphi\, t). \qquad \text{(D79)}$$

Der Vergleich mit Gl. D67 liefert den Zusammenhang zwischen Sprungwahrscheinlichkeit und Relaxationszeit:

$$\tau = \frac{1}{2\varphi} = \frac{l'}{2\nu} \exp\left(+\frac{w}{kT}\right) = \tau_0 \exp\left(\frac{w}{kT}\right). \qquad \text{(D80)}$$

Aus der Temperaturabhängigkeit der Relaxationszeit kann man also die Schwellenenergie w unabhängig von der Fehlordnungsenergie ermitteln.

Zur experimentellen Bestimmung von τ benützt man anstelle eines Abschaltvorgangs mit Vorteil eine Wechselfeldmethode. In der Theorie der Relaxationszeit wird im allgemeinen angenommen, dass die Differentialgleichung D65 auch für ein Wechselfeld

$$F(t) = F_0 \exp(i\omega t) \qquad \text{(D81)}$$

gültig ist. In diesem Fall ist P_D^0 zeitlich variabel und bedeutet den Wert, den P_D annähme in einem statischen Feld von der Grösse $F(t)$, d.h.

$$P_D^0(t) = n_0 \alpha_D F_0 \exp(i\omega t). \tag{D82}$$

Die Differentialgleichung D65 geht damit über in

$$\frac{dP_D}{dt} + \frac{1}{\tau} P_D(t) = \frac{1}{\tau} n_D \alpha_D F_0 \exp(i\omega t). \tag{D83}$$

Mit dem Ansatz

$$P_D(t) = C \exp(i\omega t). \tag{D84}$$

erhält man hieraus

$$C = \frac{n_D \alpha_D F_0}{1+i\omega\tau}. \tag{D85}$$

Die Lösung der Differentialgleichung heisst

$$P_D(t) = \frac{n_D \alpha_D}{1+i\omega\tau} F_0 \exp(i\omega t). \tag{D86}$$

Die Defektpolarisation ist also mit derselben Frequenz ω periodisch wie das innere Feld; der komplexe Faktor $(1+i\omega\tau)^{-1}$ bedeutet einen Phasenunterschied zwischen Feldstärke und Polarisation. Dieser Phasenunterschied führt formal zu einer komplexen Dielektrizitätskonstante des Kristalls:

$$\varepsilon = \varepsilon' - i\varepsilon''. \tag{D87}$$

Die Leitfähigkeit σ des Ionenkristalls, verursacht durch die nicht assoziierten Defekte, wird zunächst vernachlässigt (vgl. S. 149 ff.).

Der Zusammenhang zwischen der gesamten Polarisation P des Kristalls und der Dielektrizitätskonstante ε ergibt sich aus der Kombination der beiden allgemein gültigen Beziehungen

$$P = \varepsilon_0(\varepsilon - 1)E \tag{D88}$$

und

$$P = N\alpha F. \tag{D89}$$

E angelegtes elektrisches Feld
N Zahl der Moleküle
α totale Polarisierbarkeit

Unter der Annahme $E = F$ folgt

$$\varepsilon - 1 = \frac{1}{\varepsilon_0} \frac{P}{F}. \tag{D90}$$

Die gesamte Polarisation setzt sich zusammen aus der Gitterpolarisation P_g und der Defektpolarisation P_D:

$$P = P_g + P_D. \tag{D91}$$

Die Gitterpolarisation umfasst die Ionenpolarisation (Verschiebung der Ionen gegeneinander) und die Elektronenpolarisation (Verschiebung der Elektronenhüllen bezüglich der Kerne). Im Vergleich zur Defektpolarisation folgt sie dem inneren Feld praktisch trägheitslos und ist gegeben durch

$$P_g = N\alpha_g F. \tag{D92}$$

α_g Polarisierbarkeit des Gitters

Einsetzen der Gl. D86 und D92 in Gl. D90 liefert

$$\varepsilon - 1 = \frac{1}{\varepsilon_0} N\left(\alpha_g + \frac{n_D}{N}\,\frac{\alpha_D}{1+i\omega\tau}\right). \tag{D93}$$

Die Dielektrizitätskonstante ist also eine komplexe Grösse, die von der Frequenz des Feldes abhängt. Unter der Voraussetzung verschwindender elektrischer Leitfähigkeit hat ε nur in den speziellen Fällen $\omega = 0$ und $\omega \gg 1/\tau$ die reellen Werte ε_s bzw. ε_ω. Für $\omega = 0$ geht Gl. D93 über in

$$\varepsilon_s - 1 = \frac{1}{\varepsilon_0} N\left(\alpha_g + \frac{n_D}{N}\alpha_D\right). \tag{D94}$$

Für hinreichend hohe Frequenzen $\omega \gg 1/\tau$ ist der Beitrag der Orientierungspolarisation vernachlässigbar, und man erhält aus Gl. D93

$$\varepsilon_\omega - 1 = \frac{1}{\varepsilon_0} N\alpha_g. \tag{D95}$$

Zur Hochfrequenz-Dielektrizitätskonstante ε_ω tragen sowohl die Ionen- als auch die Elektronenpolarisierbarkeit bei. Sie ist daher grösser als die sog. optische Dielektrizitätskonstante $\varepsilon_\infty = n^2$ (n optischer Brechungsindex), die nur noch von der Elektronenpolarisierbarkeit abhängt.

Mit Gl. D93, D94 und D95 kann man ε durch die speziellen Werte ε_s und ε_ω ausdrücken:

$$\varepsilon = \varepsilon_\omega + \frac{\varepsilon_s - \varepsilon_\omega}{1+(\omega\tau)^2} - i\omega\tau\frac{\varepsilon_s - \varepsilon_\omega}{1+(\omega\tau)^2} = \varepsilon' - i\varepsilon''. \tag{D96}$$

Ein Mass für die dielektrische Verlustleistung ist der sog. Verlustwinkel δ, definiert durch

$$\tan\delta \equiv \frac{\mathrm{Im}(\varepsilon)}{\mathrm{Re}(\varepsilon)}. \tag{D97}$$

Mit Gl. D91 folgt daraus

$$\tan\delta = \frac{(\varepsilon_s - \varepsilon_\omega)\,\omega\tau}{\varepsilon_s + \varepsilon_\omega(\omega\tau)^2}, \tag{D98}$$

Der Verlustwinkel wird in Funktion von $\omega\tau$ maximal an der Stelle

$$(\omega\tau)_{\tan\delta_{\max}} = \left(\frac{\varepsilon_s}{\varepsilon_\omega}\right)^{\frac{1}{2}}. \tag{D99}$$

Da im allgemeinen ε_s und ε_ω nicht stark verschieden sind, gilt in guter Näherung

$$(\omega\,\tau)_{\tan\delta_{\max}} \approx 1. \tag{D 100}$$

Bestimmt man bei verschiedenen konstanten Temperaturen die Frequenzen $\omega(\tan\delta_{\max})$, für die die Verlustwinkel maximal sind, so ergeben sich hieraus Werte der Relaxationszeit $\tau(T)$. Die Darstellung $\ln\tau$ in Funktion von $1/T$ liefert gemäss Gl. D 80 den Wert w der Schwellenenergie sowie den Wert ν der Sprungfrequenz (Eigenfrequenz der Ionen). Experimentell einfacher ist die Ermittlung der Lage des Verlustmaximums auf der Temperaturskala bei verschiedenen konstanten Frequenzen ω.

Der absolute Wert von $\tan\delta_{\max}$ ist ‹struktursensitiv› und proportional zur Zahl n_D der Defektdipole. Aus Gl. D 98 und D 99 folgt

$$\tan\delta_{\max} = \frac{\varepsilon_s - \varepsilon_\omega}{2(\varepsilon_s\,\varepsilon_\omega)^{\frac{1}{2}}}. \tag{D 101}$$

Subtraktion der Gl. D 95 von D 94 liefert

$$\varepsilon_s - \varepsilon_\omega = \frac{1}{\varepsilon_0}\, n_D\, \alpha_D. \tag{D 102}$$

Damit erhält man den maximalen Verlustwinkel in Funktion der Zahl der Defektdipole:

$$\tan\delta_{\max} = \frac{1}{2\,\varepsilon_0(\varepsilon_s\,\varepsilon_\omega)^{\frac{1}{2}}}\, n_D\, \alpha_D. \tag{D 103}$$

Aus dem Vergleich von Gl. D 64 und D 69 ergibt sich die Polarisierbarkeit α_D der Defekte:

$$\alpha_D = \frac{q\,a\,\Delta n}{n_D\, F}. \tag{D 104}$$

Die resultierende Konzentration Δn der Defektdipole in Feldrichtung ist von der Feldstärke F abhängig. Unter Verwendung von Gl. D 42 und D 43 erhält man für Gl. D 71 und D 72:

$$\frac{dn_1}{dt} = \frac{1}{l'}\,\nu \exp\left(-\frac{w}{k\,T}\right)\left[-n_1 \exp\left(-\frac{q\,a\,F}{2\,k\,T}\right) + n_2 \exp\left(+\frac{q\,a\,F}{2\,k\,T}\right)\right], \tag{D 105}$$

$$\frac{dn_2}{dt} = \frac{1}{l'}\,\nu \exp\left(-\frac{w}{k\,T}\right)\left[n_1 \exp\left(-\frac{q\,a\,F}{2\,k\,T}\right) - n_2 \exp\left(+\frac{q\,a\,F}{2\,k\,T}\right)\right]. \tag{D 106}$$

Einsetzen in die Stationaritätsbedingung

$$\frac{d\,\Delta n}{dt} = \frac{dn_1}{dt} - \frac{dn_2}{dt} = 0 \tag{D 107}$$

liefert

$$\frac{n_1}{n_2} = \exp\left(\frac{q\,a\,F}{k\,T}\right). \tag{D 108}$$

Mit Gl. D 68 ist

$$\frac{\Delta n}{n_D} = \frac{n_1 - n_2}{n_1 + n_2} = \frac{\frac{n_1}{n_2} - 1}{\frac{n_1}{n_2} + 1} \tag{D 109}$$

und daraus folgt mit Gl. D 108 die Feldabhängigkeit von Δn:

$$\Delta n = n_D \tanh\left(\frac{q\,a\,F}{2\,k\,T}\right). \tag{D 110}$$

In der Näherung kleiner elektrischer Felder $\left(\frac{q\,a\,F}{2\,k\,T} \ll 1\right)$ gilt

$$\Delta n \approx n_D \frac{q\,a\,F}{k\,T}. \tag{D 111}$$

Die Polarisierbarkeit der Defektdipole (Gl. D 104) wird in dieser Näherung

$$\alpha_D \approx \frac{q^2 a^2}{k\,T}. \tag{D 112}$$

In diesem Zusammenhang sei bemerkt, dass auch die Polarisierbarkeit α_d von frei drehbaren, permanenten Dipolen der Grösse $q\,a$ in der Näherung kleiner Felder nach der LANGEVINschen Theorie durch einen ähnlichen Wert gegeben ist, nämlich durch

$$\alpha_d = \frac{1}{3} \frac{q^2 a^2}{k\,T}. \tag{D 113}$$

Für den maximalen Verlustwinkel (Gl. D 103) erhält man mit Gl. D 112

$$\tan \delta_{\max} \approx \frac{1}{2\,\varepsilon_0 (\varepsilon_s\,\varepsilon_\omega)^{\frac{1}{2}}} \frac{q^2 a^2}{k\,T} n_D. \tag{D 114}$$

Bei der Auswertung der Verlustwinkelmessungen hat man zusätzlich noch die Leitfähigkeit der Ionenkristalle zu berücksichtigen. Der elektrische Strom durch einen Festkörper setzt sich allgemein zusammen aus dem Leitungsstrom und dem Verschiebungsstrom:

$$j = \sigma F + \varepsilon_0\,\varepsilon \frac{dF}{dt}. \tag{D 115}$$

Hierbei bedeutet ε die aufgrund von Relaxationseffekten komplexe Dielektrizitätskonstante (Gl. D 96). Für zeitlich periodische Felder

$$F = F_0 \exp(i\,\omega\,t) \tag{D 116}$$

ergibt Gl. D 115

$$j = \varepsilon_0\,\varepsilon^* \frac{dF}{dt} \tag{D 117}$$

mit

$$\varepsilon^* = \varepsilon' - i\left(\varepsilon'' + \frac{\sigma}{\varepsilon_0\,\omega}\right). \tag{D118}$$

Formal ist also der Gesamtstrom ein Verschiebungsstrom in einem Dielektrikum mit der Dielektrizitätskonstante ε^*. Gemäss der Definition des Verlustwinkels (Gl. D97) tritt jetzt anstelle von Gl. D98

$$\tan\delta = \frac{\varepsilon''}{\varepsilon'} + \frac{\sigma}{\varepsilon_0\,\omega\,\varepsilon'}. \tag{D119}$$

Mit Gl. D91 folgt daraus für $\varepsilon_s \approx \varepsilon_\omega$

$$\tan\delta \approx \frac{\varepsilon_s - \varepsilon_\omega}{\varepsilon_\omega}\,\frac{\omega\,\tau}{1+(\omega\,\tau)^2} + \frac{\sigma}{\varepsilon_0\,\varepsilon_\omega}\,\frac{1}{\omega}. \tag{D120}$$

Die Verlustmaxima liegen im Bereich hinreichend niedriger Frequenzen (vgl. Fig. 76), so dass man in guter Näherung für die elektrische Leitfähigkeit den

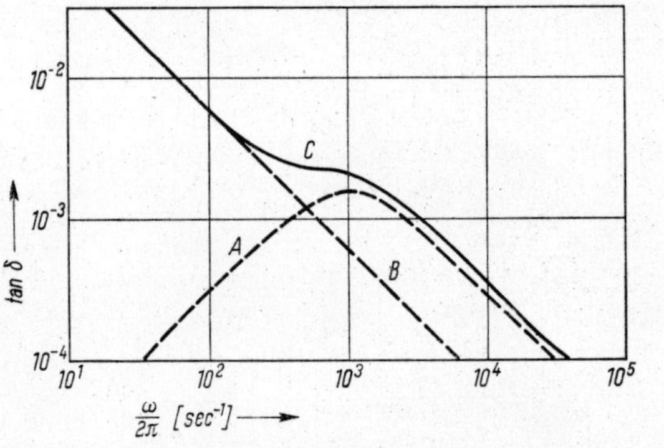

Fig. 76: Dielektrischer Verlustfaktor in Funktion der Frequenz, A) Beitrag der Dipole, B) Beitrag der Leitfähigkeit, C) totale Verluste (nach A. B. LIDIARD, in *Handbuch der Physik*, Bd. 20, Springer, Berlin 1957)

Gleichstromwert einsetzen kann. Daher haben die Verluste infolge der Leitfähigkeit einen Frequenzgang proportional zu $1/\omega$, der sich gut von dem Frequenzgang $\omega\,\tau/(1+(\omega\,\tau)^2)$ der Verluste infolge der Dipolrelaxation trennen lässt. Aus dem Verhältnis der beiden Verlustterme an der Stelle $\omega\,\tau = 1$ kann man den Assoziationsgrad von Defekten herleiten.

II. Chemische Fehlordnung

Chemische Fehlordnung entsteht durch den Einbau von Isotopen oder von Fremdatomen, wodurch die strenge Periodizität des Kristallbaus gestört wird. Beispielsweise besteht festes Li aus einem Isotopengemisch von 93% Li^7 und 7% Li^6. Jeder Kristall besitzt einen bestimmten Gehalt an Fremdstoffen, der mit den gegenwärtigen Präparationsmethoden kaum kleiner als 0,1 ppm sein kann. Der Nachweis von chemischen Verunreinigungen ist unter Anwendung von Neutronen- oder Protonen-Aktivierungsanalysen bis zu Konzentrationen von etwa 10^{-3} ppm möglich.

Die Anordnung der Fremdatome im Kristall hängt wesentlich von ihrer Grösse relativ zur Grösse der ‹Wirtsatome› ab. Man unterscheidet zwei Einbaumöglichkeiten (vgl. Fig. 77): a) Substitutionsstellen, d.h. Fremdatome besetzen reguläre Gitterplätze anstelle der ‹Wirtsatome›; b) Zwischengitterplätze, d.h. Fremdatome besetzen nichtreguläre Gitterplätze.

Ausser der durch Isotope und Fremdatome verursachten Fehlordnung führen in Kristallen chemischer Verbindungen Abweichungen von der Stöchiometrie zu Störungen der Periodizität, die man ebenfalls als chemische Fehlordnung bezeichnet. Diese Fehlordnung wurde insbesondere an Ionenkristallen studiert. Sie gibt Anlass zu den sog. Farbzentren und zur Elektronenleitung in Ionenkristallen.

Die nichtstöchiometrische Zusammensetzung eines Ionenkristalls M^+X^- bedeutet einen Überschuss oder Mangel an positiven Metallionen M^+ oder an

Fig. 77: Einbaumöglichkeiten von Fremdatomen X auf Substitutionsstellen und Zwischengitterplätzen

negativen Metalloidionen X^-. Überschuss bzw. Mangel einer Ionensorte entsteht beispielsweise, wenn der ursprünglich stöchiometrische Kristall im Dampf einer seiner Komponenten M oder X erhitzt wird. Folgende Fehlordnungstypen sind durch nichtstöchiometrische Zusammensetzung bedingt:

1) Metallatome besetzen Zwischengitterplätze. Dabei verhält sich jedes Überschussatom M wie ein Metallion M^+, in dessen Kraftfeld sich ein Elektron bewegt.

2) Metallionen M^+ werden auf bereits vorhandenen Kationenleerstellen eingebaut. Die im ursprünglich stöchiometrischen Kristall in gleicher Anzahl (vgl. S. 125 ff.) vorhandenen Anionenleerstellen verhalten sich wie positive Ladungen und binden die zu den überschüssigen Metallionen gehörigen Elektronen. Gleichbedeutend mit dieser Fehlordnung ist der Mangel an Metalloidatomen X, d.h. im Gitter der Anionen X^- bestehen Leerstellen. Zur Erhaltung der Neutralität bleibt für jedes fehlende X^--Ion ein Elektron zurück, das sich im Kraftfeld der positiv wirkenden Anionenleerstelle (fehlende negative Ladung) bewegt.

Analog zu diesen beiden Fällen ergeben sich bei Metalloidüberschuss bzw. Metallmangel folgende Möglichkeiten der Fehlordnung:

3) Überschüssige Metalloidatome besetzen Zwischengitterplätze. Diese Art der Fehlordnung ist jedoch infolge der grossen Ionenradien der Metalloide (vgl. Tab. 7) selten realisierbar.

4) Entsprechend dem 2. Fall bestehen im Gitter der Kationen M^+ Leerstellen. Zur Erhaltung der Neutralität muss mit jedem Metallion M^+ auch ein Elektron aus dem Kristall entfernt worden sein. Das Elektron kann von irgendeinem der Fehlstelle benachbarten X^--Ion geliefert werden, das dadurch in ein neutrales Atom X übergeht. Auch kann ein Metallion M^+ ein weiteres Elektron abgeben und in ein M^{++}-Ion übergehen. Das fehlende Elektron verhält sich wie ein positiv geladenes ‹Loch›, das sich im Potential der als negativ wirkenden Kationenleerstelle (fehlende positive Ladung) bewegt.

In den ersten beiden Fällen entsteht die Fehlordnung durch einen Metallüberschuss, der sich chemisch durch eine Reduktion ergibt. Die dadurch verursachten Fehlordnungszentren binden Elektronen. In den anderen beiden Fällen entsteht die Fehlordnung durch Metallmangel, der sich chemisch durch eine Oxidation ergibt. Die dadurch verursachten Fehlordnungszentren binden ‹Löcher›.

Damit sind die einfachsten Typen der chemischen Fehlordnung infolge nichtstöchiometrischer Zusammensetzung der Kristalle aufgezählt. Kompliziertere Fehlordnungszentren ergeben sich mit verschiedenen Ionisationsgraden oder gewissen Assoziationen der genannten einfachen Fehlordnungszentren. Die Behandlung der komplizierteren Zentren findet man vor allem in der Literatur über Farbzentren.

Die aufgezählten Fehlordnungszentren geben im wesentlichen zu zwei verschiedenen Phänomenen Anlass, nämlich zu den sog. Farbzentren (s.u.) und zur Elektronenleitung in Ionenkristallen (vgl. S. 157 ff.). Massgebend für diese Einteilung ist die benötigte Energie, um das vom Defektzentrum gebundene Elektron oder Loch zu lösen und im Kristall frei beweglich zu machen. Diese sog. Ablöse-Energie hängt von der elektrischen Polarisierbarkeit und damit indirekt von der Art der chemischen Bindung im Kristall ab. In groben Abschätzungen für die Ablöse-Energie aufgrund eines Wasserstoffmodells (vgl. S. 298) berücksichtigt man die Polarisierbarkeit durch eine effektive Dielektrizitätskonstante, deren Wert zwischen der statischen und der optischen Dielektrizitätskonstante liegt. Wie solche Abschätzungen zeigen, haben Alkalihalogenide typische Ablöse-Energien der Grössenordnung 1 eV, während Ionenkristalle gewisser Oxide, Sulfide, Selenide typische Ablöse-Energien der Grössenordnung 10^{-2} bis 10^{-1} eV haben.

Fehlordnungszentren mit grossen Ablöse-Energien treten vorwiegend als Farbzentren in Erscheinung, während Fehlordnungszentren mit kleinen Ablöse-Energien die Elektronenleitung in Ionenkristallen verursachen.

1. *Farbzentren*

Punktdefekte in Ionenkristallen, die aufgrund ihrer effektiven Ladung Elektronen oder Löcher binden, bezeichnet man als Farbzentren, wenn die Anregung der Elektronen bzw. Löcher Anlass zur optischen Absorption im sichtbaren Spektralbereich gibt. Diese Absorption tritt bei den Alkalihalogeniden besonders deutlich in Erscheinung, da diese in reinem und stöchiometrischem

Zustand, d.h. bei Abwesenheit von Farbzentren, im Spektralbereich vom Ultraviolett bis ins Infrarot vollkommen durchsichtig sind. Die Anwesenheit von Farbzentren äussert sich deutlich in einer Verfärbung des Kristalls (daher die Bezeichnung ‹Farbzentren›), die durch Absorptionsbanden im ursprünglich durchsichtigen Bereich bedingt ist (vgl. Fig. 78). Bisher wurden mindestens 20 verschiedene Absorptionsbanden gefunden; diesen kann man bestimmte Konfigurationen von Punktdefekten zuordnen, die entweder als Elektronen- oder

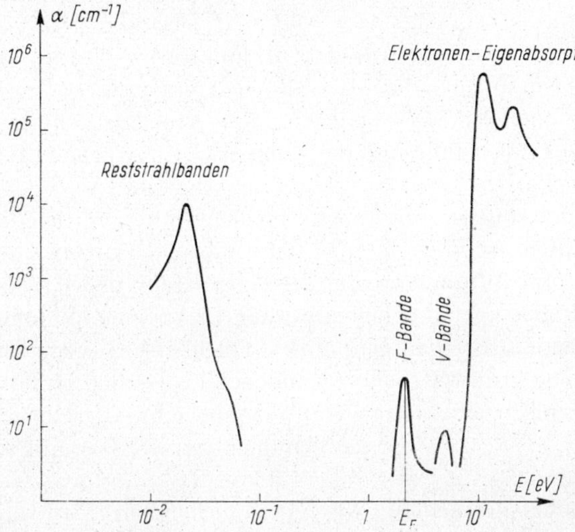

Fig. 78: Schematische Darstellung des Absorptionsspektrums eines Alkalihalogenids; die Absorptionskurven zeigen typische Grössenordnungen der Absorptionskonstante α und der entsprechenden Strahlungsenergie E

als Löcherhaftstellen wirken. Wir zählen hier nur einige der bekannteren Zentren auf. Die folgenden Defekte binden Elektronen:

F -Zentrum, Leerstelle im Anionengitter mit 1 Elektron (vgl. Fig. 79);
F' -Zentrum, Leerstelle im Anionengitter mit 2 Elektronen;
R_1-Zentrum, 2 benachbarte Leerstellen im Anionengitter mit 1 Elektron;
R_2-Zentrum, 2 benachbarte Leerstellen im Anionengitter mit 2 Elektronen;
M-Zentrum, 2 benachbarte Leerstellen im Anionengitter und 1 benachbarte Leerstelle im Kationengitter mit 1 Elektron.

Zu den Defekten, die Löcher binden, gehören verschiedene sog. V-Zentren. Die ursprünglich hierfür vorgeschlagenen Konfigurationen sind ‹antimorph› zu denen der elektronenbindenden Zentren. Diese Konfigurationen konnten jedoch bisher durch experimentelle Mittel (optische Polarisation, Spinresonanz) nicht nachgewiesen werden. Das bekannteste V-Zentrum ist das V_K-Zentrum. Dieses von W. Känzig zuerst untersuchte Zentrum besteht aus einem Molekül-Ion X_2^- in einem sonst perfekten Kristall (vgl. Fig. 79). Die Abspaltung eines Elektrons von einem Anion führt zur Assoziation eines benachbarten Anions mit dem gebildeten Metalloidatom. Die Achse des Molekül-Ions liegt in der

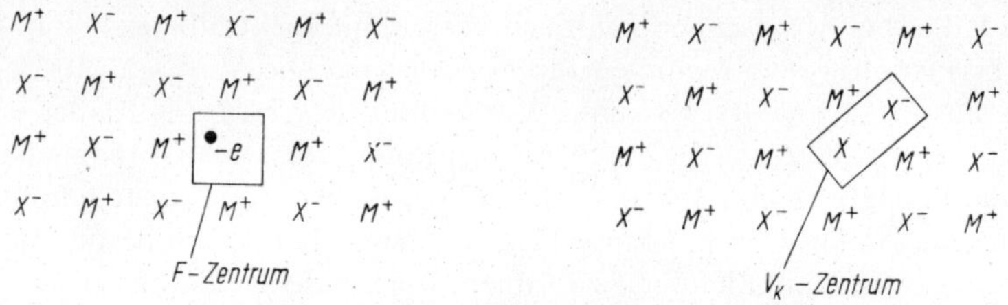

Fig. 79: Farbzentren in Ionenkristallen M^+X^-

⟨110⟩-Richtung des Kristalls, und der internukleare Abstand im Molekül-Ion ist kleiner als der ursprüngliche Abstand der Anionen im ungestörten Kristall.

Die Anwesenheit der verschiedenen Typen von Farbzentren hängt ab von der Behandlung der Kristalle und der Temperatur. Folgende Methoden führen zur Bildung von Farbzentren:

1) Additive Verfärbung. Viele Ionenkristalle erhalten einen Überschuss einer ihrer Komponenten, wenn sie in einer Gasatmosphäre dieser Komponenten erhitzt werden. Atome diffundieren aus der Gasphase in den Kristall und werden als Ionen im Gitter eingebaut. Dabei werden Elektronen an den Kristall abgegeben oder aus dem Kristall aufgenommen. Die überschüssigen Elektronen oder Löcher werden von grundsätzlich vorhandenen Leerstellen im Gitter gebunden, wodurch Farbzentren entstehen. Kationenüberschuss ergibt elektronenbindende Zentren (*F*, *F'*, *R*, ...-Zentren), Anionenüberschuss ergibt löcherbindende Zentren (*V*-Zentren).

2) Elektrolytische Verfärbung. Mit einer geeigneten Elektrodenanordnung kann man Elektronen in den Kristall ‹einspritzen› oder aus dem Kristall ‹absaugen›. Bei erhöhter Temperatur (für Alkalihalogenide grössenordnungsmässig 500 °C) sind die Ionen und damit auch die Leerstellen (vgl. S. 136 ff.) im Kristall unter der Wirkung des elektrischen Feldes beweglich (Elektrolyse). Die eingespritzen Elektronen (hohes Feld an der Kathode) werden von Anionenleerstellen eingefangen, wodurch Farbzentren (vor allem *F*-Zentren) gebildet werden. Zur Erhaltung der Neutralität verlassen Anionen den Kristall an der Anode, und es entsteht ein Kationenüberschuss. Analog führt das Absaugen von Elektronen (hohes Feld an der Anode) zu einem Mangel an Elektronen. Zur Erhaltung der Neutralität verlässt für jedes abgesaugte Elektron ein Kation den Kristall. Damit entsteht ein Anionenüberschuss bzw. Kationenmangel, der zur Bildung von *V*-Zentren führt.

3) Behandlung mit ionisierender Strahlung. Ionisierende Strahlung, d.h. elektromagnetische Strahlung oder Teilchenstrahlung hinreichender Energie (wie Röntgenstrahlen, γ-Strahlen, Elektronen, Protonen oder Neutronen), bewirkt die Erzeugung von freien Elektronen und Löchern im Kristall. Ein Teil dieser Elektronen und Löcher wird von entsprechenden Leerstellen eingefangen, wodurch Farbzentren gebildet werden. Im Gegensatz zu den beiden erstgenannten Methoden der additiven und der elektrolytischen Verfärbung führt die Bestrahlung normalerweise nicht zu einer Störung der Stöchiometrie des Kristalls. Überdies können durch ionisierende Strahlung bei tieferen

Temperaturen gewisse Farbzentren erzeugt werden, die bei höheren Temperaturen unstabil sind und daher mit den beiden anderen Methoden grundsätzlich nicht gebildet werden können.

Die durch Bestrahlung erzeugten Farbzentren können durch Einstrahlung von Licht geeigneter Wellenlänge oder durch Wärmebehandlung wieder zum Verschwinden gebracht werden, d.h. der Kristall wird ‹gebleicht›. Die zum ‹Bleichen› notwendige Energie entspricht der Anregung eines eingefangenen Elektrons bzw. Lochs, das dadurch im Kristall beweglich wird und mit einem Loch bzw. Elektron rekombinieren kann.

Auch können Farbzentren durch Elektrolyse mit geeigneter Polung eliminiert werden, wenn dadurch die Stöchiometrie des Kristalls wiederhergestellt wird.

Im folgenden behandeln wir einige Eigenschaften des einfachsten und am besten bekannten Farbzentrums, des *F*-Zentrums.

a) *F*-Zentren

Nach einem Modell von J. H. de Boer besteht ein *F*-Zentrum aus eines effektiv positiv geladenen Leerstelle im Anionengitter, die ein Elektron gebunden hat (vgl. Fig. 79). Die physikalischen Eigenschaften des *F*-Zentrumr werden bestimmt durch die Wechselwirkungen dieses Elektrons mit den Ionen im Kristall. Aufgabe der Theorie ist die Berechnung der Energieeigenwerte und der Eigenfunktionen des Elektrons, das sich in dem durch die Leerstelle modifizierten Potential aller Gitterteilchen befindet. Wir beschränken uns hier darauf, in einer sehr groben Näherung die Energiewerte des Elektrons anzugeben. Das *F*-Zentrum lässt sich quantenmechanisch in 1. Näherung ähnlich wie das Wasserstoffatom beschreiben. Anstelle des Coulomb-Potentials ist die Annahme eines Kastenpotentials gerechtfertigt, denn die effektive positive Ladung ist über die Leerstelle ‹verschmiert›: alle der Anionenleerstelle nächsten Kationen tragen zur positiven Ladung der Leerstelle bei. Danach kann sich das eingefangene Elektron in einem Kubus von der Kantenlänge d bewegen (d ist die halbe Gitterkonstante für Kristalle mit NaCl-Struktur). Mit Hilfe der Schrödinger-Gleichung für konstantes Potential ergeben sich aus den Randbedingungen für stehende Wellen die erlaubten Energiewerte des Elektrons (vgl. Gl. E 11):

$$E_n = \frac{\pi^2}{2} \frac{\hbar^2}{m d^2} n^2 \qquad \text{(D 121)}$$

mit

$$n^2 = n_1^2 + n_2^2 + n_3^2 \qquad \text{(D 122)}$$

m Masse des Elektrons
n Quantenzahl, n_1, n_2, n_3 ganze Zahlen

Die Energiedifferenz für einen Übergang vom Grundzustand in den 1. angeregten Zustand ist nach Gl. D 121

$$\Delta E = \frac{\pi^2}{2} \frac{\hbar^2}{m} \frac{1}{d^2}. \qquad \text{(D 123)}$$

Sie entspricht der Energie elektromagnetischer Strahlung im sichtbaren Spektralbereich (vgl. Fig. 80 und Tab. 15).

Tabelle 15

Energien E_F der F-Banden-Maxima für die Alkalihalogenide mit NaCl-Struktur bei 300 °K (nach R. K. Dawson und D. Pooley, phys. stat. sol. *35*, 95 [1969]).

E_F [eV]	F	Cl	Br	J
Li	4,94	3,16	2,68	
Na	3,60	2,66	2,26	2,01
K	2,79	2,20	1,97	1,78
Rb	2,34	1,97	1,76	1,70
Cs	1,84			

b) Experimentelle Beweise für *F*-Zentren

Das Modell des *F*-Zentrums von J. H. de Boer wird durch folgende Tatsachen gestützt:

F-Zentren haben ein Absorptionsmaximum für elektromagnetische Strahlung der Energie E_F; für die Lage dieses Maximums fand E. Mollwo empirisch die Beziehung

$$E_F\, d^2 = \text{const.} \approx 20 \text{ eV Å}^2 \qquad \text{(D124)}$$

d halbe Gitterkonstante für Kristalle mit NaCl-Struktur

Diese Beziehung wird gut erfüllt für die Alkalihalogenide mit NaCl-Struktur (vgl. Fig. 80). Sie steht im Einklang mit dem theoretischen Zusammenhang in Gl. D123. Danach hängen die Anregungsenergien des *F*-Zentrums nur von der Geometrie des Gitters ab; sie sind insbesondere unabhängig von der Dielektrizitätskonstante des betreffenden Kristalls. Die *F*-Band-Absorption ist auch unabhängig von der Wahl des dampfförmigen Alkalimetalls, das die additive Verfärbung (vgl. S. 154) bewirkt. So ist beispielsweise die Lage der *F*-Bande in NaCl dieselbe, wenn man den Kristall in Na- oder in K-Dampf heizt. Dies ist eine Bestätigung dafür, dass das Elektron nicht an ein spezifisches Überschusskation, sondern an eine Leerstelle gebunden ist.

Kristalle mit *F*-Zentren zeigen bei Einstrahlung von Licht in der Absorptionsbande der *F*-Zentren Photoleitung durch Elektronen. Die Zufuhr von hinreichender Wärmeenergie kann ebenfalls zur vollständigen Ionisation der *F*-Zentren führen. Dadurch werden die ursprünglich gebundenen Elektronen beweglich, und der Kristall zeigt bei Anlegen eines elektrischen Feldes zusätzlich zur Ionenleitung noch Elektronenleitung.

In Ionenkristallen besitzen die positiven und negativen Ionen abgeschlossene Elektronenschalen mit gepaarten Elektronen (Ausnahmen sind Ionenkristalle, die Übergangsmetalle enthalten). Daher sind Ionenkristalle norma-

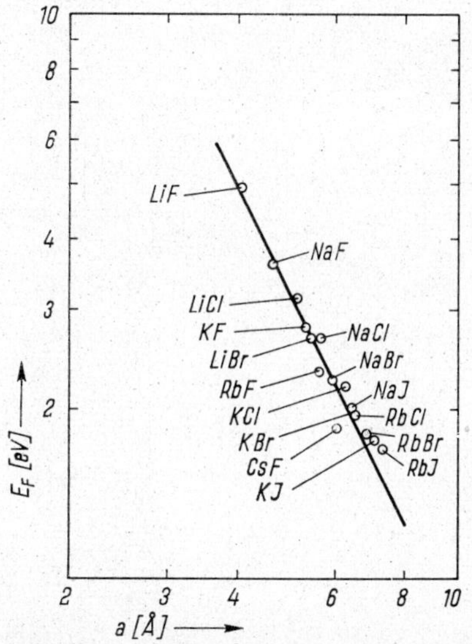

Fig. 80: Lage der F-Banden-Maxima für Alkalihalogenide mit NaCl-Struktur in Abhängigkeit von der Gitterkonstante a bei 300 °K; die Gerade zeigt die Beziehung nach E. MOLLWO: $E_F a^2 \approx 80$ eV Å^2 (Gl. D 124 mit $d = a/2$), die Messpunkte sind den Tabellen 3 und 15 entnommen

lerweise diamagnetisch (vgl. S. 437). Die magnetische Suszeptibilität eines Kristalls mit F-Zentren enthält dagegen einen paramagnetischen Anteil, der proportional zur Konzentration der F-Zentren ist. Jedes F-Zentrum stellt ein ungepaartes Elektron dar, dessen Spin zum Paramagnetismus beiträgt (vgl. S. 437 ff.).

Messungen der Elektronenspinresonanz liefern genauere Aussagen über die elektronische Struktur des F-Zentrums. Die ermittelten Werte g für die Aufspaltung der Energieniveaus weichen leicht ab von dem g-Faktor für freie Elektronen. Daraus schliesst man, dass die Wellenfunktion des Elektrons im F-Zentrum keinen reinen s-Charakter hat. Ursache hierfür ist die atomare Umgebung des F-Zentrums.

Die Methode der Elektronenspinresonanz ist allgemein ein wertvolles Hilfsmittel; sie liefert insbesondere Auskunft über die Anisotropien komplizierterer Zentren.

2. *Elektronenleitung in Ionenkristallen*

In einer grossen Zahl von Ionenkristallen, vor allem in Kristallen von Oxiden, Sulfiden, Seleniden und Telluriden, sind Abweichungen von der stöchiometrischen Zusammensetzung die Ursache für elektronische Leitungsvorgänge, die oft bereits unterhalb Zimmertemperatur in Erscheinung treten. Allgemein sind solche Stoffe als Halbleiter mit vorwiegend ionogenem Bindungscharakter anzusehen. Die durch die chemische Fehlordnung bedingten überschüssigen Elektronen oder Löcher werden durch Zufuhr von Wärmeenergie von den Fehlordnungsstellen befreit und sind im Kristall unter der Wirkung eines elektrischen Feldes beweglich. Überschuss an Metallionen, bedingt durch eine Reduktion, führt zur sog. Überschussleitung; die hierfür verantwortlichen Defektzentren geben Elektronen ab und werden als Donatoren (vgl. S. 299) bezeichnet. Kristalle, die nur Überschussleitung zeigen, heissen Überschussleiter oder Reduktionshalbleiter. Mangel an Metallionen, bedingt durch eine Oxidation, führt zur sog. Mangelleitung; die hierfür verantwortlichen Defektzentren nehmen Elektronen auf und werden als Akzeptoren (vgl. S. 300) bezeichnet. Kristalle, die nur Mangelleitung zeigen, heissen Mangelleiter oder Oxidationshalbleiter. Kristalle, die sowohl Metall- als auch Metalloidionen im Überschuss aufnehmen können, die also je nach den Versuchsbedingungen sowohl Überschuss- als auch Mangelleitung zeigen, bezeichnet man als amphotere Halbleiter.

Im folgenden beschreiben wir elektrische Eigenschaften von Halbleitern mit vorwiegend ionogenem Bindungscharakter. Diese Eigenschaften, wie Leitfähigkeit, HALL-Effekt, Thermospannung, hängen stark von Abweichungen von der Stöchiometrie ab. Dagegen sind für Halbleiter mit vorwiegend kovalentem Bindungscharakter (vgl. S. 296) die Einflüsse der Stöchiometrie meist vernachlässigbar gegenüber denen des Fremdstoffgehalts.

a) Überschussleiter

Ein bekanntes Beispiel für einen Überschussleiter ist ZnO. Abweichungen von der Stöchiometrie führen in dieser Substanz stets zu einem Kationenüber schuss. Sowohl Zn-Atome auf Zwischengitterplätzen als auch O-Lücken können als Donatoren wirken.

Die elektrischen Eigenschaften von ZnO sind je nach den Herstellungsbedingungen, der Vorbehandlung und der Wechselwirkung mit einer Gasatmosphäre (z.B. Wasserstoff oder Sauerstoff) sehr verschieden. Heizen in Wasserstoff (Reduktion) führt zu einer Vergrösserung der Leitfähigkeit, Heizen in Sauerstoff (Oxidation) zu einer Verkleinerung. ZnO ist also ein Überschussleiter. Die Abnahme der Elektronenkonzentration und damit der Leitfähigkeit unter der Einwirkung von Sauerstoff kann dadurch erklärt werden, dass die überschüssigen Zn-Ionen und eine entsprechende Anzahl von Elektronen von den Zwischengitterplätzen zur Kristalloberfläche wandern und dort mit dem gasförmigen Sauerstoff ZnO bilden. Je nachdem, ob die Zn-Ionen auf den Zwischengitterplätzen 1- oder 2-fach ionisiert sind, ergeben sich die folgenden beiden Reaktionsgleichungen:

$$2\,Zn^{+} + 2\,e + O_2 \rightleftharpoons 2\,ZnO \qquad \text{(D 125)}$$

oder

$$2\,Zn^{++} + 4\,e + O_2 \rightleftharpoons 2\,ZnO. \qquad \text{(D 126)}$$

Mit Hilfe des Massenwirkungsgesetzes ergibt sich hieraus ein Zusammenhang zwischen der für die Leitfähigkeit verantwortlichen Elektronenkonzentration und dem Sauerstoffdruck. Aus Gl. D 125 folgt als Massenwirkungsgesetz

$$(n_{Zn^+})^2\, n^2\, n_{O_2} = \text{const.}\,(n_{ZnO})^2. \qquad \text{(D 127)}$$

Die Konzentration n_{ZnO} der ZnO-Moleküle ist um Grössenordnungen höher als die der anderen Reaktionspartner; daher kann n_{ZnO} als konstant angesehen werden. Die Konzentration n_{O_2} der O_2-Moleküle in der Gasphase ist proportional zum Sauerstoffdruck p_{O_2}. Ferner ist die Elektronenkonzentration n gleich der Konzentration der überschüssigen Zn^+-Ionen auf Zwischengitterplätzen. Somit erhält man aus Gl. D 127

$$n = \text{const.}\, p_{O_2}^{-\frac{1}{4}}. \tag{D 128}$$

Analog ergibt sich aus Gl. D 126

$$n = \text{const.}\, p_{O_2}^{-\frac{1}{6}}. \tag{D 129}$$

In diesem Fall ist die Elektronenkonzentration gleich der halben Konzentration $n_{Zn^{++}}$ der Zn^{++}-Ionen.

Experimentell (vgl. Fig. 81) findet man eine Druckabhängigkeit der elektrischen Leitfähigkeit für konstante Temperaturen oberhalb 500 °C von der Form

$$\sigma \approx \text{const.}\, p_{O_2}^{-\frac{1}{4,1}} \tag{D 130}$$

und damit befriedigende Übereinstimmung mit der Herleitung aus dem Massenwirkungsgesetz.

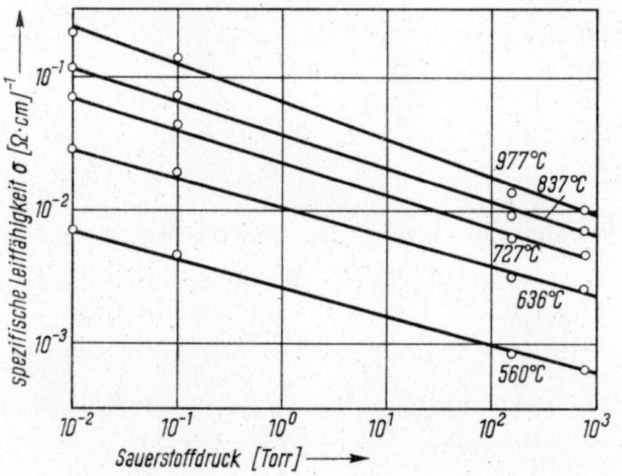

Fig. 81: Spezifische Leitfähigkeit von ZnO in Abhängigkeit vom Sauerstoffdruck bei verschiedenen Temperaturen (nach C. A. Hogarth, Z. phys. Chemie *198*, 30 (1951))

Nach bestimmten Vorbehandlungen von ZnO sind die Aktivierungsenergien, die für die Anregung der Elektronen massgebend sind, verschieden. Qualitativ jedoch steigt die Elektronenkonzentration fast immer nach einem Exponentialgesetz mit der Temperatur an, wobei allerdings für bestimmte Temperaturbereiche verschiedene Aktivierungsenergien gelten können. Man hat einen Zusammenhang zwischen der Ladungsträgerkonzentration n, der Aktivierungsenergie ΔE und der Temperatur T von der Form

$$n = \text{const.} \exp\left(-\frac{\Delta E}{kT}\right). \tag{D 131}$$

Solche Zusammenhänge gelten in der Regel für alle Halbleiter (vgl. Gl. G 34 u. G 92). Sie bedeuten, dass die Ladungsträger durch einen Aktivierungsprozess thermisch erzeugt werden. Fig. 82 zeigt die Temperaturabhängigkeit der Elektronenkonzentration für ZnO-Kristalle, die vor diesen Messungen in Wasserstoff geglüht wurden.

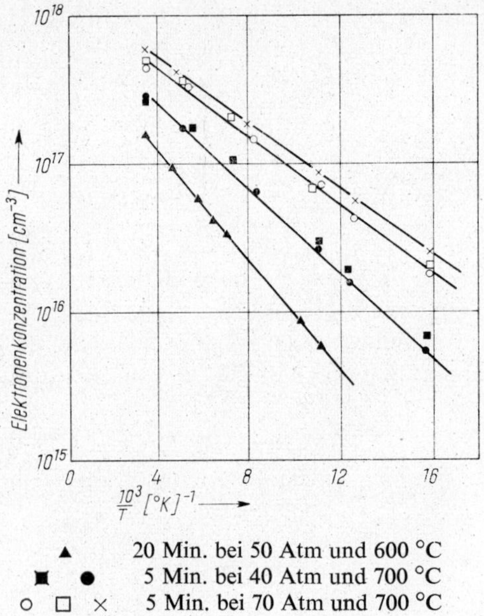

Fig. 82: Temperaturabhängigkeit der Elektronenkonzentration von ZnO-Kristallen nach verschiedenen Behandlungen in Wasserstoff (nach H. RUPPRECHT, J. Phys. Chem. Solids *6*, 144 (1958))

b) Mangelleiter

Bekannte Verbindungen, die bei nichtstöchiometrischer Zusammensetzung einen Kationenmangel aufweisen, sind Cu_2O, CuJ, Cu_2S, NiO. Im NiO beispielsweise führt der Metallmangel und damit der Elektronenmangel zur

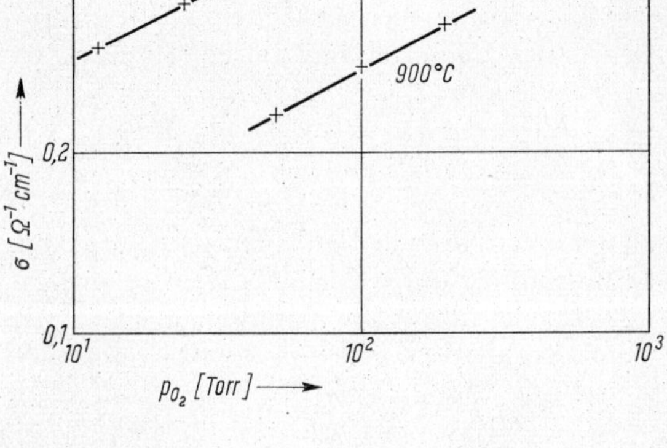

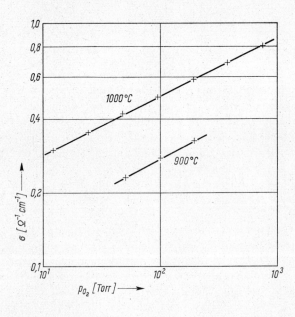

Fig. 83: Spezifische Leitfähigkeit von NiO in Abhängigkeit vom Sauerstoffdruck (nach H. H. VON BAUMBACH und C. WAGNER, Z. phys. Chemie *B 24*, 59 (1934))

Bildung von Ni^{3+}-Ionen, dagegen nicht zur Bildung von O^--Ionen. Der elektrische Leitungsmechanismus kommt durch Elektronenübergänge zwischen Ni^{2+}- und Ni^{3+}-Ionen zustande und äussert sich als Löcherleitung (Mangelleitung), die durch positives Vorzeichen von HALL-Effekt und Thermospannung in Erscheinung tritt.

Auch aufgrund der Wechselwirkung zwischen NiO und einer Sauerstoffatmosphäre kann auf Mangelleitung geschlossen werden. Sauerstoff wird sowohl an der Kristalloberfläche unter Bildung von O^- angelagert (‹chemisorbiert›) als auch unter Bildung von O^{2-} im Kristall eingebaut. Letzterer Prozess führt zur Bildung von NiO, das aus Ni^{2+}- und O^{2-}-Ionen auf regulären Gitterplätzen besteht. Dieser Prozess ist nur möglich, wenn weitere Ni^{2+}-Leerstellen entstehen. In jedem Fall bedeutet die Wechselwirkung von Sauerstoff mit NiO den Entzug von Elektronen aus dem Kristall durch die Bildung weiterer Ni^{3+}-Ionen. Daher nimmt mit zunehmendem Sauerstoffdruck die Löcherkonzentration zu. Die Oxidation bewirkt also in diesem Fall eine Erhöhung der elektrischen Leitfähigkeit und somit Mangelleitung (vgl. Fig. 83).

c) Amphotere Halbleiter

Allgemein bezeichnet man Halbleiter, die je nach ihrer Präparation entweder Elektronenleitung oder Löcherleitung zeigen, als amphoter. Halbleiterkristalle mit überwiegend kovalentem Bindungsanteil (wie Ge, Si, InSb, GaAs u.a.) sind meist amphotere Halbleiter, in denen je nach der Art der Fremdstoffe (→ Dotierung) Elektronenleitung oder Löcherleitung auftreten kann (vgl. S. 298 ff.). An dieser Stelle erwähnen wir nur Halbleiter, deren amphotere Eigenschaften bereits mit Abweichungen von der Stöchiometrie erklärbar sind. Beispiele für solche Stoffe sind PbS und PbSe. So zeigt PbS nach Behandlung unter niedrigem Schwefeldruck bzw. unter Vakuum Überschussleitung, die auf einen Überschuss an Pb^{2+}-Ionen zurückzuführen ist. Nach Heizen bei höheren

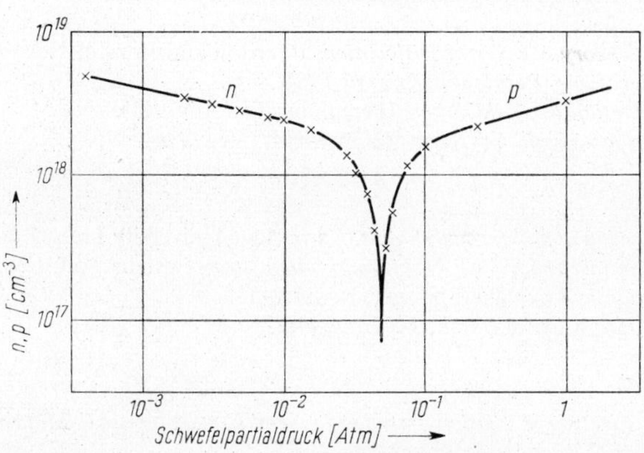

Fig. 84: Ladungsträgerkonzentrationen in einkristallinem PbS, gemessen bei Zimmertemperatur nach der Behandlung unter verschiedenen Schwefel-Partialdrucken bei 1200 °K (nach J. BLOEM, Philips Res. Rep. *11*, 273 (1956))

Schwefeldampfdrucken zeigt PbS Mangelleitung, die durch Mangel an Pb^{2+}-Ionen erklärt werden kann. Auf die verschiedenen Möglichkeiten der Fehlordnung in PbS gehen wir hier nicht weiter ein. Fig. 84 zeigt die Ladungsträgerkonzentrationen in PbS bei Zimmertemperatur, die nach Heizen des Kristalls unter verschiedenen Schwefelpartialdrucken gemessen wurden. Man beachte die verschiedene Druckabhängigkeit (analog zu den Fign. 81 und 83) in den Bereichen für Überschuss- und Mangelleitung. Das Minimum der Ladungsträgerkonzentration entspricht der stöchiometrischen Zusammensetzung des Kristalls.

Literatur

Allgemein

AULEYTNER, J., *X-Ray Methods in Study of Defects in Single Crystals* (Pergamon, Oxford 1967).
CAHN, R. W., *Physical Metallurgy* (North-Holland, Amsterdam 1965).
CHALMERS, B., *Physical Metallurgy* (Wiley, New York 1959).
GOLDMAN, J. E. (Herausgeber), *The Science of Engineering Materials* (Wiley, New York 1957).
GRAY, T. J., et al., *The Defect Solid State* (Interscience, New York 1957).
Handbuch der Physik, herausgegeben von S. FLÜGGE, (Springer, Berlin 1955 ff.),
Bd. 6: *Elastizität und Plastizität* (1958),
Bd. 7/1, 2: *Kristallphysik I, II* (1955, 1958),
Bd. 19, 20: *Elektrische Leitungsphänomene I, II* (1956, 1957).
HAUFFE, K., *Reaktionen in und an festen Stoffen*, 2. Aufl. (Springer, Berlin 1966).
KRÖGER, F., *The Chemistry of Imperfect Crystals* (North-Holland, Amsterdam 1964).
MCLEAN, D., *Mechanical Properties of Metals* (Wiley, New York 1962).
Progress in Metal Physics, herausgegeben von B. CHALMERS (Butterworth, London 1949 ff.).
SHOCKLEY, W., et. al. (Herausgeber), *Imperfections in Nearly Perfect Crystals* (Wiley, New York 1952).
VAN BUEREN, H. G., *Imperfections in Crystals* (North-Holland, Amsterdam 1960).

Versetzungen

AMELINCKX, S., *The Direct Observation of Dislocations*, in *Solid State Physics*, Suppl. 6 (Academic Press, New York, 1964).
COTRELL, A. H., *Theory of Crystal Dislocations* (Gordon and Breach, New York 1962).
FRIEDEL, J., *Dislocations* (Pergamon, Oxford 1964).
HULL, D., *Introduction to Dislocations* (Pergamon, Oxford 1965).
READ, W. T., *Dislocations in Crystals* (McGraw-Hill, New York 1953).

Diffusion

BARRER, M., *Diffusion in and through Solids* (Cambridge University Press, London 1951).
JOST, W., *Diffusion und chemische Reaktion in festen Stoffen* (Steinkopff, Leipzig 1937).
SEITH, W., *Diffusion in Metallen* (Springer, Berlin 1955).
SHEWMON, P. G., *Diffusion in Solids* (McGraw-Hill, New York 1963).

Strahlungsschäden

CORBETT, J. W., *Electron Radiation Damage in Semi-Conductors and Metals*, in *Solid State Physics*, Suppl. 7 (Academic Press, New York 1966).
LEIBFRIED, G., *Bestrahlungseffekte in Festkörpern* (Teubner, Stuttgart 1965)
STRUMANE, R. (Herausgeber), *The Interaction of Radiation with Solids.* (North-Holland, Amsterdam 1964).

THOMPSON, M. W., *Defects and Radiation Damage in Metals* (Cambridge University Press, London 1969).

Ionenkristalle

GREENWOOD, N. N., *Ionic Crystals, Lattice Defects and Nonstoichiometry* (Butterworth, London 1968).
LIDIARD, A. B., *Ionic Conductivity*, in *Handbuch der Physik*, Bd. 20 (Springer, Berlin 1957).
MOTT, N. F., und GURNEY, R. W., *Electronic Processes in Ionic Crystals* (Oxford University Press, London 1940).
STASIW, O., *Elektronen- und Ionenprozesse in Ionenkristallen, mit Berücksichtigung photochemischer Prozesse* (Springer, Berlin 1959).
STUMPF, H., *Quantentheorie der Ionenkristalle* (Springer, Berlin 1961).

Farbzentren

FOWLER, W. B. (Herausgeber), *Physics of Color Centers* (Academic Press, New York 1968).
MARKHAM, J. J., *F-Centers in Alkali Halides*, in *Solid State Physics*, Suppl. 8 (Academic Press, New York 1966).
SEIDEL, H., und WOLF, H. C., *Paramagnetische Resonanz von Farbzentren in Alkalihalogenid-Kristallen*, physica status solidi *11*, 3 (1965).
SEITZ, F., *Color Centers in Alkali Halide Crystals*, Rev. Mod. Phys. *18*, 384–408 (1946) und *26*, 7–49 (1954).
SCHULMAN, J. A., und COMPTON, W. D., *Color Centers in Solids* (Pergamon, Oxford 1963).

E. Grundlagen der Metall-Elektronik

I. Metallische Eigenschaften

Von den rund 100 chemischen Elementen sind unter Normalbedingungen etwa 75 Elemente Metalle. Ausser diesen ein-atomigen Metallen besitzen Legierungen und metallische Verbindungen die folgenden physikalischen Eigenschaften, die zur Charakterisierung eines Metalls notwendig, jedoch einzeln nicht hinreichend sind:

1) hohe elektrische Leitfähigkeit σ, die bei hinreichend hohen Temperaturen umgekehrt proportional zur Temperatur T ist;

2) hohe thermische Leitfähigkeit λ, die bei hinreichend hohen Temperaturen unabhängig von T ist;

3) Gültigkeit des WIEDEMANN–FRANZschen Gesetzes bei hinreichend hohen Temperaturen, wonach das Verhältnis von thermischer Leitfähigkeit λ und elektrischer Leitfähigkeit σ gleich einer universellen Konstante, multipliziert mit der absoluten Temperatur T, ist:

$$\frac{\lambda}{\sigma} = L\,T \tag{E1}$$

mit der LORENZ-Zahl

$$L = \frac{\pi^2}{3}\left(\frac{k}{e}\right)^2; \tag{E2}$$

4) annähernd temperaturunabhängige Ladungsträgerkonzentration;

5) hohe optische Absorption, die im sichtbaren Spektralbereich praktisch konstant ist, und damit hohes Reflexionsvermögen (‹metallischer Glanz›);

6) Duktilität, d.h. Metalle sind walzbar und schmiedbar.

Die metallischen Eigenschaften sind bedingt durch die Art der chemischen Bindung im Kristall. Dieser Bindungstyp wird als metallische Bindung bezeichnet und kann nur mit Hilfe der Wellenmechanik behandelt werden. Er wird qualitativ folgendermassen beschrieben: Die Metallatome liegen im Kristall als Ionen vor. Die abgegebenen Elektronen (‹Valenzelektronen›) bilden das sog. Elektronengas. Sie sind nicht im Gitter lokalisiert, sondern sie gehören gleichzeitig allen Gitterbausteinen an. Die Metallionen werden durch die Gesamtheit der Valenzelektronen zusammengehalten. Die metallische Bindung wirkt richtungsunabhängig. Die Zahl der nächsten Nachbarn (Koordinationszahl) ist daher nur durch die geometrische Anordnungsmöglichkeit beschränkt. Aus diesem Grund ist in Metallstrukturen eine hohe Koordinationszahl verwirklicht: Die meisten ein-atomigen Metalle kristallisieren in dichtester Kugelpackung mit der Koordinationszahl 12 (kubisch flächenzentriertes oder hexagonales Gitter) oder im kubisch raumzentrierten Gitter mit der Koordinationszahl 8 (vgl. Tab. 3). Die Richtungsunabhängigkeit der metallischen Bindung ist auch die Ursache für die Existenz der Legierungen. Eine Legierung im engeren Sinn ist ein Gemisch von Metallen, das metallische Eigenschaften hat und über einen gewissen Zusammensetzungsbereich dieselbe Kristallstruktur besitzt (vgl. S. 238 ff.).

II. Modell der freien Elektronen

Um 1900 hat P. DRUDE als erster die Hypothese des idealen Elektronengases benutzt, um die optischen Eigenschaften sowie die hohe elektrische Leitfähigkeit und die Wärmeleitfähigkeit der Metalle zu erklären. Er nahm an, dass die Valenzelektronen im Kristall frei beweglich sind und sich bei der Temperatur T des Kristalls wie die Teilchen eines idealen Gases verhalten (daher die Bezeichnung ‹Modell der freien Elektronen›). Alle Wechselwirkungen der Elektronen untereinander oder der Elektronen mit den Ionen wurden also vernachlässigt.

In der Folge hat H. A. LORENTZ das Modell verfeinert, indem er für die Geschwindigkeitsverteilung der Elektronen die MAXWELL–BOLTZMANN-Verteilung annahm. Die DRUDE–LORENTZsche Theorie wurde zunächst stark gestützt durch die Tatsache, dass das WIEDEMANN–FRANZsche Gesetz daraus hergeleitet wurde und grössenordnungsmässig mit experimentellen Ergebnissen in Übereinstimmung war.

Die Annahme des MAXWELL–BOLTZMANN-Gases war jedoch unvereinbar mit Messungen der spezifischen Wärme von Metallen: Ein solches Gas von N Elektronen im Metallvolumen L^3 würde den Beitrag zur spezifischen Wärme von $\frac{3}{2} Nk$ liefern. Man hat experimentelle Beweise (z.B. HALL-Effektsmessungen, vgl. S. 386), dass die Elektronenkonzentration grössenordnungsmässig gleich der Atomkonzentration ist. Demnach wäre der Elektronenbeitrag zur spezifischen Wärme von Metallen vergleichbar mit dem DULONG–PETITschen Wert der Gitterwärme; die gesamte spezifische Wärme eines Metalls oberhalb der DEBYE-Temperatur Θ wäre also $(3+\frac{3}{2})\,Nk$. Man findet aber auch für Metalle eine gute Übereinstimmung der gemessenen spezifischen Wärme mit dem DULONG–PETITschen Wert $3\,N\,k$. Daraus folgt, dass das Elektronengas nicht als ideales MAXWELL–BOLTZMANN-Gas betrachtet werden darf.

Auf weitere Widersprüche, die sich aus der DRUDE–LORENTZschen Theorie des ‹klassischen› Elektronengases ergeben, soll hier nicht eingegangen werden. Immerhin steht fest, dass die grundlegenden Annahmen von DRUDE qualitativ richtig waren und auch in späteren Theorien verwendet wurden. Experimentell wurde nachgewiesen, dass Metalle wirklich reine Elektronenleiter ohne zusätzliche Ionenleitung sind; es konnte keinerlei Materietransport durch Elektrolyse nachgewiesen werden. Eine Bestätigung für das Vorhandensein beweglicher Elektronen in Metallen erbrachten die Versuche von R. C. TOLMAN: In schnell hin- und herbewegten Metallkörpern kann man Wechselströme nachweisen, die durch die Trägheit der bewegten Ladungsträger entstehen. Die aus diesen Versuchen ermittelte spezifische Ladung der Träger stimmt innerhalb der Versuchsfehler mit den an Kathodenstrahlen gemessenen e/m-Werten der freien Elektronen überein. Es gilt

$$\left(\frac{e}{m} \pm 5\%\right)_{\text{Metallelektr.}} = \left(\frac{e}{m} \pm 0{,}01\%\right)_{\text{freie Elektr.}}$$

III. Sommerfeldsche Theorie

Nach A. Sommerfeld werden die Eigenschaften des Elektronengases durch die Prinzipien der Quantenmechanik bestimmt. Die durch die Valenzelektronen bedingten Eigenschaften der Metalle lassen sich theoretisch vorausberechnen, wenn man Energie und Impuls der Elektronen kennt. Die Hauptaufgabe der Theorie besteht also in der Berechnung dieser Grössen. Im vorliegenden Fall wird die Aufgabe auf ein Ein-Elektron-Problem zurückgeführt, und die Theorie geht aus von den folgenden Annahmen:

1) Die Valenzelektronen bewegen sich unabhängig voneinander in einem Potential, das von den Metallionen und allen übrigen Elektronen erzeugt wird.
2) Das Potential im Innern des Metalls sei konstant, d.h. die Elektronen unterliegen keinen Kräften, sofern keine äusseren Felder vorhanden sind. Daher spricht man von ‹freien Elektronen›.
3) Jedem Elektron wird eine Wellenfunktion zugeordnet, die sich als Lösung der zeitunabhängigen Schrödinger-Gleichung ergibt.
4) Die Energieverteilung der Elektronen ist gegeben durch die Fermi–Dirac-Statistik.

Die 4. Annahme enthält das Pauli-Prinzip, wonach jeder Eigenzustand von höchstens 2 Elektronen mit entgegengesetztem Spin besetzt werden darf. In diesem Sinn sind also die N Elektronen des Systems nicht vollkommen unabhängig voneinander, wenn auch gemäss der 1. und 2. Annahme die Kraftwirkungen der Elektronen untereinander und zwischen Elektronen und Metallionen vernachlässigt werden.

Aufgrund der de Broglieschen Beziehungen wird den Elektronen vom Impulsbetrag p die Wellenlänge $\lambda = h/p$ zugeordnet. Mit Einführung der Wellenzahl $k = 2\pi/\lambda$ erhält die de Brogliesche Beziehung die Form

$$p = \hbar k \quad \text{bzw.} \quad \vec{p} = \hbar \vec{k}, \tag{E3}$$

Die Bewegung der Elektronen wird aufgefasst als eine Ausbreitung von Materiewellen, die für den stationären Zustand bestimmt ist durch die zeitunabhängige Schrödinger-Gleichung mit den entsprechenden Randbedingungen (s.u.):

$$\Delta\psi + \frac{2m}{\hbar^2}(E - V)\psi = 0, \tag{E4}$$

ψ Wellenfunktion
E Gesamtenergie des Elektrons
V potentielle Energie des Elektrons
m Ruhemasse des Elektrons

ψ wird auch als Wahrscheinlichkeitsamplitude bezeichnet. Die Grösse $\psi\psi^* \, d^3x$ bedeutet die Wahrscheinlichkeit, dass sich das Elektron im Volumenelement d^3x aufhält. Die Wahrscheinlichkeit, dass sich das Elektron im betrachteten System irgendwo aufhält, muss gleich Eins sein. Diese Forderung wird als Normierungsbedingung bezeichnet, der die Wellenfunktion genügen muss:

$$\int \psi\psi^* \, d^3x = 1, \tag{E5}$$

ψ^* konjugiert komplexe Funktion zu ψ

Die Integration erfolgt über das gesamte Volumen des betrachteten Systems. Weil die potentielle Energie als konstant angenommen wird (freie Elektronen) und sie ohnehin nur bis auf eine additive Konstante definiert ist, setzt man in Gl. E 4 $V = 0$. Mit dem Ansatz

$$\psi = C \exp(i\vec{k}\vec{r}) \tag{E6}$$

C Normierungskonstante
$\vec{k}$ Wellenvektor
$\vec{r}$ Ortsvektor

erhält man aus Gl. E4:

$$E(\vec{k}) = \frac{\hbar^2}{2m} k^2 = \frac{\hbar^2}{2m} (k_x^2 + k_y^2 + k_z^2). \tag{E7}$$

Diese $E(\vec{k})$-Beziehung ist die Dispersionsrelation für freie Elektronen.

Die Erfüllung der Randbedingungen führt zu einer Auswahl von endlich vielen $\vec{k}$-Werten. Daher sind nur bestimmte Energiewerte (Eigenwerte) erlaubt, und nur bestimmte Funktionen (Eigenfunktionen) sind Lösungen der SCHRÖDINGER-Gleichung. Die Randbedingungen ergeben sich wiederum aus der Homogenität des Kristalls (periodische Randbedingungen, vgl. S. 67). Die räumliche Periodizität der Wellenfunktionen nach Grundgebieten der Grösse L^3,

$$\psi(x, y, z) = \psi(x+L, y, z) = \psi(x, y+L, z) = \psi(x, y, z+L), \tag{E8}$$

liefert mit Hilfe von Gl. E6 die Quantenvorschrift für die $\vec{k}$-Werte:

$$k_x = n_x \frac{2\pi}{L}, \quad k_y = n_y \frac{2\pi}{L}, \quad k_z = n_z \frac{2\pi}{L}. \tag{E9}$$

oder

$$k^2 = \left(\frac{2\pi}{L}\right)^2 (n_x^2 + n_y^2 + n_z^2) = \left(\frac{2\pi}{L}\right)^2 n^2. \tag{E10}$$

n_x, n_y, n_z ganze Zahlen
n im allgemeinen nicht ganzzahlig

Mit Gl. E7 erhält man hieraus die Eigenwerte für laufende Wellen:

$$E_n = 2\pi^2 \frac{\hbar^2}{m L^2} n^2. \tag{E11}$$

Mit der Zahl Z_k^0 der k-Werte von $k = 0$ bis $k = k(n)$

$$Z_k^0 = \frac{L^3}{6\pi^2} k^3 \tag{E12}$$

(vgl. Gl. C51) ergeben sich ebenso viele Energiewerte Z_E^0 von $E = 0$ bis $E = E_n$:

$$Z_E^0 = \frac{L^3}{6\pi^2} \frac{(2mE_n)^{\frac{3}{2}}}{\hbar^3}. \tag{E13}$$

Die Energieeigenwertdichte $D(E)$, d.h. die Zahl der Eigenwerte pro Energieeinheit, folgt hieraus durch Differentiation nach E:

$$D(E)\,dE = \frac{dZ_E^0}{dE}\,dE = \frac{L^3}{4\pi^2}\left(\frac{2m}{\hbar^2}\right)^{\frac{3}{2}} E^{\frac{1}{2}}\,dE. \tag{E14}$$

Die angegebenen Quantenvorschriften ergeben also die Energieeigenwerte, die für jedes einzelne Valenzelektron im Metall erlaubt sind.

Die Anwendung des PAULI-Prinzips und der FERMI–DIRAC-Statistik liefert Aufschluss darüber, wieviele Elektronen eine gewisse Energie haben (sog. Energieverteilung). Nach dem PAULI-Prinzip können jeweils nur 2 Elektronen mit antiparallelem Spin denselben Impuls bzw. ‹Zustand› besitzen, der durch ein Zahlentripel n_x, n_y, n_z (Quantenzahlen) nach Gl. E10 festgelegt ist.

Die FERMI–DIRAC-Statistik gibt Auskunft über die Besetzungswahrscheinlichkeit der Zustände mit der Energie E. Die Energieverteilung, d.h. die Zahl $N(E)\,dE$ der Elektronen mit Energien zwischen den Werten E und $E+dE$, ist gegeben durch die sog. Verteilungsfunktion

$$N(E)\,dE = 2\,D(E)\,F(E)\,dE \tag{E15}$$

mit der FERMI–DIRAC-Funktion

$$F(E) = \frac{1}{\exp\left(\frac{E-\zeta}{kT}\right)+1}. \tag{E16}$$

ζ chemisches Potential des FERMI-Gases (s. S. 314) bzw. FERMI-Grenzenergie (s. S. 169)

Mit Gl. E14 und E16 erhält man somit für die Verteilungsfunktion freier Elektronen (vgl. Fig. 85):

$$N(E)\,dE = \frac{L^3}{2\pi^2}\left(\frac{2m}{\hbar^2}\right)^{\frac{3}{2}} \frac{E^{\frac{1}{2}}\,dE}{\exp\left(\frac{E-\zeta}{kT}\right)+1}. \tag{E17}$$

1. *Eigenschaften der* FERMI–DIRAC-*Funktion*

Die Funktion $F(E)$ hängt nur ab von einer Energiedifferenz und ist darum unabhängig von der Wahl des Nullpunkts der Energieskala. $F(E)$ ist ebenfalls unabhängig von der Verteilung der Quantenzustände $D(E)$ und gilt allgemein für nicht-lokalisierte Elektronen. Die Funktion $F(E)$ nimmt nur Werte zwischen 0 und 1 an (vgl. Fig. 85):

$$0 \leqslant F(E) \leqslant 1. \tag{E18}$$

Insbesondere gilt für

$$\begin{array}{lll} T = 0\,^\circ\mathrm{K} & E > \zeta_0: & F(E) = 0, \\ & E \leqslant \zeta_0: & F(E) = 1, \\ T > 0\,^\circ\mathrm{K} & E \gg \zeta: & F(E) \approx 0, \\ & E \ll \zeta: & F(E) \approx 1, \\ & E = \zeta: & F(E) = \frac{1}{2}. \end{array} \tag{E19}$$

Die Energie ζ_0 heisst FERMI-Grenzenergie. Für $T = 0\,^\circ$K sind alle Energiestufen bis zur Energie ζ_0 mit der Wahrscheinlichkeit ‹1› besetzt; für höhere Energien ist die Besetzungswahrscheinlichkeit gleich Null. Für $T > 0\,^\circ$K ist die Besetzungswahrscheinlichkeit für Zustände der Energie $E = \zeta$ gleich 1/2. Die FERMI-Grenzenergie ist ein schwach temperaturabhängiger Energieparameter, der durch die Elektronendichte bestimmt wird (vgl. Gl. E33).

Die Funktion $F(E)$ hat ferner die folgende wichtige Eigenschaft:

$$F(\zeta + \Delta E) = 1 - F(\zeta - \Delta E). \tag{E20}$$

Es ist nämlich (vgl. Fig. 85)

$$\frac{1}{\exp\left(\frac{\Delta E}{k\,T}\right) + 1} = 1 - \frac{1}{\exp\left(-\frac{\Delta E}{k\,T}\right) + 1} \tag{E21}$$

und

$$\frac{1}{\exp\left(\frac{E - \zeta}{k\,T}\right) + 1} = 1 - \frac{1}{\exp\left(\frac{\zeta - E}{k\,T}\right) + 1}. \tag{E22}$$

2. *Eigenschaften des Elektronengases bei* $T = 0\,^\circ$K

Am absoluten Nullpunkt sind aufgrund der FERMI–DIRAC-Statistik alle Zustände bis zur Grenzenergie ζ_0 besetzt. Der Wert dieser Maximalenergie richtet sich nach der totalen Anzahl N der im Volumen L^3 enthaltenen Valenzelektronen, die nach Massgabe des PAULI-Prinzips die erlaubten Zustände

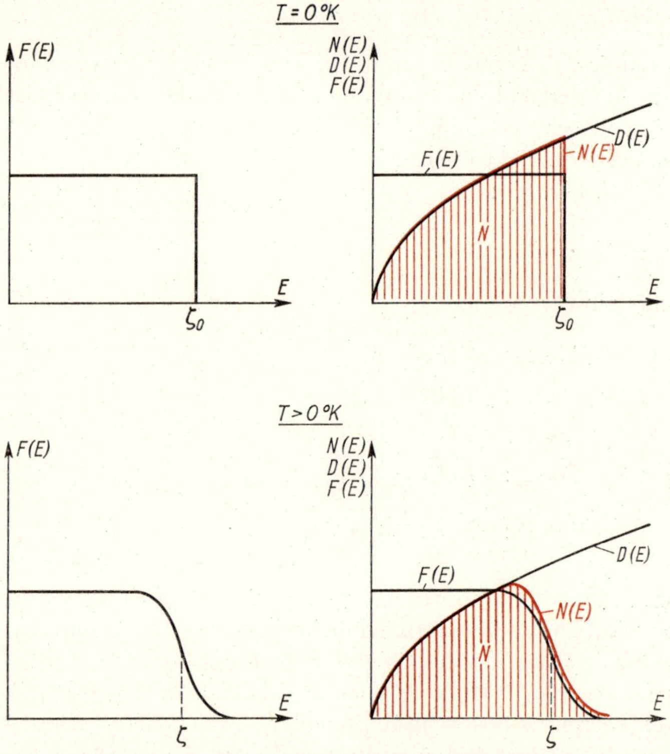

Fig. 85: Fermi–Dirac-Funktion $F(E)$, Energie-Eigenwertdichte $D(E)$ und Verteilungsfunktion $N(E)$ für $T = 0$ °K und $T > 0$ °K

besetzen. Daraus folgt die Bestimmungsgleichung für ζ_0:

$$N = \int_0^{\zeta_0} N(E)\,dE = 2\int_0^{\zeta_0} D(E)\,F(E)\,dE. \tag{E23}$$

Unter Verwendung von $F(E) = 1$ und Gl. E14 erhält man hieraus

$$\zeta_0 = \frac{\hbar^2}{2m}(3\pi^2 n_e)^{\frac{2}{3}}. \tag{E24}$$

$n_e = \dfrac{N}{L^3}$ Elektronenkonzentration

Wie auf S. 165 erwähnt wurde, ist in Metallen die Elektronenkonzentration grössenordnungsmässig gleich der Atomkonzentration. Für einwertige Metalle gilt sogar in guter Näherung

$$n_e \approx n_{At}. \tag{E25}$$

Die Berechnung von ζ_0 aufgrund der Gl. E24 und E25 ergibt bereits am absoluten Nullpunkt erstaunlich hohe Energiewerte (von der Grössenordnung einiger eV) für die energiereichsten Valenzelektronen (vgl. Tab. 16).

Tabelle 16

FERMI-Energien und Entartungstemperaturen einiger Metalle, berechnet mit dem Modell der freien Elektronen (vgl. Gl. E 24 und E 30).

Metall	ζ_0 [eV]	$T_E = \frac{2}{5}\frac{\zeta_0}{k}$ [°K]
Li	4,72	21 900
Na	3,12	14 480
K	2,14	9 930
Rb	1,82	8 440
Cs	1,53	7 100
Cu	7,04	32 670
Ag	5,51	25 570
Au	5,51	25 570

Die Gesamtenergie aller Valenzelektronen im Volumen L^3 beträgt am absoluten Nullpunkt

$$U_0 = \int_0^{\zeta_0} E\, N(E)\, dE. \tag{E26}$$

Nach Einsetzen der Gl. E 17 und E 19 erhält man

$$U_0 = \frac{L^3}{5\pi^2}\left(\frac{2m}{\hbar^2}\right)^{\frac{3}{2}} \zeta_0^{\frac{5}{2}}. \tag{E27}$$

Daraus folgt für die mittlere Energie pro Elektron unter Verwendung von Gl. E 24

$$\bar{u}_0 = \frac{U_0}{N} = \frac{3}{5}\zeta_0. \tag{E28}$$

Ganz im Gegensatz zum klassischen MAXWELL–BOLTZMANN-Gas, dessen Teilchen am absoluten Nullpunkt überhaupt keine Energie mehr besitzen, hat also das Elektronengas eine beträchtliche Nullpunktsenergie. Sie entspricht der Temperatur von der Grössenordnung 10^4 °K eines klassischen Gases, wie man mit der folgenden Beziehung leicht abschätzen kann:

$$\bar{u}_0 = \frac{3}{5}\zeta_0 = \frac{3}{2}k\,T_E, \tag{E29}$$

$$T_E = \frac{2}{5}\frac{\zeta_0}{k}. \tag{E30}$$

T_E Entartungstemperatur (s. S. 176)

Dementsprechend hat das Elektronengas, im Gegensatz zum klassischen Gas, am absoluten Nullpunkt einen grossen Druck P_0 (Nullpunktsdruck). Setzt man die Konzentration n_e der Elektronen und die mittlere Energie $\bar{u}_0$ in die allgemeine gaskinetische Beziehung für den Druck ein, so ergibt sich für den Nullpunktsdruck des Elektronengases

$$P_0 = \frac{2}{3} n_e \bar{u}_0 = \frac{2}{5} n_e \zeta_0. \tag{E31}$$

Dieser Druck hat die Grössenordnung von 10^5 Atm.

3. *Eigenschaften des Elektronengases bei $T > 0$ °K*

Es wird hier vorausgesetzt, dass das Elektronengas im thermodynamischen Gleichgewicht ist mit der Gesamtheit der Metallionen im Gitter. Durch die Wechselwirkung mit den Gitterschwingungen (Phononen) wird mit Temperaturerhöhung auch die mittlere Energie des Elektronengases erhöht. Die von den Phononen an die Elektronen abgegebenen Anregungsenergien haben etwa den Wert kT. Da alle Zustände mit Energien $E < \zeta_0$ besetzt sind, können nur die energiereichsten Elektronen der Energie $E \approx \zeta_0$ zu höheren Energien angeregt werden. Der Verlauf der FERMI–DIRAC-Funktion wird daher nur in der Umgebung der Grenzenergie in einem Energieintervall von der Grössenordnung kT verändert. Der Wert der Grenzenergie ist schwach temperaturabhängig und ergibt sich aus der zu Gl. E23 analogen Normierungsbedingung unter der Voraussetzung der temperaturunabhängigen Elektronenkonzentration N/L^3 (vgl. Fig. 85):

$$N = \int_0^\infty N(E)\,dE = 2 \int_0^\infty D(E)\,F(E)\,dE, \tag{E32}$$

Mit Gl. E17 erhält man die Bestimmungsgleichung für ζ:

$$N = \frac{L^3}{2\pi^2}\left(\frac{2m}{\hbar^2}\right)^{\frac{3}{2}} \int_0^\infty \frac{E^{\frac{1}{2}}\,dE}{\exp\left(\frac{E-\zeta}{kT}\right)+1}. \tag{E33}$$

Mit den Substitutionen $x = \dfrac{E}{kT}$ und $\alpha = \dfrac{\zeta}{kT}$ geht diese Gleichung über in

$$N = \frac{L^3}{2\pi^2}\left(\frac{2mkT}{\hbar^2}\right)^{\frac{3}{2}} \int_0^\infty \frac{x^{\frac{1}{2}}\,dx}{\exp(x-\alpha)+1} \tag{E34}$$

oder

$$n_e = \frac{2}{\pi^{\frac{1}{2}}} n_0 F_{\frac{1}{2}}(\alpha) \tag{E35}$$

mit der ‹effektiven Zustandsdichte›

$$n_0 = \frac{1}{4}\left(\frac{2\,m\,k\,T}{\pi\,\hbar^2}\right)^{\frac{3}{2}} \tag{E36}$$

und dem FERMI-Integral

$$F_{\frac{1}{2}}(\alpha) = \int\limits_0^\infty \frac{x^{\frac{1}{2}}\,dx}{\exp(x-\alpha)+1}. \tag{E37}$$

Die sog. effektive Zustandsdichte bedeutet im wesentlichen eine kritische Elektronenkonzentration (vgl. S. 176). In der FERMI-Statistik treten vielfach Integrale auf vom Typus

$$F(\alpha) = \int\limits_0^\infty \frac{f(x)\,dx}{\exp(x-\alpha)+1}. \tag{E38}$$

Diese sog. FERMI-Integrale sind im allgemeinen nicht analytisch lösbar, sondern lassen sich durch verschiedene Reihenentwicklungen für bestimmte Wertebereiche von $\alpha = \zeta/k\,T$ ausdrücken (s. auch S. 293).

Für $\alpha \gg 1$ gilt die Entwicklung nach SOMMERFELD:

$$F(\alpha) \approx \int\limits_0^\alpha f(x)\,dx + \frac{\pi^2}{6} f'(\alpha) + \frac{7\,\pi^4}{360} f'''(\alpha) + \ \ldots \tag{E39}$$

Speziell für $f(x) = x^n$ gilt

$$F_n(\alpha) = \int\limits_0^\infty \frac{x^n\,dx}{\exp(x-\alpha)+1} \approx \frac{\alpha^{n+1}}{n+1}\left(1+\frac{\pi^2}{6}(n+1)\,n\,\alpha^{-2}+\ \ldots\right) \tag{E40}$$

Diese Reihe konvergiert sehr schnell für $\alpha \gg 1$.

Im folgenden diskutieren wir Gl. E37 für die beiden Spezialfälle $n_e \gg n_0$ und $n_e \ll n_0$:

1) Für Metalle ist immer $n_e \gg n_0$ und damit $F_{\frac{1}{2}}(\alpha) \gg 1$. Dementsprechend ist auch $\alpha \gg 1$ (vgl. Fig. 86). Für diesen Wertebereich von α ist $F_{\frac{1}{2}}(\alpha)$ durch die folgende Reihenentwicklung darstellbar (Gl. E40):

$$F_{\frac{1}{2}}(\alpha) \approx \frac{2}{3}\,\alpha^{\frac{3}{2}}\left(1+\frac{\pi^2}{8\,\alpha^2}+\ \ldots\right). \tag{E41}$$

Einsetzen in Gl. E35 liefert

$$n_e = \frac{1}{3\,\pi^2}\left(\frac{2\,m}{\hbar^2}\right)^{\frac{3}{2}} \zeta^{\frac{3}{2}}\left[1+\frac{\pi^2}{8}\left(\frac{k\,T}{\zeta}\right)^2+\ \ldots\right]. \tag{E42}$$

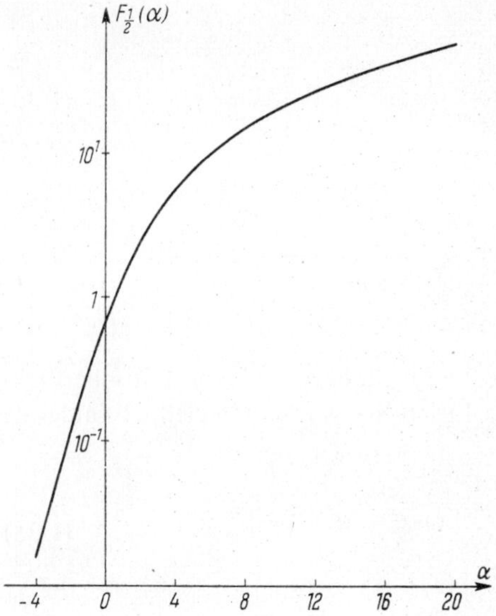

Fig. 86: FERMI-Integral $F_{\frac{1}{2}}(\alpha)$

Wegen $\alpha = \zeta/kT \gg 1$ kann man im Korrekturterm ζ durch ζ_0 ersetzen. Unter zweimaliger Anwendung der Binomial-Reihenentwicklung und mit Gl. E24 ergibt sich die Temperaturabhängigkeit $\zeta(T)$:

$$\zeta(T) = \zeta_0 \left[1 - \frac{\pi^2}{12} \left(\frac{kT}{\zeta_0} \right)^2 \right]. \tag{E43}$$

Die FERMI-Grenzenergie nimmt also schwach mit der Temperatur ab; die relative Abnahme von ζ zwischen 0° und 300 °K beträgt nur etwa $5 \cdot 10^{-3}$ (unter der Annahme $\zeta_0 = 5$ eV).

2) Der Fall $n_e \ll n_0$ ist zwar für Metalle nicht zu verwirklichen, ist aber für die Eigenschaften von Halbleitern von grosser Bedeutung. Damit das FERMI-Intergal $F_{\frac{1}{2}}(\alpha) \ll 1$ ist, muss gelten: $\alpha \ll 0$. Dieser Wertebereich wird hier zunächst formal eingeführt, die physikalische Bedeutung negativer Werte von ζ wird erst auf S. 286 ff. verständlich.

Unter der Annahme $\zeta \ll 0$ geht die FERMI–DIRAC-Funktion über in die MAXWELL–BOLTZMANN-Näherung

$$F(E) = \frac{1}{\exp\left(\frac{E-\zeta}{kT}\right)+1} \approx \exp\left(-\frac{|\zeta|}{kT}\right) \exp\left(-\frac{E}{kT}\right) \tag{E44}$$

und die Energieverteilung (Gl. E17) wird eine MAXWELL–BOLTZMANN-Verteilung (vgl. Fig. 87):

$$N(E)\,dE = \frac{L^3}{2\pi^2} \left(\frac{2m}{\hbar^2} \right)^{\frac{3}{2}} \exp\left(-\frac{|\zeta|}{kT}\right) E^{\frac{1}{2}} \exp\left(-\frac{E}{kT}\right) dE \tag{E45}$$

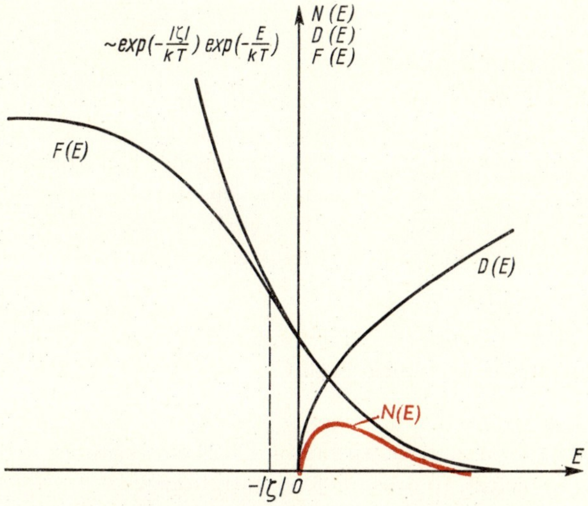

Fig. 87: MAXWELL–BOLTZMANN-Verteilung

oder

$$N(E)\,dE \approx \text{const.}\, E^{\frac{1}{2}} \exp\left(-\frac{E}{k\,T}\right) dE. \tag{E46}$$

Das FERMI-Intergal $F_{\frac{1}{2}}(\alpha)$ ist unter der Annahme $\alpha \ll 0$ analytisch lösbar:

$$F_{\frac{1}{2}}(\alpha) \approx \exp(-|\alpha|) \int_0^\infty x^{\frac{1}{2}} \exp(-x)\,dx = \frac{1}{2}\pi^{\frac{1}{2}} \exp(-|\alpha|). \tag{E47}$$

Damit ergibt sich aus Gl. E35 die Bestimmungsgleichung für ζ:

$$n_e = n_0 \exp\left(-\frac{|\zeta|}{k\,T}\right) \tag{E48}$$

oder

$$\frac{|\zeta|}{k\,T} = \ln\frac{n_0}{n_e} = \ln\frac{1}{4\,n_e}\left(\frac{2\,m\,k\,T}{\pi\,\hbar^2}\right)^{\frac{3}{2}}. \tag{E49}$$

Für hinreichend kleine Elektronenkonzentrationen n_e und hohe Temperaturen T verhält sich also ein Elektronengas wie ein klassisches Gas, das durch eine MAXWELL–BOLTZMANN-Verteilung charakterisiert ist. Unter diesen Bedingungen ist das Elektronengas ‹nicht entartet› (s.u.). Nichtentartung tritt also auf für

$$n_e \ll n_0 \tag{E50}$$

bzw. für

$$\frac{\zeta}{k\,T} < 0 \quad \text{und} \quad \frac{|\zeta|}{k\,T} \gg 1. \tag{E51}$$

4. *Entartung des Elektronengases*

Man bezeichnet die Abweichung der Eigenschaften des Elektronengases von dem Verhalten des klassischen Gases als Entartung. Die Existenz einer Nullpunktsenergie und damit eines Nullpunktsdrucks sind charakteristische Merkmale der Entartung. Der Begriff ‹Entartung des Elektronengases› steht in keiner Beziehung zu dem wellenmechanischen Begriff ‹Entartung›, der die Existenz mehrerer Zustände derselben Energie bedeutet.

Als Entartungskriterium wird festgesetzt:

$$\zeta(T) \approx \zeta_0 \gg k\,T. \tag{E 52}$$

Das Elektronengas ist demnach entartet, solange seine Temperatur T weit unter der Entartungstemperatur T_E liegt (vgl. Gl. E 30):

$$T \ll T_E\,. \tag{E 53}$$

Durch das Entartungskriterium wird mit Gl. E 24 eine kritische Elektronenkonzentration n_{krit} festgelegt, so dass für Konzentrationen

$$n_e \gg n_{\text{krit}} = \frac{1}{3\,\pi^2}\left(\frac{2\,m\,k}{\hbar^2}\right)^{\frac{3}{2}} T^{\frac{3}{2}} \tag{E 54}$$

das Elektronengas entartet ist. Danach wird die Entartung also durch tiefe Temperaturen und kleine Massen begünstigt (auf S. 227 wird gezeigt, dass die Ruhemasse des Elektrons durch eine sog. effektive Masse zu ersetzen ist). Der Vergleich mit Gl. E 36 zeigt, dass n_{krit} ungefähr gleich der effektiven Zustandsdichte ist:

$$n_{\text{krit}} = \frac{4}{3\,\pi^{\frac{1}{2}}}\,n_0\,. \tag{E 55}$$

Für $T = 300\,°\mathrm{K}$ ist $n_{\text{krit}} \approx 10^{19}\,\mathrm{cm}^{-3}$, die Elektronenkonzentration in einwertigen Metallen beträgt dagegen $n_e \approx 10^{22}\,\mathrm{cm}^{-3}$. Das Elektronengas von Metallen ist also hochgradig entartet; die Entartung würde erst bei Temperaturen weit oberhalb der Schmelztemperatur der Metalle verschwinden (für $T > T_E \approx 10^4\,°\mathrm{K}$ nach Gl. E 36 und E 50).

5. *Spezifische Wärme des Elektronengases*

Es wurde bereits erläutert, dass wegen der Wirksamkeit des PAULI-Prinzips nur die energiereichsten Elektronen und damit nur ein kleiner Bruchteil aller Elektronen thermische Energie aufnehmen können. Aus diesem Grund ist die spezifische Wärme des entarteten Elektronengases viel kleiner als die des klassischen Gases (vgl. S. 165).

Die spezifische Wärme c_V ergibt sich aus der Temperaturabhängigkeit der im Volumen L^3 enthaltenen Energie $U(T)$ des Elektronengases:

$$c_V = \left(\frac{\partial U(T)}{\partial T}\right)_{V=L^3}. \tag{E 56}$$

Die Gesamtenergie $U(T)$ erhält man analog zu Gl. E26 aus

$$U(T) = \int_0^\infty E\, N(E)\, dE. \tag{E57}$$

Einsetzen von Gl. E17 liefert

$$U(T) = \frac{L^3}{2\pi^2}\left(\frac{2m}{\hbar^2}\right)^{\frac{3}{2}} \int_0^\infty \frac{E^{\frac{3}{2}}\, dE}{\exp\left(\frac{E-\zeta}{kT}\right)+1}. \tag{E58}$$

Mit den Substitutionen $x = \frac{E}{kT}$ und $\alpha = \frac{\zeta}{kT}$ folgt

$$U(T) = \frac{L^3}{2\pi^2}\left(\frac{2m}{\hbar^2}\right)^{\frac{3}{2}} (kT)^{\frac{5}{2}} F_{\frac{3}{2}}(\alpha) \tag{E59}$$

mit

$$F_{\frac{3}{2}}(\alpha) = \int_0^\infty \frac{x^{\frac{3}{2}}\, dx}{\exp(x-\alpha)+1}. \tag{E60}$$

Nach Gl. E40 gilt im Fall der Entartung $\left(\alpha = \frac{\zeta}{kT} \gg 1\right)$

$$F_{\frac{3}{2}}(\alpha) \approx \frac{2}{5}\alpha^{\frac{5}{2}}\left[1+\frac{5}{8}\left(\frac{\pi}{\alpha}\right)^2 + \ldots\right]. \tag{E61}$$

Ersetzt man im Korrekturterm wiederum ζ durch ζ_0, so erhält man mit den Gl. E59 und E61 für die Energie des Elektronengases:

$$U(T) = \frac{L^3}{5\pi^2}\left(\frac{2m}{\hbar^2}\right)^{\frac{3}{2}} \zeta^{\frac{5}{2}}\left[1+\frac{5\pi^2}{8}\left(\frac{kT}{\zeta_0}\right)^2 + \ldots\right]. \tag{E62}$$

Einsetzen von $\zeta(T)$ aus Gl. E43 liefert

$$U(T) = \frac{L^3}{5\pi^2}\left(\frac{2m}{\hbar^2}\right)^{\frac{3}{2}} \zeta_0^{\frac{5}{2}}\left[1+\frac{5\pi^2}{12}\left(\frac{kT}{\zeta_0}\right)^2 + \ldots\right] \tag{E63}$$

und unter Verwendung der Gl. E27 und E28

$$U(T) = \frac{3}{5}N\zeta_0\left[1+\frac{5\pi^2}{12}\left(\frac{kT}{\zeta_0}\right)^2 + \ldots\right]. \tag{E64}$$

Die Temperaturabhängigkeit der mittleren Energie pro Elektron ist (vgl. Gl. E28)

$$\bar{u}(T) = \frac{U(T)}{N} = \frac{3}{5}\zeta_0\left[1+\frac{5\pi^2}{12}\left(\frac{kT}{\zeta_0}\right)^2 + \ldots\right]. \tag{E65}$$

Aus Gl. E 64 folgt für die spezifische Wärme des Elektronengases

$$c_V = \frac{\pi^2}{2} \frac{N k^2}{\zeta_0} T = \gamma T \tag{E66}$$

mit

$$\gamma = \frac{\pi^2}{2} \frac{N k^2}{\zeta_0}. \tag{E67}$$

Führt man die Entartungstemperatur T_E ein (Gl. E 30), so geht Gl. E 66 über in

$$c_V = \frac{\pi^2}{5} N k \frac{T}{T_E}. \tag{E68}$$

Die spezifische Wärme des Elektronengases ist also nicht wie beim klassischen Gas temperaturunabhängig, sondern direkt proportional zur Temperatur. Aus Gl. E 68 ersieht man unmittelbar, dass der Wert von c_V für Temperaturen oberhalb der DEBYE-Temperatur Θ (Θ hat die Grössenordnung von 100 °K)

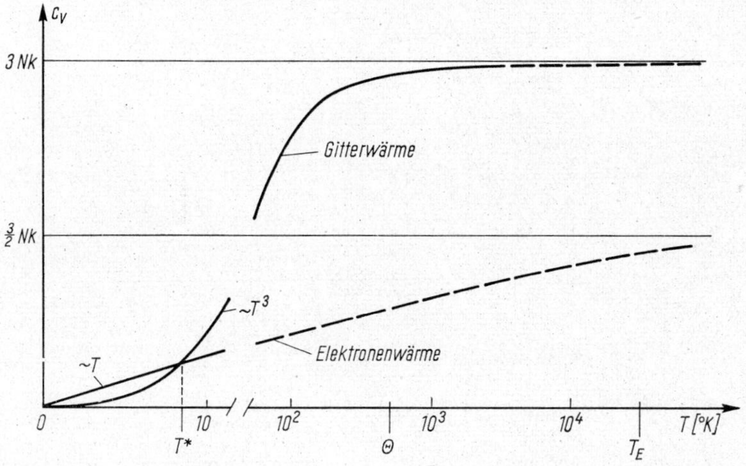

Fig. 88: Spezifische Wärme der Gitterschwingungen und des Elektronengases in Funktion der Temperatur (Man beachte den Übergang von der linearen zur logarithmischen Temperaturskala)

etwa 100 mal kleiner ist als der DULONG–PETITsche Wert $3 N k$ der Gitterwärme ($T/T_E \approx 10^{-2}$, vgl. S. 171). Erst bei sehr tiefen Temperaturen tragen die Elektronen merklich zur spezifischen Wärme der Metalle bei: für $T \to 0$ °K geht der Elektronenbeitrag nur linear mit T gegen Null, während der Beitrag der Gitterschwingungen mit T^3 verschwindet. Durch Gleichsetzen dieser beiden Beiträge (Gl. C 71 und Gl. E 68) erhält man die Temperatur T^*, unterhalb der die spezifische Wärme des Elektronengases überwiegt (vgl. Fig. 88):

$$\frac{12}{5} \pi^4 N k \left(\frac{T^*}{\Theta}\right)^3 = \frac{\pi^2}{5} N k \frac{T^*}{T_E} \tag{E69}$$

oder

$$T^* = \left(\frac{1}{12\pi^2} \frac{\Theta^3}{T_E} \right)^{\frac{1}{2}}. \tag{E70}$$

Beispielsweise erhält man für Kupfer mit $\Theta = 310\,°\text{K}$ und $T_E \approx 3 \cdot 10^4\,°\text{K}$: $T^* \approx 3\,°\text{K}$.

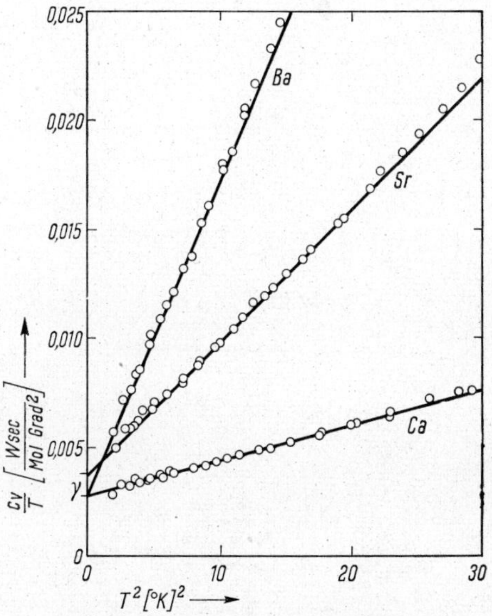

Fig. 89: Totale spezifische Wärme für Erdalkali-Metalle (nach D. H. PARKINSON, Rep. Progr. Phys. *21*, 226 (1958))

Die totale spezifische Wärme von Metallen beträgt also für $T \ll \Theta$

$$c_V^{\text{total}} = \gamma T + \beta T^3 \tag{E71}$$

oder

$$\frac{c_V^{\text{total}}}{T} = \gamma + \beta T^2 \tag{E72}$$

mit

$$\beta = \frac{12}{5} \pi^4 \frac{N k}{\Theta^3}. \tag{E73}$$

Die Messergebnisse der Temperaturabhängigkeit der spezifischen Wärme ergeben in der Darstellung c_V/T in Funktion von T^2 eine Gerade (vgl. Gl. E72) und bestätigen damit auch die Gültigkeit des DEBYEschen T^3-Gesetzes; aus der Extrapolation auf $T = 0\,°\text{K}$ folgt der Wert von γ (vgl. Fig. 89). Experimentell ermittelte γ-Werte sind in Tabelle 17 zusammengestellt. Die nach Gl. E67

Tabelle 17

Spezifische Wärme der Elektronen in Metallen; γ_{frei} berechnet nach Gl. E 67 (nach C. KITTEL, *Introduction to Solid State Physics*, 3. Aufl. [Wiley, New York 1966], S. 212; J. M. ZIMAN, *Electrons and Phonons* [Oxford University Press, London 1960], S. 114, 117, 127; D. H. PARKINSON, Rep. Progr. Phys. *21*, 226 [1958], Tabellen 1, 2, 3).

Metall	γ_{exp} $\left[10^{-3} \frac{\text{Wsec}}{\text{Mol Grad}^2}\right]$	$\gamma_{\text{exp}}/\gamma_{\text{frei}}$
Li	1,7	2,3
Na	1,7	1,5
K	2,0	1,1
Cu	0,69	1,37
Ag	0,66	1,02
Au	0,73	1,16
Be	0,22	0,5
Mg	1,35	1,33
Ca	2,73	1,82
Sr	3,64	2,01
Ba	2,7	1,4
Zn	0,65	0,86
Cd	0,71	0,73
Al	1,35	1,6
In	1,69	1,4
Tl	1,47	1,2
Fe	4,98	10,0[1]
Co	4,73	10,3[1]
Ni	7,02	15,3[1]

[1] γ_{frei} berechnet für 1 freies Elektron pro Atom

berechneten Werte γ_{frei} stimmen für viele Metalle – Übergangsmetalle ausgenommen – mit den experimentell ermittelten Werten γ_{exp} befriedigend überein. Die auftretenden Diskrepanzen $\gamma_{\text{exp}} \neq \gamma_{\text{frei}}$ sind dadurch zu erklären, dass die stark vereinfachende Annahme eines *freien* Elektronengases in vielen Fällen der Wirklichkeit nicht mehr gerecht wird. Insbesondere wird die Energieeigenwertdichte $D(E)$ verändert, wenn man die Elektronen nicht im konstanten Potential, sondern im periodischen Potential annimmt. Der Wert von γ steht nämlich in unmittelbarer Beziehung zur Eigenwertdichte an der Stelle $E = \zeta_0$, wie die Kombination der Gl. E 14, E 24 und E 67 zeigt:

$$\gamma = \frac{2}{3}\pi^2 k^2 D(\zeta_0). \tag{E 74}$$

Diese Beziehung kann auch ohne Beschränkung auf freie Elektronen allgemein hergeleitet werden. Die Messung der spezifischen Wärme im Gebiet tiefer Temperaturen gibt also Aufschluss über die Grösse der Eigenwertdichte für die Grenzenergie ζ_0.

6. *Elektronen-Emission*

Aufgrund der ‹periodischen Randbedingungen› (vgl. S. 167) beziehen sich die daraus hergeleiteten Metalleigenschaften zunächst nur auf unendlich ausgedehnte Metalle. Daher waren auch keine Annahmen erforderlich über den Potentialverlauf in der Umgebung der Metalloberfläche. Die Energieverteilung der Elektronen bleibt jedoch unverändert, wenn man nur ein endliches Metallvolumen von der Grösse L^3 betrachtet und das sog. Kastenmodell einführt: Das Elektronengas sei in einem Kasten mit undurchlässigen Wänden ‹eingesperrt›, d.h. die potentielle Energie der Elektronen sei ausserhalb des Kastens im Vergleich zu ihrem Wert im Innern unendlich. Die Erfahrung zeigt aber, dass der Austritt von Elektronen (Elektronen-Emission) aus einem Metall durch endliche Energiezufuhr ermöglicht wird. Es ist daher naheliegend, Elektronen-Emissionsprozesse mit einem modifizierten Kastenmodell theoretisch zu behandeln. Dazu nimmt man eine endliche Durchlässigkeit der Kastenwände an, d.h. eine endliche Differenz der potentiellen Energie für Elektronen innerhalb und ausserhalb des Kastens. Die physikalische Ursache für diese Energiedifferenz liegt in den Anziehungskräften zwischen den Metallionen und den Elektronen. Diese Anziehungskräfte kompensieren sich im Innern des Kristalls, werden aber wirksam, sobald Elektronen den Kristall verlassen wollen (vgl. S. 58).

Man führt die folgenden Grössen ein (vgl. Fig. 90):

1) ‹Elektronen-Affinität› χ bedeutet die Differenz der potentiellen Energien für Elektronen im Innern des Metalls (E_0) und in unendlicher Entfernung von

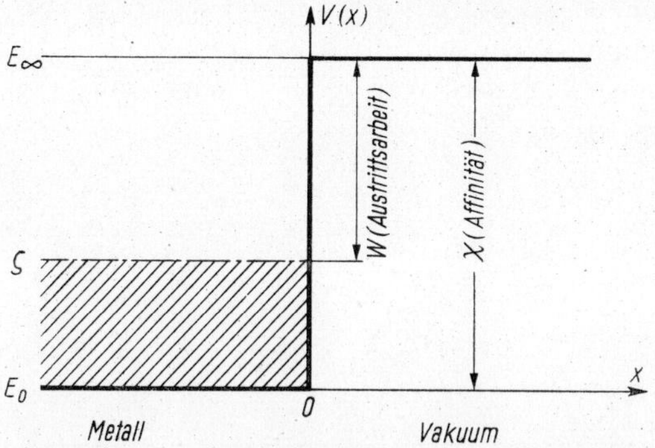

Fig. 90: Verlauf der potentiellen Energie eines Elektrons an einer Metalloberfläche (Modell)

der Metalloberfläche im Vakuum (E_∞). Diese Energiedifferenz ist streng definiert nur für das Modell freier Elektronen, das im Innern des Metalls konstantes Potential voraussetzt.

2) ‹Austrittsarbeit› W bedeutet die Energiedifferenz zwischen einem Elektron der Grenzenergie $\zeta\,(T)$ und einem Elektron in unendlicher Entfernung von der Metalloberfläche im Vakuum.

Je nach der Art der Energiezufuhr unterscheidet man folgende Emissionsphänomene:

1) Thermo-Emission durch hohe Temperaturen,
2) Feld-Emission durch hohe elektrische Feldstärken,

3) Photo-Emission durch Beleuchtung,
4) Sekundärelektronen-Emission durch Elektronenbombardement,
5) Exo-Emission durch exotherme Reaktionen an Oberflächen und in weiterem Sinn durch mechanische Beanspruchungen von Oberflächen (z.B. Reibung, plastische Verformung) sowie durch chemische Reaktionen an Oberflächen.

Die beiden ersten Phänomene sind Grenzfälle (elektrisches Feld $F \rightarrow 0$ bzw. Temperatur $T \rightarrow 0$) der sog. Thermo-Feld-Emission (TF-Emission) und lassen sich in befriedigender Weise im Rahmen des SOMMERFELDschen Modells der freien Elektronen beschreiben, wie in den folgenden Abschnitten gezeigt wird. Die Behandlung der übrigen Emissionsphänomene verlangt die Berücksichtigung von Wechselwirkungen der Elektronen mit anderen Teilchen (z.B. Photonen, Phononen, vgl. S. 198) und ist daher im Rahmen des Modells der freien Elektronen nicht möglich.

a) Thermo-Emission

Wir berechnen die Sättigungsstromdichte $j_x(T, 0)$ der Elektronen, die bei der Temperatur T durch die zur x-Achse senkrechte Metalloberfläche austreten. Der Sättigungsstrom entsteht, wenn ein hinreichend grosses elektrisches Feld alle austretenden Elektronen von der Oberfläche absaugt, so dass keine Begrenzung des Stroms durch eine Raumladung auftritt. Man nimmt aber an, dass das elektrische Feld klein genug ist, sodass es den Potentialverlauf nicht beeinflusst (vgl. S. 189 ff.).

Nur die Elektronen mit hinreichender Energie zur Überwindung der Potentialbarriere an der Oberfläche können das Metall verlassen. Diese für die Thermo-Emission notwendige Bedingung bezieht sich auf die Komponente v_x der Elektronengeschwindigkeit, die einen kritischen Wert v_{x0} übersteigen muss (vgl. Fig. 90):

$$\frac{m}{2} v_x^2 \geqslant \frac{m}{2} v_{x0}^2 = \zeta + W. \tag{E75}$$

Die Emissionsstromdichte ist

$$j_x(T, 0) = e \int_{v_{x0}}^{+\infty} \iint_{-\infty}^{+\infty} \delta(v_x)\, v_x\, n(v_x, v_y, v_z)\, dv_x\, dv_y\, dv_z\,. \tag{E76}$$

$\delta(v_x)$ Durchlässigkeitskoeffizient
$n(v_x, v_y, v_z)$ Geschwindigkeitsverteilung der Elektronen

$n(v_x, v_y, v_z)\, dv_x\, dv_y\, dv_z$ ist die Konzentration der Elektronen mit Geschwindigkeiten im Bereich $v_x \ldots v_x + dv_x$, $v_y \ldots v_y + dv_y$, $v_z \ldots v_z + dv_z$. Entsprechend bedeutet $v_x\, n(v_x, v_y, v_z)\, dv_x\, dv_y\, dv_z$ die Zahl der Elektronen, die pro Zeiteinheit aus dem Metallinnern auf der Flächeneinheit der Oberfläche auftreffen. Der Faktor $\delta(v_x)$ gibt die Durchlässigkeit einer Potentialbarriere für eine Elektronenwelle an. Vom wellenmechanischen Standpunkt aus besteht auch für Elektronen, die nach der Bedingung Gl. E75 die nötige Energie zum Austritt besitzen, eine gewisse Wahrscheinlichkeit, an der Grenzfläche reflektiert zu werden (vgl. S. 185 ff.).

Die Geschwindigkeitsverteilung lässt sich aus der bereits bekannten Energieverteilung herleiten. Analog zu Gl. E 15 ist

$$\begin{aligned} &L^3 n(v_x, v_y, v_z)\, dv_x\, dv_y\, dv_z = \\ &2\, F(v_x, v_y, v_z)\, D(v_x, v_y, v_z)\, dv_x\, dv_y\, dv_z\,. \end{aligned} \tag{E77}$$

Aus den Gl. E 3 und E 7 folgt

$$E = \frac{m}{2} v^2 = \frac{m}{2}(v_x^2 + v_y^2 + v_z^2). \tag{E78}$$

Damit erhält man anstelle von Gl. E 16

$$F(v_x, v_y, v_z) = \frac{1}{\exp\left(\dfrac{\frac{m}{2}(v_x^2+v_y^2+v_z^2)-\zeta}{kT}\right)+1} \tag{E79}$$

und anstelle von Gl. E 14

$$D(v)\, dv = \frac{L^3}{2\pi^2}\left(\frac{m}{\hbar}\right)^3 v^2\, dv = L^3\left(\frac{m}{2\pi\hbar}\right)^3 4\pi v^2\, dv. \tag{E80}$$

Die Dichte der erlaubten Geschwindigkeitswerte hängt nach der Quantenvorschrift (Gl. E 10) nur vom Betrag der Geschwindigkeit ab. Sie ist proportional zum betrachteten Volumenelement im Geschwindigkeitsraum mit den Achsen v_x, v_y, v_z ($4\pi v^2\, dv$ ist das Volumen einer Kugelschale vom Radius v und der Dicke dv, vgl. Gl. E 80). Es gilt auch

$$D(v_x, v_y, v_z)\, dv_x\, dv_y\, dv_z = L^3\left(\frac{m}{2\pi\hbar}\right)^3 dv_x\, dv_y\, dv_z\,. \tag{E81}$$

Diese Beziehung drückt den bekannten Satz aus, dass auf jedes Volumen $h^3 = (2\pi\hbar)^3$ im Phasenraum 1 Quantenzustand entfällt.

Unter Verwendung der Gl. E 76, E 77, E 79 und E 81 ergibt sich für die Emissionsstromdichte

$$j_x(T, 0) = 2e\left(\frac{m}{2\pi\hbar}\right)^3 \int_{v_{x0}}^{+\infty}\int_{-\infty}^{+\infty}\int \frac{\delta(v_x)\, v_x\, dv_x\, dv_y\, dv_z}{\exp\left(\dfrac{\frac{m}{2}(v_x^2+v_y^2+v_z^2)-\zeta}{kT}\right)+1} \tag{E82}$$

Führt man Polarkoordinaten ein:

$$\begin{aligned} &v_y = \varrho \sin\varphi, \quad v_z = \varrho\cos\varphi, \\ &v_y^2 + v_z^2 = \varrho^2, \quad dv_y\, dv_z = \varrho\, d\varrho\, d\varphi, \end{aligned} \tag{E83}$$

so erhält man aus Gl. E 82

$$j_x(T,0) = 2\,e\left(\frac{m}{2\pi\hbar}\right)^3 \int\limits_{v_{x0}}^{+\infty}\int\limits_{0}^{+\infty}\int\limits_{0}^{2\pi} \frac{\delta(v_x)\,v_x\,dv_x\,\varrho\,d\varrho\,d\varphi}{\exp\left(\dfrac{\frac{m}{2}(v_x^2+\varrho^2)-\zeta}{k\,T}\right)+1}. \tag{E84}$$

Mit den Substitutionen

$$\frac{m\,\varrho^2}{2\,k\,T} = x, \qquad \varrho\,d\varrho = \frac{k\,T}{m}\,dx, \tag{E85}$$

$$\frac{m}{2}\,v_x^2 - \zeta = \varepsilon, \qquad v_x\,dv_x = \frac{d\varepsilon}{m} \tag{E86}$$

geht Gl. E 84 über in

$$j_x(T,0) = \frac{e\,m\,k\,T}{2\,\pi^2\,\hbar^3}\int\limits_{W}^{\infty}\int\limits_{0}^{\infty}\frac{\delta(\varepsilon)\,dx\,d\varepsilon}{\exp\left(\frac{\varepsilon}{k\,T}+x\right)+1}. \tag{E87}$$

Die untere Integrationsgrenze von ε ist nach Gl. E 75 gleich der Austrittsarbeit W. Nach Integration über x ergibt sich

$$j_x(T,0) = \frac{e\,m\,k\,T}{2\,\pi^2\,\hbar^3}\int\limits_{W}^{\infty}\delta(\varepsilon)\ln\left[1+\exp\left(-\frac{\varepsilon}{k\,T}\right)\right]d\varepsilon. \tag{E88}$$

Diese Beziehung gilt für jeden Grad der Entartung und ist nicht auf einen bestimmten Temperaturbereich beschränkt. Sie gilt daher im Rahmen des SOMMERFELD-Modells streng.

Zur weiteren Auswertung von Gl. E 88 ersetzen wir die energieabhängige Durchlässigkeit $\delta(\varepsilon)$ durch einen Mittelwert $\bar{\delta}$. Ferner ist erfahrungsgemäss $W \gg k\,T$ und damit auch im gesamten Integrationsbereich $\varepsilon \gg k\,T$. Daher ist in guter Näherung

$$\ln\left[1+\exp\left(-\frac{\varepsilon}{k\,T}\right)\right] \approx \exp\left(-\frac{\varepsilon}{k\,T}\right). \tag{E89}$$

Mit diesen Annahmen folgt aus Gl. E 88 das berühmte Emissionsgesetz, das 1928 von A. SOMMERFELD und von L. NORDHEIM unabhängig hergeleitet wurde:

$$j_x(T,0) = A_0\,\bar{\delta}\,T^2\exp\left(-\frac{W}{k\,T}\right) \tag{E90}$$

mit der universellen Konstante, der sog. Mengenkonstante:

$$A_0 = \frac{e\,m\,k^2}{2\,\pi^2\,\hbar^3} = 120\,\frac{\mathrm{A}}{\mathrm{cm}^2\,\mathrm{Grad}^2}. \tag{E91}$$

Die Beziehung Gl. E90 wird vielfach als RICHARDSON-Gleichung bezeichnet. O. W. RICHARDSON hat als erster das Problem der Thermo-Emission behandelt und qualitativ einen ähnlichen Zusammenhang gefunden. Er benutzte jedoch anstelle der FERMI–DIRAC-Statistik die MAXWELL–BOLTZMANN-Statistik.

α) Durchlässigkeits- bzw. Reflexionskoeffizient

Zur Herleitung des Emissionsgesetzes wurde bis hierher nur die Höhe $\zeta+W$ einer Potentialschwelle zwischen dem Metallinnern und dem Vakuum berücksichtigt. Aussagen über den Durchlässigkeitskoeffizienten δ sind aber erst möglich, wenn man zusätzlich auch den Verlauf des Potentials vom Metall ins Vakuum kennt.

Wir erläutern den Begriff des Durchlässigkeits- bzw. Reflexionskoeffizienten für den einfachen Fall eines Potentialsprungs an der Metalloberfläche ($x=0$). Im Gebiet $x \leqslant 0$ (Metall) sei die potentielle Energie der Elektronen konstant gleich Null, im Gebiet $x>0$ (Vakuum) sei sie konstant gleich $V=\zeta+W$ (vgl. Fig. 90). Da wir nur die Bewegung der Elektronen in der x-Richtung betrachten, suchen wir Lösungen der eindimensionalen SCHRÖDINGER-Gleichung

$$\frac{d^2\psi}{dx^2}+\frac{2m}{\hbar^2}(E_\perp - V(x))\,\psi = 0 \qquad \text{(E 92)}$$

mit

$$E_\perp = E-\frac{\hbar^2}{2m}(k_y^2+k_z^2) = \frac{\hbar^2}{2m}k_x^2 = \frac{m}{2}v_x^2. \qquad \text{(E 93)}$$

Mit $V(x)=\text{const}$ sind die Eigenfunktionen zum Eigenwert $E_\perp$ analog zu Gl. E6 angebbar. Für $x \leqslant 0$ ist die allgemeine Form der Lösung:

$$\psi_- = a\exp(i\,k_x\,x)+b\exp(-i\,k_x\,x). \qquad \text{(E 94)}$$

Danach besteht die Eigenfunktion im Innern des Metalls aus einer einlaufenden Welle mit der Amplitude a und aus einer reflektierten Welle mit der Amplitude b. Für $x>0$ wird eine aus dem Metall austretende Elektronenwelle mit der Amplitude c dargestellt durch die Lösung

$$\psi_+ = c\exp(i\,\varkappa\,x) \qquad \text{(E 95)}$$

mit

$$\varkappa = \frac{1}{\hbar}[2m(E_\perp - V)]^{\frac{1}{2}} = \frac{1}{\hbar}[2m(E_\perp-\zeta-W)]^{\frac{1}{2}}. \qquad \text{(E 96)}$$

Die kinetische Energie der austretenden Elektronen ist also um $\zeta+W$ verkleinert worden.

Man definiert den Reflexionskoeffizienten R der Grenzfläche als das Verhältnis der Amplitudenquadrate:

$$R=\frac{b^2}{a^2}. \qquad \text{(E 97)}$$

Der Teil der einfallenden Intensität, der nicht reflektiert wird, muss emittiert werden. Man bezeichnet als Durchlässigkeitskoeffizienten

$$\delta = 1 - R = 1 - \frac{b^2}{a^2}. \tag{E98}$$

Die Amplituden a, b, c stehen miteinander in Beziehung durch die Stetigkeitsbedingungen an der Grenzfläche $x = 0$:

$$\psi_-(0) = \psi_+(0), \tag{E99}$$

$$\frac{d\psi_-}{dx}(0) = \frac{d\psi_+}{dx}(0). \tag{E100}$$

Aus diesen Bedingungen folgt mit den Gl. E94 und E95:

$$a + b = c \tag{E101}$$

und

$$k_x(a-b) = \varkappa\, c. \tag{E102}$$

Durch Elimination von c ergibt sich hieraus

$$R = \frac{b^2}{a^2} = \left(\frac{k_x - \varkappa}{k_x + \varkappa}\right)^2 \tag{E103}$$

und mit Gl. E98

$$\delta = 4\,\frac{k_x \varkappa}{(k_x + \varkappa)^2}. \tag{E104}$$

Durch Einsetzen der Gl. E93 und E96 erhält man somit die Energieabhängigkeit des Durchlässigkeitskoeffizienten für eine Potentialstufe der Höhe V:

$$\delta = 4\,\frac{[E_\perp(E_\perp - V)]^{\frac{1}{2}}}{\left[E_\perp^{\frac{1}{2}} + (E_\perp - V)^{\frac{1}{2}}\right]^2}. \tag{E105}$$

Beispielsweise ist der Duchlässigkeitskoeffizient einer Potentialstufe der Höhe $V \approx 10$ eV für Elektronen der kinetischen Energie $E \approx 10{,}1$ eV etwa 40% (die kinetische Energie nach dem Austritt ins Vakuum ist 0,1 eV).

Die mit Gl. E 105 ermittelten Werte von δ sind prinzipiell zu klein und nicht vereinbar mit den experimentellen Ergebnissen. Die Ursache hierfür liegt in der stark vereinfachenden Annahme eines Potentialsprungs. Die Berücksichtigung eines stetigen Potentialverlaufs erschwert die Berechnung von δ zwar ausserordentlich; numerische Auswertungen zeigen aber, dass dann δ fast Eins wird und nur eine sehr kleine Energieabhängigkeit hat. Die Näherung $\delta(\varepsilon) \approx \bar{\delta}$ (Gl. E88 $\rightarrow$ Gl. E 90) ist daher gerechtfertigt.

β) Vergleich mit experimentellen Ergebnissen

Die RICHARDSON-Formel (Gl. E90) wird qualitativ gut durch das Experiment bestätigt. Die Messwerte $j_x(T, 0)$ ergeben in der Darstellung $\ln(j_x/T^2)$ in Funktion von $1/T$ Geraden (vgl. Fig. 91). Der aus der Extrapolation auf $1/T = 0$ ermittelte Ordinatenwert $A_0 \bar{\delta}$ liefert unter Berücksichtigung des passenden Werts $\bar{\delta}$ jedoch meistens nicht den richtigen Wert der universellen

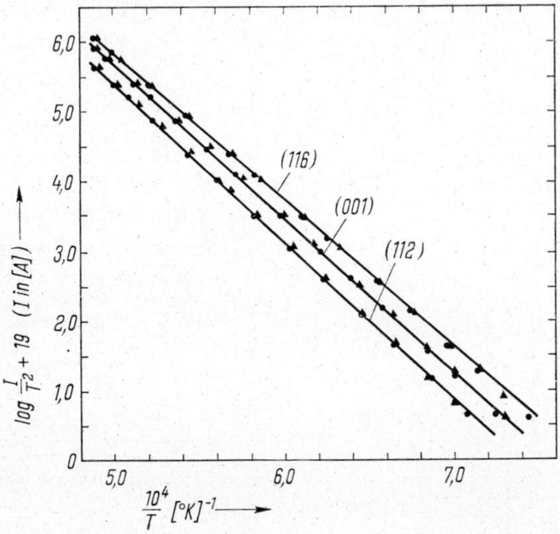

Fig. 91: SOMMERFELD–NORDHEIM-Gesetz der Thermo-Emission (RICHARDSON-Geraden) für verschiedene Kristall-Orientierungen von Wolfram; die verschiedenen Messpunkte bezeichnen Messungen, die in verschiedener Röhrengeometrie durchgeführt wurden (nach G. F. SMITH, Phys. Rev. *94*, 295 (1954))

Konstante A_0, sondern einen bis um Grössenordnungen abweichenden Wert A.

Diese Abweichungen sind im wesentlichen auf die folgenden beiden Gründe zurückzuführen:

1) Temperaturabhängigkeit der Austrittsarbeit $W(T)$: Die Austrittsarbeit ist die Differenz zweier temperaturabhängiger Energien, der Elektronen-Affinität χ und der FERMI-Energie ζ. Die Elektronen-Affinität, die der Bindungsenergie der Elektronen an den Kristall entspricht, nimmt mit zunehmender Temperatur infolge der Volumenausdehnung des Kristalls ab.

Die FERMI-Grenzenergie nimmt ebenfalls mit der Temperatur ab (vgl. Gl. E43). Je nach den relativen Änderungen der beiden Terme $\chi(T)$ und $\zeta(T)$ kann die Austrittsarbeit mit der Temperatur sowohl zu- als auch abnehmen. In erster Näherung ist

$$W(T) = W_0 \pm a T. \tag{E 106}$$

a Konstante, von der Grössenordnung $10^{-4} \dfrac{\text{eV}}{\text{Grad}}$

Man hat also zu beachten, dass die RICHARDSON-Formel keinen expliziten Zusammenhang darstellt zwischen Sättigungsstromdichte und Temperatur. Durch Einsetzen von Gl. E106 in Gl. E90 erhält man

$$j_x(T, 0) = A_0 \bar{\delta} T^2 \exp\left(\mp \frac{a}{k}\right) \exp\left(-\frac{W_0}{k\,T}\right). \tag{E 107}$$

Die aus der Darstellung ln (j_x/T^2) in Funktion von $1/T$ ermittelte Steigung entspricht daher der auf $T = 0$ °K extrapolierten Austrittsarbeit W_0. Dieser Wert hat aber nur physikalische Bedeutung, sofern Gl. E106 wirklich bis $T = 0$ °K gilt. Der Faktor exp $(\mp a/k)$ vermag in vielen Fällen die Abweichung des Wertes A von der Konstante A_0 zu erklären.

2) Oberflächenbeschaffenheit: Die Elektronen-Affinität hängt von der Anordnung der Oberflächenatome und damit von der Kristallrichtung ab. Auch kann die Lage der Atome in einer Oberfläche bestimmter Kristallrichtung durch Adsorption von Fremdatomen verändert werden. Überdies sind durch die Adsorption Dipolmomente und damit ein Potentialsprung an der Oberfläche bedingt, der die Elektronen-Affinität ändert.

Die Austrittsarbeit $W(T)$ und die Mengenkonstante A sind also einerseits anisotrop (vgl. Tab. 18), andererseits von der Reinheit der Oberfläche abhängig.

Tabelle 18

Anisotropie der Thermo-Emission aus Wolfram (nach G. F. SMITH, Phys. Rev. *94*, 295 [1954], Tab. 3).

Orientierung	W [eV]	A $\left[\frac{\text{A}}{\text{cm}^2\,\text{Grad}^2}\right]$
(111)	4,38	52
(112)	4,65	120
(116)	4,29	40
(001)	4,52	105

Man bekommt daher nur eindeutige Aussagen über Emissionseigenschaften, wenn man die Emission von Einkristallen in definierten Kristallrichtungen misst.

Messungen an polykristallinen Proben sind wesentlich schwieriger auszuwerten. Die Oberfläche besteht aus Bereichen verschiedener Kristallorientierung und damit auch verschiedener Austrittsarbeiten (aus sog. ‹patches›). Die Austrittsarbeit ist darum auch eine Funktion $W(y, z)$ des Orts auf der emittierenden Oberfläche. Die Bereiche kleinerer Austrittsarbeit werden wegen des exponentiellen Zusammenhangs zwischen j_x und W (Gl. E90) den Hauptbeitrag zum Emissionsstrom liefern. Wegen der Inhomogenität der Oberfläche wird die Berechnung der Strom*dichte* zweifelhaft. Überdies entstehen wegen der Abhängigkeit $W(y, z)$ auch elektrische Feldkomponenten parallel zur Oberfläche, so dass der Potentialverlauf in der Umgebung der Oberfläche ebenfalls eine Funktion von y und z wird (sog. ‹patch-effect›). Dieser Effekt kann auch für ‹einkristalline› Oberflächen wirksam werden, wenn durch Unvollkommenheiten der Oberfläche (z.B. Rauhigkeit, Kristallfehler) zusätzliche Bereiche verschiedener Austrittsarbeit auftreten.

b) SCHOTTKY-Effekt

Hinreichend hohe elektrische Feldstärken an der Oberfläche bewirken eine Änderung des Potentialverlaufs ausserhalb des Metalls und damit eine Erniedrigung der Austrittsarbeit W. Dies führt wegen der exponentiellen Abhängigkeit (Gl. E90) zu einer starken Erhöhung des Emissionsstroms (sog. SCHOTTKY-Effekt). Die Herabsetzung der Austrittsarbeit infolge des elektrischen Feldes wurde erstmals von W. SCHOTTKY hergeleitet. Der Einfluss des elektrischen Feldes auf ein emittiertes Elektron kann nur abgeschätzt werden, wenn man die Kraft auf das Elektron in Funktion des Abstands x von der Oberfläche und damit den Verlauf der potentiellen Energie kennt.

Bis zu Abständen von 1 bis 2 Gitterkonstanten von der geometrischen Oberfläche ($0 < x < x_0 \approx 10^{-7}$ cm) steht das emittierte Elektron unter dem Einfluss von Kräften kurzer Reichweite. Diese Kräfte K_A sind abhängig von der atomaren Umgebung, die das Elektron verlässt. Sie bestimmen die spezifischen Unterschiede der Austrittsarbeit bezüglich Kristallorientierung, Oberflächenbeschaffenheit und Material. Der Verlauf dieser Kräfte in Funktion des Abstands ist nur näherungsweise bekannt.

In grösseren Abständen ($x > x_0 \approx 10^{-7}$ cm) von der Oberfläche wirken Kräfte grosser Reichweite. Im wesentlichen ist die sog. Bildkraft massgebend, die rein elektrostatischer Natur ist. Ein Elektron am Ort x im Vakuum erzeugt an der Oberfläche des neutralen Metalls von unendlich grosser Leitfähigkeit eine positive Influenzladung, die dieselbe Kraftwirkung ergibt wie die positive Ladung $+e$ im Spiegelpunkt $-x$ des Elektrons. Das Elektron wird also vom Metall angezogen mit der Bildkraft

$$K_B = \frac{1}{4\pi\,\varepsilon_0}\,\frac{e^2}{(2\,x)^2} = \frac{e^2}{16\pi\,\varepsilon_0}\,\frac{1}{x^2}. \tag{E108}$$

ε_0 Influenzkonstante

Die Arbeit, um das Elektron vom Ort $x > x_0$ ins Unendliche zu bringen, beträgt

$$\int_x^\infty K_B\,dx = \frac{e^2}{16\pi\,\varepsilon_0}\,\frac{1}{x}. \tag{E109}$$

Der Verlauf der potentiellen Energie in Funktion des Abstands x von der

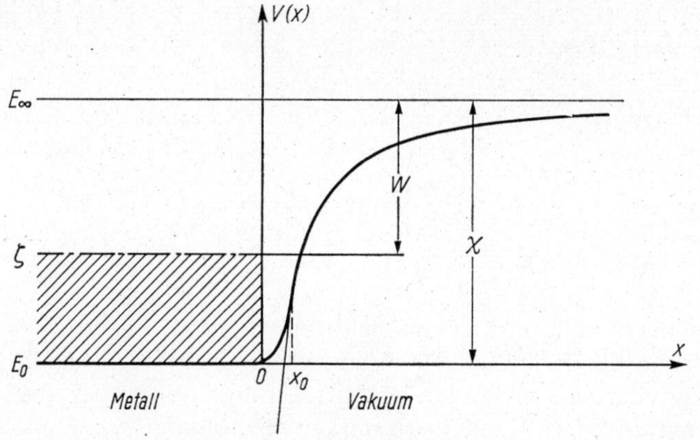

Fig. 92: Verlauf der potentiellen Energie eines Elektrons in Funktion des Abstands von der Metalloberfläche (Bildkraftpotential)

Oberfläche ist für $x > x_0$ (vgl. Fig. 92)

$$V(x) = \chi - \frac{e^2}{16\pi\varepsilon_0}\frac{1}{x}. \qquad \text{(E110)}$$

Die potentielle Energie im Innern des Metalls wurde gleich Null gesetzt (vgl. S. 167); damit ist ihr Wert für ein ruhendes Elektron ausserhalb des Metalls

$$V(\infty) = \chi = \zeta + W. \qquad \text{(E111)}$$

Die Elektronen-Affinität χ ergibt sich im wesentlichen als die Summe

$$\chi = \int_0^{x_0} K_A\,dx + \int_{x_0}^{\infty} K_B\,dx = \int_0^{x_0} K_A\,dx + \frac{e^2}{16\pi\varepsilon_0}\frac{1}{x_0}. \qquad \text{(E112)}$$

Ein Beitrag zur Elektronen-Affinität und damit zur Austrittsarbeit rührt also von der Bildkraft her.

Durch Anlegen eines äusseren elektrischen Feldes F erfährt das emittierte Elektron eine zusätzliche Kraft K_F, die zur Bildkraft entgegengesetzt gerichtet ist:

$$K_F = -eF. \qquad \text{(E113)}$$

Damit erhält man anstelle der Gl. E110 für die potentielle Energie in Funktion des Abstands $x > x_0$ (vgl. Fig. 93):

$$V(x) = \chi - eFx - \frac{e^2}{16\pi\varepsilon_0}\frac{1}{x}. \qquad \text{(E114)}$$

Diese Funktion hat ein Maximum im Abstand

$$x_{\max} = \frac{1}{4}\left(\frac{e}{\pi\varepsilon_0 F}\right)^{\frac{1}{2}}. \qquad \text{(E115)}$$

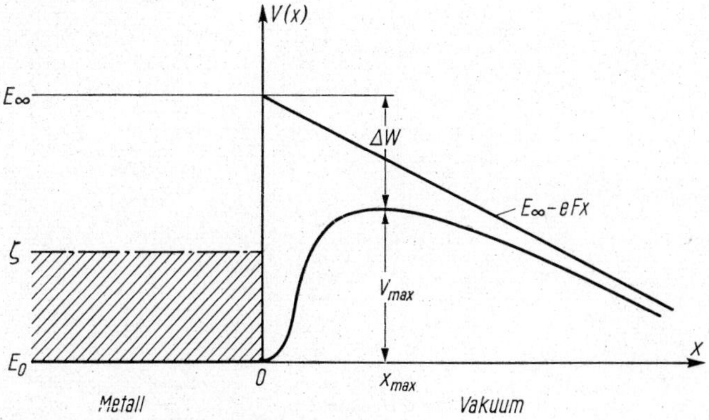

Fig. 93: Verlauf der potentiellen Energie eines Elektrons in Funktion des Abstands von der Metalloberfläche bei Anwesenheit eines äusseren elektrischen Feldes (Erniedrigung der Austrittsarbeit infolge der Bildkraft)

Dort hat die potentielle Energie den Wert

$$V_{\max} = \chi - \frac{1}{2}\left(\frac{e^3 F}{\pi \varepsilon_0}\right)^{\frac{1}{2}}. \tag{E116}$$

Die potentielle Energie erreicht also nicht mehr, wie bei Abwesenheit eines äusseren Feldes, den Wert χ für $x = \infty$ (vgl. Gl. E110), sondern im Maximum nur noch den Wert $V_{\max}$. Mit Hilfe von $V_{\max}$ wird die feldabhängige Austrittsarbeit $W(F)$ definiert durch die Beziehung (vgl. Gl. E111)

$$V_{\max} = \zeta + W(F). \tag{E117}$$

Dementsprechend ist für $F \neq 0$ die notwendige Bedingung für Thermo-Emission (vgl. Gl. E75)

$$\frac{m}{2} v_x^2(F) \geqq \zeta + W(F). \tag{E118}$$

Aus Gl. E111, E116 und E117 folgt

$$W(F) = W - \frac{1}{2}\left(\frac{e^3 F}{\pi \varepsilon_0}\right)^{\frac{1}{2}} = W - \Delta W, \tag{E119}$$

d.h. die Austrittsarbeit wird für $F \neq 0$ um ΔW erniedrigt.

Der Emissionsstrom $j_x(T, F)$ nimmt daher mit der angelegten elektrischen Feldstärke zu; Gl. E90 geht unter Verwendung von Gl. E119 über in

$$j_x(T, F) = A_0 \bar{\delta} T^2 \exp\left(-\frac{W - \Delta W}{k T}\right) \tag{E120}$$

oder

$$j_x(T, F) = j_x(T, 0) \exp\left(\frac{1}{2 k T}\left(\frac{e^3 F}{\pi \varepsilon_0}\right)^{\frac{1}{2}}\right). \tag{E121}$$

Die Messwerte $j_x(T, F)$ ergeben in der Darstellung $\ln j_x$ in Funktion von $F^{\frac{1}{2}}$ Geraden, deren Steigungen, abgesehen von der Proportionalität zu T^{-1}, universell sind (vgl. Fig. 94). Die Bildkraft spielt demnach eine wichtige Rolle. Der auf $F = 0$ extrapolierte Wert des Stroms ist der Sättigungswert $j_x(T, 0)$, der durch die RICHARDSON-Beziehung (Gl. E 90) bestimmt ist.

Auf geringe, mit der Feldstärke periodische Abweichungen von den SCHOTTKY-Geraden kann hier nicht eingegangen werden.

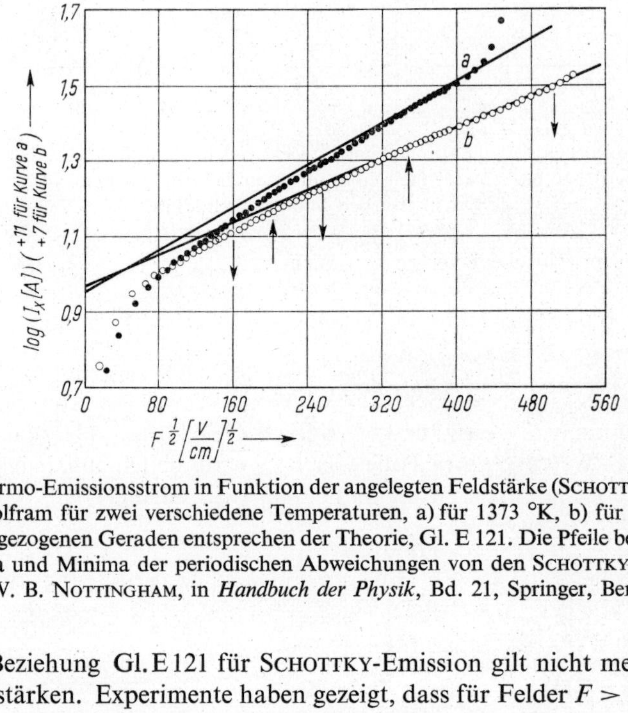

Fig. 94: Thermo-Emissionsstrom in Funktion der angelegten Feldstärke (SCHOTTKY-Geraden von Wolfram für zwei verschiedene Temperaturen, a) für 1373 °K, b) für 1790 °K. Die ausgezogenen Geraden entsprechen der Theorie, Gl. E 121. Die Pfeile bezeichnen Maxima und Minima der periodischen Abweichungen von den SCHOTTKY-Geraden (nach W. B. NOTTINGHAM, in *Handbuch der Physik*, Bd. 21, Springer, Berlin 1956)

Die Beziehung Gl. E 121 für SCHOTTKY-Emission gilt nicht mehr für sehr hohe Feldstärken. Experimente haben gezeigt, dass für Felder $F > 10^6\ \mathrm{V\ cm^{-1}}$ der gemessene Emissionsstrom viel grösser wird als der aufgrund von Gl. E 121 berechnete. Dies bedeutet, dass die SCHOTTKY-Emission allmählich übergeht in die Feld-Emission.

c) Feld-Emission

Wir haben im letzten Abschnitt gezeigt, dass ein äusseres elektrisches Feld eine Erniedrigung ΔW der Austrittsarbeit bewirkt. Die Austrittsarbeit $W(F)$ verschwindet für die kritische Feldstärke F_{krit}, die gegeben ist durch:

$$W(F) = 0 = W - \frac{1}{2}\left(\frac{e^3 F_{\text{krit}}}{\pi \varepsilon_0}\right)^{\frac{1}{2}}. \tag{E 122}$$

Daraus folgt

$$F_{\mathrm{krit}} = \frac{4\pi\,\varepsilon_0}{e^3}\,W^2. \tag{E 123}$$

Der Wert F_{krit} ist von der Grössenordnung 10^8 V cm^{-1}. Nach der klassischen Physik hätte man bei Überschreiten von F_{krit} auch für $T = 0$ °K ein plötzliches Einsetzen eines Emissionsstroms zu erwarten, d.h. die Elektronen würden bei verschwindender Austrittsarbeit $W(F)$ aus dem Metall ‹auslaufen›.

Erfahrungsgemäss beobachtet man aber schon bei etwa 100mal kleineren Feldstärken als F_{krit} und für sehr tiefe Temperaturen eine starke Elektronen-Emission, die nicht mit SCHOTTKY-Emission erklärbar ist. Der Austritt der Elektronen aus dem Metall ist nämlich wellenmechanisch auch dann möglich, wenn ihre Energie niedriger ist als das Maximum der potentiellen Energie (vgl. Fig. 93). Die Elektronen können mit einer gewissen Wahrscheinlichkeit den Potentialwall (Gl. E 114) durchtunneln. Die Bedingung Gl. E 118 verliert also für hinreichend hohe Felder ihre Gültigkeit.

Den unter der Wirkung eines äusseren elektrischen Feldes austretenden Elektronenstrom berechnet man analog zum Thermo-Emissionsstrom. Ein wesentlicher Unterschied besteht darin, dass jetzt Elektronen aller Geschwindigkeiten mit $v_x > 0$ emittiert werden können. Man erhält anstelle von Gl. E 88 den Feld-Emissionsstrom

$$j_x(T, F) = \frac{e\,m\,k\,T}{2\pi^2\hbar^3}\int\limits_{-\zeta}^{\infty}\delta(\varepsilon)\ln\left[1+\exp\left(-\frac{\varepsilon}{k\,T}\right)\right]d\varepsilon. \tag{E 124}$$

Die untere Integrationsgrenze der Energie ε ergibt sich aus Gl. E 86 für $v_x = 0$. Für Energien

$$E_\perp = \frac{m}{2}\,v_x^2 < \zeta + W(F) \tag{E 125}$$

bzw. für

$$\varepsilon < W(F) \tag{E 126}$$

hängt der Durchlässigkeitskoeffizient $\delta(\varepsilon)$ sehr stark von der Energie ab. Eine Mittelung über die Energie ist daher nicht zulässig wie im Fall der Thermo-Emission (vgl. Gl. E 88 → Gl. E 90).

α) *Durchlässigkeitskoeffizient*

Der Durchlässigkeitskoeffizient einer Potentialschwelle ergibt sich prinzipiell aus dem Verhältnis der Teilchenstromdichten nach und vor der Barriere. Die Teilchenstromdichten in der x-Richtung sind durch die Lösungen $\psi(x)$ der eindimensionalen SCHRÖDINGER-Gleichung (Gl. E 92) bestimmt. Lösungen

$\psi(x)$ lassen sich nur für wenige, spezielle Potentiale $V(x)$ in analytischer Form angeben. Mit Hilfe des WKB-Verfahrens (nach WENTZEL, KRAMERS und BRILLOUIN) erhält man näherungsweise die Eigenfunktionen unter der Voraussetzung

$$\frac{1}{2\pi}\left|\frac{d\lambda(x)}{dx}\right| \ll 1, \tag{E127}$$

d.h. die DE BROGLIE-Wellenlänge soll sich über eine Entfernung von der Wellenlänge selber nur wenig ändern. Mit

$$\frac{2\pi\hbar}{\lambda} = |p_x| = [2m(|E_\perp - V(x)|)]^{\frac{1}{2}} \tag{E128}$$

folgt aus der Bedingung Gl. E127

$$\frac{\hbar m}{|p_x|^3}\left|\frac{dV(x)}{dx}\right| \ll 1. \tag{E129}$$

Die WKB-Näherungslösungen $\psi(E_\perp, x)$ gelten also nur für Bereiche der Ortskoordinate x, in denen sich $V(x)$ nicht zu stark ändert und in denen $|p_x(x)|$ hinreichend gross ist.

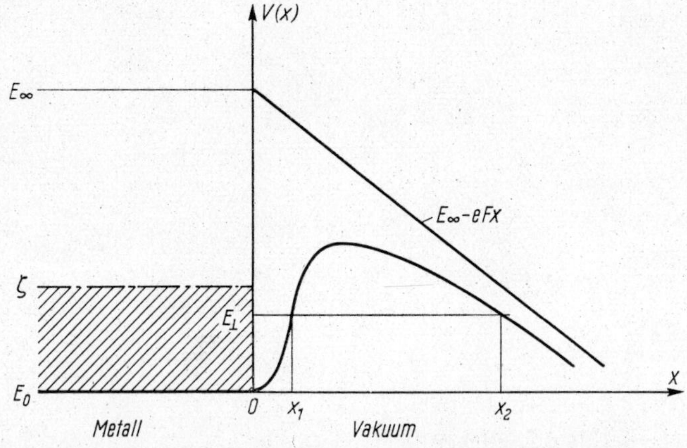

Fig. 95: Zur Berechnung der Tunnelwahrscheinlichkeit durch einen Potentialberg $V(x)$

Unter Verwendung der WKB-Approximation erhält man für den Durchlässigkeitskoeffizienten

$$\delta(E_\perp) = \exp\left\{-\frac{2}{\hbar}\int_{x_1}^{x_2} [2m(V(x)-E_\perp)]^{\frac{1}{2}}\,dx\right\}, \tag{E130}$$

Die Koordinaten x_1 und x_2 (vgl. Fig. 95) sind bestimmt durch die Beziehung

$$V(x) - E_\perp = 0, \tag{E131}$$

d.h. ein Elektron der Energie $E_\perp$ trifft den Potentialberg im Abstand $x_1(E_\perp)$ von der Metalloberfläche und verlässt ihn im Abstand $x_2(E_\perp)$ mit der Wahrscheinlichkeit $\delta(E_\perp)$. Gl. E130 gilt nur für Energien $E_\perp < V_{max}$ und zudem nur unter der Bedingung, dass Gl. E129 erfüllt ist. Der Durchlässigkeitskoeffizient für Elektronen mit $E_\perp \approx V_{max}$ ist daher nicht mehr mit Gl. E130 bestimmbar.

Einsetzen des für die Feld-Emission massgebenden Potentialverlaufs $V(x)$ (Gl. E114) in Gl. E130 und E131 liefert

$$\delta(E_\perp) = \exp\left\{-\frac{2}{\hbar}\int_{x_1}^{x_2}\left[2m\left(\chi - E_\perp - eFx - \frac{e^2}{16\pi\varepsilon_0}\frac{1}{x}\right)\right]^{\frac{1}{2}} dx\right\} \qquad \text{(E132)}$$

mit

$$x_{1,2} = \frac{\chi - E_\perp}{2eF}\left[1 \mp \left(1 - \frac{4e^3F}{16\pi\varepsilon_0(\chi - E_\perp)^2}\right)^{\frac{1}{2}}\right]. \qquad \text{(E133)}$$

Das Integral in Gl. E132 ist ein vollständiges elliptisches Integral, das von L. NORDHEIM erstmals berechnet wurde. Das Resultat der Auswertung von Gl. E132 ist

$$\delta(E_\perp) = \exp\left(-\frac{4}{3}\frac{(2m)^{\frac{1}{2}}}{e\hbar F}(\chi - E_\perp)^{\frac{3}{2}}\phi\right) \qquad \text{(E134)}$$

mit

$$\phi = \phi\left(\frac{(e^3F)^{\frac{1}{2}}}{\chi - E_\perp}\right). \qquad \text{(E135)}$$

Die Funktion ϕ nimmt Werte an zwischen 0 und 1; für $F \neq 0$ gilt stets $\phi < 1$. Unter Verwendung der Gl. E86 und E111 ist

$$\delta(\varepsilon) = \exp\left(-\frac{4}{3}\frac{(2m)^{\frac{1}{2}}}{e\hbar F}(W - \varepsilon)^{\frac{3}{2}}\phi\right). \qquad \text{(E136)}$$

Setzt man für $V(x)$ anstelle der Gl. E 114 den stark vereinfachten Potentialverlauf

$$V(x) = \chi - eFx \qquad \text{(E137)}$$

ein, der die Bildkraft unberücksichtigt lässt, so ist das Integral in Gl. E132 elementar lösbar. Man erhält dann für den Durchlässigkeitskoeffizienten unmittelbar Gl. E134 bzw. E 136 mit $\phi = 1$. Der Einfluss der Bildkraft, d.h. $\phi < 1$, äussert sich stark, da ϕ im Exponenten auftritt. Die Bildkraft erhöht also die Durchlässigkeit, indem sie den Potentialberg erniedrigt.

Für die weitere Berechnung des Feld-Emissionsstroms nehmen wir an: $T \approx 0$ °K. Dann wird in Gl. E124 die obere Integrationsgrenze $\varepsilon = 0$, da wegen Gl. E19 für $T \approx 0$ °K keine Zustände mit Energien $\varepsilon > 0$ $(E_\perp > \zeta)$ besetzt sind.

Die untere Integrationsgrenze darf durch $\varepsilon = -\infty$ ersetzt werden, weil der Durchlässigkeitskoeffizient $\delta(\varepsilon)$ mit abnehmendem ε exponentiell gegen Null geht. Wegen der Annahme $T \approx 0$ °K gilt immer $\varepsilon < 0$ und

$$\ln\left[1+\exp\left(-\frac{\varepsilon}{kT}\right)\right] \approx -\frac{\varepsilon}{kT}. \tag{E 138}$$

Gl. E 124 geht damit über in

$$j_x(0, F) = \frac{e\,m}{2\pi^2\hbar^3}\int\limits_{-\infty}^{0}\delta(\varepsilon)\,\varepsilon\,d\varepsilon. \tag{E 139}$$

Der Feld-Emissionsstrom ist in dieser Näherung also temperaturunabhängig. Man kann zeigen, dass auch allgemein die Elektronen-Emission unter dem Einfluss starker Felder weitgehend von der Temperatur unabhängig ist.

Der Hauptbeitrag zum Feld-Emissionsstrom stammt von Elektronen der Energie $E_\perp \approx \zeta$ (d.h. $\varepsilon \approx 0$), für die die Tunnelwahrscheinlichkeit am grössten ist. Man kann daher den Exponenten des Durchlässigkeitskoeffizienten an der Stelle $\varepsilon = 0$ entwickeln; Gl. E 136 geht über in

$$\delta(\varepsilon) \approx \exp\left[-\frac{4}{3}\,\frac{(2\,m)^{\frac{1}{2}}}{e\,\hbar\,F}\left(W^{\frac{3}{2}}-\frac{3}{2}\,W^{\frac{1}{2}}\,\varepsilon+\ \ldots\right)\phi_0\right] \tag{E 140}$$

mit

$$\phi_0 = \phi\left(\frac{(e^3\,F)^{\frac{1}{2}}}{W}\right). \tag{E 141}$$

Hiermit ergibt sich aus Gl. E 139

$$j_x(0, F) \approx -\frac{e\,m}{2\pi^2\hbar^3}\exp\left(-\frac{4}{3}\,\frac{(2\,m)^{\frac{1}{2}}}{e\,\hbar\,F}\,W^{\frac{3}{2}}\,\phi_0\right)\int\limits_{-\infty}^{0}\varepsilon\exp\left(\frac{2\,(2\,m)^{\frac{1}{2}}}{e\,\hbar\,F}\,W^{\frac{1}{2}}\,\varepsilon\right)d\varepsilon \tag{E 142}$$

und daraus

$$j_x(0, F) \approx \alpha\,\frac{F^2}{W}\exp\left(-\beta\,\phi_0\,\frac{W^{\frac{3}{2}}}{F}\right) \tag{E 143}$$

mit den universellen Konstanten

$$\alpha = \frac{e^3}{16\pi^2\hbar}, \tag{E 144}$$

$$\beta = \frac{4}{3}\,\frac{(2\,m)^{\frac{1}{2}}}{e\,\hbar}. \tag{E 145}$$

Der Zusammenhang zwischen Feld-Emissionsstrom und angelegtem Feld (Gl. E143) wird als FOWLER–NORDHEIM-Gleichung bezeichnet. Sie hat grosse Ähnlichkeit mit der RICHARDSON-Formel (Gl. E90): anstelle der Temperaturabhängigkeit tritt eine analoge Feldabhängigkeit.

β) Experimentelle Ergebnisse

Die zum Nachweis der Feld-Emission erforderlichen hohen Feldstärken erreicht man, wenn der Emitter als Spitze mit einem Krümmungsradius von der Grössenordnung 10^{-4} cm ausgebildet ist. Die quantitative Prüfung des FOWLER–NORDHEIM-Gesetzes setzt die genaue Kenntnis der geometrischen Form des Emitters voraus, damit man den direkt messbaren Zusammenhang zwischen Strom und Spannung umrechnen kann in die Beziehung zwischen Stromdichte und Feldstärke (vgl. Fig. 96).

Wegen der Abhängigkeit der Austrittsarbeit von der kristallographischen Richtung (vgl. S. 188) ist die Stromdichte über den spitzenförmigen Emitter nicht homogen verteilt. Dieser Effekt ist unmittelbar im Feldelektronenmi-

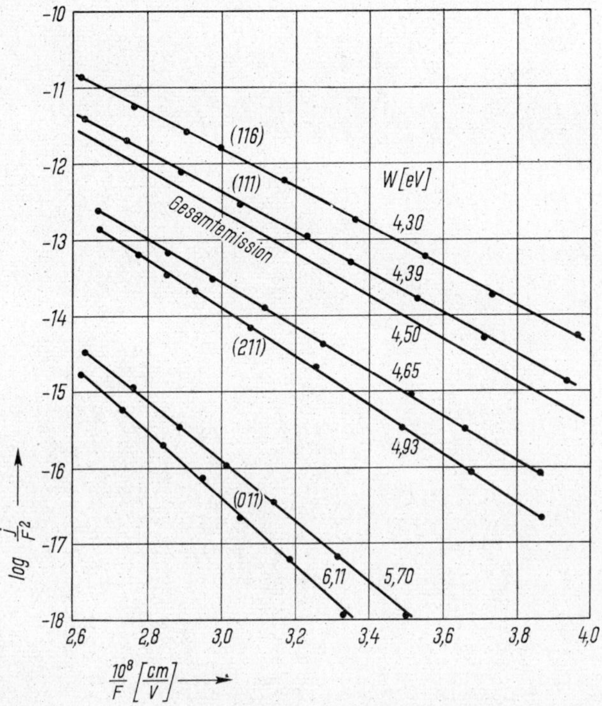

Fig. 96: Feld-Emissionsströme in Funktion des angelegten Feldes (FOWLER–NORDHEIM-Geraden) für verschiedene Kristall-Orientierungen eines reinen Wolfram-Einkristalls; für die (011)- und (211)-Ebenen hängen die Messresultate empfindlich von der Wärmebehandlung der Emissionsspitze ab (nach E. W. MÜLLER)

kroskop nachweisbar. Das Feldelektronenmikroskop entsteht, wenn man die emittierende Spitze mit einem Fluoreszenzschirm auf Anodenpotential umgibt (vgl. Fig. 97). Die Elektronen verlassen nahezu radial den Emitter und erzeugen auf dem Schirm ein stark vergrössertes ‹Bild› der Emitteroberfläche. Die Vergrösserung ist im wesentlichen durch das Verhältnis aus dem Abstand des Schirms von der Spitze und dem Spitzenradius gegeben und beträgt grössenordnungsmässig 10^5 bis 10^6. Helle und dunkle Flächen im Emissionsbild entsprechen

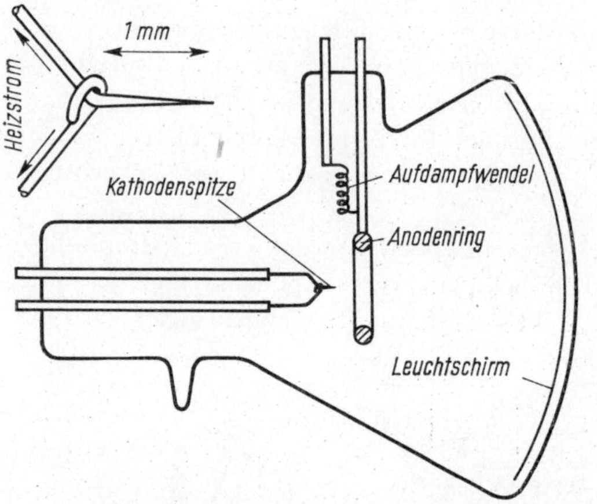

Fig. 97: Feldelektronen-Mikroskop (nach R. H. GOOD, Jr. und E. W. MÜLLER, in *Handbuch der Physik*, Bd. 21, Springer, Berlin 1956)

verschiedenen kristallographischen Richtungen mit kleiner und grosser Austrittsarbeit. Die ‹Bilder› von reinen, einkristallinen Emittern zeigen unmittelbar die entsprechenden Kristallsymmetrien. Das Feldelektronenmikroskop eignet sich zum Studium von Adsorptions- und Desorptionseigenschaften von Gasen in Abhängigkeit von der kristallographischen Richtung sowie zum Studium der Oberflächenwanderung von Atomen im Bereich höherer Temperaturen.

d) Photo-Emission

Im Vergleich zur Thermo-Emission und Feld-Emission ist die theoretische Behandlung der Photo-Emission bzw. der Sekundärelektronen-Emission grundsätzlich schwieriger. Die Emissionsprozesse sind hier erst im Anschluss an einen primären Auslösevorgang möglich. Während für die Thermo- und Feld-Emission eine Gleichgewichtsverteilung der Elektronen zur Verfügung steht, ist für die Photo- bzw. Sekundärelektronen-Emission eine Nichtgleichgewichtsverteilung massgebend, die durch die Wechselwirkung der Elektronen mit den Photonen bzw. mit den Primärelektronen entsteht. Die Kenntnis dieser Stossprozesse, die die erforderliche Energie für die Elektronen-Emission liefern, ist Voraussetzung für die Berechnung von Emissionsströmen. Die Grundlage der Stossprozesse ist die gleichzeitige Erhaltung von Energie und Impuls.

Am Beispiel des Photoeffekts wird gezeigt, dass die gleichzeitige Gültigkeit von Energie- und Impulssatz praktisch nicht möglich ist, wenn man nur die Wechselwirkung zwischen Photonen und *freien* Elektronen berücksichtigt: E_0 bzw. E sei die Energie des freien Elektrons vor bzw. nach der Absorption des Photons der Energie $\hbar\omega$. Der Energiesatz fordert

$$E = E_0 + \hbar\omega. \tag{E146}$$

Mit den entsprechenden Impulsen muss gleichzeitig die Impulserhaltung erfüllt sein:

$$(2mE)^{\frac{1}{2}} = (2mE_0)^{\frac{1}{2}} + \frac{\hbar\omega}{c}. \tag{E147}$$

Quadrieren von Gl. E147 und Einsetzen von Gl. E146 liefert

$$1 = \left(\frac{2E_0}{mc^2}\right)^{\frac{1}{2}} + \frac{\hbar\omega}{2mc^2}. \tag{E148}$$

Für Metallelektronen gilt stets $E_0 \ll mc^2$, auch ist $\hbar\omega \ll mc^2$. Die Bedingung Gl. E148 für Photonenabsorption kann daher niemals für freie Elektronen erfüllt werden. Der Photoeffekt kann demnach nicht mit dem SOMMERFELDschen Modell der freien Elektronen erklärt werden. Die gleichzeitige Erfüllung von Energie- und Impulssatz ist nur möglich, wenn man weitere Wechselwirkungen mit den Phononen berücksichtigt. Ähnlich liegen die Verhältnisse bei der Sekundärelektronen-Emission.

Im Vergleich zur Thermo- und Feld-Emission ist die Theorie der übrigen Emissionsprozesse noch nicht in allen Teilen befriedigend, obwohl kompliziertere Modelle als das SOMMERFELD-Modell zugrunde gelegt wurden. Für ein weiteres Studium muss auf die Spezialliteratur verwiesen werden.

7. *Grenzen des* SOMMERFELD*schen Modells freier Elektronen*

Die Annahme freier Elektronen im Metall und die Anwendung der FERMI-Statistik haben bereits viel zum physikalischen Verständnis vor allem der einwertigen Metalle beigetragen. Es muss als erstaunlich angesehen werden, dass das SOMMERFELDsche Modell trotz der Vernachlässigung der starken elektrostatischen Kraftwirkung zwischen den positiven Ionen und den Elektronen die folgenden Metalleigenschaften in befriedigender Weise erklärt:

1) Spezifische Wärme des Elektronengases (vgl. S. 176 ff.),
2) Thermo-Emission (vgl. S. 182 ff.),
3) Feld-Emission (vgl. S. 192 ff.),
4) WIEDEMANN–FRANZsches Gesetz (vgl. S. 366 ff.),
5) Dia- und Paramagnetismus des Elektronengases (vgl. S. 447 ff.).

Die theoretische Berechnung von galvanomagnetischen Effekten, wie magnetische Widerstandsänderung, HALL-Effekt, führt machmal bereits zu starken Abweichungen von den experimentellen Ergebnissen. So ist beispielsweise die gemessene magnetische Widerstandsänderung von Wolfram um den Faktor 10^{12} grösser als die aufgrund des Modells der freien Elektronen berechnete. Ebenso sind die positiven HALL-Koeffizienten von einigen Metallen (z.B. Zn, Cd) nicht erklärbar. Auf die Schwierigkeiten im Zusammenhang mit Emissionsprozessen wurde schon im letzten Abschnitt hingewiesen. Diese Beispiele zeigen bereits, dass das Modell der freien Elektronen die Wirklichkeit wohl zu stark idealisiert. Dies äussert sich auch in der Tatsache, dass in der Theorie nur zwei Grössen, Elektronenkonzentration und Austrittsarbeit, enthalten sind, die allein das jeweilige Metall charakterisieren.

Im folgenden Kapitel wird für die Diskussion von Festkörpereigenschaften ein allgemeineres Modell zugrunde gelegt. Dies führt dann zwangsläufig zur Beantwortung der Frage, warum gewisse Substanzen Metalle, Isolatoren, Halbleiter oder Halbmetalle sind, und man ist nicht mehr an spezifische Modelle gebunden, die beispielsweise nur für Metalle oder nur für Ionenkristalle gelten.

Literatur

Allgemein

JENKINS, R. O., und TRODDEN, W. G., *Electron and Ion Emission from Solids* (Dover, New York 1965).

Thermo-Emission

EISENSTEIN, A. S., *Oxide Coated Cathodes*, in *Advances in Electronics and Electron Physics* Bd. 1 (Academic Press, New York 1948).

FOMENKO, V. S., und SAMSONOV, G. W., *Handbook of Thermionic Properties* (Plenum, New York 1966).

HOUSTON, J. M., und WEBSTER, H. F., *Thermionic Energy Conversion*, in *Advances in Electronics and Electron Physics*, Bd. 17 (Academic Press, New York 1962).

MURPHY, E. L., und GOOD, R. H., *Thermionic Emission, Field Emission and the Transition Region*, Phys. Rev. *102*, 1464 (1956).

NERGAARD, L. S., *Electron and Ion Motion in Oxide Cathodes*, in *Halbleiter-Probleme*, Bd. 3 (Vieweg, Braunschweig 1956).

NICHOLS, M. H., und HERRING, C., *Thermionic Emission*, Rev. Mod. Phys., *21*, 185 (1949).

NOTTINGHAM, W. B., *Thermionic Emission*, in *Handbuch der Physik*, Bd. 21 (Springer, Berlin 1956).

Feld-Emission

DRECHSLER, M., und MÜLLER, E. W., *Feldemissionsmikroskopie* (Springer, Berlin 1963).

DYKE, W. P., und DOLAN, W. W., *Field Emission*, in *Advances in Electronics and Electron Physics*, Bd. 8 (Academic Press, New York 1956).

GOMER, R., *Field Emission and Field Ionisation* (Harvard University Press, Cambridge, Mass. 1961).

GOOD, R. H., und MÜLLER, E. W., *Field Emission*, in *Handbuch der Physik*, Bd. 21 (Springer, Berlin 1956).

MURPHY, E. L., und GOOD, R. H., *Thermionic Emission, Field Emission and the Transition Region*, Phys. Rev., *102*, 1464 (1956).

Photo-Emission

GÖRLICH, P., *Recent Advances in Photoemission*, in *Advances in Electronics and Electron Physics*, Bd. 11 (Academic Press, New York 1959).
SOMMER, A. H., *Photoemissive Materials* (Wiley, New York 1968).
WEISSLER, G. L., *Photoionisation in Gases and Photoelectric Emission from Solids*, in *Handbuch der Physik*, Bd. 21 (Springer, Berlin 1956).

Sekundärelektronen-Emission

DEKKER, A. J., *Secondary Electron Emission*, in *Solid State Physics*, Bd. 6 (Academic Press, New York 1958).
HACHENBERG, O., und BRAUN, W., *Secondary Electron Emission from Solids*, in *Advances in Electronics and Electron Physics*, Bd. 11 (Academic Press, New York 1959).
KOLLATH, R., *Sekundärelektronenemission fester Körper bei Bestrahlung mit Elektronen*, in *Handbuch der Physik*, Bd. 21 (Springer, Berlin 1956).
MCKAY, K. G., *Secondary Emission*, in *Advances in Electronics and Electron Physics*, Bd. 1 (Academic Press, New York 1948).

Angaben über das Modell der freien Elektronen sind in vielen Literaturhinweisen auf S.17, 283 und 403 enthalten.

F. Elektronen im periodischen Potential

Die Bewegung der Elektronen im kristallinen Festkörper wird mit einer wesentlich verfeinerten Theorie beschrieben, wenn man die Elektronen nicht mehr – wie im vorhergehenden Kapitel – als frei annimmt, sondern die Wechselwirkung der Elektronen mit den Atomkernen berücksichtigt. Anstelle des konstanten Potentials im Festkörperinnern tritt dann ein periodisches Potential, das dieselbe Periodizität und Symmetrie besitzt wie der entsprechende Kristall. Der Ausgangspunkt für eine verfeinerte Theorie des Festkörpers ist somit die Kenntnis der Kristallstruktur. Diese ist nur experimentell bestimmbar, denn einstweilen ist es nicht möglich, für ein gegebenes Element oder für Elemente in bestimmtem Mengenverhältnis die Kristallstruktur theoretisch herzuleiten. So kann man beispielsweise nicht voraussagen, in welcher Struktur Jod kristallisiert, wenn es vom dampfförmigen in den festen Zustand übergeht.

I. Annahmen der Ein-Elektron-Näherung

Wir beschränken uns auf die Behandlung der folgenden Aufgabe, die allerdings nur unter vereinfachenden Annahmen lösbar ist. Gegeben ist die Kristallstruktur eines Elements mit der Kernladungszahl Z. Gesucht sind für einen idealen Kristall mit N Atomen die stationäre, räumliche Ladungsverteilung der $Z\,N$ Elektronen sowie die Energiezustände des Kristalls. Diese Aufgabe bedeutet die Lösung eines $(N+Z\,N)$-Körperproblems, was in allgemeiner Form nicht möglich ist. Die folgenden Annahmen führen zu einem Ein-Körperproblem (sog. Ein-Elektron-Näherung):

1) Die Atomkerne befinden sich in vollkommener Ruhe auf den Gitterplätzen. Wechselwirkungen zwischen Elektronen und Phononen werden also vernachlässigt.

2) Die Wechselwirkungen zwischen den *einzelnen* Elektronen (Coulomb-Kräfte, Austauschkräfte) bleiben unberücksichtigt. Jedes Elektron befindet sich im Potential, das von den positiven Atomkernen und einer gemittelten Ladungsverteilung aller übrigen Elektronen herrührt. Die starken Felder der Atomkerne werden also durch die Elektronen mehr oder weniger abgeschirmt. Die Stärke dieser Abschirmung ist für viele allgemeine Aussagen belanglos.

Entscheidend ist die Folgerung aus den beiden Annahmen: Jedes herausgegriffene Elektron befindet sich in demselben streng periodischen Potential, das die Periodizität der jeweiligen Struktur hat. Daher gilt für jedes Elektron dieselbe

SCHRÖDINGER-Gleichung:

$$\Delta\psi + \frac{2m}{\hbar^2}\left(E - V(\vec{r})\right)\psi = 0 \tag{F1}$$

mit

$$V(\vec{r}) = V(\vec{r} + n_1\vec{a}_1 + n_2\vec{a}_2 + n_3\vec{a}_3) \tag{F2}$$

$\vec{r}$	Ortsvektor
$\vec{a}_1, \vec{a}_2, \vec{a}_3$	Translationsvektoren
n_1, n_2, n_3	ganze Zahlen

Man hat jetzt also die Eigenwerte und Eigenfunktionen zu suchen für 1 Elektron im periodischen Potential $-V(\vec{r})/e$.

II. BLOCH-Wellen

F. BLOCH hat gezeigt, dass die Lösungen der stationären SCHRÖDINGER-Gleichung mit periodischem Potential die Form haben

$$\psi = u(\vec{r})\exp(i\vec{K}\vec{r}) \tag{F3}$$

mit

$$u(\vec{r}) = u(\vec{r} + n_1\vec{a}_1 + n_2\vec{a}_2 + n_3\vec{a}_3). \tag{F4}$$

$\vec{K}$ «freier» Wellenausbreitungsvektor

Die Lösungen (sog. BLOCH-Funktionen) sind also fortlaufende, ebene Wellen, die durch die Funktion $u(\vec{r})$ mit der Periode des Potentials und somit des Gitters moduliert sind. Man bezeichnet solche Wellen auch als BLOCH-Wellen

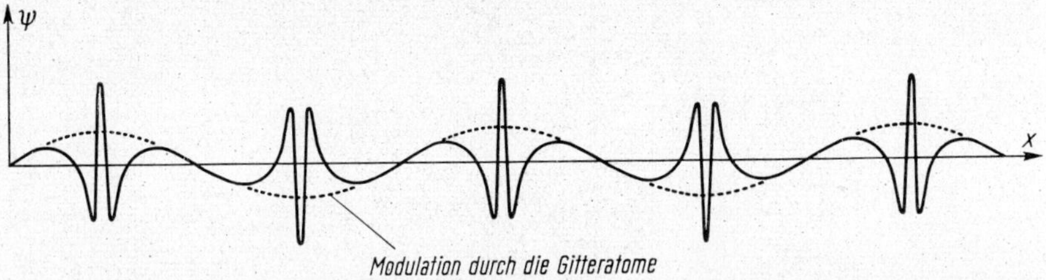

Fig. 98: BLOCH-Welle (die Darstellung zeigt eine BLOCH-Welle, für die die Wellenlänge $\lambda = 2d$ gewählt wurde; d ist der Abstand zwischen zwei benachbarten Atomen in Richtung des Wellenvektors)

(vgl. Fig. 98). Die Elektronen im periodischen Potential sind danach nicht lokalisiert. Ihre Aufenthaltswahrscheinlichkeit im Volumenelement d^3x ist nach Gl. F 3

$$\psi\psi^* \, d^3x = u u^* \, d^3x. \tag{F5}$$

In den BLOCH-Funktionen (Gl. F3) kann der Wellenvektor $\vec{K}$ Werte zwischen $-\infty$ und $+\infty$ annehmen. $\vec{K}$ ist aber durch Gl. F3 und F4 nicht eindeutig gegeben, denn es gilt (eindimensional)

$$\begin{aligned}\psi(K) &= u(K, x)\exp(i K x)\\ &= u(K, x)\exp\left(-i 2\pi m \frac{x}{a}\right)\exp\left[i x\left(K+\frac{2\pi m}{a}\right)\right].\end{aligned} \qquad \text{(F6)}$$

K Komponente des Wellenvektors in der x-Richtung
a Translationsperiode in der x-Richtung
m ganze Zahl

Die Funktion

$$u(K_m, x) = u(K, x)\exp\left(-i 2\pi m \frac{x}{a}\right) \qquad \text{(F7)}$$

hat ebenfalls die Periode a des Gitters (vgl. Gl. F4). Mit $K_m = K+\frac{2\pi m}{a}$ erhält man aus Gl. F 6

$$\psi(K) = \psi\left(K+\frac{2\pi m}{a}\right), \qquad \text{(F8)}$$

d.h. dieselbe Wellenfunktion wird durch verschiedene Werte von K dargestellt. Es ergeben sich bereits alle Wellenfunktionen in Funktion von K, wenn man die Werte von K auf das Intervall von der Grösse $2\pi/a$ beschränkt. Die so beschränkte Wellenzahl heisst ‹reduzierte› Wellenzahl k zum Unterschied von der ‹freien› Wellenzahl K (vgl. Gl. C151, dort bedeutet a die *halbe* Translationsperiode).

Man wählt als Bereich von k

$$0 \leqslant k \leqslant \frac{2\pi}{a} \qquad \text{(F9)}$$

oder mit Vorteil symmetrisch um $k = 0$:

$$-\frac{\pi}{a} \leqslant k \leqslant +\frac{\pi}{a}. \qquad \text{(F10)}$$

Das durch Gl. F10 definierte Intervall ist identisch mit der 1. BRILLOUIN-Zone im reziproken Gitter (vgl. S. 101). Im dreidimensionalen Fall sind alle reduzierten Wellenvektoren in einem Polyeder des $\vec{K}$-Raums enthalten, das im allgemeinen ebenfalls die Form der 1. BRILLOUIN-Zone hat. Die Reduktion der $\vec{K}$-Werte auf einen beschränkten Wertebereich ist eine Folge der Periodizität des Potentials.

Überdies ist genau wie im Fall der freien Elektronen die Verteilung der $\vec{k}$-Werte nicht kontinuierlich (vgl. S. 167). Infolge der Randbedingungen sind nur diskrete Werte von $\vec{k}$ erlaubt, d.h. es gibt nur endlich viele reduzierte Wellenvektoren, deren Anzahl wir im folgenden berechnen (eindimensional). Die periodischen Randbedingungen (vgl. S. 167) haben grundsätzlich nichts mit der Periodizität des Potentials zu tun. Physikalisch drücken sie die Homogenität des

Kristalls aus. Wir unterteilen den eindimensionalen Kristall in Grundgebiete von der Länge L, die je N Atome enthalten sollen. Also ist

$$L = N\,a. \tag{F 11}$$

Aus der Randbedingung

$$\psi(x) = \psi(x+L) \tag{F 12}$$

folgt mit Gl. F 3 und F 4

$$u(x)\exp(i\,k\,x) = u(x+L)\exp[i\,k(x+L)] = u(x)\exp[i\,k(x+L)]. \tag{F 13}$$

und hieraus

$$k = \frac{2\pi}{L} n_x = \frac{2\pi}{N a} n_x. \tag{F 14}$$

n_x ganze Zahl

Mit Gl. F 9 und F 10 ergibt sich als Wertebereich von n_x

$$0 \leqq n_x \leqq N$$

bzw. (F 15)

$$-\frac{N}{2} \leqq n_x \leqq +\frac{N}{2}.$$

Im ganzen gibt es also N reduzierte k-Werte. Im dreidimensionalen Fall bedeutet N die Zahl der Elementarzellen in einem Grundgebiet vom Volumen L^3. Nur einfache Strukturen einatomiger Kristalle enthalten pro Elementarzelle 1 Atom; dann bedeutet N die Zahl der Atome im Grundgebiet. Die Verallgemeinerung der Gl. F 10 und F 15 auf den dreidimensionalen Fall besagt: die Zahl der Zustände in der 1. BRILLOUIN-Zone ist identisch mit der Zahl der Elementarzellen in einem Grundgebiet.

III. Eigenwerte und Energiebänder

Analog zum Fall der freien Elektronen ergeben sich Aussagen über das Eigenwertspektrum $E(\vec{k})$, wenn man die Lösungen $\psi(\vec{k})$ (Gl. F 3) in die SCHRÖDINGER-Gleichung (Gl. F 1) einsetzt. Man erhält dadurch jetzt keine explizite Beziehung $E(\vec{k})$, sondern eine Bestimmungsgleichung für $u(\vec{r})$:

$$\Delta u + 2\,i\,\vec{k}\,\mathrm{grad}_{\vec{r}}\,u + \frac{2m}{\hbar^2}\left(E - \frac{\hbar^2}{2m}k^2 - V(\vec{r})\right)u = 0. \tag{F 16}$$

Diese Gleichung ist eine Eigenwertgleichung ähnlich der SCHRÖDINGER-Gleichung. Der Wert des Wellenvektors $\vec{k}$ geht als Parameter ein, es gibt also nach Gl. F 14 und F 15 N verschiedene Eigenwertgleichungen von der Form der Gl. F 16. Jede dieser Gleichungen hat Lösungen für eine diskrete Folge von

Eigenwerten $E_n(\vec{k})$. Die Eigenwerte, die zu einem bestimmten Wert von $\vec{k}$ gehören, sind durch die Quantenzahl n, den sog. Bandindex n, numeriert. Die beiden Grössen n und $\vec{k}$ kennzeichnen also die Eigenwerte und damit die Eigenfunktionen. Anstelle von $E_n(\vec{k})$ schreibt man vielfach auch $E_{n,\vec{k}}$ und entsprechend als Lösung der SCHRÖDINGER-Gleichung:

$$\psi_{n,\vec{k}} = u_{n,\vec{k}}(\vec{r}) \exp(i \vec{k} \vec{r}). \tag{F17}$$

Irgendein Eigenwert $E_n(\vec{k})$ wird sich nur wenig ändern, wenn sich $\vec{k}$ wenig ändert. Die N diskreten Werte von $\vec{k}$ sind sehr dicht verteilt, d.h. quasikontinuierlich, sofern N hinreichend gross gewählt wird (vgl. Gl. F 14 und F 15). Zu jedem Wert von n gehören N Energiewerte $E_n(\vec{k})$, die dann aus Stetigkeitsgründen ebenfalls quasikontinuierlich aufeinanderfolgen und ein sog. Energie-

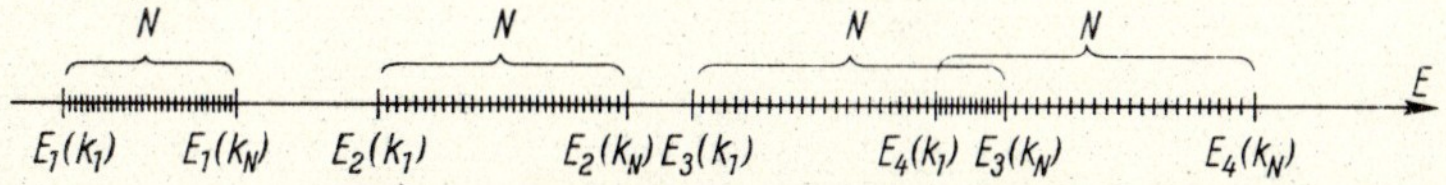

Fig. 99: Erlaubte Energiewerte auf der Energieskala

band bilden. Das Energiespektrum besteht somit aus Energiebändern mit verschiedenen Bandindizes n. Jedes Energieband enthält N Eigenwerte, und zu jedem Energieband gehören – ohne Berücksichtigung des Elektronenspins – N Eigenfunktionen. Die einzelnen Energiebänder sind auf der Energieskala entweder durch Energielücken voneinander getrennt, oder sie überlappen sich teilweise (vgl. Fig. 99). Genaue Aussagen hierüber führen zu grundlegenden Folgerungen hinsichtlich der Festkörpereigenschaften (s. S. 232 ff.).

Mit Hilfe der Gl. F 16 ergeben sich weitere allgemeine Aussagen über das Eigenwertspektrum $E_n(\vec{k})$ innerhalb eines Bandes n. Die zu Gl. F 16 konjugiert komplexe Gleichung ist

$$\Delta u^*_{n,\vec{k}} - 2 i \vec{k} \operatorname{grad}_{\vec{r}} u^*_{n,\vec{k}} + \frac{2m}{\hbar^2}\left(E - \frac{\hbar^2}{2m} k^2 - V(\vec{r})\right) u^*_{n,\vec{k}} = 0. \tag{F18}$$

Man erhält dieselbe Differentialgleichung für $u_{n,-\vec{k}}$, wenn man in Gl. F 16 $\vec{k}$ durch $-\vec{k}$ ersetzt. Dementsprechend gilt

$$u^*_{n,\vec{k}} = u_{n,-\vec{k}}. \tag{F19}$$

Da $u_{n,\vec{k}}$ und $u^*_{n,\vec{k}}$ für jeden Parameter $\vec{k}$ dieselben Eigenwerte $E_n(\vec{k})$ haben, ergibt sich hieraus

$$E_n(\vec{k}) = E_n(-\vec{k}). \tag{F20}$$

Die $E_n(\vec{k})$-Beziehung ist also eine gerade Funktion bezüglich $\vec{k} = 0$. Demnach gehören die Lösungen $\psi_{n,\vec{k}}$ und $\psi_{n,-\vec{k}}$ zu demselben Eigenwert $E_n(\vec{k})$, d.h. die Eigenwerte $E_n(\vec{k})$ sind mindestens zweifach entartet.

Für den eindimensionalen Fall zeigt man leicht, dass der Verlauf der Funktion $E_n(k)$ an den Bandrändern je ein Extremum hat, vorausgesetzt, dass $E_n(k)$ an diesen Stellen differenzierbar ist. Die Bandränder seien durch die Wellenzahlen $k = 0$ und $k = \pm\pi/a$ bestimmt. Wegen der Periodizitätseigenschaft der Wellenzahl (vgl. Gl. F8) gilt

$$E_n(k) = E_n\left(k + \frac{2\pi m}{a}\right). \tag{F21}$$

Daraus folgt unter der Voraussetzung, dass $E_n(k)$ differenzierbar ist,

$$\frac{dE_n(k)}{dk} = \frac{dE_n\left(k + \frac{2\pi m}{a}\right)}{dk}. \tag{F22}$$

Aus der Symmetrie der $E_n(k)$-Beziehung (Gl. F20) folgt ferner

$$\frac{dE_n(k)}{dk} = -\frac{dE_n(-k)}{dk}. \tag{F23}$$

Für $k = 0$ ergibt sich hieraus unmittelbar

$$\frac{dE_n(0)}{dk} = -\frac{dE_n(0)}{dk} = 0. \tag{F24}$$

Für $k = \pm\pi/a$ liefert Gl. F22 ($m = \pm 1$)

$$\frac{dE_n\left(-\frac{\pi}{a}\right)}{dk} = \frac{dE_n\left(+\frac{\pi}{a}\right)}{dk}, \tag{F25}$$

und Gl. F23

$$\frac{dE_n\left(-\frac{\pi}{a}\right)}{dk} = -\frac{dE_n\left(+\frac{\pi}{a}\right)}{dk}. \tag{F26}$$

Also ist auch

$$\frac{dE_n\left(\pm\frac{\pi}{a}\right)}{dk} = 0. \tag{F27}$$

Normalerweise hat $dE_n(k)/dk$ innerhalb eines Bandes keine weiteren Nullstellen. Der Verlauf $E_n(k)$ ist in Fig. 100 qualitativ dargestellt. Ohne explizite

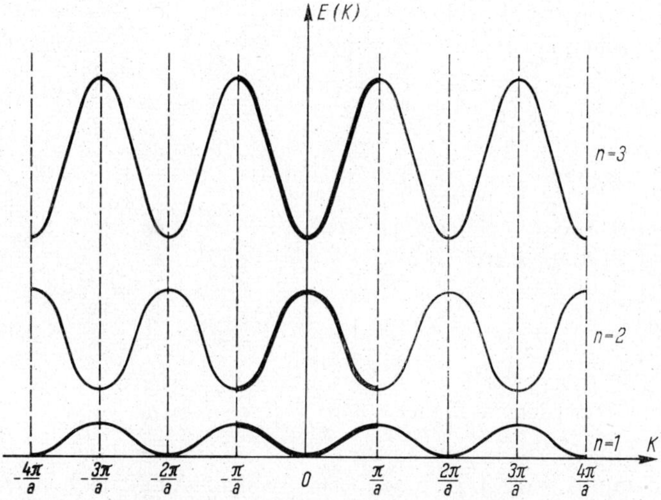

Fig. 100: Periodizität der Funktionen $E_n(k)$

Angaben über das periodische Potential $V(\vec{r})$ kann man nicht entscheiden, ob für zwei aufeinanderfolgende Bänder am selben Bandrand beidemal Maxima bzw. Minima auftreten oder nur ein Maximum und ein Minimum.

IV. Spezielle Potentiale

1. MATHIEU*sche Differentialgleichung*, FLOQUET*sche Lösung*

Für den eindimensionalen Fall beschreiben wir zunächst qualitativ den Einfluss, den das periodische Potential auf die Verteilung der erlaubten und verbotenen Energiebereiche hat. Setzt man das Potential $V(x)$ als FOURIER-Reihe an,

$$V(x) = \sum_{n=-\infty}^{+\infty} V_n \exp\left(2\pi i n \frac{x}{a}\right) \tag{F28}$$

und wählt man

$$V_n = 0 \quad \text{für} \quad n \geqslant 2 \tag{F29}$$

und

$$V_1 = V_{-1}, \tag{F30}$$

so ergibt sich das spezielle periodische Potential

$$V(x) = V_0 + 2V_1 \cos\left(2\pi \frac{x}{a}\right). \tag{F31}$$

Die SCHRÖDINGER-Gleichung wird damit

$$\frac{d^2\psi}{dx^2} + \frac{2m}{\hbar^2}\left[E - V_0 - 2V_1 \cos\left(2\pi \frac{x}{a}\right)\right]\psi = 0. \tag{F32}$$

Mit dem so gewählten Potential entspricht die SCHRÖDINGER-Gleichung der MATHIEUschen Differentialgleichung

$$\frac{d^2\varphi}{d\xi^2}+(\eta+\gamma\cos 2\,\xi)\,\varphi = 0, \tag{F 33}$$

die nach G. FLOQUET Lösungen hat von der Form

$$\varphi(\xi) = A(\xi)\exp(\mu\,\xi)+A(-\xi)\exp(-\mu\,\xi) \tag{F 34}$$

mit

$$A(\xi) = A(\xi+l\pi), \tag{F 35}$$

l ganze Zahl

Je nach dem Wert der Parameter η und γ ergeben sich zwei Typen von Lösungen:

1) Ungedämpfte, mit $A(\xi)$ modulierte Wellen, d.h. μ ist rein imaginär: $\mu = i\beta$.
2) Gedämpfte oder aperiodisch abklingende Wellen, d.h. μ ist komplex oder reell: $\mu = \alpha+i\beta$.

Der Existenzbereich dieser beiden Lösungstypen ist in Fig. 101 dargestellt. Physikalisch interessant ist nur der Fall der ungedämpften, modulierten Wellen (schraffierte Bereiche). Der Vergleich der Gl. F 32 mit F 33 liefert die folgende Zuordnung zu den physikalischen Grössen:

$$\varphi = \psi, \tag{F 36}$$

$$\xi = \pi\frac{x}{a}, \tag{F 37}$$

$$\eta = \frac{2\,m\,a^2}{\pi^2\,\hbar^2}(E-V_0), \tag{F 38}$$

$$\gamma = -\frac{4\,m\,a^2}{\pi^2\,\hbar^2}\,V_1. \tag{F 39}$$

Für $\gamma = 0$ (konstantes Potential) gibt es für alle Energiewerte $\eta > 0$ $(E > V_0)$ ungedämpfte Wellen. Dieser Fall entspricht dem Energiespektrum freier Elektronen. Für $\gamma > 0$ (periodisches Potential) sind nur noch endliche Bereiche von η für ungedämpfte Wellen möglich. Dies bedeutet die Existenz von Energiebändern. Mit zunehmendem γ, d.h. mit zunehmender Amplitude des periodischen Potentials, werden die Energiebänder immer schmäler, bis mit diskreten Energiewerten der Fall der gebundenen Elektronen erreicht wird. In Fig. 101 ist für ein vorgegebenes Potential (γ = const) eine horizontale strichpunktierte Linie eingezeichnet, längs der sich die Breiten der erlaubten und verbotenen Energiebereiche ablesen lassen.

Das beschriebene Verhalten gilt qualitativ für allgemeine periodische Potentiale und lässt sich auf dreidimensionale Probleme übertragen.

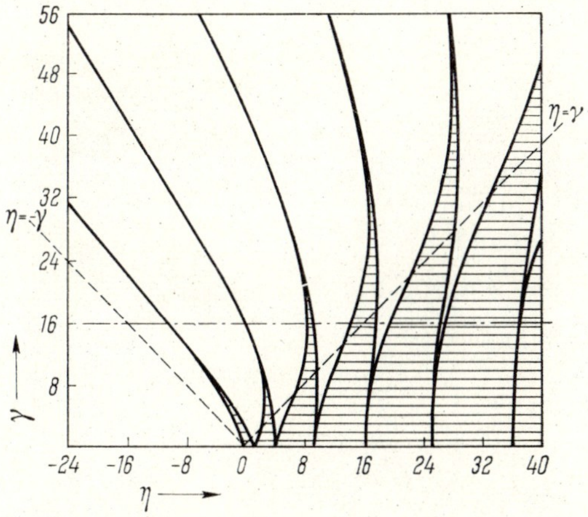

Fig. 101: FLOQUETsche Lösungen für die MATHIEUsche Differentialgleichung (aus L. BRILLOUIN, *Wave Propagation in Periodic Structures*, McGraw-Hill, New York 1946)

2. BRILLOUIN*sche Näherung für Elektronen im schwachen Potential*

Zur Berechnung der ‹Bänderstruktur› (d.h. des Verlaufs $E_n(\vec{k})$) sind spezielle Annahmen über das periodische Potential $V(\vec{r})$ erforderlich. Wir nehmen an, dass die potentielle Energie der Elektronen klein sei im Vergleich zur kinetischen Energie. Diese Annahme bedeutet, dass man den periodischen Anteil der potentiellen Energie als kleine Störung betrachten kann. Ein Elektron im ortsunabhängigen Potential ist frei, im Potential mit kleiner ortsabhängiger Amplitude ‹schwach gebunden›.

Wir beschränken uns im folgenden auf ein eindimensionales Problem und berechnen $E(K)$ für einen linearen, einatomigen Kristall mit der Gitterkonstante a. Für die potentielle Energie gilt wiederum die FOURIER-Entwicklung (vgl. Gl. F28), die man in ein konstantes Glied nullter Ordnung und ein Störungsglied (periodische Schwankungen) zerlegt:

$$V(x) = \sum_{n=-\infty}^{+\infty} V_n \exp\left(2\pi i n \frac{x}{a}\right) = V_0 + \sum_{\substack{n=-\infty \\ n\neq 0}}^{+\infty} V_n \exp\left(2\pi i n \frac{x}{a}\right). \qquad \text{(F40)}$$

Der Nullpunkt der Energieskala sei so gewählt, dass der Mittelwert der potentiellen Energie gleich Null ist, d.h.

$$\bar{V} = \frac{1}{a}\int_0^a V(x)\,dx = 0 \quad \text{und} \quad V_0 = 0. \qquad \text{(F41)}$$

Da $V(x)$ eine reelle Grösse ist, sind die FOURIER-Koeffizienten V_n und V_{-n} konjugiert komplex. Einfachheitshalber nehmen wir an, dass auch die einzelnen Koeffizienten V_n reell sind. Daher gilt:

$$V_n^* = V_{-n} \quad \text{und} \quad V_n^* = V_n. \qquad \text{(F42)}$$

Die Lösungen der SCHRÖDINGER-Gleichung sind nach Gl. F3 BLOCH-Funktionen:

$$\psi(K, x) = u(K, x) \exp(i K x). \tag{F43}$$

Für die folgenden Betrachtungen ist es zweckmässig, die freie Wellenzahl K zu verwenden. Der periodische Modulationsfaktor $u(K, x)$ lässt sich ebenso wie die potentielle Energie in eine FOURIER-Reihe entwickeln:

$$\begin{aligned} u(K, x) &= \sum_{n=-\infty}^{+\infty} c_n(K) \exp\left(2\pi i n \frac{x}{a}\right) \\ &= c_0(K) + \sum_{\substack{n=-\infty \\ n\neq 0}}^{+\infty} c_n(K) \exp\left(2\pi i n \frac{x}{a}\right). \end{aligned} \tag{F44}$$

Damit erhält man aus Gl. F43

$$\psi(K, x) = c_0(K) \exp(i K x) + \sum_{\substack{n=-\infty \\ n\neq 0}}^{+\infty} c_n(K) \exp\left[i x\left(K + \frac{2\pi n}{a}\right)\right]. \tag{F45}$$

Der erste Term in dieser Gleichung entspricht der Lösung für freie Elektronen (vgl. Gl. E6), der zweite Term berücksichtigt die ortsabhängige Amplitude der potentiellen Energie und kann hier als Störungsglied aufgefasst werden.

Aussagen über die $E(K)$-Beziehung ergeben sich wiederum, wenn man die Lösungen (Gl. F45) in die SCHRÖDINGER-Gleichung einsetzt:

$$\begin{aligned} &\sum_{n=-\infty}^{+\infty} -\left(K + \frac{2\pi n}{a}\right)^2 c_n \exp\left(2\pi i n \frac{x}{a}\right) \\ &+ \frac{2m}{\hbar^2}\left[E - \sum_{\substack{n=-\infty \\ n\neq 0}}^{+\infty} V_n \exp\left(2\pi i n \frac{x}{a}\right)\right] \sum_{n=-\infty}^{+\infty} c_n \exp\left(2\pi i n \frac{x}{a}\right) = 0. \end{aligned} \tag{F46}$$

Daraus folgt durch Koeffizientenvergleich

$$-\left(K + \frac{2\pi n}{a}\right)^2 c_n + \frac{2m}{\hbar^2} E(K)\, c_n - \frac{2m}{\hbar^2} \sum_{p=-\infty}^{+\infty} V_p\, c_{n-p} = 0. \tag{F47}$$

Für die Koeffizienten c_n der BLOCH-Funktion gilt also

$$c_n = \frac{\sum\limits_{p=-\infty}^{\infty} V_p\, c_{n-p}}{E(K) - \frac{\hbar^2}{2m}\left(K + \frac{2\pi n}{a}\right)^2}. \tag{F48}$$

Ausgehend vom Verhalten der freien Elektronen setzt man aufgrund der allgemeinen Störungstheorie im Nenner

$$E(K) \approx E_0(K) = \frac{\hbar^2}{2m} K^2 \tag{F49}$$

und diskutiert hierfür das Verhalten von c_n. Je nach dem Wert von K hat man 2 Fälle zu unterscheiden:

$$1)\quad E_0(K) \neq \frac{\hbar^2}{2m}\left(K+\frac{2\pi n}{a^2}\right)^2. \tag{F50}$$

Der Nenner ist also von Null verschieden. In der Näherung für schwaches Potential gehen die Koeffizienten V_n bzw. V_p gegen Null und damit ebenfalls die Koeffizienten c_n der BLOCH-Funktion, ausgenommen c_0. Für K-Werte, die Gl. F 50 erfüllen, ist also in guter Näherung:

$$\psi(K) \approx c_0(K)\, \exp(iKx) \tag{F51}$$

mit den Eigenwerten (vgl. Gl. E 7):

$$E(K) \approx \frac{\hbar^2}{2m} K^2. \tag{F52}$$

Die Elektronen verhalten sich dann im wesentlichen wie freie Elektronen.

$$2)\quad E_0(K) = \frac{\hbar^2}{2m}\left(K+\frac{2\pi n}{a}\right)^2. \tag{F53}$$

Mit Gl. F 49 ergeben sich hieraus kritische Werte von K,

$$K_{\text{krit}} = -\frac{\pi}{a} n, \tag{F54}$$

für die die entsprechenden Koeffizienten c_n sehr grosse Werte annehmen. Aus dem Verhalten der Koeffizienten c_0 und c_n in der Umgebung der kritischen Werte K_{krit} ergeben sich Rückschlüsse auf den $E(K)$-Verlauf in dieser Umgebung. Nach Gl. F 48 ist in der Umgebung von $K = -\pi n/a$

$$c_n = \frac{V_n c_0 + \ldots}{E(K) - \frac{\hbar^2}{2m}\left(K+\frac{2\pi n}{a}\right)^2} \tag{F55}$$

und

$$c_0 = \frac{V_{-n} c_n + \ldots}{E(K) - \frac{\hbar^2}{2m} K^2}. \tag{F56}$$

Die Summe im Zähler geht im wesentlichen über in einen einzigen Term. Unabhängig vom Wert von K ist der Koeffizient c_0 grundsätzlich sehr gross, da für ihn wegen Gl. F 49 der Nenner in Gl. F 48 immer gegen Null geht. Der Koeffizient c_n erreicht speziell für $K = -\pi n/a$ einen grossen Wert. Ausser c_0 und c_n sind für $K = -\pi n/a$ alle anderen Koeffizienten vernachlässigbar.

Für K in der Umgebung von $-\pi n/a$, nämlich für

$$K = -\frac{\pi}{a} n + \varkappa, \tag{F57}$$

setzen wir

$$E(K) = \frac{\hbar^2}{2m}\left(\frac{\pi}{a} n\right)^2 + \varepsilon . \tag{F58}$$

Damit gehen Gl. F 55 und F 56 über in

$$c_n\left[\frac{\hbar^2}{2m}\left(\frac{\pi}{a} n\right)^2 + \varepsilon - \frac{\hbar^2}{2m}\left(\varkappa + \frac{\pi}{a} n\right)^2\right] = c_0 V_n \tag{F59}$$

und

$$c_0\left[\frac{\hbar^2}{2m}\left(\frac{\pi}{a} n\right)^2 + \varepsilon - \frac{\hbar^2}{2m}\left(\varkappa - \frac{\pi}{a} n\right)^2\right] = c_n V_{-n} . \tag{F60}$$

Diese homogenen, linearen Gleichungen für c_0 und c_n haben eine nicht-triviale Lösung, wenn die Determinante der Koeffizienten verschwindet. Unter Berücksichtigung von $V_n = V_{-n}$ (vgl. Gl. F 42) erhält man aus dieser Bedingung eine quadratische Gleichung für ε mit den Lösungen

$$\varepsilon_{1,2} = \frac{\hbar^2}{2m}\varkappa^2 \pm \left[V_n^2 + \left(\frac{\hbar^2}{m}\frac{\pi}{a} n \varkappa\right)^2\right]^{\frac{1}{2}} . \tag{F61}$$

Hiernach hat die Energie E in der Umgebung von $K = -\pi n/a$ bzw. von $\varkappa = 0$ den Verlauf

$$E(\varkappa) = \frac{\hbar^2}{2m}\left(\frac{\pi}{a} n\right)^2 + \frac{\hbar^2}{2m}\varkappa^2 \pm \left[V_n^2 + \left(\frac{\hbar^2}{m}\frac{\pi}{a} n \varkappa\right)^2\right]^{\frac{1}{2}} . \tag{F62}$$

Für kleine Werte von $\varkappa$ kann man die Wurzel entwickeln:

$$E(\varkappa) = \frac{\hbar^2}{2m}\left(\frac{\pi}{a} n\right)^2 + \frac{\hbar^2}{2m}\varkappa^2 \pm V_n\left[1 + \frac{1}{2V_n^2}\left(\frac{\hbar^2}{m}\frac{\pi}{a} n \varkappa\right)^2\right] \tag{F63}$$

oder

$$E(\varkappa) = E_{\pm} + \left[1 \pm \frac{\hbar^2}{m}\left(\frac{\pi}{a} n\right)^2 \frac{1}{V_n}\right]\frac{\hbar^2}{2m}\varkappa^2 \tag{F64}$$

mit

$$E_{\pm} = \frac{\hbar^2}{2m}\left(\frac{\pi}{a} n\right)^2 \pm V_n . \tag{F65}$$

Oberhalb und unterhalb der Energielücke ist also der Energieverlauf $E(\varkappa)$ bzw. $E(K)$ parabolisch.

An der Stelle $K = -\pi n/a$ bzw. $\varkappa = 0$ hat die Energie zwei verschiedene Werte, nämlich E_+ und E_-. An dieser Stelle erfolgt also ein Energiesprung ΔE von der doppelten Grösse des FOURIER-Koeffizienten V_n der potentiellen Energie (vgl. Fig. 102):

$$\Delta E\left(-\frac{\pi}{a}n\right) = 2\,|V_n|. \tag{F66}$$

Da $E(K)$ eine gerade Funktion ist (vgl. Gl. F20), tritt derselbe Energiesprung auch an der Stelle $K = +\pi n/a$ auf. Die Ableitung der Gl. F64 nach $\varkappa$ liefert an der Stelle $\varkappa = 0$ bzw. $K = \pm\pi n/a$ den Wert Null:

$$\left.\frac{dE}{d\varkappa}\right|_{\varkappa=0} = \left.\frac{dE}{dK}\right|_{K=\pm\frac{\pi}{a}n} = 0. \tag{F67}$$

Damit sind Gl. F24 und F27 bestätigt.

Diese Herleitungen gelten für jedes $|n| \geqslant 1$. Energiesprünge müssen jedoch nicht für jedes n auftreten; falls der n-te FOURIER-Koeffizient $V_n = 0$ ist, wird an der Stelle $K = \pm\pi n/a$ der $E(K)$-Verlauf stetig.

Nach Gl. F 66 ist das Auftreten von Energielücken ΔE bzw. von Energiebändern die Folge des periodischen Potentials. Die Energiesprünge nehmen mit zunehmender Amplitude des periodischen Potentials zu (vgl. S. 210). Diese Aussage gilt quantitativ (Gl. F 66) jedoch nur im Rahmen der Annahmen für die Störungsrechnung.

Für die Lösung der SCHRÖDINGER-Gleichung an der Stelle $K = -\pi n/a$ erhält man aus Gl. F45

$$\psi\left(-\frac{\pi}{a}n, x\right) = c_0\left(-\frac{\pi}{a}n\right)\exp\left(-i\frac{\pi}{a}n\,x\right) + c_n\left(-\frac{\pi}{a}n\right)\exp\left(+i\frac{\pi}{a}n\,x\right). \tag{F68}$$

Alle anderen Koeffizienten der Summe in Gl. F45 sind bei dieser speziellen Wahl von K vernachlässigbar. Unter Verwendung der Gl. F42, F59 und F60 geht Gl. F68 über in

$$\psi_\pm\left(-\frac{\pi}{a}n, x\right) = c_0\left(-\frac{\pi}{a}n\right)\left[\exp\left(-i\frac{\pi}{a}n\,x\right) \pm \exp\left(+i\frac{\pi}{a}n\,x\right)\right]. \tag{F69}$$

Für die Wellenfunktionen ergeben sich also stehende Wellen. Dies gilt allgemein, sofern für $\vec{K}_{\text{krit}}$ auch eine Energiediskontinuität auftritt (vgl. S. 218 ff.).

a) $E(\vec{K})$- bzw. $E_n(\vec{k})$-Verlauf

α) Eindimensionaler Fall

Geht man aus vom parabolischen Verlauf $E(K)$ für freie Elektronen, so ist der aufgrund der Gl. F1 und F51 erhaltene Zusammenhang $E(K)$ eindeutig bis auf die kritischen Stellen $K = \pm\pi n/a$, an denen Diskontinuitäten in der

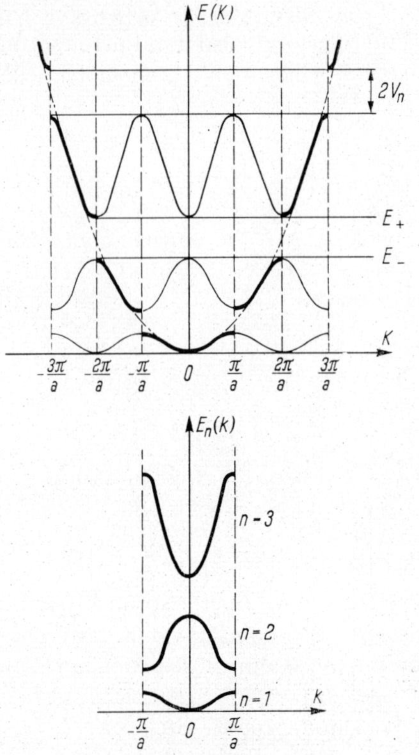

Fig. 102: Die Funktionen $E(K)$ und $E_n(k)$, dargestellt in der Näherung für schwaches Potential

$E(K)$-Beziehung auftreten und wo die Energie in 2 Werte (Gl. F64) aufspaltet (vgl. Fig. 102, stark ausgezogene Kurve). In dieser Darstellung wird das n-te Energieband der n-ten BRILLOUIN-Zone zugeordnet. Im eindimensionalen Fall umfasst die n-te BRILLOUIN-Zone den Wertebereich

$$\pm \frac{\pi}{a} n \gtrless K \gtrless \pm \frac{\pi}{a}(n-1). \tag{F70}$$

Wegen der Periodizität der Wellenzahl (vgl. Gl. F9) wiederholt sich der $E(K)$-Verlauf mit der Periode $2\pi/a$. Beschränkt man sich auf die reduzierte Wellenzahl k, so ordnet man alle Energiebänder der 1. BRILLOUIN-Zone (der reduzierten Zone) zu. Die $E(k)$-Beziehung wird dadurch unendlich vieldeutig, und man hat die Energiebänder mit der entsprechenden Quantenzahl n zu kennzeichnen: $E_n(k)$ (vgl. Fig. 102).

β) *Zwei- bzw. dreidimensionaler Fall*

Im zwei- bzw. dreidimensionalen Fall ist der Energieverlauf abhängig vom Ausbreitungsvektor $\vec{K}$, d.h. $E(\vec{K})$ ist richtungsabhängig. Für jede Richtung von $\vec{K}$ hat die Energie qualitativ einen Verlauf wie in Fig. 102. Jedoch sind die

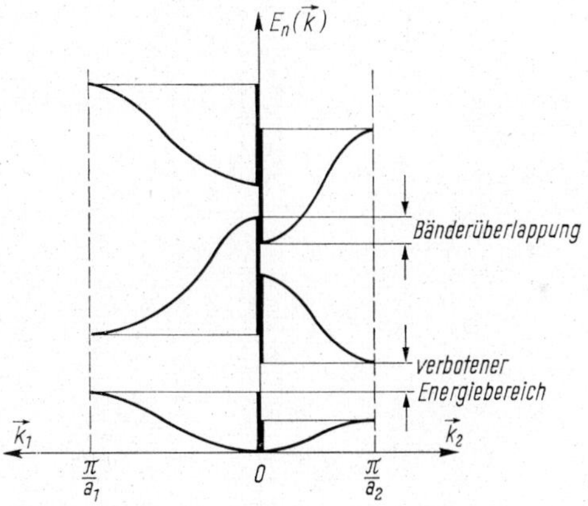

Fig. 103: Die Funktion $E_n(\vec{k})$ für verschiedene Richtungen des Wellenvektors

erlaubten und verbotenen Energiebereiche je nach der Richtung von $\vec{K}$ verschieden (vgl. Fig. 103), wodurch eine ‹Bänderüberlappung› zustande kommen kann. Bänderüberlappung bedeutet, dass zu verschiedenen Wellenvektoren dieselben Energiewerte in aufeinanderfolgenden Energiebändern gehören. Ein Elektron kann also ohne Energieaufnahme von einem Energieband in das nächst höhere gelangen, falls es eine geeignete Richtungsänderung erfährt.

Für die Diskussion der $E(\vec{K})$-Beziehung in zwei- bzw. dreidimensionalen Problemen sind die Kurven bzw. Flächen konstanter Energie im $\vec{K}$-Raum zweckmässig. Der $\vec{K}$-Raum wird in BRILLOUIN-Zonen eingeteilt, die allein durch die Geometrie des Kristallgitters bestimmt sind (vgl. S. 51 ff.). Analog zum eindimensionalen Fall (vgl. Gl. F9 und F10) lässt sich zeigen, dass der Ausbreitungsvektor $\vec{K}$ nur bis auf einen Translationsvektor $\vec{h}$ des reziproken Gitters definiert ist:

$$\vec{K} = \vec{k} + n\vec{h} \tag{F71}$$

n ganze Zahl

Man kann daher die Werte des Ausbreitungsvektors auf einen kleinsten, reduzierten Bereich des $\vec{K}$-Raums, d.h. auf die 1. BRILLOUIN-Zone, beschränken.

Die Kurven bzw. Flächen konstanter Energie weit im Innern der 1. BRILLOUIN-Zone sind konzentrische Kreise bzw. Kugeln, weil dort für die entsprechenden $\vec{K}$-Werte die Näherung freier Elektronen erfüllt ist:

$$E(\vec{K}) \approx \frac{\hbar^2}{2m} K^2 = \frac{\hbar^2}{2m}(K_x^2 + K_y^2 + K_z^2). \tag{F72}$$

In der Nähe der Begrenzung der 1. BRILLOUIN-Zone gilt dieses Verhalten nicht mehr (vgl. Fig. 104).

Ebenso wie im eindimensionalen Fall treten für kritische Werte $\vec{K}_{\text{krit}}$ des Ausbreitungsvektors Diskontinuitäten der Energie auf. Analog zu Gl. F 53

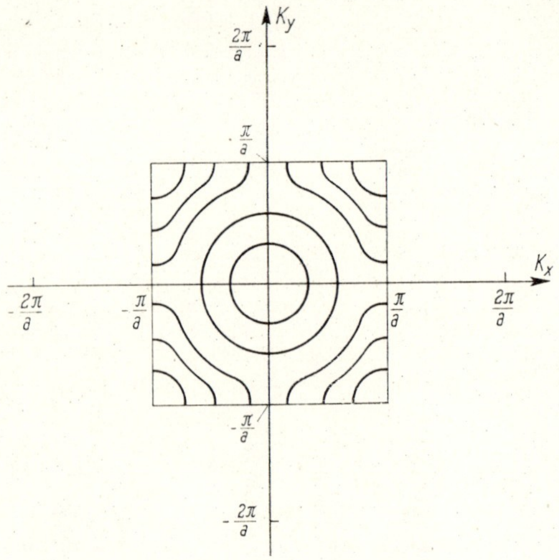

Fig. 104: Kurven konstanter Energie in der $K_x K_y$-Ebene

ist die Bedingung für $\vec{K}_{\text{krit}}$

$$E(\vec{K}) = \frac{\hbar^2}{2m} K_{\text{krit}}^2 = \frac{\hbar^2}{2m} (\vec{K}_{\text{krit}} + \vec{h})^2 . \tag{F 73}$$

Daraus folgt

$$2\,\vec{K}_{\text{krit}}\,\vec{h} = h^2 . \tag{F 74}$$

Diese Beziehung ist identisch mit Gl. B 51 und definiert Begrenzungsflächen von BRILLOUIN-Zonen. Demnach ist die Bedingung für BRAGGsche Reflexion von Röntgenwellen identisch mit der Bedingung für das Auftreten von Energielücken. Die Kurven bzw. Flächen konstanter Energie treffen senkrecht auf jene Zonengrenzen auf, die im $\vec{K}$-Raum den Ort von Energiesprüngen angeben, d.h. dort muss die Ableitung der Energie in Richtung senkrecht zur Zonengrenze verschwinden (vgl. Gl.F 67 im eindimensionalen Fall).

Energiediskontinuitäten treten jedoch nur dann auf, wenn die entsprechenden FOURIER-Koeffizienten der potentiellen Energie von Null verschieden sind. Die FOURIER-Zerlegung der potentiellen Energie hat für dreidimensionale Kristalle, denen ein einfach primitives Gitter zugrunde liegt, die Form

$$V(\vec{r}) = \sum_n V_n \exp\left[i(\vec{h}_n \vec{r})\right]. \tag{F 75}$$

$\vec{r}$ Ortsvektor
$\vec{h}_n$ Gittervektoren im reziproken Gitter

Hat ein einatomiger Kristall ein BRAVAIS-Gitter mit Basis, so nimmt man an, dass sich die potentielle Energie zusammensetzt aus der Summe der potentiellen Energien der einzelnen, ineinandergestellten BRAVAIS-Gitter. Anstelle von Gl. F 75 erhält man

$$V_s(\vec{r}) = V(\vec{r}) + \sum_{j=1}^{l} V(\vec{r} + \vec{q}_j). \tag{F 76}$$

$\vec{q}_j$ Basisvektoren (vgl. Gl. B 44)

Mit Gl. F 75 ist

$$V_s(\vec{r}) = \sum_n V_n \exp[i(\vec{h}_n \vec{r})] \{1 + \sum_{j=1}^{l} \exp[i(\vec{h}_n \vec{q}_j)]\} \tag{F 77}$$

oder

$$V_s(\vec{r}) = \sum_n V_n S_n \exp[i(\vec{h}_n \vec{r})] \tag{F 78}$$

mit

$$S_n = 1 + \sum_{j=1}^{l} \exp[i(\vec{h}_n \vec{q}_j)]. \tag{F 79}$$

Der Ausdruck für S_n ist bis auf den atomaren Streufaktor gleich dem Strukturfaktor (vgl. Gl. B 46), der identisch zu Null werden kann für bestimmte reziproke Gittervektoren $\vec{h}_n$. Damit werden auch die entsprechenden FOURIER-Koeffizienten $V_n S_n$ des periodischen Potentials $V_s(\vec{r})$ gleich Null. Man hat also folgende Korrelation zwischen dem Auftreten von Röntgenreflexen und von Energiediskontinuitäten: Fehlt der Reflex von den Netzebenen $(h_1\, h_2\, h_3)$, so gibt es auch keinen Energiesprung an jener Begrenzungsfläche der BRILLOUIN-Zone, die mit Gl. F 74 durch den reziproken Gittervektor $\vec{h} = h_1 \vec{b}_1 + h_2 \vec{b}_2 + h_3 \vec{b}_3$ bestimmt ist.

Betrachtet man beispielsweise das kubisch raumzentrierte Gitter als einfach primitives Gitter mit Basis, so ist die 1. BRILLOUIN-Zone ein Kubus, dessen Flächen die Mittelsenkrechten-Ebenen auf den reziproken Gittervektoren mit $h_1, h_2, h_3 = \pm 1, 0, 0;\ \ 0, \pm 1, 0;\ \ 0, 0, \pm 1$ sind. Der Strukturfaktor für das kubisch raumzentrierte Gitter ist nach Gl. B 48

$$S_{\text{krz}} = 1 + \exp[i\pi(h_1 + h_2 + h_3)], \tag{F 80}$$

d.h. für $h_1 + h_2 + h_3 = \pm 1$ ist $S_{\text{krz}} = 0$. Daher ist der Energieverlauf an der so definierten Begrenzung der 1. BRILLOUIN-Zone stetig. Die ersten Flächen, für die ein Energiesprung auftritt, sind die Begrenzungen der 2. BRILLOUIN-Zone des einfach kubischen Gitters. Diese sind identisch mit denen der 1. BRILLOUIN-Zone, wenn man von der einfach primitiven Elementarzelle des kubisch raumzentrierten Gitters ausgeht.

3. BLOCHsche Näherung für Elektronen im starken Potential

Die Elektronen in den inneren Schalen der Kristallatome haben eine potentielle Energie, die viel grösser ist als ihre kinetische Energie. Sie halten sich daher vorzugsweise in der Nähe der Atomkerne auf, d.h. jeweils tief unten im ‹Potentialtopf› des Atoms. Die Berechnung der Eigenwerte solcher Elektronen erfolgt mit einer Näherungsmethode nach F. BLOCH. Das Näherungsverfahren geht aus von den gebundenen Elektronen freier Atome und berücksichtigt die Wechselwirkung der Atome untereinander als kleine Störung.

Das Elektron in der Umgebung eines bestimmten Gitterteilchens mit dem Gittervektor $\vec{r}_j$ soll nur geringfügig von der Anwesenheit der Nachbaratome beeinflusst werden. Seine Wellenfunktion darf daher in guter Näherung in der Umgebung dieses Gitterteilchens durch die Atomeigenfunktion $\psi_{At}(\vec{r}-\vec{r}_j)$ ersetzt werden, die streng für ein gebundenes Elektron eines freien Atoms gilt. Die Atomeigenfunktion hängt vom relativen Abstand zwischen Kern und Elektron ab und geht mit zunehmender Entfernung von dem betrachteten Gitterteilchen rasch gegen Null. Die Wellenfunktion des Elektrons im Kristall setzt man als Linearkombination der Atomeigenfunktionen aller Gitterteilchen an (LCAO-Methode: *L*inear *C*ombination of *A*tomic *O*rbitals):

$$\psi(\vec{r}) = \sum_j c_j \psi_{At}(\vec{r}-\vec{r}_j). \qquad \text{(F81)}$$

Die Koeffizienten c_j müssen so gewählt sein, dass der Ansatz die Eigenschaft einer BLOCH-Funktion hat. Das wird erreicht für

$$c_j = c \exp(i \vec{K} \vec{r}_j). \qquad \text{(F82)}$$

Die Koeffizienten haben also alle denselben Wert; dies bedeutet physikalisch, dass alle Atome im Gitter gleichberechtigt sind. Der Ansatz zur Lösung der SCHRÖDINGER-Gleichung erhält mit Gl. F82 die Form

$$\psi(\vec{K}, \vec{r}) = c \sum_j \exp(i \vec{K} \vec{r}_j) \psi_{At}(\vec{r}-\vec{r}_j). \qquad \text{(F83)}$$

Die Energieeigenwerte liefert wiederum eine Störungsrechnung, deren Resultate wir hier angeben: Der Abstand der Atome im Kristall ist so klein, dass sich die Eigenfunktionen benachbarter Atome überlappen. Diese Überlappung hat zur Folge, dass jeder diskrete Eigenwert für das Elektron des freien Atoms aufspaltet in ein Band von Eigenwerten für das Elektron im Kristall. Jedes Energieband enthält wiederum N Zustände (vgl. S. 206 ff.). Die Aufspaltung der Eigenwerte in Energiebänder hängt vom Betrag der Matrixelemente

$$B = \int \psi^*_{At}(\vec{r} - \vec{r}_j) [V(\vec{r}) - V_{At}(\vec{r})] \psi_{At}(\vec{r})\, d\vec{r} \qquad \text{(F84)}$$

ab, wobei $V(\vec{r}) - V_{At}(\vec{r})$ die Abweichung des wirklichen Potentials vom Potential des freien Atoms darstellt. Damit B nicht verschwindet, muss eine Überlappung zwischen $\psi_{At}(\vec{r}-\vec{r}_j)$ und $\psi_{At}(\vec{r})$ vorhanden sein. In erster Näherung berücksichtigt man also nur die Matrixelemente zwischen Elektronen der nächst benachbarten Atome.

V. Zusammenfassung

Viele wichtige qualitative Eigenschaften der Eigenfunktionen und des Energiespektrums folgen aus der Periodizität des Potentials. Die Lösungen der SCHRÖDINGER-Gleichung sind BLOCH-Funktionen. Die Energieeigenwerte sind im $\vec{K}$-Raum mit der Periode eines beliebigen reziproken Gittervektors periodisch.

Die Energieskala besteht aus erlaubten und verbotenen Energiebereichen, den Energiebändern und den Energielücken. Jedes Band enthält dieselbe Anzahl von Zuständen.

Die Stärke der Bindung der Elektronen an die Kerne nimmt mit der Amplitude des periodischen Potentials zu. Schwache Bindung ergibt breite erlaubte Energiebänder und schmale Energielücken; Verstärkung der Bindung verbreitert die verbotenen und verschmälert die erlaubten Energiebereiche.

Energiebänder vieler Substanzen wurden in den letzten Jahren nach verschiedenen verfeinerten Methoden unter Zuhilfenahme moderner Rechenmaschinen berechnet. Für solche Methoden verweisen wir auf die Spezialliteratur.

VI. Bewegung eines Elektrons im periodischen Potential

Die Bewegung des Elektrons im Kristall wird bestimmt durch die zeitabhängige SCHRÖDINGER-Gleichung

$$-\frac{\hbar}{i}\frac{\partial \Psi}{\partial t}+\frac{\hbar^2}{2m}\Delta\Psi - V(\vec{r})\,\Psi = 0. \qquad \text{(F 85)}$$

Mit dem Ansatz

$$\Psi = \psi(\vec{r})\exp\left(-i\frac{E}{\hbar}t\right) \qquad \text{(F 86)}$$

folgt daraus die zeitunabhängige SCHRÖDINGER-Gleichung (Gl. F 1), deren Lösungen in den vorhergehenden Abschnitten diskutiert wurden. Die Lösungen von Gl. F 85 sind damit

$$\Psi_{n,\vec{k}}(\vec{r},t) = u_{n,\vec{k}}(\vec{r})\exp\left[i\left(\vec{k}\,\vec{r}-\frac{E_n(\vec{k})}{\hbar}t\right)\right]. \qquad \text{(F 87)}$$

Aufgrund der HEISENBERGschen Unschärferelation

$$\Delta p_x\,\Delta x \gtrsim \hbar, \qquad \Delta p_y\,\Delta y \gtrsim \hbar, \qquad \Delta p_z\,\Delta z \gtrsim \hbar \qquad \text{(F 88)}$$

ist der Ort eines Elektrons mit exaktem Wert des Impulses ($\Delta p \to 0$) vollkommen unbestimmt. Die Bewegung eines Elektrons ist jedoch nur dann verfolgbar, wenn sein Ort in Funktion der Zeit definiert ist. Man erreicht auf Kosten der Genauigkeit des Impulses eine Lokalisierung des Elektrons, wenn man ihm anstelle einer monochromatischen BLOCH-Welle ein ‹Wellenpaket› (Wellengruppe) zuordnet. Ein Wellenpaket besteht aus einer Summe von monochromatischen Wellen, die sich alle nur wenig in ihrer Wellenzahl unterscheiden. Das Elektron wird dann dargestellt durch eine über einen gewissen Bereich von k gemittelte BLOCH-Funktion. Überlagert man BLOCH-Wellen desselben Energiebandes mit Wellenzahlen zwischen $k_0-\Delta k$ und $k_0+\Delta k$, so erhält man die zum Elektron der mittleren Wellenzahl k_0 gehörige Funktion (eindimensional):

$$\Psi_{n,\bar{k}}(x,t)=\frac{1}{2\Delta k}\int_{k_0-\Delta k}^{k_0+\Delta k} u_{n,k}(x)\ \exp\left[i\left(k\,x-\frac{E_n(k)}{\hbar}t\right)\right]dk. \qquad \text{(F89)}$$

In dieser Gleichung ist die Integration anstelle der Summation gerechtfertigt, weil die erlaubten k-Werte quasikontinuierlich verteilt sind (vgl. S. 206). Der Modulationsfaktor $u_{n,k}(x)$ variiert nur wenig mit k und kann daher durch $\bar{u}_{n,k_0}$ ersetzt und vor das Integral genommen werden. Setzt man ferner

$$k=k_0+\delta k \qquad \text{(F90)}$$

und entwickelt man $E(k)$ an der Stelle k_0,

$$E_n(k)=E_n(k_0)+\left(\frac{\partial E_n}{\partial k}\right)_{k_0}\delta k+\ldots, \qquad \text{(F91)}$$

so geht Gl. F 89 über in

$$\Psi_{n,\bar{k}}(x,t)$$

$$\approx\frac{u_{n,\bar{k}}(x)}{2\Delta k}\exp\left[i\left(k_0\,x-\frac{E_n(k_0)}{\hbar}t\right)\right]\int_{-\Delta k}^{+\Delta k}\exp\left\{i\,\delta k\left[x-\left(\frac{\partial E_n}{\partial k}\right)_{k_0}\frac{t}{\hbar}\right]\right\}d(\delta k). \qquad \text{(F92)}$$

Daraus folgt

$$\Psi_{n,\bar{k}}(x,t)\approx A(x,t)\ \bar{u}_{n,k_0}(x)\ \exp\left[i\left(k_0\,x-\frac{E_n(k_0)}{\hbar}t\right)\right] \qquad \text{(F93)}$$

mit

$$A=\frac{\sin(\xi\,\Delta k)}{\xi\,\Delta k} \qquad \text{(F94)}$$

und

$$\xi=x-\frac{1}{\hbar}\left(\frac{\partial E}{\partial k}\right)_{k_0}t. \qquad \text{(F95)}$$

Die Amplitude einer Wellengruppe aus BLOCH-Funktionen wird ausser dem gitterperiodischen Faktor $\bar{u}_{n,k_0}(x)$ wesentlich durch den zusätzlichen Faktor $A(x,t)$ bestimmt, der unabhängig von der Periodizität des Gitters ist. Der Wert von A ist maximal gleich Eins für $\Delta k = 0$ (d.h. monochromatische Bloch-Welle) bzw. für $\xi = 0$. Die Amplitude der Wellengruppe ist also nur dann gross, wenn gilt:

$$x = \frac{1}{\hbar}\left(\frac{\partial E}{\partial k}\right)_{k_0} t. \tag{F 96}$$

Für alle $|\xi| \gg 0$ geht die Amplitude der Wellengruppe gegen Null. Damit ist gezeigt, dass das Wellenpaket im Kristall auf einen Bereich lokalisiert ist, dessen Lage mit der Zeit variiert. Man identifiziert den Schwerpunkt der Wellengruppe ($\xi = 0 \to A = 1$) mit dem Ort des Elektrons.

1. *Mittlere Partikelgeschwindigkeit*

Die Wellengruppe bzw. das Elektron mit der Wellenzahl k_0 und der Energie $E_n(k_0)$ bewegt sich mit der sog. Gruppengeschwindigkeit v, die sich aus Gl. F96 ergibt:

$$v = \frac{dx}{dt} = \frac{1}{\hbar}\left(\frac{\partial E}{\partial k}\right)_{k_0}. \tag{F 97}$$

Diese Gleichung gilt auch für ebene Wellen (vgl. Gl. F 101). Setzt man

$$E = \hbar\omega, \tag{F 98}$$

so folgt die Gruppengeschwindigkeit unmittelbar aus der bekannten Beziehung

$$v = \frac{\partial\omega}{\partial k} = \frac{1}{\hbar}\left(\frac{\partial E}{\partial k}\right). \tag{F 99}$$

Für den dreidimensionalen Fall gilt anstelle von Gl. F 97

$$\vec{v}(n, \vec{k}) = \frac{1}{\hbar}\left(\text{grad}_{\vec{k}} E_n(\vec{k})\right)_{\vec{k}}. \tag{F 100}$$

Die Gl. F97 und F100 können auch durch quantenmechanische Mittelwertbildung hergeleitet werden. Strenggenommen wird das Elektron im periodischen Potential beschleunigt und verzögert, es hat daher eine räumlich periodische Momentangeschwindigkeit. Die Mittelung der Momentangeschwindigkeiten über den Kristall bzw. über eine Gitterperiode liefert die makroskopisch beobachtbare Durchschnittsgeschwindigkeit des Elektrons, die gleich der Gruppengeschwindigkeit ist.

Die mittlere Elektronengeschwindigkeit hängt nach Gl. F100 nur von der Energie $E_n(\vec{k})$ und vom Wellenvektor ab, ist aber zeitlich und räumlich konstant. Das Elektron bewegt sich also im Mittel kräftefrei. Demnach werden Elektronen von *ruhenden* Atomen nicht gestreut, d.h. ein streng periodischer Kristall hat keinen Leitungswiderstand.

Der Wert der Elektronengeschwindigkeit richtet sich nach dem $E_n(\vec{k})$-Verlauf. Geht man aus vom Modell freier Elektronen, so folgt für die Geschwindigkeit aus Gl. E7 und F100 das klassische Resultat

$$\vec{v} = \frac{\hbar \vec{k}}{m}. \tag{F101}$$

Auch für Elektronen im periodischen Potential nimmt die Geschwindigkeit mit dem freien Wellenvektor zu, sofern dieser nicht die BRAGGsche Reflexionsbedingung (Gl. F 74) erfüllt. Dies heisst auch, dass für einen bestimmten reduzierten Wellenvektor innerhalb der 1. BRILLOUIN-Zone die Geschwindigkeiten mit steigender Quantenzahl n normalerweise von Band zu Band zunehmen.

An den Bandrändern jedoch ist, abgesehen von den beschriebenen Ausnahmen, die Geschwindigkeitskomponente senkrecht auf dem Rand der BRILLOUIN-Zone gleich Null, da dort die Normalkomponente von $\mathrm{grad}\, E_n(\vec{k})$ verschwindet (vgl. S. 218). Dieser Fall entspricht der BRAGGschen Reflexion von Elektronenwellen mit den kritischen Ausbreitungsvektoren $\vec{K}_{\mathrm{krit}}$. Diese Wellen werden an den einzelnen Netzebenen $(h_1\, h_2\, h_3)$, die durch den reziproken Gittervektor $\vec{h}$ mit Gl. F74 bestimmt sind, total reflektiert. Dadurch bildet sich eine stehende Elektronenwelle, wie dies bereits mit Gl. F69 für den eindimensionalen Fall gezeigt wurde. Elektronen mit den Ausbreitungsvektoren $\vec{K}_{\mathrm{krit}}$ können sich also in einem streng periodischen Kristall nicht fortbewegen.

In Fig. 105 ist die Elektronengeschwindigkeit in Funktion der Wellenzahl für den eindimensionalen Fall dargestellt; die Geschwindigkeit v_x ergibt sich durch Ableitung der Funktion $E(K_x)$ nach K_x (vgl. Gl. F99).

2. *Das Kristallelektron unter der Wirkung einer äusseren Kraft*

Unter dem Einfluss einer äusseren Kraft wird die Energie des Elektrons mit der Zeit geändert. Zur Berechnung des Bewegungsgesetzes hat man von der zeitabhängigen SCHRÖDINGER-Gleichung auszugehen und die zeitabhängigen Lösungen $\Psi(\vec{r}, t)$ zu suchen. Vielfach nimmt man jedoch im quasiklassischen Sinne an, dass das Elektron auch unter der Wirkung einer äusseren Kraft durch eine Wellenfunktion $\psi(\vec{r}, \vec{k}(t))$ der stationären SCHRÖDINGER-Gleichung dargestellt wird, wobei allerdings der Wellenvektor eine Funktion der Zeit ist. Die Zeitabhängigkeit $\vec{k}(t)$ lässt sich leicht mit folgender Überlegung herleiten: Für ein Elektron mit der Geschwindigkeit $\vec{v}$ bewirkt die Kraft $\vec{F}$ während der Zeit dt die Energieänderung dE:

$$dE = \vec{F}\,\vec{v}\; dt. \tag{F102}$$

E ist eine Funktion von $\vec{k}$, daher gilt (innerhalb eines Energiebandes)

$$dE = \mathrm{grad}_{\vec{k}}\, E\; d\vec{k}, \tag{F103}$$

wobei $d\vec{k}$ die Änderung des Wellenvektors während der Zeit dt bedeutet. Durch Gleichsetzen von Gl. F102 und F103 folgt unter Verwendung von Gl. F100

$$\vec{F} = \hbar \frac{d\vec{k}}{dt} = \hbar \dot{\vec{k}}. \tag{F104}$$

Diese Differentialgleichung liefert die zeitliche Änderung des Wellenvektors und zusammen mit der $E(\vec{k})$-Beziehung die der Energie. Da diese beiden Grössen das Verhalten des Elektrons bestimmen, ist Gl. F 104 als Bewegungsgleichung des Kristallelektrons aufzufassen. Sie ist jedoch nicht identisch mit der NEWTONschen Bewegungsgleichung, wonach die Kraft gleich der zeitlichen Änderung des Impulses ist (s.u.).

3. *Mittlerer Impuls des Elektrons*

Der mittlere Impuls des Elektrons ist mit der mittleren Geschwindigkeit durch die Beziehung verbunden:

$$\vec{v} = \frac{1}{m}\vec{p}. \qquad \text{(F 105)}$$

m Ruhemasse des Elektrons

Diese Beziehung gilt allgemein, da sich die Operatoren der Geschwindigkeit $\frac{\hbar}{im}\,\mathrm{grad}_{\vec{k}}$ und des Impulses $\frac{\hbar}{i}\,\mathrm{grad}_{\vec{k}}$ nur durch den Faktor $1/m$ unterscheiden. Mit Gl. F 100 folgt daraus für den mittleren Impuls:

$$\vec{p} = \frac{m}{\hbar}\,\mathrm{grad}_{\vec{k}} E(\vec{k}). \qquad \text{(F 106)}$$

Nur für *freie* Elektronen erhält man hieraus mit Gl. E 7

$$\vec{p} = \hbar\vec{k} \qquad \text{(F 107)}$$

und damit aus Gl. F 104 das NEWTONsche Gesetz

$$\vec{F} = \hbar\dot{\vec{k}} = \dot{\vec{p}}. \qquad \text{(F 108)}$$

4. *Kristallimpuls*

Formal erreicht man die Analogie zur klassischen Mechanik, wenn man den sog. Kristallimpuls $\vec{P}$ einführt und definiert durch

$$\vec{P} = \hbar\vec{k}. \qquad \text{(F 109)}$$

Damit geht Gl. F 104 über in

$$\vec{F} = \dot{\vec{P}} \qquad \text{(F 110)}$$

Der Kristallimpuls ist genau wie der Wellenvektor gequantelt und unterscheidet sich davon nur durch den konstanten Faktor $\hbar$. Anstelle des $\vec{k}$-Raums führt man auch den $\vec{P}$-Raum, den sog. Kristallimpulsraum, ein.

Der mittlere Impuls $\vec{p}$ des Elektrons und der Kristallimpuls $\vec{P}$ sind grundsätzlich verschieden: $\vec{p}$ ist ein quantenmechanischer Mittelwert, während $\vec{P}$ als Quantenzahl aufzufassen ist. Nur im Fall der freien Elektronen sind beide Grössen gleich.

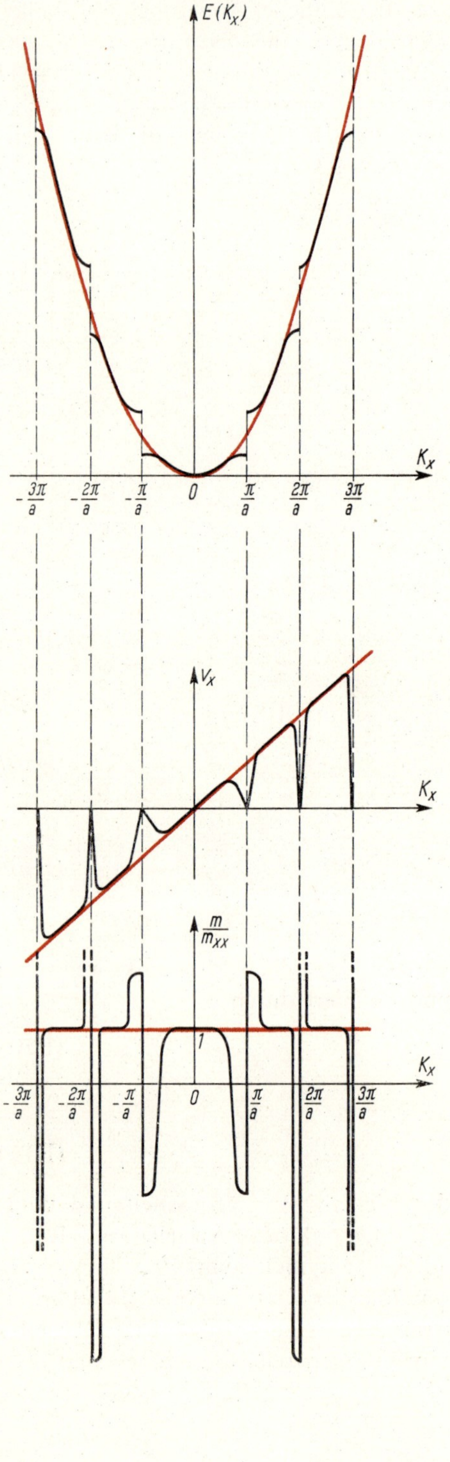

Fig. 105: Energie, Geschwindigkeit und reziproke effektive Masse in Funktion der Wellenzahl. Die roten Kurven gelten für freie Elektronen (nach H. Fröhlich, *Elektronentheorie der Metalle*, Springer, Berlin 1936)

5. *Mittlere Beschleunigung, effektive Masse*

Aus Gl. F 100 folgt für den Mittelwert der Beschleunigung

$$\frac{d\bar{v}}{dt} = \frac{d\vec{k}}{dt} \operatorname{grad}_{\vec{k}} \bar{v} \tag{F111}$$

und mit Gl. F 100 und F 104

$$\frac{d\bar{v}}{dt} = \vec{F} \frac{1}{\hbar^2} \operatorname{grad}_{\vec{k}} \operatorname{grad}_{\vec{k}} E(\vec{k}). \tag{F112}$$

Aufgrund des Vergleichs mit dem NEWTONschen Gesetz definiert man eine sog. effektive Masse m^* durch die Beziehung

$$\frac{1}{m^*} = \frac{1}{\hbar^2} \operatorname{grad}_{\vec{k}} \operatorname{grad}_{\vec{k}} E(\vec{k}). \tag{F113}$$

Die so definierte effektive Masse ist nicht im üblichen Sinn eine skalare Grösse mit einem einzigen festen Wert für das Kristallelektron, sondern ein Tensor 2. Stufe. Dieser ist invers zum Tensor der reziproken effektiven Masse, der aus Gl. F 113 folgt:

$$\frac{1}{m^*} = \frac{1}{\hbar^2} \begin{pmatrix} \frac{\partial^2 E}{\partial k_1 \, \partial k_1} & \frac{\partial^2 E}{\partial k_1 \, \partial k_2} & \frac{\partial^2 E}{\partial k_1 \, \partial k_3} \\ \frac{\partial^2 E}{\partial k_2 \, \partial k_1} & \frac{\partial^2 E}{\partial k_2 \, \partial k_2} & \frac{\partial^2 E}{\partial k_2 \, \partial k_3} \\ \frac{\partial^2 E}{\partial k_3 \, \partial k_1} & \frac{\partial^2 E}{\partial k_3 \, \partial k_2} & \frac{\partial^2 E}{\partial k_3 \, \partial k_3} \end{pmatrix}. \tag{F114}$$

Wegen der Vertauschbarkeit der Differentiationen ist dieser Tensor symmetrisch und auf Hauptachsen transformierbar. Dann treten nur noch die Diagonalelemente auf, die die sog. Hauptmassen definieren:

$$\begin{aligned} \frac{1}{m_{xx}} &= \frac{1}{\hbar^2} \frac{\partial^2 E}{\partial k_x^2} = \frac{\partial^2 E}{\partial P_x^2}, \\ \frac{1}{m_{yy}} &= \frac{1}{\hbar^2} \frac{\partial^2 E}{\partial k_y^2} = \frac{\partial^2 E}{\partial P_y^2}, \\ \frac{1}{m_{zz}} &= \frac{1}{\hbar^2} \frac{\partial^2 E}{\partial k_z^2} = \frac{\partial^2 E}{\partial P_z^2}. \end{aligned} \tag{F115}$$

Im Prinzip ist also die effektive Masse durch die drei Hauptmassen vollständig bestimmt. Falls die Energie $E(\vec{k})$ nur vom Quadrat des Wellenvektors abhängt, d.h. falls die Energieflächen sphärische Symmetrie haben, sind die Hauptmassen alle identisch. Die effektive Masse ist dann eine skalare Grösse.

Speziell für freie Elektronen erhält man mit Gl. E7

$$m^*_{\text{frei}} = m. \tag{F116}$$

Wesentliche Eigenschaften der effektiven Massen lassen sich bereits aus dem eindimensionalen Kristallmodell herleiten. Für diesen Fall ist

$$\frac{1}{m^*} = \frac{1}{\hbar^2}\frac{d^2E}{dk^2}. \tag{F117}$$

Durch zweimalige Ableitung des $E(k)$-Verlaufs ergibt sich die reziproke effektive Masse als Funktion der Wellenzahl (vgl. Fig. 105). Danach ist die effektive Masse jeweils im unteren Bereich des Energiebandes positiv, im oberen Bereich dagegen negativ. Ein Elektron wird also durch eine äussere Kraft beschleunigt, wenn seine Energie im unteren Bereich des Bandes liegt, und gebremst, wenn sie im oberen Bereich liegt. Seine mittlere Geschwindigkeit wird infolge der Abbremsung gerade dann zu Null, wenn seine Energie den oberen Bandrand erreicht (vgl. S. 224).

Der Betrag der effektiven Masse erreicht in schmalen Energiebändern grössere Werte als in breiten, da in schmalen Bändern die zweite Ableitung d^2E/dk^2 kleinere Werte annimmt als in breiten Bändern. Die erlaubten Energiebereiche sind um so schmäler, je stärker die Elektronen ‹gebunden› sind (vgl. S. 221). ‹Stark gebundene› Elektronen sind also ‹schwerer› als ‹schwach gebundene› und werden daher von einer äusseren Kraft weniger beeinflusst.

Im dreidimensionalen Fall spielt zusätzlich der Tensorcharakter der effektiven Masse eine Rolle. Bei beliebiger Richtung der Kraft $\vec{F}$ hat die Beschleunigung im allgemeinen eine andere Richtung als $\vec{F}$. Beschleunigung und Kraft sind nur dann parallel, wenn die Kraft in Richtung einer der drei Hauptachsen der effektiven Massen m_{xx}, m_{yy}, m_{zz} wirkt, oder wenn die effektive Masse skalar ist.

Die aus der Definition (Gl. F113) hergeleiteten Eigenschaften der effektiven Masse beruhen auf der Tatsache, dass das Elektron im Kristall nicht nur der äusseren Kraft $\vec{F}$, sondern auch der vom Gitter ausgeübten Kraft $\vec{F}_g$ unterliegt. In praktischen Fällen ist $\vec{F}_g$ nicht bekannt. Daher ersetzt man die Bewegungsgleichung des Elektrons

$$\frac{d\vec{v}}{dt} = \frac{1}{m}(\vec{F}+\vec{F}_g) \tag{F118}$$

durch die Beziehung

$$\frac{d\vec{v}}{dt} = \frac{1}{m^*}\vec{F}. \tag{F119}$$

Man berücksichtigt also den Einfluss der unbekannten Gitterkraft, indem man die wahre Masse des Elektrons durch eine effektive Masse ersetzt. Gleichsetzen von Gl. F118 und F119 liefert:

$$\left(\frac{m}{m^*} - 1\right)\vec{F} = \vec{F}_g. \tag{F120}$$

Diese Beziehung zeigt explizit, dass der Unterschied zwischen m und m^* auf die Gitterkraft zurückzuführen ist. Die effektive Masse beschreibt das Verhalten eines Kristallelektrons gegenüber der äusseren Kraft $\vec{F}$. Die Bezeichnung ‹Kristallelektron› bringt zum Ausdruck, dass die Gitterkraft die Bewegungsgesetze des Elektrons mitbestimmt.

Die effektive Masse ist experimentell bestimmbar (vgl. S. 243 ff.). Diese Messungen ergeben einige Rückschlüsse auf die Struktur des Energiespektrums $E_n(\vec{k})$. Leider kann man jedoch grundsätzlich durch keine noch so detaillierten Kenntnisse der effektiven Masse eindeutige Rückschlüsse auf die genaue Form des in Wirklichkeit unbekannten periodischen Potentials ziehen. Theoretisch kann man nur umgekehrt aus dem periodischen Potential das Energiespektrum und daraus die effektive Masse finden. Dieser Weg scheitert in der Praxis daran, dass das periodische Potential experimentell nicht bestimmbar ist.

6. *Eigenwertdichte und effektive Masse*

Die möglichen Werte für die Wellenvektoren sind quasikontinuierlich im $\vec{k}$-Raum verteilt (vgl. S. 205). Daher gibt es nur endlich viele Zustände mit Wellenvektoren zwischen $\vec{k}$ und $\vec{k}+d\vec{k}$. Durch die $E(\vec{k})$-Beziehung werden damit auch nur endlich viele Eigenwerte im Energieintervall $E \ldots E+dE$ festgelegt.

Auf S. 206 wurde gezeigt, dass die Zahl der Zustände in jeder BRILLOUIN-Zone gleich der Zahl N der Elementarzellen bzw. der Atome im Volumen L^3 ist. Jede BRILLOUIN-Zone entspricht einem Energieband, das also N Eigenwerte enthält. Für schmale Bänder ist daher die Eigenwertdichte (vgl. Gl. E 14) gross; für höhere Energien nimmt die Bandbreite zu und dementsprechend die Eigenwertdichte ab.

Durch Verallgemeinerung der Gl. F12 auf den dreidimensionalen Fall erhält man für kubische Symmetrie anstelle von Gl. F14:

$$\begin{aligned} k_x &= \frac{2\pi}{L} n_x, \\ k_y &= \frac{2\pi}{L} n_y, \\ k_z &= \frac{2\pi}{L} n_z. \end{aligned} \tag{F121}$$

Ein einziger Zustand beansprucht im $\vec{k}$-Raum das Volumen $(2\pi/L)^3$. Das Volumen $dk_x\, dk_y\, dk_z$ enthält dann dZ_k Zustände:

$$dZ_k = \left(\frac{L}{2\pi}\right)^3 dk_x\, dk_y\, dk_z. \tag{F122}$$

Die Eigenwertdichte $D(E) = dZ_E/dE$ ergibt sich aus der Zahl der Zustände dZ_E, die im $\vec{k}$-Raum zwischen den Flächen konstanter Energie $E = \text{const}$ und $E + dE = \text{const}$ enthalten sind (vgl. Fig. 106). Unter der Voraussetzung, dass $E(\vec{k})$ eine eindeutige, differenzierbare, aber sonst beliebige Funktion sei, ist

$$D(E)\,dE = \int_E^{E+dE} dZ_k = \left(\frac{L}{2\pi}\right)^3 \int_E^{E+dE} dk_x\,dk_y\,dk_z\,. \tag{F123}$$

Die Integration erstreckt sich über das Volumen $dV_{\vec{k}}$ im $\vec{k}$-Raum, das zwischen den beiden Flächen konstanter Energie liegt. Es gilt

$$dV_{\vec{k}} = \int_E^{E+dE} dk_x\,dk_y\,dk_z\,. \tag{F124}$$

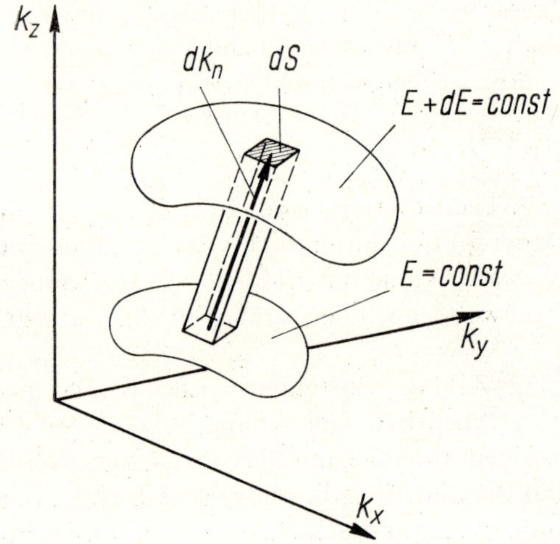

Fig. 106: Zur Berechnung der Eigenwertdichte $D(E)$

Anstelle der Koordinaten k_x, k_y, k_z wählen wir auf der Fläche $E(\vec{k}) = \text{const}$ orthogonale Koordinaten. Damit wird das Volumenelement

$$dk_x\,dk_y\,dk_z = dS\,dk_n \tag{F125}$$

mit

$$dk_n = \frac{dE}{|\text{grad}_{\vec{k}} E|}\,. \tag{F126}$$

dS Flächenelement auf $E(\vec{k}) = \text{const}$

Für die Eigenwertdichte erhält man mit Gl. F125 und F126 die allgemeingültige Beziehung

$$D(E)\,dE = \left(\frac{L}{2\pi}\right)^3 dE \int_{E=\text{const}} \frac{dS}{|\text{grad}_{\vec{k}} E|}\,. \tag{F127}$$

Sie lässt sich nur für einige spezielle Zusammenhänge $E(\vec{k})$ analytisch auswerten.

Für freie Elektronen folgt hieraus mit Gl. E7

$$D(E)\,dE = \left(\frac{L}{2\pi}\right)^3 dE\,\frac{m}{\hbar^2} \int\limits_{E=\text{const}} \frac{dS}{k}. \tag{F128}$$

Die Flächen konstanter Energie sind in diesem Spezialfall Kugeln mit dem Radius k, d.h. die Integration liefert bei konstantem k die Kugeloberfläche. Aus Gl. F128 ergibt sich somit die schon im Rahmen der SOMMERFELDschen Theorie hergeleitete Eigenwertdichte freier Elektronen (vgl. Gl. E14):

$$D(E)\,dE = \frac{L^3}{4\pi^2}\left(\frac{2m}{\hbar^2}\right)^{\frac{3}{2}} E^{\frac{1}{2}}\,dE. \tag{F129}$$

Wir berechnen jetzt die Eigenwertdichte von Kristallelektronen, für die die folgende $E(\vec{k})$-Beziehung gelte:

$$E(\vec{k}) = E_R + \frac{\hbar^2}{2}\left(\frac{k_x^2}{m_{xx}} + \frac{k_y^2}{m_{yy}} + \frac{k_z^2}{m_{zz}}\right). \tag{F130}$$

E_R konstanter Energiewert, z.B. die Energie eines Bandrandes
m_{xx}, m_{yy}, m_{zz} Hauptmassen der effektiven Masse m^*

Nach dieser Gleichung sind die Flächen konstanter Energie im $\vec{k}$-Raum Ellipsoide mit den Hauptachsen b_x, b_y, b_z, die gegeben sind durch

$$\begin{aligned} b_x^2 &= \frac{2}{\hbar^2} m_{xx}(E-E_R),\\ b_y^2 &= \frac{2}{\hbar^2} m_{yy}(E-E_R),\\ b_z^2 &= \frac{2}{\hbar^2} m_{zz}(E-E_R). \end{aligned} \tag{F131}$$

Für die Eigenwertdichte ist nach Gl. F123 das Volumen $dV_{\vec{k}}$ zwischen den beiden Ellipsoiden $E = \text{const}$ und $E+dE = \text{const}$ massgebend. Das Volumen des Ellipsoids $E = \text{const}$ beträgt

$$V_{\vec{k}} = \frac{4\pi}{3} b_x b_y b_z = \frac{4\pi}{3}\left(\frac{2}{\hbar^2}\right)^{\frac{3}{2}} (E-E_R)^{\frac{3}{2}} (m_{xx} m_{yy} m_{zz})^{\frac{1}{2}}. \tag{F132}$$

Daraus folgt

$$dV_{\vec{k}} = \frac{dV_{\vec{k}}}{dE}\,dE = 2\pi\left(\frac{2}{\hbar^2}\right)^{\frac{3}{2}} (E-E_R)^{\frac{1}{2}} (m_{xx} m_{yy} m_{zz})^{\frac{1}{2}}\,dE. \tag{F133}$$

Mit Gl. F 123 und F 124 erhält man für die Eigenwertdichte

$$D(E)\,dE = \frac{L^3}{4\pi^2}\left(\frac{2}{\hbar^2}\right)^{\frac{3}{2}}(m_{xx}\,m_{yy}\,m_{zz})^{\frac{1}{2}}(E-E_R)^{\frac{1}{2}}\,dE. \qquad \text{(F 134)}$$

Die effektive Masse hat also einen wesentlichen Einfluss auf die Eigenwertdichte. Grosse Werte von m^* ergeben hohe Eigenwertdichten und damit schmale Energiebänder, da ja die Zahl der Eigenwerte pro Band immer gleich N ist. Dies ist in Übereinstimmung mit dem Zusammenhang zwischen der Stärke des periodischen Potentials, der Breite der Energiebänder und der Grösse der effektiven Masse (vgl. S. 228).

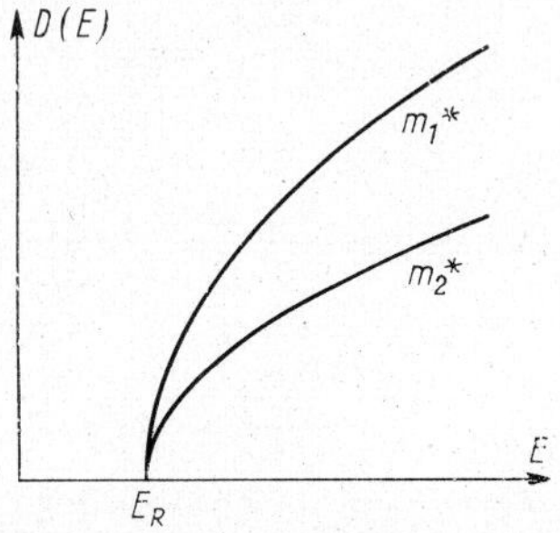

Fig. 107: Eigenwertdichten in Funktion der Energie für verschiedene effektive Massen ($m_1^* > m_2^*$)

Speziell für $m_{xx} = m_{yy} = m_{zz} = m^*$ sind die Flächen konstanter Energie Kugeln, und Gl. F 134 geht über in

$$D(E)\,dE = \frac{L^3}{4\pi^2}\left(\frac{2\,m^*}{\hbar^2}\right)^{\frac{3}{2}}(E-E_R)^{\frac{1}{2}}\,dE. \qquad \text{(F 135)}$$

In diesem Fall ist die effektive Masse ein Skalar und die $E(\vec{k})$-Beziehung heisst

$$E(\vec{k}) = E_R + \frac{\hbar^2}{2\,m^*}\,k^2. \qquad \text{(F 136)}$$

Die Kristallelektronen verhalten sich dann wie freie Elektronen mit der Masse m^*, man spricht von ‹quasifreien› Elektronen. Fig. 107 zeigt den Verlauf $D(E)$ für verschiedene Werte von m^*.

VII. Gesamtheit der Elektronen

Bisher haben wir aufgrund der Annahmen der Ein-Elektron-Näherung (vgl. S. 203) die möglichen Zustände und Eigenwerte der Kristallelektronen berechnet, ohne darauf einzugehen, welche Zustände $(n, \vec{k})$ wirklich besetzt sind. Aus der Besetzung der Bänderstruktur lassen sich wichtige Eigenschaften der Kristalle herleiten. Hierzu muss man vom Verhalten des einzelnen Elektrons übergehen zur Gesamtheit aller im Kristall enthaltenen Elektronen. Dieser Übergang zur Elektronengesamtheit ist möglich im Rahmen der Ein-Elektron-Näherung: die Energieniveaus, die sich aufgrund dieser Näherung ergeben, werden nach Massgabe des PAULI-Prinzips und der FERMI–DIRAC-Statistik besetzt (vgl. S. 168). Damit wird die Elektronengesamtheit unter Voraussetzung der folgenden Postulate behandelt:

1) Die Atomkerne befinden sich in vollkommener Ruhe auf den Gitterplätzen. Daher sind keine Wechselwirkungen zwischen Phononen und Elektronen vorhanden.

2) Alle Elektronen befinden sich in demselben Potential, das von den Atomkernen und einer gemittelten Ladungsverteilung der Elektronen herrührt. Wechselwirkungen zwischen den Elektronen untereinander werden vernachlässigt.

3) Das Potential hat die strenge Periodizität der Kristallstruktur.

4) Die Gesamtheit aller Elektronen unterliegt dem PAULIschen Ausschliessungsprinzip: Jeder Zustand $(n, \vec{k})$ kann von höchstens 2 Elektronen mit antiparallelem Spin besetzt sein.

5) Die Verteilung der Elektronen auf die möglichen Energieniveaus erfolgt nach Massgabe der FERMI–DIRAC-Statistik.

Am absoluten Nullpunkt sind alle Energieniveaus von je 2 Elektronen bis zu einer Maximalenergie besetzt. Der Wert dieser Maximalenergie richtet sich – ähnlich wie beim Modell der freien Elektronen – nach der Gesamtzahl der Elektronen im Kristall. Ein Kristall mit N Elementarzellen, die je 1 Atom der Kernladungszahl Z enthalten, hat NZ Elektronen. Jedes Energieband umfasst N Energieniveaus, bietet also Platz für $2N$ Elektronen. Die NZ Elektronen besetzen bei $T = 0$ °K sämtliche Energieniveaus der untersten Energiebänder. Die minimale Zahl der benötigten Energiebänder ist $Z/2$. Je nachdem, ob Z gerade oder ungerade ist, sind in einfachen Fällen alle Energiebänder vollständig besetzt, oder bleibt die halbe Anzahl der Energieniveaus im obersten besetzen Energieband leer.

Für kompliziertere Strukturen bzw. bei Bänderüberlappung ist die Kernladungszahl Z nicht allein dafür massgebend, ob das oberste Band vollständig oder nur halb besetzt ist. In allen Fällen jedoch ist die Art der Besetzung des obersten Energiebandes bei $T = 0$ °K entscheidend dafür, ob ein Kristall Isolator oder Metall ist.

1. *Verteilungsfunktion*

Für die Verteilungsfunktion der Elektronen gilt (vgl. Gl. E 15)

$$N(E)\,dE = 2\,D(E)\,F(E)\,dE, \tag{F 137}$$

wobei im allgemeinen Fall $D(E)$ durch Gl. F 127 gegeben ist und $F(E)$ die FERMI–DIRAC-Funktion bedeutet:

$$F(E) = \frac{1}{\exp\left(\dfrac{E-\zeta}{kT}\right)+1}. \tag{F 138}$$

Die Berechnung der Gl. F 137 verlangt die genaue Kenntnis der $E_n(\vec{k})$-Beziehung, die in die Eigenwertdichte $D(E)$ eingeht. Die Rechnungen können nur noch gesondert für jeden Einzelfall durchgeführt werden und erfordern im allgemeinen kompliziertere Näherungsmethoden als die auf S. 211 ff. und S. 220 behandelten. Grundsätzlich weist die Eigenwertdichte eine minimale Anzahl von Singularitäten auf, sog. VAN HOVE-Singularitäten, an denen die Ableitung der Eigenwertdichte nach der Energie unstetig ist. Man kann allgemein zeigen, dass solche Singularitäten durch die Periodizität des Gitters bedingt sind. Dies gilt nicht nur für die Eigenwertdichte der Kristallelektronen, sondern auch für das Frequenzspektrum $\varrho(\omega)$ der Phononen, das ebenfalls grundsätzlich VAN HOVE-Singularitäten aufweist.

Unabhängig vom genauen Verlauf der Verteilungsfunktion für einen bestimmten Stoff lassen sich einige Typen von Verteilungsfunktionen angeben, die für Metalle, Isolatoren, Halbleiter und Halbmetalle charakteristisch sind (vgl. Fig. 108).

Für viele Probleme sind die vollständig besetzten, unteren Energiebänder ohne Einfluss, man berücksichtigt dann – ohne Einschränkung der Allgemeinheit – nur die oberen Energiebänder, die den Valenzelektronen zugeordnet sind.

2. *Isolatoren und Metalle*

Für einen idealen Isolator ist das höchste besetzte Energieband vollständig aufgefüllt; die Maximalenergie der Elektronen fällt gerade mit dem oberen Bandrand zusammen. Das nächst höhere Energieband bleibt vollkommen unbesetzt. Die Energielücke bis zu diesem Band ist so gross, dass die thermische Energie nicht ausreicht, um Elektronen in das leere Band anzuregen.

Der Zusatzimpuls, den die Gesamtheit der Elektronen eines vollständig besetzten Energiebandes unter dem Einfluss einer äusseren Kraft (z.B. unter der Wirkung eines äusseren elektrischen Feldes) erhält, ist gleich Null, d.h. die Elektronen eines vollständig besetzten Bandes liefern keinen Beitrag zum elektrischen Strom. Dies lässt sich leicht beweisen. Die Impulsänderung eines Elektrons im Zustand $(n, \vec{k})$ sei

$$dp_x = d(m\,v_x) = m\frac{dv_x}{dt}\,dt. \tag{F139}$$

Unter Verwendung von Gl. F112 und F113 ist

$$dp_x = \frac{m}{m_{xx}} F_x\,dt. \tag{F140}$$

Die über die x-Komponenten gemittelte Impulsänderung aller Elektronen eines Bandes beträgt

$$\overline{dp_x} = \frac{1}{\dfrac{\pi}{a} - \left(-\dfrac{\pi}{a}\right)} \int\limits_{-\frac{\pi}{a}}^{+\frac{\pi}{a}} dp_x\,dk_x\,. \tag{F141}$$

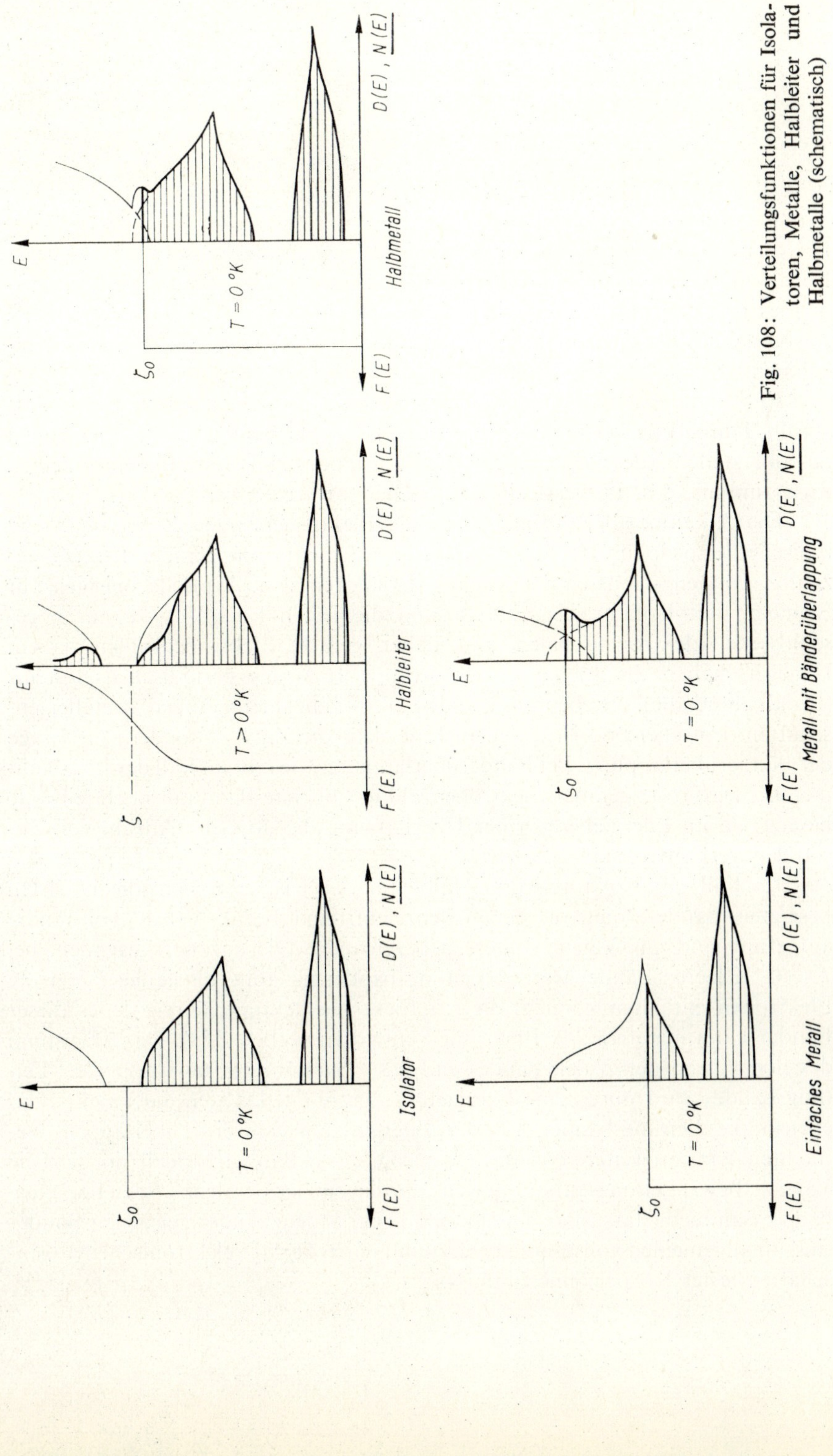

Fig. 108: Verteilungsfunktionen für Isolatoren, Metalle, Halbleiter und Halbmetalle (schematisch)

Mit Gl. F 115 und F 140 folgt

$$\overline{dp_x} = \frac{a}{2\pi}\,\frac{m}{\hbar^2}\,F_x\,dt \int\limits_{-\frac{\pi}{a}}^{+\frac{\pi}{a}} \frac{d^2E}{dk_x^2}\,dk_x = \frac{a}{2\pi}\,\frac{m}{\hbar^2}\,F_x\,dt\,\frac{dE}{dk_x}\Bigg|_{-\frac{\pi}{a}}^{+\frac{\pi}{a}} \qquad \text{(F 142)}$$

Wegen Gl. F 67 ergibt sich

$$\overline{dp_x} = 0. \qquad \text{(F 143)}$$

Die analoge Rechnung gilt für die y- und z-Richtung. Das Ergebnis dieser Rechnung ist eine Folge des PAULI-Prinzips: Falls alle Zustände eines Energiebandes bzw. der BRILLOUIN-Zone besetzt sind, können die Elektronen ihre Zustände nur gegenseitig austauschen, dagegen keine neuen Zustände einnehmen.

Für Metalle ist das oberste besetzte Band prinzipiell nur teilweise aufgefüllt. Durch Energieaufnahme aus einem äusseren Feld gehen die Elektronen des obersten Bandes in die noch freien Zustände über und erhalten so einen Zusatzimpuls, d.h. es fliesst ein elektrischer Strom.

Die Alkalimetalle, die alle ungerade Elektronenzahlen Z besitzen, sind typische Beispiele für Metalle. Kristalle der Elemente mit gerader Elektronenzahl Z können – müssen aber nicht – Isolatoren sein. Typische Beispiele für Elemente mit Isolatoreigenschaften sind die festen Edelgase, die nur abgeschlossene Elektronenschalen und daher gerade Elektronenzahlen haben. Dagegen haben die Elemente der Gruppe II A des periodischen Systems (Erdalkalimetalle), die ebenfalls gerade Elektronenzahlen besitzen, Metalleigenschaften. Entscheidend ist in jedem Fall nicht die Zahl Z, sondern die Frage der Bänderüberlappung. Bei Bänderüberlappung, wie z.B. im Fall der Erdalkalimetalle, wird trotz gerader Elektronenzahl das oberste Band nur noch teilweise besetzt, da im Energiebereich der Überlappung die doppelte Anzahl von Zuständen verfügbar ist.

Im Fall der Isolatoren und Halbleiter (s.u.) ist es üblich, die höchsten besetzten Bänder, die von den Valenzelektronen bei $T = 0$ °K vollständig aufgefüllt sind, als Valenzbänder zu bezeichnen. Die darüber liegenden, bei $T = 0$ °K leeren Bänder werden Leitungsbänder genannt, da sie bei $T \neq 0$ °K Elektronen enthalten können, die zur Elektronenleitung führen. Jedes dieser Bänder kann maximal $2\,N$ Elektronen enthalten (vgl. S. 233). Das Maximum des höchstliegenden Valenzbandes und das Minimum des tiefstliegenden Leitungsbandes sind durch eine Energielücke getrennt. Da sich die Valenz- und ebenso die Leitungsbänder auf der Energieskala teilweise überlappen, betrachten wir im weiteren vielfach ein sog. Zwei-Bänder-Modell, in dem die Valenz- bzw. Leitungsbänder jeweils in ein einziges Valenz- bzw. Leitungsband zusammengefasst sind. Die unterhalb der Valenzbänder gelegenen Bänder sind im allgemeinen vollständig besetzt und daher für die elektronischen Eigenschaften fester Körper ohne Einfluss.

Im Fall der Metalle kann man sinngemäss die hochliegenden, teilweise besetzten Bänder als Leitungsbänder bezeichnen. In komplizierteren Fällen ist es jedoch vielfach zweckmässiger, diese Bänder direkt durch die Art ihrer Ladungsträger (Elektronen oder Löcher) zu charakterisieren.

3. *Halbleiter und Halbmetalle*

Die scharfe Trennung zwischen Isolator und Metall gilt streng nur am absoluten Nullpunkt. Für Temperaturen $T > 0\,°\mathrm{K}$ besteht in Isolatoren für die Elektronen des Valenzbandes die Wahrscheinlichkeit $\exp(-\Delta E/k\,T)$, über die Energielücke ΔE ins Leitungsband thermisch angeregt zu werden. Bei geeigneter Grösse von ΔE und T erhalten dann auch Isolatoren eine nachweisbare Leitfähigkeit. Diese ist zurückzuführen sowohl auf das nunmehr unvollständig besetzte Valenzband als auch auf die ins Leitungsband angeregten Elektronen. ‹Isolatoren› mit elektronischer Leitfähigkeit sind sog. elektronische Halbleiter, die für die technische Elektronik fundamentale Bedeutung erlangt haben. Zwischen Isolator und Halbleiter besteht kein qualitativer, sondern nur ein quantitativer Unterschied, indem bei Halbleitern die Energielücke relativ kleiner ist ($\Delta E \lesssim 3$ eV). Die Eigenschaften der Halbleiter (vgl. S. 284 ff.) sind prinzipiell verschieden von den Eigenschaften der Metalle.

Man bezeichnet einen Kristall als Halbmetall, wenn sich Valenz- und Leitungsband nur in einem sehr kleinen Energiebereich überlappen. Die elektrische Leitfähigkeit von Halbmetallen, zu denen beispielsweise Arsen, Antimon und Wismut gehören, ist etwa ein bis zwei Grössenordnungen kleiner als die von normalen Metallen.

4. FERMI-*Fläche*

Für Metalle ergibt sich die FERMI-Grenzenergie ζ_0 bzw. $\zeta(T)$ aus Bestimmungsgleichungen von der Form der Gl. E23 bzw. E32. Die massgebende Elektronenkonzentration entspricht dann der Anzahl der Elektronen in den nicht abgeschlossenen Schalen der Atome.

Für Isolatoren und Halbleiter reichen die erwähnten Bestimmungsgleichungen nicht aus. Für $T = 0\,°\mathrm{K}$ bleibt nämlich der Wert des Integrals unverändert, wenn man die obere Integrationsgrenze ζ_0 irgendwo in der Energielücke zwischen dem Valenz- und dem Leitungsband wählt. Dort ist die Eigenwertdichte prinzipiell gleich Null, so dass die Grenzenergie die Unbestimmtheit von der Breite ΔE der Energielücke hätte. Wir werden auf S. 286 ff. zeigen, dass die Grenzenergie mit Hilfe einer Neutralitätsbedingung bestimmbar ist und eine genau definierte Lage zwischen dem Valenz- und dem Leitungsband hat.

Die spezielle Fläche konstanter Energie im $\vec{k}$-Raum

$$E(\vec{k}) = \zeta = \text{const} \tag{F144}$$

heisst FERMI-Fläche. Aufgrund der Definition der FERMI-Energie ist die FERMI-Fläche die Begrenzungsfläche, die bei $T = 0\,°\mathrm{K}$ im $\vec{k}$-Raum alle besetzbaren Zustände von den unbesetzten trennt.

Für die Eigenschaften der Metalle ist die Topologie der FERMI-Fläche von grosser Bedeutung. Die elektrische Leitfähigkeit, die Wärmeleitfähigkeit und viele andere Eigenschaften hängen im wesentlichen nur ab von den relativ wenigen Elektronen mit Energien im Bereich $\zeta \pm kT$. Die äusseren Kräfte sind im allgemeinen so klein, dass wegen der Forderung des PAULI-Prinzips nur diese Elektronen ihre Zustände ändern können. Für die Behandlung von Transportphänomenen ist daher die Kenntnis der Bandstruktur gerade in der Umgebung von $E = \zeta$ wichtig. Aus der Form der FERMI-Fläche und aus ihrer Lage relativ zur 1. BRILLOUIN-Zone ergeben sich wertvolle Rückschlüsse auf die Eigenschaften eines Metalls. Die Bewegungseigenschaften der Elektronen in verschiedenen Richtungen von $\bar{k}(\zeta)$ hängen davon ab, wo sich das Elektron auf der FERMI-Fläche befindet. Für Richtungen, in denen die FERMI-Fläche weit entfernt ist vom Rand der BRILLOUIN-Zone, verhalten sich die Elektronen ‹freier› als für solche, in denen die FERMI-Fläche in der Nähe des Randes verläuft. Auf S. 243 ff. werden wir zeigen, dass man mit verschiedenen Experimenten die Topologie der FERMI-Fläche ermitteln kann.

Für freie und quasifreie Elektronen ist die FERMI-Fläche eine Kugel innerhalb der 1. BRILLOUIN-Zone. Der Radius $k(\zeta)$ der FERMI-Kugel nimmt mit der Konzentration n_e der ‹Valenzelektronen› zu. Aus Gl. E23, F135 und F136 folgt nämlich

$$E - E_R = \zeta = \frac{\hbar^2}{2m^*} k^2(\zeta) = \frac{\hbar^2}{2m^*} (3\pi^2 n_e)^{\frac{2}{3}} \tag{F145}$$

oder

$$k(\zeta) = (3\pi^2 n_e)^{\frac{1}{3}}. \tag{F146}$$

Die Bedingung, dass die FERMI-Kugel die BRILLOUIN-Zone berührt, bestimmt die Stabilitätsgrenzen der verschiedenen Kristallstrukturen in Legierungsreihen, wie im folgenden Abschnitt gezeigt wird.

Für Isolatoren und nichtentartete Halbleiter (vgl. S. 288) hat die FERMI-Energie einen Wert in der Energielücke, innerhalb der für die Elektronen strenggenommen keine Zustände erlaubt sind. Der Begriff der FERMI-Fläche verliert damit seinen Sinn. Anstelle der FERMI-Fläche treten in Isolatoren und nichtentarteten Halbleitern die Flächen konstanter Energie für Energien dicht oberhalb des unteren Leitungsbandrandes oder dicht unterhalb des oberen Valenzbandrandes.

5. *Metalle und Legierungen* (HUME–ROTHERY*sche Regeln*)

Eine Legierung ist ein metallischer Mischkristall, in dem zwei oder mehr Sorten von Atomen auf die Gitterplätze statistisch verteilt sind. Man nimmt an, dass durch den Einbau von ‹fremden› Atomen die Periodizität des Gitters nicht gestört wird. Die Wellenfunktionen und Eigenwerte der Elektronen sollen also in einem bestimmten Mischungsbereich im wesentlichen unverändert bleiben; lediglich die Elektronenkonzentration n_e und damit die Grenzenergie können durch Zulegieren anderswertiger Atome verändert werden. Mit zunehmender Elektronenkonzentration wird gemäss Gl. F146 die FERMI-Kugel grösser. Es hat sich gezeigt, dass eine Struktur so lange stabil bleibt, bis mit zunehmender Elektronenkonzentration die FERMI-Kugel die Begrenzung der 1. BRILLOUIN-Zone berührt. Obwohl für die Elektronen von weiteren, zulegierten Atomen noch Zustände in der 1. BRILLOUIN-Zone frei sind, ist die Umordnung in eine Kristallstruktur mit entsprechend grösserer BRILLOUIN-Zone vielfach energetisch günstiger als die Besetzung der noch freien Zustände in der ursprünglichen Zone. Die neue Kristallstruktur bleibt mit zunehmender Elektronenkonzentration stabil, bis die FERMI-Kugel wiederum die Begrenzung der BRILLOUIN-Zone berührt. Man bezeichnet die Kristallstruktur, die zu einem bestimmten Mischungsbereich gehört, als Phase.

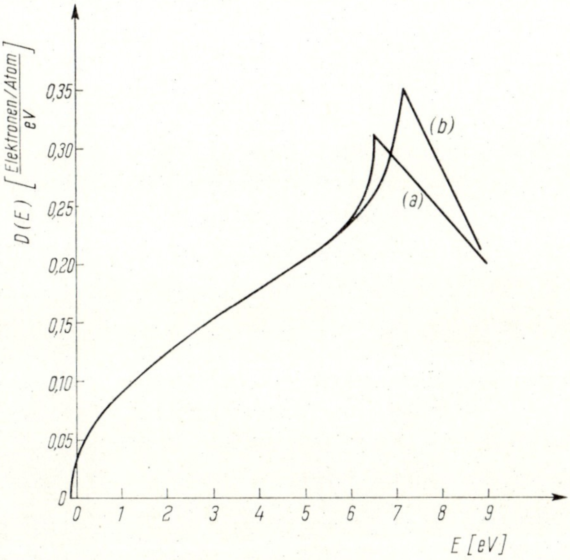

Fig. 109: Eigenwertdichten für die a) kubisch flächenzentrierte Struktur b) kubisch raumzentrierte Struktur (aus H. JONES, Proc. Phys. Soc. *49*, 250 (1937))

Die Erklärung für die Phasenübergänge ergibt sich aus dem für verschiedene Strukturen unterschiedlichen Verlauf der Eigenwertdichte $D(E)$ (vgl. Fig. 109). Solange die Eigenwertdichte mit zunehmender Elektronenkonzentration, d.h. wegen des PAULI-Prinzips mit zunehmender Energie, wächst, erfordert die zusätzliche Besetzung von Zuständen nur wenig Energie. Nimmt dagegen die Eigenwertdichte nach dem oberen Bandrand hin mit der Energie wieder ab, so würde die Energie zur Unterbringung weiterer Elektronen stark anwachsen. Im Vergleich hierzu ist die Umordnung in eine neue Phase mit geringerem Energieaufwand möglich. Das Maximum der Eigenwertdichte entspricht dem Wert ζ der Grenzenergie, für den die FERMI-Kugel die BRILLOUIN-Zone berührt.

Die obigen Betrachtungen sind eine überzeugende theoretische Begründung für die HUME–ROTHERYschen Regeln. Nach diesen Regeln tritt für eine Legierungsreihe zwischen mehreren Metallen immer dann eine neue Kristallstruktur (Phase) auf, wenn die gemittelte Anzahl der Valenzelektronen pro Atom einen bestimmten Wert erreicht. Dieser Wert ist charakteristisch für den Übergang in die betreffende Phase und unabhängig von den Elementen in der Legierung. Aus der Bedingung, dass die FERMI-Kugel die BRILLOUIN-Zone berührt, ergibt sich eine kritische Elektronenkonzentration. Dividiert man diese Konzentration durch die Gesamtzahl der Atome, so erhält man gerade die entsprechende, charakteristische Valenzelektronenzahl pro Atom, die von HUME–ROTHERY empirisch bestimmt wurde.

Das Legierungssystem Kupfer–Zink

Als Beispiel betrachten wir das System der Kupfer–Zink-Legierungen. Reines Kupfer hat kubisch flächenzentrierte Struktur (Gitterkonstante a). Das dazugehörige reziproke Gitter ist kubisch raumzentriert (Gitterkonstante $2\pi/a$). Die Konstruktion der 1. BRILLOUIN-Zone ergibt ein Oktaeder, dessen Ecken abgeschnitten sind (vgl. Fig. 110a).

In der 1. BRILLOUIN-Zone stehen für einen Kristall vom Volumen L^3 mit N Atomen genau N Zustände zur Verfügung (vgl. S. 206). Für Atome der Wertigkeit z ergibt sich als Konzentration der Valenzelektronen

$$n_e = \frac{zN}{L^3}. \tag{F147}$$

Die mehrfach primitive Elementarzelle vom Volumen a^3 des kubisch flächenzentrierten Gitters enthält 4 Atome, daher ist auch

$$n_e = \frac{4z}{a^3}. \tag{F148}$$

Für Kupfer ist $z = 1$.

Mit Gl. F146 erhält man für das Volumen der FERMI-Kugel:

$$V_{F.K.} = \frac{4\pi}{3} k^3(\zeta) = 4\pi^3 n_e \tag{F149}$$

oder mit Gl. F147 und F148

$$V_{F.K.} = \left(\frac{2\pi}{L}\right)^3 \frac{zN}{2} = 16\left(\frac{\pi}{a}\right)^3 z. \tag{F150}$$

Da nach Gl. F122 ein einziger Zustand im $\vec{k}$-Raum das Volumen $(2\pi/L)^3$ beansprucht, enthält die FERMI-Kugel die folgende Anzahl $Z_{F.K.}$ von Zuständen:

$$Z_{F.K.} = \frac{zN}{2}. \tag{F151}$$

Daraus folgt wiederum (vgl. S. 233), dass für einwertige Metalle ($z = 1$) genau die Hälfte der verfügbaren Zustände in der 1. BRILLOUIN-Zone besetzt ist.

Durch Zulegieren von Zn ($z = 2$) steigt die mittlere Valenzelektronenzahl pro Atom, d.h. die mittlere Wertigkeit $\bar{z}$ aller Atome, an. Die Konzentration der Valenzelektronen wächst; der Radius der FERMI-Kugel nimmt zu. Der Radius $k_{max}(\zeta)$, für den die FERMI-Kugel die Begrenzung der BRILLOUIN-Zone berührt, ist

$$k_{max}(\zeta) = 3^{\frac{1}{2}} \frac{\pi}{a}. \quad \text{(F 152)}$$

Unter Verwendung von Gl. F 149 und F 150 ergibt sich die kritische, mittlere Valenzelektronenzahl pro Atom:

$$\bar{z}_\alpha = \frac{\pi}{4} 3^{\frac{1}{2}} = 1{,}362. \quad \text{(F 153)}$$

Für $1 < \bar{z} \leqslant \bar{z}_\alpha$ haben Kupfer–Zink-Legierungen ein kubisch flächenzentriertes Gitter (α-Phase).

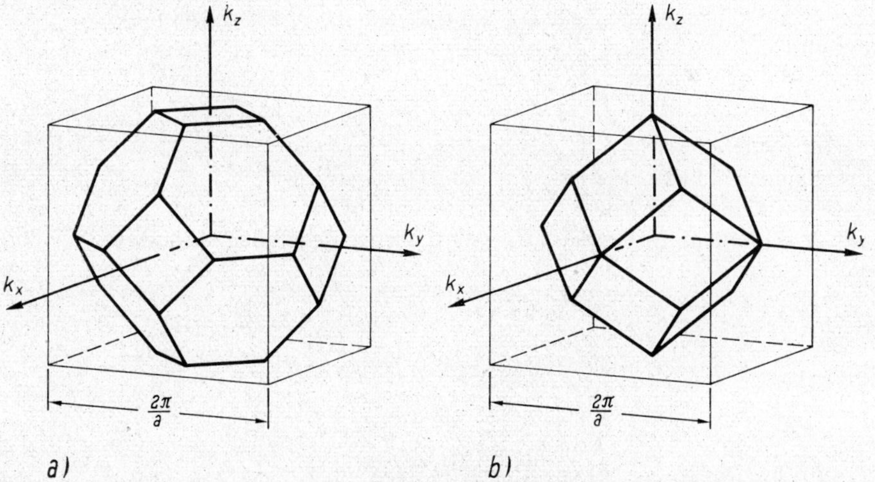

Fig. 110: 1. BRILLOUIN-Zone für a) das kubisch flächenzentrierte und b) das kubisch raumzentrierte Gitter

Für $\bar{z} > \bar{z}_\alpha$ wird die kubisch flächenzentrierte Phase instabil. Sie geht mit zunehmender Elektronenkonzentration allmählich in die β-Phase über, der ein kubisch raumzentriertes Gitter zugrunde liegt. Die Stabilitätsgrenze dieser Phase lässt sich analog zu den vorangehenden Betrachtungen herleiten. Zum kubisch raumzentrierten Gitter gehört ein kubisch flächenzentriertes reziprokes Gitter. Die 1. BRILLOUIN-Zone ist ein Dodekaeder (vgl. Fig. 110b). Der Radius $k_{max}(\zeta)$ der einbeschriebenen FERMI-Kugel beträgt

$$k_{max}(\zeta) = 2^{\frac{1}{2}} \frac{\pi}{a}. \quad \text{(F 154)}$$

Die mehrfach primitive Elementarzelle vom Volumen a^3 des kubisch raumzentrierten Gitters enthält 2 Atome, daher ist anstelle von Gl. F148

$$n_e = \frac{2\bar{z}}{a^3}. \tag{F 155}$$

Mit den beiden letzten Gleichungen folgt aus Gl. F 149

$$\bar{z}_\beta = \frac{\pi}{3} 2^{\frac{1}{2}} = 1{,}480. \tag{F 156}$$

Danach ist die β-Phase (kubisch raumzentriertes Gitter) stabil in einem Bereich $\bar{z} \leqslant \bar{z}_\beta$.

Mit höheren Zinkkonzentrationen erfolgen weitere Phasenübergänge. Damit ergeben sich kompliziertere Strukturen als für die α- und β-Phase. Die γ-Phase hat eine kubische Struktur mit 52 Atomen pro Elementarzelle. Die FERMI-Kugel berührt die BRILLOUIN-Zone bei der mittleren Valenzelektronenzahl pro Atom von $\bar{z}_\gamma = 1{,}54$. Die ε-Phase und die η-Phase sind hexagonal dichteste Kugelpackungen mit verschiedenem Achsenverhältnis c/a. Die ε-Phase ist stabil bis zu $\bar{z}_\varepsilon = 1{,}868$. Die η-Phase schliesslich reicht bis zu reinem Zink ($z = 2$).

Die Übergänge in die neuen Phasen sind nicht scharf. Nach Überschreiten der kritischen Werte $\bar{z}_{\alpha,\beta,\gamma,\varepsilon}$ bestehen in einem gewissen Konzentrationsbereich jeweils noch 2 Phasen gemeinsam: $\alpha+\beta$, $\beta+\gamma$ usw.

Aus den Werten von $\bar{z}$ kann man leicht auf die Konzentration der z-wertigen Komponente in Legierungen mit 1-wertigen Metallen schliessen. Aus den Beziehungen

$$N_1 + z N_z = \bar{z} N \tag{F 157}$$

und

$$N_1 + N_z = N \tag{F 158}$$

folgt für die Konzentration

$$\frac{N_z}{N} = \frac{\bar{z}-1}{z-1}. \tag{F 159}$$

N_1 Zahl der 1-wertigen Atome im Volumen L^3
N_z Zahl der z-wertigen Atome im Volumen L^3
N Zahl aller Atome im Volumen L^3

Mit den speziellen Werten $\bar{z}_{\alpha,\beta,\gamma,\varepsilon}$ erhält man hieraus die kritischen Konzentrationen, bis zu denen die Phasen stabil sind. Die so ermittelten Konzentrationen sind in befriedigender Übereinstimmung mit den Erfahrungswerten (vgl. Tab. 19). Dies bedeutet, dass die Annahme kugelförmiger FERMI-Flächen für die entsprechenden Metalle und Legierungen gerechtfertigt ist.

Tabelle 19

Stabilitätsgrenzen der Phasen zweiatomiger Legierungen.

Legierung	Stabilitätsgrenze der Phasen							
	α		β		γ		ε	
	$\bar{z}_\alpha$	% B	$\bar{z}_\beta$	% B	$\bar{z}_\gamma$	% B	$\bar{z}_\varepsilon$	% B
$A^{(1)}$–$B^{(2)}$	1,36	36	1,48	48	1,54	54	1,87	87
Cu–Zn	1,38	38	1,48	48	1,58–1,66	58–66	1,78–1,87	78–87
Ag–Zn	1,38	38			1,58–1,63	58–63	1,67–1,90	67–90
Ag–Cd	1,42	42	1,50	50	1,59–1,63	59–63	1,65–1,82	65–82
$A^{(1)}$–$B^{(3)}$	1,36	18	1,48	24	1,54	27	1,87	43
Cu–Al	1,41	20	1,48	24	1,63–1,77	31–38		
Cu–Ga	1,41	20						
Ag–Al	1,41	20					1,55–1,80	27–40
$A^{(1)}$–$B^{(4)}$	1,36	12	1,48	16	1,54	18	1,87	29
Cu–Si	1,42	14	1,49	16				
Cu–Ge	1,36	12						
Cu–Sn	1,27	9	1,49	16	1,60–1,63	20–21	1,73–1,75	25

VIII. Grundlagen und Methoden zur Bestimmung der Bänderstruktur

Zahlreiche Experimente liefern Beweise für das Auftreten von Energiebändern in Kristallen. Erst durch die Kombination von Theorie und Experiment ergeben sich quantitative Aussagen über die Bänderstruktur. Die Kenntnis der Bänderstruktur vermittelt das Verständnis von elektrischen, magnetischen, optischen und elastischen Eigenschaften der Kristalle. Hieraus erklärt sich das äusserst umfangreiche Material an theoretischen und experimentellen Arbeiten zur Aufklärung der oft komplizierten Bänderstruktur bestimmter Stoffe. Wir werden nicht auf die speziellen theoretischen Methoden eingehen, jedoch einige experimentelle Methoden aufzählen, die verschiedene Rückschlüsse auf die Bänderstruktur zulassen:

Spezifische Wärme der Elektronen (s. S. 180),
Emission und Absorption von weichen Röntgenstrahlen (s. S. 246),
Optische bzw. magneto-optische Absorption (s. S. 251 bzw. 280),
Anomaler Skin-Effekt (s. S. 255),
Zyklotronresonanz bzw. Azbel–Kaner-Resonanz (s. S. 270 bzw. 275),
de Haas–van Alphen-Effekt (s. S. 276),
Galvanomagnetische Effekte (s. S. 396).

Die meisten dieser Methoden beruhen einerseits auf Strahlungsübergängen in Kristallen, andererseits auf der Beeinflussung des Energiespektrums der Kristallelektronen durch ein äusseres Magnetfeld. Für weitere Effekte, die ebenfalls Aufschluss geben können über die Bänderstruktur, wie Wechselwirkungseffekte zwischen Elektronen und Phononen, Anisotropie der elektrischen Leitfähigkeit in hohen elektrischen Feldern (‹heisse Elektronen›), Positron-Annihilation, verweisen wir auf die Spezialliteratur.

1. *Strahlungsübergänge in Kristallen*

Übergänge der Kristallelektronen oder der Phononen in andere Energiezustände bezeichnet man als Strahlungsübergänge, wenn dabei Photonen absorbiert oder emittiert werden. Beispielsweise die Reststrahlen (vgl. S. 103) entstehen durch Strahlungsübergänge von Phononen und sind als Photon-Phonon-Wechselwirkung ohne Beteiligung der Kristallelektronen erklärbar. Aufschlüsse über die Energieverteilung der Kristallelektronen ergeben sich aus dem Studium der Strahlungsübergänge der Elektronen, wobei zusätzlich noch Elektron–Phonon-Wechselwirkungen beteiligt sein können.

Die Auswahlregeln bestimmen, ob ein Strahlungsübergang ‹erlaubt› oder ‹verboten› ist, d.h. ob seine Übergangswahrscheinlichkeit gross ist oder in 1. Näherung verschwindet. Die Berechnung der Übergangswahrscheinlichkeit basiert in der Regel auf einer quantenmechanischen Störungsrechnung. Man studiert das Verhalten eines Elektrons im periodischen Potential des Kristalls unter dem zusätzlichem Einfluss des elektromagnetischen Feldes, das als zeitlich periodische Störung aufgefasst wird. Die Übergangswahrscheinlichkeit hängt ab vom Wert des zeitlich periodischen Zusatzpotentials sowie von den ungestörten Wellenfunktionen, die dem Anfangs- und Endzustand des Elektrons entsprechen. Man findet als Auswahlregeln (ausser der Paritätserhaltung, auf die hier nicht weiter eingegangen wird) die klassischen Erhaltungssätze von Energie und Impuls. Dazu kommt als Folge des PAULI-Prinzips die weitere Auswahlregel, dass ein Übergang nur möglich ist, wenn der Endzustand unbesetzt ist.

Für einen Elektronenübergang zwischen den Zuständen, die durch die Bandindizes n und n' und durch die Wellenvektoren $\vec{k}$ und $\vec{k}'$ charakterisiert sind, heisst der Energiesatz

$$E_{n'\vec{k}'} - E_{n\vec{k}} = \hbar\omega. \tag{F160}$$

ω Kreisfrequenz der elektromagnetischen Welle

Der Impulssatz bezieht sich auf die Erhaltung des Kristallimpulses (vgl. S. 225). Für sog. direkte Übergänge, die allein auf einer Photon–Elektron-Wechselwirkung beruhen, gilt

$$\vec{k}' - \vec{k} = \vec{s} \tag{F161}$$

mit

$$|\vec{s}| = s = \frac{2\pi}{\lambda_K} = \frac{2\pi}{\lambda\, n_K} = \frac{\omega}{c_K} = \frac{\omega}{c\, n_K}. \tag{F162}$$

$\vec{s}$ Wellenvektor der elektromagnetischen Welle
λ_K Wellenlänge im Kristall
λ Wellenlänge im Vakuum
c_K Phasengeschwindigkeit im Kristall
c Lichtgeschwindigkeit
n_K Brechungsindex des Kristalls

Für Wellenlängen im Gebiet der Röntgenstrahlung ($\lambda < 10^{-6}$ cm) wird das Übergangsspektrum von der Auswahlregel Gl. F161 nicht beeinflusst. Die entsprechenden Strahlungsenergien $\hbar\omega$ sind so gross, dass nur Übergänge zwischen weit voneinander entfernten Energiebändern stattfinden. Dabei liegt im allgemeinen das untere Energieband so tief, dass man es als diskretes Energieniveau auffassen darf (vgl. S. 221). In diesem ‹Band› ist die Energie E_n nahezu unabhängig vom Wellenvektor $\vec{k}$. Dann sind Übergänge zwischen dem Niveau E_n und dem Band der Quantenzahl n' mit allen Werten $\hbar\omega$ der Energiedifferenz $E_{n'} - E_n$ energetisch erlaubt (vgl. Fig. 111).

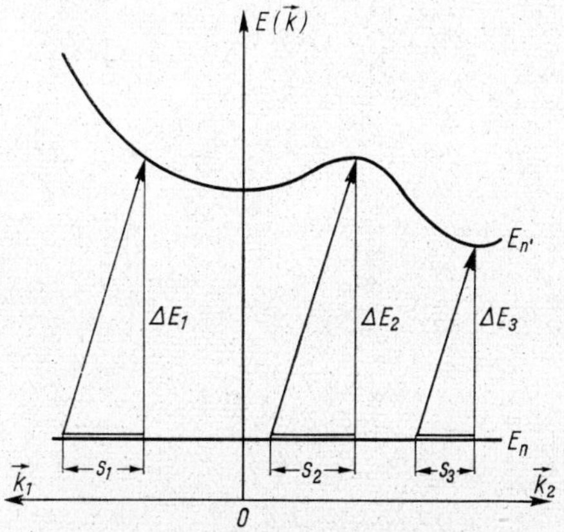

Fig. 111: Strahlungsübergänge im Röntgenwellenlängen-Bereich ($\Delta E = E_{n'} - E_n = \hbar\omega = \hbar c_K s$)

Für direkte Übergänge im optischen Bereich dagegen führt die Impulserhaltung zu einer strengeren Energiebedingung. Für $\lambda > 10^{-6}$ cm wird der Photonenimpuls $\hbar\, s = 2\pi\, \hbar/\lambda$ vernachlässigbar gegenüber dem Kristallimpuls $\hbar\, k = 2\pi\, \hbar/a$, der durch die Gitterkonstante $a \approx 10^{-8}$ cm bestimmt ist. Damit erhält man aus Gl. F 161

$$\vec{k} = \vec{k}' \qquad \text{(F163)}$$

und anstelle von Gl. F160 die strengere Energiebedingung

$$E_{n'\vec{k}} - E_{n\vec{k}} = \hbar\,\omega \qquad \text{(F164)}$$

mit

$$n \neq n'.$$

Direkte optische Übergänge sind daher im $E(\vec{k})$-Verlauf immer ‹vertikal› und überdies nur zwischen verschiedenen Energiebändern n und n' möglich, da in ein und demselben Energieband nur 1 Energiewert zu einem $\vec{k}$-Wert gehört. Je nach dem relativen Verlauf von $E_n(\vec{k})$ und $E_{n'}(\vec{k})$ scheiden gewisse Werte $\hbar\omega$ der Energiedifferenzen $E_{n'} - E_n$ für direkte Übergänge aus (vgl. Fig. 112). Jedoch auch mit diesen Werten von $\hbar\omega$ werden optische Übergänge beobachtet, die durch die zusätzliche Beteiligung von Phononen zustande kommen.

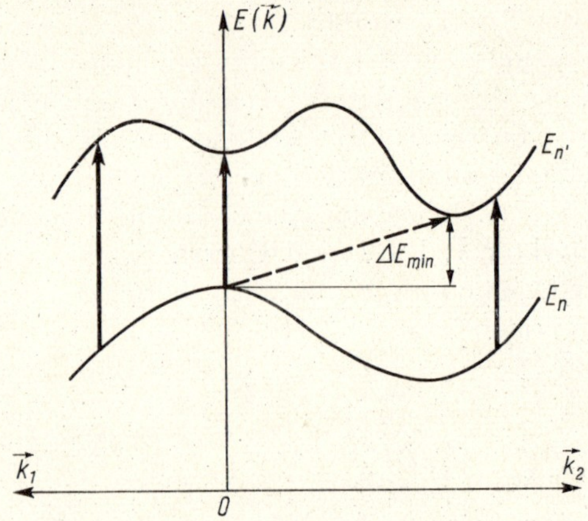

Fig.112: Direkte und indirekte Strahlungsübergänge im optischen Spektralbereich

Für einen Ein-Phonon-Prozess (vgl. S. 82) heisst dann der Impulssatz anstelle von Gl. F 161

$$\vec{k}' - \vec{k} = \vec{s} \pm \vec{q}. \tag{F 165}$$

$\vec{q}$ Wellenvektor des Phonons

Der Energiesatz geht über in

$$E_{n'\vec{k}'} - E_{n\vec{k}} = \hbar\omega \pm u_P. \tag{F 166}$$

u_P Energie des Phonons
$+$ für Phonon-Absorption
$-$ für Phonon-Emission

Theoretisch ist die Beteiligung von 1 Phonon am Strahlungsübergang am wahrscheinlichsten; Mehr-Phononen-Wechselwirkungen ergeben viel kleinere Wahrscheinlichkeiten für einen Strahlungsübergang. Strahlungsübergänge mit zusätzlicher Elektron – Phonon-Wechselwirkung bezeichnet man als indirekte Übergänge; sie sind im $E(\vec{k})$-Verlauf ‹schief› (vgl. Fig. 112). Man stellt sich vor, dass ein indirekter Übergang über einen virtuellen Zustand von äusserst kurzer Lebensdauer erfolgt: das Elektron macht einen direkten Übergang in den virtuellen Zustand und geht von dort unter Absorption oder Emission eines Phonons des Wellenvektors $\pm\vec{q} = \vec{k}' - \vec{k}$ in den Endzustand über. Aufgrund der HEISENBERGschen Unschärferelation ist die Energie des virtuellen Zustands entsprechend seiner kurzen Lebensdauer unbestimmt. Die Energieerhaltung bezieht sich nur auf den Gesamtprozess. Bei Übergängen zwischen verschiedenen Bändern ($n \neq n'$) ist im allgemeinen die Phononenenergie u_P gegenüber den Energiedifferenzen $E_{n'} - E_n$ vernachlässigbar.

a) Emission und Absorption weicher Röntgenstrahlen

Die Spektren von Röntgenstrahlübergängen in Kristallen sind ein unmittelbarer, eindrucksvoller Beweis für die Existenz von Energiebändern. Emissionsspektren ergeben Aufschluss über die Verteilungsfunktion $N(E)$ der

Elektronen im obersten besetzten Band (besetzte Zustände), Absorptionsspektren über die Eigenwertdichte $D(E)$ oberhalb der FERMI-Grenzenergie ζ (besetzbare Zustände).

1) *Emission.* Bombardiert man einen Kristall mit Elektronen geeigneter Energie (Grössenordnung $10^2 \div 10^3$ eV), so werden Elektronen aus einem tiefliegenden Energieband angeregt. Dieses Band ist im Vergleich zum Valenz- und Leitungsband sehr schmal, so dass man es praktisch als diskretes Energieniveau auffassen kann. Elektronen aus dem Leitungs- oder Valenzband fallen unter Emission von Röntgenstrahlung auf das frei gewordene innere Niveau zurück. Die Intensitätsverteilung $I(E)$ der emittierten Röntgenstrahlung in Funktion der Energie E ist unmittelbar proportional zur Zahl der Elektronen der Energie E und zur Wahrscheinlichkeit $\varphi(E)$ für einen Übergang aus einem Zustand der Energie E in das freie innere Niveau (der Nullpunkt der Energieskala sei der untere Rand des Valenz- bzw. des Leitungsbandes)

$$I(E) = C\varphi(E)N(E). \tag{F167}$$

C Konstante

Die Übergangswahrscheinlichkeit ist eine stetige, nicht stark veränderliche Funktion von E; die Verteilungsfunktionen dagegen sind für Metalle und Isolatoren in charakteristischer Weise verschieden (vgl. Fig. 108). Die Spektralverteilung der Röntgenstrahlemission gibt darum im wesentlichen die Besetzung des Valenz- bzw. Leitungsbandes wieder.

Für Metalle ist der abrupte Intensitätsabfall auf der hochenergetischen Seite der Emissionsspektren charakteristisch. Die Emissionskante entspricht der Lage der FERMI-Grenzenergie ζ; für $E > \zeta$ gehen $F(E)$ und damit $N(E)$ und $I(E)$ stark gegen Null. Auf der niederenergetischen Seite entspricht der Intensitätsabfall qualitativ dem allmählichen Abfall der Eigenwertdichte $D(E)$ auf den Wert Null. Der genaue Verlauf $I(E)$ wird noch modifiziert durch $\varphi(E)$ sowie durch zusätzliche Effekte, auf die hier nicht weiter eingegangen wird.

Tabelle 20

FERMI-Energien verschiedener Metalle, berechnet mit dem Modell der freien Elektronen (Gl. E24) und experimentell bestimmt aus Röntgenemissionsspektren (nach N. F. MOTT und H. JONES, *The Theory of the Properties of Metals and Alloys* [Oxford University Press, London 1936], S. 127).

Element	ζ [eV] theoretisch	ζ [eV] experimentell	$\frac{m}{m^*}$
Li	4,7	$4,2 \pm 0,6$	0,89
Na	3,2	$3,5 \pm 1$	1,09
Be	13,8	$13,5 \pm 2,5$	0,98
Mg	7,2	$4,0 \pm 1,5$	0,55
Al	12,0	$16,0 \pm 2$	1,33

Die Breite der Emissionsbande ist mit dem Wert der FERMI-Grenzenergie vergleichbar. Unter der Annahme, dass alle Valenzelektronen quasifrei sind, erhält man durch Gleichsetzen der gemessenen Bandbreite und der Grenzenergie ζ (Gl. F 145) einen Wert für die effektive Masse m^*. Tabelle 20 zeigt, dass die so ermittelten Verhältnisse m/m^* ungefähr gleich Eins sind, d.h. die beobachteten Bandbreiten von Metallen sind in erstaunlich guter Übereinstimmung mit der nach SOMMERFELD hergeleiteten Grenzenergie (Gl. E 24).

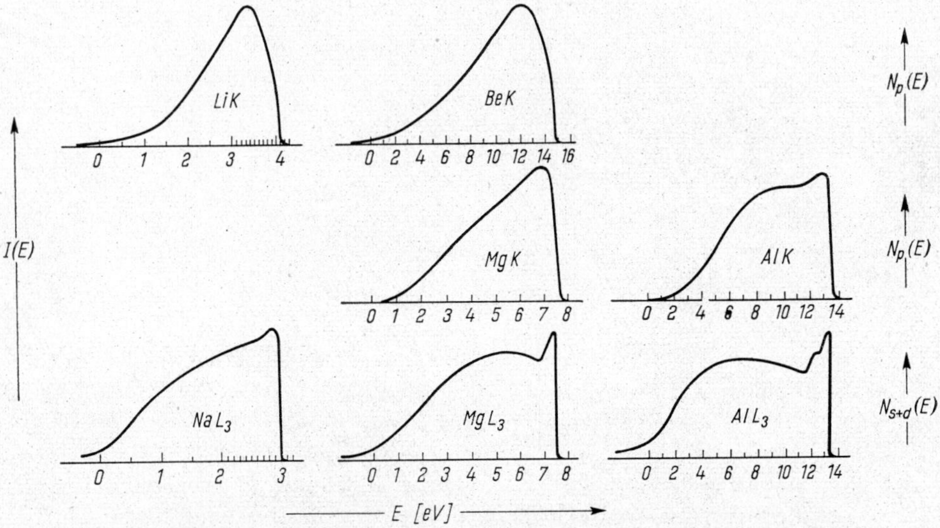

Fig. 113: Röntgenemissionsspektren verschiedener Metalle; K und L_3 bezeichnen die Energieterme, in die Elektronen aus dem Leitungsband unter Emission von Röntgenstrahlung übergehen (aus H. W. B. SKINNER, Rep. Progr. Phys. *5*, 257 (1938))

Fig. 113 zeigt die Röntgenemissionsspektren einiger Metalle. In allen Fällen findet man den typischen starken Abfall der Emissionsintensität bei hohen Energien. Die Spektren von Mg und Al lassen auf die Überlappung der Energiebänder schliessen.

Für Isolatoren und Halbleiter entspricht die Form der Emissionsbande der vollständigen Besetzung des Valenzbandes. Die Intensität nimmt nach beiden Seiten hin allmählich ab, da die Eigenwertdichte $D(E)$ und damit $N(E)$ und $I(E)$ nach beiden Bandrändern hin gegen Null gehen. Die Breite der Emissionsbande ist gleich der Breite des Valenzbandes.

Entsprechend der Besetzung des obersten Energiebandes tritt der Unterschied zwischen einem Metall und einem Isolator in der Form des Röntgenemissionsspektrums deutlich in Erscheinung (vgl. Fig. 114).

2) *Absorption.* Bei der Absorption von Röntgenstrahlen werden Elektronen aus einem tiefliegenden Energieniveau in unbesetzte Zustände angeregt. Der Absorptionskoeffizient für eine bestimmte Energie E der Röntgenstrahlung ist proportional zu einer Übergangswahrscheinlichkeit und zur Zahl der un-

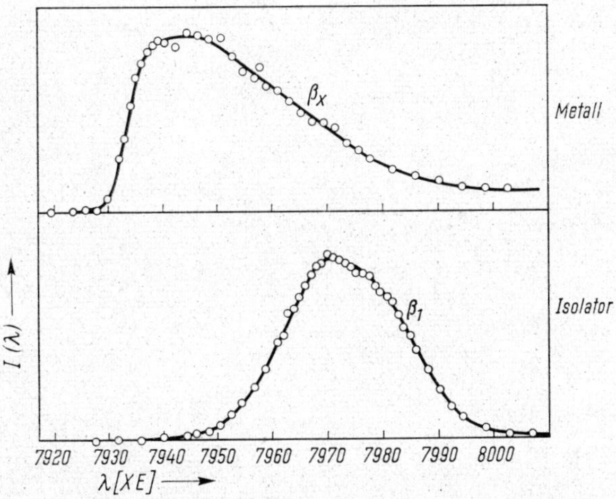

Fig. 114: Röntgenemissionsspektrum für ein Metall und für einen Isolator (nach B. NORDFORS, Ark. Fysik *10*, 279 (1956)); XE ist die SIEGBAHN-Einheit, 1 XE = 1,00202 · 10^{-3} Å

besetzten Zustände der Energie E, d.h. zur Eigenwertdichte oberhalb einer Maximalenergie. In den Absorptionsspektren ist daher die Energieverteilung der unbesetzten Zustände erkennbar. Da sich mit zunehmender Elektronenenergie die Energiebänder mehr und mehr überlappen, zeigen die Spektren jedoch keine ausgeprägten Absorptionsbanden.

Für Metalle steigt der Absorptionskoeffizient oberhalb einer bestimmten Anregungsenergie plötzlich sehr stark an (vgl. Fig. 115); das Spektrum hat eine Absorptionskante. Ihre energetische Lage stimmt mit der Emissionskante überein und bezeichnet wiederum die Lage der FERMI-Grenzenergie ζ. Auf der hochenergetischen Seite der Absorptionskante schliesst sich eine Feinstruktur im Absorptionsverlauf an: der Absorptionskoeffizient durchläuft in einem Energiebereich der Grössenordnung 100 eV eine Folge von Maxima und Minima (in Fig. 115 mit A, B, C, α, β bezeichnet). Speziell der Energiebereich von der Grössenordnung 10 eV oberhalb der Absorptionskante ist für das Studium der unbesetzen Energieniveaus im Valenz- bzw. Leitungsband interessant. Dieser Bereich des Absorptionsspektrums weicher Röntgenstrahlen (sog. KOSSEL-Struktur) ist jedoch wegen experimenteller Schwierigkeiten (Strahlungsquelle; dünne, homogene, reine Proben; Energieauflösung) nur in wenigen Fällen untersucht. Die Feinstruktur bis zu einigen 100 eV (sog. KRONIG-Struktur) zeigt, dass für Diskontinuitäten im Energiespektrum der Elektronen keine obere Grenze besteht. Die Maxima und Minima in der Feinstruktur werden BRAGGschen Reflexionen zugeschrieben. die die hochangeregten Elektronen in gewissen Kristallrichtungen erleiden. Die eindeutige Zuordnung der Extrema zu den Energiebändern ist nicht möglich. Immerhin kann man zeigen, dass die energetische Lage der Extrema nur vom Gittertyp und von der Gitterkonstante abhängt, dagegen nicht von der Art der Atome. Damit wird bestätigt, dass die Bänderstruktur im Bereich hoher Energien, d.h. für ‹schwach gebundene› Elektronen, nur noch von der Periodizität des Gitters abhängt (vgl. S. 211 ff.).

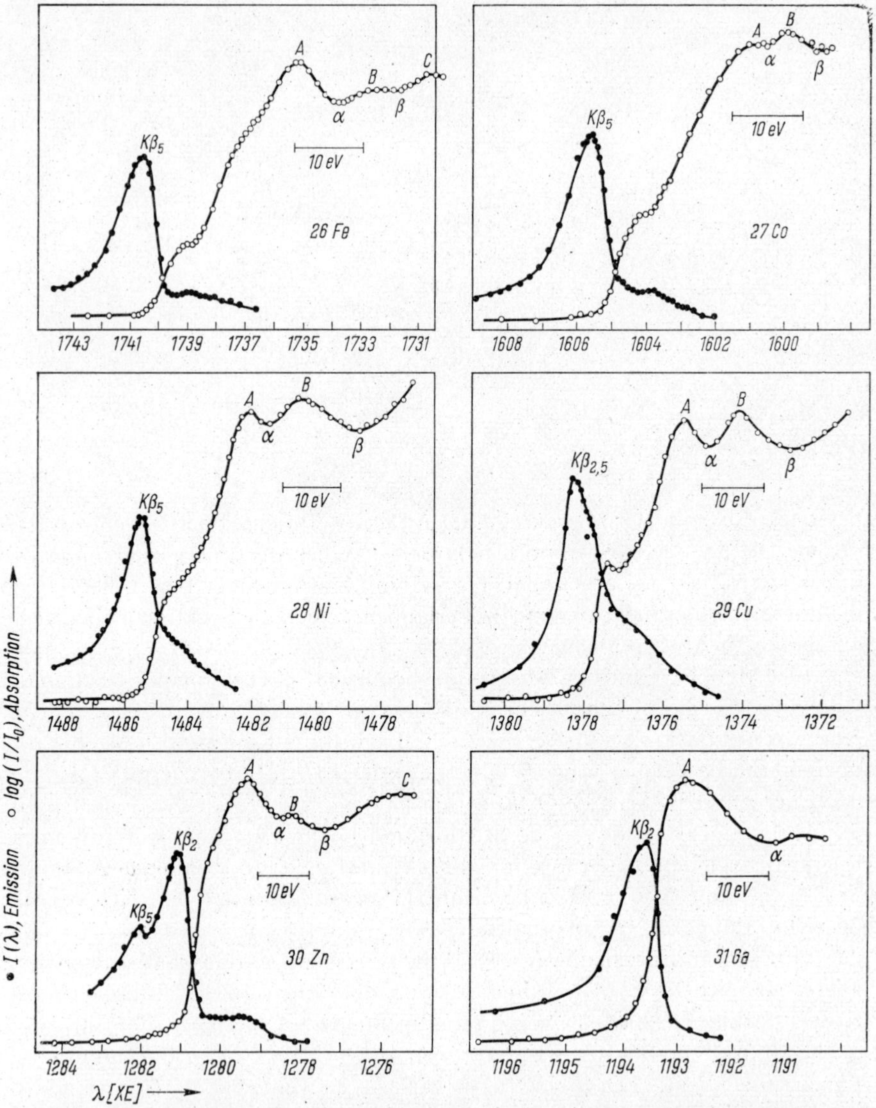

Fig. 115: Röntgen-Emissions- und-Absorptionsspektren verschiedener Metalle (nach W. W. Beeman und H. Friedman, Phys. Rev. *56*, 392 (1939)); $K\beta_2$, $K\beta_5$, $K\beta_{2,5}$ sind Bezeichnungen für charakteristische Strahlungen der Röntgen-Emission

Die Absorptionskante von Isolatoren und Halbleitern liegt bei einer etwas höheren Energie als die Emissionskante. Diese Verschiebung ist bedingt durch die Energielücke zwischen Valenz- und Leitungsband. Experimentelle Ergebnisse liegen vor für Silizium und Germanium[1].

[1] Vgl. D. H. Tomboulian und D. E. Bedo, Phys. Rev. *104*, 590 (1956).

b) Optische Absorption

Für die optische Absorption ist wesentlich, dass die Anregungsenergie der Elektronen wenigstens teilweise an das Gitter zur Anregung von Gitterschwingungen abgegeben wird. Falls ein Teil der Anregungsenergie wieder als Strahlung mit anderer Frequenz emittiert wird, spricht man von Lumineszenz bzw. von Rekombinationsstrahlung. Man hat jedoch keine Absorption von Strahlung einer bestimmten Frequenz, wenn die gesamte Anregungsenergie wieder als Strahlung mit derselben Frequenz emittiert wird. In diesem Fall bezeichnet man den Wechselwirkungsprozess zwischen Elektronen und Photonen entweder als inkohärente Streuung, wenn der Anregungszustand nur von sehr kurzer Lebensdauer ist, oder als Resonanzfluoreszenz, wenn der Anregungszustand längere Zeit dauert.

Die Energie der Photonen des optischen Spektralbereichs reicht nur aus, um Übergänge zwischen besetzten und unbesetzten Zuständen ein und desselben Bandes (Intrabandübergänge) oder zwischen aufeinanderfolgenden Bändern (Interbandübergänge zwischen Valenz- und Leitungsband) anzuregen. Das Absorptionsverhalten ist in diesem Spektralbereich (10^{-5} cm $< \lambda < 10^{-3}$ cm) für Metalle und Isolatoren bzw. Halbleiter vollkommen verschieden.

Metalle absorbieren elektromagnetische Strahlung im gesamten Spektralbereich bis zu Wellenlängen des mittleren Ultravioletts (d.h. für $\lambda > 10^{-5}$ cm), wo sie ‹durchsichtig› werden. Die Elektronen der FERMI-Grenzenergie ζ können mit geringsten Energien $\hbar\omega$ angeregt werden, da die Zustände oberhalb ζ nahezu unbesetzt sind. Diese Intrabandübergänge sind grundsätzlich nur als indirekte Übergänge mit zusätzlicher Elektron–Phonon-Wechselwirkung verständlich. Die Absorption nimmt stark ab, sobald die angeregten Elektronen während einer Periode der elektromagnetischen Welle kaum noch eine Wechselwirkung mit den Phononen haben, d.h. sobald die Periode $2\pi/\omega$ klein wird gegenüber der Elektron–Gitter-Relaxationszeit τ (vgl. S. 396). Die Anregungsenergie wird nun nicht mehr an das Kristallgitter, d.h. an die Phononen abgegeben, sondern gibt Anlass zur Emission von Strahlung der eingestrahlten Wellenlänge. Auf weitere Eigenschaften der Absorption in Metallen gehen wir in diesem Zusammenhang nicht ein, da sich hieraus keine unmittelbaren Folgerungen für das Energiespektrum der Elektronen ergeben.

Hingegen erhält man aus dem optischen Absorptionsspektrum von Isolatoren bzw. Halbleitern unmittelbar einen Wert für die Energielücke zwischen Valenz- und Leitungsband. Elektronen des Valenzbandes können ins Leitungsband nur dann angeregt werden, wenn die Strahlungsenergie mindestens den minimalen Wert der Energielücke hat. Daher setzt starke Absorption in Isolatoren bzw. Halbleitern oberhalb einer bestimmten Minimalenergie $\hbar\omega_{\min}$ ein, die im wesentlichen durch die Breite ΔE der Energielücke gegeben ist. Es gilt

$$\Delta E \approx \hbar\omega_{\min}. \tag{F168}$$

Der starke Anstieg der Absorption bei der Energie $\hbar\omega_{\min}$ wird als langwellige

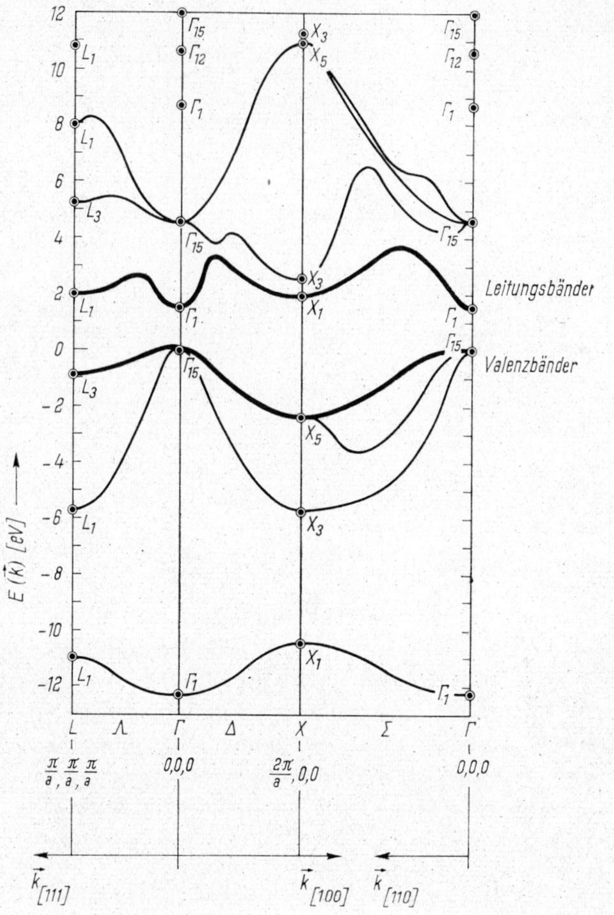

Fig. 116: Bänderstruktur von Gallium-Arsenid (nach F. HERMAN und W. E. SPICER, Phys. Rev. *174*, 906 (1968)); die eingetragenen Bezeichnungen L, Λ, Γ usw. sind in der Gruppentheorie üblich und beziehen sich auf Symmetrielinien und Symmetriepunkte in der BRILLOUIN-Zone

Grenze oder als Absorptionskante der Fundamentalabsorption bezeichnet. Der Verlauf des Absorptionskoeffizienten in Funktion der Photonenenergie in der Umgebung von $\hbar\omega_{\min}$ hängt ab vom Verlauf $E(\vec{k})$ im Valenz- und Leitungsband. Je nach der Lage der Extrema bezüglich des Wellenvektors $\vec{k}$ spielen neben direkten Übergängen auch indirekte Übergänge eine Rolle.

Im einfachsten Fall liegt das Maximum des höchstliegenden Valenzbandes und das Minimum des tiefstliegenden Leitungsbandes bei demselben Wellenvektor $\vec{k}$ (z.B. für die intermetallische Verbindung GaAs bei $\vec{k} = 0$; vgl. Fig. 116). Dann wird die Absorption vorherrschend durch direkte Übergänge bestimmt. Die Absorptionskante der Fundamentalabsorption ist sehr steil; ihre Lage entspricht der minimalen Energiedifferenz zwischen Valenz- und Leitungsband.

Vielfach ist jedoch die minimale Energiedifferenz nicht zugleich der kleinste vertikale Abstand zwischen Valenz- und Leitungsband (z.B. bei Ge, Si; vgl. Fig. 117). Der Einsatz der Fundamentalabsorption entspricht dann ebenfalls

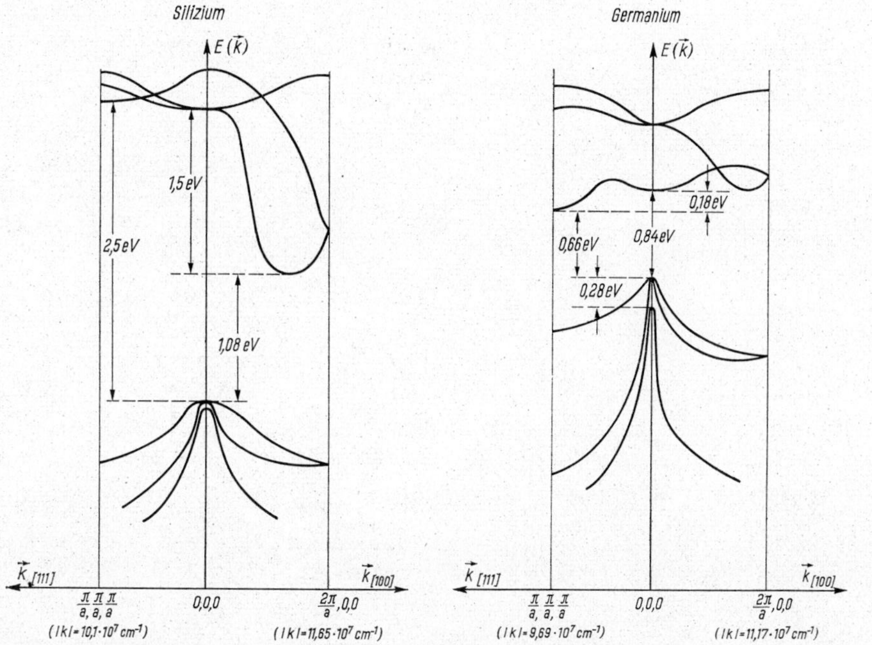

Fig. 117: Bänderstrukturen (Valenz- und Leitungsbänder) von Silizium und Germanium (nach F. J. BLATT, Solid State Physics *4*, 199 (1957))

der minimalen Energiedifferenz zwischen den Bändern, ist aber auf indirekte Übergänge zurückzuführen. Diese haben eine kleinere Übergangswahrscheinlichkeit. Daher ist der Absorptionsverlauf mit zunehmender Energie zunächst weniger steil, bis bei einer Energie, die dem minimalen *vertikalen* Energieabstand entspricht, die Absorption zufolge der einsetzenden direkten Übergänge nochmals stark ansteigt (vgl. Fig. 118).

Der Absorptionsverlauf in der Umgebung von $\hbar\omega_{\min}$ zeigt eine Feinstruktur, die die exakte Bestimmung der Energielücke erschwert. Ursachen für die Feinstruktur sind: Anregung von Exzitonen[1], Übergänge in zusätzliche Energiezustände (sog. Störniveaus, vgl. S. 284), die durch Gitterfehler bedingt sind, verschiedene Möglichkeiten der Elektron–Phonon-Wechselwirkung bei indirekten Übergängen (Emission oder Absorption von akustischen oder optischen Phononen).

Ausser der Fundamentalabsorption haben Isolatoren bzw. Halbleiter noch weitere Absorptionsbereiche bei kleineren Energien. Die dazugehörigen Absorptionskoeffizienten sind um Grössenordnungen kleiner als die der

---

[1] Ein Exziton ist ein assoziiertes Elektron–Loch-Paar, in dem Elektron und Loch durch gegenseitige COULOMB-Anziehung gebunden sind. Exzitonen entsprechen angeregten Kristallatomen mit wasserstoffähnlichen Energiezuständen dicht unterhalb des Leitunsbandes. Die erforderliche Energie zur Anregung eines Exzitons ist etwas niedriger als die zur Anregung eines dissoziierten Elektron–Loch-Paars (Fundamentalabsorption).

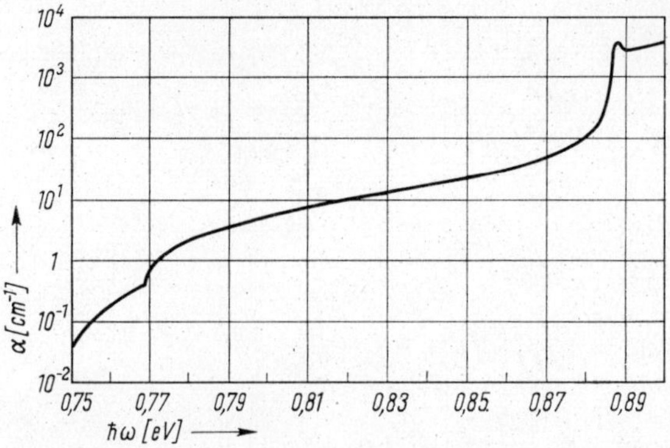

Fig. 118: Absorptionskonstante von Germanium in Funktion der Lichtquantenenergie bei 20 °K (nach T. P. McLean, *Progress in Semiconductors*, Bd. 5, Heywood, London 1962)

Fundamentalabsorption (vgl. Fig. 119). Die verschiedenen Absorptionsbanden, die meist im Infrarotbereich liegen, beruhen auf der Anregung von Reststrahlen (für Kristalle mit ionogenem Bindungsanteil, vgl. S. 103), auf Übergängen von oder in Störniveaus und auf Intrabandübergängen. Für die Auswertung und Erklärung dieser Phänomene wird auf die Spezialliteratur verwiesen.

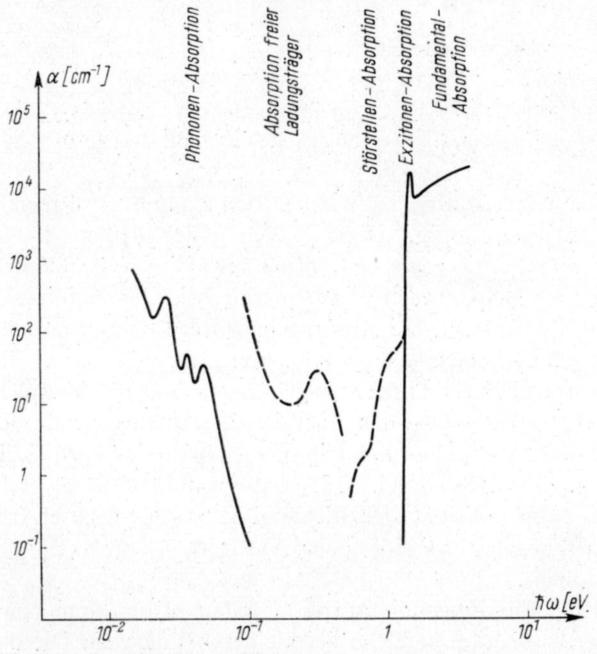

Fig. 119: Absorptionsspektrum eines Halbleiters; die Darstellung ist schematisch und zeigt für verschiedene Absorptionsmechanismen typische Grössenordnungen der Absorptionskonstante in Funktion der Strahlungsenergie. Fundamental-, Exzitonen- und Phononen-Absorption (ausgezogene Kurven) sind für jeden Halbleiter spezifisch, Ladungsträger- und Störstellen-Absorption (gestrichelte Kurven) hängen von der Dotierung des Halbleiters ab (Zahlenwerte für GaAs, entnommen aus R. K. Willardson und A. C. Beer (Herausgeber), *Semiconductors and Semimetals*, Bd. 3, *Optical Properties of III—V-Compounds*, Academic Press, New York 1967)

2. *Anomaler Skineffekt*

Der Skineffekt wird an Metallen beobachtet und bedeutet, dass elektromagnetische Felder im wesentlichen nur bis zu der sog. Skintiefe in ein Metall eindringen können. Die Skintiefe wird bestimmt durch Wechselwirkungen zwischen dem elektromagnetischen Feld und den Leitungselektronen und ist um so kleiner, je höher die elektrische Leitfähigkeit des Metalls ist. Solange die freie Weglänge der Elektronen klein ist gegenüber der Skintiefe, tragen die Elektronen aller Geschwindigkeitsrichtungen zur Abschirmung des elektromagnetischen Feldes bei (normaler Skineffekt). Für hinreichend reine Proben und tiefe Temperaturen kann jedoch die freie Weglänge der Elektronen grösser als die Skintiefe werden, und wir werden zeigen, dass dann nur noch solche Elektronen, deren Geschwindigkeitsvektoren nahezu parallel zur Metalloberfläche sind, zur Abschirmung des Feldes beitragen (anomaler Skineffekt). Diese Elektronen sind einem engbegrenzten Teil der FERMI-Fläche zuzuordnen. Daraus ergibt sich die Möglichkeit, den Effekt von Elektronen mit bestimmten Wellenvektoren zu studieren und Rückschlüsse auf die FERMI-Fläche zu ziehen.

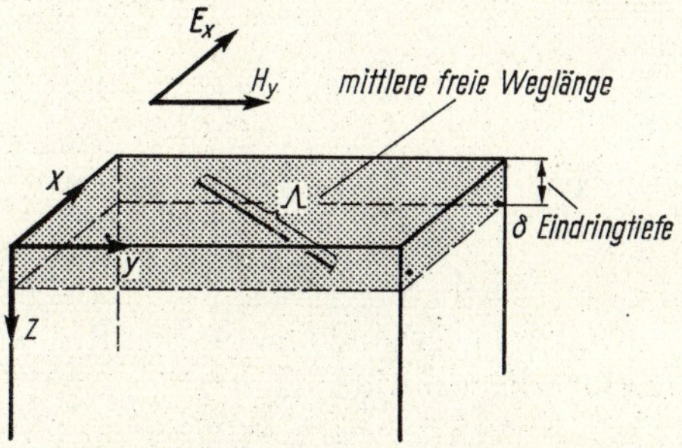

Fig. 120: Zum anomalen Skin-Effekt

Zur Behandlung des anomalen Skineffekts gehen wir aus von den Beziehungen für den normalen Skineffekt. Aus der klassischen Elektrodynamik folgt, dass die Amplitude eines äusseren elektromagnetischen Feldes (Komponenten $E_x, 0, 0$; $0, H_y, 0$; vgl. Fig. 120) in einem Material der Gleichstromleitfähigkeit σ exponentiell mit dem Abstand z von der Oberfläche abnimmt:

$$E_x(z) = E_x(0) \exp\left(-\frac{1+i}{\delta} z\right) \exp(i\omega t) \tag{F169}$$

mit

$$\delta = \left(\frac{2}{\mu_0 \mu \omega \sigma}\right)^{\frac{1}{2}}. \tag{F170}$$

δ klassische Skintiefe
μ_0 Induktionskonstante
μ Permeabilität; für nichtferromagnetische Stoffe ist $\mu \approx 1$
ω Kreisfrequenz des elektromagnetischen Feldes
σ Gleichstromleitfähigkeit

Experimentell bestimmt man die Skintiefe aus dem Realteil der Oberflächenimpedanz, die definiert ist durch

$$Z = \frac{E_x(0)}{\int\limits_0^\infty j_x(z)\,dz}. \qquad \text{(F 171)}$$

Mit Hilfe der MAXWELL-Gleichungen

$$\operatorname{rot} \vec{E} = -\mu_0\,\mu\,\dot{\vec{H}} \qquad \text{(F 172)}$$

und

$$\operatorname{rot} \vec{H} = \sigma \vec{E} \qquad \text{(F 173)}$$

und unter Voraussetzung des OHMschen Gesetzes

$$\vec{j} = \sigma \vec{E} \qquad \text{(F 174)}$$

geht Gl. F 171 über in

$$Z = -i\,\omega\,\mu_0\,\mu\left(\frac{E_x}{\dfrac{\partial E_x}{\partial z}}\right)_{z=0}. \qquad \text{(F 175)}$$

Unter Verwendung von Gl. F 169 erhält man für den Realteil der Oberflächenimpedanz, d.h. für den Oberflächenwiderstand

$$R = \operatorname{Re}(Z) = \frac{1}{2}\,\mu_0\,\mu\,\omega\,\delta \qquad \text{(F 176)}$$

oder mit Gl. F 170

$$R = \left(\frac{\mu_0\,\mu\,\omega}{2\,\sigma}\right)^{\frac{1}{2}}. \qquad \text{(F 177)}$$

Der Oberflächenwiderstand wird beispielsweise ermittelt aus der Temperaturerhöhung der Probe unter dem Einfluss des elektromagnetischen Feldes oder aus der Kreisgüte eines Resonanzhohlraums, der aus dem betreffenden Material hergestellt ist.

Die Darstellung $1/R$ in Funktion von $\sigma^{\frac{1}{2}}$ ergibt gemäss Gl. F 177 eine Gerade. Oberhalb einer gewissen Gleichstromleitfähigkeit wird jedoch $1/R$ allmählich unabhängig von σ (vgl. Fig. 121). Diese Abweichung vom ‹normalen› Verhalten, die als anomaler Skineffekt bezeichnet wird, tritt ein, wenn die freie Weglänge Λ der Elektronen grösser als die Skintiefe δ wird.

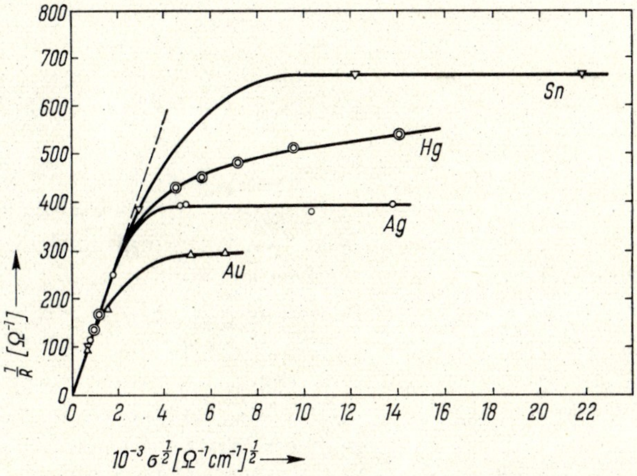

Fig. 121: Oberflächenleitfähigkeit von Silber, Gold, Quecksilber und Zinn bei 1200 MHz (nach A. B. Pippard, Proc. Roy. Soc. *A 191*, 385 (1947))

Die freie Weglänge Λ der Metallelektronen ist verknüpft mit der elektrischen Leitfähigkeit σ durch die Beziehung

$$\sigma = \frac{n\,e^2}{m^*\,v_F}\,\Lambda = \frac{n\,e^2}{m^*}\,\tau \tag{F178}$$

mit

$$\Lambda = \tau\,v_F\,. \tag{F179}$$

n Elektronenkonzentration
τ Relaxationszeit (vgl. S. 396 ff.)
v_F Geschwindigkeit der Elektronen mit der Fermi-Grenzenergie ζ (vgl. S. 223)

Die freie Weglänge nimmt zu mit abnehmender Wechselwirkung zwischen Elektronen und Phononen; sie ist daher bei tieferen Temperaturen grösser. Für hinreichend tiefe Temperaturen sowie für hinreichend hohe Frequenzen erreicht man die Bedingung für den anomalen Skineffekt:

$$\delta_{\text{anom}} \leqq \Lambda. \tag{F180}$$

Die Ursache für den anomalen Skineffekt liegt darin, dass die räumliche Variation der elektrischen Feldstärke $E_x(z)$ über die Distanz der freien Weglänge nicht mehr vernachlässigbar ist. Dagegen ist die zeitliche Änderung der elektrischen Feldstärke unter den Bedingungen des anomalen Skineffekts hinreichend klein, so dass keine Relaxationseffekte auftreten. Dies wurde bereits in Gl. F173 vorausgesetzt, in welcher der Verschiebungsstrom, der eine komplexe Leitfähigkeit bedingt, vernachlässigt wird; dementsprechend ist in Gl. F174 nur die Gleichstromleitfähigkeit massgebend. Die Vernachlässigung von Relaxationseffekten ist normalerweise gerechtfertigt, wenn die Periode $2\pi/\omega$ des angelegten Feldes gross ist gegenüber der Relaxationszeit τ der Elektronen. Speziell im Fall des anomalen Skineffekts kann man zeigen, dass $2\pi/\omega$ nur gross sein muss im Vergleich zu der Zeit δ_{anom}/v_F, welche die Elektronen benötigen, um die anomale Skintiefe senkrecht zur Metalloberfläche zu durchqueren. Aus Gl. F 179 und F 180 folgt, dass die Zeitdauer δ_{anom}/v_F kleiner ist als τ. Unter Verwendung typischer Werte für die anomale Skintiefe ($\delta_{\text{anom}} \approx 10^{-5}$ cm) und die FERMI-Geschwindigkeit ($v_F \approx 10^8$ cm/sec) erhält man als kritische Kreisfrequenz des elektromagnetischen Feldes $\omega \approx 10^{14}$ sec^{-1}, d.h. Relaxationseffekte spielen keine wesentliche Rolle für Wellenlängen $\lambda > 10^{-2}$ cm. In der Regel werden zum Studium des anomalen Skineffekts Mikrowellen ($\lambda \approx 1$ cm) verwendet.

Nach der bereits erwähnten Bedingung für den anomalen Skineffekt (Gl. F 180) können nur solche Elektronen elektromagnetische Energie absorbieren, deren freie Weglängen ganz innerhalb der Skintiefe liegen, die sich also mehr oder weniger parallel zur Kristalloberfläche bewegen (vgl. Fig. 120). Die für die Abschirmung des elektromagnetischen Feldes massgebende Gleichstromleitfähigkeit wird daher herabgesetzt. Nach A. B. PIPPARD ist die ‹effektive› Gleichstromleitfähigkeit σ_{eff} bestimmt durch den Bruchteil $\delta_{\text{anom}}/\Lambda$ der Elektronenkonzentration

$$\sigma_{\text{eff}} = \frac{3}{2}\beta\frac{\delta_{\text{anom}}}{\Lambda}\sigma. \tag{F 181}$$

β Korrekturfaktor von der Grössenordnung Eins

Anstelle der Gl. F 170 für die klassische Skintiefe δ erhält man mit Gl. F 181 für die anomale Skintiefe

$$\delta_{\text{anom}} = \left(\frac{2}{\mu_0\,\mu\,\omega\,\sigma_{\text{eff}}}\right)^{\frac{1}{2}}. \tag{F 182}$$

Einsetzen der Gl. F 181 und Auflösen nach δ_{anom} liefert

$$\delta_{\text{anom}} = \left(\frac{4}{3\beta\,\mu_0\,\mu\,\omega}\,\frac{\Lambda}{\sigma}\right)^{\frac{1}{3}}. \tag{F 183}$$

Die anomale Skintiefe hängt also ab vom Verhältnis Λ/σ.

Für freie bzw. quasifreie Elektronen ist dieses Verhältnis eine Materialkonstante, die nur von der Elektronenkonzentration abhängt (vgl. Gl. F 178; die Elektronenkonzentration bestimmt nach Gl. E 24 die FERMI-Grenzenergie ζ und damit auch die FERMI-Geschwindigkeit v_F). In diesem Fall wird der Oberflächenwiderstand vollkommen unabhängig von der Gleichstromleitfähigkeit (vgl. Fig. 121) sowie von der Kristallorientierung.

Im allgemeinen Fall nichtkugelförmiger FERMI-Flächen ist die anomale Skintiefe jedoch von der Kristallorientierung der Oberfläche abhängig. Zur effektiven Leitfähigkeit σ_{eff} tragen nämlich nur die Elektronen in Zuständen eines engbegrenzten Bereichs der FERMI-Fläche bei, dessen Grösse je nach der Orientierung verschieden ist.

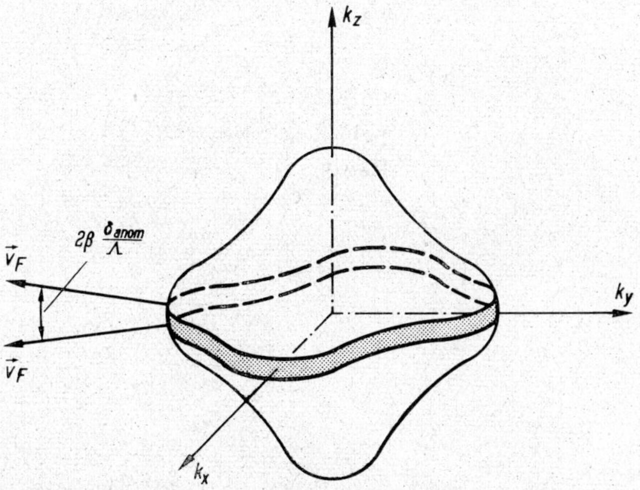

Fig. 122: Gürtel auf der FERMI-Fläche für Zustände der Elektronen, die zum anomalen Skin-Effekt beitragen

Die elektrische Leitfähigkeit für Metalle ist gegeben durch (vgl. Gl. J 61)

$$\sigma = \frac{e^2}{4\pi^3 \hbar} \int_{E=\zeta} \frac{\tau v_x^2}{v_F} dS = \frac{e^2}{4\pi^3 \hbar} \int_{E=\zeta} \tau v_F \cos^2\varphi \, dS. \qquad \text{(F 184)}$$

$\tau(\zeta)$ Relaxationszeit für $E = \zeta$ (vgl. S. 396 ff.)
v_x Komponente der FERMI-Geschwindigkeit in Richtung des elektrischen Feldes E_x
dS Flächenelement auf der FERMI-Fläche
φ Winkel zwischen den Geschwindigkeiten v_x und $\vec{v}_F$

Die Geschwindigkeitsvektoren $\vec{v}_F$ stehen stets senkrecht auf der FERMI-Fläche (vgl. Gl. F 100). Zu der für den anomalen Skineffekt massgebenden effektiven Leitfähigkeit σ_{eff} tragen nur die Elektronen bei, deren Geschwindigkeitsvektoren mit der $k_x k_y$-Ebene Winkel bis zu $\pm\beta\,\delta_{\text{anom}}/\Lambda$ bilden (vgl. Fig. 122). Die Integration über S erstreckt sich daher nur über einen ‹Gürtel› auf der FERMI-Fläche, dessen Verlauf durch die Bedingung $v_z = 0$ bestimmt ist und der die Höhe $2r\beta\,\delta_{\text{anom}}/\Lambda$ hat (r ist der Krümmungsradius der FERMI-Fläche in der Ebene, die durch $\vec{v}_F$ und die k_z-Achse definiert wird). Das Flächenelement dS ist somit

$$dS = 2|r|\beta \frac{\delta_{\text{anom}}}{\Lambda} ds. \qquad \text{(F 185)}$$

ds Linienelement auf dem ‹Gürtel› der FERMI-Fläche für $v_z = 0$

Hiermit geht Gl. F 184 über in

$$\sigma_{\text{eff}} = \frac{e^2}{2\pi^3 \hbar} \beta\,\delta_{\text{anom}} \oint_{E=\zeta} |r| \cos^2\varphi \, ds \qquad \text{(F 186)}$$

oder

$$\sigma_{\text{eff}} = \frac{e^2}{2\pi^3 \hbar} \beta\, \delta_{\text{anom}} \oint_{E=\zeta} |r_y|\, dk_y \tag{F187}$$

mit

$$r_y = r \cos\varphi, \tag{F188}$$

$$ds = dk_y \cos\varphi. \tag{F189}$$

r Projektion des Krümmungsradius auf die $k_x k_z$-Ebene

Gl. F 187 zeigt, dass die effektive Leitfähigkeit und damit der anomale Skineffekt nur von der Geometrie der FERMI-Fläche abhängt. Das Integral ist besonders gross, wenn die Integration über den ‹Gürtel› relativ flache Bereiche der FERMI-Fläche enthält.

Aus der Kombination von Gl. F 177, F 182 und F 187 erhält man den Oberflächenwiderstand

$$R = \left(\frac{2\pi^3 \hbar}{e^2 \beta}\right)^{\frac{1}{3}} \left(\frac{\mu_0\, \mu\, \omega}{2}\right)^{\frac{2}{3}} \left(\oint_{E=\zeta} |r_y|\, dk_y\right)^{-\frac{1}{3}}. \tag{F190}$$

Es ist unmittelbar verständlich, dass R für eine nichtkugelförmige FERMI-Fläche je nach der Orientierung der betreffenden Kristalloberfläche verschiedene Werte annimmt. Allerdings ist es schwierig, aus der Orientierungsabhängigkeit des Oberflächenwiderstands bzw. des Integrals Aussagen über die Form der FERMI-Fläche zu erhalten. PIPPARD gelang es, aus Messungen des anomalen Skineffekts die FERMI-Fläche von Kupfer zu ermitteln (vgl. Fig. 123), die wider Erwarten (vgl. S. 240) die BRILLOUIN-Zone bereits berührt und nicht kugelförmig ist.

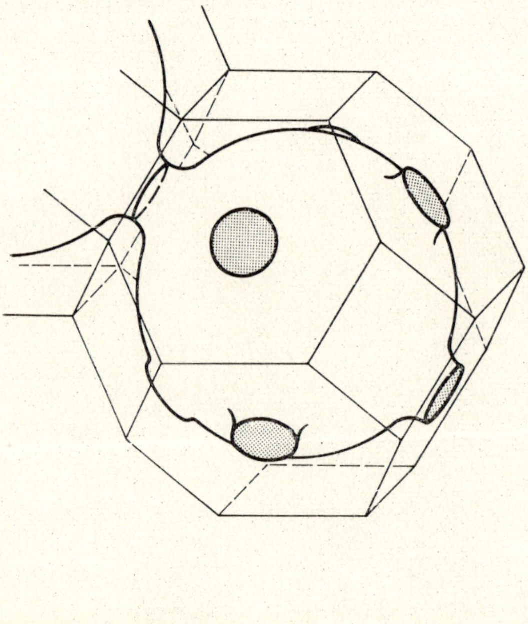

Fig. 123: FERMI-Fläche von Kupfer (nach A. B. PIPPARD)

3. *Energiespektrum der Kristallelektronen bei Wirkung eines äusseren Magnetfeldes*

Speziell die Methoden für die Ermittlung der Form der Flächen konstanter Energie beruhen darauf, dass äussere Kräfte in definierten Richtungen relativ zu einer bestimmten Kristallorientierung angelegt werden. Dadurch kann man einen bestimmten Teil der Elektronen, deren Wellenvektoren ausgezeichnet sind, ‹herausgreifen› und allein die Bewegung dieser Elektronen verfolgen. Die Experimente verlangen demzufolge möglichst perfekte Einkristalle und im allgemeinen auch tiefe Temperaturen, da sonst die Bewegung der Elektronen durch Wechselwirkungen mit den Phononen zu stark beeinflusst würde. Die Messung ein und desselben Effekts in verschiedenen Kristallrichtungen liefert dann Aussagen über die Form der FERMI-Fläche (bei Metallen) bzw. der massgebenden Flächen konstanter Energie (bei Halbleitern). Ausser der Methode des anomalen Skineffekts verlangen die meisten anderen Methoden die Anwendung von Magnetfeldern.

Ein äusseres Magnetfeld wirkt auf die Kristallelektronen durch die LORENTZ-Kraft und bewirkt überdies eine Quantisierung der Zyklotronbahnen (s. u.). Aufgrund der Gl. F 104 gilt bei Abwesenheit eines äusseren elektrischen Feldes

$$\vec{F} = \hbar \dot{\vec{k}} = e\vec{v} \times \vec{B}. \qquad \text{(F 191)}$$

$\vec{v}$ Geschwindigkeit des Elektrons
$\vec{B}$ magnetische Kraftflussdichte

Da die Geschwindigkeitsvektoren $\vec{v}$ der Elektronen stets senkrecht auf den Flächen konstanter Energie im $\vec{k}$-Raum stehen (vgl. Gl. F 100), wirkt die LORENTZ-Kraft immer tangential zu diesen Flächen. Die Energie der Elektronen bleibt also unter dem Einfluss der LORENTZ-Kraft unverändert; die Elektronen bewegen sich auf den Flächen konstanter Energie. Die Spitze des Wellen-

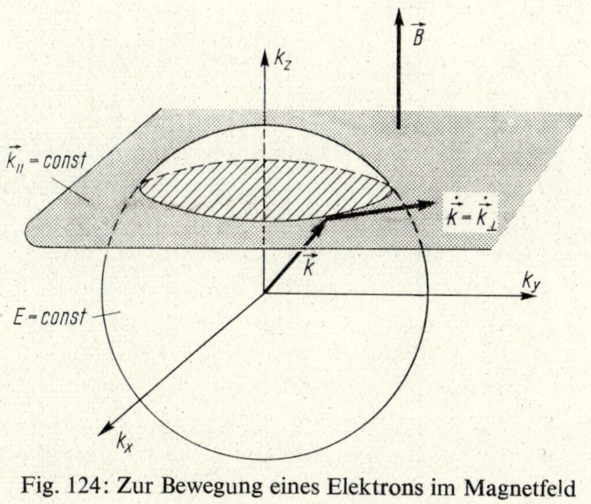

Fig. 124: Zur Bewegung eines Elektrons im Magnetfeld

vektors $\vec{k}$ des Elektrons mit der Energie E beschreibt also eine Bahn, die durch die Schnittkurve zwischen der Fläche $E = \text{const}$ und der zur Richtung des Magnetfeldes senkrechten Ebene $k_{||} = \text{const}$ definiert ist ($k_{||}$ ist die Komponente von $\vec{k}$ parallel zur Kraftflussdichte $\vec{B}$; vgl. Fig. 124).

Die durch $k_{||}$ definierten Bahnen sind je nach der Topologie der Flächen konstanter Energie geschlossene Kurven innerhalb der 1. BRILLOUIN-Zone, geschlossene Kurven, die sich über mehrere BRILLOUIN-Zonen erstrecken (‹extended orbits›), oder sogar offene Kurven, die sich nirgends im $\vec{k}$-Raum schliessen (‹open orbits›).

Für geschlossene Bahnen ist die Umlaufzeit $2\pi/\omega_c$ der Elektronen angebbar unter der Voraussetzung, dass die Elektronen während dieser Zeit nicht gestreut werden. Mit Gl. F191 ergibt sich die Umlaufzeit aus der folgenden Integration über die geschlossene Bahn:

$$\frac{2\pi}{\omega_c} = \oint \frac{dk}{\dot{k}_\perp} = \frac{\hbar}{e\,B} \oint \frac{dk}{v_\perp(\vec{k})}\,. \tag{F192}$$

ω_c Zyklotronfrequenz
$k_\perp$ Komponente des Wellenvektors senkrecht zur Kraftflussdichte $\vec{B}$
$v_\perp(\vec{k})$ Geschwindigkeitskomponente senkrecht zur Kraftflussdichte $\vec{B}$

Für freie bzw. quasifreie Elektronen sind die geschlossenen Bahnen Kreise auf den kugelförmigen Energieflächen. Die Integration in Gl. F192 liefert unmittelbar

$$\omega_c = \frac{e}{m^*} B. \tag{F193}$$

m^* skalare effektive Masse

Unter der Relaxationszeit τ versteht man im wesentlichen die mittlere Zeitdauer, während der die Elektronen nicht gestreut werden, d.h. keine Zusammenstösse mit den Phononen oder mit Störstellen erleiden. Je nach dem Verhältnis der Relaxationszeit τ zu der Umlaufzeit $2\pi/\omega_c$ hat man die folgenden beiden Fälle zu unterscheiden:

1) $\omega_c\tau < 1$, d.h. schwache Magnetfelder: Die Elektronen werden innerhalb der Zeitdauer $2\pi/\omega_c$ mehrmals gestreut und beschreiben daher keine geschlossenen Bahnen. In diesem Fall wird die Quantisierung der Zyklotronbahnen (s.u.) oft vernachlässigt. Mit dieser Näherung lassen sich die galvanomagnetischen Effekte (vgl. S. 380 ff.) in befriedigender Weise behandeln.
2) $\omega_c\tau > 1$, d.h. hohe Magnetfelder: Die Elektronen beschreiben innerhalb der Relaxationszeit geschlossene Bahnen. Dies bedeutet, dass die Bewegung in Ebenen senkrecht zur Richtung der Kraftflussdichte periodisch wird. Nach der Quantentheorie ist aber jede periodische Bewegung nur mit einer gewissen Auswahl der klassisch möglichen Energien erlaubt. Der Energieanteil $E_\perp$, der für die Bewegung der Elektronen in Richtungen senkrecht zum Magnetfeld

massgebend ist, ist daher zu quantisieren. Daraus folgt, dass nur noch gewisse Elektronenbahnen zugelassen sind (sog. Quantisierung der Zyklotronbahnen).

L. D. LANDAU hat als erster im Rahmen einer Theorie des Diamagnetismus das Energiespektrum freier Elektronen im Magnetfeld berechnet. Die Lösung der SCHRÖDINGER-Gleichung unter Berücksichtigung des Magnetfeldes führt auf die Differentialgleichung für den harmonischen Oszillator, dessen erlaubte Energiewerte auf der Energieskala äquidistant verteilt sind. Dies bedeutet, dass das quasikontinuierliche Energiespektrum der Elektronen bei Anwesenheit eines Magnetfeldes übergeht in ein diskretes Energiespektrum, in dem die sog. LANDAU-Niveaus ebenfalls äquidistant verteilt sind; allein in der Richtung parallel zur Kraftflussdichte bleibt die kinetische Energie der Elektronen unverändert. Für quasifreie Elektronen der effektiven Masse m^* gilt anstelle von

$$E = E_\pm \pm \frac{\hbar^2}{2m^*}(k_x^2+k_y^2+k_z^2) = E_\pm \pm \frac{\hbar^2}{2m^*}k^2 \tag{F 194}$$

für $\vec{B}(0, 0, B_z) \neq 0$:

$$E_m = E_\pm \pm \left[\left(l+\frac{1}{2}\right)\hbar\omega_c + \frac{\hbar^2}{2m^*}k_z^2\right]. \tag{F 195}$$

$E_\pm$ Energie eines Bandrandes (vgl. Gl. F 64)
l = 0, 1, 2, ... LANDAUsche Quantenzahl

Jedes quasikontinuierliche Energieband spaltet also auf in eine Folge von eindimensionalen Teilbändern (vgl. Fig. 125). Der Energieverlauf $E(k_z,l)$ für die Richtung von k_z parallel zum Magnetfeld ist in jedem Teilband l derselbe wie $E(k_z)$ ohne äusseres Magnetfeld. Für Richtungen von $\vec{k}_\perp$ senkrecht zum Magnetfeld sind nur diskrete Werte von $|\vec{k}_\perp|$ erlaubt (vgl. Gl. F 196 und F 200 sowie Fig. 127). Die Zustände der Kristallelektronen im Magnetfeld werden nicht mehr charakterisiert durch den Bandindex n und den Wellenvektor $\vec{k}(k_x, k_y, k_z)$, sondern durch den Bandindex n, die LANDAUsche Quantenzahl l und die Komponente k_z des Wellenvektors in Richtung des Magnetfeldes.

Entsprechend der radikalen Änderung des $E(\vec{k})$-Verlaufs erhält man bei Anwesenheit eines Magnetfeldes völlig veränderte Flächen konstanter Energie im $\vec{k}$-Raum. Man betrachtet mit Vorteil die Flächen konstanter Energie $E_\perp$. Es gilt

$$E_\perp = \left(l+\frac{1}{2}\right)\hbar\omega_c. \tag{F 196}$$

Die zur Gesamtenergie $E = \text{const}$ gehörigen Flächen $E_\perp = \text{const}$ ergeben sich aus folgender Konstruktion (vgl. Fig. 126). Man bestimmt die Schnittkurven zwischen der Energiefläche $E = \text{const}$ für $\vec{B} = 0$ und den Ebenen

$$k_z = \left[\frac{2m^*}{\hbar^2}(E-E_\perp)\right]^{\frac{1}{2}} = \text{const} \tag{F 197}$$

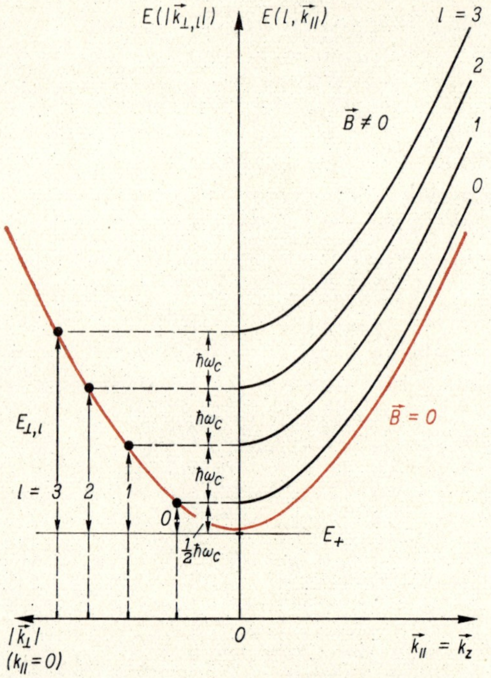

Fig. 125: Aufspaltung eines Energiebandes im Magnetfeld; die Funktion $E(\vec{k})$ für Richtungen des Wellenvektors senkrecht und parallel zum Magnetfeld $\vec{B}$ (0, 0, B_z). Zum Vergleich ist der $\vec{E}(k)$-Verlauf für $\vec{B} = 0$ eingezeichnet (rote Kurve)

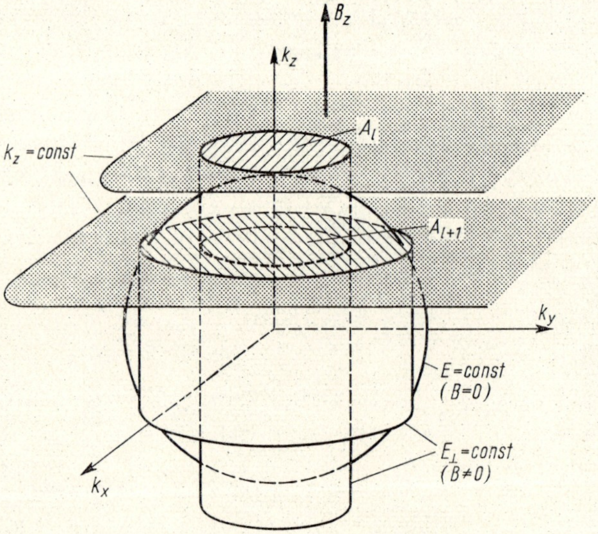

Fig. 126: Flächen konstanter Energie ohne und mit Magnetfeld

für $\vec{B}(0, 0, B_z) \neq 0$. Diese Schnittkurven umfassen die Querschnitte A_l, die je nach der Quantenzahl l diskrete Werte haben. Die Flächen $E_\perp$ = const sind Zylinder mit der Achse parallel zu $\vec{B}$ und mit konstanten Querschnitten A_l.

Die Verteilung der Zustände auf die einzelnen Zylinder richtet sich nach der Zustandsdichte im Magnetfeld. Wir vergleichen im folgenden die Bereiche im $\vec{k}$-Raum, die ohne bzw. mit Magnetfeld dieselbe Anzahl $Z(E_0) = Z(E_m)$ Zustände enthalten. Die Energien E_0 bzw. E_m, bei denen dieselbe Anzahl von Zuständen ohne bzw. mit Magnetfeld erreicht ist, sind im allgemeinen voneinander verschieden.

Für $\vec{B} = 0$ ist die Zahl $D(E)\,dE$ der Zustände mit Energien zwischen E und $E+dE$ gegeben durch das Volumen im $\vec{k}$-Raum zwischen den Flächen konstanter Energie E = const und $E+dE$ = const (vgl. S. 230). Unter der Voraussetzung isotroper, skalarer effektiver Massen gilt Gl. F 135:

$$D(E)\,dE = \frac{L^3}{(2\pi)^2}\left(\frac{2m^*}{\hbar^2}\right)^{\frac{3}{2}} E^{\frac{1}{2}}\,dE. \tag{F 198}$$

Der Nullpunkt der Energieskala sei ein Bandrand. Die Integration von Gl. F 198 ergibt unmittelbar die Zahl der Zustände bis zu einer Maximalenergie E_0:

$$Z(E_0) = \frac{L^3}{6\pi^2}\left(\frac{2m^*}{\hbar^2}\right)^{\frac{3}{2}} E_0^{\frac{3}{2}}. \tag{F 199}$$

Für $\vec{B} \neq 0$ bleibt die Verteilung der Zustände nur parallel zur k_z-Achse unverändert; sie ändert sich dagegen grundlegend in den Ebenen senkrecht zur k_z-Achse. In den $k_x k_y$-Ebenen sind nur noch Zustände mit den Transversalenergien $E_\perp = (l+\frac{1}{2})\,\hbar\omega_c$ erlaubt. Die für $\vec{B} = 0$ quasikontinuierlich verteilten Zustände ‹kondensieren› auf den durch $E_\perp$ = const definierten Bahnen: jede Energiekurve $E_\perp = (l+\frac{1}{2})\,\hbar\omega_c$ = const enthält dieselbe Zahl $D(l, k_z)\,dk_z$ von Zuständen, die für $\vec{B} = 0$ im Flächenbereich zwischen den gedachten Kurven $E_\perp = l\,\hbar\omega_c$ = const und $E_\perp = (l+1)\,\hbar\omega_c$ = const liegen (vgl. Fig. 127). Zur Berechnung von $D(l, k_z)\,dk_z$ bestimmen wir zunächst für $\vec{B}=0$ die Zahl der Zustände $D(E_\perp, k_z)\,dE_\perp\,dk_z$ zwischen zwei Kurven konstanter Energie $E_\perp$ = const und $E_\perp + dE_\perp$ = const in einer Ebene k_z = const. Die Energie $E_\perp$, die die Bewegung der Elektronen in der $k_x k_y$-Ebene bestimmt, ist unter der Annahme quasifreier Elektronen gegeben durch

$$E_\perp = \frac{\hbar^2}{2m^*}(k_x^2+k_y^2) = \frac{\hbar^2}{2m^*}k_\perp^2. \tag{F 200}$$

Analog zu Gl. F 123 erhält man für die Zustandsdichte

$$D(E_\perp, k_z)\,dE_\perp\,dk_z = \left(\frac{L}{2\pi}\right)^3 2\pi\,k_\perp\,dk_\perp\,dk_z \tag{F 201}$$

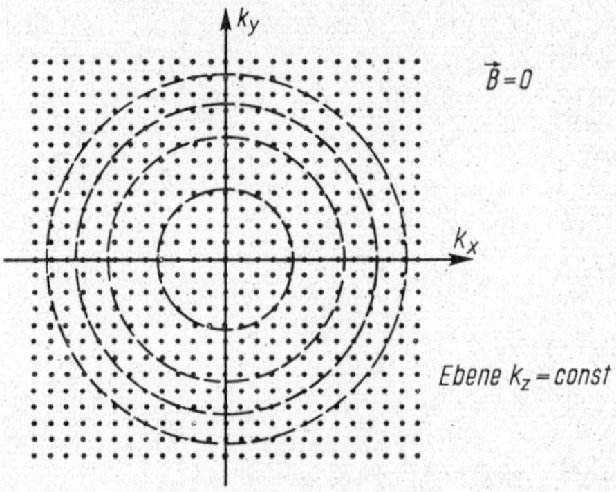

Fig. 127: Verteilung der Zustände in der Ebene k_z = const ohne und mit Magnetfeld

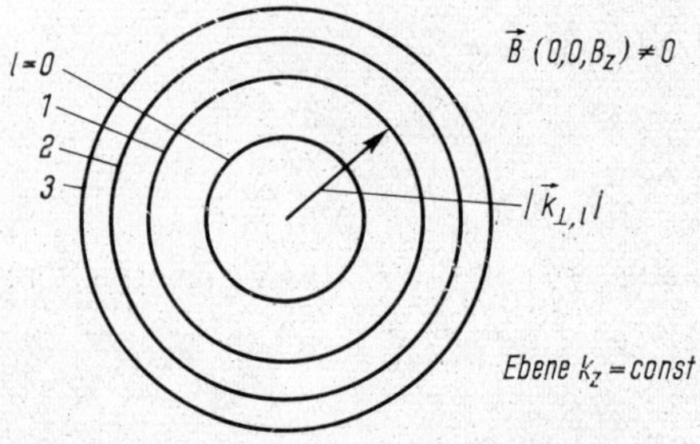

bzw. unter Verwendung von Gl. F200

$$D(E_\perp, k_z)\, dE_\perp\, dk_z = \frac{L^3}{(2\pi)^2} \frac{m^*}{\hbar^2} dE_\perp\, dk_z\,. \tag{F202}$$

Für $\vec{B} \neq 0$ sind gemäss Gl. F196 nur noch gewisse Transversalenergien $E_\perp$ erlaubt. Dann ist die Zahl der Zustände im kleinstmöglichen Energieintervall $\Delta E_\perp = \hbar\omega_c$, d.h. auf einer Bahn mit der Quantenzahl l:

$$D(l, k_z)\, dk_z = \frac{L^3}{(2\pi)^2} \frac{m^*}{\hbar} \omega_c\, dk_z\,. \tag{F203}$$

Danach ist also die Zahl der Zustände auf allen Bahnen verschiedener Quantenzahl l dieselbe und überdies unabhängig von k_z.

Aus Gl. F203 folgt unmittelbar die Zahl der Zustände mit der Gesamtenergie E in einem Teilband der Quantenzahl l, wenn man unter Verwendung von Gl. F195 anstelle der Variablen k_z die Energie E einführt:

$$D(l, E)\, dE = \frac{L^3}{(2\pi)^2} \left(\frac{2m^*}{\hbar^2}\right)^{\frac{3}{2}} \frac{\hbar\omega_c}{2} \left[E - \left(l + \frac{1}{2}\right)\hbar\omega_c\right]^{-\frac{1}{2}} dE. \tag{F204}$$

Die zu Gl. F198 analoge Beziehung für die Eigenwertdichte im Magnetfeld ergibt sich durch Summation über alle Teilbänder, deren Bandränder unterhalb der Energie E liegen, d.h. durch Summation über alle l, für welche die Wurzel in Gl. F204 positiv bleibt:

$$D(E)\,dE = \sum_{l=0}^{l'} D(l, E)\,dE. \tag{F205}$$

Die Eigenwertdichte ist also an jedem Teilbandrand unendlich und nimmt für höhere Energien jeweils proportional zu $E^{-\frac{1}{2}}$ ab (vgl. Fig. 128). Überdies werden die Ränder der ursprünglichen Energiebänder unter dem Einfluss des Magnetfeldes um $\frac{1}{2}\hbar\omega_c$ verschoben, und zwar für einen unteren bzw. oberen Bandrand nach höherer bzw. tieferer Energie. Hierbei ist allerdings die Aufspaltung der Energieniveaus infolge der Elektronenspins (vgl. S. 451 ff.) nicht berücksichtigt.

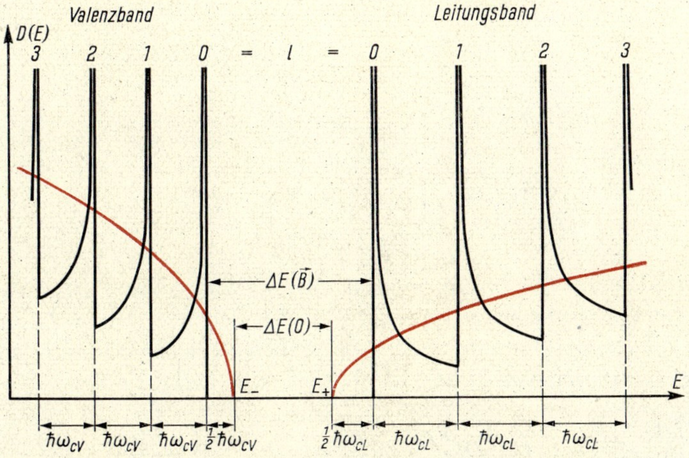

Fig. 128: Verlauf der Eigenwertdichte in Valenz- und Leitungsband für $\vec{B} = 0$ (rote Kurven) und für $\vec{B} \neq 0$ (schwarze Kurven)

Der Bereich $+k_{zl} \ldots -k_{zl}$ auf jedem Zylinder konstanter Quantenzahl l, der Zustände mit Energien $E \leqslant E_m$ enthält, ist gegeben durch die Beziehung

$$E_m = \left(l + \frac{1}{2}\right)\hbar\omega_c + \frac{\hbar^2}{2m^*}k_{zl}^2. \tag{F206}$$

Mit der Vorgabe von $E_m/\hbar\omega_c$ wird die Quantenzahl l' der maximalen Transversalenergie festgelegt durch die Beziehung

$$E_m - \left(l' + \frac{1}{2}\right)\hbar\omega_c = \frac{\hbar^2}{2m^*}k_{zl'}^2 > 0 \tag{F207}$$

oder

$$l' < \frac{E_m}{\hbar\omega_c} - \frac{1}{2}. \tag{F208}$$

Die Zahl der Zustände mit Energien $E \leqslant E_m$ ergibt sich aus der Summation über die Zustände auf den einzelnen Zylindern mit den Quantenzahlen von 0 bis l':

$$Z(E_m) = \sum_{l=0}^{l'} \int_{-k_{zl}}^{+k_{zl}} D(l, k_z)\, dk_z . \tag{F209}$$

Aus der Gleichung

$$Z(E_0) = Z(E_m) \tag{F210}$$

erhält man eine Beziehung zwischen den Energien E_0 und E_m. Einsetzen von Gl. F199 und F209 liefert unter Verwendung von Gl. F194 und F203

$$\frac{E_0}{\hbar\omega_c} = \frac{3}{2} \frac{\sum_0^{l'} k_{zl}}{k_0} \tag{F211}$$

und mit Hilfe von Gl. F206

$$\left(\frac{E_0}{\hbar\omega_c}\right)^{\frac{3}{2}} = \frac{3}{2} \sum_{l=0}^{l'} \left[\frac{E_m}{\hbar\omega_c} - \left(l + \frac{1}{2}\right)\right]^{\frac{1}{2}} . \tag{F212}$$

Mit bekanntem $E_m/\hbar\omega_c$ ergibt sich hieraus $E_0/\hbar\omega_c$ sowie E_m/E_0. Mit diesen Werten kann man die Bereiche $+k_{zl} \ldots -k_{zl}$ der besetzbaren Zustände auf jedem Zylinder der Quantenzahl l berechnen. Kombiniert man Gl. F 206 mit F 194 (unter der Annahme $E_\pm = 0$), so ergibt sich für $l < l'$

$$\left(\frac{k_{zl}}{k_0}\right)^2 = \frac{E_m}{E_0} - \left(l + \frac{1}{2}\right) \frac{\hbar\omega_c}{E_0} . \tag{F213}$$

In Fig. 129 sind die Bereiche im $\vec{k}$-Raum, die ohne und mit Magnetfeld dieselbe Anzahl von Zuständen quasifreier Elektronen enthalten, für verschiedene Werte von $E_m/\hbar\omega_c$ dargestellt. Die Fläche $E = E_0$ sei beispielsweise die FERMI-Kugel. Für kleine Magnetfelder, d.h. für $E_m \gg \hbar\omega_c$, wird die FERMI-Kugel nur wenig verändert. Dagegen ist die Verteilung der Zustände in hohen Magnetfeldern, d.h. für $E_m \approx \hbar\omega_c$, fundamental verschieden.

Das Magnetfeld bewirkt also eine grundlegende Änderung der Energiebänderstruktur und damit auch der Form der Energieflächen. Trotzdem liefern Messungen im Magnetfeld wertvolle Auskünfte über die Form der Energieflächen bei $\vec{B} = 0$. Die Begründung hierfür liegt darin, dass die Form der Querschnitte der Energieflächen senkrecht zur Richtung des Magnetfeldes im wesentlichen erhalten bleibt; die Quantisierung der Elektronenbahnen bewirkt lediglich eine geometrisch ähnliche Verzerrung der Querschnitte. Für nichtkugelförmige Energieflächen ist die Form der ausgezeichneten Querschnitte der Energieflächen abhängig von der Richtung des Magnetfeldes bezüglich der

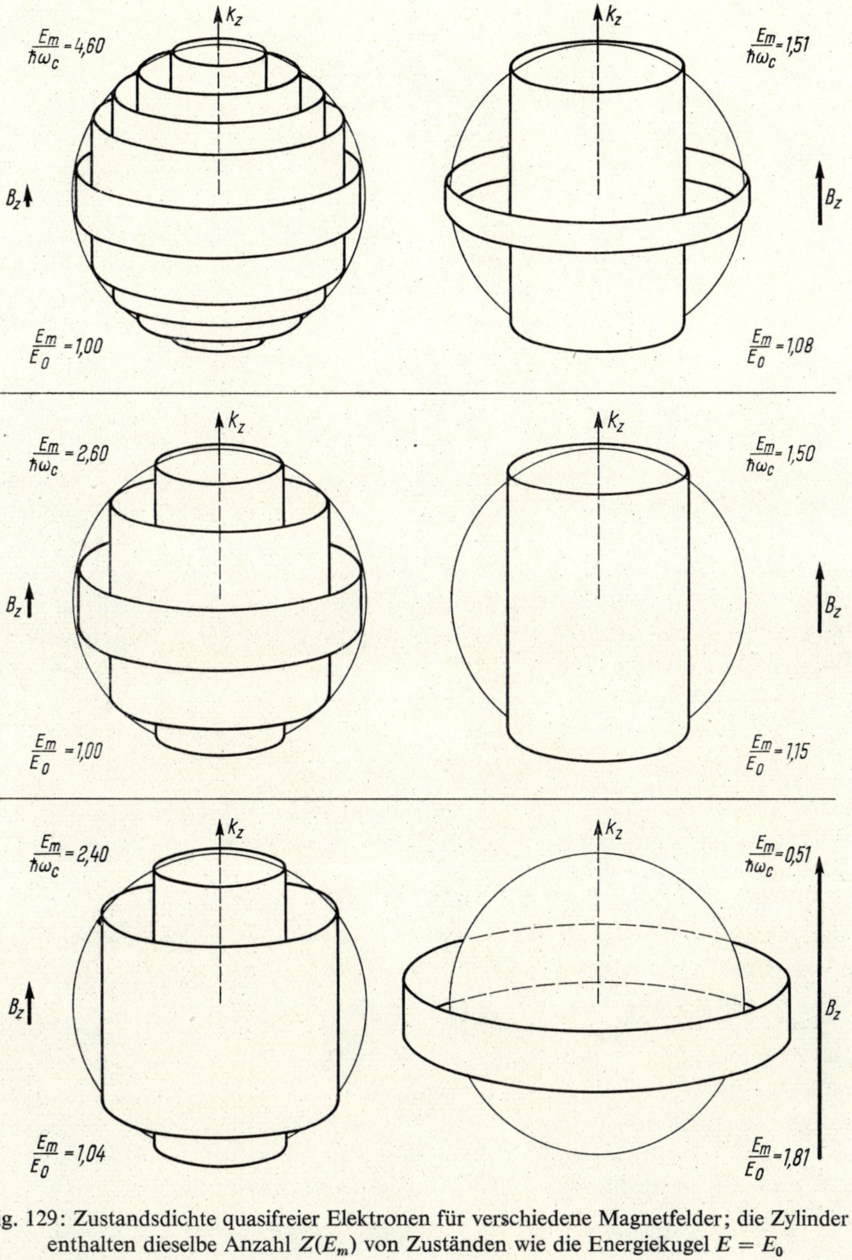

Fig. 129: Zustandsdichte quasifreier Elektronen für verschiedene Magnetfelder; die Zylinder enthalten dieselbe Anzahl $Z(E_m)$ von Zuständen wie die Energiekugel $E = E_0$

Kristallorientierung. Durch Messung der Orientierungsabhängigkeit eines bestimmten Effekts im Magnetfeld können somit alle für $\vec{B} = 0$ vorkommenden Querschnitte der Energieflächen erfasst werden.

a) Zyklotronresonanz

Mit der Methode der Zyklotronresonanz sind die Komponenten des Tensors der effektiven Masse und hieraus die Krümmung der entsprechenden Energiefläche bestimmbar. Man erhält damit Aufschluss über die Form der FERMI-Fläche bzw. der Fläche konstanter Energie, die dem oberen Valenzbandrand oder dem unteren Leitungsbandrand entspricht.

Im folgenden wird das Prinzip der Zyklotronresonanz für den einfachen Fall quasifreier Elektronen beschrieben. Unter der Wirkung eines statischen Magnetfeldes (gegeben durch die Kraftflussdichte B_z) bewegen sich die Elektronen im $\vec{k}$-Raum auf Kreisbahnen in Ebenen $k_z = \text{const}$. Die Kreisfrequenz ist gegeben durch die sog. Zyklotronresonanzfrequenz ω_c (Gl. F193). Legt man zusätzlich ein elektrisches Wechselfeld der Kreisfrequenz ω in einer Richtung senkrecht zum Magnetfeld an, so werden die Elektronen in dieser Richtung (in den Ebenen $k_z = \text{const}$) zu Schwingungen angeregt. Sie können aus dem elektrischen Feld Energie aufnehmen, wenn sie in unbesetzte Zustände höherer Energie übergehen. Aufgrund der Quantisierung der Elektronenbahnen in den Ebenen senkrecht zum Magnetfeld, in denen allein das elektrische Wechselfeld wirksam sein soll, haben die nächsten, besetzbaren Zustände eine um $\hbar\omega_c$ höhere Energie. Man hat daher eine starke Absorption der elektrischen Welle für die ‹Resonanzfrequenz› ω_R:

$$\omega_R = \omega_c = \frac{e}{m^*} B. \tag{F214}$$

Die Zyklotronresonanz ist gleichbedeutend mit Strahlungsübergängen zwischen den Teilbändern ein und desselben Energiebandes. Solche Übergänge werden auch als direkte Intrabandübergänge bezeichnet.

Aus der Bestimmung der Frequenz des Absorptionsmaximums ergibt sich bei bekannter magnetischer Kraftflussdichte unmittelbar ein Wert der effektiven Masse m^*. Im Experiment benützt man ein elektrisches Mikrowellenfeld und misst die Absorption in Abhängigkeit vom Magnetfeld.

Voraussetzung für die Messung der Zyklotronresonanz ist die Bedingung $\omega_c \tau > 1$ (vgl. S. 262). Nur dann äussert sich die Quantisierung der Translationsenergie in einem deutlichen Absorptionsmaximum. Diese Bedingung wird erfüllt für hinreichend tiefe Temperaturen und reine Kristalle, wenn also die Streuung der Elektronen an Phononen und Störstellen klein genug ist.

Eine weitere Bedingung ist hinsichtlich der Konzentration der Elektronen zu erfüllen: Einerseits erfordert die Empfindlichkeit der benutzten Apparatur eine minimale Zahl von Elektronen (bzw. Löchern, vgl. S. 284), mit der noch ein deutliches Signal erreicht wird. Andererseits muss die Zahl der Ladungsträger grundsätzlich so klein sein, dass das elektrische Feld in die Probe eindringen kann, d.h. die Skintiefe muss hinreichend gross sein. Abschätzungen zeigen, dass dies für Halbleiter, dagegen nicht für Metalle (vgl. S. 275 ff.), zutrifft.

Im allgemeinen Fall für Elektronen in beliebigem Kristallpotential ist die Resonanzfrequenz $\omega_R = \omega_c$ abhängig von der Richtung des Magnetfeldes bezüglich der Kristallorientierung. Man definiert in Analogie zu Gl. F 193 die sog. Zyklotronmasse m_c:

$$\omega_c = \frac{e}{m_c} B. \tag{F215}$$

Einsetzen in Gl. F 192 liefert

$$m_c = \frac{\hbar}{2\pi} \oint \frac{dk}{v_\perp(\vec{k})} \tag{F216}$$

oder mit Gl. F 100

$$m_c = \frac{\hbar^2}{2\pi} \oint \frac{dk_\perp}{dE} \, dk. \tag{F217}$$

$dk_\perp$ Abstand im k-Raum zwischen zwei Bahnen konstanter Energie E und $E+dE$ in einer Ebene senkrecht zum Magnetfeld

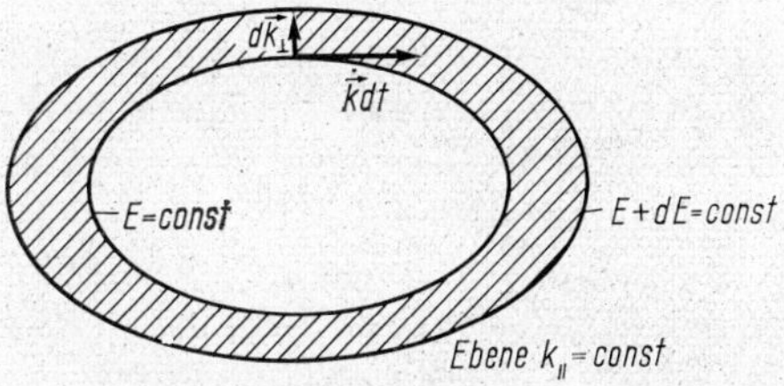

Fig. 130: Zur Berechnung der Zyklotronmasse

Aus Fig. 130 ersieht man unmittelbar, dass das Umlaufintegral gleich der Differenz dA der Schnittflächen ist, die von den Bahnen E = const und $E+dE$ = = const in der Ebene $k_{||}$ = const eingeschlossen werden. Damit geht Gl. F 217 über in

$$m_c = \frac{\hbar^2}{2\pi} \left(\frac{dA}{dE}\right)_{k_{||}=\text{const}}. \tag{F218}$$

Die Zyklotronmasse ist also verknüpft mit der Energieabhängigkeit der Querschnitte A geschlossener Bahnen auf Flächen konstanter Energie. Sie ist im allgemeinen *nicht* identisch mit der durch Gl. F 113 definierten effektiven Masse m^*, die zu einem bestimmten Zustand $(n, \vec{k})$ gehört.

Nur im Fall quasifreier Elektronen gilt $m_c = m^*$. Durch Kombination der Beziehungen

$$E = \frac{\hbar^2}{2m^*}(k_\perp^2 + k_{||}^2) \tag{F219}$$

und

$$A(k_{||}) = \pi k_\perp^2 \tag{F220}$$

erhält man

$$\left(\frac{dA}{dE}\right)_{k_{||}=\text{const}} = \frac{2\pi m^*}{\hbar^2}. \tag{F221}$$

Einsetzen in Gl. F218 liefert für quasifreie Elektronen mit skalarer effektiver Masse m^*:

$$m_c = m^*. \tag{F222}$$

Viele Halbleiter, wie z.B. Germanium und Silizium, zeigen eine Richtungsabhängigkeit der Zyklotronresonanzen, d.h. eine Anisotropie der Zyklotronmassen. Demnach sind die entsprechenden Energieflächen nicht kugelförmig. Nach der FERMI–DIRAC-Statistik besetzen die Ladungsträger (Leitungselektronen und Löcher) in Halbleitern bei tiefen Temperaturen hauptsächlich die Zustände in unmittelbarer Nähe der Energielücke. Nur die Ladungsträger in diesen Zuständen tragen zu Zyklotronresonanzen bei. Die massgebenden Energieflächen für Leitungselektronen entsprechen den absoluten Minima des Leitungsbandes. In vielen Fällen können mehrere Maxima und Minima innerhalb eines Bandes auftreten. In den Fällen, in denen mehrere Minima oder mehrere sog. ‹Täler› vorkommen, spricht man von einer ‹many valley›-Struktur des Energiebandes. Sobald die Minima des Leitungsbandes absolute Minima sind, ist die $E(\vec{k})$-Beziehung in der Umgebung dieser Minimalstellen $\vec{k}_0$ für die Halbleitereigenschaften massgebend. In der Umgebung eines Minimums ist die $E(\vec{k})$-Beziehung quadratisch in $\vec{k}$. Es gilt (die Energie sei vom Minimum aus gezählt)

$$E(\vec{k}) = \frac{\hbar^2}{2}\left(\frac{\Delta k_1^2}{m_1} + \frac{\Delta k_2^2}{m_2} + \frac{\Delta k_3^2}{m_3}\right). \tag{F223}$$

$\Delta k_{1,2,3}$ Koordinaten im $\vec{k}$-Raum, die vom Ort $\vec{k} = \vec{k}_0$ des Minimums aus gezählt sind. Die lokalen Achsen 1, 2, 3 sind so gewählt, dass die effektive Masse $m^*(\vec{k})$ durch ihre Hauptmassen m_1, m_2, m_3 gegeben ist.

Nach Gl. F223 ist die Fläche $E = \text{const}$ ein Ellipsoid mit dem Zentrum $\vec{k} = \vec{k}_0$ und den Hauptachsen

$$a = \frac{1}{\hbar}(2m_1E)^{\frac{1}{2}}, \quad b = \frac{1}{\hbar}(2m_2E)^{\frac{1}{2}}, \quad c = \frac{1}{\hbar}(2m_3E)^{\frac{1}{2}}. \tag{F224}$$

Die Zahl der zusätzlich auftretenden Minima richtet sich nach der Symmetrie des betreffenden Kristalls. Das Leitungsband von Silizium beispielsweise hat 6 absolute Minima an den Stellen $\vec{k}_0 = \pm(k_{0x}, 0, 0)$, $\pm(0, k_{0y}, 0)$, $\pm(0, 0, k_{0z})$. Die massgebenden Energieflächen sind 6 Rotationsellipsoide innerhalb der BRILLOUIN-Zone, deren Längsachsen mit den ⟨100⟩-Richtungen zusammenfallen (vgl. Fig. 131). Eine ähnliche Struktur der Energieflächen besteht in Germanium. Das Leitungsband hat 8 absolute Minima in den ⟨111⟩-Richtungen. Die entsprechenden Energieflächen sind 8 Rotationsellipsoide am Zonenrand, deren Hauptachsen in den ⟨111⟩-Richtungen liegen (vgl. Fig. 131).

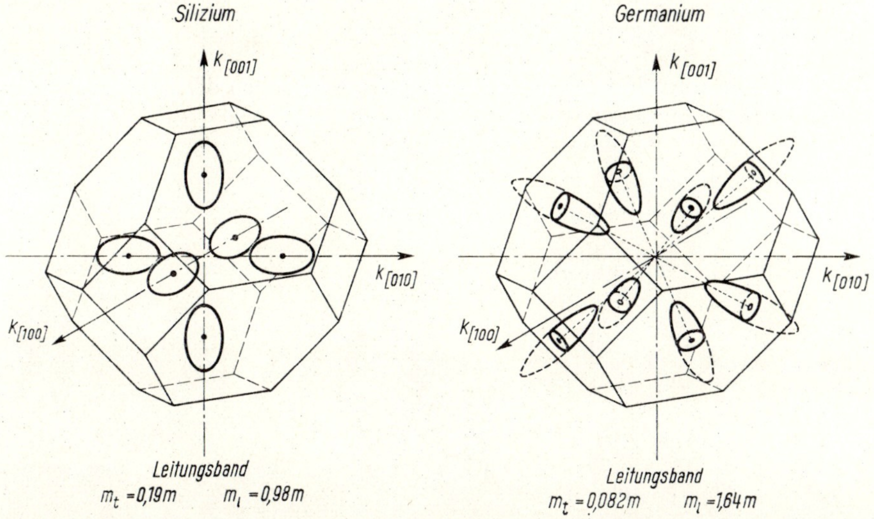

Fig. 131: Flächen konstanter Energie für Leitungselektronen in Silizium und Germanium

In beiden Fällen hat man nur 2 verschiedene Hauptmassen zu unterscheiden, nämlich

$$m_l = m_1 \tag{F225}$$

und

$$m_t = m_2 = m_3 . \tag{F226}$$

Das Anlegen eines Magnetfeldes zeichnet auf allen Ellipsoiden Bahnen in Ebenen senkrecht zu $\vec{B}$ aus. Betrachtet man zunächst nur ein einziges Ellipsoid, so sind die Umlaufzeiten der Elektronen auf allen Bahnen in parallelen Ebenen gleich. Für eine Energiefläche, die nur aus einem Ellipsoid besteht, gehört daher zu einer Richtung von $\vec{B}$ nur 1 Resonanzfrequenz, die richtungsabhängig ist. Besteht dagegen die Energiefläche aus mehreren Ellipsoiden (wie z.B. bei Germanium und Silizium), so sind die auf den verschiedenen Ellipsoiden ausgezeichneten Bahnen nicht mehr alle äquivalent. Daher findet man für nahezu alle Richtungen von $\vec{B}$ mehrere Resonanzfrequenzen. Hieraus sowie aus speziellen Richtungen, für die nur 1 Resonanzfrequenz auftritt, erhält man bereits Anhaltspunkte über den Zusammenhang und die Lage der massgebenden Energieflächen.

Der Querschnitt A einer Bahn auf einem Ellipsoid $E = \text{const}$ ist gegeben durch

$$A = \frac{2\pi}{\hbar^2} \frac{E}{\left(\frac{\alpha^2}{m_2 m_3} + \frac{\beta^2}{m_1 m_3} + \frac{\gamma^2}{m_1 m_2}\right)^{\frac{1}{2}}}. \tag{F227}$$

α, β, γ Richtungskosinus der Richtung von $\vec{B}$ bezüglich der Achsen 1, 2, 3

Mit Gl. F218 folgt hieraus der Zusammenhang zwischen der Zyklotronmasse m_c und den Komponenten m_1, m_2, m_3 der effektiven Masse m^*:

$$\frac{1}{m_c} = \left(\frac{\alpha^2}{m_2 m_3} + \frac{\beta^2}{m_1 m_3} + \frac{\gamma^2}{m_1 m_2}\right)^{\frac{1}{2}}. \tag{F228}$$

Speziell für $m_l = m_1$ und $m_t = m_2 = m_3$ gilt

$$\frac{1}{m_c} = \left(\frac{\alpha^2}{m_t^2} + \frac{\beta^2+\gamma^2}{m_t m_l}\right)^{\frac{1}{2}}. \tag{F229}$$

oder

$$m_c = m_t \left(\frac{m_l}{m_l \cos^2\Theta + m_t \sin^2\Theta}\right)^{\frac{1}{2}} \tag{F230}$$

mit

$$\alpha^2 = \cos^2\Theta \quad \text{und} \quad \alpha^2+\beta^2+\gamma^2 = 1. \tag{F231}$$

Θ Winkel zwischen $\vec{B}$ und der Längsachse des betreffenden Ellipsoids

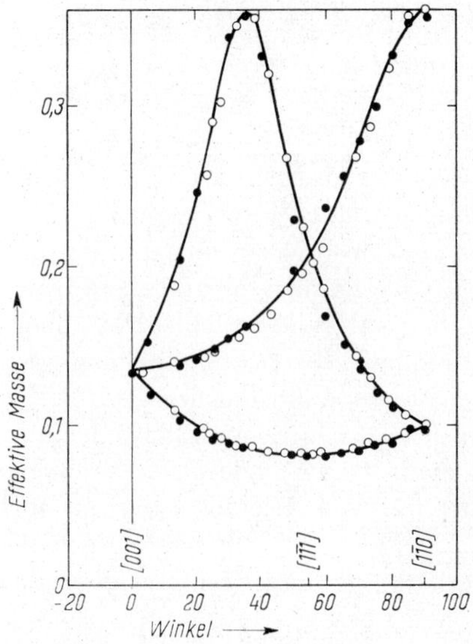

Fig. 132: Relative effektive Elektronenmassen m_c/m in Germanium bei $T = 4$ °K für Magnetfeldrichtungen in der (110)-Ebene (nach G. Dresselhaus, A. F. Kip und C. Kittel, Phys. Rev. *98*, 368 (1955))

Fig. 132 zeigt die Abhängigkeit der Zyklotronmasse von der Magnetfeldrichtung in Germanium. Die Übereinstimmung zwischen Theorie (Gl. F232) und Experiment ist sehr gut.

b) AZBEL–KANER-Resonanz

In Metallen gelingt die Messung der Zyklotronresonanz durch eine andere Anordnung der äusseren Felder. Man legt das Magnetfeld parallel zur Metalloberfläche an; der Vektor des elektrischen Wechselfeldes ist ebenfalls parallel zur Metalloberfläche und parallel oder senkrecht zum Magnetfeld

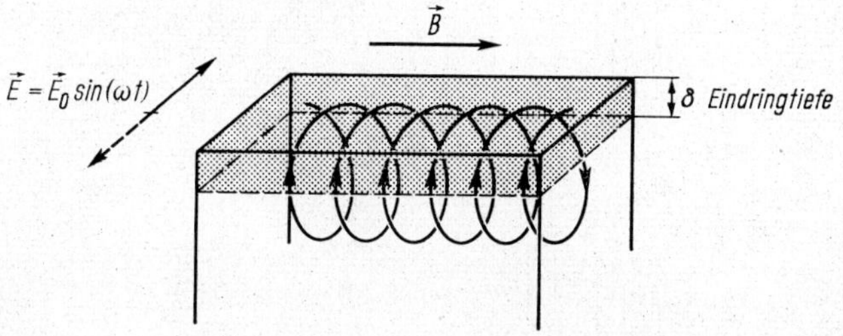

Fig. 133: Zur AZBEL–KANER-Resonanz

(vgl. Fig. 133). Das Resonanzphänomen, vorgeschlagen von M. YA. AZBEL und E. A. KANER, beruht auf dem anomalen Skineffekt. Unter der Bedingung

$$\Lambda > r > \delta_{anom} \tag{F232}$$

Λ freie Weglänge
r Radius der Zyklotronbahn
δ_{anom} anomale Skintiefe

kehren die Elektronen, die sich auf Bahnen um das Magnetfeld bewegen, mehrere Male in den Bereich der Skintiefe zurück. Nur dort kann das elektrische Feld eine zusätzliche Kraft auf sie ausüben. Falls die Elektronen nach jedem Umlauf dieselbe Phasenbeziehung mit dem elektrischen Wechselfeld haben, werden einige im Bereich der Skintiefe nach jedem Umlauf beschleunigt. Sie absorbieren somit Energie aus dem elektrischen Feld. Die passende Phasenbeziehung und zugleich die Bedingung für Resonanzabsorption heisst

$$\omega = n\,\omega_c \tag{F233}$$

mit $n = 1, 2, 3, \ldots$

Die Wechselfeldfrequenz kann also auch höheren Harmonischen der Umlauffrequenz ω_c gleich sein. Daher erhält man im Absorptionsspektrum mehrere Maxima (vgl. Fig. 134).

Misst man wiederum die Absorption der Mikrowellen konstanter Frequenz ω in Funktion des Magnetfeldes, so findet man AZBEL–KANER-Resonanzen für Kraftflussdichten B_R, die proportional zu $1/n$ sind. Aus Gl. F215 und F233 folgt

$$B_R = \frac{m_c \omega}{e} \frac{1}{n} . \tag{F234}$$

Diese Beziehung ist wegen Gl. F216 richtungsabhängig.

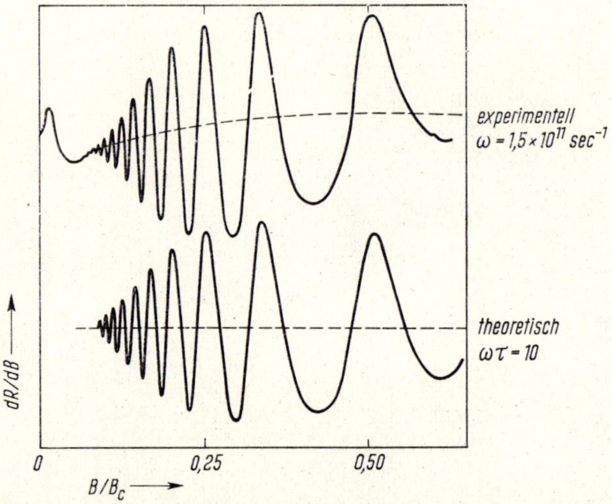

Fig. 134: Azbel–Kaner-Resonanzen in Kupfer; Feldabhängigkeit der Ableitung des Oberflächenwiderstands R nach der Kraftflussdichte B; $B_c = m_c\, \omega_c/e$ ist die Kraftflussdichte für Resonanz mit $n=1$ (aus A. F. Kip, D. N. Langenberg und T. W. Moore, Phys. Rev. *124*, 359 (1961))

Die Auswertung der Messungen ist grundsätzlich schwieriger als im Fall gewöhnlicher Zyklotronresonanzen, weil die $E(\vec{k})$-Beziehung im allgemeinen in der Umgebung der Fermi-Grenzenergie keine quadratische Funktion in $\vec{k}$ ist. Die massgebenden Energieflächen (Fermi-Flächen) sind demnach keine Ellipsoide. Zur Resonanz tragen vorwiegend nur solche Elektronen bei, deren Bahnen maximale oder minimale Querschnitte der Fermi-Fläche einschliessen. Die Elektronen auf den übrigen Bahnen bewegen sich im allgemeinen nicht in Phase und tragen daher nicht zur Resonanz bei.

c) De Haas–Van Alphen-Effekt

Der De Haas–Van Alphen-Effekt liefert analog zur Zyklotronresonanz Auskunft über die Form der Fermi-Fläche und die effektiven Massen für Metalle. W. J. De Haas und P. M. Van Alphen beobachteten zuerst an Wismut, dass sich für hinreichend tiefe Temperaturen die magnetische Suszeptibilität (vgl. S. 407 ff.) mit dem reziproken Wert der magnetischen Feldstärke periodisch ändert. Diese oszillatorische Änderung der magnetischen Suszeptibilität bzw. der Magnetisierung mit der magnetischen Feldstärke, der sog. De Haas–Van Alphen-Effekt, konnte an einer grossen Zahl von Metallen nachgewiesen werden.

Die Ursache für den Effekt beruht auf der Quantisierung der Zyklotronbahnen (vgl. S. 262) und damit auf der oszillatorischen Änderung der Gesamtenergie der Elektronen in Abhängigkeit von der magnetischen Feldstärke. Im folgendenwird gezeigt, dass die Oszillationen äquidistant auf der Skala der reziproken magnetischen Feldstärke erfolgen und dass die entsprechende konstante Periode umgekehrt proportional zu extremalen Werten der Schnittflächen zwischen Ebenen senkrecht zum Magnetfeld und der Fermi-Fläche ist. Aus der Messung der Perioden des De Haas–Van Alphen-Effekts für verschiedene Kristallorientierungen bezüglich der Magnetfeldrichtung ergeben sich Aufschlüsse über die Form der Fermi-Fläche.

Die Magnetisierung eines Systems ist allgemein bestimmt durch die thermodynamische Beziehung

$$M = -\frac{1}{V}\left(\frac{\partial F}{\partial B}\right)_{T,\,V} \qquad \text{(F235)}$$

mit

$$F = U - T\,S. \qquad \text{(F236)}$$

F freie Energie
U innere Energie
S Entropie
V betrachtetes Volumen
B magnetische Induktion

Speziell am absoluten Nullpunkt ist die Magnetisierung gegeben durch die Änderung der inneren Energie mit der magnetischen Induktion. Der hier massgebende Beitrag der inneren Energie (vgl. S. 56) ist die Gesamtenergie der Elektronen in einem Metall vom Volumen V. Der von den Elektronenspins herrührende Beitrag (vgl. S. 452) bleibt in der folgenden Beschreibung unberücksichtigt.

Wir haben gezeigt, dass bei nicht verschwindendem Magnetfeld das quasikontinuierliche Energiespektrum der Elektronen übergeht in eine Folge äquidistanter Landau-Niveaus, die hochgradig entartet sind (vgl. S. 262 ff.). Das Prinzip des De Haas–Van Alphen-Effekts geht deutlich hervor aus einem zweidimensionalen Modell senkrecht zur Richtung des Magnetfeldes. Die Gesamtenergie der Elektronen in Abhängigkeit von der magnetischen Induktion ergibt sich aus der Summation über die Energien aller besetzten Landau-Niveaus (vgl. Gl. F196):

$$U(B) = \sum_{l=0}^{\lambda} 2\,D(B)\,\hbar\,\omega_c\left(l+\frac{1}{2}\right) + [N-(\lambda+1)\,2\,D(B)]\,\hbar\,\omega_c\left(\lambda+\frac{3}{2}\right) \qquad \text{(F237)}$$

mit der Zahl der Zustände pro LANDAU-Niveau (Entartungsgrad), vgl. Gl. F 203 und F 193:

$$D(B) = \left(\frac{L}{2\pi}\right)^2 \frac{2\pi e}{\hbar} B. \tag{F 238}$$

$\lambda(B)$ höchste LANDAUsche Quantenzahl, für die das entsprechende LANDAU-Niveau noch vollständig besetzt ist
N Zahl der Elektronen im zweidimensionalen Modell

Der erste Term in Gl. F 237 bezeichnet die Energie der $\lambda+1$ vollständig besetzten LANDAU-Niveaus, der zweite Term die des nächst höheren, unvollständig besetzten Niveaus. Aus Gl. F 237 folgt unmittelbar, dass alle N Elektronen in vollständig besetzten LANDAU-Niveaus untergebracht sind, wenn gilt

$$\frac{1}{B} = 2\left(\frac{L}{2\pi}\right)^2 \frac{2\pi e}{\hbar} \frac{\lambda+1}{N}. \tag{F 239}$$

Danach wird die Zahl der vollständig besetzten Niveaus mit zunehmender magnetischer Induktion immer kleiner. Oberhalb der kritischen Induktion B_0, gegeben durch die Bedingung

$$2\,D(B_0) = N \quad \text{bzw.} \quad \frac{1}{B_0} = 2\left(\frac{L}{2\pi}\right)^2 \frac{2\pi e}{\hbar} \frac{1}{N}, \tag{F 240}$$

befinden sich alle Elektronen in einem einzigen LANDAU-Niveau. In diesem Fall steigt die Gesamtenergie proportional zu $B (B > B_0)$, und die Magnetisierung hat dann den konstanten Sättigungswert $-N\mu_B$ (μ_B ist der Wert des BOHRschen Magnetons, vgl. S. 424).

Für $B < B_0$ ist die Gesamtenergie der Elektronen (Gl. F 237) periodisch mit $1/B$, wie die folgende Überlegung zeigt. Jedes LANDAU-Niveau enthält so viele Zustände, wie sich im feldfreien Fall zwischen den gedachten Energieflächen $E_\perp = \hbar\omega_c l = \text{const}$ und $E_\perp = \hbar\omega_c (l+1) = \text{const}$ befinden (vgl. S. 265). Wir betrachten die Lage des höchsten vollständig besetzten LANDAU-Niveaus (Quantenzahl λ) bezüglich der FERMI-Grenzenergie ζ_0. Für einen bestimmten Wert der magnetischen Induktion liege ζ_0 genau in der Mitte zwischen den Niveaus λ und $\lambda+1$. Dann sind die Zahl der besetzten Zustände unterhalb ζ_0 sowie die Gesamtenergie des Elektronengases gleich den entsprechenden Werten für den feldfreien Fall. Mit wachsender Feldstärke steigt die Energie der LANDAU-Niveaus und damit auch die Gesamtenergie des Elektronengases, bis das oberste Niveau λ den Wert ζ_0 überschreitet. Infolge der FERMI-Verteilung und der zunehmenden Entartung gehen mehr Elektronen in tiefere Niveaus über, und die Gesamtenergie sinkt wieder, bis ζ_0 erneut in der Mitte zwischen zwei LANDAU-Niveaus liegt. Man sieht leicht ein, dass die Variation der Gesamtenergie mit steigendem Magnetfeld zunimmt, wenn also die Zahl der LANDAU-Niveaus unterhalb ζ_0 abnimmt (vgl. Fig. 135).

Der Zustand minimaler Gesamtenergie ist jeweils gegeben durch die Bedingung Gl. F239 und wiederholt sich nach der konstanten Periode

$$\Delta\left(\frac{1}{B}\right) = 2\left(\frac{L}{2\pi}\right)^2 \frac{2\pi e}{\hbar} \frac{1}{N}. \tag{F241}$$

Infolge der periodischen Variation der Gesamtenergie ergeben sich gemäss Gl. F235 auch Oszillationen in der Magnetisierung des Elektronengases (vgl. Fig. 135).

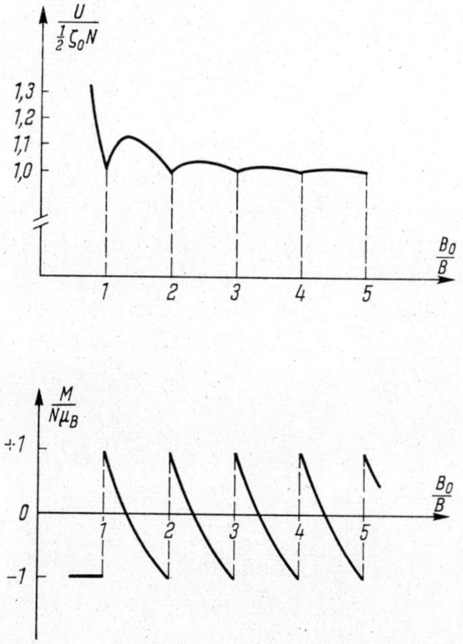

Fig. 135: Energie und Magnetisierung des Elektronengases in Abhängigkeit von der reziproken magnetischen Induktion für $T = 0$ °K (zweidimensionales Modell) (nach D. SHOENBERG, in *Progress in Low Temperature Physics*, Bd. 2, North-Holland, Amsterdam 1957)

Die Periode der Oszillationen ist verknüpft mit dem Querschnitt der FERMI-Fläche senkrecht zum Magnetfeld. Im zweidimensionalen Modell (xy-Ebene senkrecht zu B) ist für $T = 0$ °K die Zahl der Elektronen durch die doppelte Zahl der Zustände in der $k_x k_y$-Ebene innerhalb der Energie-‹Fläche› $E = \zeta$ gegeben, d.h. (vgl. Gl. E23 und F123)

$$N = 2\left(\frac{L}{2\pi}\right)^2 \int\limits_{E=\zeta} dk_x\, dk_y = 2\left(\frac{L}{2\pi}\right)^2 A_\zeta. \tag{F242}$$

A_ζ Querschnitt der FERMI-Fläche senkrecht zum Magnetfeld

Einsetzen in Gl. F241 liefert

$$\frac{1}{B} = \frac{2\pi e}{\hbar} \frac{1}{A_\zeta}. \tag{F243}$$

In einem dreidimensionalen System ist der De Haas–Van Alphen-Effekt viel komplizierter zu beschreiben wegen der zum Magnetfeld parallelen Geschwindigkeitskomponenten der Elektronen. Die für das zweidimensionale Modell charakteristischen Unstetigkeiten in der Magnetisierung erscheinen nicht mehr, jedoch bleibt die oszillatorische Abhängigkeit von der magnetischen Induktion im dreidimensionalen Modell erhalten. Die Periode der Oszillationen ist umgekehrt proportional zu maximalen oder minimalen Querschnitten $A_{\max}$ oder $A_{\min}$ der Fermi-Fläche senkrecht zur magnetischen Induktion B:

$$\Delta\left(\frac{1}{B}\right) = \frac{2\pi e}{\hbar}\,\frac{1}{A_{\max}} \quad \text{oder} \quad \Delta\left(\frac{1}{B}\right) = \frac{2\pi e}{\hbar}\,\frac{1}{A_{\min}}. \tag{F244}$$

Grundsätzlich geben die Elektronen in allen Querschnitten der Fermi-Fläche senkrecht zum Magnetfeld Anlass zu De Haas–Van Alphen-Oszillationen mit den entsprechenden Perioden. Jedoch beobachtet man im wesentlichen nur die Beiträge von Elektronen in extremalen Querschnitten, da sich in deren Umgebung mehr parallele Schnittflächen mit angenähert denselben Querschnitten befinden als in der Umgebung beliebiger Querschnitte. Für bestimmte Feldrichtungen kann man gegebenenfalls mehrere Perioden der Oszillationen gleichzeitig beobachten, die maximalen und minimalen Querschnitten der Fermi-Fläche entsprechen. Auf der $1/B$-Skala entsprechen kurze Perioden maximalen Querschnitten und lange Perioden minimalen Querschnitten der Fermi-Fläche (vgl. Fig. 136).

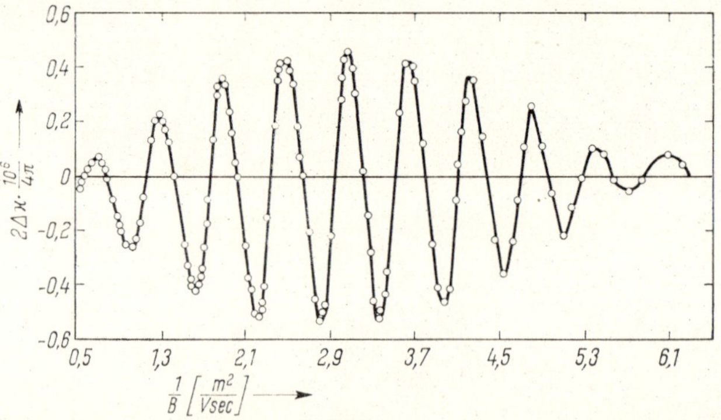

Fig. 136: De Haas–Van Alphen-Effekt in Zink für $T = 4{,}2$ °K (nach B. I. Verkin und I. M. Dmitrenko, Bull. Acad. Sci. USSR, Phys. Ser. (USA) *19*, 365 (1955))

d) Magneto-optische Absorption

Ausser den Elektronenübergängen zwischen den Teilbändern ein und desselben Hauptbandes (Zyklotronresonanz) gibt es auch Übergänge zwischen den Landau-Niveaus verschiedener Hauptbänder. Solche Interbandübergänge geben Anlass zur sog. magneto-optischen Absorption.

Die Übergänge von den Teilbändern des Valenzbandes zu denen des Leitungsbandes sind bereits für viele Halbleiter näher untersucht. Die benötigten Photonenenergien $\hbar\omega$ sind gegeben durch

$$\hbar\omega \geqslant \Delta E(0) + \left(l + \frac{1}{2}\right) \hbar\omega'_c \tag{F245}$$

mit

$$\omega'_c = \omega_{cV} + \omega_{cL} . \tag{F246}$$

$\Delta E(0)$ Breite der Energielücke zwischen Valenz- und Leitungsband in Abwesenheit eines Magnetfeldes

ω_{cV}, ω_{cL} Zyklotronfrequenz für Elektronen des Valenz-bzw. des Leitungsbandes

Aufgrund der Gl. F215 und F246 gilt

$$\omega'_c = \frac{e}{m'} B \tag{F247}$$

mit

$$m' = \frac{m_{cV}\, m_{cL}}{m_{cV} + m_{cL}} . \tag{F248}$$

m' reduzierte Zyklotronmasse

m_{cV}, m_{cL} Zyklotronmassen im Valenz-bzw. Leitungsband

Die möglichen Übergänge sind bestimmt durch die Auswahlregeln. Die Theorie der Magneto-Absorption verläuft analog zu der Theorie der optischen Absorption ohne Magnetfeld. Man hat wiederum zu unterscheiden zwischen direkten und indirekten Übergängen, wonach sich der Verlauf des Absorptionskoeffizienten in Funktion der Photonenenergie richtet.

Aus der Energieerhaltung (Gl. F245) ergeben sich folgende Aussagen über das magneto-optische Absorptionsspektrum:

Bei Anlegen eines Magnetfeldes wird die langwellige Absorptionskante von der Energie $\Delta E(0)$ um $\frac{1}{2}\hbar\omega'_c$ nach höherer Energie verschoben (die Aufspaltung der Energieterme infolge der Elektronenspins sei vernachlässigt). Die Verschiebung der Absorptionskante ist nach Gl. F245 und F247 proportional zur Kraftflussdichte B (vgl. Fig. 137). Vernachlässigt man zunächst die Bewegung der Elektronen in der Richtung von $\vec{k}_{\parallel}$ parallel zu $\vec{B}$, so ist die Energiebedingung Gl. F245 nur mit dem Gleichheitszeichen gültig. Entsprechend den ganzzahligen Werten von l würden nur Photonen bestimmter Energien absorbiert. Demnach wäre das Absorptionsspektrum ein Linienspektrum. Die quasikontinuierliche Energieverteilung der Zustände in der Richtung von $\vec{k}_{\parallel}$ sowie indirekte Übergänge haben zur Folge, dass das Spektrum anstelle der Linien ausgeprägte Maxima auf der hochenergetischen Seite der Fundamentalabsorption zeigt (vgl. Fig. 138). Die Maxima sind äquidistant auf der Energieskala verteilt. Ihr Abstand ist proportional zur Kraftflussdichte und umgekehrt proportional zur reduzierten Zyklotronmasse. Man hat damit einen unmittelbaren Beweis für die Existenz der LANDAU-Niveaus. Trägt man die Energie der Absorptionskante sowie die der Absorptionsmaxima in Funktion der Kraftflussdichte auf, so erhält man eine Schar von Geraden, die sich alle für $B = 0$

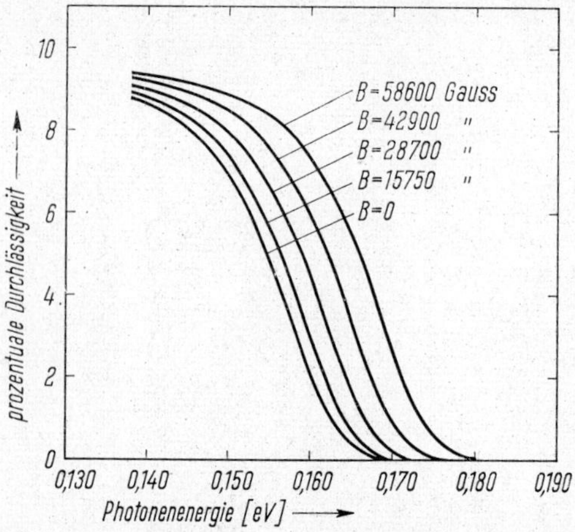

Fig. 137: Verschiebung der Absorptionskante von InSb im Magnetfeld (nach E. BURSTEIN, G. S. PICUS, H. A. GEBBIE und F. J. BLATT, Phys. Rev. *103*, 826 (1956))

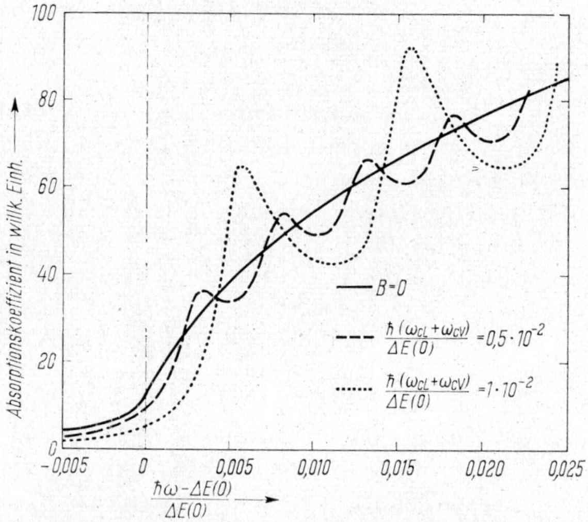

Fig. 138: Magneto-optische Absorption für einen Halbleiter (schematisch; nach E. BURSTEIN, G. S. PICUS, R. F. WALLIS und F. J. BLATT, Phys. Rev. *113*, 15 (1959))

schneiden. Die Extrapolation auf $B = 0$ liefert mit grosser Genauigkeit die Breite der Energielücke; aus den Steigungen der Geraden (Parameter ist die magnetische Quantenzahl l) ergibt sich der Wert für die reduzierte Zyklotronmasse.

Die Bestimmung der effektiven Massen aus magneto-optischen Messungen ist jedoch weniger direkt als aus Zyklotronmessungen. Man erhält grundsätzlich nur den Wert der reduzierten Masse (Gl. F 247), da bei Interbandübergängen die effektiven Massen verschiedener Bänder gleichzeitig eine Rolle spielen. Die Massen m_{cL} und m_{cV} und damit auch die reduzierte Masse m_c' sind von der Richtung des Magnetfeldes abhängig, wenn die Energieflächen für $B = 0$ nicht kugelförmig sind. Eine anisotrope Bänderstruktur bei $B = 0$ führt also bei $B \neq 0$ zu einer anisotropen LANDAU-Aufspaltung. Daher ist die Magneto-Absorption im allgemeinen von der Richtung des Magnetfeldes abhängig. Die Messung der Richtungsabhängigkeit liefert Auskunft über die Anisotropie der Bänderstruktur.

Der Effekt der Magneto-Absorption bietet die Möglichkeit, auch Übergänge in solche Zustände zu studieren, die wegen der fehlenden Besetzung mit Elektronen durch Zyklotronresonanzmessungen nicht erfassbar sind. Damit ergeben sich auch Aussagen über Energieflächen, die normalerweise unbesetzt sind.

Literatur

BLOUNT, E. I., *Formalisms of Band Theory*, in *Solid State Physics*, Bd. 13 (Academic Press, New York 1962).

BRAUER, W., *Einführung in die Elektronentheorie der Metalle* (Vieweg, Braunschweig 1966).

BRILLOUIN, L., *Wave Propagation in Periodic Structures* (McGraw-Hill, New York 1946)

BUSCH, G., *Experimentelle Methoden zur Bestimmung effektiver Massen in Metallen und Halbleitern*, in *Halbleiterprobleme*, Bd. 6 (Vieweg, Braunschweig 1961).

CALLAWAY, J., *Energy Band Theory* (Academic Press, New York 1964).

FLETCHER, G. C., *The Electron Band Theory of Solids* (North-Holland, Amsterdam 1971).

FRÖHLICH, H., *Elektronentheorie der Metalle* (Springer, Berlin 1936).

HARRISON, W. A., *Pseudopotentials in the Theory of Metals* (Benjamin, New York, 1966).

HARRISON, W. A., und WEBB, M. B. (Herausgeber), *The Fermi Surface* (Wiley, New York 1960).

HERMAN, F., *Theoretical Investigations of the Electronic Band Structure of Solids*, Rev. Mod. Phys. *30*, 102–121 (1958).

JONES, H., *The Theory of Brillouin Zones and Electronic States in Crystals* (North-Holland, Amsterdam 1960).

LAX, B., *Experimental Investigations of the Electronic Band Structure of Solids*, Rev. Mod. Phys. *30*, 122–154 (1958).

LOUCKS, T., *Augmented Plane Wave Method* (Benjamin, New York 1967).

MERCOUROFF, W., *Le surface de Fermi des métaux* (Masson, Paris 1967).

MOTT, N. F., und JONES, H., *Theory of the Properties of Metals and Alloys* (Oxford University Press, London 1936).

PINCHERLE, L., *Band Structure Calculations in Solids*, in *Reports on Progress in Physics*, Bd. 23 (Physical Society, London 1960).

PIPPARD, A. B., *Experimental Analysis of the Electronic Structure of Metals*, in *Reports on Progress in Physics*, Bd. 23 (Physical Society, London 1960).

PIPPARD, A. B., *The Dynamics of Conduction Electrons* (Gordon and Breach, New York 1965).

RAIMES, S., *The Wave Mechanics of Electrons in Metals* (North-Holland, Amsterdam 1961).

SLATER, J. C., *The Electronic Structure of Solids*, in *Handbuch der Physik*, Bd. 19 (Springer, Berlin 1956).

SLATER, J. C., *Quantum Theory of Molecules and Solids*, Bd. 2: *Symmetry and Energy Bands in Crystals* (McGraw-Hill, New York 1965).

SOMMERFELD, A., und BETHE, H., *Elektronentheorie der Metalle*, in *Handbuch der Physik*, herausgegeben von H. GEIGER und K. SCHEEL, Bd. 24/2 (Springer, Berlin 1933); Nachdruck in Heidelberger Taschenbücher, Bd. 19 (Springer, Berlin 1967).

WILSON, A. H., *The Theory of Metals* (Cambridge University Press, London 1953).

ZIMAN, J. M., *Electrons in Metals* (Taylor and Francis, London 1963).

G. Halbleiter

Die Besetzung der obersten Energiebänder führte zu der grundsätzlichen Unterscheidung zwischen Metallen und Isolatoren (vgl. S. 234 ff.). Bei hinreichend hohen Temperaturen können in Isolatoren Elektronen aus dem Valenzband über die Energielücke ins Leitungsband angeregt werden: Isolatoren werden dadurch sog. Ideal- oder Eigenhalbleiter. Die unvollständig besetzten Energiebänder (Leitungs- *und* Valenzband) geben Anlass zu einer elektrischen Leitfähigkeit, der sog. Eigenleitung (vgl. S. 286 ff.). Die Zahl der fehlenden Elektronen im Valenzband ist genau gleich der Zahl der Elektronen im Leitungsband.

Unvermeidliche Kristallunvollkommenheiten, d.h. Verunreinigungen und Gitterdefekte, bewirken eine Störung der strengen Periodizität des Potentials im Kristall. Dadurch entstehen zusätzlich im Bereich der Energielücke zwischen Valenz- und Leitungsband erlaubte Energieniveaus (sog. Störniveaus). Durch Anregung von Elektronen aus dem Valenzband in unbesetzte Störniveaus bzw. aus besetzten Störniveaus ins Leitungsband ergeben sich ebenfalls unvollständig besetzte Energiebänder (im einfachsten Fall Leitungsband *oder* Valenzband), die die sog. Störleitung verursachen. Halbleiter, die Störleitung zeigen, bezeichnet man als Real- oder Störhalbleiter.

Bei tieferen Temperaturen tritt in jedem Halbleiter Störleitung auf (vgl. S. 304 ff.), die im allgemeinen mit höheren Temperaturen gegenüber der zunehmenden Eigenleitung vernachlässigbar wird.

I. Defektelektronen (Löcher)

Man bezeichnet die unbesetzten Zustände des Valenzbandes als Defektelektronen oder als Löcher. Die Einführung dieser Quasiteilchen ist sinnvoll, weil der Beitrag des Valenzbandes zur elektrischen Leitfähigkeit nur von der Zahl der unbesetzten Zustände abhängt. Die unbesetzten Zustände verhalten sich wie Teilchen mit positiver Ladung und positiver effektiver Masse. Die effektive Masse des Lochs ist dem Betrag nach gleich der entsprechenden effektiven Masse des ursprünglich vorhandenen Elektrons, hat aber entgegengesetztes Vorzeichen (auf S. 228 wurde gezeigt, dass Elektronen mit Energien in der Umgebung eines oberen Bandrandes stets negative effektive Massen haben).

Die Äquivalenz zwischen den wenigen Löchern und den vielen Elektronen des Valenzbandes gilt immer in der Ein-Elektron-Näherung (vgl. S. 203), d.h. wenn die Wechselwirkungen der Elektronen untereinander keine Rolle spielen.

In Halbleitern wirken äussere Kräfte also nicht nur auf die Elektronen im Leitungsband, sondern auch auf die Löcher im Valenzband. Die Energieverteilung der Löcher richtet sich ebenso wie die der Elektronen nach der FERMI–DIRAC-Statistik. Für die Wahrscheinlichkeit, dass ein Zustand der Energie E im thermodynamischen Gleichgewicht unbesetzt, d.h. mit einem Loch besetzt ist, gilt

$$1-F(E) = 1 - \frac{1}{\exp\left(\frac{E-\zeta}{kT}\right)+1} = \frac{1}{\exp\left(\frac{\zeta-E}{kT}\right)+1}. \tag{G1}$$

Die FERMI–DIRAC-Funktion der Löcher verläuft also spiegelbildlich zur Energie $E = \zeta$ wie die FERMI–DIRAC-Funktion der Elektronen. Hohe Elektronenenergien entsprechen also tiefen Löcherenergien.

Im folgenden berechnen wir die Ladungsträgerkonzentrationen von Ideal- und Realhalbleitern im thermodynamischen Gleichgewicht bei Abwesenheit äusserer Kräfte für Temperaturen $T > 0$ °K.

II. Idealhalbleiter

Die Konzentration n der Leitungselektronen ist nach Gl. E32

$$n = 2\int_{E_L}^{\infty} D_n(E)\,F(E)\,dE. \tag{G2}$$

$D_n(E)$ Eigenwertdichte im Leitungsband, bezogen auf die Volumeneinheit
E_L Energie des unteren Leitungsbandrandes

Die Integration erstreckt sich strenggenommen nur über das Leitungsband. Wegen des raschen Abfalls der FERMI–DIRAC-Funktion kommt jedoch der Hauptbeitrag zum Integral von den Zuständen in der Nähe des unteren Bandrandes, so dass die obere Integrationsgrenze in guter Näherung nach Unendlich verschoben werden kann. In der Umgebung des unteren Bandrandes ist die $E(\vec{k})$-Beziehung gegeben durch Gl. F130 bzw. Gl. F223:

$$E(\vec{k}) = E_L + \frac{\hbar^2}{2}\left(\frac{k_x^2}{m_{xx}} + \frac{k_y^2}{m_{yy}} + \frac{k_z^2}{m_{zz}}\right). \tag{G3}$$

Dann ist die Eigenwertdichte der Leitungselektronen pro Energie-Tal (vgl. S. 272) nach Gl. F134

$$D_n(E) = \frac{1}{4\pi^2}\left(\frac{2}{\hbar^2}\right)^{\frac{3}{2}} (m_{xx}\,m_{yy}m_{zz})^{\frac{1}{2}}\,(E-E_L)^{\frac{1}{2}}. \tag{G4}$$

Speziell für isotrope effektive Masse $m_n = m_{xx} = m_{yy} = m_{zz}$ gilt

$$D_n(E) = \frac{1}{4\pi^2}\left(\frac{2m_n}{\hbar^2}\right)^{\frac{3}{2}} (E - E_L)^{\frac{1}{2}}. \tag{G5}$$

Analog erhält man mit Gl. G1 für die Konzentration p der Löcher

$$p = 2\int_{E_V}^{-\infty} D_p(E)\,[1 - F(E)]\,dE. \tag{G6}$$

mit

$$D_p(E) = \frac{1}{4\pi^2}\left(\frac{2m_p}{\hbar^2}\right)^{\frac{3}{2}} (E_V - E)^{\frac{1}{2}}. \tag{G7}$$

$D_p(E)$ Eigenwertdichte im Valenzband, bezogen auf die Volumeneinheit
E_V Energie des oberen Valenzbandrandes
m_p isotrope effektive Masse der Löcher

Auch für anisotrope effektive Massen drückt man die Eigenwertdichten vielfach durch die Gl. G5 und G7 aus. Die skalaren Massen m_n bzw. m_p sind dann als Mittelwerte über die Tensorkomponenten der effektiven Massen aufzufassen; man bezeichnet diese Mittelwerte als Zustandsdichte-Massen (‹density-of-states effective masses›). Beispielsweise gilt für die Zustandsdichte-Masse m_n der Elektronen unter der Voraussetzung ellipsoidischer Energieflächen (Gl. F130)

$$m_n^3 = m_{xx}\, m_{yy}\, m_{zz}. \tag{G8}$$

In Halbleitern sind im thermodynamischen Gleichgewicht und für hinreichend kleine elektrische Felder normalerweise nur die Zustände am unteren Leitungsbandrand besetzt und nur die Zustände am oberen Valenzbandrand unbesetzt. In diesen Fällen sind die effektiven Massen unabhängig von der Energie, da die $E(\vec{k})$-Beziehungen in der Nähe der Bandränder in der Regel parabolisch sind (vgl. Gl. F115 und F223).

In Gl. G2 und G6 für die Konzentrationen n und p ist die FERMI-Grenzenergie ζ zunächst als unbekannter Parameter enthalten. Dieser ist erst mit Hilfe der Neutralitätsbedingung des Halbleiters bestimmbar. Ein Idealhalbleiter ist neutral, d.h. ohne Ladungsüberschuss, wenn die Zahl der negativen Elektronen gleich der Zahl der positiven Löcher ist:

$$n = p = n_i. \tag{G9}$$

n_i Eigenleitungskonzentration (Inversionsdichte)

Aus Gl. G2 und G4 bzw. aus Gl. G6 und G7 folgt

$$n = \frac{1}{2\pi^2}\left(\frac{2m_n}{\hbar^2}\right)^{\frac{3}{2}} \int_{E_L}^{\infty} \frac{(E - E_L)^{\frac{1}{2}}\,dE}{\exp\left(\frac{E-\zeta}{kT}\right) + 1} \tag{G10}$$

bzw.

$$p = \frac{1}{2\pi^2}\left(\frac{2m_p}{\hbar^2}\right)^{\frac{3}{2}} \int\limits_{E_V}^{-\infty} \frac{(E_V - E)^{\frac{1}{2}}\, dE}{\exp\left(\frac{\zeta - E}{kT}\right) + 1}. \tag{G11}$$

Die Bestimmungsgleichung Gl. G9 für ζ ist nicht allgemein analytisch lösbar. Zunächst führen wir folgende Substitutionen ein:

$$\frac{E - E_L}{kT} = x, \qquad \frac{E_V - E}{kT} = y; \tag{G12}$$

$$\frac{\zeta - E_L}{kT} = \alpha, \qquad \frac{E_V - \zeta}{kT} = \beta, \tag{G13}$$

Daraus folgt

$$\frac{E - \zeta}{kT} = x - \alpha, \qquad \frac{\zeta - E}{kT} = y - \beta; \tag{G14}$$

$$dE = kT\, dx, \qquad dE = -kT\, dy \tag{G15}$$

und

$$\alpha + \beta = -\frac{E_L - E_V}{kT} = -\frac{\Delta E_i}{kT}. \tag{G16}$$

ΔE_i Breite der Energielücke zwischen Valenz- und Leitungsband

Einsetzen der Substitutionen in Gl. G10 und G11 liefert

$$n = \frac{1}{2\pi^2}\left(\frac{2m_n kT}{\hbar^2}\right)^{\frac{3}{2}} \int\limits_0^{\infty} \frac{x^{\frac{1}{2}}\, dx}{\exp(x - \alpha) + 1} = \frac{2}{\pi^{\frac{1}{2}}}\, n_0\, F_{\frac{1}{2}}(\alpha) \tag{G17}$$

und

$$p = \frac{1}{2\pi^2}\left(\frac{2m_p kT}{\hbar^2}\right)^{\frac{3}{2}} \int\limits_0^{\infty} \frac{y^{\frac{1}{2}}\, dy}{\exp(y - \beta) + 1} = \frac{2}{\pi^{\frac{1}{2}}}\, p_0\, F_{\frac{1}{2}}(\beta) \tag{G18}$$

mit den effektiven Zustandsdichten (vgl. Gl. E36)

$$n_0 = \frac{1}{4}\left(\frac{2m_n kT}{\pi\hbar^2}\right)^{\frac{3}{2}}, \tag{G19}$$

$$p_0 = \frac{1}{4}\left(\frac{2m_p kT}{\pi\hbar^2}\right)^{\frac{3}{2}} \tag{G20}$$

und den FERMI-Integralen (vgl. Gl. E37)

$$F_{\frac{1}{2}}(\alpha) = \int\limits_0^\infty \frac{x^{\frac{1}{2}}\,dx}{\exp(x-\alpha)+1}, \tag{G21}$$

$$F_{\frac{1}{2}}(\beta) = \int\limits_0^\infty \frac{y^{\frac{1}{2}}\,dy}{\exp(y-\beta)+1}. \tag{G22}$$

Wir nehmen an, dass in Halbleitern normalerweise die Ladungsträgerkonzentrationen so klein sind, dass gilt:

$$n \ll n_0, \quad p \ll p_0. \tag{G23}$$

Die Elektronen- und Löcherkonzentrationen seien also nicht entartet (vgl. S. 175). Dann ist nach Gl. E51

$$\alpha \ll -1, \quad \beta \ll -1 \tag{G24}$$

bzw. nach Gl. G 13

$$E_L - \zeta \gg kT, \quad \zeta - E_V \gg kT. \tag{G25}$$

d.h. die FERMI-Grenzenergie ζ liegt viele kT sowohl oberhalb des Valenzbandrandes als auch unterhalb des Leitungsbandrandes. Unter dieser Annahme sind die FERMI-Integrale analytisch lösbar (Gl. E47), und man erhält für die Ladungsträgerkonzentrationen anstelle der Gl. G17 und G18:

$$n = n_0 \exp(\alpha), \tag{G26}$$

und

$$p = p_0 \exp(\beta). \tag{G27}$$

Hiermit liefert die Neutralitätsbedingung Gl. G9 die energetische Lage von ζ:

$$\exp(\alpha-\beta) = \frac{p_0}{n_0} \tag{G28}$$

oder mit Gl. G13

$$\zeta - E_L - E_V + \zeta = kT \ln\left(\frac{p_0}{n_0}\right) \tag{G29}$$

bzw.

$$\zeta = \frac{E_L + E_V}{2} + \frac{1}{2} kT \ln\left(\frac{p_0}{n_0}\right). \tag{G30}$$

Einsetzen der Gl. G19 und G20 liefert

$$\zeta = \frac{E_L + E_V}{2} + \frac{3}{4} kT \ln\left(\frac{m_p}{m_n}\right). \tag{G31}$$

Diese Beziehung gilt für einen Idealhalbleiter unter der Voraussetzung der Nichtentartung. Für $T = 0$ °K liegt also die FERMI-Grenzenergie ζ genau in der Mitte der Energielücke zwischen Valenz- und Leitungsband. Für $T > 0$ °K steigt oder sinkt die FERMI-Grenzenergie ζ linear mit der Temperatur, je nachdem ob $m_n < m_p$ oder $m_n > m_p$ ist; für $m_n = m_p$ liegt ζ unabhängig von T in der Mitte der Energielücke (vgl. Fig. 139).

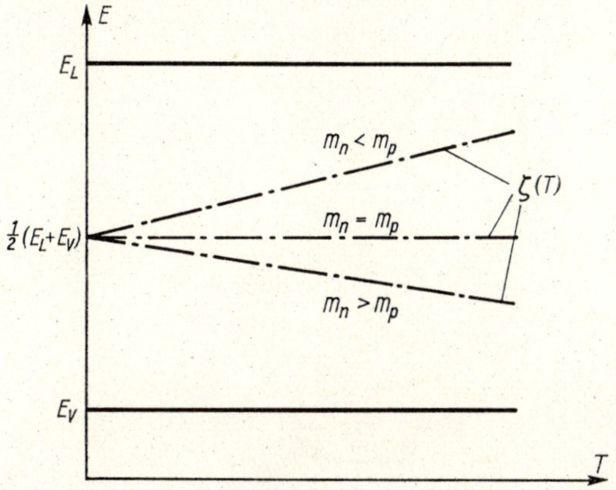

Fig. 139: Temperaturabhängigkeit der FERMI-Grenzenergie für einen nichtentarteten Idealhalbleiter (Die Temperaturabhängigkeit der Energielücke (vgl. Gl. G 57) bleibt hier unberücksichtigt.)

Aus der Kombination von Gl. G26 und G27 ergibt sich zusammen mit der Neutralitätsbedingung Gl. G9 unmittelbar die Temperaturabhängigkeit der Ladungsträgerkonzentrationen eines Idealhalbleiters. Es ist

$$n\,p = n_0\,p_0 \exp(\alpha+\beta). \tag{G32}$$

Einsetzen der Gl. G16, G19 und G20 liefert

$$n\,p = \frac{1}{16}\left(\frac{2\,k\,T}{\pi\,\hbar^2}\right)^3 (m_n\,m_p)^{\frac{3}{2}} \exp\left(-\frac{\Delta E_i}{k\,T}\right). \tag{G33}$$

Daraus folgt mit Gl. G9

$$n_i = \frac{1}{4}\left(\frac{2\,k\,T}{\pi\,\hbar^2}\right)^{\frac{3}{2}} (m_n\,m_p)^{\frac{3}{4}} \exp\left(-\frac{\Delta E_i}{2\,k\,T}\right). \tag{G34}$$

Diese Beziehung, die erstmals von H. A. WILSON hergeleitet wurde, gilt wiederum nur für Nichtentartung, d.h. wenn

$$n_i \ll n_0 \quad \text{und} \quad n_i \ll p_0. \tag{G35}$$

Die Ladungsträgerkonzentrationen nehmen in dieser Näherung stark mit der Temperatur zu, und zwar exponentiell mit abnehmender reziproker Temperatur. Die Darstellung $\ln(n_i/T^{3/2})$ in Funktion von $1/T$ liefert eine Gerade, deren Steigung proportional zur Breite ΔE_i der Energielücke ist. Für $T = 0$ °K ist die Ladungsträgerkonzentration gleich Null.

1. *Entartung der Ladungsträgerkonzentration*

Die Bedingungen für Nichtentartung (Gl. G35) werden nicht mehr erfüllt, wenn die Ladungsträgerkonzentration mit der effektiven Zustandsdichte vergleichbar wird oder diese übersteigt. Für $n \approx n_0$ bzw. $p \approx p_0$ ist nach Gl. G17 $\alpha \approx 0$ bzw. $\beta \approx 0$, d.h. die FERMI-Grenzenergie fällt fast mit dem unteren Leitungsbandrand bzw. mit dem oberen Valenzbandrand zusammen. Wir zeigen, dass für $\alpha = 0$ die Elektronenkonzentration ungefähr gleich der kritischen Konzentration ist, die durch Gl. E54 definiert ist. Mit $F_{\frac{1}{2}}(0) = 0{,}678 \approx 2/3$ (vgl. Tab. 21) folgt aus Gl. G17

$$n \approx \frac{4}{3\pi^{\frac{1}{2}}} n_0 . \tag{G36}$$

Der Vergleich mit Gl. E55 und Einsetzen von Gl. G19 liefert

$$n \approx n_{\text{krit}} = \frac{1}{3\pi^2}\left(\frac{2 m_n k T}{\hbar^2}\right)^{\frac{3}{2}} . \tag{G37}$$

Die Entartung wird also durch kleine effektive Massen begünstigt.

Speziell für einen Idealhalbleiter mit $\Delta E_i \gg kT$ folgt aus der Neutralitätsbedingung, dass Entartung für eine Ladungsträgerkonzentration nur dann auftritt, wenn die effektiven Massen m_n und m_p stark verschieden sind. Für $\alpha = 0$ ist nach Gl. G16

$$\beta = -\frac{\Delta E_i}{kT} \ll -1. \tag{G38}$$

Die Löcherkonzentration ist dann nach Gl. G27

$$p = p_0 \exp(\beta) \tag{G39}$$

Mit der Neutralitätsbedingung ergibt sich aus Gl. G36 und G39

$$n_0 \approx p_0 \exp(\beta). \tag{G40}$$

oder wegen Gl. G38

$$n_0 \ll p_0 . \tag{G41}$$

Einsetzen der Gl. G19 und G20 liefert

$$m_n \ll m_p . \tag{G42}$$

Während also für $\alpha = 0$ die Entartung der Elektronenkonzentration beginnt, ist die Löcherkonzentration weit unterhalb der Entartungskonzentration p_{krit}:

$$p_{\text{krit}} = \frac{4}{3\pi^{\frac{1}{2}}} p_0 \gg p_0 \exp(\beta) = p. \tag{G43}$$

Der Wert von α ist aufzufassen als ein Mass für die Entartung des Elektronengases:

$\alpha \ll 0$: Nichtentartung, d.h. ζ liegt unterhalb des unteren Leitungsbandrandes;
$\alpha \approx 0$: Beginnende Entartung, d.h. ζ liegt in der Umgebung des unteren Leitungsbandrandes;
$\alpha \gg 0$: Starke Entartung, d.h. ζ liegt im Leitungsband.

Analog bestimmt der Parameter β den Entartungsgrad des Löchergases.

Der Verlauf der Elektronenkonzentration in Funktion der Lage der FERMI-Grenzenergie (Gl. G17) ist in Fig. 140 dargestellt. Ferner sind die beiden Grenzfälle der Nichtentartung (Gl. G26) und der starken Entartung (Gl. E42) eingezeichnet. Die Darstellung gilt auch für die Löcherkonzentration p/p_0 in Funktion von β. Für Halbleiter ist im allgemeinen $\alpha < 0$ und $\beta < 0$, für Metalle ist $\alpha \approx 10^3$.

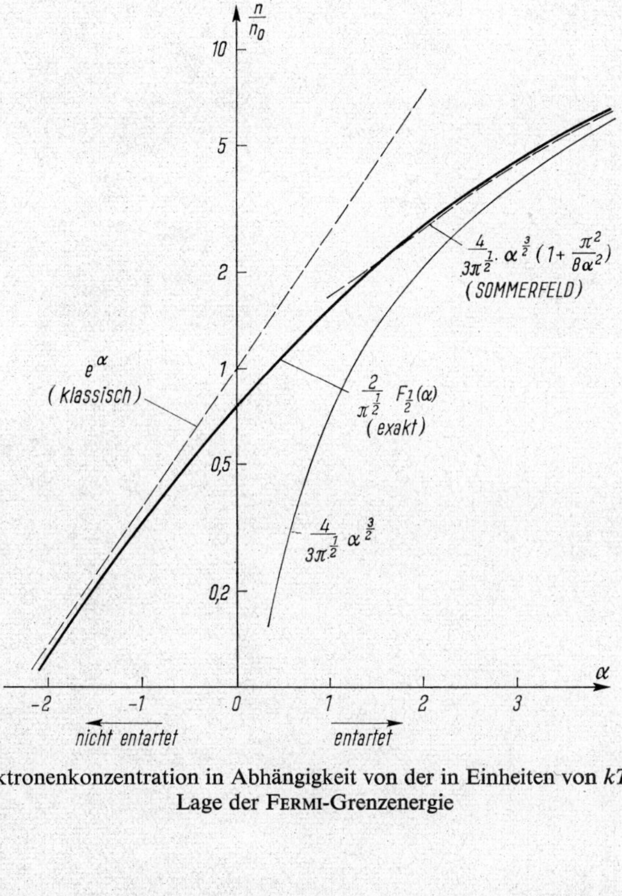

Fig. 140: Elektronenkonzentration in Abhängigkeit von der in Einheiten von kT gemessenen Lage der FERMI-Grenzenergie

Tabelle 21

FERMI-Integrale $F_n(\alpha) = \int\limits_0^\infty \frac{x^n\,dx}{\exp(x-\alpha)+1}$ für den Bereich $-4 < \alpha < 20$ (aus O. MADELUNG, *Halbleiter*, in *Handbuch der Physik*, Bd. 20 [Springer, Berlin 1957], S. 58).

α	$\frac{1}{1+e^{-\alpha}}$	$F_{-\frac{1}{2}}$	$\ln(1+e^\alpha)$	$F_{\frac{1}{2}}$	F_1	$F_{\frac{3}{2}}$	F_2	$F_{\frac{5}{2}}$
−4	0,1799 −1	0,3204 −1	0,1815 −1	0,16128 −1	0,0182 0	2,42685 −2	0,0366 0	6,07731 −2
−3	0,4743 −1	0,8526 −1	0,4859 −1	0,43366 −1	0,0492 0	6,56115 −2	0,0990 0	1,64742 −1
−2	1,1920 −1	2,1918 −1	1,2693 −1	1,14588 −1	0,1310 0	1,75800 −1	0,2662 0	4,44554 −1
−1	2,6894 −1	5,2114 −1	3,1326 −1	2,90501 −1	0,3387 0	4,60848 −1	0,7050 0	1,18597 0
0	5,0000 −1	1,0722 0	6,9315 −1	6,78094 −1	0,8225 0	1,15280 0	1,8030 0	3,08259 0
1	7,3106 −1	1,8204 0	1,3137 0	1,39638 0	1,8062 0	2,66168 0	4,3120 0	7,62653 0
2	8,8079 −1	2,5954 0	2,1270 0	2,50246 0	3,5135 0	5,53725 0	9,4450 0	1,75294 1
3	9,5257 −1	3,2852 0	3,0486 0	3,97699 0	6,0957 0	1,03537 1	1,8870 1	3,69321 1
4	9,8201 −1	3,8743 0	4,0182 0	5,77073 0	9,6267 0	1,76277 1	3,4592 1	7,13480 1
5	9,9331 −1	4,3832 0	5,0067 0	7,83797 0	1,4138 1	2,78024 1	5,8120 1	1,27489 2
6	9,9753 −1	4,8338 0	6,0025 0	1,01443 1	1,9642 1	4,12610 1	9,1744 1	2,13098 2
7	9,9909 −1	5,2416 0	7,0009 0	1,26646 1	2,6144 1	5,83422 1	1,3736 2	3,36814 2
8	9,9967 −1	5,6170 0	8,0003 0	1,53805 1	3,3645 1	7,93526 1	1,9699 2	5,08084 2
9	9,9988 −1	5,9674 0	9,0001 0	1,82776 1	4,2145 1	1,04574 2	2,7261 2	7,37087 2
10	9,9995 −1	6,2972 0	1,0000 1	2,13445 1	5,1645 1	1,34270 2	3,6623 2	1,03468 3
11	9,9998 −1	6,6096 0	1,1000 1	2,45718 1	6,2145 1	1,68688 2	4,7986 2	1,41237 3
12	9,9999 −1	6,9076 0	1,2000 1	2,79518 1	7,3645 1	2,08062 2	6,1548 2	1,88225 3
13	1,0000 0	7,1930 0	1,3000 1	3,14775 1	8,6145 1	2,52616 2	7,7510 2	2,45700 3
14	1,0000 0	7,4672 0	1,4000 1	3,51430 1	9,9645 1	3,02564 2	9,6072 2	3,14983 3
15	1,0000 0	7,7314 0	1,5000 1	3,89430 1	1,1415 2	3,58112 2	1,1743 3	3,97448 3
16	1,0000 0	7,9868 0	1,6000 1	4,28730 1	1,2965 2	4,19458 2	1,4180 3	4,94522 3
17	1,0000 0	8,2342 0	1,7000 1	4,69286 1	1,4615 2	4,86794 2	1,6936 3	6,07677 3
18	1,0000 0	8,4744 0	1,8000 1	5,11061 1	1,6365 2	5,60305 2	2,0032 3	7,38433 3
19	1,0000 0	8,7076 0	1,9000 1	5,54019 1	1,8215 2	6,40171 2	2,3488 3	8,88359 3
20	1,0000 0	8,9350 0	2,0000 1	5,98128 1	2,0165 2	7,26568 2	2,7325 3	1,05906 4

Die letzte (getrennt stehende) Ziffer jeder Zeile gibt den Exponenten der Zehnerpotenz an, mit der der betreffende Zahlenwert zu multiplizieren ist

Die FERMI-Integrale sind für $\alpha \gtrless 0$ tabelliert (vgl. Tab. 21). Für verschiedene Wertebereiche von α gelten die folgenden Näherungen:

1) $\alpha \leqslant 0$ (nach J. MCDOUGALL und E. C. STONER):

$$F_{\frac{1}{2}}(\alpha) \approx \frac{\pi^{\frac{1}{2}}}{2} \exp(\alpha) \sum_{n=0}^{\infty} (-1)^n \frac{\exp(n\alpha)}{(n+1)^{\frac{3}{2}}}. \tag{G44}$$

2) $\alpha \leqslant 2$ (nach G. BUSCH und H. LABHART):

$$F_{\frac{1}{2}}(\alpha) \approx \frac{\pi^{\frac{1}{2}}}{2} \exp(\alpha)\,[1 + a\exp(\alpha) - b\exp(2\alpha)]^{-1} \tag{G45}$$

mit $a = 0{,}3694$; $b = 0{,}02796$.

3) $\alpha \gg 1$ (nach A. SOMMERFELD, vgl. Gl. E41):

$$F_{\frac{1}{2}}(\alpha) \approx \frac{2}{3}\alpha^{\frac{3}{2}}\left(1 + \frac{\pi^2}{8}\frac{1}{\alpha^2} + \dots\right). \tag{G46}$$

Ob und bei welchen Temperaturen das Ladungsträgergas eines Halbleiters entartet, hängt davon ab, wie gross die effektive Masse der Ladungsträger ist und wie die Ladungsträgerkonzentration mit der Temperatur variiert. Sowohl für Ideal- als auch für Realhalbleiter (s. S. 296 ff.) nimmt bei tiefen Temperaturen die Ladungsträgerkonzentration in der Regel nach einem Exponentialgesetz stark mit der Temperatur ab (vgl. Gl. G 34 bzw. G 92). Diese Abnahme ist stärker als die Abnahme der kritischen Konzentration nach einem $T^{3/2}$-Gesetz (Gl. G37). Die Entartung eines Halbleiters verschwindet darum für hinreichend tiefe Temperaturen (vgl. Fig. 141). Ebenso kann die Entartung auch bei hinreichend hohen Temperaturen verschwinden, wenn die Ladungsträgerkonzentration einem konstanten Grenzwert zustrebt. Im Idealhalbleiter wäre ein solcher Grenzwert durch die Konzentration der Atome gegeben und würde erst oberhalb der Schmelztemperatur erreicht. Im Realhalbleiter jedoch ist eine Sättigung der Ladungsträgerkonzentration infolge Störstellenerschöpfung (s. S. 306) möglich, so dass eine bestehende Entartung bei höheren

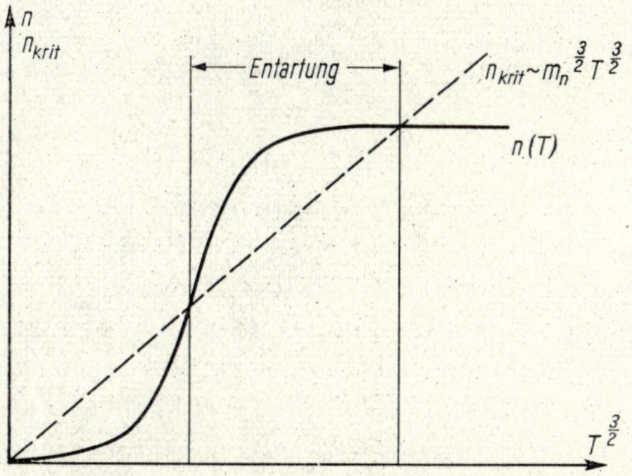

Fig. 141: Temperaturabhängigkeit der Elektronenkonzentration und der kritischen Konzentration; Entartung der Elektronenkonzentration für $n \geqq n_{krit}$

Temperaturen wieder verschwinden kann. Man hat also in Halbleitern Entartung weniger für sehr tiefe oder sehr hohe Temperaturen, sondern eher für mittlere Temperaturen zu erwarten. Fig. 141 zeigt, dass der Temperaturbereich der Entartung sowohl von der effektiven Masse der betreffenden Ladungsträger (→ Steigung der Geraden $n_{krit} \sim T^{3/2}$) als auch von der Temperaturabhängigkeit der Ladungsträgerkonzentration $n(T)$ abhängt. Für einen gegebenen Halbleiter tritt Entartung eines Ladungsträgergases nur dann auf, wenn sich die entsprechenden Kurven $n(T)$ und $n_{krit}(T)$ schneiden.

2. *Experimenteller Nachweis für die Temperaturabhängigkeit der Ladungsträgerkonzentration (Elektrische Leitfähigkeit des Idealhalbleiters)*

Einer der charakteristischen Unterschiede zwischen Halbleiter und Metall äussert sich in der Temperaturabhängigkeit der Ladungsträgerkonzentration (vgl. Gl. E42 und G34) und der damit verbundenen elektrischen Leitfähigkeit. Die Stromdichte j in einem Halbleiter setzt sich zusammen aus der Stromdichte j_n der Elektronen und der Stromdichte j_p der Löcher. Die Stromdichten sind gegeben durch Ladung, Konzentration und Geschwindigkeit der Ladungsträger. Man hat also

$$j = j_n + j_p = |e\bar{v}_{Dn}|\,n + |e\bar{v}_{Dp}|\,p. \qquad \text{(G47)}$$

$\bar{v}_{Dn}, \bar{v}_{Dp}$ mittlere Driftgeschwindigkeit der Elektronen bzw. der Löcher

Für isotrope Kristalle und hinreichend kleine elektrische Feldstärken F gilt

$$\bar{v}_{Dn} = b_n F \quad \text{bzw.} \quad \bar{v}_{Dp} = b_p F. \qquad \text{(G48)}$$

b_n, b_p Beweglichkeit der Elektronen bzw. der Löcher

Die Driftgeschwindigkeit ist eine über die Zeit und alle Elektronen bzw. Löcher gemittelte Geschwindigkeit. Sie hat, ebenso wie die Beweglichkeit (vgl. S. 370), für Elektronen und Löcher verschiedenes Vorzeichen. Die Kombination von Gl. G 47 und G 48 liefert die elektrische Leitfähigkeit

$$\sigma = |eb_n|\,n + |eb_p|\,p. \qquad \text{(G49)}$$

Hiermit erhält man für einen Idealhalbleiter mit $n = p = n_i$:

$$\sigma_i = (|eb_n| + |eb_p|)\,n_i. \qquad \text{(G50)}$$

Aus der Messung von $\sigma_i(T)$ erhält man Aufschluss über $n_i(T)$, falls man die Temperaturabhängigkeit der Beweglichkeiten b_n und b_p kennt. Diese Abhängigkeit lässt sich qualitativ folgendermassen abschätzen. Die Beweglichkeit ist ein Mass für die ‹Reibung›, die die Ladungsträger bei der Bewegung durch den Kristall erfahren. Ursache für die ‹Reibung› sind die Wechselwirkungen der Ladungsträger mit Störstellen, Phononen oder sonstigen Störungen der strengen Periodizität des Kristalls (vgl. S. 396 ff.). Die Beweglichkeit ist proportional zur mittleren freien Flugzeit τ, während der sich ein Ladungsträger ohne Zusammenstoss bewegt. Diese ist umgekehrt proportional zur thermischen Geschwindigkeit des Ladungsträgers und zur Stosswahrscheinlichkeit,

$$b_{n,p} \sim \tau \sim \frac{1}{v} \frac{1}{W_{\text{Stoss}}}. \tag{G51}$$

Betrachtet man nur die Wechselwirkungen zwischen einem nichtentarteten Ladungsträgergas und den Phononen, so ergeben sich die folgenden Temperaturabhängigkeiten der thermischen Geschwindigkeit und der Stosswahrscheinlichkeit. Aufgrund der MAXWELL–BOLTZMANN-Statistik ist

$$\frac{m}{2} v^2 = \frac{3}{2} k T \tag{G52}$$

oder

$$v \sim T^{\frac{1}{2}}. \tag{G53}$$

Die Stosswahrscheinlichkeit ist proportional zum Amplitudenquadrat der Gitterschwingungen. Dieses ist proportional zur Schwingungsenergie U_s und damit für $T > \Theta_{\text{DEBYE}}$ proportional zur Temperatur (vgl. Gl. C67),

$$W_{\text{Stoss}} \sim T. \tag{G54}$$

Mit den Proportionalitäten (Gl. G53 und G54) folgt aus Gl. G51

$$b_{n,p} \sim T^{-\frac{3}{2}}. \tag{G55}$$

Die Kombination von Gl. G34, G50 und G55 ergibt die Temperaturabhängigkeit der elektrischen Leitfähigkeit eines nichtentarteten Idealhalbleiters

$$\sigma_i = \text{const.} \exp\left(-\frac{\Delta E_i}{2kT}\right). \tag{G56}$$

Berücksichtigt man noch eine Temperaturabhängigkeit der Energielücke

$$\Delta E_i = \Delta E_{i0} - \gamma T, \tag{G57}$$

so wird die Konstante in Gl. G56 mit dem Faktor $\exp(-\gamma/2k)$ multipliziert, und man erhält

$$\sigma_i = \text{const.} \exp\left(-\frac{\Delta E_{i0}}{2kT}\right). \tag{G58}$$

Für hinreichend hohe Temperaturen wird diese Beziehung experimentell gut bestätigt; die Messwerte $\sigma_i(T)$ liegen in der Darstellung $\ln \sigma_i$ in Funktion von $1/T$ auf einer Geraden, deren Steigung die auf $T = 0$ °K extrapolierte Breite ΔE_{i0} der Energielücke liefert (vgl. Fig. 142). Diese Gerade ist charakteristisch für die Substanz. Je nach der Reinheit und der Vorgeschichte der Substanz weichen die Messergebnisse unterhalb gewisser Temperaturen stark von der Geraden ab, d.h. die elektrische Leitfähigkeit bleibt bis zu vielen Grössenordnungen grösser als die durch Gl. G58 bestimmten Werte. Der Temperaturbereich, für den Gl. G58 erfüllt wird, ist der Bereich der Eigenleitung. Hieran schliesst sich für tiefere Temperaturen der Bereich der Störleitung an. Im Störleitungs-

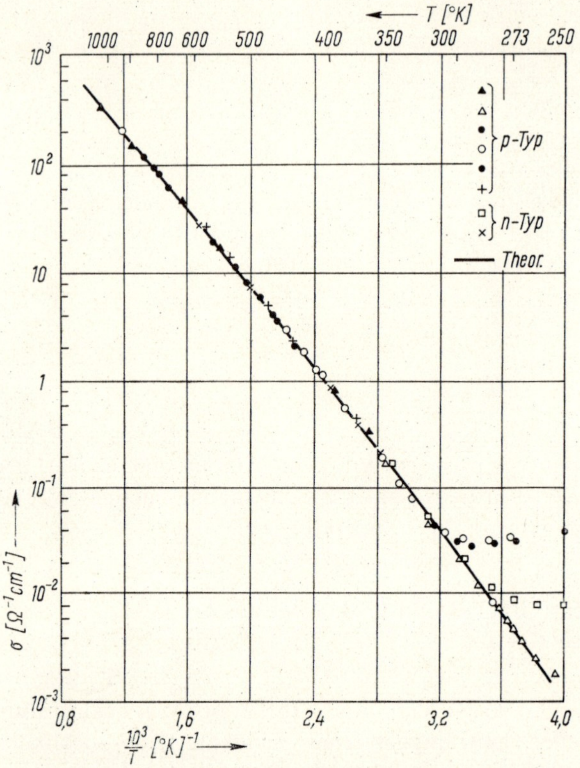

Fig. 142: Temperaturabhängigkeit der elektrischen Leitfähigkeit von Germanium (nach F. J. MORIN und J. P. MAITA, Phys. Rev. *94*, 1525 (1954))

bereich sind die elektrischen Eigenschaften der Halbleiter struktursensitiv (vgl. S. 139), d.h. durch die jeweiligen Unvollkommenheiten der Kristallstruktur bedingt.

Die Unterteilung in Ideal- und Realhalbleiter (bzw. Eigen- und Störstellenhalbleiter) bezieht sich nicht auf Substanzen, sondern auf die Unvollkommenheiten und auf den davon abhängigen Leitungsmechanismus in einem gegebenen Halbleiterkristall. Grundsätzlich sind immer beide Leitungsmechanismen gleichzeitig vorhanden, die Unterscheidung bedeutet lediglich, dass einer den andern stark überwiegt.

III. Realhalbleiter

Die allgemeine Ursache für die Störleitung ist die Fehlordnung (vgl. S. 117 ff.). Für Halbleiter mit vorwiegend kovalentem Bindungscharakter (s. u.) ist hauptsächlich der Verunreinigungsgrad und damit die chemische Fehlordnung von Bedeutung. Auf den geringeren Einfluss der strukturellen Fehlordnung werden wir nicht weiter eingehen.

Die Wirkung der Verunreinigungen ist am klarsten aus einem atomistischen Bild des Halbleiters ersichtlich. Bisher haben wir die Halbleiter nur durch die Besetzung der Energiebänderstruktur charakterisiert. Die Bänderstruktur ist jedoch eine Folge der Form des periodischen Potentials und der Bindungsart im Kristall. Daher findet man eine gewisse Korrelation zwischen Bindungstyp und Festkörpereigenschaften. Die Trennung zwischen den einzelnen Bindungstypen und den damit verbundenen Festkörpereigenschaften ist jedoch keineswegs scharf.

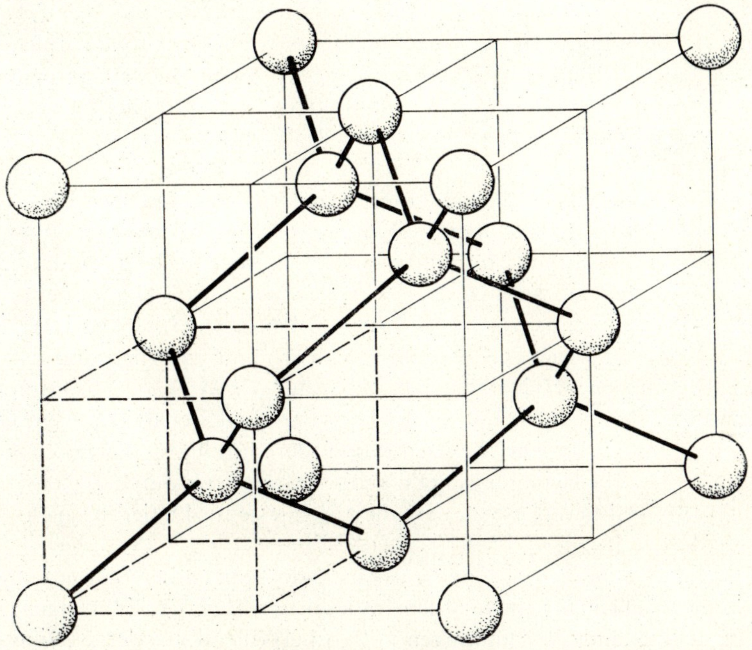

Fig. 143: Diamant-Struktur

Viele Halbleiter sind durch vorwiegend kovalente Bindung gekennzeichnet. Die kovalente Bindung wird durch ein Elektronenpaar mit antiparallelem Spin (sog. Elektronenpaarbindung) gebildet. Die mittlere Zahl der Valenzelektronen entspricht der Zahl der nächsten Nachbarn (Koordinationszahl). Typische Vertreter dieses Bindungstyps sind die Elemente der IV. Gruppe des periodischen Systems (C (Diamant), Si, Ge, α-Sn), von denen Silizium und Germanium die bekanntesten Halbleiter sind. All diese Elemente kristallisieren in der Diamant-Struktur (vgl. Fig. 143): jedes Atom ist tetraedrisch von 4 nächsten Nachbarn umgeben. Die Elektronenpaare befinden sich jeweils etwa auf der Mitte der Verbindungslinie zwischen zwei Atomen.

Halbleitereigenschaften zeigen ebenso die isoelektronischen Verbindungen, die aus Atomen der III. und V., der II. und VI. oder der I. und VII. Gruppe des periodischen Systems aufgebaut sind. Beispiele sind InSb, ZnSe, CuJ. In diesen Verbindungen liefern wegen der unterschiedlichen Elektronegativität der Elemente Coulomb-Kräfte einen Beitrag zur Bindung. Die Bindung ist daher nicht mehr rein kovalent, sondern hat einen ionogenen Anteil. Der Schwerpunkt des Elektronenpaars ist in Richtung Anion aus der Mitte der Verbindungslinie verschoben.

In einem idealen Halbleiterkristall können lediglich die Valenzelektronen für die elektrischen Eigenschaften massgebend sein. Für hinreichend tiefe Temperaturen sind alle Valenzelektronen an den Bindungen beteiligt und stehen nicht für einen Leitungsvorgang zur Verfügung. Dieser Zustand entspricht dem vollständig besetzten Valenzband. Durch äussere Energiezufuhr (Temperaturerhöhung, Einstrahlung elektromagnetischer Energie) können Valenzelektronen aus Bindungen befreit werden. Dieser Vorgang entspricht der Anregung von Elektronen aus dem Valenz- ins Leitungsband; die erforderliche Energie zum Lösen einer Bindung ist gleich der Breite der Energielücke.

Die chemische Fehlordnung entsteht durch Einbau von Fremdatomen auf Gitterplätzen oder Zwischengitterplätzen (vgl. S. 150 ff.). Die Art des Einbaus richtet sich nach dem Verhältnis der Ionenradien von Wirts- und Fremdatom und bestimmt zusammen mit der Wertigkeit der Fremdatome den Mechanismus der Störleitung. Die Wirkung der Störstellen besteht in der Abgabe oder Aufnahme von Elektronen, wobei die hierzu benötigte Energie kleiner als die Energielücke zwischen Valenz- und Leitungsband ist. Sehr viele Anwendungen der Halbleiter basieren auf der Wirkung von Störstellen. Daher werden Halbleiter zur Erzielung gewisser Eigenschaften mit geeigneten Störatomen ‹dotiert›. Die Konzentration der zufälligen Verunreinigungen wird durch spezielle Reinigungsmethoden (beispielsweise durch Zonenschmelzverfahren) so weit herabgesetzt, dass die anschliessende Dotierung nicht beeinflusst wird.

Wir betrachten im folgenden das Zustandekommen der Störleitung durch Substitutionsstellen in einem Elementhalbleiter. Die Ausführungen gelten auch für halbleitende Verbindungen mit vorherrschend kovalenter Bindung.

Als typisches Beispiel wählen wir die Verunreinigungen mit Phosphor oder Bor in Silizium. Das Phosphoratom hat 5 Valenzelektronen, von denen 4 an den Elektronenpaarbindungen mit den 4 Nachbaratomen teilnehmen und dadurch 4 positive Ladungen des Phosphorrumpfes kompensieren. Das 5. Hüllenelektron des Phosphors unterliegt nur noch der COULOMB-Anziehung durch die unabgesättigte Ladung des Phosphorrumpfes. Die Ablösearbeit dieses Elektrons, die zur Anregung ins Leitungsband aufzubringen ist, lässt sich nach H. A. BETHE und N. F. MOTT unter Verwendung des Wasserstoffmodells leicht abschätzen. Der einfach positiv geladene Phosphorrumpf und das 5. Hüllenelektron sind aufzufassen als H-Atom. Die Energiezustände des H-Atoms im Vakuum sind nach der elementaren BOHRschen Theorie gegeben durch

$$E_n = -\frac{1}{2} \frac{e^4 m}{(4\pi \varepsilon_0 \hbar)^2} \frac{1}{n^2} \approx -\frac{13{,}6}{n^2} \text{ [eV]}. \qquad \text{(G59)}$$

ε_0 Influenzkonstante
m Ruhemasse des Elektrons
n ganze Zahl

Hieraus folgen die Energiezustände des Störatoms im Kristall, wenn man anstelle des Vakuums ein polarisierbares Medium der Dielektrizitätskonstante ε berücksichtigt und die Ruhemasse m durch die gemittelte effektive Masse m_n ersetzt. Damit geht Gl. G 59 über in

$$E_{n,\varepsilon} = -\frac{1}{2}\,\frac{e^4 m}{(4\pi\,\varepsilon_0\,\hbar)^2}\,\frac{m_n}{m\,\varepsilon^2}\,\frac{1}{n^2} \approx -\frac{13{,}6}{n^2}\,\frac{m_n}{m}\,\frac{1}{\varepsilon^2}\,[\mathrm{eV}]. \qquad (\mathrm{G}\,60)$$

Die Energieniveaus der Störstelle liegen also um den Faktor $m_n/m\varepsilon^2$ dichter als im Fall des freien H-Atoms. Dementsprechend ist die Abtrennarbeit des Elektrons vom Phosphorrumpf viel kleiner als die Ionisationsenergie des freien H-Atoms. Die Abtrennarbeit ΔE_D ist gegeben durch

$$\Delta E_D = E_{\infty,\varepsilon} - E_{1,\varepsilon} = \frac{1}{2}\,\frac{e^4 m}{(4\pi\,\varepsilon_0\,\hbar)^2}\,\frac{m_n}{m}\,\frac{1}{\varepsilon^2} \approx 13{,}6\,\frac{m_n}{m}\,\frac{1}{\varepsilon^2}\,[\mathrm{eV}]. \qquad (\mathrm{G}\,61)$$

Dieser Energiebetrag hat die Grössenordnung von 10^{-2} eV (vgl. Tab. 22) und

Tabelle 22

Typische Daten für Halbleiter (nach R. A. SMITH, *Semiconductors* [Cambridge University Press, London 1961], S. 346, 347, 350; und O. MADELUNG, *Halbleiter*, in *Handbuch der Physik*, Bd. 20, Teil 2 [Springer, Berlin 1957], S. 21, 233).

	Energielücke	Statische Dielektrizitätskonstante	Gitterkonstante	Effektive Massen[1]		Aktivierungsenergien für			
						Donatoren		Akzeptoren	
	ΔE_{i0} [eV]	ε	a [Å]	$\frac{m_n}{m}$	$\frac{m_p}{m}$	ΔE_D [eV]		ΔE_A [eV]	
Si	1,21	11,8	5,43	0,33	0,55	P	0,044	B	0,045
						As	0,049	Al	0,057
						Sb	0,039	Ga	0,065
						Li	0,033	In	0,16
Ge	0,78	15,6	5,66	0,22	0,39	P	0,012	B	0,010
						As	0,013	Al	0,010
						Sb	0,010	Ga	0,011
						Li	0,009	In	0,011

[1] Die Werte für m_n und m_p werden durch jene für die Zustandsdichte-Massen approximiert

ist vergleichbar mit der thermischen Energie kT eines Phonons bei Zimmertemperatur. Das 5. Hüllenelektron ist also nur sehr locker an den Phosphorrumpf gebunden und wird durch geringe Energiezufuhr (beispielweise durch Wechselwirkung mit einem Phonon) ins Leitungsband angeregt. Man bezeichnet Störstellen, die Leitungselektronen zur Verfügung stellen, als Donatoren.

Die Annahme der makroskopischen Dielektrizitätskonstante ε in einem atomistischen Modell ist gerechtfertigt, da der Radius $r_{1,\varepsilon}$ der 1. BOHRschen

Bahn in einem polarisierbaren Medium viel grösser als die Gitterkonstante a ist. Man hat

$$r_{1,\varepsilon} = \frac{4\pi\,\varepsilon_0\,\hbar^2}{m\,e^2}\,\frac{m}{m_n}\,\varepsilon \approx 0{,}53\,\frac{m}{m_n}\,\varepsilon\ [\text{Å}]. \tag{G62}$$

Innerhalb der Ladungswolke des 5. Hüllenelektrons liegt ein Kristallvolumen von der Grössenordnung $\frac{4\pi}{3}\,r_{1,\varepsilon}^3$. Dieses Volumen enthält $\left(\frac{8}{a^3}\right)\left(\frac{4\pi}{3}\,r_{1,\varepsilon}^3\right)$ Atome, d.h. nach Tabelle 22 grössenordnungsmässig 10^3 Atome (die Elementarzelle der Diamantstruktur enthält 8 Atome, vgl. Tab. 2). Ein solches Kristallvolumen darf näherungsweise als makroskopisch angesehen werden.

Beim Einbau von 3-wertigem Bor ins Siliziumgitter bleibt eine der 4 Elektronenpaarbindungen unvollständig. Die neutrale Störstelle kann aufgefasst werden als negatives Ion, das ein Defektelektron (ein positiv geladenes Loch) durch COULOMB-Anziehung bindet. Analog zum Fall der 5-wertigen Störstelle ist das Loch aber nicht in unmittelbarer Umgebung der Störstelle, etwa in der unvollständigen Bindung zwischen Störstelle und Nachbaratom, lokalisiert. Diese Lücke wird durch ein Valenzelektron aus einer Nachbarbindung aufgefüllt, wodurch das Loch in der ursprünglich vollständigen Nachbarbindung entsteht. Durch geringe Energiezufuhr ΔE_A wird das Loch aus dem Anziehungsbereich des negativ geladenen Ions entfernt, d.h. es wird damit ‹frei› beweglich. Die Abtrennarbeit des Lochs ist analog zu Gl. G61 gegeben durch

$$\Delta E_A = \frac{1}{2}\,\frac{e^4\,m}{(4\pi\,\varepsilon_0\,\hbar)^2}\,\frac{m_p}{m}\,\frac{1}{\varepsilon^2} \approx 13{,}6\,\frac{m_p}{m}\,\frac{1}{\varepsilon^2}\ [\text{eV}]. \tag{G63}$$

Diese Energie unterscheidet sich von ΔE_D nur durch die gemittelte effektive Masse m_p, die dem Betrag nach einem Elektron vom oberen Valenzbandrand zuzuordnen ist.

Der Einfluss einer 3-wertigen Störstelle auf die Halbleitereigenschaften besteht also in der Aufnahme eines Valenzelektrons unter geringer Energiezufuhr, was gleichbedeutend ist mit der Anregung eines Lochs ins Valenzband. Allgemein bezeichnet man Störstellen, die Valenzelektronen aufnehmen, als Akzeptoren.

Aufgrund der Abschätzung mit dem Wasserstoffmodell sind die Ionisationsenergien ΔE_D bzw. ΔE_A unabhängig von der Art der Fremdatome. In Wirklichkeit gibt es jedoch verschiedene Arten von Donatoren und Akzeptoren, die durch verschiedene Störatome sowie auch durch strukturelle Fehlordnung verursacht werden und deren Ionisationsenergien charakteristische Werte haben (vgl. Tab. 22).

1. *Bänderschema*

Störstellen können Leitungselektronen oder Löcher liefern. Die dazu erforderlichen Energien sind im allgemeinen viel kleiner als die Energielücke zwischen Valenz- und Leitungsband. Im Energiespektrum der Elektronen müssen daher Niveaus, sog. Störterme, im Bereich der Energielücke liegen, die durch die Störstellen verursacht sind. Man kann dies in einfachen Fällen streng zeigen, wenn man anstelle des exakt periodischen Potentials $V(\vec{r})$ ein gestörtes Potential in die SCHRÖDINGER-Gleichung einsetzt und die entsprechenden Eigenwerte bestimmt.

Die Anwesenheit von Störstellen führt zu einer Erweiterung in der Darstellung des Energiespektrums durch eine Ortskoordinate. Anstelle der Energieskala (vgl. Fig. 99) tritt das sog. Bänderschema $E(\vec{r})$ (vgl. Fig. 144), das

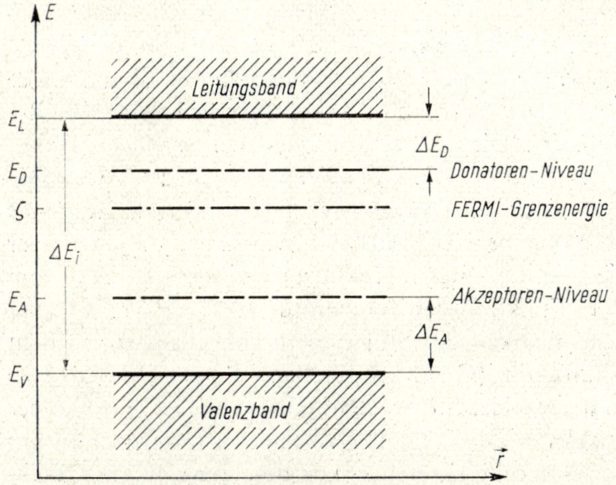

Fig. 144: Bänderschema eines Realhalbleiters

nicht mit der Bänderstruktur $E_n(\vec{k})$ zu verwechseln ist. Innerhalb eines Idealhalbleiters sind die Elektronen nirgends lokalisiert. Ihre Energie ist also unabhängig vom Ort, d.h. die Energiebänder verlaufen horizontal. In einem Realhalbleiter dagegen können Ladungsträger an Störstellen gebunden sein. Die durch Störstellen verursachten Störterme liegen in der Energielücke, und ihre räumliche Lage wird durch den Ort der Störstelle angedeutet.

Das Bänderschema ist ein nützliches Hilfsmittel zur Veranschaulichung der Energieverhältnisse in einem Kristall, speziell bei der Behandlung von Kontaktphänomenen (vgl. S. 313 ff.).

Die Störterme sind lokalisierte, diskrete Niveaus für nicht allzu hohe Störstellenkonzentrationen. Oberhalb einer kritischen Konzentration spalten die Störterme auf in sog. Störbänder. Die Ursache hierfür ist die Überlappung der Elektronen- bzw. Löcherwolken benachbarter, neutraler Störatome. Die kritische Konzentration N_{krit} wird erreicht, wenn sich die Wellenfunktionen, die den Grundzuständen der Störstellen entsprechen, berühren. Eine grobe Abschätzung für N_{krit} ergibt sich für wasserstoffähnliche Störstellen aus der Bedingung, dass der Abstand der Störstellen gleich dem doppelten BOHRschen Radius ist:

$$N_{\text{krit}} \approx \frac{1}{(2\,r_{1,\varepsilon})^3}\,. \qquad \text{(G64)}$$

Mit Gl. G62 erhält man – je nach den Werten von m_n/m und ε – für N_{krit}

grössenordnungsmässig 10^{18} bis 10^{20} cm^{-3}. Im folgenden werden die Donatoren- und Akzeptorenkonzentrationen N_D und N_A stets unterhalb der kritischen Konzentration angenommen:

$$N_D \ll N_{\text{krit}}, \qquad N_A \ll N_{\text{krit}}. \tag{G65}$$

2. *Ladungsträgerkonzentration des Realhalbleiters*

Der Realhalbleiter sei durch das in Fig. 144 dargestellte Bänderschema charakterisiert. Er enthalte pro Volumeneinheit N_D Donatoren und N_A Akzeptoren. Die damit verbundenen Störterme haben die Energie E_D bzw. E_A und liegen um den Betrag ΔE_D bzw. ΔE_A unterhalb des unteren Leitungsbandrandes bzw. oberhalb des oberen Valenzbandrandes. Die Störstellen seien bei der Temperatur T teilweise ionisiert. Die Konzentrationen der *neutralen* Donatoren und Akzeptoren seien n_D und n_A. Die Donatoren seien neutral, wenn sie mit einem Elektron besetzt sind; die Akzeptoren seien neutral, wenn sie unbesetzt, d.h. mit einem Loch besetzt sind. Wir berechnen die Lage der FERMI-Grenzenergie sowie die Ladungsträgerkonzentrationen n und p im Leitungs- und Valenzband in Funktion der Temperatur T.

Die Besetzungswahrscheinlichkeit der Störterme ist im allgemeinen nicht durch die FERMI–DIRAC-Funktion (Gl. E16) gegeben, sondern durch eine ähnliche Funktion, die von der Art des Störstellenmodells abhängt. Im Fall des behandelten Störstellenmodells (vgl. S. 298 ff.) ist jeder Störterm nur mit 1 Elektron beliebiger Spinorientierung besetzbar. Die Besetzung durch 2 Elektronen mit antiparallelem Spin ist aus elektrostatischen Gründen nicht möglich, da es sich um lokalisierte Energiezustände handelt. Die Besetzungswahrscheinlichkeit für die Donatorenterme, d. h. der Bruchteil neutraler Donatoren, ist

$$\frac{n_D}{N_D} = F_D(E_D) = \frac{1}{\frac{1}{2}\exp\left(\frac{E_D-\zeta}{kT}\right)+1}. \tag{G66}$$

Daraus folgt für den Bruchteil ionisierter Donatoren:

$$\frac{N_D-n_D}{N_D} = 1-F_D(E_D) = \frac{1}{2\exp\left(\frac{\zeta-E_D}{kT}\right)+1}. \tag{G67}$$

Die Besetzungswahrscheinlichkeit für die Akzeptorenterme, d.h. der Bruchteil ionisierter Akzeptoren, ist

$$\frac{N_A-n_A}{N_A} = F_A(E_A) = \frac{1}{2\exp\left(\frac{E_A-\zeta}{kT}\right)+1}. \tag{G68}$$

Die Besetzungswahrscheinlichkeiten sind also bis auf die Faktoren $\frac{1}{2}$ bzw. 2 identisch mit der FERMI–DIRAC-Funktion.

Die gesuchten Ladungsträgerkonzentrationen n und p sowie die Besetzung der Störstellen (d.h. n_D und n_A) sind bestimmt durch die Lage der

FERMI-Grenzenergie ζ, die wiederum aus der Neutralitätsbedingung für den Halbleiter folgt. Die Neutralität verlangt

$$n+(N_A-n_A) = p+(N_D-n_D)$$

oder (G 69)

$$n-(N_D-n_D) = p-(N_A-n_A).$$

Die Ladungsträgerkonzentrationen n und p ergeben sich analog zu Gl. G 2 und G 6 durch Integration über das Leitungs- bzw. Valenzband

$$n = 2\int_{E_L}^{\infty} D_n(E)\,F(E)\,dE, \qquad \text{(G 70)}$$

$$p = 2\int_{-\infty}^{E_V} D_p(E)\,[1-F(E)]\,dE. \qquad \text{(G 71)}$$

Einsetzen dieser Beziehungen und der Gl. G 67 und G 68 in die Neutralitätsbedingung liefert die grundlegende Bestimmungsgleichung für die FERMI-Grenzenergie ζ im thermodynamischen Gleichgewicht:

$$2\int_{E_L}^{\infty} D_n(E)F(E)\,dE + N_A F_A(E_A) = 2\int_{-\infty}^{E_V} D_p(E)\,[1-F(E)]\,dE + N_D[1-F_D(E_D)]. \qquad \text{(G 72)}$$

Diese Gleichung gilt für einen Halbleiter mit nur 2 Arten von Störstellen, d.h. mit Störtermen bei 2 verschiedenen Energiewerten. Sie ist jedoch im allgemeinen nicht analytisch lösbar. Wir beschränken uns daher auf die Lösung unter vereinfachenden Annahmen, d.h. auf die Lösung für bestimmte Halbleitertypen.

IV. Halbleitertypen

Je nach den Störstellenkonzentrationen N_D und N_A unterscheidet man die folgenden Halbleitertypen mit den entsprechenden Leitungsmechanismen:

1) *i*-Typ (‹*i*› bedeutet Idealhalbleiter bzw. ‹*i*ntrinsic semiconductor›) mit Eigenleitung,

$$N_D = N_A = 0 \rightarrow n = p = n_i.$$

2) *n*-Typ (‹*n*› bedeutet, dass die Ladungsträger überwiegend *n*egative Leitungselektronen sind) mit Überschussleitung,

$$N_D \neq 0; \quad N_A = 0 \rightarrow n \gg p.$$

3) *p*-Typ (‹*p*› bedeutet, dass die Ladungsträger überwiegend *p*ositive Löcher sind) mit Defektleitung,

$$N_A \neq 0; \quad N_D = 0 \rightarrow p \gg n.$$

4) *k*-Typ (‹*k*› bedeutet, dass sich die Wirkung von Donatoren und Akzeptoren teilweise *k*ompensiert) mit gemischter Leitung,

$$N_D \neq 0; \quad N_A \neq 0 \rightarrow n \gtrless p.$$

Die ersten drei Typen sind strenggenommen nicht realisierbar. Mit höheren Temperaturen werden für alle Störstellenhalbleitertypen die Eigenschaften des *i*-Typs wahrscheinlich (vgl. S. 295).

Vielfach ist auch die folgende Definition der Störstellenhalbleiter üblich:

2a) *n*-Typ mit $N_D > N_A$ und $n > p$,

3a) *p*-Typ mit $N_A > N_D$ und $p > n$,

4a) *k*-Typ mit $N_D \approx N_A \neq 0$ und $n \approx p$.

1. *n-Typ-Halbleiter*

Zur Auswertung der Neutralitätsbedingung Gl. G69 werden folgende Annahmen gemacht:

$$N_D \neq 0; \quad N_A = 0, \tag{G73}$$

$$\Delta E_i \gg \Delta E_D, \tag{G74}$$

$$n \gg p. \tag{G75}$$

Die Energielücke zwischen Valenz- und Leitungsband sei so gross und die Temperatur so tief, dass man wegen des steilen Abfalls der FERMI–DIRAC-Funktion die Löcherkonzentration vernachlässigen darf (vgl. Fig. 145). Man braucht also die tiefer liegenden Energiebänder, einschliesslich des Valenz-

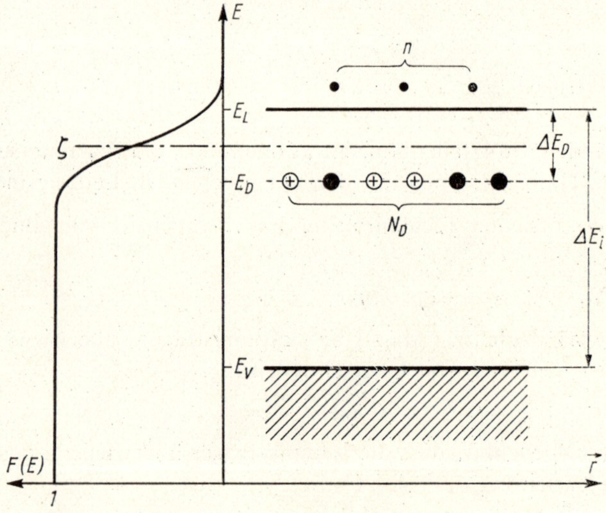

Fig. 145: Bänderschema eines *n*-Typ-Halbleiters

bandes, nicht zu betrachten. Die Neutralitätsbedingung geht unter diesen Annahmen über in

$$n = N_D - n_D \tag{G76}$$

oder mit Gl. G72

$$2\int_{E_L}^{\infty} D_n(E)\,F(E)\,dE = N_D[1 - F_D(E_D)]. \tag{G77}$$

Einsetzen von Gl. G 10 und G 67 liefert

$$\frac{1}{2\pi^2}\left(\frac{2m_n}{\hbar^2}\right)^{\frac{3}{2}} \int_{E_L}^{\infty} \frac{(E-E_L)^{\frac{1}{2}}\,dE}{\exp\left(\frac{E-\zeta}{kT}\right)+1} = \frac{N_D}{2\exp\left(\frac{\zeta-E_D}{kT}\right)+1}. \tag{G78}$$

Mit den Substitutionen (vgl. S. 287)

$$\frac{E-E_L}{kT} = x, \qquad \frac{E_L-E_D}{kT} = \frac{\Delta E_D}{kT} = \delta, \tag{G79}$$

$$\frac{\zeta-E_L}{kT} = \alpha, \qquad \frac{\zeta-E_D}{kT} = \alpha+\delta \tag{G80}$$

erhält man für Gl. G78

$$n = \frac{1}{2\pi^2}\left(\frac{2m_n kT}{\hbar^2}\right)^{\frac{3}{2}} F_{\frac{1}{2}}(\alpha) = \frac{N_D}{2\exp(\alpha+\delta)+1}. \tag{G81}$$

Aus dieser Gleichung lässt sich stets der unbekannte Wert $\alpha(N_D, \Delta E_D, T)$, der von der Konzentration und der Ionisationsenergie der Störstellen sowie von der Temperatur abhängt, graphisch ermitteln. Mit α findet man die Lage der Fermi-Grenzenergie ζ und die Konzentration der Leitungselektronen. Unter Verwendung von Gl. G79 ergibt sich aus Gl. G81 die folgende Parameterdarstellung:

$$\frac{n}{N_D} = \frac{1}{2\pi^2}\left(\frac{2m_n \Delta E_D}{\hbar^2}\right)^{\frac{3}{2}} \frac{1}{N_D\,\delta^{\frac{3}{2}}} F_{\frac{1}{2}}(\alpha), \tag{G82}$$

$$\frac{n}{N_D} = \frac{1}{2\exp(\alpha+\delta)+1}. \tag{G83}$$

Stellt man diese beiden Gleichungen in der Form $\ln(n/N_D)$ als Funktion von α dar (vgl. Fig. 146), so bestimmen die Schnittpunkte der Kurven gleicher Parameter δ die gesuchten Werte α und n/N_D. Aus dem Verlauf der Gl. G83 folgt unmittelbar, dass keine Schnittpunkte existieren für $n/N_D > 1$. Unter den zugrunde gelegten Annahmen (Gl. G73 bis G75) wird die Konzentration der Leitungselektronen oberhalb einer bestimmten Temperatur, d.h. unterhalb

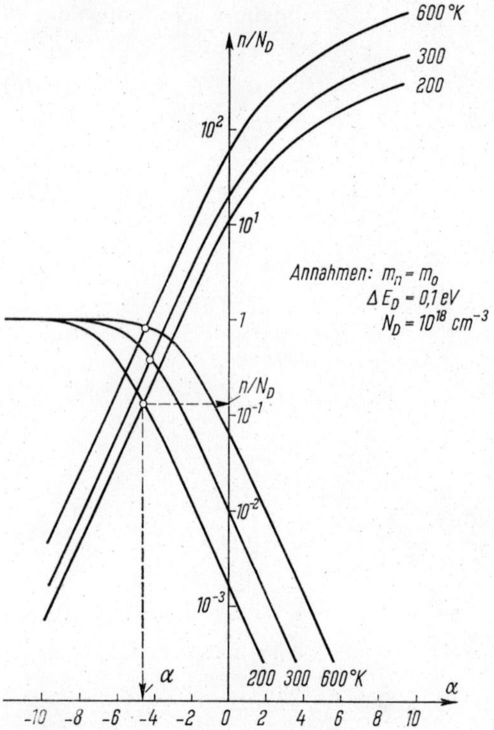

Fig. 146: Graphische Bestimmung der FERMI-Grenzenergie und der Elektronenkonzentration eines n-Typ-Halbleiters mit Hilfe von Gl. G 82 und G 83

eines bestimmten Parameterwertes δ, praktisch temperaturunabhängig und gleich der Donatorenkonzentration N_D. In diesem Fall sind alle Donatoren ionisiert, man bezeichnet diesen Zustand als Donatorenerschöpfung. Unterhalb der genannten Temperatur ist $n < N_D$, d.h. man hat sog. Donatorenreserve.

Die entsprechenden Fälle gelten auch für p-Typ-Halbleiter. Man spricht allgemein von Störstellenerschöpfung und Störstellenreserve und bezeichnet die entsprechenden Temperaturbereiche als Gebiet der Sättigung und Gebiet der Reserve.

Analytisch kann man aus Gl. G 81 die Werte von α und n nur unter der Voraussetzung der Nichtentartung für die beiden Fälle der Reserve und der Sättigung berechnen. Nichtentartung bedeutet (vgl. S. 291):

$$\frac{E_L - \zeta}{k\,T} \gg 1 \quad \text{bzw.} \quad \alpha \ll -1. \tag{G 84}$$

1) Das *Gebiet der Reserve* ist charakterisiert durch die Bedingung

$$\alpha + \delta \gg 1, \tag{G 85}$$

d.h. wegen Gl. G 84

$$|\alpha| \ll \delta, \tag{G 86}$$

oder mit Gl. G79 und G80

$$\frac{E_L-\zeta}{kT} \ll \frac{E_L-E_D}{kT} \tag{G87}$$

bzw.

$$\frac{\zeta}{kT} \gg \frac{E_D}{kT}. \tag{G88}$$

Die FERMI-Grenzenergie ζ soll also so weit oberhalb des Donatorenterms liegen (vgl. Fig 145), dass der Bruchteil der ionisierten Donatoren (Gl. G67) sehr klein ist. Die Berücksichtigung der Gl. G84 und G85 ergibt mit Hilfe der Gl. G17 und G19 anstelle von Gl. G81

$$n = n_0 \exp(\alpha) = \frac{1}{2} N_D \exp[-(\alpha+\delta)] \tag{G89}$$

oder

$$\exp(2\alpha) = \frac{1}{2} \frac{N_D}{n_0} \exp(-\delta). \tag{G90}$$

Daraus folgt

$$n = n_0 \exp(\alpha) = \left(\frac{1}{2} n_0 N_D\right)^{\frac{1}{2}} \exp\left(-\frac{\delta}{2}\right) \tag{G91}$$

oder mit Gl. G19 und G79

$$n = \left(\frac{m_n kT}{2\pi\hbar^2}\right)^{\frac{3}{4}} N_D^{\frac{1}{2}} \exp\left(-\frac{\Delta E_D}{2kT}\right). \tag{G92}$$

Diese Beziehung, die ebenso wie Gl. G34 von H. A. WILSON hergeleitet wurde, gilt nur, solange die Elektronenkonzentration weit unterhalb der Entartungskonzentration sowie weit unterhalb der Donatorenkonzentration liegt, d.h. also für

$$n \ll n_{\text{krit}} \quad \text{und} \quad n \ll N_D. \tag{G93}$$

Die Darstellung $\ln\left(n/T^{\frac{3}{4}}\right)$ in Funktion von $1/T$ liefert eine Gerade, deren Steigung proportional zum Abstand zwischen Donatorenniveau und Leitungsband ist.

Die Lage der FERMI-Grenzenergie ζ ergibt sich aus Gl. G91 durch Auflösen nach α:

$$\alpha = -\frac{\delta}{2} + \frac{1}{2} \ln\left(\frac{N_D}{2n_0}\right). \tag{G94}$$

Einsetzen der Gl. G79 und G80 liefert

$$\zeta = \frac{E_L+E_D}{2} + \frac{1}{2} kT \ln\left(\frac{N_D}{2n_0(T)}\right). \tag{G95}$$

Für $T = 0\,°\mathrm{K}$ liegt die FERMI-Grenzenergie in der Mitte zwischen unterem Leitungsbandrand und Donatorenniveau. Die Temperaturabhängigkeit von ζ richtet sich nach der Donatorenkonzentration und nach der effektiven Masse m_n, die in der effektiven Zustandsdichte n_0 enthalten ist. Je nachdem, ob $[N_D/2n_0(T)] \gtrless 1$ ist, nimmt ζ mit T zu oder ab. Gl. G 95 gilt nur, solange die vereinfachte Neutralitätsbedingung Gl. G 76 erfüllt wird.

2) Für das *Gebiet der Sättigung* gilt die Bedingung

$$\alpha + \delta \ll -1, \tag{G96}$$

d.h. wegen der verlangten Nichtentartung (Gl. G 84)

$$|\alpha| \gg \delta \tag{G97}$$

oder mit Gl. G 79 und G 80

$$\frac{E_L - \zeta}{k\,T} \gg \frac{E_L - E_D}{k\,T} \tag{G98}$$

bzw.

$$\frac{\zeta}{k\,T} \ll \frac{E_D}{k\,T}. \tag{G99}$$

In diesem Fall liegt also die FERMI-Grenzenergie so weit unterhalb des Donatorenterms, dass gemäss Gl. G 67 fast alle Donatoren ionisiert sind. Wegen Gl. G 96 kann man die rechte Seite von Gl. G 83 entwickeln und erhält anstelle von Gl. G 89

$$n = n_0 \exp(\alpha) = N_D[1 - 2\exp(\alpha + \delta)]. \tag{G100}$$

Daraus folgt unter Verwendung von Gl. G 79 und G 80

$$n = \frac{N_D}{1 + 2\dfrac{N_D}{n_0}\exp\left(\dfrac{\Delta E_D}{k\,T}\right)}. \tag{G101}$$

Für hohe Temperaturen wird der Exponentialterm im Nenner klein gegen Eins; die Elektronenkonzentration erreicht daher den temperaturunabhängigen Maximalwert N_D:

$$n \approx N_D\left[1 - 2\frac{N_D}{n_0}\exp\left(\frac{\Delta E_D}{k\,T}\right)\right] \approx N_D. \tag{G102}$$

Durch Kombination der Gl. G 100 und G 101 erhält man für die Lage der FERMI-Grenzenergie im Fall der Donatorenerschöpfung

$$\exp(\alpha) = \frac{n}{n_0} = \frac{N_D}{n_0}\,\frac{1}{1 + 2\dfrac{N_D}{n_0}\exp\left(\dfrac{\Delta E_D}{k\,T}\right)} \tag{G103}$$

oder in der Näherung hoher Temperaturen

$$\zeta = E_L - kT \ln\left(\frac{n_0}{N_D}\right). \qquad \text{(G104)}$$

Der Abstand zwischen FERMI-Grenzenergie und unterem Leitungsbandrand nimmt also im wesentlichen linear mit der Temperatur zu.

Der Verlauf der FERMI-Grenzenergie ζ in Funktion der Temperatur ist für einen n-Typ-Halbleiter ($N_A = 0$) in Fig. 147 dargestellt. Im Gebiet der Reserve nimmt die FERMI-Energie mit der Temperatur zu, solange die Donato-

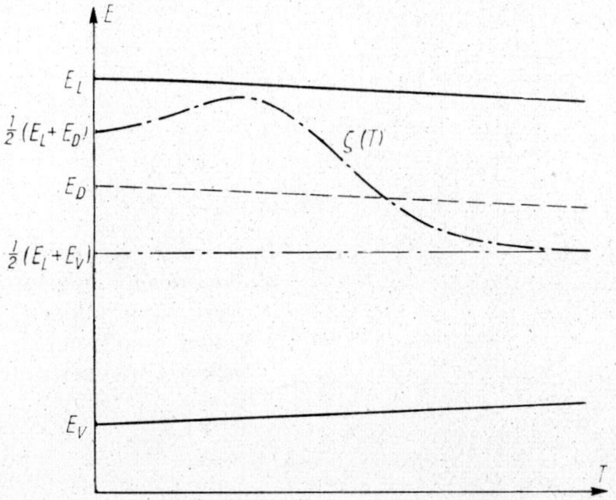

Fig. 147: Verlauf der FERMI-Grenzenergie mit der Temperatur für einen n-Typ-Halbleiter

renkonzentration N_D grösser als die temperaturabhängige Zustandsdichte $n_0(T)$ ist (vgl. Gl. G95). Sobald mit steigender Temperatur die Zustandsdichte den Wert der Donatorenkonzentration übersteigt, sinkt die FERMI-Energie, und der Verlauf $\zeta(T)$ geht für hinreichend hohe Temperaturen in das Gebiet der Sättigung (Gl. G104) und weiter in das Gebiet der Eigenleitung (Gl. G31) über.

2. *Inversionsdichte*

Für jeden Halbleitertyp sind die Ladungsträgerkonzentrationen n und p durch die Gl. G70 und G71 bestimmt. Unter der Voraussetzung der Nichtentartung beider Konzentrationen, d.h. unter der Voraussetzung

$$\alpha \ll -1 \quad \text{und} \quad \beta \ll -1 \qquad \text{(G105)}$$

gilt im thermodynamischen Gleichgewicht

$$n = n_0 \exp(\alpha), \qquad \text{(G106)}$$

$$p = p_0 \exp(\beta). \qquad \text{(G107)}$$

Daraus folgt

$$np = n_0 p_0 \exp(\alpha + \beta) = n_0 p_0 \exp\left(-\frac{\Delta E_i}{kT}\right) \qquad \text{(G108)}$$

oder mit Gl. G 33 und G 34

$$np = n_i^2. \tag{G 109}$$

Unter der Bedingung der Nichtentartung ist im thermodynamischen Gleichgewicht das Produkt aus Elektronen- und Löcherkonzentration in allen Halbleitertypen gleich dem Quadrat der sog. Inversionsdichte n_i bei der Temperatur T. Die Elektronen- und Löcherkonzentrationen sind also nicht unabhängig

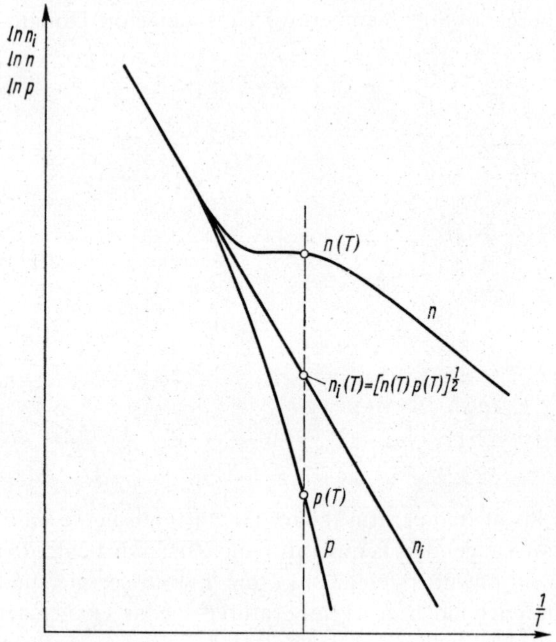

Fig. 148: Temperaturabhängigkeit der Ladungsträgerkonzentrationen im thermodynamischen Gleichgewicht

voneinander. Die Elektronenkonzentration wächst nur auf Kosten der Löcherkonzentration und umgekehrt. Stets gilt im thermodynamischen Gleichgewicht (vgl. Fig. 148)

$$n \geqslant n_i \quad und \quad p \leqslant p_i$$

oder (G 110)

$$n < n_i \quad und \quad p > p_i.$$

Die Bezeichnung Inversionsdichte erklärt sich aus der Tatsache, dass eine Inversion des Leitungstyps (vgl. S. 304, die Fälle 2a $\rightleftarrows$ 3a) von Überschuss- zu Defektleitung bzw. umgekehrt eintritt, sobald eine Ladungsträgerkonzentration den Wert der Inversionsdichte über- bzw. unterschreitet.

Man bezeichnet die Ladungsträger als Majoritäts- bzw. Minoritätsträger, wenn ihre Konzentration grösser bzw. kleiner als die Inversionsdichte ist.

Literatur

Adler, R. B., Smith, A. C., und Longini, R. L., *Introduction to Semiconductor Physics* (Wiley, New York 1964).

Aigrain, P., und Balkanski, P. (Herausgeber), *Constantes sélectionées relatives aux semiconducteurs* (Pergamon, Oxford 1961).

Anselm, A. I., *Einführung in die Halbleitertheorie* (Akademie-Verlag, Berlin 1964).

Beam, W. R., *Electronics of Solids* (McGraw-Hill, New York 1965).

Blakemore, J. S., *Semiconductor Statistics* (Pergamon, Oxford 1962).

Hannay, N. B. (Herausgeber), *Semiconductors* (Reinhold, New York 1959).

Joffé, A. F., *Physik der Halbleiter* (Akademie-Verlag, Berlin 1958).

Madelung, O., *Halbleiter*, in *Handbuch der Physik*, Bd. 20 (Springer, Berlin 1957).

Madelung, O., *Grundlagen der Halbleiterphysik* (Springer, Berlin 1970 [Heidelberger Taschenbücher Bd. 71]).

McKelvey, J. P., *Solid State and Semiconductor Physics* (Harper and Row, New York 1966).

Moll, J. L., *Physics of Semiconductors* (McGraw-Hill, New York 1964).

Müser, H. A., *Einführung in die Halbleiterphysik* (Steinkopff, Darmstadt 1960).

Rhodes, R. G., *Imperfections and Active Centers in Semiconductors* (Pergamon, Oxford 1964).

Shockley, W., *Electrons and Holes in Semiconductors* (Van Nostrand, Princeton 1950).

Smith, R. A., *Semiconductors* (Cambridge University Press, London 1959).

Spenke, E., *Elektronische Halbleiter*, 2. Aufl. (Springer, Berlin 1965).

Sammelwerke

Halbleiterprobleme, herausgegeben von W. Schottky, ab Bd. 5 von F. Sauter; fortgeführt als *Festkörperprobleme*, herausgegeben von F. Sauter, ab Bd. 6 von O. Madelung (Vieweg, Braunschweig 1954 ff.).

International Series of Monographs on Semiconductors, herausgegeben von H. K. Henisch (Pergamon, Oxford 1961 ff.).

Progress in Semiconductors, herausgegeben von A. F Gibson, P. Aigrain und R. E. Burgess (Heywood, London 1956 ff.).

Semiconductor Monographs, herausgegeben von C. A. Hogarth (Butterworth, London 1959 ff.).

Semiconductors and Semimetals, herausgegeben von R. K. Willardson und A. C. Beer (Academic Press, New York 1966 ff.).

H. Kontaktphänomene

Zwischen zwei Medien besteht ein elektrischer Kontakt, wenn durch die Grenzfläche zwischen diesen Medien ein Ladungsträgertransport möglich ist. Als Kontakte sind aufzufassen:

1) Grenzflächen in einem Kristall; z.B. Flächendefekte, Korngrenzen (vgl. S. 122), abrupte Übergänge zwischen verschiedenen Dotierungen in einem Halbleiter (‹homo-junctions›, wie z.B. *pn*-Übergänge, vgl. S. 337 ff.);

2) Grenzflächen zwischen zwei und mehreren Medien; z.B. zwischen Metall und Vakuum, Metall oder Halbleiter, zwischen verschiedenen Halbleitern (‹hetero-junctions›), zwischen Metall, Isolator und Halbleiter (‹MOS›-Übergänge, bestehend aus *M*etal, *O*xide, *S*emiconductor).

Die Wirkungsweise der meisten elektronischen Schalt- und Steuerelemente beruht auf dem Ladungstransport durch Kontakte. Dieser ist bestimmt durch den in der Umgebung des Kontakts ortsabhängigen Verlauf der potentiellen Energie der Ladungsträger. Man spricht oft vom Potentialverlauf; die potentielle Energie der Elektronen bzw. der Löcher ergibt sich hieraus durch Multiplikation mit $-e$ bzw. $+e$. Einen Ausgangspunkt zur Erklärung eines Kontaktphänomens bietet das Bänderschema in der Umgebung der Grenzfläche für thermodynamisches Gleichgewicht. Der Potentialverlauf hängt dann nur ab von der Konzentration der Ladungsträger beiderseits der Grenzfläche sowie von den Austrittsarbeiten (s.u.) der Kontaktpartner.

I. Thermodynamisches Gleichgewicht

Thermodynamisches Gleichgewicht besteht in einem Kristall oder zwischen mehreren Kristallen 1, 2, ..., wenn die FERMI-Grenzenergie ζ im betrachteten System überall denselben Wert hat, wenn also der Verlauf von ζ im Bänderschema horizontal ist:

$$\zeta_1 = \zeta_2 = \ldots = \text{const.} \tag{H1}$$

Hierbei ist zu beachten, dass alle ζ_1, ζ_2, ... von demselben Nullpunkt der Energieskala aus gezählt werden. Die Bedingung Gl. H 1 bedeutet beispielsweise, dass in einem Kristall bei Abwesenheit äusserer Kräfte der resultierende Strom von Ladungsträgern einer gegebenen Energie in jeder Raumrichtung gleich Null ist. Dies ist nämlich nur möglich, wenn alle Zustände derselben Energie dieselbe Besetzungswahrscheinlichkeit $f(E)$ haben, denn sonst würde ein resultierender Teilchenstrom in Richtung grösserer Besetzungswahrscheinlichkeit fliessen.

Die Bedingung Gl. H 1 kann allgemein aus der Thermodynamik hergeleitet werden. Hierzu betrachten wir zwei Systeme von Teilchen, beispielsweise Elektronen, die bei der Temperatur T miteinander in Verbindung gebracht werden. Die konstanten Volumina V_1 bzw. V_2 sollen vor dem Kontakt N_1 bzw. N_2 Teilchen enthalten. Nach dem Kontakt ändern sich in den beiden Volumina die Teilchenzahlen, bis sich das thermodynamische Gleichgewicht zwischen den beiden Volumina eingestellt hat. Die Bedingung hierfür ist, dass die freie Energie F des ganzen Systems ein Minimum erreicht. Aus

$$F = F_1 + F_2 \tag{H2}$$

und

$$(\delta F)_{T,V,N} = 0 \tag{H3}$$

folgt

$$\delta F = \left(\frac{\partial F_1}{\partial N_1}\right)_{T,V_1} \delta N_1 + \left(\frac{\partial F_2}{\partial N_2}\right)_{T,V_2} \delta N_2 = 0. \tag{H4}$$

Mit der Nebenbedingung konstanter Gesamtteilchenzahl

$$N_1 + N_2 = N = \text{const} \tag{H5}$$

ist

$$\delta N_1 + \delta N_2 = 0. \tag{H6}$$

Damit erhält man aus Gl. H4

$$\left(\frac{\partial F_1}{\partial N_1}\right)_{T,V_1} = \left(\frac{\partial F_2}{\partial N_2}\right)_{T,V_2}. \tag{H7}$$

Wie mit der Herleitung der Fermi–Dirac-Funktion $f(E)$ bestätigt werden kann, ist das chemische Potential, d.h. die Änderung der freien Energie mit der Teilchenzahl bei konstantem Volumen und konstanter Temperatur, gleich der Fermi-Energie ζ:

$$\left(\frac{\partial F}{\partial N}\right)_{T,V} \equiv \zeta. \tag{H8}$$

Daher geht Gl. H7 über in

$$\zeta_1 = \zeta_2. \tag{H9}$$

Damit ist gezeigt, dass die Fermi-Energie auch im Bänderschema eines Kontakts für thermodynamisches Gleichgewicht horizontal verläuft.

Die Fermi-Grenzenergie ist festgelegt einerseits bezüglich der Energiebänder durch die Ladungsträgerkonzentration (vgl. S. 303) und andererseits bezüglich des Vakuumpotentials durch die Austrittsarbeit. Die Austrittsarbeit ist allgemein sowohl für Metalle (vgl. S. 181) als auch für Halbleiter definiert als die Energiedifferenz zwischen dem Fermi-Niveau ζ und der potentiellen Energie E_∞ eines Elektrons im Vakuum in unendlicher Entfernung vom Kristall (Vakuumpotential). Diese Definition der Austrittsarbeit ist auch für Halbleiter, in denen im allgemeinen das FERMI-Niveau unbesetzt ist, gerechtfertigt, weil man bei den für die Emission erforderlichen hohen Energien die Verteilungsfunktion der Elektronen durch die MAXWELL–BOLTZMANN-Verteilung ersetzen kann. Das Elektronengas verhält sich dann wie ein MAXWELL-Gas mit der Konzentration n_0 (Gl. G19) und der potentiellen Energie ζ.

1. VOLTA-*Spannung*

Für das Bänderschema eines Kontakts wählen wir als Nullpunkt der Energieskala das Vakuumpotential oder einen hierauf bezogenen Energiewert. Bringt man zwei Kristalle mit verschiedener Austrittsarbeit miteinander in Kontakt, so müssen sich die FERMI-Niveaus auf dieselbe Höhe einstellen. Die

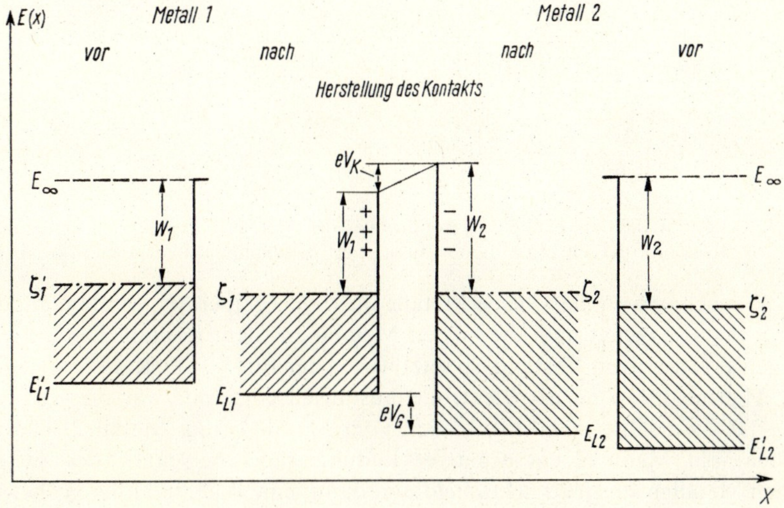

Fig. 149: Bänderschema eines Metall–Metall-Kontakts

Ladungsträgerkonzentrationen im Innern der Kristalle werden von dem Kontakt nicht beeinflusst, d.h. die Lage der FERMI-Niveaus relativ zu den Energiebändern bleibt erhalten. Die Einstellung der FERMI-Niveaus auf dieselbe Höhe ist also nur möglich, wenn sich die Bänderschemata der beiden Kontaktpartner gegeneinander verschieben. Dies bedeutet, dass zwischen beiden Kontaktpartnern im thermodynamischen Gleichgewicht eine Potentialdifferenz auftritt, deren Wert gleich der Differenz der Austrittsarbeiten ist (vgl. Fig. 149). Man bezeichnet diese Potentialdifferenz V_K als das Kontaktpotential oder als die VOLTA-Spannung

$$|V_K| = \frac{1}{e}\,|W_1 - W_2|. \tag{H 10}$$

Das Kontaktpotential verursacht ein elektrisches Feld. Der Feldverlauf in

Funktion des Orts richtet sich nach den Ladungsträgerkonzentrationen der Kontaktpartner.

Wir werden im folgenden die Entstehung sowie die Messung des Kontaktpotentials am Beispiel eines Metall–Metall-Kontakts beschreiben (vgl. Fig. 149). Der Kontakt werde hergestellt zwischen zwei verschiedenen Metallen 1 und 2 mit den Elektronenkonzentrationen n_1 und n_2 und mit den Austrittsarbeiten W_1 und W_2. Der Nullpunkt der Energieskala liege unterhalb des Vakuumpotentials um den Betrag

$$\zeta_1' + W_1 = \zeta_2' + W_2 . \tag{H11}$$

ζ_1', ζ_2' FERMI-Grenzenergie des Metalls 1 bzw. 2 vor Herstellung des Kontakts

Die Elektronenkonzentrationen sind analog zu Gl. E24 unter Vernachlässigung der Temperaturabhängigkeit der FERMI-Energie gegeben durch

$$n_1 = \frac{1}{3\pi^2}\left[\frac{2m}{\hbar^2}(\zeta_1' - E_{L1}')\right]^{\frac{3}{2}}, \tag{H12}$$

$$n_2 = \frac{1}{3\pi^2}\left[\frac{2m}{\hbar^2}(\zeta_2' - E_{L2}')\right]^{\frac{3}{2}}. \tag{H13}$$

E_{L1}', E_{L2}' Energie des unteren Leitungsbandrandes des Metalls 1 bzw. 2 vor Herstellung des Kontakts (in Gl. E24 ist dieser Energiewert der Nullpunkt der Energieskala)

Wir nehmen an, dass beide Metalle dieselbe Temperatur T haben und dass $W_1 < W_2$ sei. Bringt man die beiden Metalle aus dem Unendlichen auf einen kleinen gegenseitigen Abstand, so setzt wegen der für $T > 0$ °K stets vorhandenen Thermo-Emission ein Elektronenaustausch ein, und zwar fliessen wegen $W_1 < W_2$ zunächst mehr Elektronen vom Metall 1 zum Metall 2. Dadurch entsteht auf Metall 2 ein negativer Ladungsträgerüberschuss, der zwischen beiden Metallen ein elektrisches Feld und damit eine Potentialdifferenz bewirkt. Die Potentialdifferenz stellt sich so ein, dass der resultierende Strom zwischen den Metallen verschwindet; sie erreicht im thermodynamischen Gleichgewicht den Wert V_K des Kontaktpotentials. Da innerhalb von Metallen keine Potentialdifferenzen auftreten, hat man für alle Elektronen des Metalls 1 bzw. 2 dieselbe Erniedrigung $\zeta_1' - \zeta_1$ bzw. Erhöhung $\zeta_2 - \zeta_2'$ der Energie, so dass gilt

$$\zeta_1' - \zeta_1 + \zeta_2 - \zeta_2' = e V_K . \tag{H14}$$

ζ_1, ζ_2 FERMI-Grenzenergie des Metalls 1 bzw. 2 nach Herstellung des Kontakts

Unter Verwendung von Gl. H1 und H11 folgt hieraus

$$\zeta_1' - \zeta_2' = W_2 - W_1 = e V_K . \tag{H15}$$

Nach Herstellung des Kontakts sind die beiden Bänderschemata der ursprünglich isolierten Metalle also gegeneinander um $e V_K$ verschoben (vgl. Fig. 149). Da physikalisch nur die Energiedifferenzen von Bedeutung sind, betrachtet man üblicherweise das Bänderschema eines der Kontaktpartner auf der gemeinsamen

Energieskala als fest (z.B. $\zeta_1' = \zeta_1$); dann verschiebt sich das des anderen um den vollen Betrag des Kontaktpotentials (z.B. $\zeta_2 - \zeta_2' = e\,V_K$).

Der Ladungsträgeraustausch zwischen beiden Metallen, der das Kontaktpotential verursacht, ist zahlenmässig so gering, dass die Konzentrationen n_1 und n_2 durch den Kontakt fast unbeeinflusst sind. In guter Näherung ist daher nach Gl. H 12 und H 13

$$\zeta_1' - E_{L1}' = \zeta_1 - E_{L1} \tag{H16}$$

und

$$\zeta_2' - E_{L2}' = \zeta_2 - E_{L2}. \tag{H17}$$

Die Subtraktion dieser beiden Gleichungen liefert unter Berücksichtigung von Gl. H 1

$$E_{L2} - E_{L1} = (\zeta_1' - E_{L1}') - (\zeta_2' - E_{L2}') = \zeta_1' - \zeta_2' - (E_{L1}' - E_{L2}') \tag{H18}$$

oder mit Gl. H 15

$$e\,V_G \equiv E_{L2} - E_{L1} = e\,V_K - (E_{L1}' - E_{L2}'). \tag{H19}$$

Man bezeichnet die Grösse V_G als GALVANI-Spannung. Sie entspricht der Energiedifferenz zwischen den unteren Leitungsbandrändern der in Kontakt stehenden Metalle. Die GALVANI-Spannung ist mit der Kontaktpotentialdifferenz nur identisch, wenn die Elektronenaffinitäten der beiden Metalle gleich sind; dann ist $E_{L1}' = E_{L2}'$. Die GALVANI-Spannung ist nicht unmittelbar messbar; sie kann unter Verwendung von Gl. H 12, H 13 und H 18 ermittelt werden.

Im Gegensatz dazu ist das Kontaktpotential direkt bestimmbar.

2. *Messung der Kontaktpotentialdifferenz nach der Methode von* W. THOMSON (KELVIN-*Methode)*

Grundsätzlich sollte die Kontaktpotentialdifferenz zwischen zwei Metallen 1 und 2 elektrostatisch messbar sein, wenn die beiden Pole des elektrostatischen Voltmeters aus denselben Metallen 1 und 2 bestehen und jeweils mit demselben Metall verbunden sind. Die Einstellung des thermodynamischen Gleichgewichts kann dann allein durch Thermo-Emission erfolgen, dauert aber bei praktisch erreichbarer Temperatur viel zu lang.

Man verwendet vielmehr eine Gegenfeldmethode. Die beiden Metalle bilden die Platten eines Plattenkondensators, die über ein Galvanometer mit einem Spannungsteiler verbunden sind (vgl. Fig. 150). Auf diese Weise kann sich das thermodynamische Gleichgewicht und damit die Kontaktpotentialdifferenz unabhängig vom Abstand der Platten sehr schnell einstellen. Solange die von aussen angelegte Spannung gleich Null ist, bewirkt jede Abstandsänderung zwischen den Platten eine Ladungsänderung des Kondensators und damit einen Strom. Legt man am Kondensator eine äussere Spannung U an, die der Kontaktpotentialdifferenz entgegengesetzt gerichtet ist, so wird die Ladung der beiden Metalle verkleinert, bis sie bei dem speziellen Wert $U = -V_K$ verschwindet. Die Abstandsänderung der ungeladenen Kondensator-

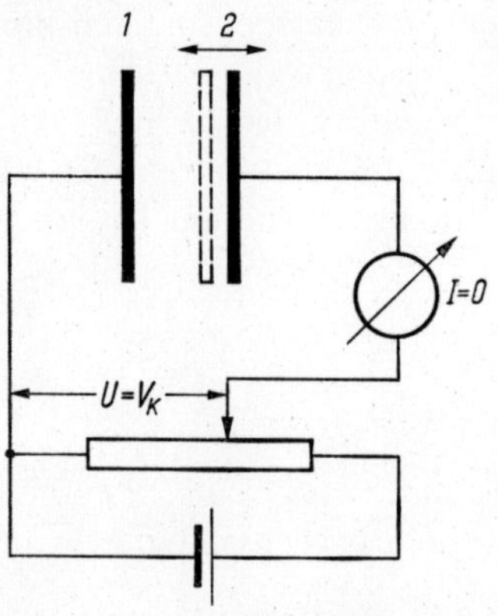

Fig. 150: Prinzip der Messung der Kontaktpotential-Differenz nach der Kompensationsmethode von KELVIN

platten hat dann keinen Stromfluss zur Folge. In der Praxis verwendet man die beiden Metalle 1 und 2 in Form eines Schwingkondensators und gleicht den entstehenden Wechselstrom durch Änderung der Gleichspannung U auf Null ab. Die erreichbare Messgenaugkeit der Kontaktpotentialdifferenz beträgt $\Delta V_K \approx 10^{-4}$ V.

Im Bänderschema bedeutet die Messung der Kontaktpotentialdifferenz folgendes: Unter der Voraussetzung $W_1 < W_2$ ist im thermodynamischen Gleichgewicht das Metall 1 positiv geladen gegenüber dem Metall 2 (vgl. Fig. 149). Das Potential $-V_K$ von 2 ist daher niedriger als das von 1, und dementsprechend ist die potentielle Energie $e\,V_K$ von 2 gegenüber der von 1 höher (das Bänderschema von 1 sei fest, vgl. S. 317). Erhöht man durch eine äussere Spannung U das Potential von 2 gegenüber 1, so sinkt die potentielle Energie von 2 um $-e\,U$. Für $U = -V_K$ erhält man für die in Kontakt stehenden Metalle dieselben Bänderschemata wie für die beiden Metalle in unendlichem Abstand.

II. Metall–Halbleiter-Kontakte

Kontakte mit Halbleitern unterscheiden sich von Metall–Metall-Kontakten grundsätzlich durch das Auftreten von Raumladungen innerhalb des Halbleiters in der Umgebung der Grenzfläche. Eine Raumladung $\varrho(x)$ bedeutet wegen der POISSONschen Gleichung der Elektrostatik

$$\frac{d^2V}{dx^2} = -\frac{1}{\varepsilon\,\varepsilon_0}\,\varrho(x) \tag{H20}$$

ε statische Dielektrizitätskonstante des Halbleiters
ε_0 Influenzkonstante

ein ortsabhängiges Potential und damit eine ortsabhängige Änderung der potentiellen Energie $-e\,V(x)$ der Elektronengesamtheit im Halbleiter. Daher werden die Energiebänder im Bereich der Raumladung um den Wert $-e\,V(x)$ verschoben (sog. Verbiegung der Energiebänder, Bänderkrümmung). Die FERMI-Grenzenergie bleibt jedoch im thermodynamischen Gleichgewicht gemäss Gl. H1 ortsunabhängig.

1. *Kontakt zwischen Metall und n-Typ-Halbleiter*

Wir betrachten einen Kontakt zwischen einem Metall mit der Austrittsarbeit W_M und einem n-Typ-Halbleiter mit der Austrittsarbeit W_n (vgl. Fig. 151). Es sei

$$W_M > W_n \tag{H21}$$

und

$$W_M - W_n \ll \Delta E_i\,. \tag{H22}$$

Wegen der Voraussetzung Gl. H22 kann die Anwesenheit des Valenzbandes ausser Betracht gelassen werden. Weiter wird vorausgesetzt, dass das Bänderschema des *isolierten* Halbleiters ortsunabhängig ist; die Bänder verlaufen also horizontal bis zur Halbleiteroberfläche, d.h. die Donatorenkonzentration ist ortsunabhängig und die ‹Oberflächenzustände› (s. S. 330) werden vernachlässigt.

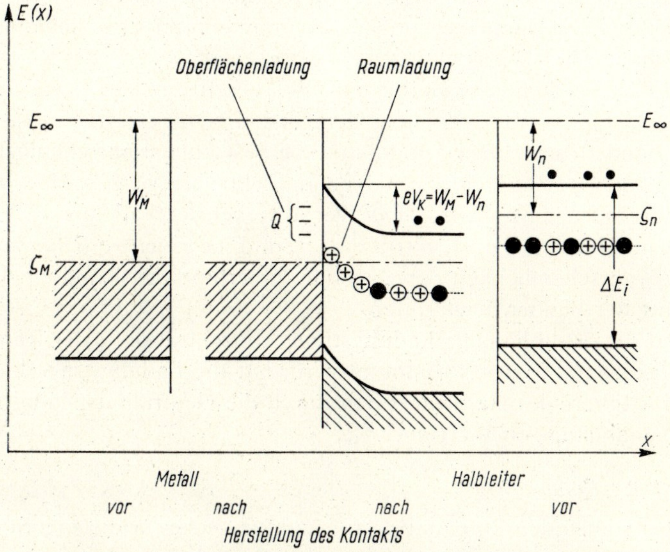

Fig. 151: Bänderschema eines Kontakts zwischen Metall und n-Typ-Halbleiter; Krümmung der Energiebandränder des Halbleiters im Raumladungsgebiet

Das thermodynamische Gleichgewicht stellt sich ein, wenn Elektronen vom Halbleiter zum Metall übergehen, bis die dadurch entstandene Ladung Q die Kontaktpotentialdifferenz $e\,V_K = W_M - W_n$ erzeugt. Die positive Ladung des Halbleiters wird gebildet von den ionisierten Donatoren, deren Elektronen die negative Flächenladung auf dem Metall darstellen. Mit abnehmendem Abstand zwischen Metall und Halbleiter wird die durch das thermodynamische Gleichgewicht geforderte Ladung immer grösser und kann nicht mehr allein von den Donatoren in der unmittelbaren Umgebung der Halbleiteroberfläche aufgebracht werden. Beispielsweise ist für $V_K = 10^{-1}$ V bei einem Abstand von 10^{-7} cm die erforderliche Ladung pro Flächeneinheit $Q \approx 10^{-7}$ A sec/cm^2 $\approx 10^{12}$ Elementarladungen/cm^2. Ein stark dotierter n-Typ-Halbleiter hat etwa die Donatorenkonzentration $N_D \approx 10^{18}$ cm^{-3}, d.h. im Volumen von 1 cm$^2 \cdot 10^{-6}$ cm sind höchstens 10^{12} ionisierte Donatoren als positive Ladung verfügbar. Aus diesem typischen Beispiel folgt, dass die Ladung im Halbleiter über eine Tiefe von mindestens 10^{-6} cm, d.h. grössenordnungsmässig über mindestens 100 Atomabstände, verteilt sein muss. Mit abnehmendem Abstand zwischen Metall und Halbleiter geht die Oberflächenladung des Halbleiters in eine Raumladung über. Das elektrische Feld dringt in den Halbleiter ein. Die Kontaktpotentialdifferenz wird mehr und mehr ins Innere des Halbleiters verlegt. Die Energiebänder des Halbleiters erfahren eine Krümmung gemäss Gl. H20. Wegen der Stetigkeitsbedingung für die dielektrische Verschiebungsdichte hat der Potentialverlauf beim Übergang vom Vakuum ($\varepsilon = 1$) in den Halbleiter ($\varepsilon > 1$) einen Knick: der gekrümmte Potentialverlauf beginnt im Halbleiter mit einer Steigung, die um den Faktor $1/\varepsilon$ kleiner ist als im Vakuum. Berühren sich die Oberflächen von Metall und Halbleiter, so liegt die gesamte Kontaktpotentialdifferenz innerhalb des Halbleiters. Die damit verbundene Krümmung der Energiebänder ergibt eine ortsabhängige Elektronenkonzentration $n_R(x)$ im Bereich der Raumladung, in der sog. Randschicht des Halbleiters. Positive Raumladung bedeutet, dass die Energie der Zustände gegenüber dem FERMI-Niveau gestiegen ist (Krümmung der Bänder ‹nach oben›) und damit die Besetzungswahrscheinlichkeit abgenommen hat. Die Randschicht ist dann an Elektronen verarmt. Für diese sog. Verarmungsrandschicht gilt $n_R < n$. Der umgekehrte Fall der sog. Anreicherungsrandschicht mit $n_R > n$ tritt ein, wenn eine negative Raumladung die Besetzungswahrscheinlichkeit der Zustände innerhalb der Randschicht erhöht (Krümmung der Bänder ‹nach unten›).

Während die ortsabhängige Ladungsträgerkonzentration in der Randschicht durch beide Kontaktpartner bestimmt wird, hat die Ladungsträgerkonzentration weit im Innern des Halbleiters den durch die Neutralitätsbedingung gegebenen ortsunabhängigen Wert $n \leqslant N_D$.

2. SCHOTTKY-*Randschicht*

Wir berechnen den Potentialverlauf und die Dicke für die sog. SCHOTTKY-Randschicht, die durch eine ortsunabhängige Raumladungsdichte ϱ charakterisiert ist (vgl. Fig. 152):

$$\varrho(x) = e N_D = \text{const.} \tag{H23}$$

Die Raumladung $\varrho\, d$ pro Flächeneinheit erstreckt sich über die Randschicht der zu berechnenden Dicke d. In der Randschicht sind also keine Leitungselektronen vorhanden, und alle Donatoren sind ionisiert.

Der Potentialverlauf ergibt sich aus der Lösung der POISSONschen Gleichung H20 unter Verwendung von Gl. H23:

$$\frac{d^2V}{dx^2} = -\frac{1}{\varepsilon\,\varepsilon_0}\varrho = -\frac{e N_D}{\varepsilon\,\varepsilon_0} = A \tag{H24}$$

x Ortskoordinate, $x = 0$ bedeutet die Grenzfläche Metall–Halbleiter, $x > 0$ das Halbleiterinnere

A Konstante

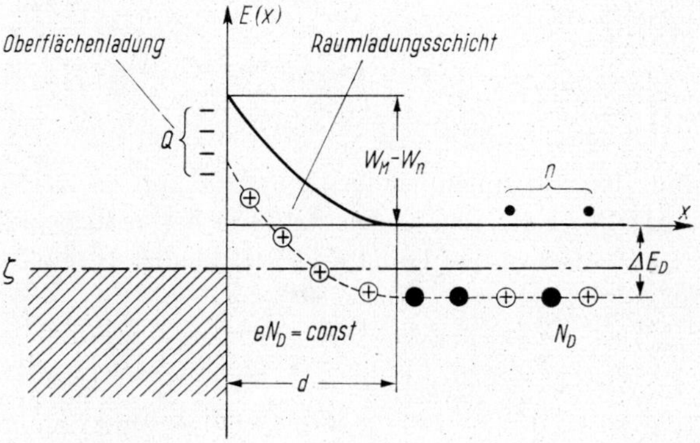

Fig. 152: SCHOTTKY-Randschicht im n-Typ-Halbleiter

Die Lösung von Gl. H24 ist eine parabolische Potentialverteilung in der Form

$$V(x) = \frac{A}{2}\,x^2 + B\,x + C. \tag{H25}$$

Die Konstanten B und C folgen aus den Randbedingungen. An der Stelle $x = 0$ sei

$$-e\,V(0) = W_M - W_n, \tag{H26}$$

d.h.

$$C = \frac{1}{e}\,(W_M - W_n). \tag{H27}$$

Dann gilt an der Stelle $x = d$

$$-e\,V(d) = 0 \tag{H28}$$

und

$$\frac{dV}{dx}(d) = A\,d + B = 0, \tag{H29}$$

d.h.

$$B = -A\,d. \tag{H30}$$

Einsetzen von Gl. H30 in Gl. H25 liefert

$$V(x) = \frac{A}{2}\,(d-x)^2 \tag{H31}$$

mit

$$d^2 = \frac{2\,C}{A} \tag{H32}$$

oder unter Verwendung von Gl. H 24 und H 27

$$V(x) = -\frac{e\,N_D}{2\,\varepsilon\,\varepsilon_0}\,(d-x)^2 \tag{H33}$$

mit der gesuchten Randschichtdicke

$$d = \left[\frac{2\,\varepsilon\,\varepsilon_0}{e^2 N_D} (W_M - W_n) \right]^{\frac{1}{2}} . \tag{H34}$$

Die Randschichtdicke nimmt also mit zunehmender Donatorenkonzentration, d.h. mit zunehmender Raumladungsdichte ab. Die Gl. H33 ist jedoch nur gültig, solange der Abstand δ_D zwischen den Donatoren viel kleiner ist als die Randschichtdicke d, d.h. für

$$d \gg \delta_D \approx N_D^{-\frac{1}{3}} . \tag{H35}$$

Beispielsweise erhält man für einen Metall–Germanium-Kontakt unter den Annahmen von $W_M - W_n = 0{,}3$ eV, $\varepsilon_{\text{Ge}} = 16$ und $N_D = 10^{17}\,\text{cm}^{-3}$ die Randschichtdicke $d \approx 7 \cdot 10^{-6}$ cm. Im Vergleich dazu beträgt der mittlere

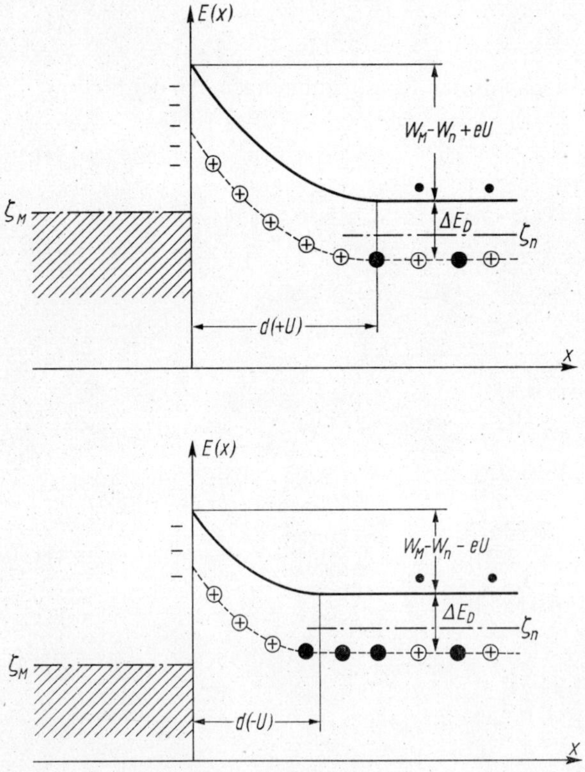

Fig. 153: SCHOTTKY-Randschicht im n-Typ-Halbleiter unter der Spannung $\pm U$

Abstand der Donatoren $\delta_D \approx 2 \cdot 10^{-6}$ cm. Die Bedingung Gl. H 35 wird damit nur knapp erfüllt. Das Beispiel zeigt, dass diese Bedingung in jedem Fall zu prüfen ist.

Legt man am Kontakt eine Spannung an, indem man etwa das Potential des Halbleiters um $\pm U$ gegenüber dem des Metalls ändert, so verschiebt sich das Bänderschema des Halbleiters gegenüber dem des Metalls um $\mp e\,U$ (vgl. Fig. 153). Der Potentialverlauf am Kontakt verhält sich, als ob die Austrittsarbeit W_M des Metalls um $\pm e\,U$ verändert sei. Die Dicke der SCHOTTKY-Randschicht ist demnach spannungsabhängig; anstelle von Gl. H 34 gilt

$$d(\pm U) = \left[\frac{2\,\varepsilon\,\varepsilon_0}{e^2 N_D}(W_M - W_n \pm e\,U)\right]^{\frac{1}{2}}. \tag{H36}$$

Dies bedeutet, dass bei konstanter Raumladungsdichte ϱ die Raumladung $\varrho\,d$, die gleich der Flächenladung des Metalls ist, mit der äusseren Spannung variiert.

Da die SCHOTTKY-Randschicht nach Voraussetzung (Gl. H23) nur unbewegliche, ionisierte Donatoren und keine Leitungselektronen enthält, ist sie eine Isolationsschicht zwischen dem Metall ($x \leqslant 0$) und dem Halbleiter ($x \geqslant d$). Der Kontakt zwischen Metall und n-Typ-Halbleiter verhält sich elektrostatisch wie ein Kondensator, dessen Kapazität pro Flächeneinheit gegeben ist durch

$$C = \frac{\varepsilon\,\varepsilon_0}{d} \tag{H37}$$

oder mit Gl. H36

$$C = \left[\frac{\varepsilon\,\varepsilon_0\,e^2 N_D}{2(\Delta W \pm e\,U)}\right]^{\frac{1}{2}} \tag{H38}$$

mit

$$\Delta W = W_M - W_n\,. \tag{H39}$$

Die Kapazität der SCHOTTKY-Randschicht ist also spannungsabhängig. Kapazitätsmessungen, dargestellt in der Form $1/C^2$ in Funktion der Spannung U, ergeben Geraden und sind damit in guter Übereinstimmung mit Gl. H38. Aus der Steigung dieser Geraden kann die Donatorenkonzentration oder die Dielektrizitätskonstante des Halbleiters ermittelt werden; die Extrapolation von $1/C^2 \to 0$ liefert den Wert ΔW. Die gefundenen Werte ΔW stimmen jedoch im allgemeinen nicht überein mit der Kontaktpotentialdifferenz $W_M - W_n$, die man aus anderen Messungen ermittelt, wie z. B. aus der Bestimmung der beiden Austrittsarbeiten W_M und W_n. Die Ursache hierfür liegt in der Existenz von Oberflächenzuständen (s. S. 330 ff.), die den Potentialverlauf mitbestimmen.

3. *Kontakt zwischen Metall und p-Typ-Halbleiter*

Analog zum Kontakt zwischen Metall und n-Typ-Halbleiter mit $W_M > W_n$ lässt sich der Kontakt zwischen Metall und p-Typ-Halbleiter mit $W_M < W_p$ behandeln. In diesem Fall gehen mehr Elektronen aus dem Metall in den Halbleiter über. Die dadurch entstehende negative Ladung des Halbleiters kann nur in den Löchern bzw. von den Akzeptoren aufgenommen werden und führt zu einer negativen Raumladung. Dadurch ergibt sich nach Gl. H 20 eine Krümmung der Bänder nach unten, d.h. unter der Bedingung $W_p - W_M < \Delta E_i$ eine Verarmungsrandschicht für Löcher (vgl. Fig. 154).

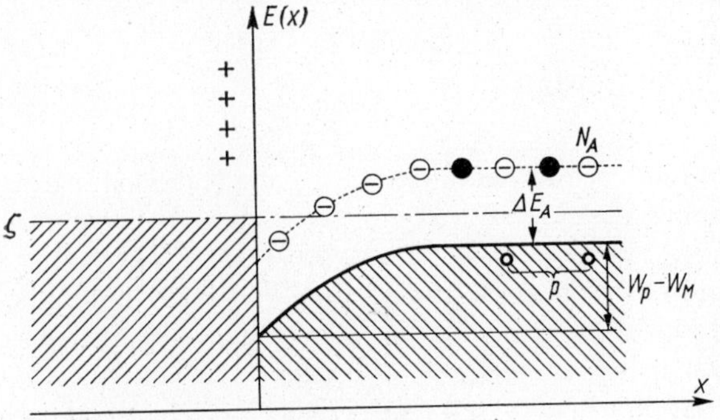

Fig. 154: Verarmungsrandschicht für Löcher

4. *Injizierende Kontakte*

Die Annahme einer SCHOTTKY-Randschicht ist nur gerechtfertigt unter der Bedingung

$$|W_M - W_{n,p}| \ll \Delta E_i . \tag{H40}$$

Dann kann der Kontakt mit einem Ein-Band-Modell beschrieben werden, d.h. man betrachtet nur das Verhalten *einer* Ladungsträgersorte unter der Annahme, dass alle Ladungsträger aus Störstellen angeregt sind.

Wird nun die Kontaktpotentialdifferenz ΔW vergleichbar mit der Energielücke ΔE_i, so ist qualitativ unmittelbar einzusehen, dass das ursprünglich vernachlässigte Energieband in der Umgebung der Grenzfläche in die Nähe des FERMI-Niveaus rückt (vgl. Fig. 155). Dies bedeutet, dass die Besetzungswahrscheinlichkeit für die entsprechende zweite Ladungsträgersorte nicht mehr vernachlässigbar ist. So kann beispielsweise die Randschicht in der Nähe des Kontakts zwischen Metall und n-Typ-Halbleiter p-leitend sein, und umge-

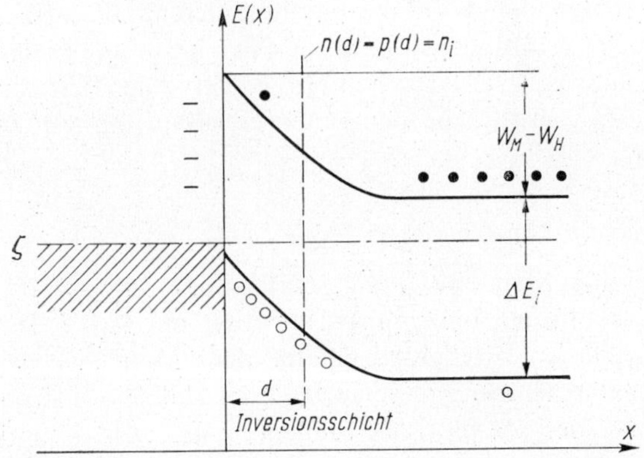

Fig. 155: Löcherinjektion

kehrt. Dieser Bereich der Randschicht heisst Inversionsschicht. Kontakte mit einer Inversionsschicht eigenen sich zur Injektion von Ladungsträgern, und zwar führt eine Inversionsschicht auf einem n-Typ-Halbleiter zur Löcherinjektion und auf einem p-Typ-Halbleiter zur Elektroneninjektion. Solche injizierende Kontakte bilden die Grundlage zahlreicher Halbleiter-Schalt- und Steuerelemente.

5. *Kontakt zwischen Metall und Idealhalbleiter*

Als einfachstes Beispiel für einen Kontakt, der mit dem Zwei-Bänder-Modell (Berücksichtigung *beider* Ladungsträgersorten) beschrieben werden muss, wählen wir den Kontakt zwischen einem Metall der Austrittsarbeit W_M und einem Idealhalbleiter der Austrittsarbeit W_i. Wir berechnen den Potentialverlauf am Kontakt, das elektrische Feld an der Grenzfläche und die Raumladung. Vorausgesetzt sei

$$W_M > W_i \tag{H41}$$

und

$$W_M - W_i < \frac{\Delta E_i}{2}. \tag{H42}$$

Wegen der Voraussetzung Gl. H41 entsteht im Halbleiter eine positive Raumladung; die Bänder sollen sich aber nach Gl. H42 nur so weit nach oben krümmen, dass die FERMI-Energie an der Grenzfläche $x = 0$ noch innerhalb der Energielücke liegt (vgl. Fig. 156.). Die Löcherkonzentration in der Nähe der Grenzfläche sei also nicht entartet (vgl. S. 290).

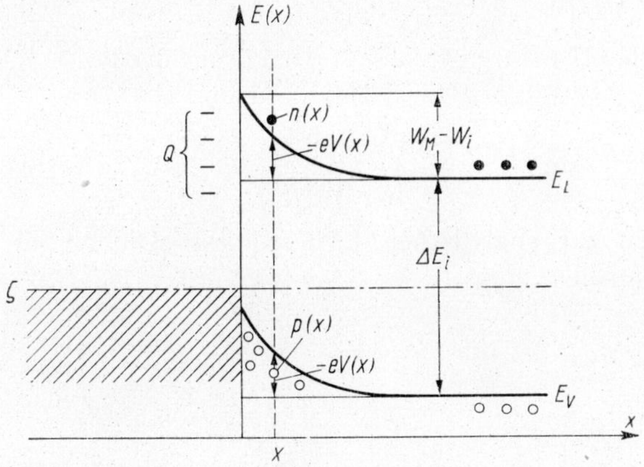

Fig. 156: Bänderschema eines Kontakts zwischen Metall und Idealhalbleiter

Die Raumladungsdichte ist im Gegensatz zu Gl. H23 ortsabhängig und gegeben durch die Differenz der in der Umgebung der Grenzfläche ortsabhängigen Ladungsträgerkonzentrationen

$$\varrho(x) = e[p(x) - n(x)]. \tag{H 43}$$

Die ortsabhängigen Ladungsträgerkonzentrationen sind im Fall der Nichtentartung gegeben durch Gl. G 107 und G 108:

$$n(x) = n_0 \exp[\alpha(x)] = n_0 \exp\left(\frac{\zeta - E_L(x)}{k\,T}\right), \tag{H 44}$$

$$p(x) = p_0 \exp[\beta(x)] = p_0 \exp\left(\frac{E_V(x) - \zeta}{k\,T}\right). \tag{H 45}$$

Im Bereich der Raumladung ist der Energieverlauf des unteren Leitungsbandrandes bzw. des oberen Valenzbandrandes

$$E_L(x) = E_L + (-e)\,V(x), \tag{H 46}$$

$$E_V(x) = E_V + (-e)\,V(x). \tag{H 47}$$

E_L, E_V Energiewerte ausserhalb der Randschicht *nach* Einstellung des thermodynamischen Gleichgewichts

Hiermit und unter Verwendung von Gl. G 9, G 26 und G 27 gehen Gl. H 44 und H 45 über in

$$n(x) = n_i \exp\left(\frac{e\,V(x)}{k\,T}\right), \tag{H 48}$$

$$p(x) = n_i \exp\left(-\frac{e\,V(x)}{k\,T}\right). \tag{H 49}$$

Damit erhält man aus Gl. H 43 für die ortsabhängige Raumladungsdichte

$$\varrho(x) = -2\,e\,n_i \sinh\left(\frac{e\,V(x)}{k\,T}\right). \tag{H 50}$$

Der unbekannte Potentialverlauf $V(x)$ ergibt sich aus der Lösung der POISSONschen Gleichung:

$$\frac{d^2V}{dx^2} = -\frac{1}{\varepsilon\,\varepsilon_0}\,\varrho(x) = \frac{2\,e\,n_i}{\varepsilon\,\varepsilon_0} \sinh\left(\frac{e\,V(x)}{k\,T}\right). \tag{H 51}$$

Die folgende Methode führt zur analytischen Lösung dieser Differentialgleichung. Mit den Substitutionen

$$y = -\frac{e\,V(x)}{k\,T} \tag{H 52}$$

und

$$b = \left(\frac{2\,e^2\,n_i}{\varepsilon\,\varepsilon_0\,k\,T}\right)^{\frac{1}{2}} \tag{H 53}$$

geht Gl. H 51 über in

$$\frac{d^2y}{dx^2} = -b^2 \sinh(-y) = b^2 \sinh y. \tag{H 54}$$

Die Multiplikation mit $\frac{dy}{dx}$ liefert

$$\frac{dy}{dx}\,\frac{d^2y}{dx^2} = \frac{1}{2}\,\frac{d}{dx}\left(\frac{dy}{dx}\right)^2 = b^2\,\frac{dy}{dx}\sinh y \tag{H 55}$$

und nach Integration über x

$$\left(\frac{dy}{dx}\right)^2 = 2\,b^2 \int \sinh y\, dy + C_1 \tag{H 56}$$

oder

$$\left(\frac{dy}{dx}\right)^2 = 2\,b^2 \cosh y + C_1. \tag{H 57}$$

Die Integrationskonstante folgt aus der Bedingung, dass mit verschwindendem Potential $V = 0$ auch die Ableitung zu Null wird, d.h. für

$$y = 0 \quad \text{und} \quad \frac{dy}{dx} = 0 \tag{H 58}$$

ergibt sich

$$C_1 = -2\,b^2. \tag{H 59}$$

Damit geht Gl.H 57 über in

$$\left(\frac{dy}{dx}\right)^2 = 2\,b^2\,(\cosh y - 1) = 4\,b^2 \sinh^2\left(\frac{y}{2}\right) \tag{H 60}$$

oder

$$\frac{dy}{dx} = \pm 2\,b \sinh\left(\frac{y}{2}\right). \tag{H 61}$$

Daraus folgt

$$dx = \pm\frac{1}{2b}\,\frac{dy}{\sinh\left(\frac{y}{2}\right)} \tag{H 62}$$

oder

$$x = \pm\frac{1}{b}\ln\left(\tanh\frac{y}{4}\right) + C_2. \tag{H 63}$$

Die Konstante C_2 ergibt sich aus der Randbedingung an der Grenzfläche für $x = 0$:

$$y(0) = \frac{-e\,V(0)}{k\,T} = \frac{W_M - W_i}{k\,T}. \tag{H 64}$$

Damit erhält man

$$C_2 = \mp\frac{1}{b}\ln\left(\tanh\frac{W_M - W_i}{4\,k\,T}\right). \tag{H 65}$$

Die Wahl des physikalisch sinnvollen Vorzeichens folgt aus der Vorgabe der x-Skala, nach der nur positive Werte von x definiert sind. Nach Gl. H 53 ist b stets positiv; dann ist immer

$$-\infty < \frac{1}{b} \ln\left(\tanh \frac{y}{4}\right) < 0. \tag{H66}$$

Ferner ist

$$\left| \frac{1}{b} \ln\left(\tanh \frac{y}{4}\right) \right| \geqslant \left| \frac{1}{b} \ln\left(\tanh \frac{y(0)}{4}\right) \right|. \tag{H67}$$

Daher wird Gl. H 63 unter der Bedingung $x \geqslant 0$:

$$x = -\frac{1}{b} \ln\left(\tanh \frac{y}{4}\right) + \frac{1}{b} \ln\left(\tanh \frac{y(0)}{4}\right). \tag{H68}$$

Auflösen nach y liefert den gesuchten Verlauf der potentiellen Energie am Kontakt:

$$y = \frac{(-e)\, V(x)}{k\,T} = 4 \operatorname{ar\,tanh}\,[a \exp(-b\,x)] \tag{H69}$$

mit

$$a = \tanh\left(\frac{y(0)}{4}\right) = \tanh\left(\frac{W_M - W_i}{4\,k\,T}\right). \tag{H70}$$

Die rechte Seite von Gl. H 69 nimmt im Definitionsbereich von $x > 0$ nur positive Werte an. Die Änderung $-eV(x)$ der potentiellen Energie der Elektronen ist also positiv, d.h. die Bänder krümmen sich entsprechend der positiven Raumladung nach oben.

Strenggenommen erstreckt sich die Ortsabhängigkeit der potentiellen Energie, d.h. die Krümmung der Energiebänder, bis $x \to \infty$. Man kann jedoch zeigen, dass die potentielle Energie in einer Entfernung $x \approx 1/b$ nur noch einen kleinen Bruchteil $1/\alpha$ des Wertes an der Stelle $x = 0$ beträgt. Die Grösse $1/b$ (Gl. H 53) ist ein Mass für die effektive Dicke der Randschicht, die demnach proportional zur Wurzel aus der Dielektrizitätskonstante ε und umgekehrt proportional zur Wurzel aus der Ladungsträgerkonzentration n_i ist. Wir berechnen die Dicke $x = d_\alpha$, für die die potentielle Energie gegeben ist durch

$$y(d_\alpha) = \frac{1}{\alpha}\, y(0) \tag{H71}$$

mit

$$\alpha > 1. \tag{H72}$$

Mit Hilfe von Gl. H 68 erhält man

$$d_\alpha = \frac{1}{b} \ln \left\{ \frac{\tanh\left(\frac{y(0)}{4}\right)}{\tanh\left(\frac{y(d_\alpha)}{4}\right)} \right\} \tag{H73}$$

und mit Gl. H64 und H71

$$d_\alpha = \frac{1}{b} \ln \left\{ \frac{\tanh\left(\frac{W_M - W_i}{4kT}\right)}{\tanh\left(\frac{W_M - W_i}{4kT} \frac{1}{\alpha}\right)} \right\}. \tag{H74}$$

Für einen typischen Wert $W_M - W_i \approx 0{,}3$ eV und für $T = 300$ °K ist der Quotient $(W_M - W_i)/4\,kT \approx 3$. Damit wird die Randschichtdicke, in der das Potential auf $1/\alpha = 1/10$ des Wertes an der Stelle $x = 0$ abfällt:

$$d_\alpha = \frac{1}{b}\, 1{,}2 \approx \frac{1}{b}. \tag{H75}$$

Beispielsweise erhält man für $1/b$ mit den Daten von Germanium bei $T =$ 300 °K, $\Delta E_i = 0{,}75$ eV, $n_i \approx 10^{13}$ cm^{-3} und $\varepsilon = 16$:

$$\frac{1}{b} = \left(\frac{\varepsilon\, \varepsilon_0\, kT}{2\, e^2\, n_i}\right)^{\frac{1}{2}} \approx 1{,}1 \cdot 10^{-4} \text{ cm}. \tag{H76}$$

Aus der Ableitung von Gl. H69 nach x ergibt sich der Verlauf der elektrischen Feldstärke F in der Randschicht sowie die sog. Randfeldstärke an der Stelle $x = 0$

$$F(x) = -\frac{dV}{dx} = \frac{kT}{e} \frac{dy}{dx} = -4\, b\, \frac{kT}{e} \frac{a \exp(-b\,x)}{1 - a^2 \exp(-2\,b\,x)}. \tag{H77}$$

Daraus folgt für die Randfeldstärke

$$F(0) = -4\, b\, \frac{kT}{e} \frac{a}{1 - a^2} \tag{H78}$$

oder unter Berücksichtigung der Gl. H53 und H70

$$F(0) = -2 \left(\frac{2\, n_i\, kT}{\varepsilon\, \varepsilon_0}\right)^{\frac{1}{2}} \sinh\left(\frac{W_M - W_i}{2kT}\right). \tag{H79}$$

Die gesamte Raumladung Q ergibt sich durch Integration der Raumladungsdichte ϱ von $x = 0$ bis $x = \infty$. Mit Hilfe der Poissonschen Gleichung (Gl. H20) findet man einen unmittelbaren Zusammenhang mit der Randfeldstärke $F(0)$:

$$Q = \int_0^\infty \varrho(x)\, dx = -\varepsilon\, \varepsilon_0 \frac{dV}{dx}\bigg|_0^\infty = \varepsilon\, \varepsilon_0\, F(0). \tag{H80}$$

Diese Beziehung stellt den allgemeinen Zusammenhang dar zwischen der Flächenladung Q an der Oberfläche eines Halbleiters, die dem Betrag nach gleich der Raumladung im Halbleiterinnern ist, und der Randfeldstärke innerhalb des Halbleiters.

Im vorliegenden Fall des Metall–Idealhalbleiter-Kontakts erhält man für die Ladung am Kontakt aus Gl. H79 und H80

$$Q = 2(2\,n_i\,\varepsilon\,\varepsilon_0\,k\,T)^{\frac{1}{2}}\ \sinh\left(\frac{W_M - W_i}{2\,k\,T}\right). \qquad \text{(H81)}$$

Für Germanium, beispielsweise, ergibt sich mit den angegebenen Daten für die Flächenladung

$$Q \approx 1{,}2\cdot 10^{-7}\,\frac{\text{A sec}}{\text{cm}^2} \approx 10^{12}\,\frac{\text{Elementarladungen}}{\text{cm}^2} \qquad \text{(H82)}$$

und für die Randfeldstärke im Innern

$$F(0) = \frac{Q}{\varepsilon\,\varepsilon_0} \approx 2\cdot 10^4\,\frac{\text{V}}{\text{cm}}. \qquad \text{(H83)}$$

6. *Oberflächenzustände*

Nach den bisherigen Ausführungen würde man erwarten, dass die elektrischen Eigenschaften von Metall–Halbleiter-Kontakten stark von der relativen Grösse der Austrittsarbeiten beider Kontaktpartner abhängen. Jedoch hat sich gezeigt, dass ausser dem Kapazitätsverhalten (vgl. S. 323) auch die Gleichrichterwirkung von Metall–Halbleiter-Kontakten (vgl. S. 334 ff.) weitgehend unabhängig von der Wahl des Metalls und damit von der Austrittsarbeit W_M ist. Die Ursache hierfür ist – abgesehen von den grossen experimentellen Schwierigkeiten, einen Kontakt ohne ‹ fremde › Zwischenschicht herzustellen – von grundsätzlicher physikalischer Natur und besteht in der Wirkung der sog. Oberflächenzustände bzw. der sog. Zwischenschichtzustände.

Jede Oberfläche eines Kristalls sowie auch jede Grenzfläche innerhalb eines Kristalls (z.B. eine Korngrenze) bedeutet eine Störung des regelmässigen Kristallbaus und damit der strengen Periodizität, die für die Herleitung des Energiebänderspektrums vorausgesetzt wurde. Die Oberflächenatome haben eine kleinere Koordinationszahl als die Atome im Kristallinnern. Wegen der fehlenden Bindungen sind die Atome in der Nähe der Oberfläche aus der Lage verschoben, die durch die Gitterperiodizität des Kristallinnern gegeben ist. Die unabgesättigten Valenzelektronen der Oberflächenatome (‹ dangling bonds ›) können leicht Fremdatome binden und sind die Ursache für die starke Adsorption von Fremdstoffen auf ursprünglich atomar sauberen Oberflächen.

I. Tamm hat als erster gezeigt, dass die Begrenzung des Kristalls durch eine Oberfläche die Existenz neuer Zustände bedingt. Die dazugehörigen Energiewerte liegen in der Energielücke zwischen Valenz- und Leitungsband. Die entsprechenden Wellenfunktionen sind nur in der Umgebung der Oberfläche merklich von Null verschieden und klingen nach beiden Seiten hin exponentiell ab; die Zustände sind also an der Oberfläche lokalisiert (Oberflächenzustände).

Die Oberflächenzustände für vollkommen saubere Oberflächen, die sog. Tamm-Zustände, sind bedingt durch die freien, unabgesättigten Valenzen der

Oberflächenatome. Die Zahl dieser Zustände pro Flächeneinheit hat dieselbe Grössenordnung wie die Flächendichte der Oberflächenatome (etwa 10^{15} cm^{-2}).

Die Bindung von Fremdatomen bewirkt ebenfalls das Auftreten von Oberflächenzuständen, die sich in ihren Eigenschaften jedoch stark von den TAMM-Zuständen unterscheiden können.

Die Kristallorientierung der Oberfläche sowie die Art der adsorbierten Fremdschicht bestimmen die Zahl, die energetische Lage und den Charakter der Oberflächenzustände (Donatoren- oder Akzeptorenzustände). Im folgenden unterscheiden wir nicht, ob die Oberflächenzustände allein durch die endliche Ausdehnung des Kristalls (→ TAMM-Zustände) oder durch adsorbierte Fremdatome zustande kommen. Wesentlich ist, dass die Besetzung der Oberflächenzustände durch die FERMI–DIRAC-Statistik geregelt ist und sich nach der energetischen Lage der Zustände bezüglich der Bandränder und nach der Lage der FERMI-Grenzenergie weit im Halbleiterinnern richtet. Da die Oberflächenzustände als Donatoren oder Akzeptoren wirken, werden die Ladungsträgerkonzentrationen in der Umgebung der Oberfläche verändert und damit ortsabhängig. Die Oberfläche erhält eine positive oder negative Flächenladung, die von einer gleich grossen negativen oder positiven Raumladung in der Umgebung der Oberfläche kompensiert wird. Dies bedeutet, dass im thermodynamischen Gleichgewicht bei horizontalem Verlauf der FERMI-Energie die Bänder nach oben oder nach unten gekrümmt werden. Während also weit im Halbleiterinnern die Ladungsträgerkonzentrationen durch die Neutralitätsbedingung gegeben sind, werden sie in der Umgebung der Oberfläche durch die Besetzung der Oberflächenzustände bestimmt. Je nach dem Charakter und der Energieverteilung der Zustände bilden sich Verarmungs-, Anreicherungs-oder Inversionsrandschichten.

Zur Berechnung des Potentialverlaufs geht man wiederum von der POISSONschen Gleichung (Gl. H20) aus. Die Raumladungsdichte ist ortsabhängig, da in der Randschicht die Ladungsträgerkonzentrationen sowie die Besetzung der Störstellen von dem Verlauf des Potentials $V(x)$, das in die Besetzungswahrscheinlichkeit $f(E)$ eingeht, abhängen. Der Wert $V(0)$ des Potentials an der Oberfläche ist nicht unmittelbar gegeben (wie bei Kontakten ohne Berücksichtigung von Oberflächenzuständen; vgl. Gl. H26 und H64), sondern stellt sich so ein, dass der Kristall als Ganzes elektrisch neutral ist. Die Flächenladung in den Oberflächenzuständen muss also gleich der Raumladung im Kristall sein.

Die Berechnung des Potentialverlaufs ist im allgemeinen nicht geschlossen analytisch durchführbar. Die Resultate von graphischen bzw. numerischen Auswertungen sind in Diagrammen zusammengestellt, die in der Spezialliteratur enthalten sind[1].

Man bezeichnet die Differenz zwischen dem Potential $V(0)$ an der Oberfläche ($x = 0$) und dem Potential $V(\infty)$ weit im Halbleiterinnern ($x \to \infty$) als

[1] Vgl. z.B. R. H. KINGSTON und S. F. NEUSTADTER, J. Appl. Phys. *26*, 718 (1955); R. SEIWATZ und M. GREEN, J. Appl. Phys. *29*, 1034 (1958); C. E. YOUNG, J. Appl. Phys. *32*, 329 (1961).

Diffussionsspannung V_D. Die potentielle Energie der Ladungsträger an der Oberfläche und weit im Halbleiterinnern unterscheidet sich also um den Wert $e\,V_D$, der ein Mass für die Bandverbiegung ist.

Die Oberflächenzustände bewirken bereits eine Randschicht im Halbleiter beim Kontakt zwischen Halbleiter und Vakuum. J. BARDEEN hat als erster die Existenz von Oberflächenzuständen in seiner Theorie der Gleichrichtung an Halbleiter–Metall-Kontakten berücksichtigt. Beim Übergang vom Kontakt zwischen Halbleiter und Vakuum bzw. Gasphase zum unmittelbaren Kontakt zwischen zwei Kristallen bleibt die Zahl und die energetische Lage der Oberflächenzustände nicht notwendigerweise erhalten, d.h. das Spektrum der Oberflächenzustände ist im allgemeinen verschieden vom Spektrum der Zwischenschichtzustände, die ebenfalls eine Folge der gestörten Gitterperiodizität sind. Wesentlich ist jedoch, dass die Raumladungsrandschicht im Halbleiter nicht erst bei der Herstellung des Kontakts mit dem Metall entsteht. Ist die Zahl der Oberflächenzustände bzw. der Zwischenschichtzustände hinreichend gross ($> 10^{13}$ cm^{-2}), d.h. ist die durch diese Zustände verursachte Bandverbiegung $e\,V_D$ gross gegen die Differenz der Austrittsarbeiten beider Kontaktpartner, so treten bei Herstellung des Kontakts nur kleine Änderungen der Bandverbiegung $e\,V_D$ auf. Der Einfluss des Metalls wird dann durch die grosse Ladung der Oberflächen- bzw. Zwischenschichtzustände weitgehend abgeschirmt. Daher können der Potentialverlauf und damit die elektrischen Eigenschaften von Metall–Halbleiter-Kontakten praktisch unabhängig von der Austrittsarbeit des Metalls sein.

Die Beziehung $e\,V_D = \Delta W$ zwischen der Bandverbiegung und der Differenz der Austrittsarbeiten, die für einen Kontakt ohne Berücksichtigung von Zwischenschichtzuständen gilt (vgl. Gl. H 39), ist in praktischen Fällen meistens nicht erfüllt (vgl. S. 319 ff.). Zur Behandlung von Halbleiter–Metall-Kontakten

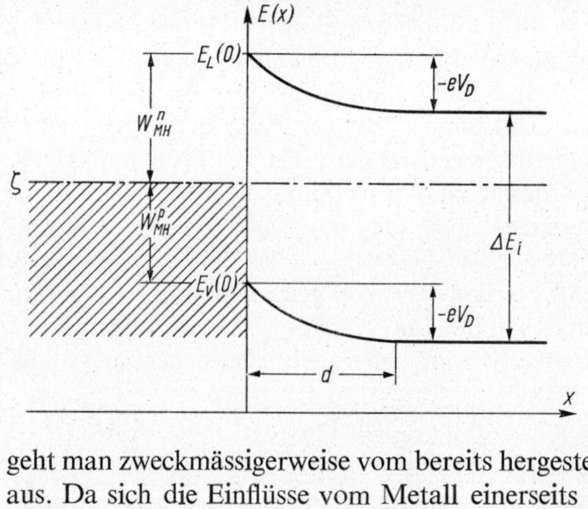

Fig. 157: Bänderschema eines Metall–Halbleiter-Kontakts

geht man zweckmässigerweise vom bereits hergestellten, unmittelbaren Kontakt aus. Da sich die Einflüsse vom Metall einerseits und von Zwischenschichtzuständen andererseits auf die Raumladungsrandschicht nur schwierig trennen lassen, definiert man als neue Grössen die Austrittsarbeiten W^n_{MH} für den Elektronenübergang bzw. W^p_{MH} für den Löcherübergang vom Metall in den Halbleiter. Es ist (vgl. Fig. 157)

$$W^n_{MH} = E_L(0) - \zeta \tag{H 84}$$

und

$$W^p_{MH} = \zeta - E_V(0) \tag{H 85}$$

oder mit Gl. H 46 und H 47

$$W^n_{MH} = E_L + (-e)\, V_D - \zeta \tag{H 86}$$

und

$$W^p_{MH} = \zeta - E_V - (-e)\, V_D. \tag{H 87}$$

Bei Nichtentartung bestehen im thermodynamischen Gleichgewicht am Halbleiterrand die Randkonzentrationen n_R bzw. p_R von Elektronen bzw. Löchern (vgl. Gl. H 44 und H 45)

$$n_R = n(0) = n_0 \exp\left(-\frac{W^n_{MH}}{kT}\right) \tag{H 88}$$

und

$$p_R = p(0) = p_0 \exp\left(-\frac{W^p_{MH}}{kT}\right) \tag{H 89}$$

oder mit Gl. G 13, G 106, G 107, H 86 und H 87

$$n_R = n \exp\left(\frac{e V_D}{kT}\right) \tag{H 90}$$

und

$$p_R = p \exp\left(-\frac{e V_D}{kT}\right). \tag{H 91}$$

Je nachdem, ob $n_R > n$ bzw. $p_R > p$ ist oder $n_R < n$ bzw. $p_R < p$, hat man Anreicherungs- oder Verarmungsrandschichten für Elektronen bzw. Löcher. Für Inversionsschichten ist $n_R < n_i < n$ und $p_R > n_i > p$ (Inversionsschicht eines n-Typ-Halbleiters) oder $n_R > n_i > n$ und $p_R < n_i < p$ (Inversionsschicht eines p-Typ-Halbleiters).

Die Gl. H 88 und H 89 zeigen, dass die Randkonzentrationen unabhängig sind von den Ladungsträgerkonzentrationen weit im Halbleiterinnern und nur von den für den Kontakt charakteristischen Grössen W_{MH} abhängen. Aus der Addition der Gl. H 86 und H 87 folgt, dass die Summe der Austrittsarbeiten W^n_{MH} und W^p_{MH} gleich der Energielücke des Halbleiters ist:

$$W^n_{MH} + W^p_{MH} = E_L - E_V = \Delta E_i. \tag{H 92}$$

7. *Belasteter Metall–Halbleiter-Kontakt*

Das Anlegen einer Spannung am Kontakt bewirkt einerseits eine Veränderung des Potentialverlaufs (vgl. S. 322 ff.) und andererseits das Fliessen eines resultierenden Stroms. Je nachdem, ob am Kontakt eine Anreicherungs- oder eine Verarmungsrandschicht besteht, sind die elektrischen Eigenschaften des Kontakts verschieden.

Eine Anreicherungsrandschicht hat einen kleineren Widerstand als eine Schicht vergleichbarer Dicke im Halbleiterinnern. Der Stromfluss durch den Kontakt wird daher hauptsächlich durch die Eigenschaften des Halbleiterinnern und nicht durch die Randschicht bestimmt. Kontakte mit Anreicherungsrandschichten sind von grossem Interesse für die sperrfreie Kontaktierung von Metall und Halbleiter.

Im Gegensatz hierzu haben Kontakte mit Verarmungsrandschichten ausgeprägte Gleichrichtereigenschaften. Der Stromfluss durch den Kontakt wird durch die an Ladungsträgern verarmte und damit hochohmige Randschicht bestimmt. Eine Verarmungsrandschicht bedeutet energetisch für die entsprechenden Ladungsträger eine Potentialschwelle (Potentialbarriere), d.h. die potentielle Energie der Ladungsträger ist in der Randschicht höher als im Innern der Kontaktpartner. Im folgenden wird angenommen, dass die Potentialschwelle so hoch und so breit ist, dass der Tunneleffekt vernachlässigbar klein ist (vgl. S. 194). Dann kommt der gesamte Ladungsträgertransport durch den Kontakt allein durch Thermo-Emission über die Potentialschwelle zustande. Der Leitungsmechanismus hängt noch davon ab, ob die Ladungsträger in der Randschicht viele oder wenige Zusammenstösse mit Gitterstörungen und Phononen erleiden, d.h. ob die freie Weglänge Λ der Ladungsträger im Vergleich zur Randschichtdicke d klein oder gross ist.

Unter der Annahme $\Lambda \ll d$ berechnet man die Strom–Spannungs-Charakteristik des Kontakts nach der sog. Diffusionstheorie. Die Zahl der Zusammenstösse ist dann so gross, dass die Ladungsträgerkonzentrationen in der Randschicht vom lokalen Wert des Potentials $V(x)$ abhängen. Daher entstehen Dichtegradienten und demzufolge Diffusionsströme, die zusammen mit den Feldströmen $(V(x) \neq \text{const} \rightarrow F \neq 0)$ den Leitungsmechanismus bestimmen.

Unter der Annahme $\Lambda \gg d$ gilt die sog. Diodentheorie. Der Ladungsträgertransport wird dann durch die einseitig thermischen Stromdichten bestimmt, die von den Ladungsträgerkonzentrationen weit im Innern der Kontaktpartner abhängen und durch thermische Anregung die Berührungsfläche $x = 0$ zwischen Metall und Halbleiter erreichen.

Die Gleichrichter-Charakteristiken, die sich aufgrund der Diffusions- bzw. der Diodentheorie ergeben, unterscheiden sich nur durch einen Faktor, der im Fall der Diffusionstheorie schwach von der äusseren Spannung abhängt. Der für alle Gleichrichter charakteristische Zusammenhang zwischen Strom und Spannung lässt sich am einfachsten mit Hilfe der Diodentheorie herleiten.

Bei der Berechnung von Strom–Spannungs-Charakteristiken wird gewöhnlich der Strom pro Kontaktfläche, d.h. die Stromdichte j, verwendet; experimentelle Strom–Spannungs-Charakteristiken dagegen zeigen vielfach unmittelbar den Strom I durch einen gegebenen Gleichrichter in Funktion der äusseren Spannung U. In den folgenden Abschnitten bezeichnet ‹Strom› im allgemeinen die Stromdichte.

Diodentheorie

Wir betrachten einen Kontakt zwischen Metall und n-Typ-Halbleiter. Im thermodynamischen Gleichgewicht sind die Ströme, die aus beiden Kontaktpartnern zur Berührungsfläche fliessen, dem Betrage nach gleich:

$$j^0_{MH} = j^0_{HM}. \tag{H93}$$

Sie sind für $\Lambda \gg d$ nur von der Höhe der Potentialschwelle abhängig. Analog zu Gl. E91 gilt (vgl. Fig. 157)

$$j^0_{MH} = C(T)\exp\left(-\frac{W_{MH}}{kT}\right) \tag{H94}$$

und

$$j^0_{HM} = C(T)\exp\left(-\frac{E_L + |eV_D| - \zeta}{kT}\right). \tag{H95}$$

Die Konstante $C(T)$ ist wegen Gl. H86 und H93 für beide Ströme gleich.

Durch Anlegen einer Spannung U wird das Potential des Metalls gegenüber dem geerdeten Halbleiter um $\pm U$ verändert und damit das Bänderschema des Metalls gegenüber dem des Halbleiters um $\mp eU$ verschoben (vgl. S. 322). Der Potentialabfall über der Randschicht beträgt dann nicht mehr V_D, sondern $V_D \mp U$; der Wert W_{MH} bleibt unverändert. Die Höhe der Potentialschwelle für die Ladungsträger im Halbleiter ist also um $\mp eU$ verändert, und somit wird der Strom j_{HM} aus dem Halbleiter stark erhöht bzw. erniedrigt:

$$j_{HM} = j^0_{HM}\exp\left(\pm\frac{eU}{kT}\right). \tag{H96}$$

Die Metallelektronen ‹sehen› unabhängig von der angelegten Spannung U dieselbe Potentialschwelle W_{MH}; der Strom j_{MH} aus dem Metall kann also als ein Sättigungsstrom j_s aufgefasst werden:

$$j_{MH} = j^0_{MH} = j_s. \tag{H97}$$

Der resultierende Strom j durch den Kontakt ergibt sich aus der Differenz der Ströme j_{HM} und j_{MH}:

$$j = j_s\left[\exp\left(\pm\frac{eU}{kT}\right) - 1\right]. \tag{H98}$$

Bei positiver Polung des Metalls ist der Exponent in Gl. H98 positiv, und der Strom j wächst mit der Spannung U exponentiell an; die Elektronen fliessen in Durchlass-Richtung des Metall–n-Typ-Gleichrichters vom Halbleiter zum Metall.

Bei negativer Polung des Metalls ist der Exponent negativ; die Elektronen fliessen in Sperr-Richtung vom Metall zum Halbleiter, der Sperrstrom erreicht für $eU > kT$ den spannungsunabhängigen Sättigungswert j_s (vgl. Fig. 158).

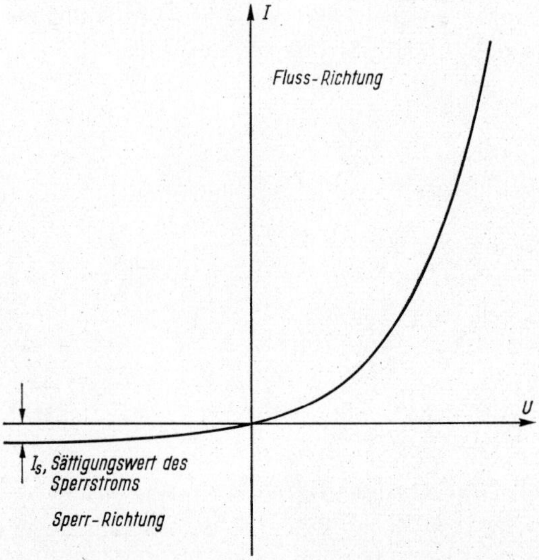

Fig. 158: Gleichrichter-Kennlinie (schematisch)

Unabhängig von der Polung des Gleichrichters gilt für hinreichend kleine Spannungen, d.h. für $eU < kT$, das OHMsche Gesetz, denn in dieser Näherung ist

$$j \approx j_s \left[1 \pm \frac{eU}{kT} - 1\right] = j_s \frac{e}{kT} U \tag{H99}$$

Dieselbe Strom–Spannungs-Charakteristik Gl. H98 gilt auch für einen Kontakt zwischen Metall und p-Typ-Halbleiter. Jedoch sind hierfür Durchlass- und Sperr-Richtung umgekehrt, d.h. Durchlass-Richtung besteht für negativ gepoltes Metall, Sperr-Richtung für positiv gepoltes Metall.

Die gemessenen Strom–Spannungs-Charakteristiken von Metall–Halbleiter-Kontakten werden qualitativ richtig durch Gl. H98 wiedergegeben. Quantitativ stimmen die Messungen – abgesehen von einigen Fällen – weder mit der Diodentheorie noch mit der Diffusionstheorie überein. Sie werden vielfach beschrieben durch eine Gleichung von der Form

$$j = j_s \left[\exp\left(\pm \frac{eU}{\beta kT}\right) - 1\right] \tag{H100}$$

mit

$$\beta > 1.$$

β phänomenologischer Korrekturfaktor

Der Grund für Abweichungen von Gl. H98 ist in den vereinfachenden Annahmen zu suchen, unter denen die Rechnung ohne grössere mathematische Schwierigkeiten überhaupt nur durchführbar ist. Diese einfachen Theorien berücksichtigen nur 1 Ladungsträgersorte (Ein-Band-Modell) und lassen die Minoritätsträger ebenso wie das mögliche Auftreten einer Inversionsschicht unberücksichtigt. Überdies ist fraglich, ob die Randschicht allein für die Gleichrichtereigenschaften massgebend ist oder ob durch Diffusion von Störstellen zwischen Metall und Halbleiter noch zusätzlich ein *pn*-Übergang (s.u.) entsteht, der den Ladungstransport mitbestimmt.

III. Halbleiter–Halbleiter-Kontakte

Grenzen zwei verschiedene Halbleiter aneinander, so hat man ebenso wie beim Metall–Halbleiter-Kontakt Zwischenschichtzustände zu berücksichtigen. Die theoretische Behandlung wird dadurch sehr komplex und muss sich überdies auf unüberprüfbare Annahmen über die Energieverteilung der Zwischenschichtzustände stützen.

Wir beschränken uns hier auf die Behandlung von *pn*-Übergängen innerhalb ein und desselben Halbleiter-Einkristalls. Man erzeugt durch geeignete Diffusionstechniken einen Übergang von einer Dotierung mit Akzeptoren in eine Dotierung mit Donatoren. Da dieser Übergang innerhalb ein und desselben Kristalls liegt, entstehen im Bänderschema am Ort der Grenzfläche keine Zwischenschichtzustände. Allein die Dotierung verursacht Störterme, die wegen des Dotierungsübergangs auf beiden Seiten der Grenzfläche verschieden sind.

1. *pn-Übergänge*

Im thermodynamischen Gleichgewicht besteht zwischen den beiden verschieden dotierten Teilen des Kristalls eine Potentialstufe, die folgendermassen zustande kommt: An der Grenzfläche zwischen *n*- und *p*-Teil haben beide Ladungsträgerarten einen grossen Konzentrationsgradienten. Elektronen gehen vom *n*-Teil in den *p*-Teil über und rekombinieren dort mit den Löchern. Gleichzeitig gehen Löcher vom *p*-Teil in den *n*-Teil über und rekombinieren dort mit den Elektronen. Dies hat zur Folge, dass die Ladung der ionisierten, unbeweglichen Störstellen in der Umgebung der Grenzfläche unkompensiert bleibt und dass sich im *p*-Gebiet eine negative, im *n*-Gebiet eine positive Raumladung ausbildet. Diese Raumladungen erzeugen ein elektrisches Feld und damit einen Potentialunterschied (die Diffusionsspannung V_D) am *pn*-Übergang. Im thermodynamischen Gleichgewicht kompensieren sich die durch die Konzentrationsgradienten verursachten Diffusionsströme und die durch das entstandene Feld verursachten Feldströme beider Ladungsträgerarten.

Die Bildung der Potentialstufe bedeutet, dass sich die Bänderschemata der ursprünglich getrennt gedachten *p*- und *n*-Typ-Halbleiter gegeneinander verschieben bis ihre FERMI-Grenzenergien denselben Wert ζ erreichen (vgl.

Fig. 159). Durch den Übergang von Elektronen aus dem n-Teil in den p-Teil sinkt die Energie des n-Teils, während die des p-Teils zunimmt.

Die Höhe eV_D der Potentialstufe ist gleich der Differenz der ursprünglichen FERMI-Grenzenergien und steht in Beziehung mit den Ladungsträgerkonzentrationen des n- und p-Gebiets ausserhalb des Raumladungsgebiets: n_n, p_n und n_p, p_p.

Im thermodynamischen Gleichgewicht und für Nichtentartung gilt aufgrund der Gl. G 106 und G 107

$$n_n = n_0 \exp\left(\frac{\zeta - E_L^n}{kT}\right), \tag{H 101}$$

$$p_n = p_0 \exp\left(\frac{E_V^n - \zeta}{kT}\right), \tag{H 102}$$

$$n_p = n_0 \exp\left(\frac{\zeta - E_L^p}{kT}\right), \tag{H 103}$$

$$p_p = p_0 \exp\left(\frac{E_V^p - \zeta}{kT}\right). \tag{H 104}$$

$E_L^n, E_L^p, E_V^n, E_V^p$ Energien der Bandränder im n- und p-Teil ausserhalb der Raumladung

Ferner gilt nach Gl. G 109 für die Inversionsdichte n_i:

$$n_i^2 = n_n p_n = n_p p_p = n_0 p_0 \exp\left(-\frac{\Delta E_i}{kT}\right) \tag{H 105}$$

mit

$$\Delta E_i = E_L^n - E_V^n = E_L^p - E_V^p. \tag{H 106}$$

Für die Diffusionsspannung V_D erhält man durch Division der Gl. H 101 und H 103 bzw. der Gl. H 102 und H 104 den Zusammenhang

$$e V_D = kT \ln\left(\frac{n_n}{n_p}\right) = kT \ln\left(\frac{p_p}{p_n}\right) = kT \ln\left(\frac{n_n p_p}{n_i^2}\right) \tag{H 107}$$

mit (vgl. Fig. 159)

$$e V_D = E_L^p - E_L^n = E_V^p - E_V^n. \tag{H 108}$$

Man kann leicht zeigen, dass für starke Dotierungen, d.h. für $n_n \gg n_i$ und $p_p \gg n_i$, die Diffusionsspannung durch den Wert der Energielücke gegeben ist. Man erhält mit Gl. H 101, H 104 und H 105:

$$n_0 \exp\left(\frac{\zeta - E_L^n}{kT}\right) \gg (n_0 p_0)^{\frac{1}{2}} \exp\left(-\frac{\Delta E_i}{2kT}\right) \tag{H 109}$$

und

$$p_0 \exp\left(\frac{E_V^p - \zeta}{kT}\right) \gg (n_0 p_0)^{\frac{1}{2}} \exp\left(-\frac{\Delta E_i}{2kT}\right). \tag{H 110}$$

Die effektiven Zustandsdichten n_0 und p_0 unterscheiden sich nur durch die verschiedenen effektiven Massen der Elektronen und Löcher und haben in

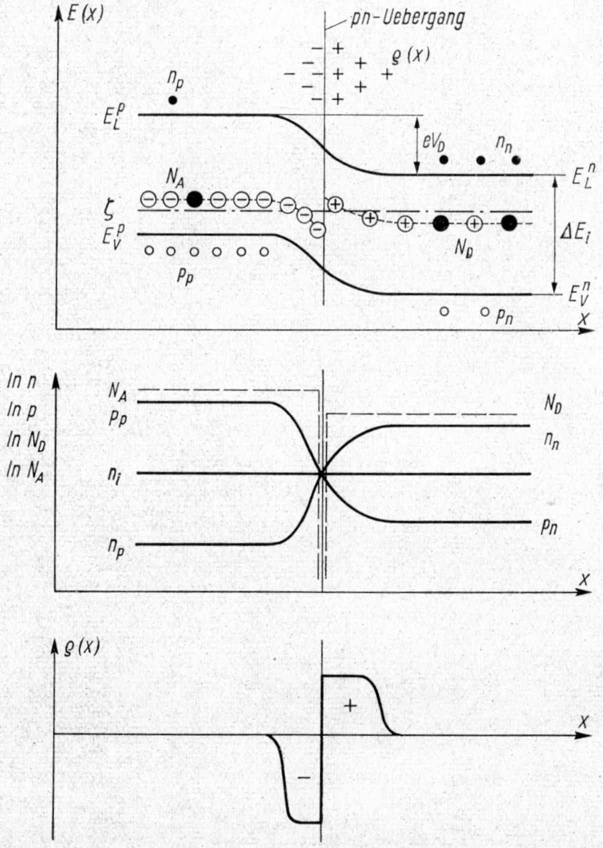

Fig. 159: Bänderschema, Ladungsträger- und Störstellenkonzentrationen und Ladungsdichte für einen *pn*-Übergang

vielen Fällen dieselbe Grössenordnung, d.h. es gilt näherungsweise

$$n_0 \approx p_0 \approx (n_0 p_0)^{\frac{1}{2}}. \qquad \text{(H111)}$$

Damit folgt aus Gl. H109 und H110

$$E_L^n - \zeta \ll \frac{1}{2} \Delta E_i \qquad \text{(H112)}$$

und

$$\zeta - E_V^p \ll \frac{1}{2} \Delta E_i \qquad \text{(H113)}$$

oder durch Addition dieser beiden Beziehungen

$$E_L^n - E_V^p \ll \Delta E_i. \qquad \text{(H114)}$$

Die Kombination der Gl. H106 und H108 liefert

$$e V_D = \Delta E_i - (E_L^n - E_V^n) \qquad \text{(H115)}$$

und unter Berücksichtigung der Annahmen $n_n \gg n_i$ und $p_p \gg n_i$, d.h. der Gl. H114,

$$e V_D \approx \Delta E_i . \tag{H116}$$

Während die Höhe V_D der Potentialstufe allein durch die Ladungsträgerkonzentrationen des n- und p-Typ-Materials gegeben ist, richtet sich der Potentialverlauf $V(x)$ am pn-Übergang nach der Ortsabhängigkeit der Raumladungen und damit nach der Verteilung der Störstellen $N_A(x)$ und $N_D(x)$ in der Umgebung der Grenzfläche. Man bezeichnet diese Verteilungen als Störstellenprofile. Elektrische Eigenschaften eines pn-Übergangs richten sich nach dem Störstellenprofil und damit nach dem Potentialverlauf. Sowohl bei Metall–Halbleiter-Kontakten als auch bei pn-Übergängen ist der Ladungstransport abhängig von der Dicke d der Raumladungsschicht im Verhältnis zu einer mittleren Weglänge der Ladungsträger. Bei pn-Übergängen ist diese Weglänge die sog. Diffusionslänge L der Minoritätsträger. Sie ist bestimmt durch die mittlere Weglänge, die ein Minoritätsträger zurücklegt, ehe er mit einem Majoritätsträger rekombiniert. Man unterscheidet pn-Übergänge mit hoher und mit niedriger Rekombination, d.h. mit $d \gg L$ und mit $d \ll L$. Die wesentliche elektrische Eigenschaft eines pn-Übergangs, nämlich die Gleichrichterwirkung, kann man jedoch bereits ohne die genaue Kenntnis der Störstellenprofile und des Potentialverlaufs verstehen.

2. *Belasteter pn-Übergang*

Durch Anlegen einer Spannung U am pn-Übergang wird die Höhe der Potentialstufe, d.h. die Diffusionsspannung V_D, verändert. Ist der p-Teil positiv gegenüber dem n-Teil, so wird die Diffusionsspannung auf $e V_D - e U$ erniedrigt, bei umgekehrter Polung wird sie auf $e V_D + e U$ erhöht. Die einseitig thermischen Ströme der Minoritätsträger, $j(n_p)$ und $j(p_n)$, die in Richtung der Grenzfläche fliessen, sind unabhängig von der angelegten Spannung. Sie sind proportional zu den Gleichgewichtskonzentrationen n_p und p_n:

$$j(n_p) = C_1 n_p , \tag{H117}$$

$$j(p_n) = C_3 p_n . \tag{H118}$$

C_1, C_3 Konstanten

Die einseitig thermischen Ströme der Majoritätsträger, $j(n_n)$ und $j(p_p)$, sind proportional zu jenem Bruchteil der Ladungsträger, der die Potentialstufe der Höhe $e V_D \pm e U$ überwindet, d.h.

$$j(n_n) = C_2 n_n \exp\left(-\frac{e V_D \pm e U}{k T}\right), \tag{H119}$$

$$j(p_p) = C_4 p_p \exp\left(-\frac{e V_D \pm e U}{k T}\right). \tag{H120}$$

Aus der Bedingung für thermodynamisches Gleichgewicht ($U = 0$)

$$j_0(n_n) = j_0(n_p) = j(n_p) \tag{H 121}$$

und

$$j_0(p_p) = j_0(p_n) = j(p_n) \tag{H 122}$$

folgt mit Gl. H 107

$$C_1 = C_2 \tag{H 123}$$

und

$$C_3 = C_4 \,. \tag{H 124}$$

Der resultierende Gesamtstrom durch den pn-Übergang ergibt sich als Summe der resultierenden Ströme von Elektronen und Löchern:

$$j = j(n_n) - j(n_p) + j(p_p) - j(p_n). \tag{H 125}$$

Einsetzen der Gl. H 117 und H 118 sowie der Gl. H 119 und H 120 ergibt unter Verwendung von Gl. H 123 und H 124 die Strom–Spannungs-Charakteristik des pn-Übergangs

$$j = [j(n_p) + j(p_n)] \left[\exp\left(\pm \frac{e\,U}{k\,T}\right) - 1\right]. \tag{H 126}$$

Man erhält also, wie für Metall–Halbleiter-Kontakte (vgl. Gl. H 98), eine typische Gleichrichter-Charakteristik. Verkleinerung der Diffusionsspannung, d.h. negative Polung des n-Teils, ergibt die Flussrichtung. Die Grösse der Sättigungsstromdichten $j(n_p)$ und $j(p_n)$ richtet sich nach dem Potentialverlauf am pn-Übergang und nach dem Rekombinationsmechanismus.

Messungen der Strom–Spannungs-Charakteristiken von pn-Übergängen stimmen im wesentlichen mit der theoretischen Beziehung in Gl. H 126 überein. Im Nenner des Exponenten hat man jedoch in vielen Fällen, wie bei den Metall–Halbleiter-Kontakten (vgl. Gl. H 100), einen Korrekturfaktor $\beta > 1$ beizufügen.

Gl. H 126 verliert ihre Gültigkeit für sehr hohe Spannungen in Sperr-Richtung (positive Polung des n-Teils, negatives Vorzeichen des Exponenten). Oberhalb der sog. Durchbruchspannung steigt der Sättigungsstrom sehr steil an, d.h. die Zahl der durch den Übergang fliessenden Ladungsträger nimmt stark zu. Hierfür sind zwei Mechanismen verantwortlich:

1) Erzeugung von Sekundärelektronen durch Stossionisation (Ladungsträgermultiplikation): Mit zunehmender Sperrspannung kann die elektrische Feldstärke am Übergang sehr hohe Werte annehmen. Die Ladungsträger werden dann in den hohen Feldern so stark beschleunigt, dass ihre Energie zur Anregung von zusätzlichen Elektronen aus dem Valenzband ausreicht. Die dadurch erzeugten Löcher und Elektronen vergrössern den Sperrstrom.

2) Innere Feldemission (Zener-Effekt): Unter Sperrspannung sind für hinreichend hohe elektrische Feldstärken innerhalb des Halbleiters die Energiebänder im Bänderschema so stark geneigt, dass ein Energiebereich ($E_V^p - E_L^n$, vgl. Fig. 160) sowohl dem Valenzband als auch dem Leitungsband angehört

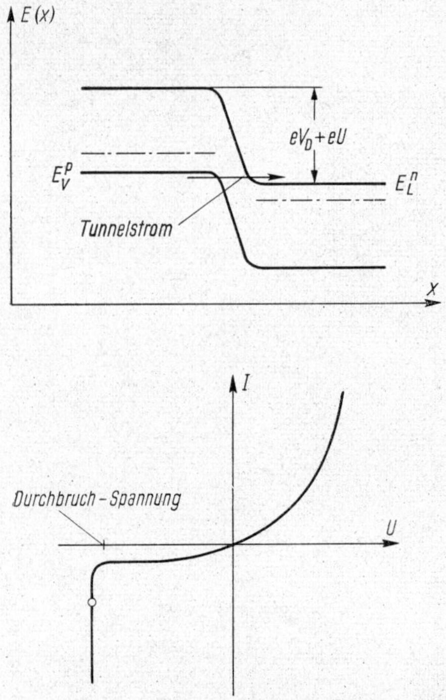

Fig. 160: Bänderschema eines *pn*-Übergangs beim ZENER-Effekt und schematisierte Kennlinie einer ZENER-Diode (das Bänderschema ist dargestellt für eine Sperrspannung, die qualitativ zu dem auf der Kennlinie markierten Arbeitspunkt gehört)

(dieser Fall ist nicht zu verwechseln mit der Bänderüberlappung, vgl. S. 217). Der genannte Energiebereich des Valenzbandes ist räumlich von dem des Leitungsbandes getrennt durch ein energetisch verbotenes Gebiet. Falls die Breite dieses Gebiets hinreichend klein ist, d.h. falls unter der Wirkung hoher elektrischer Felder die Bänder hinreichend geneigt sind, wird der Tunneleffekt zwischen Valenz- und Leitungsband wahrscheinlich. C. ZENER hat als erster die entsprechende Tunnelwahrscheinlichkeit berechnet. Für grosse Sperrspannungen können in schmalen *pn*-Übergängen, d.h. in *pn*-Übergängen mit steilen Störstellenprofilen, die Bedingungen für innere Feldemission erfüllt werden, so dass Elektronen vom Valenzband des *p*-Teils ins Leitungsband des *n*-Teils tunneln. Hierdurch wird ebenfalls der Sperrstrom mit zunehmender Spannung stark vergrössert.

3. *Tunneldioden (*ZENER*- und* ESAKI*-Dioden)*

Das starke Anwachsen des Sperrstroms oberhalb der Durchbruchspannung (vgl. Fig. 160) führt zu interessanten schaltungstechnischen Anwendungen (Stabilisierungen, Referenzspannungsquellen, Digitaltechnik usw.). *pn*-Übergänge, die unterhalb und oberhalb der Durchbruchspannung betrieben werden, bezeichnet man als ZENER-Dioden, obwohl vielfach nicht nur der ZENER-Effekt, sondern auch die Ladungsträgermultiplikation durch Stossionisation für ihre Wirkungsweise verantwortlich ist.

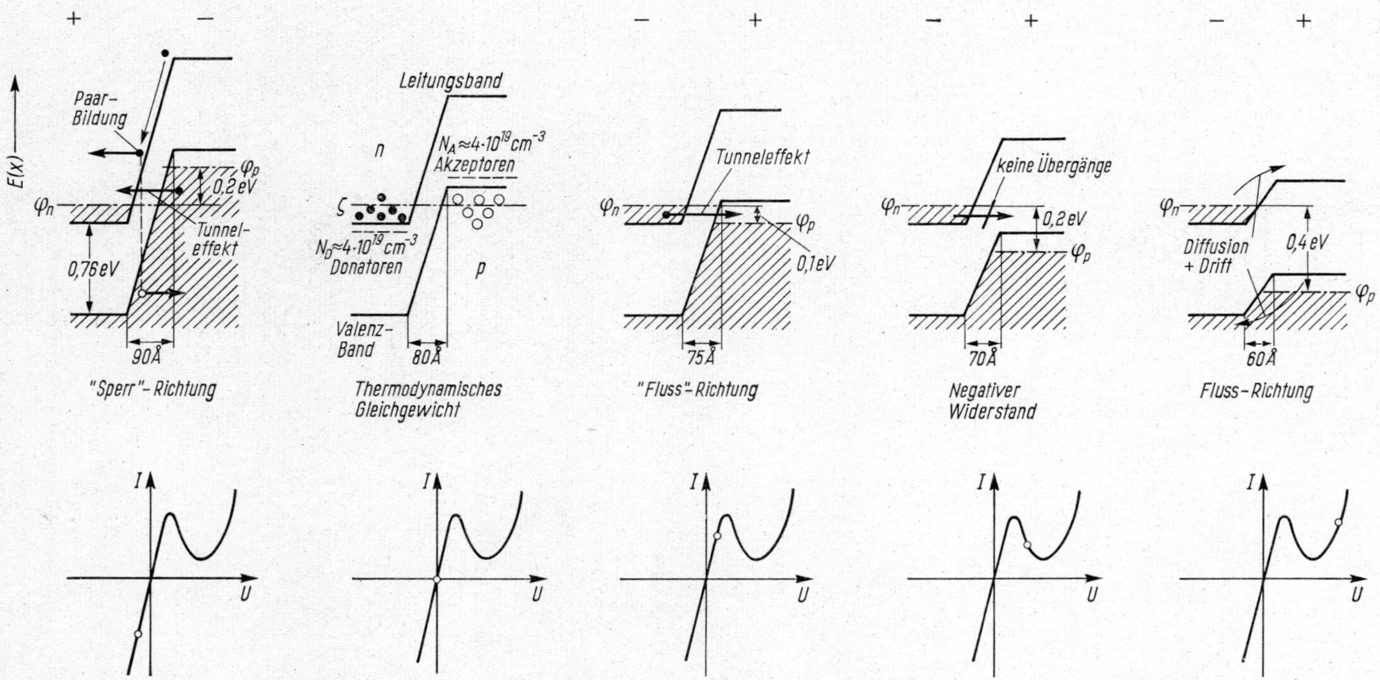

Fig. 161: Zur Wirkungsweise der ESAKI-Diode (Die Zahlenangaben in den Bänderschemata bezeichnen typische Werte für eine Germanium-Diode)

Nach L. ESAKI ist der Ladungstransport in extrem hoch dotierten *pn*-Übergängen bereits im Bereich sehr kleiner Spannungen für beide Polungen durch den Tunneleffekt bestimmt. Die Wirkungsweise der sog. ESAKI-Dioden versteht man unmittelbar an Hand des Bänderschemas (vgl. Fig. 161).

Die Dotierung von *p*- und *n*-Teil muss so gross sein, dass die FERMI-Grenzenergie sowohl im Valenzband des *p*-Teils als auch im Leitungsband des *n*-Teils liegt. Die Ladungsträgerkonzentrationen sind also stark entartet (vgl. S. 290). Dann haben schon für $U = 0$ das Valenzband des *p*-Teils und das Leitungsband des *n*-Teils einen gemeinsamen Energiebereich. Wenn überdies die Störstellenprofile hinreichend steil sind, ist das verbotene Energiegebiet am *pn*-Übergang so schmal, dass die Tunnelwahrscheinlichkeit gross ist. Im thermodynamischen Gleichgewicht sind die Tunnelströme zwischen dem Valenzband des *p*-Gebiets und dem Leitungsband des *n*-Gebiets in beiden Richtungen gleich gross.

Durch Anlegen einer Spannung in Sperr-Richtung (*n*-Teil positiv) fliesst ein resultierender Tunnelstrom aus dem Valenzband des *p*-Teils ins Leitungsband des *n*-Teils, der mit zunehmender Spannung stark ansteigt. Der Widerstand des *pn*-Übergangs ist also auch bei Polung in Sperr-Richtung klein.

Auch für kleine Spannungen in Fluss-Richtung (*n*-Teil negativ) ist zunächst der Tunneleffekt für den Ladungstransport massgebend. Elektronen aus dem Leitungsband des *n*-Teils tunneln in die Löcher im Valenzband des *p*-Teils. Das

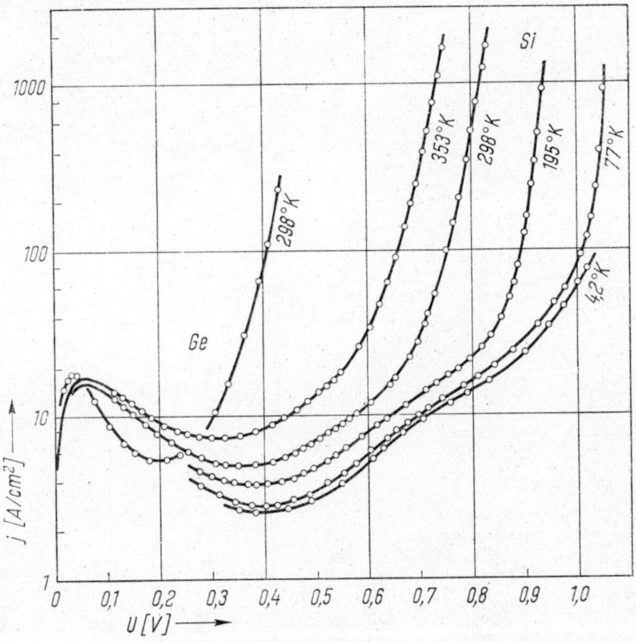

Fig. 162: Strom–Spannungs-Charakteristiken in Fluss-Richtung für Germanium- und Silizium-Tunneldioden bei verschiedenen Temperaturen (nach L. ESAKI und Y. MIYAHARA, Solid State Electronics *1*, 13 (1960))

Anwachsen dieses Tunnelstroms mit zunehmender Spannung hört auf, wenn die energiereichsten Elektronen des *n*-Teils die Energie des oberen Valenzbandrandes des *p*-Teils haben. Bei weiter steigender Spannung nimmt der Tunnelstrom wieder ab, da durch die relative Verschiebung der Energiebänder den Elektronen des *n*-Teils immer weniger leere Energiezustände im *p*-Teil gegenüberstehen. Der Tunnelstrom verschwindet, sobald der untere Leitungsbandrand des *n*-Teils dieselbe Energie wie der obere Valenzbandrand des *p*-Teils erreicht. Die Elektronen ‹sehen› dann einen unendlich dicken Potentialberg (Potentialstufe), der nur noch durch thermische Anregung überschritten werden kann. Der Strom in Fluss-Richtung ist dann durch den Diffusionsmechanismus gegeben (vgl. S. 340 ff.).

Die Strom–Spannungs-Charakteristik zeigt also in Fluss-Richtung einen Teil mit negativer Steigung (vgl. auch Fig. 162), der der ESAKI-Diode besondere schaltungstechnische Bedeutung verleiht (z.B. für Oszillatoren bis zu extrem hohen Frequenzen).

4. *Strahlungsübergänge in der Umgebung von pn-Übergängen*

Halbleiterkontakte sind nicht nur wegen ihrer elektrischen Eigenschaften von Bedeutung, sondern spielen auch eine wichtige Rolle bei der Umwandlung von Strahlungsenergie in elektrische Energie, und umgekehrt. Halbleiterübergänge, die Strahlungsenergie in elektrische Energie umsetzen, bezeichnet man als Photoelemente, Photodioden, oder Sonnenbatterien. Halbleiterübergänge, die aus elektrischer Energie Strahlungsenergie erzeugen, heissen Lichtdioden oder Lumineszenzdioden; unter gewissen Bedingungen wirken Lichtdioden als Injektionslaser (vgl. S. 347 ff.). Beide Fälle der Energieumwandlung mit Hilfe von *pn*-Übergängen werden in den folgenden Abschnitten beschrieben.

a) Photoeffekt in *pn*-Übergängen

Wenn in einem homogenen Halbleiter durch Licht oder eine andere Strahlungsart Elektronen aus dem Valenzband ins Leitungsband angeregt werden (Erzeugung von Elektron–Loch-Paaren), nehmen die Ladungsträgerkonzentrationen und damit die Leitfähigkeit des Halbleiters zu (Photoleitung). Der Konzentrationserhöhung wirken erhöhte Rekombination und ambipolare Diffusion d.h. Diffusion von Elektron–Loch-Paaren ohne Ladungstransport, entgegen.

Werden jedoch im Gebiet eines *pn*-Übergangs Elektron–Loch-Paare erzeugt, so werden sie durch das elektrische Feld im Raumladungsgebiet getrennt. Dadurch entsteht ein Ladungstransport und somit ein elektrischer Strom durch den *pn*-Übergang.

Die durch das Licht erzeugten Überschusskonzentrationen seien Δn und Δp; für Licht, dessen Wellenlänge der Energielücke des Halbleiters entspricht, gilt

$$\Delta n = \Delta p. \tag{H127}$$

In Störhalbleitern sind die Überschusskonzentrationen normalerweise viel kleiner als die Majoritätsträgerkonzentrationen. Für die beiden Teile des *pn*-Übergangs ist daher in guter Näherung

$$\Delta n \ll n_n \,, \tag{H128}$$

$$\Delta p \ll p_p \,. \tag{H129}$$

Die Majoritätsträgerkonzentrationen werden also durch Einstrahlung von Licht praktisch nicht verändert. Die Minoritätsträgerkonzentrationen dagegen erreichen die Werte $n_p+\Delta n$ und $p_n+\Delta p$. Unter den Annahmen in Gl. H128 und H129 ergibt sich die Strom–Spannungs-Charakteristik eines *pn*-Übergangs unter geeigneter Bestrahlung analog zu der Herleitung auf S. 340 ff. Die Minoritätsträgerströme werden durch Einstrahlung von Licht erhöht; anstelle von Gl. H 117 und H 118 ist

$$j_{h\nu}(n_p) = j(n_p)+j(\Delta n) = C_1(n_p+\Delta n) \tag{H130}$$

und

$$j_{h\nu}(p_n) = j(p_n)+j(\Delta p) = C_3(p_n+\Delta p). \tag{H131}$$

Die Majoritätsträgerströme bleiben wegen Gl. H 128 und H 129 unverändert, d.h.

$$j_{h\nu}(n_n) \approx j(n_n) \tag{H132}$$

und

$$j_{h\nu}(p_p) \approx j(p_p). \tag{H133}$$

Für thermodynamisches Gleichgewicht, d.h. für $U=0$ und für $h\nu=0$, gelten wiederum die Gl. H121 und H122. Anstelle von Gl. H125 erhält man für den resultierenden Gesamtstrom unter Berücksichtigung der Gl. H132 und H133

$$j = j(n_n)-j_{h\nu}(n_p)+j(p_p)-j_{h\nu}(p_n) \tag{H134}$$

oder mit Gl. H130 und H131

$$j = j(n_n)-j(n_p)+j(p_p)-j(p_n)-j_{h\nu} \tag{H135}$$

mit

$$j_{h\nu} = j(\Delta n)+j(\Delta p) \tag{H136}$$

Daraus folgt, analog zu Gl. H126,

$$j = j_s\left[\exp\left(\pm\frac{eU}{kT}\right)-1\right]-j_{h\nu} \tag{H137}$$

mit dem Sättigungsstrom bei $h\nu=0$:

$$j_s = j(n_p)+j(p_n). \tag{H138}$$

In einem geschlossenen Stromkreis fliesst für $U=0$ der Photostrom als Kurzschluss-Strom in Sperr-Richtung des *pn*-Übergangs. Mit Gl. H137 ist

$$j = -j_{h\nu}. \tag{H139}$$

Wird der *pn*-Übergang in einem offenen Stromkreis bestrahlt, so entsteht eine äussere Photospannung als Leerlaufspannung; die Photodiode wirkt als Photoelement. Für $j = 0$ ergibt sich aus Gl. H 137

$$U = \frac{kT}{e} \ln\left(1 + \frac{j_{h\nu}}{j_s}\right). \tag{H140}$$

Für einen symmetrischen *pn*-Übergang, d.h. für $n_p = p_n$ ist unter Verwendung der Gl. H 177, H 130, H 131, H 136 und H 138

$$U = \frac{kT}{e} \ln\left(1 + \frac{\Delta n}{n_{\mathrm{Min}}}\right) \tag{H141}$$

mit der Minoritätsträgerkonzentration

$$n_{\mathrm{Min}} = n_p = p_n\,. \tag{H142}$$

Die Photospannung bewirkt den Abbau der Potentialstufe zwischen *p*- und *n*-Teil. Bei Belichtung des *pn*-Übergangs im offenen Stromkreis ist die Höhe der Potentialstufe nur noch $e V_D - e U$ (dies bedeutet positive Polung des *p*-Teils für $U > 0$, vgl. S. 340). Anhand des Bänderschemas sieht man leicht, dass die Photospannung den maximalen Wert $U_{\max} = V_D$ hat. Mit zunehmender Strahlungsintensität wird die Potentialstufe und damit das elektrische Feld am *pn*-Übergang immer kleiner. Sobald das Feld verschwindet, werden die erzeugten Elektron–Loch-Paare nicht mehr getrennt, d.h. die Ladungsänderung am *pn*-Übergang hört auf. Für hoch dotierte *pn*-Übergänge ist nach Gl. H 116 die Diffusionsspannung und damit die maximale Photospannung durch den Wert ΔE_i der Energielücke gegeben; die maximale Photospannung beträgt danach grössenordnungsmässig 0,1 bis 1 V.

b) Injektionslaser (Laserdioden)

Polt man einen *pn*-Übergang in Fluss-Richtung, so werden zusätzliche Elektronen in den *p*-Teil und zusätzliche Löcher in den *n*-Teil injiziert. Erfolgen die Rekombinationsprozesse unter Emission von Strahlung, so wird mit Hilfe des *pn*-Übergangs elektrische Energie in Strahlungsenergie umgewandelt. Unter bestimmten Bedingungen, die wir im folgenden kurz angeben, dienen *pn*-Übergänge zur Erzeugung und Verstärkung von kohärenter und damit monochromatischer Strahlung im optischen Spektralbereich. Das emittierte Licht besitzt ausser der räumlichen und zeitlichen Kohärenz (d.h. Phasengleichheit) die Eigenschaft einer engen Bündelung und einer hohen Intensität. Allgemein bezeichnet man Vorrichtungen zur Erzeugung von Licht mit den genannten Eigenschaften als Laser (‹*l*ight *a*mplification by *s*timulated *e*mission of *r*adiation›). Hierzu geeignete *pn*-Übergänge heissen Injektionslaser oder Laserdioden. Jedoch ist nicht jeder in Fluss-Richtung gepolte *pn*-Übergang eine Laserdiode, auch wenn alle Rekombinationsprozesse unter Emission von Licht erfolgen.

Allgemein hat man als optische Übergänge zwischen zwei Energieniveaus $E_1 > E_2$ spontane und induzierte Emission ($E_1 \rightarrow E_2$) sowie Absorption ($E_2 \rightarrow E_1$). Die Zahl der Übergänge pro Zeiteinheit ist jeweils proportional zur Teilchenkonzentration im Ausgangszustand. Die spontane Emission ist ein statistischer Prozess bezüglich Richtung, Phase und Polarisation der ausgesandten Strahlung. Absorption und induzierte Emission setzen ein unter der Wirkung eines erregenden Strahlungsfeldes geeigneter Frequenz, das beispielsweise auch durch die spontane Emission erzeugt wird. Die induziert emittierten Quanten bilden eine Welle mit derselben Phase, Richtung und Polarisation wie die erregende Welle. Die induzierte Emission allein liefert jedoch wegen der endlichen Breite der beiden Energieniveaus noch keine kohärente Strahlung.

Für die Laserwirkung müssen im wesentlichen 3 Bedingungen erfüllt sein:
1) Die Zahl der induzierten Emissionen muss die Zahl der Absorptionen sowie die Zahl der spontanen Emissionen übersteigen. Diese Bedingung ist erfüllt bei ‹umgekehrter Bevölkerung› der beiden Energieniveaus, d.h. wenn das höhere Energieniveau E_1 mit mehr Teilchen besetzt ist als das tiefere E_2 (sog. Laser-Bedingung).

In einem Halbleiter hat man als optische Übergangsmöglichkeiten hauptsächlich Band–Band-Übergänge (Leitungs- → Valenzband), Band–Störstellen- oder Störstellen–Band-Übergänge. Betrachtet man nur Band–Band-Übergänge, so ist die Laser-Bedingung erfüllt, wenn der untere Rand des Leitungsbandes stärker mit Elektronen besetzt ist als der obere Rand des Valenzbandes. Die Zahl der Elektronen mit der Energie E_1 am unteren Leitungsbandrand ist gegeben durch die Verteilungsfunktion (vgl. Gl. F 137)

$$N_1(E_1)\,dE = 2\,D_n(E_1)\,F_n(E_1)\,dE. \tag{H 143}$$

Analog ist die Zahl der Elektronen mit der Energie E_2 am oberen Valenzbandrand

$$N_2(E_2)\,dE = 2\,D_p(E_2)\,F_p(E_2)\,dE. \tag{H 144}$$

Die Funktionen $F_n(E)$ bzw. $F_p(E)$ drücken die Besetzungswahrscheinlichkeiten aus für Elektronen mit Energien im Leitungs- bzw. Valenzband bei gestörtem thermodynamischen Gleichgewicht. Es gilt

$$F_n(E) = \frac{1}{\exp\left(\dfrac{E-\varphi_n}{k\,T}\right)+1} \tag{H 145}$$

und

$$F_p(E) = \frac{1}{\exp\left(\dfrac{E-\varphi_p}{k\,T}\right)+1}. \tag{H 146}$$

Für Nicht-Gleichgewichtszustände sind durch diese beiden Gleichungen die sog. Quasi-FERMI-Niveaus φ_n und φ_p für Elektronen und Löcher definiert. Die Besetzungswahrscheinlichkeiten F_n bzw. F_p sind unabhängig voneindander und beziehen sich nur auf das Leitungs- bzw. Valenzband. Demzufolge stehen bei gestörtem thermodynamischen Gleichgewicht die Konzentrationen der

Elektronen und Löcher nicht mehr durch die Inversionsdichte in Beziehung (vgl. S. 310). Dies ist nur im thermodynamischen Gleichgewicht der Fall, wenn gilt

$$F(E) = F_n(E) = F_p(E) \tag{H 147}$$

und

$$\zeta = \varphi_n = \varphi_p . \tag{H 148}$$

Die Laser-Bedingung heisst

$$N_1(E_1) > N_2(E_2). \tag{H 149}$$

Unter der Annahme, dass die Werte $D_n(E_1)$ und $D_p(E_2)$ der Eigenwertdichten etwa gleich sind (vgl. Gl. G5 und G7), erhält man aus Gl. H149 mit Gl. H143 und H144

$$\varphi_n - \varphi_p > E_1 - E_2 , \tag{H 150}$$

d.h. unter Voraussetzung von Band–Band-Übergängen

$$\varphi_n - \varphi_p > \Delta E_i . \tag{H 151}$$

Die Laser-Bedingung Gl. H149 bedeutet für Injektionslaser folgendes: Die maximale Elektronenkonzentration, die man durch Anlegen einer Spannung in Flussrichtung in den p-Teil injizieren kann, ist gleich der Elektronenkonzentration im n-Teil. Die hierzu benötigte Spannung ist gleich der Diffusionsspannung; die Potentialstufe zwischen p- und n-Gebiet ist dann vollkommen abgebaut (vgl. Fig. 163). Weit entfernt von der Grenzfläche sind die Elektronen- und Löcherkonzentrationen im p- bzw. n-Gebiet wie bei thermodynamischem Gleichgewicht durch je eine einzige FERMI-Grenzenergie φ_n bzw. φ_p bestimmt. In der Umgebung des pn-Übergangs ist infolge der Ladungsträgerinjektion das thermodynamische Gleichgewicht gestört, d.h. auf beiden Seiten der Grenzfläche sind die Elektronen- und Löcherkonzentrationen unabhängig voneinander. Die FERMI-Energie φ_p bzw. φ_n reicht hinüber in den n- bzw. p-Teil und steigt

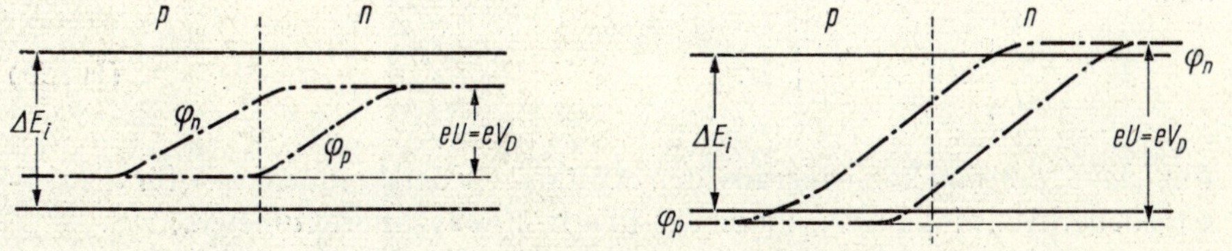

Fig. 163: Zur Laser-Bedingung $\varphi_n - \varphi_p > \Delta E_i$

bzw. sinkt dann entsprechend dem ortsabhängigen Abbau der Überschusskonzentrationen auf den Wert φ_n bzw. φ_p. Fig. 163 zeigt auch, dass die Laser-Bedingung (Gl. H 151) mit normal dotierten pn-Übergängen nicht erfüllbar ist. Sie ist nur erfüllbar, wenn zumindest eine Seite des pn-Übergangs so stark dotiert ist, dass die FERMI-Energie dort innerhalb eines erlaubten Energiebandes liegt. Für symmetrische pn-Übergänge müssen sowohl p- als auch

n-Teil stark entartet sein, d.h. für Laser mit Band–Band-Übergängen eignen sich nur ESAKI-Dioden.

Die Laser-Bedingung ist notwendig, aber nicht hinreichend für die Laserwirkung.

2) Kohärenz der induzierten Emissionen setzt erst ein, wenn sich in dem aktiven Material eine stehende Welle ausbilden kann. Durch geeignete Geometrie erreicht man die sog. optische Rückkopplung und damit eine Auswahl der Frequenz aus der für die induzierte Emission massgebenden breiten Spektralverteilung der spontanen Emission. Zu diesem Zweck wird der Kristall senkrecht zur Ebene des pn-Übergangs planparallel gespalten. Der Kristall bildet dann ein PEROT–FABRY-Interferometer und wirkt als optische Kavität mit verschiedenen Schwingungszuständen (‹modes›). Die Bedingung für stehende Wellen heisst

$$q\frac{\lambda}{2} = l. \tag{H152}$$

q ganze Zahl
λ Wellenlänge des Lichts im Lasermaterial
l Abstand der planparallelen Begrenzungsflächen

Unter Verwendung des Brechungsindex $n(\nu)$ des Lasermaterials ist die Frequenz ν des Lichts

$$\nu = \frac{c}{\lambda\, n(\nu)}. \tag{H153}$$

c Lichtgeschwindigkeit im Vakuum

Damit folgt aus Gl. H152

$$q = \frac{2l}{c}\,\nu\, n(\nu) \tag{H154}$$

oder

$$\Delta q = \frac{2l}{c}\left[n(\nu) + \nu\frac{dn}{d\nu}\right]\Delta\nu. \tag{H155}$$

Für $\Delta q = 1$ erhält man hieraus den Abstand $\Delta\nu$ der Frequenzen ν für die verschiedenen Schwingungszustände des PEROT–FABRY-Interferometers:

$$\Delta\nu = \frac{c}{2l}\,\frac{1}{n(\nu) + \nu\dfrac{dn}{d\nu}}. \tag{H156}$$

Die Laserdiode emittiert Licht bevorzugt mit jener Frequenz (Gl. H154), die dem Maximum der Spektralverteilung der normalen Rekombinationslumineszenz (vgl. Fig. 164) am nächsten liegt. Der entsprechende Schwingungszustand heisst ‹laser-mode›.

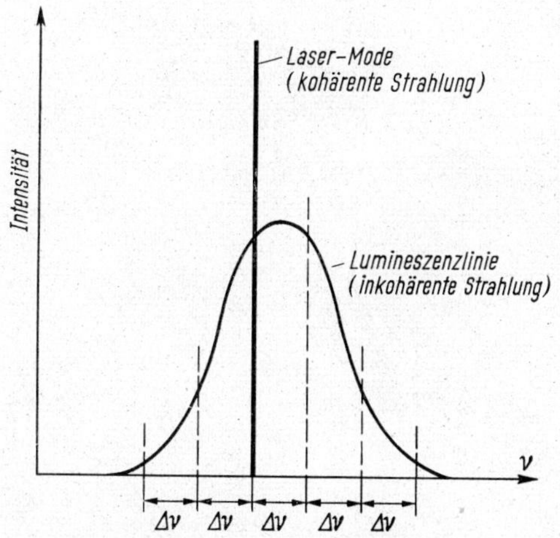

Fig. 164: Lumineszenzlinie und ‹lasermode› einer Laser-Diode (schematisch)

3) Die Verstärkung des Lichts der bevorzugten Frequenz setzt ein, wenn der Energieverlust der stehenden Welle (hauptsächlich durch Absorption und durch strahlungslose Übergänge) kleiner ist als die Energiezufuhr durch die induzierte Emission. Pro Zeiteinheit muss also die Zahl der erzeugten Lichtquanten grösser sein als die der verlorengehenden Lichtquanten. Diese Bedingung wird erreicht, wenn die Flussstromdichte einen bestimmten Schwellenwert übersteigt. Dann erst emittiert die Halbleiterdiode die Laserstrahlung.

Wir hatten vorausgesetzt, dass die Rekombination der injizierten Ladungsträger strahlend verläuft. Strahlende Übergänge sind vorwiegend direkte Übergänge. Sie sind am wahrscheinlichsten, wenn das Minimum des Leitungsbandes und das Maximum des Valenzbandes zu demselben Wellenvektor $\vec{k}$ gehören (vgl. S. 252). Dies ist beispielsweise der Fall für III–V-Verbindungen, wie GaAs, InAs, InP u.a., die sich daher ganz besonders als Materialien für Injektionslaser eignen.

Literatur

Kontaktphänomene

Harper, W. R., *Contact and Frictional Electrification* (Oxford University Press, London 1968).
Holm, R., *Electric Contacts,* 4. Aufl. (Springer, Berlin 1967).
Myamlin, V. A., und Pleskov, Y. V., *Electrochemistry of Semiconductors* (Plenum, New York 1967).
Spenke, E., *Elektronische Halbleiter*, 2. Aufl. (Springer, Berlin 1965).
Sze, S. M., *Physics of Semiconductor Devices* (Wiley, New York 1969).

Oberflächenphänomene

Frankl, D. R., *Electrical Properties of Semiconductor Surfaces* (Pergamon Press, Oxford 1967).
Many, A., Goldstein, Y., und Grover, N. B., *Semiconductor Surfaces* (North-Holland, Amsterdam 1965).

J. Transportphänomene

I. Problemstellung

Die Bewegung der Ladungsträger unter dem Einfluss äusserer Kräfte oder als Folge von Dichtegradienten gibt Anlass zu den sog. Transportphänomenen. Die Ladungsträger transportieren einerseits elektrische Ladung (→ elektrische Stromdichte, elektrische Leitfähigkeit) und andererseits Energie (→ Wärmestromdichte, Wärmeleitfähigkeit).

Im allgemeinen Fall hat man die folgende Problemstellung: Gegeben sei ein inhomogener, anisotroper Einkristall. In bestimmten Richtungen bezüglich der Kristallorientierung wirken als erregende Grössen ein elektrisches Feld $\vec{E}$, eine magnetische Induktion $\vec{B}$ und ein Temperaturgradient grad T. Gesucht sind die resultierende elektrische Stromdichte $\vec{j}$ und die resultierende Wärmestromdichte $\vec{w}$.

Im folgenden berücksichtigen wir für den Transport von Ladung und Wärme nur die Beiträge von Elektronen und Löchern. Der Ladungstransport durch Ionen ist hauptsächlich in Ionenkristallen wichtig (vgl. S. 136 ff.). Der Wärmetransport durch die Gitterschwingungen (Phononen) ist vor allem in Isolatoren und Halbleitern sowie in Metallen bei tiefen Temperaturen von Bedeutung.

Die elektrische Stromdichte $\vec{j}$ ist gegeben durch die Zahl der Ladungsträger, die pro Zeiteinheit durch eine Flächeneinheit senkrecht zur Stromrichtung fliessen:

$$\vec{j} = e \int_0^\infty \vec{v}(E) N(E)\, dE \tag{J1}$$

oder mit Gl. E15

$$\vec{j} = 2\, e \int_0^\infty \vec{v}(E)\, D(E)\, F(E)\, dE, \tag{J2}$$

$\vec{v}(E)$ Gruppengeschwindigkeit (vgl. S. 223)

Benützt man anstelle der Energie E den Wellenvektor $\vec{k}$ als unabhängige Variable, so ergibt sich für Gl. J2

$$\vec{j} = 2\, e \int_{-\infty}^{+\infty} \vec{v}(\vec{k})\, D(\vec{k})\, F(\vec{k})\, d^3k \tag{J3}$$

mit (vgl. Gl. F122)

$$dZ_k = D(\vec{k})\, d^3k = \left(\frac{L}{2\pi}\right) d^3k. \tag{J4}$$

$D(\vec{k})$ Zustandsdichte im $\vec{k}$-Raum

$F(\vec{k})$ Besetzungswahrscheinlichkeit für den Zustand mit dem Wellenvektor $\vec{k}$

Die Wärmestromdichte $\vec{w}$ ist gegeben durch die Zahl der Teilchen, die pro Zeiteinheit die Energiedifferenz zwischen ihrer Gesamtenergie und dem chemischen Potential durch eine Flächeneinheit transportieren. Die Gesamtenergie setzt sich zusammen aus potentieller und kinetischer Energie; das chemische Potential eines Elektrons ist gleich der FERMI-Grenzenergie ζ. Der Wärmestrom ist also

$$\vec{w} = \int_0^\infty (E-\zeta)\, \vec{v}(E) N(E)\, dE \tag{J5}$$

bzw. mit Gl. E15

$$\vec{w} = 2\int_0^\infty (E-\zeta)\, \vec{v}(E)\, D(E) F(E)\, dE. \tag{J6}$$

E Gesamtenergie des Teilchens

Analog zu Gl. J3 ist mit Gl. J4 für $L^3 = 1$

$$\vec{w} = \frac{1}{4\pi^3} \int_{-\infty}^{+\infty} \left(E(\vec{k})-\zeta\right) \vec{v}(\vec{k})\, F(\vec{k})\, d^3k. \tag{J7}$$

Unter der Annahme, dass die Verteilungsfunktion $N(E)$ bzw. $N(\vec{k})$ durch äussere Einflüsse (Kräfte, Temperaturgradienten) nicht verändert wird, sind die Teilchenströme $\vec{j}$ und $\vec{w}$ exakt gleich Null. Dann ist nämlich (vgl. Gl. F20) wegen $E(\vec{k}) = E(-\vec{k})$ die Zahl $N(\vec{k})$ der Teilchen mit der Geschwindigkeit $\vec{v}(\vec{k})$ gleich der Zahl $N(-\vec{k})$ der Teilchen mit der Geschwindigkeit $-\vec{v}(-\vec{k})$.

II. BOLTZMANN-Gleichung

Die Herleitung von Transportphänomenen verlangt die Kenntnis einer *gestörten* Verteilungsfunktion. Wir nehmen an, dass die Eigenwertdichte $D(E)$ bzw. $D(\vec{k})$ unverändert bleibt (vgl. im Gegensatz hierzu S. 265 ff.). Dann bedeutet die Störung der Verteilungsfunktion allein die Änderung der Besetzungswahrscheinlichkeit $F(E)$ bzw. $F(\vec{k})$ (vgl. Fig. 165):

$$F(E) = F_0(E) + g(E) \tag{J8}$$

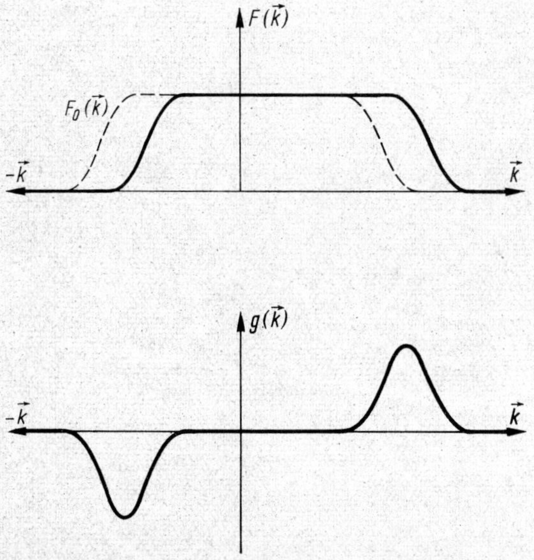

Fig. 165: Störung der Besetzungswahrscheinlichkeit durch eine konstante Kraft

bzw.

$$F(\vec{k}) = F_0(\vec{k})+g(\vec{k}). \tag{J9}$$

$F_0(E), F_0(\vec{k})$ ungestörte Besetzungswahrscheinlichkeit (FERMI–DIRAC-Funktion)
$g(E), g(\vec{k})$ Störung der Besetzungswahrscheinlichkeit

Die Wahrscheinlichkeit, ein Elektron mit dem Wellenvektor $\vec{k}$ im Kristall in der Umgebung des Orts $\vec{r}$ zur Zeit t zu finden, ist

$$F = F(\vec{r}, \vec{k}, t). \tag{J10}$$

Die Ortsabhängigkeit ist einerseits bedingt durch chemische Inhomogenitäten, d.h. durch die Ortsabhängigkeit der FERMI-Energie $\zeta(\vec{r})$, und andererseits durch Temperaturgradienten, d.h. durch $\zeta(T(\vec{r}))$. Die Abhängigkeit vom Wellenvektor ist gleichbedeutend mit der Energieabhängigkeit. Die Zeitabhängigkeit kommt zustande durch die Wirkung äusserer Kräfte, die die Zeitabhängigkeit des Wellenvektors bewirken (vgl. Gl. F104).

Sofern nicht alle Energiebänder vollständig besetzt sind, bewirken äussere Kräfte eine Änderung des mittleren Impulses und damit einen Strom (vgl.

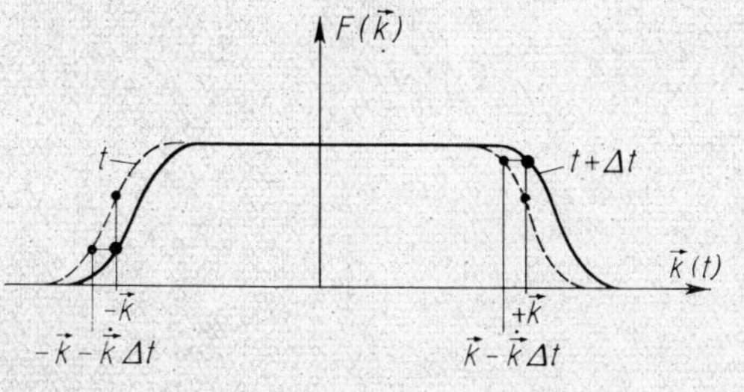

Fig. 166: Änderung der Besetzungswahrscheinlichkeit mit der Zeit unter der Wirkung einer konstanten Kraft

S. 234). Die Besetzungswahrscheinlichkeit verliert dann ihre Symmetrie bezüglich des Wellenvektors $\vec{k}$, denn es gilt

$$F(\vec{k}, t+\Delta t) = F(\vec{k}-\dot{\vec{k}}\,\Delta t, t) \tag{J 11}$$

und

$$F(-\vec{k}, t+\Delta t) = F(-\vec{k}-\dot{\vec{k}}\,\Delta t, t) \tag{J 12}$$

mit

$$\vec{k}(t+\Delta t) = \vec{k}(t)-\dot{\vec{k}}\,\Delta t \tag{J 13}$$

und

$$\vec{F} = \hbar\dot{\vec{k}} \tag{J 14}$$

$\vec{F}$ äussere Kraft (vgl. Gl. F 104), nicht zu verwechseln mit der Besetzungswahrscheinlichkeit F.

Aus Gl. J 11 und J 12 folgt unmittelbar (vgl. Fig. 166)

$$F(\vec{k}, t+\Delta t) \neq F(-\vec{k}, t+\Delta t). \tag{J 15}$$

Wir haben bisher sämtliche Wechselwirkungen der Elektronen mit Gitterstörungen (Phononen, Fehlordnungen) sowie der Elektronen untereinander unberücksichtigt gelassen. Unter diesen Voraussetzungen (vgl. S. 203) bleibt die durch äussere Felder erreichte Impulsänderung auch nach Abschalten der Felder erhalten. Demnach würde also der Teilchenstrom auch ohne Kraftwirkung weiterfliessen. Der Widerstand eines idealen Kristalls ist also gleich Null (vgl. S. 223).

Die Erklärung des elektrischen Widerstands und des Wärmewiderstands verlangt die Berücksichtigung von Wechselwirkungen der Elektronen mit Phononen oder mit Gitterfehlern und in bestimmten Fällen von Wechselwirkungen der Elektronen untereinander. All diese Wechselwirkungen, d.h. die Stösse mit den entsprechenden Wechselwirkungspartnern, führen ebenfalls zu einer Änderung der Besetzungswahrscheinlichkeit.

Die zeitliche Änderung der Besetzungswahrscheinlichkeit setzt sich also aus 2 Anteilen zusammen, aus einem Anteil $(\partial F/\partial t)_{\text{Trans}}$, der die translatorischen Vorgänge (Diffusion und Drift der Teilchen) beschreibt, und aus einem Anteil $(\partial F/\partial t)_{\text{Stösse}}$, der durch Stösse mit den Wechselwirkungspartnern verursacht ist:

$$\frac{dF}{dt} = \left(\frac{\partial F}{\partial t}\right)_{\text{Trans}} + \left(\frac{\partial F}{\partial t}\right)_{\text{Stösse}}. \tag{J 16}$$

Wir interessieren uns nur für stationäre Vorgänge, d.h.

$$\frac{dF}{dt} = 0. \tag{J 17}$$

und berücksichtigen keine Einschaltvorgänge. Man beachte den Unterschied zwischen Stationarität, definiert durch Gl. J17, und Gleichgewicht, definiert durch die FERMI–DIRAC-Funktion

$$F_0(E(\vec{k})) = \frac{1}{\exp\left(\frac{E(\vec{k})-\zeta}{kT}\right)+1}. \qquad \text{(J 18)}$$

Das Studium aller Transportphänomene verlangt die Kenntnis der beiden Anteile $(\partial F/\partial t)_{\text{Trans}}$ und $(\partial F/\partial t)_{\text{Stösse}}$, die wir im folgenden diskutieren.

1) *Translatorischer Anteil:* Zur Zeit t befinde sich im Phasenvolumenelement $d\Omega$ der Bruchteil $F(t)$ der Gesamtelektronenkonzentration,

$$F(t)\,d\Omega = F(x, y, z;\, k_x, k_y, k_z;\, t)\,d\Omega \qquad \text{(J 19)}$$

mit

$$d\Omega = dx\,dy\,dz\,dk_x\,dk_y\,dk_z\,. \qquad \text{(J 20)}$$

Unter dem Einfluss von Diffusion und Kraftwirkung ändert sich die Besetzungswahrscheinlichkeit im Orts- und Impulsraum. Zur Zeit $t+dt$ befinden sich im Phasenraumvolumen $d\Omega$ die Elektronen, die zur Zeit t die Koordinaten $x-v_x\,dt$, $y-v_y\,dt$, $z-v_z\,dt$ und die Wellenvektorkomponenten $k_x-\dot{k}_x\,dt$, $k_y-\dot{k}_y\,dt$, $k_z-\dot{k}_z\,dt$ hatten; d.h. zur Zeit $t+dt$ gilt

$$F(t+dt)\,d\Omega = F\big(x-v_x\,dt, \ldots, k_x-\dot{k}_x\,dt, \ldots, t\big)\,d\Omega. \qquad \text{(J 21)}$$

Aus Gl. J19 und J21 ergibt sich also die zeitliche Änderung der Besetzungswahrscheinlichkeit infolge äusserer Einflüsse:

$$\left(\frac{\partial F}{\partial t}\right)_{\text{Trans}} = -\left(\frac{\partial F}{\partial x}v_x + \frac{\partial F}{\partial y}v_y + \frac{\partial F}{\partial z}v_z + \frac{\partial F}{\partial k_x}\dot{k}_x + \frac{\partial F}{\partial k_y}\dot{k}_y + \frac{\partial F}{\partial k_z}\dot{k}_z\right) \qquad \text{(J 22)}$$

oder

$$\left(\frac{\partial F}{\partial t}\right)_{\text{Trans}} = -\big(\vec{v}\,\text{grad}_{\vec{r}}F + \dot{\vec{k}}\,\text{grad}_{\vec{k}}F\big). \qquad \text{(J 23)}$$

2) *Wechselwirkungsanteil:* Die genaue Berechnung von $(\partial F/\partial t)_{\text{Stösse}}$ ist nur möglich, wenn man die Stossmechanismen im einzelnen kennt. Das Problem lässt sich jedoch vereinfachen, wenn man als phänomenologische Grösse eine Stosswahrscheinlichkeit $W(\vec{k})$ bzw. eine Relaxationszeit $\tau(\vec{k}) = W^{-1}$ einführt, die die jeweiligen Wechselwirkungen charakterisiert. Die Relaxationszeit wird definiert durch die Annahme, dass die Störung $g(\vec{k})$ der Besetzungswahrscheinlichkeit nach Wiederherstellung der Gleichgewichtsbedingungen exponentiell mit der Zeit verschwindet, d.h.

$$g(\vec{k}, t) = g_0(\vec{k})\exp\left(-\frac{t}{\tau(\vec{k})}\right) \qquad \text{(J 24)}$$

oder

$$\left(\frac{\partial g}{\partial t}\right)_{\text{Stösse}} = -\frac{g}{\tau}. \tag{J25}$$

Man kann zeigen, dass im thermischen Gleichgewicht die Besetzungswahrscheinlichkeit der Elektronenzustände nicht durch die Wirkung der Phononen verändert wird; d.h. die FERMI–DIRAC-Verteilung der Elektronen steht mit der BOSE–EINSTEIN-Verteilung der Phononen (vgl. S. 76) im Gleichgewicht. Daher ist

$$\left(\frac{\partial F_0}{\partial t}\right)_{\text{Stösse}} = 0 \tag{J26}$$

und mit Gl. J9

$$\left(\frac{\partial F}{\partial t}\right)_{\text{Stösse}} = \left(\frac{\partial g}{\partial t}\right)_{\text{Stösse}} = -\frac{g}{\tau}. \tag{J27}$$

Unter Verwendung der Gl. J16, J17, J23 und J27 erhält man die Stationaritätsbedingung (sog. BOLTZMANNsche Transportgleichung)

$$\frac{F-F_0}{\tau} = -\left(\vec{v}\,\text{grad}_{\vec{r}} F + \dot{\vec{k}}\,\text{grad}_{\vec{k}} F\right) \tag{J28}$$

oder

$$F = F_0 - \tau\left(\vec{v}\,\text{grad}_{\vec{r}} F + \dot{\vec{k}}\,\text{grad}_{\vec{k}} F\right). \tag{J29}$$

Diese Gleichung ist fundamental für alle Transportphänomene. Ihre Lösung in dieser Form ist sehr schwierig, da auf beiden Seiten die gestörte Besetzungswahrscheinlichkeit F enthalten ist. In allen praktischen Fällen ist jedoch die Änderung der Besetzungswahrscheinlichkeit durch äussere Einflüsse sehr gering, so dass gilt:

$$F(\vec{k}) \approx F_0(\vec{k}) \gg g(\vec{k}). \tag{J30}$$

Eine Abschätzung zeigt, dass beispielsweise in Metallen die durch äussere Felder überlagerte Geschwindigkeit der Elektronen rund 10^8-mal kleiner ist als die für $T = 0\,°\text{K}$ vorhandene FERMI-Geschwindigkeit. Mit dem typischen Wert $\zeta = 5$ eV für die FERMI-Energie (vgl. Tab. 20) folgt aus der Beziehung $\zeta = \frac{m}{2} v_F^2$ die FERMI-Geschwindigkeit $v_F \approx 10^6$ m/sec. Dagegen beträgt die überlagerte Driftgeschwindigkeit bei einer sehr hohen Stromdichte von $j = 10^8$ A/m² nur etwa $v_D \approx 10^{-2}$ m/sec.

Wegen Gl. J30 kann man daher in Gl. J29 in guter Näherung die Gradienten der ungestörten Besetzungswahrscheinlichkeit, d.h. der FERMI–DIRAC-Funktion, bilden. Anstelle von Gl. J29 ist also

$$F = F_0 - \tau\left(\vec{v}\,\text{grad}_{\vec{r}} F_0 + \dot{\vec{k}}\,\text{grad}_{\vec{k}} F_0\right). \tag{J31}$$

Durch diese sog. linearisierte BOLTZMANN-Gleichung ist die gestörte Besetzungswahrscheinlichkeit F, die zur Berechnung der Ladungsträgerströme (Gl. J3 und J7) erforderlich ist, explizit gegeben.

III. Elektrische Leitfähigkeit und thermische Leitfähigkeit

Wir berechnen zunächst die elektrische Stromdichte für einen homogenen Kristall unter der Voraussetzung orts- und zeitunabhängiger Temperatur, d.h. es sei

$$F(\vec{r}, \vec{k}) = F(\vec{k}) \tag{J 32}$$

bzw.

$$\operatorname{grad}_{\vec{r}} F = \operatorname{grad}_{\vec{r}} F_0 = 0. \tag{J 33}$$

Die äussere Kraftwirkung auf die Ladungsträger sei allein durch die elektrische Feldstärke $\vec{E}$ bedingt, d.h.

$$\vec{F} = e\vec{E} = \hbar\dot{\vec{k}}. \tag{J 34}$$

Mit diesen Bedingungen (Gl. J 33 und J 34) liefert die BOLTZMANN-Gleichung J 31 die gestörte Besetzungswahrscheinlichkeit

$$F = F_0 - \frac{e}{\hbar}\tau(\vec{k})\vec{E}\operatorname{grad}_{\vec{k}} F_0. \tag{J 35}$$

Mit Hilfe der Gl. F 100 und J 18 erhält man hieraus

$$F = F_0 - e\tau(\vec{k})\left(\vec{v}(\vec{k})\vec{E}\right)\frac{\partial F_0}{\partial E}. \tag{J 36}$$

Einsetzen in Gl. J 3 liefert für die elektrische Stromdichte (das Volumen des betrachteten Kristalls sei $L^3 = 1$)

$$\vec{j} = -\frac{2e^2}{(2\pi)^3}\int\limits_{-\infty}^{+\infty}\tau(\vec{k})\vec{v}(\vec{k})\left(\vec{v}(\vec{k})\vec{E}\right)\frac{\partial F_0}{\partial E}\,d^3k. \tag{J 37}$$

Die Integration über den $\vec{k}$-Raum lässt sich mit Hilfe von Gl. F 125 durch die Integration über Flächen konstanter Energie ausdrücken. Damit erhält man

$$\vec{j} = -\frac{e^2}{4\pi^3}\int\limits_0^{\infty}\int\limits_{E=\mathrm{const}}\tau(\vec{k})\vec{v}(\vec{k})\left(\vec{v}(\vec{k})\vec{E}\right)\frac{\partial F_0}{\partial E}\,dS\,\frac{dE}{|\operatorname{grad}_{\vec{k}} E(\vec{k})|} \tag{J 38}$$

oder mit Gl. F 100

$$\vec{j} = -\frac{e^2}{4\pi^3}\int\limits_0^{\infty}\int\limits_{E=\mathrm{const}}\tau(\vec{k})\frac{\vec{v}(\vec{k})\left(\vec{v}(\vec{k})\vec{E}\right)}{\hbar\,|\vec{v}(\vec{k})|}\frac{\partial F_0}{\partial E}\,dS\,dE. \tag{J 39}$$

Diese Beziehung gilt allgemein für einen homogenen Kristall. Die weitere Berechnung benützt Näherungen, die für spezielle Modelle gerechtfertigt sind (s. S. 362 ff. und S. 367 ff.).

Die Wärmestromdichte ist makroskopisch gegeben durch

$$\vec{w} = -\varkappa \operatorname{grad} T. \tag{J40}$$

Im allgemeinen Fall ist die Wärmeleitfähigkeit $\varkappa$ ein symmetrischer Tensor 2. Stufe, d.h.

$$\varkappa_{ij} = \varkappa_{ji}. \tag{J41}$$

Die Wärmeleitfähigkeit eines Kristalls setzt sich zusammen aus 2 Anteilen, aus einem Beitrag der Gitterschwingungen (Phononen) und aus einem Beitrag der Ladungsträger. Beide Anteile sind additiv:

$$\varkappa = \varkappa_{Ph} + \varkappa_L. \tag{J42}$$

Wir diskutieren im folgenden nur die Wärmeleitung durch die Ladungsträger.

Ein Temperaturgradient verursacht wegen der Temperaturabhängigkeit der Besetzungswahrscheinlichkeit grundsätzlich einen Konzentrationsgradienten der Ladungsträger. Dadurch entsteht ein Diffusionsstrom, der sowohl Energie als auch elektrische Ladung transportiert. Da man die Wärmeleitfähigkeit stets in einem offenen elektrischen Stromkreis misst, ist der resultierende elektrische Gesamtstrom gleich Null. Dies ist nur möglich, wenn ein elektrisches Feld besteht, das einen Feldstrom in entgegengesetzter Richtung zum Diffusionsstrom erzeugt. Also ist sowohl

$$\operatorname{grad} T \neq 0 \tag{J43}$$

als auch

$$\vec{E} \neq 0. \tag{J44}$$

Damit wird die linearisierte BOLTZMANN-Gleichung J31 komplizierter als bei der Berechnung der elektrischen Leitfähigkeit für konstante Temperatur:

$$F = F_0 - \tau \left[\vec{v} \left(\frac{\partial F_0}{\partial \zeta} \operatorname{grad}_{\vec{r}} \zeta + \frac{\partial F_0}{\partial T} \operatorname{grad}_{\vec{r}} T \right) + \frac{e}{\hbar} \vec{E} \frac{\partial F_0}{\partial E} \operatorname{grad}_{\vec{k}} E \right]. \tag{J45}$$

Bildet man die entsprechenden Ableitungen der FERMI–DIRAC-Funktion F_0, so erhält man damit unter Verwendung von Gl. F100

$$F = F_0 - \tau \vec{v} \frac{\partial F_0}{\partial E} \left[e\vec{E} - \operatorname{grad}_{\vec{r}} \zeta - \frac{E-\zeta}{T} \operatorname{grad}_{\vec{r}} T \right]. \tag{J46}$$

Der Term mit $\operatorname{grad}_{\vec{r}} \zeta$ berücksichtigt einerseits chemische Inhomogenitäten, d.h. $\zeta(\vec{r})$, und andererseits die Temperaturabhängigkeit der FERMI-Grenzenergie, d.h. $\zeta(T(\vec{r}))$. Für einen chemisch homogenen Kristall gilt

$$\operatorname{grad}_{\vec{r}} \zeta = \frac{\partial \zeta}{\partial T} \operatorname{grad}_{\vec{r}} T. \tag{J47}$$

Einsetzen von Gl. J46 in Gl. J3 und J7 liefert unter Berücksichtigung von Gl. J4 und F125 die allgemeinen Transportgleichungen, die bei gleichzeitiger Wirkung eines elektrischen Feldes und eines Temperaturgradienten gelten:

$$\vec{j} = -\frac{e}{4\pi^3 \hbar}\int\limits_0^\infty \int\limits_{E=\text{const}} \tau \frac{\partial F_0}{\partial E} \frac{\vec{v}}{|v|}\left[\vec{v}\left(e\vec{E} - \text{grad}_{\vec{r}}\zeta - \frac{E-\zeta}{T}\text{grad}_{\vec{r}} T\right)\right] dS\, dE, \tag{J48}$$

$$\vec{w} = -\frac{1}{4\pi^3 \hbar}\int\limits_0^\infty \int\limits_{E=\text{const}} (E-\zeta)\,\tau \frac{\partial F_0}{\partial E} \frac{\vec{v}}{|v|}\left[\vec{v}\left(e\vec{E} - \text{grad}_{\vec{r}}\zeta - \frac{E-\zeta}{T}\text{grad}_{\vec{r}} T\right)\right] dS\, dE. \tag{J49}$$

Mit den Substitutionen

$$L_s = \frac{1}{4\pi^3 \hbar}\int\limits_0^\infty \int\limits_{E=\text{const}} \tau \frac{v_i v_j}{|v|}\left(-\frac{\partial F_0}{\partial E}\right) E^s\, dS\, dE \tag{J50}$$

für $s = 0, 1, 2$

gehen die Transportgleichungen über in

$$\vec{j} = e L_0\left(e\vec{E} - \text{grad}_{\vec{r}}\zeta + \frac{\zeta}{T}\text{grad}_{\vec{r}} T\right) - e L_1 \frac{1}{T}\text{grad}_{\vec{r}} T \tag{J51}$$

und

$$\vec{w} = (L_1 - \zeta L_0)\left(e\vec{E} - \text{grad}_{\vec{r}}\zeta + \frac{\zeta}{T}\text{grad}_{\vec{r}} T\right) - (L_2 - \zeta L_1)\frac{1}{T}\text{grad}_{\vec{r}} T. \tag{J52}$$

Diese Gleichungen bilden die Grundlage für die Berechnung der thermoelektrischen Effekte (vgl. S. 373 ff.). Es ist zu bemerken, dass in der Literatur manchmal anstelle von L_s (Gl. J50) ein leicht davon abweichendes Integral definiert wird – im Integranden steht $(E-\zeta)^s$ anstelle von E^s. Die Transportgleichungen J51 und J52 enthalten dann andere Koeffizienten als die hier angegebenen[1].

Wir interessieren uns zunächst für die Wärmeleitfähigkeit, die man stromlos misst. Aus der Bedingung $j = 0$ folgt eine Beziehung zwischen der Feldstärke $\vec{E}$ und dem Temperaturgradienten $\text{grad}_{\vec{r}} T$, d.h.

$$L_0\left(e\vec{E} - \text{grad}_{\vec{r}}\zeta + \frac{\zeta}{T}\text{grad}_{\vec{r}} T\right) = L_1 \frac{1}{T}\text{grad}_{\vec{r}} T. \tag{J53}$$

Damit erhält man für den Wärmestrom aus Gl. J52

$$\vec{w} = \left(\frac{L_1^2}{L_0} - L_2\right)\frac{1}{T}\text{grad}_{\vec{r}} T \tag{J54}$$

---

[1] Einen Vergleich der beiden Formulierungen findet man beispielsweise in: H. Jones, *Theory of Electrical and Thermal Conductivity in Metals*, Handbuch der Physik, Bd. 19 (Springer, Berlin 1956), S. 271 ff.

bzw. für den Ladungsträgeranteil der Wärmeleitfähigkeit unter Verwendung von Gl. J40

$$\varkappa_L = -\frac{1}{T}\left(\frac{L_1^2}{L_0} - L_2\right). \tag{J 55}$$

Diese Beziehung gilt allgemein für einen beliebigen kristallinen Festkörper, solange die Streuprozesse nach Wiederherstellen der Gleichgewichtsbedingungen ein exponentielles Abklingen der Störung der Besetzungswahrscheinlichkeit bewirken (vgl. Gl. J24). Die Auswertung der Integrale L_s ist nur unter speziellen Annahmen möglich.

1. *Entartetes Ein-Band-Modell*

Die Transportgleichungen J 39 bzw. J 48 und J 49 enthalten alle die Ableitung der FERMI–DIRAC-Funktion nach der Energie. Diese Ableitung ist nur in der Umgebung der Grenzenergie wesentlich von Null verschieden (vgl. Fig. 167).

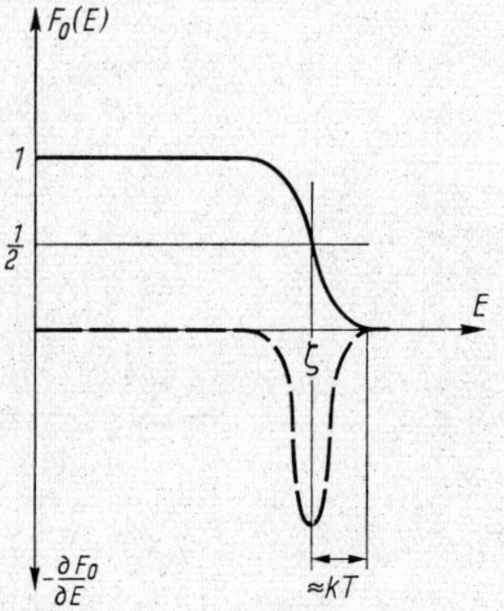

Fig. 167: FERMI–DIRAC-Funktion und ihre Ableitung nach der Energie

Daher kann man für Metalle und stark entartete Halbleiter, für welche Partikelgeschwindigkeiten bei $E = \zeta$ definiert sind, die Faktoren von $\partial F_0/\partial E$ an der Stelle $E = \zeta$ entwickeln.

a) Elektrische Leitfähigkeit

Für die elektrische Stromdichte in einem homogenen Kristall genügt es, den Faktor von $\partial F_0/\partial E$ mit seinem Wert an der Stelle $E = \zeta$ vor das Integral über die Energie zu setzen; Gl. J39 geht damit über in

$$\vec{j} = -\frac{e^2}{4\pi^3}\int\limits_{E=\zeta} \tau(\vec{k})\,\frac{\vec{v}(\vec{k})\,\vec{v}(\vec{k})}{v_F}\,dS_F\,\vec{E}\int\limits_0^\infty \frac{\partial F_0}{\partial E}\,dE. \tag{J 56}$$

v_F FERMI-Geschwindigkeit
dS_F Flächenelement auf der FERMI-Fläche $E = \zeta$

Die Integration über die Energie liefert

$$\int_0^\infty \frac{\partial F_0}{\partial E}\, dE = F_0(\infty) - F_0(0) = -1. \tag{J 57}$$

Die elektrische Stromdichte in einem Metall ist also durch ein Integral über die FERMI-Fläche gegeben:

$$\vec{j} = \frac{e^2}{4\pi^3 \hbar} \int_{E=\zeta} \tau(\vec{k}) \frac{\vec{v}(\vec{k})\, \vec{v}(\vec{k})}{v_F}\, dS_F \vec{E}. \tag{J 58}$$

Durch Vergleich mit der makroskopischen Beziehung

$$\vec{j} = \sigma \vec{E} \tag{J 59}$$

ergibt sich der Leitfähigkeitstensor

$$\sigma_{ij} = \frac{1}{4\pi^3} \frac{e^2}{\hbar} \int_{E=\zeta} \tau(\vec{k}) \frac{v_i(\vec{k})\, v_j(\vec{k})}{v_F}\, dS_F. \tag{J 60}$$

Diese Gleichung zeigt unmittelbar, dass die Leitfähigkeit in Metallen nur von den Eigenschaften der Elektronen an der FERMI-Grenze abhängt. Die hohe Leitfähigkeit von Metallen wird strenggenommen verursacht durch die hohe Geschwindigkeit weniger Elektronen mit der FERMI-Grenzenergie und nicht durch die grosse Konzentration freier bzw. quasifreier Elektronen (vgl. Gl. J 65).

In Kristallen mit kubischer Symmetrie reduziert sich der Leitfähigkeitstensor auf einen Skalar. Für $\vec{E}(E_x, 0, 0)$ ergibt sich dann anstelle von Gl. J 58

$$j_x = \frac{1}{4\pi^3} \frac{e^2}{\hbar} \int_{E=\zeta} \tau(\vec{k}) \frac{v_x^2}{v_F}\, dS_F\, E_x. \tag{J 61}$$

Bei kubischer Symmetrie gilt

$$\overline{v_x^2} = \frac{1}{3} v_F^2 \tag{J 62}$$

und damit anstelle von Gl. J 60

$$\sigma = \frac{1}{12\pi^3} \frac{e^2}{\hbar} \int_{E=\zeta} \tau(\vec{k})\, v_F\, dS_F. \tag{J 63}$$

Speziell für kugelförmige Energieflächen gilt

$$\sigma = \frac{1}{12\pi^3} \frac{e^2}{\hbar} \tau(k_\zeta)\, v_F\, 4\pi k_\zeta^2 \tag{J 64}$$

oder unter Verwendung der Gl. F 101 und F 146

$$\sigma = e\, b\, n \tag{J 65}$$

mit der Elektronenbeweglichkeit (vgl. Gl. G 49 bzw. J 109)

$$b = \frac{e}{m^*}\,\tau(k_\zeta). \tag{J 66}$$

k_ζ Radius der Fermi-Kugel
n Elektronenkonzentration

Die Temperaturabhängigkeit der elektrischen Leitfähigkeit von Metallen richtet sich nach der Temperaturabhängigkeit der Relaxationszeit τ; alle anderen Grössen sind temperaturunabhängig.

b) Wärmeleitfähigkeit

Wir werden zeigen, dass man – anders als im Fall der elektrischen Leitfähigkeit (vgl. S. 362) – erst in 2. Näherung einen von Null verschiedenen Wert für die Wärmeleitfähigkeit erhält. Die in den Transportgleichungen J 48 und J 49 vorkommenden Faktoren von $\partial F_0/\partial E$ sind

$$E^s\,\phi(E) \equiv \frac{1}{4\pi^3\hbar} \int\limits_{E=\mathrm{const}} \tau\,\frac{v_i\,v_j}{|v|}\,E^s\,dS \tag{J 67}$$

für $s = 0, 1, 2$

Die Entwicklung dieser Faktoren an der Stelle $E = \zeta$ ergibt

$$E^s\,\phi(E) \approx \zeta^s\,\phi(\zeta)+(E-\zeta)\left[\frac{d}{dE}\left(E^s\,\phi(E)\right)\right]_\zeta + \frac{1}{2}(E-\zeta)^2\left[\frac{d^2}{dE^2}\left(E^s\,\phi(E)\right)\right]_\zeta + \dots\,. \tag{J 68}$$

Einsetzen in Gl. J 50 liefert

$$L_s \approx M_1\,\zeta^s\,\phi(\zeta)+M_2\left[\frac{d}{dE}\left(E^s\,\phi(E)\right)\right]_\zeta + M_3\left[\frac{d^2}{dE^2}\left(E^s\,\phi(E)\right)\right]_\zeta \tag{J 69}$$

mit den Integralen

$$M_1 = -\int\limits_0^\infty \frac{\partial F_0}{\partial E}\,dE, \tag{J 70}$$

$$M_2 = -\int\limits_0^\infty (E-\zeta)\,\frac{\partial F_0}{\partial E}\,dE, \tag{J 71}$$

$$M_3 = -\frac{1}{2}\int\limits_0^\infty (E-\zeta)^2\,\frac{\partial F_0}{\partial E}\,dE. \tag{J 72}$$

Weil $\partial F_0/\partial E$ eine symmetrische und $(E-\zeta)(\partial F_0/\partial E)$ eine antisymmetrische Funktion ist (vgl. Fig. 167), erhält man für die beiden ersten Integrale unmittelbar

$$M_1 = 1, \tag{J73}$$

$$M_2 = 0. \tag{J74}$$

Für das dritte Integral ergibt sich unter Verwendung von Gl. J18

$$M_3 = +\frac{1}{2}(kT)^2 \int\limits_{-\frac{\zeta}{kT}}^{\infty} \frac{x^2 e^x}{(1+e^x)^2}\,dx = \frac{1}{2}(kT)^2 \int\limits_{-\frac{\zeta}{kT}}^{\infty} \frac{x^2\,dx}{\left(e^{\frac{x}{2}}+e^{-\frac{x}{2}}\right)^2} \tag{J75}$$

mit

$$x = \frac{E-\zeta}{kT}. \tag{J76}$$

Die untere Integrationsgrenze kann in guter Näherung durch $-\infty$ ersetzt werden, da $\partial F_0/\partial E$ bzw. $\partial F_0/\partial x$ nur in der Umgebung von $E = \zeta$ bzw. $x = 0$ stark von Null verschieden ist. Die Intergation liefert dann

$$M_3 = \frac{1}{2}(kT)^2 \frac{\pi^2}{3} = \frac{\pi^2}{6}(kT)^2. \tag{J77}$$

Mit Gl. J73, J74 und J77 geht Gl. J69 über in

$$L_s \approx \zeta^s \phi(\zeta) + \frac{\pi^2}{6}(kT)^2 \left[\frac{d^2}{dE^2}\left(E^s \phi(E)\right)\right]_\zeta. \tag{J78}$$

Daraus folgt unter konsequenter Vernachlässigung von $\dfrac{d\phi(E)}{dE}$ und $\dfrac{d^2\phi(E)}{dE^2}$

$$L_0 \approx \phi(\zeta), \tag{J79}$$

$$L_1 \approx \zeta\,\phi(\zeta), \tag{J80}$$

$$L_2 \approx \zeta^2 \phi(\zeta) + \frac{\pi^2}{3}(kT)^2 \phi(\zeta). \tag{J81}$$

Einsetzen dieser Beziehungen in Gl. J55 ergibt für die Wärmeleitfähigkeit

$$\varkappa_L = \frac{\pi^2}{3} k^2 T \phi(\zeta) \tag{J82}$$

mit (vgl. Gl. J67)

$$\phi(\zeta) = \frac{1}{4\pi^3 \hbar} \int\limits_{E=\zeta} \tau \frac{v_i v_j}{|v_F|}\,dS_F. \tag{J83}$$

Analog zur elektrischen Leitfähigkeit (vgl. Gl. J60) hängt der Elektronenanteil der Wärmeleitfähigkeit in Metallen von den Eigenschaften der Elektronen an der FERMI-Grenze ab. Speziell für kugelförmige Energieflächen erhält man analog zu Gl. J65

$$\varkappa_L = \frac{\pi^2}{3} \frac{k^2}{m^*} T \tau(\zeta)\, n. \tag{J84}$$

Berücksichtigt man nur den ersten Term der Näherung Gl. J68, wie bei der Herleitung der elektrischen Leitfähigkeit, so wird die Wärmeleitfähigkeit gleich Null.

Die elektrische Leitfähigkeit bleibt beim Übergang zur 2. Näherung unverändert. Setzt man in Gl. J51 $\mathrm{grad}_{\vec r}\, \zeta = \mathrm{grad}_{\vec r}\, T = 0$, so ergibt sich daraus die elektrische Leitfähigkeit eines kristallinen Festkörpers:

$$\frac{j}{E} \equiv \sigma = e^2 L_0 . \tag{J85}$$

Mit Gl. J 78 und J 79 folgt für die elektrische Leitfähigkeit eines Metalls oder eines stark entarteten Halbleiters (vgl. Gl. J 60):

$$\sigma = e^2 \phi(\zeta) = \frac{e^2}{4\pi^3 \hbar} \int\limits_{E=\zeta} \tau \frac{v_i v_j}{|v_F|}\, dS_F. \tag{J86}$$

Die Division von Gl. J 82 durch J 86 ergibt das WIEDEMANN–FRANZsche Gesetz, nach dem die elektrische Leitfähigkeit und der Elektronenanteil der Wärmeleitfähigkeit zueinander proportional sind:

$$\frac{\varkappa_L}{\sigma} = \frac{\pi^2}{3} \left(\frac{k}{e}\right)^2 T = L\,T \tag{J87}$$

mit der universellen LORENZ-Zahl

$$L = \frac{\pi^2}{3} \left(\frac{k}{e}\right)^2 = 2{,}45 \cdot 10^{-8} \left(\frac{\mathrm{V}}{\mathrm{Grad}}\right)^2 . \tag{J88}$$

Das WIEDEMANN–FRANZsche Gesetz hätte sich in dieser Form bereits aus der SOMMERFELDschen Theorie der freien Elektronen ergeben. Dabei ist zu bemerken, dass jene Theorie den Streumechanismus der Elektronen durch die freie Weglänge berücksichtigt. Die Abhängigkeit von dieser Grösse ist in den beiden Gleichungen für die elektrische Leitfähigkeit und für die Wärmeleitfähigkeit gleich und hebt sich daher aus dem WIEDEMANN–FRANZschen Gesetz heraus. Wie im folgenden auseinandergesetzt wird, ist jedoch der Gültigkeitsbereich des WIEDEMANN–FRANZschen Gesetzes von der Art der Streuprozesse abhängig.

Das WIEDEMANN–FRANZsche Gesetz ist unabhängig von der Form der Energieflächen und nicht an das Vorhandensein kubischer Symmetrie gebunden. Wesentlich ist lediglich, dass die Relaxationszeit $\tau(\vec k)$ denselben Wert hat, wenn in der Richtung von $\vec k$ ein elektrisches Feld oder ein Temperaturgradient oder beide zusammen wirken. Dies bedeutet, dass dieselben Streuprozesse sowohl für den elektrischen Widerstand als auch für den Wärmewiderstand verantwortlich sein müssen. Diese Bedingung ist erfüllt für Temperaturen oberhalb der DEBYE-Temperatur, d.h. für $T > \Theta_D$, wenn elastische Streuprozesse überwiegen. In diesem Temperaturbereich ist $\tau \sim T^{-1}$, d.h. nach Gl. J 86 ist die elektrische Leitfähigkeit umgekehrt proportional zur Temperatur, und nach Gl. J 82 ist die Wärmeleitfähigkeit temperaturunabhängig. In diesem Bereich gilt also das WIEDEMANN–FRANZsche Gesetz (vgl. Tab. 23). Der Phononenbeitrag zur Wär-

Tabelle 23

Elektrische Leitfähigkeiten, Wärmeleitfähigkeiten und LORENZ-Zahlen verschiedener Metalle (aus J. L. OLSEN, *Electron Transport in Metals* [Interscience, New York 1962], S. 5).

Metall	$\sigma \cdot 10^{-5}$ $[\Omega\,\text{cm}]^{-1}$	$\varkappa$ $\left[\frac{\text{W}}{\text{cm Grad}}\right]$	$L \cdot 10^8$ $\left[\frac{\text{V}}{\text{Grad}}\right]^2$	
	273 °K	273 °K	273 °K	373 °K
Na	2,34	1,35	2,10	—
Cu	6,45	3,85	2,18	2,30
Ag	6,6	4,18	2,31	2,37
Be	3,6	2,3	2,34	—
Mg	2,54	1,5	2,16	2,32
Al	4,0	2,38	2,18	2,22
Pb	0,52	0,35	2,46	2,57
Bi	0,093	0,085	3,30	2,88
Pt	1,02	0,69	2,47	2,56

meleitung ist in guten Leitern oberhalb $T > \Theta_D$ klein gegenüber dem Elektronenanteil. Die gemessene Wärmeleitfähigkeit ist dann näherungsweise gleich dem Elektronenanteil.

Im Bereich tieferer Temperaturen $T < \Theta_D$ werden auch inelastische Streuprozesse wesentlich, die zwar die elektrische Leitfähigkeit nur wenig, die Wärmeleitfähigkeit aber stark beeinflussen. Für die beiden Leitfähigkeiten werden dann verschiedene Relaxationszeiten massgebend, die überdies auch verschiedene Temperaturabhängigkeiten haben. Ohne Herleitung geben wir an (für $T < \Theta_D$):

$$\tau_\sigma \sim T^{-5}, \tag{J 89}$$

$$\tau_\varkappa \sim T^{-3}. \tag{J 90}$$

In diesem Temperaturbereich verliert das WIEDEMANN–FRANZsche Gesetz seine Gültigkeit.

2. *Nichtentartetes, isotropes Zwei-Bänder-Modell*

Die Transportgleichungen J 51 und J 52 und die daraus hergeleiteten Transportkoeffizienten, elektrische Leitfähigkeit und Wärmeleitfähigkeit (Gl. J 85 und J 55), gelten allgemein für einen kristallinen Festkörper, sofern für den Ladungs- und Energietransport dieselben Streuprozesse massgebend sind. Die explizite Berechnung der Integrale L_s ist für nichtentartete Halbleiter anders als für Metalle und entartete Halbleiter, da der Wert der Eigenwertdichte an der FERMI-Grenzenergie für beide Fälle grundsätzlich verschieden ist. In nichtentarteten Halbleitern ist die Eigenwertdichte für $E = \zeta$ gleich Null, d.h. es gibt keine Elektronen mit der FERMI-Energie. Die Entwicklung des Faktors von $\partial F_0/\partial E$ an der Stelle $E = \zeta$ (vgl. S. 362) ist daher nicht sinnvoll.

Für die weitere Auswertung der Integrale beschränken wir uns auf isotrope, nichtentartete Halbleiter, deren effektive Massen unabhängig von Richtung und Energie angenommen werden. Für diesen Fall quasifreier Elektronen (vgl. S. 232) gelten die Beziehungen

$$E - E_R = \frac{\hbar^2 k^2}{2m^*}, \tag{J91}$$

$$\vec{v} = \frac{\hbar \vec{k}}{m^*}. \tag{J92}$$

Die zu E=const gehörenden Geschwindigkeiten und Relaxationszeiten sind im isotropen Fall ebenfalls richtungsunabhängig. Die über E = const gemittelten Quadrate der Geschwindigkeitskomponenten in einer vorgegebenen Richtung sind gleich einem Drittel des totalen Geschwindigkeitsquadrats (vgl. Gl. J62):

$$\overline{v_i^2} = \frac{1}{3} v^2. \tag{J93}$$

Unter Voraussetzung der Isotropie gehen die Integrale L_s somit über in

$$L_s = -\frac{1}{12\pi^3 \hbar} \int_0^\infty \tau(E) v(E) \frac{\partial F_0}{\partial E} E^s \, 4\pi k^2 \, dE \tag{J94}$$

oder unter Verwendung von Gl. J91, J92 und F135

$$L_s = -\frac{4}{3m^*} \int_0^\infty \tau(E) E^s (E - E_R) D(E) \frac{\partial F_0}{\partial E} dE \tag{J95}$$

In nichtentarteten Halbleitern tragen die beiden obersten Energiebänder zum Ladungs- und Energietransport bei. Daher setzen sich die Integrale jeweils aus einem Beitrag des Leitungsbandes und aus einem Beitrag des Valenzbandes zusammen:

$$L_s = L_{sn} + L_{sp} \tag{J96}$$

mit

$$L_{sn} = -\frac{4}{3m_n} \int_{E_L}^\infty \tau_n(E) E^s (E - E_L) D_n(E) \frac{\partial F_0}{\partial E} dE \tag{J97}$$

und

$$L_{sp} = -\frac{4}{3\,m_p} \int_{-\infty}^{E_V} \tau_p(E)\, E^s(E-E_V)\, D_p(E)\, \frac{\partial}{\partial E}(1-F_0)\, dE \tag{J98}$$

a) Elektrische Leitfähigkeit

Die elektrische Leitfähigkeit eines isotropen, nichtentarteten Halbleiters ist nach Gl. J85 und J96 gegeben durch

$$\sigma = e^2(L_{on} + L_{op}) \tag{J99}$$

mit

$$L_{on} = -\frac{4}{3\,m_n} \int_{E_L}^{\infty} \tau_n(E-E_L)\, D_n(E)\, \frac{\partial F_0}{\partial E}\, dE \tag{J100}$$

und

$$L_{op} = -\frac{4}{3\,m_p} \int_{E_V}^{-\infty} \tau_p(E_V-E)\, D_p(E)\, \frac{\partial}{\partial E}(1-F_0)\, dE. \tag{J101}$$

Mit der Einführung gemittelter Relaxationszeiten $\bar{\tau}_n$ und $\bar{\tau}_p$ lassen sich die Integrale berechnen. Wir definieren

$$\bar{\tau}_n = \frac{\displaystyle\int_{E_L}^{\infty} \tau_n(E-E_L)\, D_n(E)\, \frac{\partial F_0}{\partial E}\, dE}{\displaystyle\int_{E_L}^{\infty} (E-E_L)\, D_n(E)\, \frac{\partial F_0}{\partial E}\, dE} \tag{J102}$$

und

$$\bar{\tau}_p = \frac{\displaystyle\int_{E_V}^{-\infty} \tau_p(E_V-E)\, D_p(E)\, \frac{\partial}{\partial E}(1-F_0)\, dE}{\displaystyle\int_{E_V}^{-\infty} (E_V-E)\, D_p(E)\, \frac{\partial}{\partial E}(1-F_0)\, dE}. \tag{J103}$$

Damit folgt aus Gl. J100 unter Verwendung von Gl. G5

$$L_{on} = -\frac{4}{3\,m_n}\, \frac{1}{4\pi^2} \left(\frac{2\,m_n}{\hbar^2}\right)^{\frac{3}{2}} \bar{\tau}_n \int_{E_L}^{\infty} (E-E_L)\, \frac{\partial F_0}{\partial E}\, dE. \tag{J104}$$

Partielle Integration liefert

$$L_{on} = -\frac{4}{3\,m_n}\,\frac{1}{4\pi^2}\left(\frac{2\,m_n}{\hbar^2}\right)^{\frac{3}{2}}\bar{\tau}_n\left\{\left[(E-E_L)^{\frac{3}{2}}F_0\right]_{E_L}^{\infty} - \frac{3}{2}\int\limits_{E_L}^{\infty}(E-E_L)^{\frac{1}{2}}F_0\,dE\right\} \tag{J 105}$$

oder unter Verwendung von Gl. G 5 und G 17

$$L_{on} = \frac{\bar{\tau}_n\,n}{m_n}. \tag{J 106}$$

Analog ergibt sich

$$L_{op} = \frac{\bar{\tau}_p\,p}{m_p}. \tag{J 107}$$

Damit folgt für die elektrische Leitfähigkeit unter Verwendung von Gl. J 99, J 106 und J 107

$$\sigma = e\,b_n\,n + |e|\,b_p\,p \tag{J 108}$$

mit den sog. Ladungsträgerbeweglichkeiten der Elektronen und Löcher (vgl. Gl. G 49):

$$b_n = \frac{e}{m_n}\,\bar{\tau}_n \tag{J 109}$$

und

$$b_p = \frac{|e|}{m_p}\,\bar{\tau}_p. \tag{J 110}$$

Die Beweglichkeiten sind im wesentlichen bestimmt durch die Streuprozesse der Ladungsträger, die durch die Relaxationszeiten charakterisiert werden. Für die weitere Berechnung der Beweglichkeiten und der elektrischen Leitfähigkeit ist die Kenntnis der Stossprozesse und damit der Relaxationszeiten $\tau_{n,p}(E)$ erforderlich (vgl. S. 396 ff.).

b) Wärmeleitfähigkeit

Der Ladungsträgerbeitrag zur Wärmeleitfähigkeit eines isotropen, nichtentarteten Halbleiters beträgt nach Gl. J 55

$$\varkappa_L = -\frac{1}{T}\left(\frac{L_1^2}{L_0} - L_2\right). \tag{J 111}$$

Die Auswertung der Integrale L_1 und L_2 ist analog zu der von L_0, wenn man die den Gl. J 102 und J 103 entsprechenden Mittelwerte $(\overline{\tau E})_{n,p}$ bzw. $(\overline{\tau E^2})_{n,p}$ einführt. Man erhält

$$L_1 = \frac{n}{m_n}\,(\overline{\tau E})_n + \frac{p}{m_p}\,(\overline{\tau E})_p \tag{J 112}$$

und

$$L_2 = \frac{n}{m_n}\,(\overline{\tau E^2})_n + \frac{p}{m_p}\,(\overline{\tau E^2})_p\,. \tag{J 113}$$

In guter Näherung gilt

$$(\overline{\tau E})_{n,\,p} \approx \bar{\tau}_{n,\,p}\,\bar{E}_{n,\,p} \tag{J 114}$$

und

$$(\overline{\tau E^2})_{n,\,p} \approx \bar{\tau}_{n,\,p}\,\overline{E^2_{n,\,p}} \tag{J 115}$$

$\bar{E}_{n,\,p}$ mittlere Energie der Elektronen im Leitungsband bzw. der Löcher im Valenzband

Ferner setzen wir

$$\overline{E^2_{n,\,p}} \approx \bar{E}^2_{n,\,p}\,. \tag{J 116}$$

Einsetzen der Gl. J 106, J 107, J 112 und J 113 in Gl. J 111 liefert unter Verwendung der angegebenen Näherungen

$$\varkappa_L = \frac{1}{e^2\,T}\,\frac{\sigma_n\,\sigma_p}{\sigma}\,(\bar{E}_n - \bar{E}_p)^2 \tag{J 117}$$

mit der Elektronen- bzw. Löcherleitfähigkeit

$$\sigma_n = \frac{e^2}{m_n}\,\bar{\tau}_n\,n \tag{J 118}$$

bzw.

$$\sigma_p = \frac{e^2}{m_p}\,\bar{\tau}_p\,p. \tag{J 119}$$

Die mittleren Energien sind näherungsweise gegeben durch

$$\bar{E}_n \approx E_L + \frac{3}{2}\,k\,T \tag{J 120}$$

und

$$\bar{E}_p \approx E_V - \frac{3}{2}\,k\,T. \tag{J 121}$$

Damit erhält man für den Ladungsträgeranteil der Wärmeleitfähigkeit in isotropen, nichtentarteten Halbleitern

$$\varkappa_L = \frac{1}{e^2\,T}\,\frac{\sigma_n\,\sigma_p}{\sigma}\,(\varDelta E_i + 3\,k\,T)^2 \tag{J 122}$$

mit der Breite der Energielücke

$$\Delta E_i = E_L - E_V \,. \tag{J123}$$

In Anlehnung an das WIEDEMANN–FRANZsche Gesetz folgt aus Gl. J122

$$\frac{\varkappa_L}{\sigma} = L^* T \tag{J124}$$

mit der modifizierten LORENZ-Zahl

$$L^* = 2\left(\frac{k}{e}\right)^2 \frac{\sigma_n \sigma_p}{2\sigma^2} \left(\frac{\Delta E_i}{kT} + 3\right)^2. \tag{J125}$$

Unter der Annahme rein thermischer Streuung (vgl. S. 396) erhält man mit einer exakten Auswertung der L_s-Integrale für die modifizierte LORENZ-Zahl anstelle von Gl. J125

$$L^* = 2\left(\frac{k}{e}\right)^2 \left[\frac{\sigma_n \sigma_p}{2\sigma^2} \left(\frac{\Delta E_i}{kT} + 4\right)^2 + 1\right]. \tag{J126}$$

Der Vergleich mit der universellen LORENZ-Zahl (Gl. J88) zeigt, dass das Verhältnis aus Ladungsträgerwärmeleitfähigkeit und elektrischer Leitfähigkeit in nichtentarteten Halbleitern viel grösser als in Metallen sein kann.

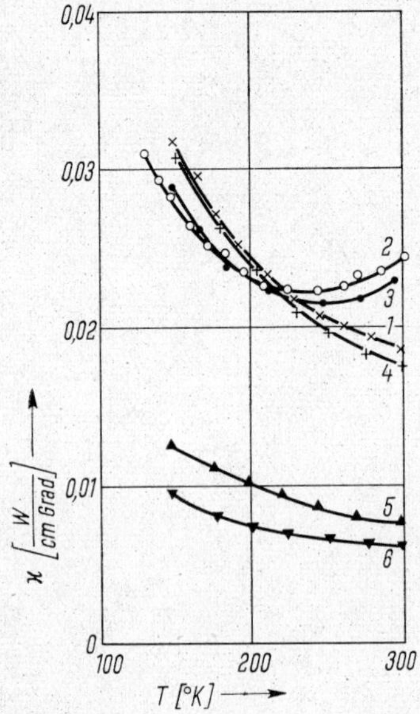

Fig. 168: Temperaturabhängigkeit der Wärmeleitfähigkeit für Bi_2Te_3; die nahezu eigenleitenden Proben 2 und 3 zeigen *ambipolare Diffusion*, die übrigen Kurven gelten für störleitende Proben verschiedener Dotierung und Orientierung (nach H. J. GOLDSMID, Proc. Phys. Soc. *B 69*, 203 (1956))

Der Faktor $\sigma_n \sigma_p / 2\sigma^2$ ist maximal, wenn die Elektronen- und Löcherleitfähigkeiten gleich sind, d.h. für $\sigma_n = \sigma_p = \sigma/2$. Dies ist für einen Eigenhalbleiter erfüllt, sofern die Beweglichkeiten b_n und b_p nicht stark voneinander verschieden sind. Eine Abschätzung zeigt, dass für $\Delta E_i \approx 1$ eV und $\sigma_n = \sigma_p$ bei $T = 500$ °K die modifizierte LORENZ-Zahl L^* ungefähr 10^2-mal grösser als die universelle ist. Die Ursache für die relativ hohe Wärmeleitfähigkeit der Ladungsträger ist die sog. ambipolare Diffusion, d.h. die Diffusion von Elektron–Loch-Paaren. Im Halbleiterbereich mit der höheren Temperatur werden mehr Elektron–Loch-Paare erzeugt als im Bereich mit der niedrigeren Temperatur. Die Elektron–Loch-Paare diffundieren in Richtung des negativen Temperaturgradienten und transportieren ausser ihrer kinetischen Energie auch ihre Anregungsenergie ΔE_i. Durch die darauffolgende Rekombination wird ΔE_i als Rekombinationsenergie frei. Der Einfluss der ambipolaren Diffusion wird beobachtet für hinreichend reine Proben und bei hohen Temperaturen (vgl. Fig. 168), d.h. wenn die Konzentration der Elektron–Loch-Paare gross ist im Vergleich zur Konzentration der aus Störstellen angeregten Ladungsträger. Der Effekt der ambipolaren Diffusion nimmt daher mit zunehmender Störleitung ab. Die ambipolare Diffusion liefert keinen Beitrag zur elektrischen Leitfähigkeit.

Zu erwähnen bleibt, dass in Halbleitern ausser dem Ladungsträgerbeitrag, den wir hier behandelt haben, der Beitrag der Phononen zur Wärmeleitfähigkeit nicht vernachlässigbar ist (vgl. Gl. J 42).

IV. Thermoelektrische Effekte

Die Transportgleichungen J 51 und J 52 zeigen, dass sowohl ein elektrisches Feld als auch ein Temperaturgradient einen elektrischen Strom und einen Wärmestrom erzeugen. Je nach der Wahl der Versuchsbedingungen kann man die elektrischen, thermischen oder thermoelektrischen Eigenschaften getrennt messen.

1. SEEBECK-*Effekt (Thermokraft)*

Wir haben bereits gezeigt, dass in einem offenen Stromkreis ($j = 0$) ein Temperaturgradient ein elektrisches Feld erzeugt, dessen Wert aus Gl. J 53 folgt:

$$E = \frac{1}{e}\,\mathrm{grad}\,\zeta + \frac{1}{eT}\left(\frac{L_1}{L_0} - \zeta\right)\mathrm{grad}\,T. \qquad \text{(J 127)}$$

Diese Feldstärke setzt sich aus 2 Anteilen zusammen: aus einem Beitrag, der von chemischer Inhomogenität und von Kontakten zwischen verschiedenen Materialien herrührt (sog. Kontaktfeld, vgl. S. 315), und aus einem Beitrag, der durch den Temperaturgradienten verursacht wird (sog. Thermofeld).

In der Praxis gelingt es nicht, diese Feldstärke unmittelbar an einem einzigen bestimmten Material zu messen; die Messvorrichtung müsste dann denselben Temperaturgradienten aufweisen. Man benutzt vielmehr eine sog. offene Thermokette. Sie besteht im einfachsten Fall aus zwei Materialien A und B, die wie in Fig. 169 miteinander verbunden sind. Die beiden Verbindungsstellen haben verschiedene Temperaturen, T_1 und T_2. Die Thermokette ist bei

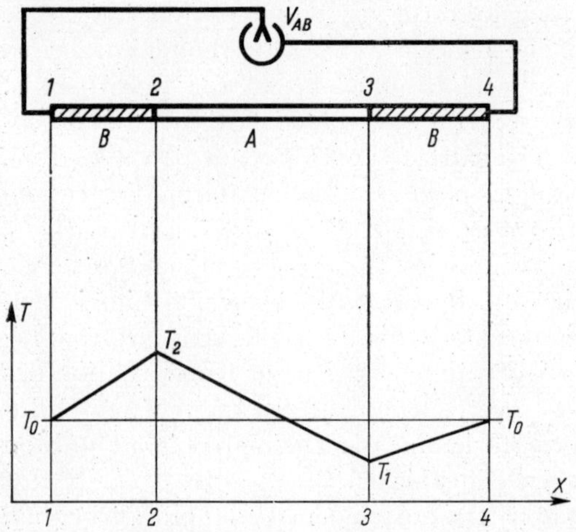

Fig. 169: Offene Thermokette (SEEBECK-Effekt)

der Temperatur T_0 ($T_2 > T_0 > T_1$) unterbrochen. Die sog. integrale Thermospannung zwischen den beiden Enden ist gegeben durch das Integral über die Feldstärke längs der Thermokette (x-Richtung):

$$V_{AB} = -\int E_x\,dx \tag{J 128}$$

mit (vgl. Gl. J 127)

$$E_x = \frac{1}{e}\frac{\partial\zeta}{\partial x} + \frac{1}{eT}\left(\frac{L_1}{L_0} - \zeta\right)\frac{dT}{dx}. \tag{J 129}$$

Berücksichtigt man die unterschiedlichen Materialeigenschaften von A und B, so folgt aus Gl. J 128

$$V_{AB} = -\frac{1}{e}\int \frac{\partial\zeta}{\partial x}\,dx - \int_{T_0}^{T_2} S_B\,dT - \int_{T_2}^{T_1} S_A\,dT - \int_{T_1}^{T_0} S_B\,dT \tag{J 130}$$

mit der sog. absoluten Thermokraft des Materials A bzw. B (SEEBECK-Koeffizient)

$$S_{A,B} = \frac{1}{eT}\left(\frac{L_1}{L_0} - \zeta\right)_{A,B}. \tag{J 131}$$

Der erste Term in Gl. J 130, der das Kontaktpotential darstellt, verschwindet, da nach Voraussetzung Material und Temperatur an den Orten 1 und 4 identisch sind. Damit erhält man aus Gl. J 130

$$V_{AB} = \int_{T_1}^{T_2} (S_A - S_B)\,dT. \tag{J 132}$$

Die Thermospannung ergibt sich also als Differenz der Thermokräfte zweier Stoffe. Sie ist eine Funktion der Temperaturdifferenz zwischen den beiden Verbindungsstellen. Hervorzuheben ist, dass das elektrische Feld längs des gesamten Volumens der Thermokette besteht und nicht nur an den Verbindungsstellen der beiden Materialien. Daher ist es sinnvoll, die sog. integrale absolute Thermospannung als eine Materialeigenschaft zu definieren:

$$V_{A,B}(T) = \int_0^T S_{A,B}\,dT. \tag{J 133}$$

Ferner definiert man die sog. differentielle Thermospannung ϕ_{AB} als Differenz der absoluten Thermokräfte der Materialien A und B bei der Temperatur T:

$$\phi_{AB}(T) = \frac{dV_A}{dT} - \frac{dV_B}{dT} = S_A - S_B\,. \tag{J 134}$$

Die Thermospannung ist ebenso wie die elektrische Leitfähigkeit und die Wärmeleitfähigkeit eine Transporteigenschaft, denn die Thermokraft enthält die Integrale L_s und damit die Relaxationszeit τ, die für Transportphänomene charakteristisch ist.

Die weitere Berechnung der Thermokraft hängt wiederum von der speziellen Näherung für Metalle bzw. Halbleiter ab.

a) Thermokraft von Metallen

Für Metalle sind die Integrale L_s näherungsweise gegeben durch Gl. J 78. Man sieht unmittelbar, dass die Thermokraft genau wie die Wärmeleitfähigkeit erst in 2. Näherung von Null verschieden ist. Einsetzen von Gl. J 78 in Gl. J 131 liefert unter Vernachlässigung von Termen höherer Ordnung

$$S_M = \frac{1}{eT}\,\frac{\pi^2}{3}(kT)^2 \left\{\frac{d[\ln\phi(E)]}{dE}\right\}_{E=\zeta} \tag{J 135}$$

oder unter Verwendung von Gl. J 86

$$S_M = \frac{\pi^2}{3}\,\frac{k^2}{e}\,T \left\{\frac{d[\ln\sigma(E)]}{dE}\right\}_{E=\zeta}. \tag{J 136}$$

Die Grösse $\sigma(E)$ bedeutet die elektrische Leitfähigkeit, berechnet in Funktion hypothetischer Grenzenergien E. Die Änderung von σ mit E, ermittelt an der Stelle der wirklichen FERMI-Grenzenergie ζ des entsprechenden Metalls, bestimmt die Thermokraft. Sie hängt einerseits vom Streumechanismus der Elektronen ab, d.h. von der Energieabhängigkeit der Relaxationszeit $\tau(E)$, und andererseits von der Formänderung der Energieflächen in der Umgebung der FERMI-Fläche (vgl. Gl. J 67 für $s = 0$).

Wir schätzen den Wert der Thermokraft ab für den Fall quasifreier Elektronen und unter der Annahme einer Energieabhängigkeit der Relaxationszeit von der Form (vgl. S. 397 ff.)

$$\tau(E) = \text{const.}E^{\lambda}. \tag{J 137}$$

Nach Gl. J 65 ist die elektrische Leitfähigkeit gegeben durch

$$\sigma = \frac{e^2}{m^*} \tau(\zeta)\, n. \tag{J 138}$$

Unter Verwendung der hypothetischen Energieabhängigkeit der Elektronenkonzentration (Gl. E 24) und der Gl. J 137 folgt für die Energieabhängigkeit der Leitfähigkeit (im Fall quasifreier Elektronen ist die effektive Masse unabhängig von der Energie)

$$\sigma(E) = \text{const.}\, E^{\frac{3}{2}+j}. \tag{J 139}$$

Damit erhält man aus Gl. J 136 für die Thermokraft eines Metalls mit kugelförmigen Energieflächen

$$S_M = \frac{dV}{dT} = \frac{\pi^2}{3} \frac{k^2}{e} \frac{T}{\zeta} \left(\frac{3}{2} + j\right). \tag{J 140}$$

Für die Streuung an akustischen Phononen ist $j = -\frac{1}{2}$ (vgl. Gl. J 248). Mit $\zeta \approx 5$ eV (vgl. Tab. 16) und $T = 300$ °K erhält man in Übereinstimmung mit experimentellen Ergebnissen als Grössenordnung der Thermokraft 10^{-6} V/Grad.

b) Thermokraft von nichtentarteten Halbleitern

Die Auswertung von Gl. J 131 ergibt unter Verwendung der Gl. J 106, J 107 und J 112

$$S_{HL} = \frac{1}{eT} \frac{\frac{n}{m_n} \bar{\tau}_n (\bar{E}_n - \zeta) - \frac{p}{m_p} \bar{\tau}_p (\zeta - \bar{E}_p)}{\frac{n}{m_n} \bar{\tau}_n + \frac{p}{m_p} \bar{\tau}_p}. \tag{J 141}$$

Unter Verwendung von Gl. J 120 und J 121 folgt hieraus

$$S_{HL} = \frac{k}{e} \left\{ \frac{\frac{n}{m_n} \bar{\tau}_n \frac{E_L - \zeta}{kT} - \frac{p}{m_p} \bar{\tau}_p \frac{\zeta - E_V}{kT}}{\frac{n}{m_n} \bar{\tau}_n + \frac{p}{m_p} \bar{\tau}_p} + \frac{3}{2} \frac{\frac{n}{m_n} \bar{\tau}_n - \frac{p}{m_p} \bar{\tau}_p}{\frac{n}{m_n} \bar{\tau}_n + \frac{p}{m_p} \bar{\tau}_p} \right\}. \tag{J 142}$$

Diese Beziehung zeigt, dass das Vorzeichen der Thermokraft von wesentlichen Halbleitereigenschaften abhängt. Für n-Typ-Halbleiter, d.h. für $n \gg p$, geht Gl. J 142 über in

$$S_n = \frac{k}{e} \left(\frac{E_L - \zeta}{kT} + \frac{3}{2} \right). \tag{J 143}$$

Analog gilt für p-Typ-Halbleiter, d.h. für $p \gg n$,

$$S_p = -\frac{k}{e} \left(\frac{\zeta - E_V}{kT} + \frac{3}{2} \right). \tag{J 144}$$

Die absolute Thermokraft eines Halbleiters ist im allgemeinen viel grösser als die eines Metalls. Für einen typischen Abstand von 10^{-1} eV zwischen FERMI-Grenzenergie und Bandrand folgt aus Gl. J 143 bzw. J 144 als Grössenordnung der Thermokraft eines Halbleiters 10^{-3} V/Grad im Vergleich zu 10^{-6} V/Grad für Metalle. Für eine Thermokette aus Metall und Halbleiter gilt daher in guter Näherung

$$V_{HL-M} = \int_{T_1}^{T_2} (S_{HL} - S_M)\,dT \approx \int_{T_1}^{T_2} S_{HL}\,dT \qquad \text{(J 145)}$$

bzw.

$$\frac{dV_{HL-M}}{dT} \approx S_{HL}. \qquad \text{(J 146)}$$

Die Ermittlung des Vorzeichens der Thermokraft ist eine einfache Methode zur Bestimmung des Leitungstyps eines Halbleiters. Dazu setzt man auf den Halbleiterkristall zwei Metallelektroden unterschiedlicher Temperatur auf und misst die Spannung. Das Vorzeichen dieser Spannung ist im wesentlichen durch die Art der Majoritätsträger bestimmt; der Wert der Spannung ist wegen Gl. J 145 weitgehend unabhängig von den verwendeten Metallen.

Für nichtentartete Störhalbleiter ist der Wert der Thermospannung allein durch die Lage der FERMI-Grenzenergie bestimmt. Diese ist durch die Energieverteilung der Störstellen gegeben. Im einfachsten Fall eines einzigen Störniveaus ergibt sich für Donatorenreserve aus Gl. J 143 durch Einsetzen von Gl. G 95

$$S_n = \frac{k}{e}\left[\frac{\Delta E_D}{2kT} - \ln\left(\frac{N_D}{2n_0}\right)^{\frac{1}{2}} + \frac{3}{2}\right]. \qquad \text{(J 147)}$$

Die differentielle Thermospannung ist also proportional zur Aktivierungsenergie ΔE_D der Donatoren und umgekehrt proportional zur Temperatur. Für tiefe Temperaturen jedoch verliert der angegebene Zusammenhang Gl. J 147 seine Gültigkeit, da dann die Transportgleichungen nicht mehr mit einer einzigen Relaxationszeit beschrieben werden können.

2. PELTIER-*Effekt*

Unter der Bedingung grad $T = 0$ folgt aus den Transportgleichungen J 51 und J 52, dass der elektrische Strom stets von einem Wärmestrom begleitet ist:

$$\vec{w} = \Pi \vec{j} \qquad \text{(J 148)}$$

mit dem sog. PELTIER-Koeffizienten

$$\Pi = \frac{1}{e}\left(\frac{L_1}{L_0} - \zeta\right). \qquad \text{(J 149)}$$

Aus dem Vergleich mit Gl. J 131 folgt der Zusammenhang zwischen SEEBECK- und PELTIER-Koeffizient, der sich auch aus thermodynamischen Berechnungen ergibt:

$$\Pi = T S. \tag{J 150}$$

Die Theorie des PELTIER-Koffizienten ist damit bereits in der Theorie für die Thermokraft enthalten.

Der Nachweis des Wärmestroms erfolgt in einer geschlossenen Thermokette, in der man mit einer Batterie einen elektrischen Strom j erzeugt (vgl. Fig. 170). Der Wärmestrom ist in den beiden Materialien A und B verschieden

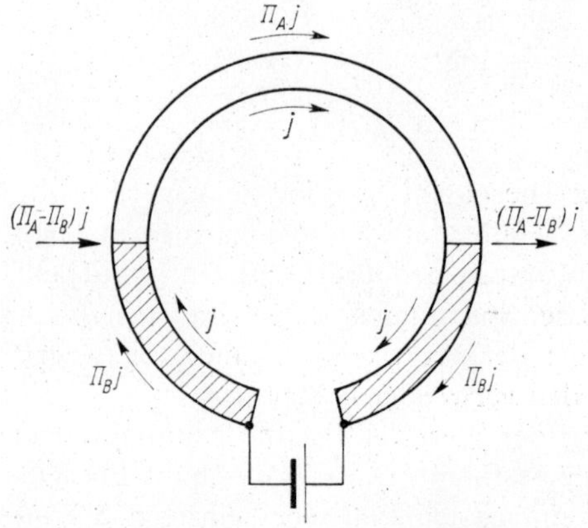

Fig. 170: Geschlossene Thermokette (PELTIER-Effekt)

gross wegen der verschiedenen Werte Π_A und Π_B (vgl. Gl. J 148). Die Differenz der Wärmeströme muss an den beiden Verbindungsstellen aufgebracht werden. Im idealen Fall (grad $T = 0$) würde man die Differenz an der einen Verbindungsstelle einem unendlich grossen Wärmereservoir entnehmen und an der anderen in ein unendlich grosses Wärmereservoir abführen, wobei die Temperatur des gesamten Systems konstant bliebe. In der Praxis jedoch wird die Temperatur der endlichen Wärmereservoire geändert und die Differenz der Wärmeströme durch zusätzlich auftretende Temperaturgradienten aufgebracht. Daher kühlt sich die eine Verbindungsstelle ab, während sich die andere erwärmt. Dieser Effekt heisst PELTIER-Effekt. Ein Mass für die Temperaturänderung ist die Grösse

$$\Pi_{AB} = \Pi_A - \Pi_B. \tag{J 151}$$

Sie bedeutet die Wärmemenge, die pro Stromdichte und Zeit an jeder Verbindungsstelle zu- bzw. abgeführt wird. Der Wert der Temperaturänderung an den Verbindungsstellen hängt überdies von den äusseren Bedingungen, insbesondere von der Grösse der Wärmereservoire und damit von der Geometrie der Thermokette ab.

Aufgrund des Zusammenhangs in Gl. J 150 und aufgrund der angegebenen Grössenordnungen von S (vgl. S. 377) hat man also speziell für Halbleiter-Metall-Elemente grosse PELTIER-Effekte zu erwarten.

Der PELTIER-Effekt kann als invers zum SEEBECK-Effekt aufgefasst werden.

3. THOMSON-*Effekt*

Im Volumen eines Leiters, in dem gleichzeitig ein elektrischer Strom und ein Wärmestrom fliessen, besteht der gesamte Energie-Umsatz aus den folgenden Beiträgen: 1) JOULEsche Wärme, 2) durch Wärmeleitung entstandene Wärme, 3) sog. THOMSON-Wärme. Wie im folgenden gezeigt wird, ist die THOMSON-Wärme proportional zum Skalarprodukt aus Stromdichte und Temperaturgradient; der Proportionalitätsfaktor, der sog. THOMSON-Koeffizient, steht mit dem SEEBECK- bzw. PELTIER-Koeffizienten in Zusammenhang.

Die Wärmeentwicklung pro Volumen- und Zeiteinheit ist gegeben durch die elektrische Leistung und den absorbierten Wärmestrom:

$$\frac{dQ}{dt} = \vec{j}\vec{E} - \operatorname{div}\vec{w}. \qquad \text{(J152)}$$

Aus Gl. J51 erhält man unter Verwendung von Gl. J85 und J131

$$\vec{E} = \frac{\vec{j}}{\sigma} + S \operatorname{grad} T + \frac{1}{e} \operatorname{grad} \zeta. \qquad \text{(J153)}$$

Für den Wärmestrom ergibt sich aus Gl. J52 unter Verwendung von Gl. J51, J55 und J149

$$\vec{w} = \Pi \vec{j} - \varkappa_L \operatorname{grad} T. \qquad \text{(J154)}$$

Mit Gl. J153 und J154 liefert Gl. J152

$$\frac{dQ}{dt} = \frac{j^2}{\sigma} + \frac{\vec{j}}{e} \operatorname{grad}\zeta + \operatorname{div}(\varkappa_L \operatorname{grad} T) + S\vec{j} \operatorname{grad} T - \vec{j} \operatorname{grad} \Pi. \qquad \text{(J155)}$$

Für einen homogenen Kristall gilt

$$\operatorname{grad} \Pi = \frac{d\Pi}{dT} \operatorname{grad} T. \qquad \text{(J156)}$$

Damit und unter Verwendung von Gl. J150 folgt

$$\frac{dQ}{dt} = \frac{j^2}{\sigma} + \frac{\vec{j}}{e} \operatorname{grad}\zeta + \operatorname{div}(\varkappa_L \operatorname{grad} T) - \mu \vec{j} \operatorname{grad} T \qquad \text{(J157)}$$

mit dem THOMSON-Koeffizienten

$$\mu = \frac{d\Pi}{dT} - S = T \frac{dS}{dT}. \qquad \text{(J158)}$$

In Gl. J157 bedeuten die ersten beiden Terme die JOULEsche Wärme (die Stromdichte wird erzeugt durch ein äusseres Feld $\vec{E}$ und durch eine Ortsabhängigkeit der FERMI-Energie ζ); der dritte Term ist die durch Wärmeleitung für $\vec{j} = 0$ ins Volumen gebrachte Wärme; der letzte Term ist die sog. THOMSON-Wärme. Letztere ist abhängig vom Winkel zwischen den Richtungen des Stroms und des Temperaturgradienten und kann deshalb mit einer einfachen Messung bestimmt werden. Man ermittelt die Leistungen bei konstantem Temperaturgradienten und dazu paralleler sowie antiparalleler Stromrichtung. Die Differenz der Leistungen ist gleich der THOMSON-Wärme. Da der THOMSON-Koeffizient nur von der Thermokraft abhängt, erhält man aus seiner Bestimmung in Funktion der Temperatur direkt die absolute Thermokraft.

Die Gl. J 150 und J 158 können auch unabhängig von jeder Modellvorstellung aus der Thermodynamik gewonnen werden (sog. THOMSON-Beziehungen), und zwar gilt

$$S = \frac{dV}{dT}, \tag{J 159}$$

$$\Pi = TS = T\frac{dV}{dT}, \tag{J 160}$$

$$\mu = T\frac{dS}{dT} = T\frac{d^2V}{dT^2}. \tag{J 161}$$

V. Galvanomagnetische Effekte

Galvanomagnetische Effekte entstehen unter der gleichzeitigen Wirkung von elektrischen und magnetischen Feldern. Je nach den Feldrichtungen unterscheidet man zwischen transversalen ($\vec{E} \perp \vec{B}$) und longitudinalen ($\vec{E} \| \vec{B}$) Effekten.

Wir behandeln im folgenden nur transversale Effekte, nämlich den HALL-Effekt und die transversale magnetische Widerstandsänderung. Unter dem HALL-Effekt versteht man das Auftreten eines elektrischen Feldes E_y senkrecht

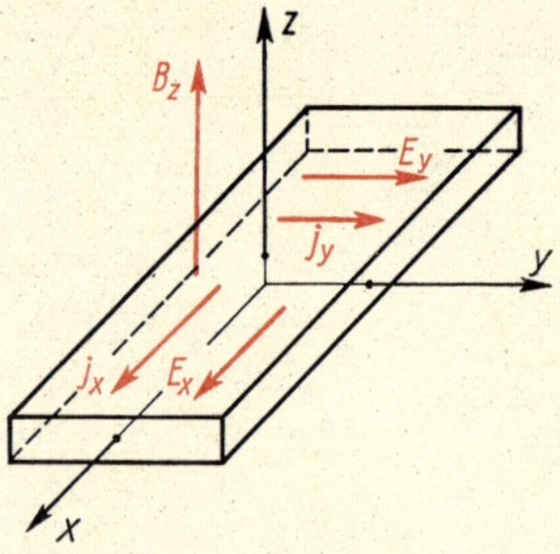

Fig. 171: Die für den isothermen HALL-Effekt massgebenden Vektoren in konventioneller Lage

zum primär angelegten elektrischen Feld E_x und zur magnetischen Induktion B_z (vgl. Fig. 171). Der sog. HALL-Koeffizient R_H ist definiert durch

$$R_H \equiv \frac{E_y}{j_x B_z}. \tag{J 162}$$

Sein Wert ist abhängig von den Versuchsbedingungen. Die Stromdichte j_x und die Induktion B_z verursachen nämlich ausser dem HALL-Feld E_y auch einen Temperaturgradienten $\partial T/\partial y$ (sog. ETTINGSHAUSEN-Effekt). Je nachdem, ob dadurch in der y-Richtung ein Wärmestrom fliessen kann oder nicht, unterscheidet man zwischen dem isothermen und dem adiabatischen HALL-Effekt.

Die magnetische Widerstandsänderung ist allgemein eine Erhöhung des elektrischen Widerstands im Magnetfeld. Sie ist eine Folge der LORENTZ-Kraft, die die Bahnen der Ladungsträger krümmt. Dadurch werden die freien Weglängen in Richtung des elektrischen Feldes und damit auch die elektrische Leitfähigkeit kleiner.

Die folgenden Herleitungen beziehen sich auf einen homogenen, isotropen Einkristall, auf den bei konstant gehaltener Temperatur (→ isotherme Effekte) ein elektrisches Feld $\vec{E}(E_x, E_y, 0)$ und eine magnetische Induktion $\vec{B}(0, 0, B_z)$ wirken. Unter der Annahme hinreichend kleiner Magnetfelder ist die Eigenwertdichte der Ladungsträger in guter Näherung durch ihren Wert für $B = 0$ bestimmt (vgl. Gl. F135); dann ist die Störung der Verteilungsfunktion allein durch die Änderung der Besetzungswahrscheinlichkeit gegeben (vgl. S. 354). Die Bedingung für kleine Magnetfelder bedeutet, dass die Relaxationszeit τ klein ist gegenüber der reziproken Zyklotronfrequenz, d.h. (vgl. S. 262)

$$|\omega_c \tau| < 1. \tag{J163}$$

Für kugelförmige Energieflächen ergibt sich hieraus mit Gl. F193

$$\left|\frac{e}{m^*}\tau B_z\right| < 1 \tag{J164}$$

oder unter Verwendung der Ladungsträgerbeweglichkeit (vgl. Gl. J66 bzw. Gl. J109)

$$|b B_z| < 1. \tag{J165}$$

Eine Abschätzung zeigt, dass diese Bedingung für Metalle bis zu magnetischen Kraftflussdichten von der Grössenordnung 10^{-4} Vsec/cm² gut erfüllt ist ($b_{\text{Metall}} \approx \approx 10^2$ cm²/Vsec). Für gewisse Halbleiter sind die Beweglichkeiten jedoch grössenordnungsmässig höher als für Metalle (z.B. für InSb ist die Elektronenbeweglichkeit $|b_n| \approx 10^4$ cm²/Vsec), so dass Gl. J165 nur für entsprechend kleinere Werte von B_z erfüllbar ist.

Wegen der vorausgesetzten Homogenität gilt im isothermen Fall

$$\operatorname{grad}_{\vec{r}} F = 0. \tag{J166}$$

Die Änderung der Besetzungswahrscheinlichkeit durch die äusseren Kräfte beträgt dann (vgl. Gl. J23)

$$\left(\frac{\partial F}{\partial t}\right)_{\text{Trans}} = -\dot{\vec{k}} \operatorname{grad}_{\vec{k}} F \tag{J167}$$

mit

$$\hbar \dot{\vec{k}} = e(\vec{E} + [\vec{v} \times \vec{B}]). \tag{J168}$$

Mit den gegebenen Feldern gilt

$$\left(\frac{\partial F}{\partial t}\right)_{\text{Trans}} = -\frac{e}{\hbar}\left[(E_x + v_y B_z)\frac{\partial F}{\partial k_x} + (E_y - v_x B_z)\frac{\partial F}{\partial k_y}\right]. \tag{J169}$$

Die Streuprozesse werden durch eine einzige Relaxationszeit $\tau(E)$ beschrieben, die im isotropen Fall nur von der Energie und nicht von der Richtung von $\vec{k}$ abhängt. Unter Verwendung der Gl. J 27 und J 169 erhält man als Stationaritätsbedingung analog zur BOLTZMANN-Gleichung J 29

$$g = -\frac{e}{\hbar}\tau\left[(E_x+v_y B_z)\frac{\partial F}{\partial k_x}+(E_y-v_x B_z)\frac{\partial F}{\partial k_y}\right]. \qquad \text{(J 170)}$$

Ersetzt man wiederum die Ableitungen auf der rechten Seite durch die der ungestörten Besetzungswahrscheinlichkeit (unter der Annahme von Gl. J 30), so fallen die Terme, die die magnetische Induktion enthalten, weg. Die Behandlung der galvanomagnetischen Effekte wäre damit grundsätzlich unmöglich. Man hat daher zumindest in den Termen mit B_z die Störung der Besetzungswahrscheinlichkeit zu berücksichtigen. Unter Verwendung der Gl. F 97 und J 8 erhält man mit den Ableitungen

$$\frac{\partial F}{\partial k_x} = \hbar v_x \frac{\partial F_0}{\partial E}+\frac{\partial g}{\partial k_x} \qquad \text{(J 171)}$$

und

$$\frac{\partial F}{\partial k_y} = \hbar v_y \frac{\partial F_0}{\partial E}+\frac{\partial g}{\partial k_y} \qquad \text{(J 172)}$$

aus Gl. J 170 eine Differentialgleichung für die Störung g der Besetzungswahrscheinlichkeit:

$$g = -e\tau\frac{\partial F_0}{\partial E}(v_x E_x+v_y E_y)-\frac{e}{\hbar}\tau B_z\left(v_y\frac{\partial g}{\partial k_x}-v_x\frac{\partial g}{\partial k_y}\right). \qquad \text{(J 173)}$$

Diese Gleichung ist nach R. GANS mit dem folgenden Ansatz lösbar:

$$g(E) = v_x\varphi_x(E)+v_y\varphi_y(E). \qquad \text{(J 174)}$$

$\varphi_x(E)$, $\varphi_y(E)$ Funktionen, die nur von der Energie abhängen

Hiermit wird angenommen, dass die Störung aus zwei voneinander unabhängigen Anteilen zusammengesetzt ist, die der x- und der y-Richtung zugeordnet sind. Einsetzen dieses Ansatzes in die Differentialgleichung J 173 liefert

$$v_x\varphi_x+v_y\varphi_y+e\tau\frac{\partial F_0}{\partial E}(v_x E_x+v_y E_y)+\frac{e}{\hbar}\tau B_z\left(v_y\varphi_x\frac{\partial v_x}{\partial k_x}-v_x\varphi_y\frac{\partial v_y}{\partial k_y}\right)=0. \qquad \text{(J 175)}$$

Die Geschwindigkeitskomponenten sind voneinander unabhängig. Daher müssen die Faktoren von v_x und v_y in Gl. J 175 einzeln gleich Null sein. Man erhält so zwei Gleichungen für die Funktionen φ_x und φ_y:

$$\varphi_x+e\tau\frac{\partial F_0}{\partial E}E_x-\frac{e}{\hbar}\tau B_z\varphi_y\frac{\partial v_y}{\partial k_y}=0, \qquad \text{(J 176)}$$

$$\varphi_y+e\tau\frac{\partial F_0}{\partial E}E_y+\frac{e}{\hbar}\tau B_z\varphi_x\frac{\partial v_x}{\partial k_x}=0. \qquad \text{(J 177)}$$

Die weitere Berechnung verlangt die explizite Kenntnis der $E(\vec{k})$-Beziehung, die in die Ableitungen der Geschwindigkeitskomponenten nach den Wellenzahlkomponenten eingeht. Mit der vorausgesetzten Isotropie sind die Energieflächen kugelförmig. Mit Gl. F 136 erhält man unter Verwendung von Gl. F 100 und F 113

$$\frac{\partial v_x}{\partial k_x} = \frac{1}{\hbar}\frac{\partial^2 E}{\partial k_x^2} = \frac{\hbar}{m^*} \tag{J 178}$$

und

$$\frac{\partial v_y}{\partial k_y} = \frac{1}{\hbar}\frac{\partial^2 E}{\partial k_y^2} = \frac{\hbar}{m^*}. \tag{J 179}$$

Damit gehen Gl. J 176 und J 177 über in

$$\varphi_x - \frac{e}{m^*}\tau B_z \varphi_y = -e\tau \frac{\partial F_0}{\partial E} E_x \tag{J 180}$$

und

$$\varphi_y + \frac{e}{m^*}\tau B_z \varphi_x = -e\tau \frac{\partial F_0}{\partial E} E_y. \tag{J 181}$$

Sie haben die Lösungen

$$\varphi_x = -\frac{e\tau \frac{\partial F_0}{\partial E}}{1+(\omega_c\tau)^2}(E_x + \omega_c \tau E_y) \tag{J 182}$$

und

$$\varphi_y = -\frac{e\tau \frac{\partial F_0}{\partial E}}{1+(\omega_c\tau)^2}(E_y - \omega_c \tau E_x) \tag{J 183}$$

mit (vgl. Gl. F 193)

$$\omega_c = \frac{e}{m^*} B_z. \tag{J 184}$$

Einsetzen in Gl. J 174 liefert die Störung der Besetzungswahrscheinlichkeit (anstelle der linearisierten BOLTZMANN-Gleichung J 31):

$$g = -\frac{e\tau \frac{\partial F_0}{\partial E}}{1+(\omega_c\tau)^2}\left[v_x(E_x + \omega_c\tau E_y) + v_y(E_y - \omega_c\tau E_x)\right]. \tag{J 185}$$

Damit ergibt sich aus Gl. J 3 für die elektrischen Stromkomponenten

$$j_x = -\frac{2e^2}{(2\pi)^3}\int_{-\infty}^{+\infty} \frac{\tau}{1+(\omega_c\tau)^2}\left[v_x^2(E_x+\omega_c\tau E_y) + v_x v_y(E_y - \omega_c\tau E_x)\right]\frac{\partial F_0}{\partial E}\, d^3k, \tag{J 186}$$

$$j_y = -\frac{2e^2}{(2\pi)^3}\int_{-\infty}^{+\infty} \frac{\tau}{1+(\omega_c\tau)^2}\left[v_x v_y(E_x+\omega_c\tau E_y) + v_y^2(E_y - \omega_c\tau E_x)\right]\frac{\partial F_0}{\partial E}\, d^3k. \tag{J 187}$$

In der z-Richtung wirken keine äusseren Kräfte, daher ist $j_z = 0$.

Die Integration über den $\vec{k}$-Raum ersetzt man wiederum unter Verwendung von Gl. F 125 und F 126 durch die Integration über Flächen konstanter Energie (vgl. Gl. J 38). Die Integration über kugelförmige Energieflächen (auch über Energieflächen mit kubischer Symmetrie) ergibt

$$\int\limits_{E=\text{const}} v_{x,y}^2 \, dS = \frac{1}{3} v^2(E) \int\limits_{E=\text{const}} dS \tag{J 188}$$

und

$$\int\limits_{E=\text{const}} v_x v_y \, dS = 0. \tag{J 189}$$

Damit gehen Gl. J 186 und J 187 unter Verwendung von Gl. F 100, F 127 und F 136 über in

$$j_x = e^2(K_1 E_x + K_2 E_y), \tag{J 190}$$

$$j_y = e^2(K_1 E_y - K_2 E_x) \tag{J 191}$$

mit den Integralen

$$K_1 = -\frac{4}{3\,m^*} \int\limits_{E_R}^{\infty} \frac{\tau}{1+(\omega_c \tau)^2} (E-E_R)\, D(E) \frac{\partial F_0}{\partial E} dE \tag{J 192}$$

und

$$K_2 = -\frac{4}{3\,m^*} \int\limits_{E_R}^{\infty} \frac{\omega_c \tau^2}{1+(\omega_c \tau)^2} (E-E_R)\, D(E) \frac{\partial F_0}{\partial E} dE. \tag{J 193}$$

Für verschwindende magnetische Induktion, d.h. $\omega_c = 0$, gehen Gl. J 190 und J 191 über in Gl. J 85; aus dem Vergleich der Gl. J 95 und J 192 folgt nämlich im isotropen Fall für $\omega_c = 0$:

$$K_1 = L_0 . \tag{J 194}$$

Je nach der geometrischen Form der Kristalle ist die weitere Berechnung der galvanomagnetischen Effekte verschieden. Wir betrachten einen stabförmigen Kristall: seine Ausdehnung in der x-Richtung (Richtung des primär angelegten Feldes E_x) sei viel grösser als in der y-Richtung. Dann kann sich durch die Wirkung der LORENTZ-Kraft praktisch keine y-Komponente des Stroms bilden. Vielmehr entsteht das HALL-Feld E_y, durch dessen Wirkung die LORENTZ-Kraft kompensiert wird und das die Ladungsträger zwingt, sich weiter in der x-Richtung zu bewegen. Misst man das HALL-Feld stromlos, so ist

$$j_y = 0. \tag{J 195}$$

Mit dieser Versuchsbedingung ergeben sich aus Gl. J 190 und J 191 die folgenden Grössen:

Der HALL-Winkel γ_H ist definiert durch das Verhältnis aus HALL-Feldstärke E_y und primärer Feldstärke E_x, d.h. mit Gl. J191 und J195 ist

$$\tan\gamma_H \equiv \frac{E_y}{E_x} = \frac{K_2}{K_1}. \tag{J196}$$

Einsetzen dieser Beziehung in Gl. J190 liefert die HALL-Feldstärke in Funktion der Stromdichte j_x:

$$E_y = \frac{1}{e^2}\frac{K_2}{K_1^2+K_2^2}\,j_x. \tag{J197}$$

Der HALL-Koeffizient folgt aus dem Vergleich mit Gl. J162:

$$R_H = \frac{1}{e^2}\frac{K_2}{K_1^2+K_2^2}\frac{1}{B_z}. \tag{J198}$$

Die transversale magnetische Widerstandsänderung, d.h. die Abhängigkeit der elektrischen Leitfähigkeit von der magnetischen Induktion, ergibt sich aus der Kombination der Gl. J 190 mit J 196:

$$\sigma(B_z) = \frac{j_x}{E_x} = e^2\frac{K_1^2+K_2^2}{K_1}. \tag{J199}$$

Die durch die Gl. J196, J198 und J199 definierten Grössen beziehen sich allgemein auf homogene, isotrope Kristalle, d.h. sowohl auf Metalle als auch auf Halbleiter mit kugelförmigen Energieflächen. Sie gelten jedoch nur für schwache Magnetfelder, d.h. unter der Bedingung $|\omega_c\tau| < 1$.

Die Berechnung der Integrale K_1 und K_2 (Gl. J192 und J193) und damit des HALL-Koeffizienten und der magnetischen Widerstandsänderung richtet sich wiederum nach den speziellen Modellen und den daraus folgenden Näherungen.

1. *Entartetes Ein-Band-Modell*

a) HALL-Effekt

Für Metalle und entartete Halbleiter berücksichtigt man, dass die Ableitung $\partial F_0/\partial E$ nur in der Umgebung $E = \zeta$ wesentlich von Null verschieden ist. Im isotropen Fall genügt es, die Grössen $\tau/(1+(\omega_c\tau)^2)$ bzw. $\omega_c\tau^2/(1+(\omega_c\tau)^2)$ mit ihren Werten für $E = \zeta$ vor die Integrale zu setzen. Die so modifizierten Integrale sind dann durch partielle Integration analog zu Gl. J105 exakt lösbar, und man erhält:

$$K_1 = \frac{\tau(\zeta)}{1+(\omega_c\tau(\zeta))^2}\frac{n}{m^*}, \tag{J200}$$

$$K_2 = \frac{\omega_c\tau^2(\zeta)}{1+(\omega_c\tau(\zeta))^2}\frac{n}{m^*} = \omega_c\tau(\zeta)\,K_1. \tag{J201}$$

Mit diesen Lösungen folgt für den HALL-Winkel (Gl. J 196)

$$\tan\gamma_H = \omega_c\,\tau(\zeta) = \frac{e}{m^*}\,\tau(\zeta)\,B_z \tag{J202}$$

oder unter Verwendung der Ladungsträgerbeweglichkeit

$$\tan\gamma_H = b\,B_z\,. \tag{J203}$$

Der HALL-Koeffizient (Gl. J 198) ist unter Verwendung von Gl. J 200 und J 201

$$R_H = \frac{1}{e\,n}. \tag{J204}$$

Danach ist der HALL-Koeffizient eines Metalls mit kugelförmigen Energieflächen umgekehrt proportional zur Elektronenkonzentration. Diese ist ungefähr gegeben durch die Atomkonzentration n_{At} und die Wertigkeit z:

$$n \approx z\,n_{At}\,. \tag{J205}$$

Der HALL-Koeffizient ist also nach Gl. J 204 und J 205 unabhängig von der Temperatur, von der effektiven Masse und von der Relaxationszeit, d.h. vom Streumechanismus. Dieses Resultat hätte man auch mit einer elementaren Herleitung für völlig freie Elektronen erhalten. Wegen des negativen Vorzeichens der Elektronenladung hat man negative HALL-Koeffizienten zu erwarten (normaler HALL-Effekt). Dies ist in Übereinstimmung mit den experimentellen Ergebnissen vor allem für einwertige Metalle, und zwar sowohl nach Vorzeichen als auch nach Wert (vgl. Tab. 24). Man findet ebenfalls Übereinstimmung mit den Messergebnissen an *flüssigen* Metallen, in denen sich demnach die Elektronen wie frei oder quasifrei verhalten.

Für zahlreiche mehrwertige Metalle findet man jedoch positive HALL-Koeffizienten (anomaler HALL-Effekt), z.B. für Cd, Zn, Pb, Mo, W. Diese Metalle verhalten sich also, als ob Löcher für den Ladungstransport verantwortlich sind. Die Erklärung für den anomalen HALL-Effekt ergibt sich aus der notwendigen Berücksichtigung der entsprechenden $E(\vec{k})$Beziehungen. Für die bisherigen Herleitungen (vgl. S. 382 ff.) wurde die $E(\vec{k})$-Beziehung Gl. F 136 verwendet, die nur in der Umgebung eines *unteren* Bandrandes gilt. Man erhält jedoch für den HALL-Koeffizienten und den HALL-Winkel je das entgegengesetzte Vorzeichen, wenn man anstelle von Gl. F 136 die $E(\vec{k})$-Beziehung einsetzt, die für kugelförmige Energieflächen in der Umgebung eines *oberen* Bandrandes gilt:

$$E = E_R - \frac{\hbar^2}{2\,|m^*|}\,k^2\,. \tag{J206}$$

Somit wird angenommen, dass das entsprechende Energieband sehr stark besetzt ist. Da die effektive Masse für Elektronen in der Umgebung eines oberen Bandrandes immer negativ ist (vgl. S. 228), wird die Grösse ω_c positiv. Man hat

Tabelle 24

HALL-Koeffizienten einiger Metalle, experimentell für Zimmertemperatur und berechnet nach Gl. J 204 und J 205 (nach C. KITTEL, *Introduction to Solid State Physics*, 2. Aufl. [Wiley, New York 1956], S. 298; und J. L. OLSEN, *Electron Transport in Metals* [Interscience, New York 1962], S. 64).

Metall	R_H $\left[10^{-5}\,\frac{\text{cm}^3}{\text{Asec}}\right]$	$1/e\,n_{At}$	$z_{\exp} = 1/e\,n_{At}\,R_H$	z
Li	−17,0	−13,1	0,77	1
Na	−25,0	−24,5	0,98	1
K	−42	−47	1,12	1
Cs	−78	−73	0,94	1
Cu	− 5,5	− 7,4	1,34	1
Ag	− 9,0	−10,4	1,15	1
Au	− 7,2	−10,5	1,45	1
Be	+24,4	− 5,1	−	2
Zn	+ 3,3	− 4,6	−	2
Cd	+ 6,0	− 6,5	−	2
Al	− 3,5	−10,0	2,86	3
Bi	$\approx -10^4$	− 4,1	$\approx 10^4$	5

jedoch zu beachten, dass die zu Gl. J 192 und J 193 analogen Integrale K_1' und K_2', die sich unter konsequenter Berücksichtigung von Gl. J 206 ergeben, anstelle von m^* den Betrag $|m^*|$ der effektiven Masse enthalten. K_1' hat dann dasselbe Vorzeichen wie K_1, während K_2' wegen des Faktors ω_c das entgegengesetzte Vorzeichen von K_2 hat. Der HALL-Winkel (Gl. J 196) und der HALL-Koeffizient (Gl. J 198) wechseln also unter Verwendung der Integrale K_1' und K_2' die Vorzeichen. Wegen der Annahme eines stark besetzten Energiebandes ergibt sich nun analog zu Gl. J 204

$$R_H = \frac{|m^*|}{m^*}\,\frac{1}{e\,n}, \tag{J 207}$$

wobei die für den Landungstransport massgebende Konzentration n gleich der Konzentration der Löcher im Energieband ist.

Im Rahmen des Ein-Band-Modells ist also der HALL-Effekt normal für schwache Besetzung und anomal für starke Besetzung des betreffenden Energiebandes.

Das Ein-Band-Modell vermag wohl das Vorzeichen, vielfach aber nicht den Betrag des HALL-Koeffizienten zu erklären. In diesen Fällen sind für die Berechnung der galvanomagnetischen Effekte mehrere Energiebänder zu berücksichtigen (z.B. im Fall der Bänderüberlappung). Der HALL-Koeffizient setzt sich dann aus den Beiträgen dieser Bänder zusammen (vgl. beispielsweise Gl. J 224).

b) Transversale magnetische Widerstandsänderung

Die transversale magnetische Widerstandsänderung ist für isotrope Metalle im Rahmen des isotropen Ein-Band-Modells in 1. Näherung gleich Null. Mit Gl. J200 und J201 folgt aus Gl. J199

$$\sigma(B_z) = e^2 K_1[1+(\omega_c \tau(\zeta))^2] = \frac{e^2}{m^*} \tau(\zeta)\, n \tag{J208}$$

oder mit Gl. J65

$$\sigma(B_z) = \sigma. \tag{J209}$$

Dieses Ergebnis bedeutet, dass durch die Wirkung des HALL-Feldes die Ablenkung zufolge der LORENTZ-Kraft für alle Ladungsträger zum Verschwinden gebracht wird. Die Bahnen bleiben also im Vergleich zum magnetfeldfreien Fall unverändert. Dieses Verhalten folgt aus der Annahme, dass nur die Elektronen mit der FERMI-Geschwindigkeit am Ladungstransport teilnehmen (vgl. S. 363). Daher ist die Wirkung der LORENTZ-Kraft auf all diese Elektronen gleich.

Berücksichtigt man jedoch, dass die für die Transportphänomene wesentlichen Elektronen Energien im Bereich $\zeta \pm kT$ haben und dass die Relaxationszeit energieabhängig ist, so ist die LORENTZ-Kraft nicht mehr für alle Ladungsträger gleich. Das HALL-Feld kann nur im Durchschnitt die Wirkung der LORENTZ-Kraft kompensieren, so dass die Bahnen von einem Teil der Ladungsträger verändert werden. Daraus ergibt sich eine magnetische Widerstandsänderung. Theoretisch kann man diesen Effekt erfassen, wenn man ähnlich wie im Fall der Wärmeleitung (vgl. S. 364) zur 2. Näherung übergeht, d.h. im isotropen Fall, wenn man in den Integralen K_1 und K_2 die Energieabhängigkeiten der Faktoren $\tau/(1+(\omega_c \tau)^2)$ und $\omega_c \tau^2/(1+(\omega_c \tau)^2)$ berücksichtigt. Diese Rechnung liefert für die magnetische Leitfähigkeitsänderung im Bereich schwacher Magnetfelder

$$\frac{\Delta\sigma}{\sigma} \equiv \frac{\sigma-\sigma(B_z)}{\sigma} = \frac{c_1 B_z^2}{1+c_2 B_z^2} \tag{J210}$$

mit

$$c_1 = \frac{\pi^2}{3}\left(\frac{e\,k\,T}{2\,m^*\,\zeta}\tau(\zeta)\right)^2 \tag{J211}$$

und

$$c_2 = \sigma^2 R_H^2 = \left(\frac{e}{m^*}\tau(\zeta)\right)^2. \tag{J212}$$

Die magnetische Leitfähigkeitsänderung variiert also mit dem Quadrat der magnetischen Induktion, ist also erwartungsgemäss unabhängig von der Magnetfeldrichtung. Dies stimmt mit den experimentellen Tatsachen qualitativ überein; quantitativ jedoch sind die theoretischen Werte um einige Grössenordnungen (etwa 10^3-bis 10^4-mal) kleiner als die gemessenen. Dies trifft selbst für die Alkalimetalle zu, deren elektronische Eigenschaften sich sonst grösstenteils mit dem Modell freier bzw. quasifreier Elektronen in befriedigender Weise beschreiben lassen.

Allgemein sind für das Auftreten der magnetischen Leitfähigkeitsänderung hauptsächlich die folgenden beiden Gründe – sowohl einzeln als auch kombiniert – massgebend:

1) Die Energieflächen einschliesslich der FERMI-Flächen sind auch in den einfachsten Fällen (z.B. für Alkalimetalle) nicht streng kugelförmig. Die $E(\vec{k})$-Beziehung hängt also von der Bewegungsrichtung der Elektronen ab, und dementsprechend werden Geschwindigkeit und effektive Masse richtungs- und energieabhängig. Das Gleichgewicht zwischen der LORENTZ-Kraft und der durch das HALL-Feld verursachten Kraft bezieht sich im anisotropen Fall auf weniger Ladungsträger als im isotropen. Daher werden die Bahnen von mehr Ladungsträgern verändert, woraus sich eine grössere magnetische Widerstandsänderung ergibt. Im Fall anisotroper Energieflächen ist die Herleitung der Widerstandsänderung kompliziert und nur mit Kenntnis der entsprechenden $E(\vec{k})$-Beziehung möglich.

2) Die Transporteigenschaften sind bestimmt durch mehrere unvollständig besetzte Energiebänder. Im einfachsten Fall kann man im Rahmen eines Zwei-Bänder-Modells annehmen, dass beide Bänder isotrop sind. Dann hat man zwei Gruppen von Ladungsträgern mit verschiedener effektiver Masse und verschiedener Geschwindigkeit, die durch die magnetische Induktion verschieden stark beeinflusst werden. Das HALL-Feld stellt sich auf einen Durchschnittswert ein, der sich nach dem relativen Anteil der Bänder am Ladungstransport richtet, d.h. nach den entsprechenden $E(\vec{k})$-Beziehungen (→ Eigenwertdichte, effektive Masse). Die Kompensation der LORENTZ-Kraft ist daher für die beiden Gruppen von Ladungsträgern unvollständig. Das Magnetfeld verursacht also eine Ablenkung der Ladungsträger und damit eine magnetische Leitfähigkeitsänderung. Für ein isotropes Zwei-Bänder-Modell ist sie gegeben durch

$$\frac{\Delta\sigma}{\sigma} = \frac{\sigma_1 \sigma_2 (b_1 - b_2)^2 B^2}{(\sigma_1 + \sigma_2)^2 + (b_1 \sigma_2 + b_2 \sigma_1)^2 B^2} \qquad \text{(J213)}$$

mit

$$b_{1,2} = \frac{e}{m^*_{1,2}} \tau_{1,2} \qquad \text{(J214)}$$

und

$$\sigma_{1,2} = |e b_{1,2}|\, n_{1,2}\,. \qquad \text{(J215)}$$

Die Indizes 1 und 2 beziehen sich auf die beiden Energiebänder; n_1 und n_2 sind die für den Ladungstransport massgebenden Ladungsträgerkonzentrationen. Die magnetische Leitfähigkeitsänderung ist besonders gross, wenn die beiden Beweglichkeiten b_1 und b_2 entgegengesetztes Vorzeichen haben. Dies ist der

Fall, wenn der Ladungstransport durch Elektronen eines sehr schwach besetzten und eines sehr stark besetzten Energiebandes bzw. durch Elektronen und Löcher bestimmt wird.

Ausser der transversalen magnetischen Widerstandsänderung beobachtet man auch eine longitudinale magnetische Widerstandsänderung (d.h. für $\vec{E} \parallel \vec{B}$). Anhand der bisherigen Ausführungen überlegt man sich leicht, dass dieser Effekt grundsätzlich nicht durch ein isotropes Zwei-Bänder-Modell erklärbar ist.

2. *Nichtentartetes, isotropes Zwei-Bänder-Modell*

Zur Berechnung der Transportphänomene in Kristallen, in denen mehrere Energiebänder unvollständig besetzt sind, werden die Beiträge dieser Bänder addiert. Speziell für Halbleiter setzen sich die Integrale K_1 und K_2 analog zu den Integralen L_s (vgl. Gl. J96) aus den Beiträgen des Valenz- und Leitungsbandes zusammen:

$$K_{1,2} = K_{1,2n} + K_{1,2p} . \tag{J216}$$

In der Näherung für kleine Magnetfelder, d.h. für $|\omega \cdot \tau| \ll 1$, kann man die Nenner in den Integralen K_1 und K_2 (Gl. J192 und J193) entwickeln. Unter Vernachlässigung höherer Terme erhält man für *eine* Trägersorte

$$K_1 = -\frac{4}{3m^*} \int_{E_R}^{\infty} \tau\left(1-(\omega_c \tau)^2\right)(E-E_R)\, D(E) \frac{\partial F_0}{\partial E}\, dE, \tag{J217}$$

$$K_2 = -\frac{4}{3m^*} \int_{E_R}^{\infty} \omega_c \tau^2 (E-E_R)\, D(E) \frac{\partial F_0}{\partial E}\, dE. \tag{J218}$$

Analog zu Gl. J102 führt man Mittelwerte für die verschiedenen Potenzen der Relaxationszeiten ein und findet unter Verwendung der Herleitung von Gl. J106

$$K_1 = \frac{n}{m_n}\overline{\tau}_n + \frac{p}{m_p}\overline{\tau}_p - e^2 B_z^2 \left(\frac{n}{m_n^3}\overline{\tau_n^3} + \frac{p}{m_p^3}\overline{\tau_p^3}\right), \tag{J219}$$

$$K_2 = -|e|\, B_z \left(\frac{n}{m_n^2}\overline{\tau_n^2} - \frac{p}{m_p^2}\overline{\tau_p^2}\right). \tag{J220}$$

a) HALL-Effekt

Unter Vernachlässigung quadratischer Terme in B_z ergibt sich in 1. Näherung mit Gl. J219 und J220 aus Gl. J198 für den HALL-Koeffizienten eines nichtentarteten Halbleiters

$$R_H = -\frac{1}{|e|} \frac{\dfrac{n}{m_n^2}\overline{\tau_n^2} - \dfrac{p}{m_p^2}\overline{\tau_p^2}}{\left(\dfrac{n}{m_n}\overline{\tau}_n + \dfrac{p}{m_p}\overline{\tau}_p\right)^2} \tag{J221}$$

oder unter Verwendung der Ladungsträgerbeweglichkeiten b_n und b_p (Gl. J109 und J110)

$$R_H = -\frac{1}{|e|} \frac{\frac{\overline{\tau_n^2}}{\bar{\tau}_n^2} b_n^2 n - \frac{\overline{\tau_p^2}}{\bar{\tau}_p^2} b_p^2 p}{(|b_n| n + b_p p)^2}. \tag{J222}$$

Die Faktoren $\left(\overline{\tau_{n,p}^2}/\bar{\tau}_{n,p}^2\right)$ sind von der Grössenordnung Eins (vgl. S. 400). Sie richten sich nach den Energieabhängigkeiten der Relaxationszeiten und sind somit abhängig von den massgebenden Streuprozessen. Sofern diese für Elektronen und Löcher dieselben sind, gilt

$$\frac{\overline{\tau_n^2}}{\bar{\tau}_n^2} = \frac{\overline{\tau_p^2}}{\bar{\tau}_p^2} \equiv r \tag{J223}$$

und damit

$$R_H = -\frac{r}{|e|} \frac{b_n^2 n - b_p^2 p}{(|b_n| n + b_p p)^2}. \tag{J224}$$

Der HALL-Effekt eines Halbleiters ist also je nach den Konzentrationen und Beweglichkeiten der Ladungsträger negativ oder positiv. Der HALL-Koeffizient und damit das HALL-Feld verschwinden, wenn gilt

$$b_n^2 n = b_p^2 p. \tag{J225}$$

Unter dieser Bedingung wird von den durch die LORENTZ-Kraft abgelenkten Elektronen und Löchern keine resultierende Ladung in der y-Richtung transportiert. Man beachte, dass Elektronen und Löcher im Magnetfeld nach derselben Richtung abgelenkt werden, da sowohl die Ladung als auch die mittlere Geschwindigkeitskomponente parallel zum Primärfeld E_x für Elektronen und Löcher verschiedene Vorzeichen haben.

Im allgemeinen Fall, wenn Gl. J225 nicht erfüllt ist, wird der Ladungstransport in der y-Richtung durch das HALL-Feld unterbunden. Das HALL-Feld beschleunigt Elektronen und verzögert Löcher oder umgekehrt und stellt sich so ein, dass die Ströme der Elektronen und Löcher in der y-Richtung gleich sind und keine resultierende Ladung transportieren. Die zur Kristalloberfläche gelangenden Elektronen und Löcher rekombinieren dort, während auf der gegenüberliegenden Oberfläche Elektron–Loch-Paare erzeugt werden, so dass die Ladungsträgerdichte im gesamten Kristall konstant bleibt.

Das Vorzeichen des HALL-Effekts liefert Aufschluss über die Art der Ladungsträger, die den Ladungstransport vorherrschend bestimmen. Man hat vorwiegend Elektronenleitung für

$$b_n^2 n > b_p^2 p, \quad \text{d.h.} \quad R_H < 0 \tag{J226}$$

und vorwiegend Löcherleitung für

$$b_n^2 n < b_p^2 p, \quad \text{d.h.} \quad R_H > 0. \tag{J227}$$

Wegen der Verknüpfung mit den Beweglichkeitsquadraten bedeuten diese Fälle nicht notwendigerweise, dass Elektronen- bzw. Löcherleitung durch überwiegende Elektronen- bzw. Löcherkonzentration bedingt ist. Daher erfolgt auch im allgemeinen der Vorzeichenwechsel des HALL-Koeffizienten nicht genau bei Kompensation ($n = p$), sondern für

$$\beta^2 \equiv \left(\frac{b_n}{b_p}\right)^2 = \frac{p}{n}. \tag{J228}$$

β Beweglichkeitsverhältnis

Speziell für Eigenhalbleiter folgt aus Gl. J222 mit $n_i = n = p$

$$R_i = -\frac{1}{|e|\, n_i} \frac{\frac{\overline{\tau_n^2}}{\bar{\tau}_n^2} b_n^2 - \frac{\overline{\tau_p^2}}{\bar{\tau}_p^2} b_p^2}{(|b_n| + b_p)^2}. \tag{J229}$$

In den meisten Fällen ist die Elektronenbeweglichkeit höher als die Löcherbeweglichkeit, so dass der HALL-Koeffizient für Eigenleitung negativ ist. Eine Ausnahme ist Mg_3Sb_2 mit $R_i > 0$.

Für einen n-Typ-Halbleiter mit $\beta^2 n \gg p$ folgt aus Gl. J222

$$R_n = -\frac{\overline{\tau_n^2}}{\bar{\tau}_n^2} \frac{1}{|e|\, n} < 0. \tag{J230}$$

Analog ergibt sich für p-Typ-Halbleiter mit $p \gg \beta^2 n$

$$R_p = +\frac{\overline{\tau_p^2}}{\bar{\tau}_p^2} \frac{1}{|e|\, p} > 0. \tag{J231}$$

Man kann also n- und p-Typ-Halbleiter durch die Vorzeichen ihrer HALL-Koeffizienten unterscheiden, wenn das Verhältnis aus Löcher- und Elektronenkonzentration viel kleiner oder viel grösser als das Quadrat des Beweglichkeitsverhältnisses ist.

α) HALL-Beweglichkeit

Die elektrische Leitfähigkeit eines n- bzw. p-Typ-Halbleiters ist gegeben durch

$$\sigma_n = |e\, b_n|\, n \tag{J232}$$

bzw.

$$\sigma_p = |e\, b_p|\, p. \tag{J233}$$

Die Kombination mit Gl. J230 bzw. J231 liefert

$$|R_n\, \sigma_n| = \frac{\overline{\tau_n^2}}{\bar{\tau}_n^2} |b_n| \tag{J234}$$

bzw.

$$|R_p \sigma_p| = \frac{\overline{\tau_p^2}}{\overline{\tau}_p^2} b_p . \tag{J235}$$

Man definiert die sog. HALL-Beweglichkeit durch

$$b_H \equiv |R_H \sigma|. \tag{J236}$$

Der Vergleich mit Gl. J234 und J235 zeigt, dass diese Definition für überwiegende Störleitung sinnvoll ist. Ladungsträgerbeweglichkeit und HALL-Beweglichkeit sind dann gleich bis auf einen Faktor r von der Grössenordnung Eins (vgl. Gl. J268 und J270). Für Störhalbleiter erhält man also aus der Messung der elektrischen Leitfähigkeit und des HALL-Koeffizienten Aufschluss über die Ladungsträgerbeweglichkeit. Die Messung der Temperaturabhängigkeiten der Leitfähigkeit und des HALL-Koeffizienten liefert überdies Auskunft über die vorherrschenden Streuprozesse (vgl. S. 400).

Sofern jedoch die Produkte $b_n^2 n$ und $b_p^2 p$ von derselben Grössenordnung sind, verliert der Begriff der HALL-Beweglichkeit seine physikalische Bedeutung.

β) Temperaturabhängigkeit des HALL-*Koeffizienten*

Die Temperaturabhängigkeit des HALL-Koeffizienten ist im wesentlichen bestimmt durch die Temperaturabhängigkeit der überwiegenden Ladungsträgerkonzentration.

Im Bereich der Störleitung ist nach Gl. J230 bzw. J231 der HALL-Koeffizient umgekehrt proportional zur Ladungsträgerkonzentration. Im Gebiet der Reserve steigt die Konzentration nach Gl. G92 exponentiell mit der Temperatur an. Man erhält damit im Bereich der Störstellenreserve für den HALL-Koeffizienten unter der Annahme eines einzigen Donatorenniveaus der Energie E_D

$$R_n = \frac{1}{e} \left(\frac{m_n k}{2 \pi \hbar^2} \right)^{-\frac{3}{4}} N_D^{-\frac{1}{2}} T^{-\frac{3}{4}} \cdot \exp\left(\frac{\Delta E_D}{2 k T} \right). \tag{J237}$$

Die Darstellung $\ln\left(R_n T^{\frac{3}{4}}\right)$ in Funktion von $1/T$ liefert also eine Gerade, deren Steigung ein Mass für die Aktivierungsenergie der betreffenden Störstellen ist.

Mit wachsender Temperatur werden alle Störstellen ionisiert und somit erschöpft. Dann ist die Ladungsträgerkonzentration temperaturunabhängig und durch die Störstellenkonzentration gegeben (vgl. Gl. G102). Der HALL-Koeffizient ist im Gebiet der Störstellenerschöpfung also temperaturunabhängig und umgekehrt proportional zur massgebenden Störstellenkonzentration. Dieses Verhalten tritt jedoch nur in Erscheinung, wenn die Aktivierungsenergie der Störstellen klein ist im Vergleich zur Breite der Energielücke und wenn die Störstellenkonzentration hinreichend gross ist, so dass die thermische Erzeugung von Elektron–Loch-Paaren und somit die Eigenleitung noch vernachlässigbar ist.

Mit höherer Temperatur wird die Eigenleitung vorherrschend. Der HALL-Koeffizient ist dann durch Gl. J 229 bestimmt. Seine Temperaturabhängigkeit ist im wesentlichen durch die der Eigenleitungskonzentration n_i gegeben. Der Faktor von $1/e\,n_i$ enthält nur das Beweglichkeitsverhältnis β, dessen Temperaturabhängigkeit vielfach vernachlässigbar ist. Mit Gl. G 34 und J 229 folgt für den HALL-Koeffizienten im Eigenleitungsbereich:

$$R_i = \frac{4}{e}\left(\frac{2k}{\pi\hbar^2}\right)^{-\frac{3}{2}} (m_n m_p)^{-\frac{3}{4}} T^{-\frac{3}{2}} \exp\left(\frac{\Delta E_i}{2kT}\right). \qquad \text{(J 238)}$$

Die Darstellung $\ln\left(R_i T^{\frac{3}{2}}\right)$ in Funktion von $1/T$ liefert wiederum eine Gerade, deren Steigung ein Mass für die Energielücke ΔE_i ist. Berücksichtigt man eine lineare Temperaturabhängigkeit der Energielücke (vgl. Gl. G 57), so folgt aus der Steigung der Geraden die Breite ΔE_{i0} der Energielücke für $T = 0$ °K.

Die Eigenleitungsgeraden des HALL-Koeffizienten sind ebenso wie die der elektrischen Leitfähigkeit für alle Proben eines bestimmten Halbleiters identisch (vgl. S. 295). Im Gegensatz zur Temperaturabhängigkeit der elektrischen

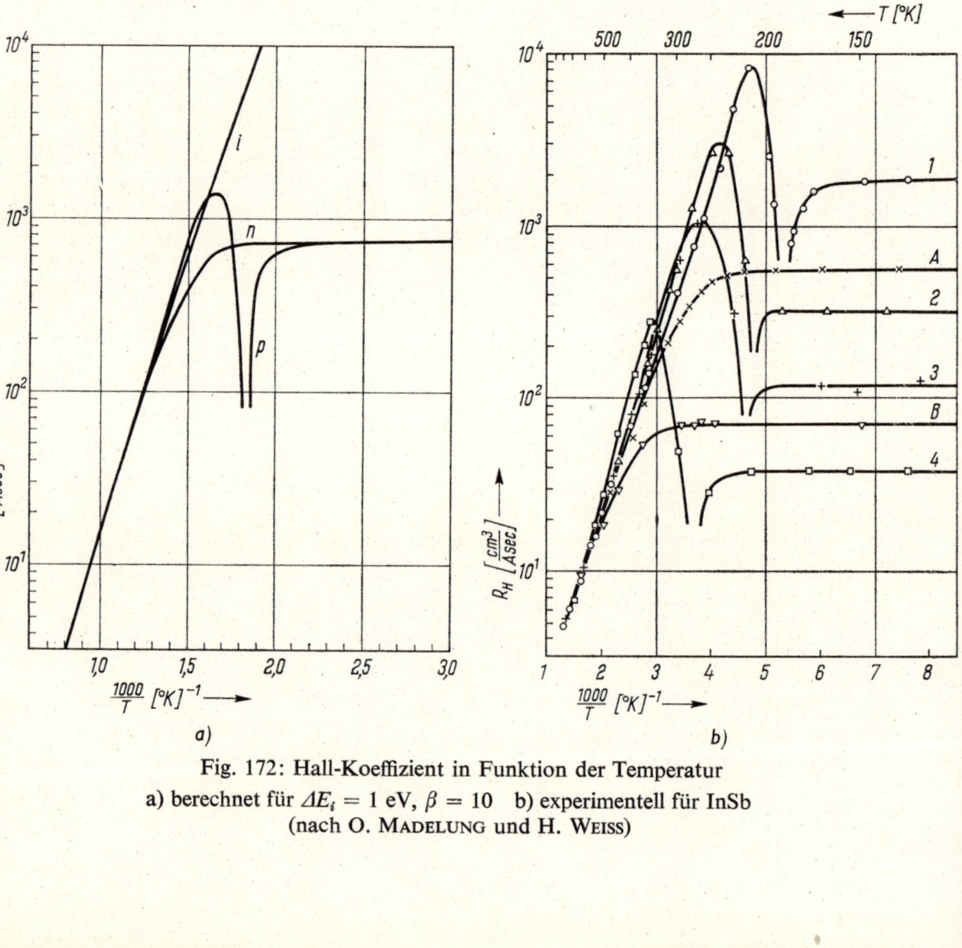

Fig. 172: Hall-Koeffizient in Funktion der Temperatur
a) berechnet für $\Delta E_i = 1$ eV, $\beta = 10$ b) experimentell für InSb
(nach O. MADELUNG und H. WEISS)

Leitfähigkeit hängt der Verlauf des HALL-Koeffizienten nicht noch zusätzlich von der Temperaturabhängigkeit der Beweglichkeit ab und ist daher für die Berechnung von Energiedifferenzen (aus Gl. J237 und J238) zuverlässiger.

Mit der Berücksichtigung des Vorzeichens des HALL-Koeffizienten erhält man den in Fig. 172 dargestellten Temperaturverlauf. Da im allgemeinen der HALL-Koeffizient für Eigenleitung negativ ist (vgl. S. 392), erfolgt ein Vorzeichenwechsel des HALL-Koeffizienten für p-Typ-Halbleiter.

b) Transversale magnetische Widerstandsänderung

Mit einem isotropen Zwei-Bänder-Modell kann selbst unter der Annahme einer energieunabhängigen Relaxationszeit eine transversale magnetische Widerstandsänderung erklärt werden (vgl. S. 389). Dies gilt sowohl im Fall der Entartung (vorwiegend Metalle) als auch der Nichtentartung (Halbleiter). Man erhält einen Ausdruck von der Form der Gl. J213.

Im folgenden berechnen wir die magnetische Widerstandsänderung eines nichtentarteten, isotropen n-Typ-Halbleiters. Hierzu genügt es, ein *nichtentartetes*, isotropes Ein-Band-Modell zu verwenden. In diesem Fall beruht die magnetische Widerstandsänderung allein auf der Energieabhängigkeit der Relaxationszeit, und die konsequente Auswertung von Gl. J199, J219 und J220 führt zu grössenordnungsmässig richtigen Werten. Wie schon erwähnt (vgl. S. 388), ist im Fall des *entarteten*, isotropen Ein-Band-Modells die Berücksichtigung der Energieabhängigkeit der Relaxationszeit allein nicht ausreichend, um die gemessene magnetische Widerstandsänderung von Metallen zu erklären.

Nach Gl. J199 ist die magnetische Widerstandsänderung bzw. Leitfähigkeitsänderung einer stabförmigen Probe (vgl. S. 384) gegeben durch

$$\frac{\Delta\sigma}{\sigma} = \frac{\sigma - \sigma(B_z)}{\sigma} = 1 - \frac{e^2(K_1^2 + K_2^2)}{\sigma K_1}. \tag{J239}$$

Die elektrische Leitfähigkeit eines n-Typ-Halbleiters beträgt für $B = 0$

$$\sigma_n = \frac{e^2}{m_n} \bar{\tau}_n n. \tag{J240}$$

Ausgehend von Gl. J 219 und J 220 erhält man

$$K_{1n} = \frac{n}{m_n} \tau_n - e^2 B_z^2 \frac{n}{m_n^3} \overline{\tau_n^3} \tag{J241}$$

und

$$K_{2n} = -|e| B_z \frac{n}{m_n^2} \overline{\tau_n^2}. \tag{J242}$$

In der Näherung kleiner Magnetfelder $\left(\frac{|e|}{m_n} \tau_n B_z < 1\right)$ ergibt sich

$$\frac{1}{K_{1n}} \approx \frac{m_n}{n \bar{\tau}_n} \left(1 + \frac{e^2 B_z^2}{m_n^2} \frac{\overline{\tau_n^3}}{\bar{\tau}_n}\right). \tag{J243}$$

Einsetzen von Gl. J 240, J 241, J 242 und J 243 liefert für die transversale magnetische Leitfähigkeitsänderung eines nichtentarteten, isotropen n-Typ-Halbleiters

$$\frac{\Delta\sigma}{\sigma} = \frac{e^2 B_z^2}{m_n^2}\left(\frac{\overline{\tau_n^2}^2 - \overline{\tau_n^3}\,\overline{\tau}_n}{\overline{\tau}_n^2}\right) \tag{J 244}$$

oder unter Verwendung der Beweglichkeit (Gl. J 109)

$$\frac{\Delta\sigma}{\sigma} = b_n^2 B_z^2\left[\left(\frac{\overline{\tau_n^2}}{\overline{\tau}_n^2}\right)^2 - \frac{\overline{\tau_n^3}}{\overline{\tau}_n^3}\right]. \tag{J 245}$$

Die verschiedenen Mittelwerte lassen sich mit Hilfe von Gl. J 263 berechnen (vgl. Gl. J 276 und J 277). Man sieht unmittelbar, dass die Widerstandsänderung im Rahmen dieses isotropen Ein-Band-Modells verschwindet, wenn die Relaxationszeit unabhängig von der Energie ist. Da nur die Verhältnisse und nicht die Absolutwerte der gemittelten Relaxationszeiten in Gl. J 244 eingehen, lassen sich aus der magnetischen Widerstandsänderung Rückschlüsse auf den Wert der effektiven Masse ziehen. Man findet grosse Widerstandsänderungen, wenn die effektive Masse der massgebenden Ladungsträger klein bzw. ihre Beweglichkeit gross ist. Ein typisches Beispiel hierfür ist die III–V-Verbindung InSb mit $m_n/m \approx 10^{-2}$ bzw. $|b_n| \approx 10^4$ cm²/Vsec.

VI. Streuprozesse

Die Transportkoeffizienten sind in der Regel mit einer Relaxationszeit verknüpft. Diese ist bestimmt durch die Streumechanismen, denen die Ladungsträger unterworfen sind, und bedeutet im wesentlichen die Zeit zwischen zwei Zusammenstössen eines Ladungsträgers. Daraus folgt, dass die Relaxationszeit umgekehrt proportional zu einer Stosswahrscheinlichkeit bzw. Stossfrequenz ist. Vielfach definiert man in diesem Zusammenhang auch die freie Weglänge Λ eines Ladungsträgers:

$$\Lambda(\vec{k}) = \tau(\vec{k})\,v(\vec{k}). \tag{J 246}$$

Sowohl die Relaxationszeit τ als auch die freie Weglänge Λ sind abhängig vom Wellenvektor $\vec{k}$, d.h. abhängig von Energie und Richtung. In einem idealen Kristall sind die Relaxationszeit und die freie Weglänge unendlich (vgl. S. 356). Beide Grössen werden aber begrenzt durch jede Störung des periodischen Potentials. Insbesondere geben die folgenden Störungen Anlass zu Streuprozessen:

1) Thermische Streuung (Gitterstreuung), d.h. Streuung an akustischen und optischen Phononen: Durch die Gitterschwingungen erleiden die Ladungsträger Stösse mit den Gittersbausteinen, die sich nur im zeitlichen Mittel auf regulären Gitterplätzen befinden.

2) Störstellenstreuung: Sämtliche Kristalldefekte, d.h. strukturelle und chemische Defekte (vgl. S. 117ff.) können als Streuzentren wirken. Man unterscheidet hauptsächlich Streuung an ionisierten Störstellen und an neutralen Störstellen sowie Streuung an Versetzungen.
3) Streuung der Ladungsträger untereinander, d.h. Wechselwirkungen der Elektronen untereinander (Elektron–Elektron-Streuung) sowie zwischen Elektronen und Löchern (Elektron–Loch-Streuung). Elektron–Elektron-Streuung ist vor allem bei der Wirkung hoher elektrischer Feldstärken von Bedeutung, wenn die Elektronen durch ihre Beschleunigung im elektrischen Feld zeitlich mehr Energie aufnehmen als sie an das Gitter abgeben können. Man spricht dann von ‹heissen› Elektronen. Elektron–Loch-Streuung kann sich bei hohen Temperaturen neben der thermischen Streuung bemerkbar machen, wenn die Ladungsträgerkonzentrationen hinreichend gross sind.

Die Berechnung der Relaxationszeiten in Funktion des Wellenvektors ist grundsätzlich nur mit der Quantentheorie der Streuprozesse möglich. Diese Berechnungen gehen weit über den Rahmen der beschriebenen Transporttheorie hinaus. Deshalb beschränken wir uns hier auf die Angabe der Energieabhängigkeiten der Relaxationszeiten für die am häufigsten massgebenden Streuprozesse. Damit erhält man für *isotrope* Festkörper Aussagen über die Temperaturabhängigkeit der Beweglichkeiten (vgl. Gl. J 66, J 109, J 110) sowie über die Werte der Quotienten aus den gemittelten Relaxationszeiten (vgl. Gl. J 222 und J 244).

1) Streuung an akustischen Phononen: Für die mittlere freie Weglänge ergibt sich aus einer Theorie nach J. Bardeen und W. Shockley

$$\Lambda_{ak} = \text{const.}\,\frac{1}{T}. \tag{J247}$$

Unter Voraussetzung der Isotropie folgt daraus mit Gl. J91, J92 und J246

$$\tau_{ak} = a_{ak}\,\frac{1}{T}\,|E-E_R|^{-\frac{1}{2}}. \tag{J248}$$

a_{ak} Proportionalitätsfaktor, unabhängig von T und E

2) Streuung an ionisierten Störstellen: Unter Zugrundelegung der Rutherfordschen Streuformel erhalten E. M. Conwell und V. F. Weisskopf für die freie Weglänge

$$\Lambda_{ion} = \text{const.}\,\frac{1}{N_{ion}}\,|E-E_R|^2, \tag{J249}$$

d.h. für die entsprechende Relaxationszeit

$$\tau_{ion} = \frac{a_{ion}}{N_{ion}}\,|E-E_R|^{\frac{3}{2}}. \tag{J250}$$

N_{ion} Konzentration der ionisierten Störstellen
a_{ion} Proportionalitätsfaktor, unabhängig von T und E

Die entsprechende Theorie hierzu kann leicht auf die Elektron–Loch-Streuung übertragen werden, wodurch nur der Wert des Proportionalitätsfaktors a_{ion} geändert wird und N_{ion} durch die Löcherkonzentration zu ersetzen ist.

3) Streuung an neutralen Störstellen: Nach C. ERGINSOY erhält man für die freie Weglänge

$$\Lambda_{\text{neutral}} = \text{const.}\,\frac{1}{N_{\text{neutral}}}\,|E-E_R|^{\frac{1}{2}}, \tag{J251}$$

d.h. für die entsprechende Relaxationszeit

$$\tau_{\text{neutral}} = \frac{a_{\text{neutral}}}{N_{\text{neutral}}}. \tag{J252}$$

N_{neutral} Konzentration der neutralen Störstellen
a_{neutral} Proportionalitätsfaktor, unabhängig von T und E

Mit der Kenntnis der Energieabhängigkeit der Relaxationszeit können die Mittelwerte $\bar{\tau}$ sowie die gemittelten Potenzen $\overline{\tau^l}$ nach Gl. J 102 für isotrope Halbleiter berechnet werden. Die folgenden Gleichungen gelten für Elektronen bzw. für Löcher:

$$\overline{\tau_j^l} = \frac{a_j^l \int\limits_{E_R}^{\infty} |E-E_R|^{(lj+1)}\, D(E)\, \frac{\partial F_0}{\partial E}\, dE}{\int\limits_{E_R}^{\infty} |E-E_R|\, D(E)\, \frac{\partial F_0}{\partial E}\, dE} \tag{J253}$$

oder unter Verwendung von Gl. F 135

$$\overline{\tau_j^l} = \frac{a_j^l \int\limits_{E_R}^{\infty} |E-E_R|^{(lj+\frac{3}{2})}\, \frac{\partial F_0}{\partial E}\, dE}{\int\limits_{E_R}^{\infty} |E-E_R|^{\frac{3}{2}}\, \frac{\partial F_0}{\partial E}\, dE} \tag{J254}$$

Die Energieabhängigkeit der Relaxationszeit, d. h. $\tau_j = a_j\,|E-E_R|^j$, richtet sich nach der Art des Streumechanismus, der durch den Wert von j charakterisiert wird: $j = -1/2$ für Streuung an akustischen Phononen, $j = +3/2$ für Streuung an ionisierten Störstellen und $j = 0$ für Streuung an neutralen Störstellen. In letzterem Fall ist die Relaxationszeit also energieunabhängig.

Partielle Integration in Zähler und Nenner von Gl. J254 liefert analog zu Gl. J105

$$\overline{\tau^l} = a_j^l \frac{lj+\frac{3}{2}}{\frac{3}{2}} \frac{\int\limits_{E_R}^{\infty} |E-E_R|^{\left(lj+\frac{1}{2}\right)} F_0\, dE}{\int\limits_{E_R}^{\infty} |E-E_R|^{\frac{1}{2}} F_0\, dE}. \tag{J255}$$

Mit Einführung der Substitutionen

$$x = \frac{E-E_R}{kT}, \tag{J256}$$

$$\alpha = \frac{\zeta - E_R}{kT} \tag{J257}$$

und unter Verwendung von Gl. J18 folgt aus Gl. J255

$$\overline{\tau_j^l} = \frac{2}{3}\left(lj+\frac{3}{2}\right) a_j^l (kT)^{lj} \frac{\int\limits_0^{\infty} \frac{x^{lj+\frac{1}{2}}}{\exp(x-\alpha)+1}\, dx}{\int\limits_0^{\infty} \frac{x^{\frac{1}{2}}}{\exp(x-\alpha)+1}\, dx}. \tag{J258}$$

Die Integrale in Zähler und Nenner sind FERMI-Integrale (vgl. Gl. E38 bzw. G21), d.h. unabhängig vom Grad der Entartung gilt

$$\overline{\tau_j^l} = \frac{2}{3}\left(lj+\frac{3}{2}\right) a_j^l (kT)^{lj} \frac{F_{lj+\frac{1}{2}}(\alpha)}{F_{\frac{1}{2}}(\alpha)}. \tag{J259}$$

Speziell für Nichtentartung, d.h. für $\alpha < 0$, sind die FERMI-Integrale ausdrückbar durch die Gammafunktion, sofern der Index q des FERMI-Integrals nicht gleich einer negativen ganzen Zahl ist:

$$F_q(\alpha) = e^{\alpha} \int\limits_0^{\infty} x^q e^{-x}\, dx = e^{\alpha}\,\Gamma(q+1). \tag{J260}$$

Es gilt

$$\Gamma(q+1) = q\,\Gamma(q) \tag{J261}$$

und

$$\Gamma\left(\frac{3}{2}\right) = \frac{1}{2}\,\Gamma\left(\frac{1}{2}\right) = \frac{1}{2}\,\pi^{\frac{1}{2}}. \tag{J262}$$

Gl. J 259 geht also für nichtentartete Halbleiter über in

$$\overline{\tau_j^l} = \frac{4}{3\pi^{\frac{1}{2}}} a_j^l (kT)^{lj} \Gamma\left(lj + \frac{5}{2}\right). \tag{J 263}$$

Damit ergeben sich folgende Temperaturabhängigkeiten der gemittelten Relaxionszeit $\bar{\tau}(l = 1)$ und somit der Ladungsträgerbeweglichkeiten (Gl. J 109 und J 110). Für thermische Streuung an akustischen Phononen ($j = -1/2$; man beachte: $a_{-1/2} = a_{ak}/T$) gilt

$$\bar{\tau}_{ak} = \text{const.}\ T^{-\frac{3}{2}}, \tag{J 264}$$

d. h. die Ladungsträgerbeweglichkeiten nehmen mit zunehmender Temperatur ab:

$$b_{ak} = \text{const.}\ T^{-\frac{3}{2}}. \tag{J 265}$$

Für Streuung an ionisierten Störstellen bzw. für Elektron–Loch-Streuung ($j = +3/2$) gilt

$$\bar{\tau}_{ion} = \text{const.}\ T^{+\frac{3}{2}}, \tag{J 266}$$

d.h. die Ladungsträgerbeweglichkeiten nehmen mit zunehmender Temperatur zu:

$$b_{ion} = \text{const.}\ T^{+\frac{3}{2}}. \tag{J 267}$$

Die Streuung an neutralen Störstellen ($j = 0$) ist nach Gl. J 263 unabhängig von der Temperatur. Sie tritt nur bei tiefen Temperaturen in Erscheinung, wenn die Konzentrationen der neutralen und ionisierten Störstellen vergleichbar sind oder wenn die Konzentration der neutralen Störstellen grösser wird als die der ionisierten.

Mit Hilfe von Gl. J 263 ergeben sich die Werte für die verschiedenen Quotienten aus den gemittelten Relaxationszeiten, die in den Hall-Effekt bzw. in die magnetische Widerstandsänderung eingehen. Man erhält unter Verwendung der Gl. J 261 und J 262 für Streuung an akustischen Phononen ($j = -1/2$)

$$\frac{\overline{\tau^2}}{\bar{\tau}^2} = \frac{3}{8}\pi = 1{,}18, \tag{J 268}$$

$$\frac{\overline{\tau^3}}{\bar{\tau}^3} = \frac{9}{16}\pi = 0{,}56 \tag{J 269}$$

und für Streuung an ionisierten Störstellen ($j = +3/2$)

$$\frac{\overline{\tau^2}}{\bar{\tau}^2} = \frac{315}{512}\pi = 1{,}93, \tag{J 270}$$

$$\frac{\overline{\tau^3}}{\bar{\tau}^3} = \frac{15}{8}\pi = 1{,}875. \tag{J 271}$$

Speziell für einen Störhalbleiter folgt damit für die HALL-Koeffizienten (vgl. Gl. J230 bzw. J231) im Fall der akustischen Streuung

$$(R_n)_{\text{ak}} = -\frac{3\pi}{8}\frac{1}{|e|\,n} \tag{J272}$$

bzw.

$$(R_p)_{\text{ak}} = +\frac{3\pi}{8}\frac{1}{|e|\,p} \tag{J273}$$

und im Fall der Streuung an ionisierten Störstellen

$$(R_n)_{\text{ion}} = -\frac{315}{512}\pi\frac{1}{|e|\,n} \tag{J274}$$

bzw.

$$(R_p)_{\text{ion}} = +\frac{315}{512}\pi\frac{1}{|e|\,p}. \tag{J275}$$

Für die magnetische Leitfähigkeitsänderung eines n-Typ-Halbleiters ergibt sich aus Gl. J 245 im Fall der akustischen Streuung

$$\left(\frac{\Delta\sigma}{\sigma}\right)_{\text{ak}} = \frac{\pi-4}{\pi}\left(\frac{3\pi}{8}\right)^2 (b_n B_z)^2 = -0{,}378\,(b_n B_z)^2 \tag{J276}$$

und im Fall der Streuung an ionisierten Störstellen

$$\left(\frac{\Delta\sigma}{\sigma}\right)_{\text{ion}} = \left[\left(\frac{315}{512}\pi\right)^2 - \frac{15}{8}\pi\right](b_n B_z)^2 = -2{,}15(b_n B_z)^2. \tag{J277}$$

Die angegebenen Zahlenfaktoren gelten streng nur für einen bestimmten Streumechanismus. Wegen der unterschiedlichen Temperaturabhängigkeit der Relaxationszeiten (vgl. Gl. J264 und J266) ist vielfach in gewissen Temperaturbereichen ein Streumechanismus allein vorherrschend, so dass die entsprechenden Beziehungen für HALL-Koeffizient bzw. magnetische Leitfähigkeitsänderung (beispielsweise Gl. J274 bzw. J 277) in diesen Temperaturbereichen massgebend sind.

Grundsätzlich jedoch sind bei einer bestimmten Temperatur mehrere Streumechanismen gleichzeitig wirksam. Die resultierende Stossfrequenz eines Ladungsträgers der Energie E ergibt sich aus der Addition der für die verschiedenen Prozesse charakteristischen Stossfrequenzen, d.h.

$$\frac{1}{\tau(E)} = \sum_j \frac{1}{\tau_j(E)}. \tag{J278}$$

Die in die Transportkoeffizienten eingehende und über die Energie gemittelte Relaxationszeit ergibt sich durch Einsetzen von Gl. J278 in Gl. J102. Diese

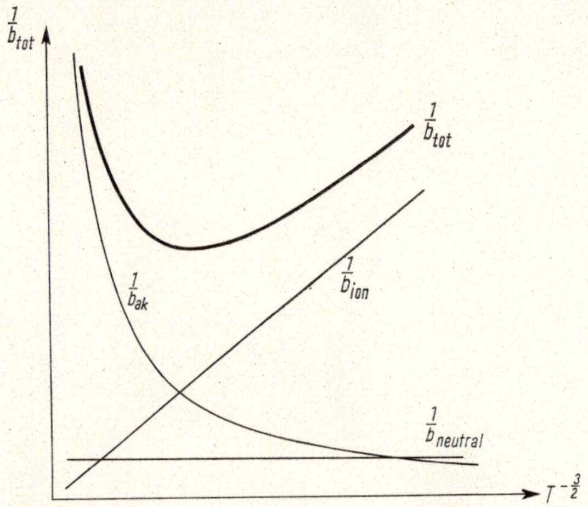

Fig. 173: Zusammensetzung der Beweglichkeit aus Beiträgen verschiedener Streumechanismen unter der Annahme der Additivität der reziproken Beweglichkeits-Anteile

Berechnung ist sehr kompliziert; daher addiert man in guter Näherung meistens anstelle der zur Energie E gehörenden Stossfrequenzen die *einzeln* gemittelten Stossfrequenzen, d.h.

$$\frac{1}{\bar{\tau}} \approx \sum \frac{1}{\bar{\tau}}. \tag{J279}$$

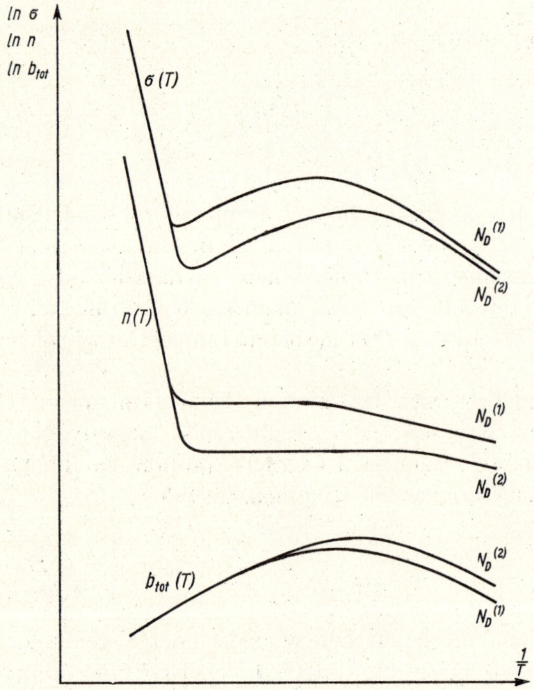

Fig. 174: Temperaturabhängigkeiten der Beweglichkeit, der Ladungsträgerkonzentration und der elektrischen Leitfähigkeit eines nichtentarteten n-Typ-Halbleiters für zwei verschiedene Dotierungen, $N_D^{(1)} > N_D^{(2)}$

Hiermit erhält man für die resultierende Ladungsträgerbeweglichkeit im Fall der sog. gemischten Streuung, d. h. der gleichzeitigen Wirksamkeit mehrerer Streumechanismen:

$$\frac{1}{b_{\text{total}}} \approx \sum_j \frac{1}{b_j}. \tag{J280}$$

Der Vergleich mit Gl. J 264 und J 266 zeigt, dass die resultierende Beweglichkeit für tiefe Temperaturen vorwiegend durch Streuung an ionisierten Störstellen bestimmt ist, während für höhere Temperaturen die thermische Streuung massgebend wird (vgl. Fig. 173). Der Verlauf der resultierenden Beweglichkeit in Funktion der Temperatur ergibt sich experimentell unmittelbar aus der Temperaturabhängigkeit der HALL-Beweglichkeit, sofern $b_n^2 n \lessgtr b_p^2 p$ ist (vgl. S. 393). Dieser Verlauf äussert sich ebenfalls in der Temperaturabhängigkeit der elektrischen Leitfähigkeit (vgl. Fig. 174).

Literatur

BEER, A. C., *Galvanomagnetic Effects in Semiconductors*, in *Solid State Physics*, Suppl. 4 (Academic Press, New York 1963).

BLATT, F. J., *Physics of Electronic Conduction in Solids* (McGraw-Hill, New York 1968).

BORELIUS, G., *Grundlagen des metallischen Zustandes, Physikalische Eigenschaften der Metalle*, in *Handbuch der Metallphysik*, herausgegeben von G. Masing, Bd. 1/1 (Akademische Verlagsgesellschaft, Leipzig 1935).

BUBE, R. H., *Photoconductivity of Solids* (Wiley, New York 1960).

CUSAK, N., *The Electric and Magnetic Properties of Solids* (Longmans, London 1958).

DRABBLE, J. R., und GOLDSMID, H. J., *Thermal Conduction in Semiconductors* (Pergamon, Oxford 1961).

EHRENBERG, W., *Electrical Conductivity in Semiconductors and Metals* (Oxford University Press, London 1958).

GERRITSEN, A. N., *Metallic Conductivity, Experimental Part*, in *Handbuch der Physik*, Bd. 19 (Springer, Berlin 1956).

HEIKES, R. R. und URE, R. W., *Thermoelectricity* (Interscience, New York 1961).

JONES, H., *Theory of Electrical and Thermal Conductivity of Metals*, in *Handbuch der Physik*, Bd. 19 (Springer, Berlin 1956).

JUSTI, E., *Leitungsmechanismus und Energieumwandlung in Festkörpern* (Vandenhoek, Göttingen 1965).

MCDONALD, D. K. C., *Thermoelectricity* (Wiley, New York 1962).

MEADEN, G. T., *Electrical Resistance of Metals* (Heywood, London 1966).

OLSEN, J. L., *Electron Transport in Metals* (Interscience, New York 1962).

PUTLEY, E. H., *The Hall Effect and Related Phenomena* (Butterworth, London 1960).

ROSE, A., *Concepst in Photoconductivity* (Interscience, New York 1963).

RYVKIN, S. M., *Photoelectric Effects in Semiconductors* (Consultants Bureau, New York 1964).

SMITH, A. C., JANAK, J. F., und ADLER, R. B., *Electronic Conduction in Solids* (McGraw-Hill, New York 1967).

TAUC, J., *Photo- and Thermoelectric Effects in Semiconductors* (Pergamon, Oxford 1962).

TSIDIL'KOVSKII, L. M., *Thermomagnetic Effects in Semiconductors* (Infosearch, London 1962).

ZIMAN, J. M., *Electrons and Phonons* (Oxford University Press, London 1960).

K. Magnetismus

Jeder Festkörper hat ausser den mechanischen, elektrischen und optischen Eigenschaften auch magnetische Eigenschaften. Das Modell, mit dem wir zahlreiche Eigenschaften des Festkörpers in befriedigender Weise hergeleitet haben, berücksichtigte nur die elektrostatische Wechselwirkung zwischen den Elektronen und Ionen im Kristall. Wesentlich hierbei war die Voraussetzung der strengen Periodizität des Kristalls (Elektronen im periodischen Potential). Die Einführung der Fehlordnung führte zur Erklärung weiterer Festkörpereigenschaften. Während bis jetzt von den Eigenschaften der Elektronen und Ionen lediglich die Ladungen und die Ionenradien zu berücksichtigen waren, spielen für den Magnetismus als neue fundamentale Grössen die magnetischen Momente sowohl der Elektronen als auch der Gitterbausteine eine entscheidende Rolle. Das magnetische Moment (vgl. S. 419 ff.) entsteht entweder infolge einer magnetischen Erregung (→ Diamagnetismus) oder ist eine permanente Eigenschaft des Teilchens (→ Paramagnetismus). Die Wechselwirkung der magnetischen Momente untereinander sowie mit einer magnetischen Erregung geben Anlass zu magnetischen Phänomenen, die im folgenden behandelt werden.

I. Phänomenologische Beschreibung der magnetischen Eigenschaften

Elektrische und magnetische makroskopische Grössen stehen durch die MAXWELLschen Gleichungen miteinander in Beziehung:

$$\operatorname{rot} \vec{E} = -\frac{\partial \vec{B}}{\partial t}, \tag{K1}$$

$$\operatorname{rot} \vec{H} = \vec{j} + \frac{\partial \vec{D}}{\partial t} \tag{K2}$$

Zusätzlich gelten die Bedingungen

$$\operatorname{div} \vec{B} = 0, \tag{K3}$$

$$\operatorname{div} \vec{D} = \varrho. \tag{K4}$$

$\vec{E}$ elektrische Feldstärke
$\vec{D}$ elektrische Verschiebungsdichte
$\vec{j}$ elektrische Stromdichte

ϱ Raumladungsdichte
$\vec{H}$ magnetische Erregung (magnetische Feldstärke)
$\vec{B}$ magnetische Induktion

Aus Gl. K 2 und K4 folgt die Kontinuitätsgleichung

$$\frac{\partial \varrho}{\partial t} + \operatorname{div} \vec{j} = 0. \qquad \text{(K 5)}$$

Die Maxwell-Gleichungen werden ergänzt durch die sog. Materialgleichungen, durch die die spezifischen Eigenschaften des Materials, nämlich elektrische Leitfähigkeit σ, Dielektrizitätskonstante ε und Permeabilität μ, eingeführt werden:

$$\vec{j} = \sigma \vec{E}, \qquad \text{(K 6)}$$

$$\vec{D} = \varepsilon_0 \varepsilon \vec{E}, \qquad \text{(K 7)}$$

$$\vec{B} = \mu_0 \mu \vec{H}. \qquad \text{(K 8)}$$

ε_0 Influenzkonstante
μ_0 Induktionskonstante

Im allgemeinen Fall von anisotropen Materialien sind die Materialgrössen σ, ε, und μ symmetrische Tensoren, die nach der Transformation auf Hauptachsen je drei Komponenten haben. Wir beschränken uns auf isotrope Materialien. Dann sind σ, ε und μ skalare Grössen, d.h. die in Beziehung stehenden Vektoren sind jeweils parallel zueinander.

Nach G. Mie definiert man die sog. Magnetisierung $\vec{M}$ des Materials durch die Beziehung

$$\vec{B} = \mu_0(\vec{H} + \vec{M}). \qquad \text{(K 9)}$$

Die gesamte Induktion setzt sich also aus zwei Anteilen zusammen: aus einem Anteil $\mu_0 \vec{H}$, der auch im Vakuum vorkommt, und aus einem Anteil $\mu_0 \vec{M}$, wobei $\vec{M}$ den von der Substanz herrührenden Anteil der magnetischen Erregung darstellt. $\vec{M}$ und $\vec{H}$ haben nach Gl. K9 dieselbe Dimension. Durch die Schreibweise der Gl. K8 und K 9 wird das Mass-System von Giorgi–Mie eingeführt.

Die Magnetisierung $\vec{M}$ bedeutet die Summe der magnetischen Momente $\vec{m}_i$ pro Volumeneinheit:

$$\vec{M} = \sum_{\text{Vol. einheit}} \vec{m}_i. \qquad \text{(K 10)}$$

Die magnetischen Eigenschaften einer Substanz ergeben sich also aus dem Zusammenwirken elementarer magnetischer Momente die nach A. Ampère molekularen Kreisströmen äquivalent sind, d. h.

$$\vec{m} = \lim_{\substack{I \to \infty \\ \vec{F} \to 0}} (I \vec{F}). \qquad \text{(K 11)}$$

I Kreisstromstärke

$\vec{F}$ vom Kreisstrom eingeschlossene Fläche $|\vec{F}|$, deren Flächennormale die Richtung von $\vec{F}$ hat und so gerichtet ist, dass in Richtung von $\vec{F}$ gesehen der Kreisstrom im Uhrzeigersinn fliesst

Aus dieser Definition von $\vec{m}$ ergibt sich unmittelbar die Dimension des magnetischen Moments im GIORGI–MIE-System als A m^2; die auf die Volumeneinheit bezogene Magnetisierung $\vec{M}$ hat dann die Dimension A/m, also dieselbe Dimension wie die magnetische Erregung $\vec{H}$.

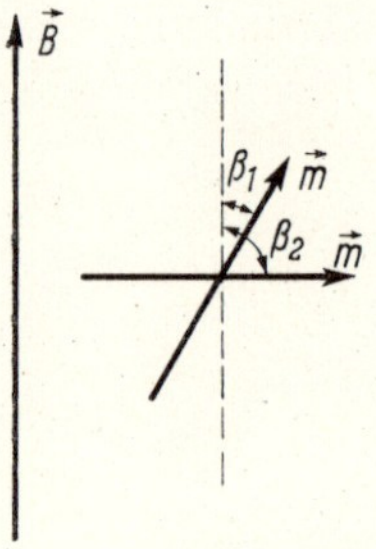

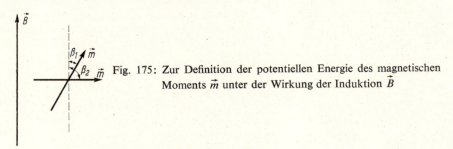

Fig. 175: Zur Definition der potentiellen Energie des magnetischen Moments $\vec{m}$ unter der Wirkung der Induktion $\vec{B}$

Auf ein magnetisches Moment $\vec{m}$ wirkt unter dem Einfluss der Induktion $\vec{B}$ das mechanische Drehmoment

$$\vec{G} = \vec{m} \times \vec{B}. \tag{K12}$$

Das Drehmoment leistet bei der Drehung des Dipols um den Winkel $\beta_2 - \beta_1$ die Arbeit (vgl. Fig. 175)

$$E = \int_{\beta_2}^{\beta_1} \vec{G}\, d\vec{\beta}. \tag{K13}$$

β Winkel zwischen den Richtungen des magnetischen Moments und der Induktion ($d\vec{\beta}$ und $\vec{G}$ haben dieselbe Richtung)

Mit Hilfe von Gl. K12 erhält man hieraus

$$E = m\,B(\cos\beta_2 - \cos\beta_1). \tag{K14}$$

Wählt man den Nullpunkt der Energie für den Fall, dass $\vec{m}$ und $\vec{B}$ senkrecht aufeinanderstehen ($\beta_2 = \pi/2$), so beträgt die Energieänderung E_p bei der Drehung um den Winkel $\pi/2 - \beta_1$:

$$E_p = -\vec{m}\,\vec{B} \tag{K15}$$

Man bezeichnet die Energie E_p als Orientierungsenergie oder als potentielle Energie des Dipols $\vec{m}$ unter Wirkung der Induktion $\vec{B}$.

Falls die magnetische Induktion vom Ort $\vec{r}$ abhängt, erfährt das magnetische Moment noch zusätzlich zu dem mechanischen Drehmoment eine Translationskraft $\vec{K}$:

$$\vec{K} = \vec{m}(\mathrm{grad}_{\vec{r}})\,\vec{B} \tag{K16}$$

bzw. nach Zerlegung in die Komponenten

$$K_x = m_x \frac{\partial B_x}{\partial x} + m_y \frac{\partial B_x}{\partial y} + m_z \frac{\partial B_x}{\partial z},$$

$$K_y = m_x \frac{\partial B_y}{\partial x} + m_y \frac{\partial B_y}{\partial y} + m_z \frac{\partial B_y}{\partial z}, \qquad \text{(K17)}$$

$$K_z = m_x \frac{\partial B_z}{\partial x} + m_y \frac{\partial B_z}{\partial y} + m_z \frac{\partial B_z}{\partial z}.$$

Die Gl. K1, K12, K13 und K16 bilden die Grundlage für die Messung der Magnetisierung oder der magnetischen Suszeptibilität.

1. *Magnetische Suszeptibilität*

Aus der Kombination von Gl. K8 und K9 folgt

$$\vec{M} = (\mu - 1)\vec{H} = \varkappa \vec{H} \qquad \text{(K18)}$$

mit

$$\varkappa = \mu - 1. \qquad \text{(K19)}$$

Wie μ ist $\varkappa$ eine dimensionslose Materialgrösse, die sog. Volumen-Suszeptibilität. Bezieht man die Magnetisierung nicht auf die Volumeneinheit, sondern auf die Masseneinheit, so hat man die Volumen-Suszeptibilität durch die Dichte ϱ des Materials zu dividieren. Die sog. Massen-Suszeptibilität (spezifische Suszeptibilität) χ beträgt

$$\chi = \frac{\varkappa}{\varrho}. \qquad \text{(K20)}$$

Die atomare bzw. molare Suszeptibilität (χ_A bzw. χ_M) ergibt sich durch Multiplikation von χ mit dem Atomgewicht A bzw. dem Molekulargewicht M:

$$\chi_A = \chi A \quad \text{bzw.} \quad \chi_M = \chi M. \qquad \text{(K21)}$$

Je nach dem Wert von $\varkappa$ bzw. μ unterscheidet man die beiden folgenden magnetischen Eigenschaften:

1) Diamagnetismus, d.h. $\varkappa < 0$ bzw. $\mu < 1$: das resultierende Moment $\vec{M}$ pro Volumeneinheit und die magnetische Erregung $\vec{H}$ haben nach Gl. K18 entgegengesetzte Richtung.
2) Paramagnetismus, d.h. $\varkappa > 0$ bzw. $\mu > 1$: $\vec{M}$ und $\vec{H}$ haben dieselbe Richtung.

In dia- und paramagnetischen Substanzen ist die Suszeptibilität meistens unabhängig von der magnetischen Erregung, d.h.

$$\varkappa = \frac{M}{H} = \text{const.} \qquad \text{(K22)}$$

In der Regel ist Diamagnetismus temperaturunabhängig, Paramagnetismus dagegen temperaturabhängig.

Unter Umständen werden paramagnetische Stoffe unterhalb einer gewissen Temperatur ferri-, ferro- oder antiferromagnetisch (vgl. S. 457 ff.). In diesen Fällen ist die Suszeptibilität immer positiv und abhängig von der magnetischen Erregung $\vec{H}$, d.h.

$$\vec{M} = \varkappa(\vec{H})\,\vec{H} \qquad \text{(K23)}$$

mit

$$\varkappa(\vec{H}) > 0.$$

Ferri- oder Ferromagnetismus tritt auf für $\varkappa(\vec{H}) \approx \mu(\vec{H}) \gg 1$. Der Zusammenhang zwischen $\vec{M}$ und $\vec{H}$ ist im allgemeinen nicht eindeutig und hat die Form einer sog. Hysteresisschleife. Man charakterisiert eine Substanz dann nicht mehr durch die feldabhängige Suszeptibilität $\varkappa(\vec{H})$, sondern unmittelbar durch die Magnetisierungskurve $\vec{M}(\vec{H})$.

Schliesslich bezeichnet man Stoffe als metamagnetisch, wenn sie sich bei schwacher magnetischer Erregung antiferromagnetisch und bei starker magnetischer Erregung ferromagnetisch verhalten.

Hiermit ist die Vielfalt der magnetischen Phänomene angedeutet. Man stellt sich nun die Aufgabe, die Suszeptibilität bzw. die Magnetisierungskurve $\vec{M}(\vec{H})$ zu berechnen in Funktion spezifischer Eigenschaften des Materials, der Vorgeschichte des Materials und der Temperatur (s. S. 432 ff.).

2. *Magnetisierungsarbeit*

Die Magnetisierungsarbeit ist die Energie pro Volumeneinheit, die aufzubringen ist, um die Magnetisierung eines Stoffes um einen gewissen Wert zu ändern. Die Änderung der Magnetisierung bei konstanter Temperatur ist eine Folge der Änderung der magnetischen Erregung (vgl. Gl. K18) und kann auf zwei Arten herbeigeführt werden:

1) Man bringt den Körper in eine Spule und ändert den Spulenstrom.
2) Man ändert den Abstand zwischen dem Pol eines Permanentmagneten und dem Körper.

Der Körper und die die magnetische Erregung erzeugende Vorrichtung bilden ein System. Die Arbeit A_1, die dieses System zu leisten hat, um eine bestimmte Magnetisierungsänderung hervorzubringen, ist je nach der Vorrichtung verschieden. Um die eigentliche Magnetisierungsarbeit A des Körpers zu erhalten, muss man in einem Gedankenexperiment die Vorrichtung vom magnetisierten Körper trennen. Man benötigt die Arbeit A_2, um die Vorrichtung in den Ausgangszustand zu bringen, wobei aber die vorher erreichte Magnetisierungsänderung des Körpers erhalten bleiben soll. Die Magnetisierungsarbeit ist dann unabhängig von der Art der Magnetisierung gegeben durch

$$A = A_1 + A_2. \qquad \text{(K24)}$$

Wir werden nun die Magnetisierungsarbeit für beide Magnetisierungsarten berechnen.

1) *Magnetisierung mit Hilfe der Spule.* Der Körper sei ein geschlossener Ring, der das Innere einer Ringspule vollständig ausfüllt. Unter Vernachlässigung des OHMschen Widerstands der Spule ist die Klemmenspannung U gleich der induzierten Spannung U_{ind}, die durch die zeitliche Änderung der magnetischen Induktion gegeben ist:

$$U = -U_{\text{ind}} = n\,q\,\frac{\partial B}{\partial t}. \tag{K25}$$

q Querschnitt der Spule
n Windungszahl

Der Spulenstrom I erzeugt die magnetische Erregung

$$H = \frac{n}{l}\,I. \tag{K26}$$

l mittlerer Umfang der Ringspule

Die Stromquelle leistet während der Zeit dt die Arbeit

$$dE_1 = U\,I\,dt \tag{K27}$$

oder unter Verwendung von Gl. K25 und K26

$$dE_1 = q\,l\,H\,dB. \tag{K28}$$

Um die magnetische Induktion von $B = 0$ auf $B = B_1$ zu bringen, ist vom System Spule + Körper die Arbeit A_1 pro Volumeneinheit zu leisten:

$$A_1 = \frac{1}{q\,l}\int dE_1 = \int_0^{B_1} H\,dB. \tag{K29}$$

Die magnetische Erregung H_1 erzeugt die magnetische Induktion B_1 und die Magnetisierung M_1. Mit Hilfe von Gl. K9 erhält man

$$A_1 = \mu_0\left(\int_0^{H_1} H\,dH + \int_0^{M_1} H\,dM\right) \tag{K30}$$

oder

$$A_1 = \frac{1}{2}\,\mu_0\,H_1^2 + \mu_0\int_0^{M_1} H\,dM. \tag{K31}$$

Der 1. Term in Gl. K31 stellt die Energiedichte des Magnetfeldes im Vakuum dar; man benötigt diese Energie pro Volumeneinheit der Spule, um dieselbe magnetische Erregung H_1 zu erzeugen, wie wenn kein Körper innerhalb der Spule ist. Der 2. Term bedeutet bereits die zur Erzeugung der Magnetisierung M_1 erforderliche Energie pro Volumeneinheit. Nimmt man nämlich an, dass die erreichte Magnetisierung M_1 erhalten bleibt, wenn der Spulenstrom ausgeschaltet wird, d.h. wenn die Magnetisierungsvorrichtung wieder in den Ausgangszustand gebracht wird, so wird pro Spulenvolumen die Arbeit A_2 gewonnen. Analog zu Gl. K 29 ist

$$A_2 = \int_{B_1}^{0} H\,dB. \tag{K32}$$

Mit konstant gehaltener Magnetisierung erhält man analog zu Gl. K30

$$A_2 = -\frac{1}{2}\mu_0 H_1^2. \tag{K33}$$

Nach Gl. K24 beträgt also die Magnetisierungsarbeit

$$A = \mu_0 \int_0^{M_1} H\,dM \tag{K34}$$

bzw. bei kleinen Änderungen der Magnetisierung:

$$\delta A = \mu_0 H\,dM. \tag{K35}$$

2) *Magnetisierung mit Hilfe eines Permanentmagneten.* Der Pol eines Stabmagneten erzeugt eine ortsabhängige magnetische Erregung $\vec{H}(\vec{r})$ und damit nach Gl. K8 die magnetische Induktion im Vakuum

$$\vec{B}(\vec{r}) = \mu_0 \vec{H}(\vec{r}). \tag{K36}$$

Auf einen Körper mit der Magnetisierung $\vec{M}$ wirkt nach Gl. K10 und K16 die Kraft pro Volumeneinheit:

$$\vec{K} = \vec{M}(\mathrm{grad}_{\vec{r}})\,\vec{B}. \tag{K37}$$

$\vec{B}(\vec{r})$ ist die magnetische Induktion, die am Ort $\vec{r}$ im Vakuum herrscht, ehe sich der Körper dort befindet. Der Körper sei so klein, dass man $\vec{B}(\vec{r})$ über sein Volumen als konstant annehmen darf. Die Kraft hat die Bewegung des Körpers zur Folge, wodurch die Energie des Systems Körper + Permanentmagnet um A_1' geändert wird.

Der Einfachheit halber betrachten wir nur die Bewegung in Richtung der Achse des Stabmagneten (x-Achse), und wir nehmen an, dass der Körper nur in x-Richtung magnetisierbar ist. Dann geht Gl. K37 über in

$$K_x = M\frac{\partial B}{\partial x}. \tag{K38}$$

Für $M > 0$ wird der Körper vom Magnetpol angezogen. Bei der Bewegung um die Strecke dx wird die mechanische Arbeit $\delta A_1'$ frei, d.h. mit Gl. K 38

$$\delta A_1' = -M\,dB \tag{K 39}$$

oder mit Gl. K 36

$$\delta A_1' = -\mu_0\, M\,dH. \tag{K 40}$$

Die gesamte Arbeit bei der Verschiebung von der Stelle mit $H = 0$ bis zur Stelle mit $H = H_1$ beträgt

$$A_1' = -\mu_0 \int_0^{H_1} M\,dH \tag{K 41}$$

bzw.

$$A_1' = -\mu_0 \int_0^{M_1 H_1} d(M\,H) + \mu_0 \int_0^{M} H\,dM = -\mu_0\, M_1\, H_1 + \mu_0 \int_0^{M_1} H\,dM. \tag{K 42}$$

Damit ist Gl. K 42 vergleichbar mit Gl. K 31. Der 1. Term bedeutet die Abnahme der potentiellen Energie des Körpers (vgl. Gl. K 15), wenn er vom Ort mit $H = 0$ an den Ort mit $H = H_1$ gebracht wird. Der 2. Term bedeutet die eigentliche Magnetisierungsarbeit. Denkt man sich nämlich den ursprünglichen Abstand zwischen Körper und Magnetpol wiederhergestellt, wobei aber die erreichte Magnetisierung M_1 des Körpers erhalten bleibt, so hat man die Arbeit A_2' zu leisten:

$$A_2' = -\mu_0 \int_{H_1}^{0} M\,dH, \tag{K 43}$$

d.h. mit $M = M_1$:

$$A_2' = +\mu_0\, M_1\, H_1. \tag{K 44}$$

Unter Verwendung von Gl. K 42 und K 44 erhält man also aufgrund von Gl. K 24 wiederum dieselbe Magnetisierungsarbeit

$$A = \mu_0 \int_0^{M_1} H\,dM \tag{K 45}$$

bzw.

$$\delta A = \mu_0\, H\,dM. \tag{K 46}$$

3. *Entmagnetisierungsfaktor*

Die magnetische Erregung H ist im allgemeinen *nicht* mit der von aussen angelegten magnetischen Feldstärke identisch, sondern bedeutet die sog. innere oder effektive magnetische Erregung. Diese ist massgebend für die Magnetisierung des Materials (vgl. Gl. K 18). Die Beziehung zwischen der magnetischen Erregung H und der von aussen angelegten magnetischen Feldstärke H_a ist abhängig von der Geometrie und der chemischen und strukturellen Homogenität der magnetischen Probe. Es gilt

$$H = H_a - N M. \tag{K47}$$

Der Zahlenfaktor N ist ein Mass für die Schwächung des äusseren Feldes durch die Anwesenheit der magnetischen Probe und heisst darum Entmagnetisierungsfaktor.

Die Beziehung Gl. K 47 ist strenggenommen nur sinnvoll, wenn ein homogenes äusseres Magnetfeld auch eine homogene effektive magnetische Erregung und damit eine homogene Magnetisierung zur Folge hat. Dies ist der Fall für ellipsoidförmige Proben, deren Hauptachsen parallel zum äusseren Magnetfeld H_a sind, oder für einen Ringkern innerhalb einer Ringspule. Im allgemeinen jedoch wird ein homogenes äusseres Feld durch das Einbringen einer Probe beliebiger Form verzerrt, und damit wird auch die effektive magnetische Erregung inhomogen. Der Einfluss der chemischen und strukturellen Inhomogenität der Probe lässt sich im allgemeinen rechnerisch nicht erfassen.

Wir berechnen den Entmagnetisierungsfaktor für einen Ringkern mit Luftspalt (vgl. Fig. 176) und zeigen, dass ein Zusammenhang zwischen dem äusseren Magnetfeld und der effektiven magnetischen Erregung in der Form von Gl.

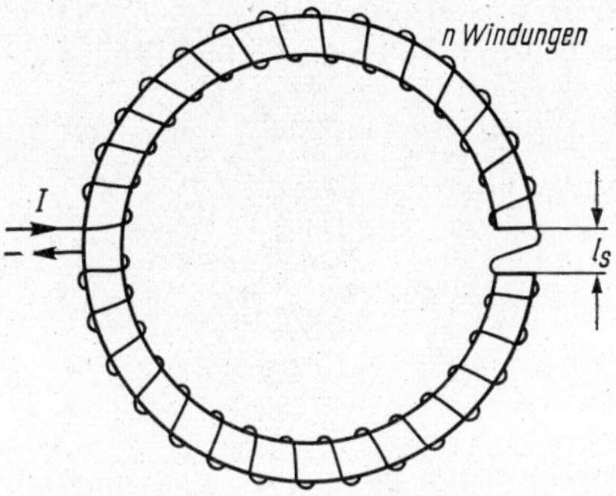

Fig. 176: Zur Berechnung des Entmagnetisierungsfaktors eines Ringkerns mit Spalt

K 47 besteht. Falls der Ringradius gross gegenüber dem Radius des Ringquerschnitts ist, kann man das Spulenfeld H_a als homogen annehmen. Das Spulenfeld ist die magnetische Erregung, die in der Ringspule bei Abwesenheit des Ringkerns vorhanden ist. Es stellt das äussere Magnetfeld dar, dem der Ringkern ausgesetzt wird, und ist gegeben durch

$$H_a = \frac{n}{l} I. \tag{K48}$$

n Windungszahl der Ringspule
l mittlerer Umfang der Ringspule
I Stromstärke in der Ringspule

Wenn der Luftspalt die Breite l_S hat, ist die ‹Länge› des Ringkerns $l_K = l - l_S$.

Wegen der Quellenfreiheit der magnetischen Induktion B (vgl. Gl. K 3) sind die Induktionen im Spalt (B_S) und im Kern (B) identisch, d.h.

$$B_S = B. \tag{K49}$$

Diese Gleichung folgt aus Gl. K 3 unter der Annahme einer so kleinen Spaltbreite l_S, dass die magnetischen Kraftlinien homogen durch den Spalt verlaufen. Die Induktion hat dann sowohl im Kern als auch im Spalt nur eine Komponente senkrecht zum Querschnitt des Kerns.

Unter Verwendung von Gl. K 9 ergibt sich aus Gl. K 49 ein Zusammenhang zwischen den magnetischen Erregungen im Spalt (H_S) und im Kern (H):

$$\mu_0 H_S = \mu_0 (H + M). \tag{K50}$$

Die Magnetisierung des Vakuums ist identisch gleich Null.

Die Beziehung zum äusseren Magnetfeld (Spulenfeld) H_a folgt aus dem sog. Durchflutungsgesetz, das die Integralform der MAXWELLschen Gleichung K 2 darstellt:

$$\oint H_l \, dl = \int_F j \, df. \tag{K51}$$

H_l Komponente der magnetischen Erregung längs einer geschlossenen Kurve l
dl Linienelement der Kurve l
df Flächenelement der Fläche F, die von der geschlossenen Kurve l begrenzt ist
Stromdichte senkrecht zum Flächenelement df

Der Verschiebungsstrom ist im vorliegenden Problem gleich Null. Für die Ringspule mit n Windungen und dem Spulenstrom I geht Gl. K 51 über in

$$\oint H_l \, dl = n I. \tag{K52}$$

Das Umlaufintegral ist für stückweise konstante magnetische Erregungen leicht auswertbar. Man erhält aus Gl. K 52 unter Verwendung von Gl. K 48

$$H l_K + H_S l_S = H_a l. \tag{K53}$$

Die Kombination der Gl. K 50 und K 53 liefert für die effektive magnetische Erregung im Kern:

$$H = H_a - \frac{l_S}{l} M, \tag{K54}$$

d.h. mit Gl. K 47

$$N = \frac{l_S}{l}. \tag{K55}$$

Speziell für einen geschlossenen Ringkern, d.h. für $l_S = 0$, folgt

$$H = H_a. \tag{K56}$$

Nur in diesem Spezialfall ist die effektive magnetische Erregung gleich dem angelegten Spulenfeld, wie dies zur Berechnung der Magnetisierungsarbeit (vgl. S. 409) vorausgesetzt wurde.

Durch Einsetzen der Magnetisierung erhält man mit Gl. K18 anstelle von Gl. K54

$$H = H_a - N \varkappa H$$

bzw. (K57)

$$H = \frac{H_a}{1+N\varkappa}.$$

Für Rotationsellipsoide sowie für Kreiszylinder sind die Werte von N in Tabelle 25 zusammengestellt. Speziell für eine Kugel ist $N = 1/3$.

Tabelle 25

Entmagnetisierungsfaktoren für Rotationsellipsoide und für Kreiszylinder. Die magnetische Erregung ist parallel zur Rotations- bzw. Zylinderachse; a und b sind die Dimensionen der Probe parallel bzw. senkrecht zur magnetischen Erregung. (aus W. F. Brown, *Magnetostatic Principles in Ferromagnetism* [North-Holland, Amsterdam 1962], S. 192).

Dimensionsverhältnis a/b	Entmagnetisierungsfaktor N		Dimensionsverhältnis a/b	Entmagnetisierungsfaktor N	
	Rotations-Ellipsoid	Kreiszylinder		Rotations-Ellipsoid	Kreiszylinder
0,0	1,000	1,000	20	0,006 749	0,020 91
0,2	0,750 5	0,680 2	30	0,003 444	0,014 01
0,4	0,588 2	0,528 1	40	0,002 116	0,010 53
0,8	0,394 4	0,361 9	60	0,001 053	0,007 039
1,0	0,333 3	0,311 6	80	0,000 637	0,005 286
1,5	0,233 0	0,230 1	100	0,000 430	0,004 232
2,0	0,173 6	0,181 9	150	0,000 209	0,002 824
3,0	0,108 7	0,127 8	200	0,000 125	0,002 119
4,0	0,075 41	0,098 35	300	0,000 060	0,001 413
6,0	0,043 23	0,067 28	400	0,000 036	0,001 060
8,0	0,028 42	0,051 10	600	0,000 017	0,000 707
10	0,020 29	0,041 19	800	0,000 010	0,000 530
15	0,010 75	0,027 74	1000	0,000 007	0,000 424

Das entmagnetisierende Feld ist besonders gross für ferri- und ferromagnetische Proben mit grossen Suszeptibilitätswerten. Für para- und diamagnetische Proben gilt im allgemeinen in guter Näherung

$$H \approx H_a. \quad \text{(K58)}$$

II. Thermodynamik der Magnetisierung

Magnetische Eigenschaften der Materie sind im allgemeinen nicht unabhängig von thermischen und mechanischen Eigenschaften. Der phänomenologische Zusammenhang dieser Eigenschaften lässt sich allgemein mit Hilfe der Thermodynamik beschreiben.

Jeder Körper besitzt eine nur von seinem Zustand abhängige innere Energie U. Nach dem 1. Hauptsatz ist die Zunahme der inneren Energie gleich der Summe aus der dem Körper zugeführten Wärmemenge und Arbeit, d.h.

$$dU = \delta Q + \delta A. \tag{K59}$$

Die Grössen U, Q and A beziehen sich auf die Volumeneinheit.

Wir haben gezeigt, dass die Änderung der Magnetisierung mit der Magnetisierungsarbeit verbunden ist. Mit der Annahme, dass der Körper sein Volumen nicht mit der Magnetisierung ändert ($dV = 0$), und unter Verwendung von Gl. K35 erhält der 1. Hauptsatz die Form

$$dU = \delta Q + \mu_0 H\,dM. \tag{K60}$$

Für dia- und paramagnetische Stoffe ist die Annahme $dV = 0$ gerechtfertigt. Ferromagnetische Stoffe dagegen ändern im allgemeinen mit der Magnetisierung ihr Volumen; sie zeigen die sog. Magnetostriktion $(\partial V/\partial M)_{p,T}$.

Die innere Energie U ist eine Zustandsgrösse, die nach Gl. K60 nur von der Temperatur T und der Magnetisierung M abhängt. Das totale Differential von $U(T, M)$ zerfällt in einen thermischen Anteil entsprechend einer Temperaturänderung und einen magnetischen Anteil entsprechend einer Magnetisierungsänderung:

$$dU = \left(\frac{\partial U}{\partial T}\right)_M dT + \left(\frac{\partial U}{\partial M}\right)_T dM. \tag{K61}$$

1. *Magnetokalorischer Effekt*

Die mit rein magnetischer Zustandsänderung verbundene Temperaturänderung bezeichnet man als magnetokalorischen Effekt. Wir berechnen die Temperaturänderung infolge einer adiabatischen Magnetisierungsänderung. Der Körper habe also während der Magnetisierungsänderung keinen Wärmeaustausch mit der Umgebung, d.h. $\delta Q = 0$. Mit Gl. K60 und K61 folgt dann

$$\mu_0 H\,dM = \left(\frac{\partial U}{\partial T}\right)_M dT + \left(\frac{\partial U}{\partial M}\right)_T dM. \tag{K62}$$

Analog zu Gl. C40 ist die spezifische Wärme pro Masseneinheit bei konstanter Magnetisierung:

$$c_M = \frac{1}{\varrho}\left(\frac{\partial U}{\partial T}\right)_M. \tag{K63}$$

ϱ Dichte des Materials

Hiermit erhält man aus Gl. K 62

$$dT = \frac{1}{\varrho c_M}\left[\mu_0 H - \left(\frac{\partial U}{\partial M}\right)_T\right] dM. \tag{K 64}$$

Zur Berechnung der Änderung $(\partial U/\partial M)_T$ der inneren Energie mit der Magnetisierung benötigt man den 2. Hauptsatz, nach dem die Entropie S eine Zustandsfunktion ist. Das Differential dS ist definiert durch die in einem reversiblen Prozess ausgetauschte Wärmemenge δQ und die absolute Temperatur:

$$\delta S = \frac{\delta Q_{\text{rev}}}{T}. \tag{K 65}$$

Eine Zustandsänderung ist reversibel, wenn der Zustand des Systems mit Hilfe einer begrenzten Anzahl von Zustandsvariablen in jedem Punkt innerhalb des Bereichs der Zustandsänderung eindeutig festzulegen ist. Ferri- und ferromagnetische Stoffe, beispielsweise, haben irreversible Zustandsänderungen, da der Zusammenhang zwischen Magnetisierung und magnetischer Erregung nicht eindeutig ist (Hysteresiskurve $M(H)$).

Einsetzen von Gl. K 65 in Gl. K 60 liefert

$$dS = \frac{1}{T} dU - \mu_0 \frac{H}{T} dM \tag{K 66}$$

oder mit Gl. K 61

$$dS = \frac{1}{T}\left(\frac{\partial U}{\partial T}\right)_M dT + \frac{1}{T}\left[\left(\frac{\partial U}{\partial M}\right)_T - \mu_0 H\right] dM. \tag{K 67}$$

Hiernach ist also die Zustandsgrösse S eine Funktion von T und M; das vollständige Differential ist

$$dS = \left(\frac{\partial S}{\partial T}\right)_M dT + \left(\frac{\partial S}{\partial M}\right)_T dM. \tag{K 68}$$

Der Vergleich von Gl. K 67 mit K 68 liefert

$$\left(\frac{\partial S}{\partial T}\right)_M = \frac{1}{T}\left(\frac{\partial U}{\partial T}\right)_M \tag{K 69}$$

und

$$\left(\frac{\partial S}{\partial M}\right)_T = \frac{1}{T}\left[\left(\frac{\partial U}{\partial M}\right)_T - \mu_0 H\right]. \tag{K 70}$$

Für totale Differentiale sind die gemischten zweiten Ableitungen nach den zugehörigen unabhängigen Variablen identisch, d.h.

$$\frac{\partial}{\partial M}\left(\frac{\partial S}{\partial T}\right)_M = \frac{\partial}{\partial T}\left(\frac{\partial S}{\partial M}\right)_T \tag{K 71}$$

oder unter Verwendung von Gl. K 69 und K 70

$$\frac{1}{T}\,\frac{\partial^2 U}{\partial T\,\partial M} = -\frac{1}{T^2}\left[\left(\frac{\partial U}{\partial M}\right)_T - \mu_0 H\right] + \frac{1}{T}\left[\frac{\partial^2 U}{\partial M\,\partial T} - \mu_0 \frac{\partial H}{\partial T}\right] \tag{K72}$$

oder

$$\left(\frac{\partial U}{\partial M}\right)_T = \mu_0 H - \mu_0 T \left(\frac{\partial H}{\partial T}\right)_M. \tag{K73}$$

Damit hat man die Änderung der inneren Energie mit der Magnetisierung bei konstanter Temperatur ermittelt, und zwar als Funktion der magnetischen Erregung, der Temperatur und der Temperaturvariation der magnetischen Erregung für konstant gehaltene Magnetisierung.

Einsetzen von Gl. K 73 in Gl. K 64 liefert für den magnetokalorischen Effekt:

$$dT = \frac{\mu_0}{\varrho\, c_M}\, T \left(\frac{\partial H}{\partial T}\right)_M dM. \tag{K74}$$

Die Temperaturänderung beim magnetokalorischen Effekt wird aus praktischen Gründen vorteilhafter in Funktion der Änderung dH der magnetischen Erregung angegeben. Zur Umrechnung von Gl. K 74 benötigt man die Beziehung zwischen den spezifischen Wärmen bei konstanter Magnetisierung (c_M) und bei konstanter magnetischer Erregung (c_H), die auf S. 418 hergeleitet wird. Danach gilt

$$c_H - c_M = -\frac{\mu_0}{\varrho}\, T \left(\frac{\partial H}{\partial T}\right)_M \left(\frac{\partial M}{\partial T}\right)_H. \tag{K75}$$

Die Magnetisierung M ist eine Funktion der Temperatur T und der magnetischen Erregung H, d.h.

$$M = M(T, H) \tag{K76}$$

und

$$dM = \left(\frac{\partial M}{\partial T}\right)_H dT + \left(\frac{\partial M}{\partial H}\right)_T dH. \tag{K77}$$

Speziell für $M = \text{const}$ folgt daraus

$$\left(\frac{\partial M}{\partial H}\right)_T \left(\frac{\partial H}{\partial T}\right)_M = -\left(\frac{\partial M}{\partial T}\right). \tag{K78}$$

Einsetzen von Gl. K 77 in Gl. K 74 liefert

$$dT = \frac{\mu_0}{\varrho\, c_M}\, T \left(\frac{\partial H}{\partial T}\right)_M \left[\left(\frac{\partial M}{\partial H}\right)_T dH + \left(\frac{\partial M}{\partial T}\right)_H dT\right]. \tag{K79}$$

Daraus folgt unter Verwendung von Gl. K 75 und K 78 der magnetokalorische Effekt in Funktion der Änderung dH der magnetischen Erregung:

$$dT = -\frac{\mu_0}{\varrho\, c_H} T \left(\frac{\partial M}{\partial T}\right)_H dH. \tag{K 80}$$

Die Gl. K 74 und K 80 gelten allgemein, sofern man die Zustandsänderungen als reversibel ansehen kann. In diamagnetischen Stoffen ist die Magnetisierung temperaturunabhängig, d.h. es existiert kein magnetokalorischer Effekt. In paramagnetischen Substanzen ist $(\partial M/\partial T)_H < 0$; nach Gl. K 80 bedeutet also eine Erniedrigung der magnetischen Erregung ($dH < 0$) eine Temperaturabnahme ($dT < 0$). Die sog. adiabatische Entmagnetisierung von paramagnetischen Substanzen ist eine wichtige Methode zur Erreichung tiefer Temperaturen.

2. *Spezifische Wärmen*

Die spezifische Wärme ist hier definiert durch den Quotienten aus der zugeführten Wärmemenge pro Masseneinheit und der damit erreichten Temperaturerhöhung

$$c \equiv \frac{1}{\varrho} \frac{\delta Q}{dT}. \tag{K 81}$$

δQ Änderung der Wärmemenge pro Volumeneinheit

Ebenso wie man die spezifischen Wärmen für konstantes Volumen (c_V) und für konstanten Druck (c_p) zu unterscheiden hat, erhält man verschiedene Werte der spezifischen Wärme, je nachdem ob man die Wärme bei konstanter magnetischer Erregung (c_H) oder bei konstanter Magnetisierung (c_M) zuführt. Strenggenommen gehören zu einem magnetisierbaren Material vier verschiedene spezifische Wärmen, nämlich c_{VM}, c_{VH}, c_{pM}, c_{pH}. Wir vernachlässigen wiederum Volumenänderungen und unterscheiden hier nicht zwischen c_{VM} und c_{pM} bzw. c_{VH} und c_{pH}.

Unter Verwendung von Gl. K 60 und K 61 ergibt sich aus Gl. K 81 die spezifische Wärme bei konstanter Magnetisierung:

$$c_M = \frac{1}{\varrho} \left(\frac{\partial U}{\partial T}\right)_M. \tag{K 82}$$

Für die spezifische Wärme bei konstanter magnetischer Erregung erhält man mit Hilfe von Gl. K 65, K 67 und K 73 aus Gl. K 81

$$c_H = \frac{1}{\varrho} \left(\frac{\delta Q}{dT}\right)_H = \frac{1}{\varrho} \left(\frac{\partial U}{\partial T}\right)_M - \frac{\mu_0}{\varrho} T \left(\frac{\partial H}{\partial T}\right)_M \left(\frac{\partial M}{\partial T}\right)_H \tag{K 83}$$

oder mit Gl. K 82

$$c_H = c_M - \frac{\mu_0}{\varrho} T \left(\frac{\partial H}{\partial T}\right)_M \left(\frac{\partial M}{\partial T}\right)_H . \qquad \text{(K 84)}$$

Experimentell bestimmt man die spezifische Wärme c_H bei konstanter magnetischer Erregung, und zwar im allgemeinen für $H \rightarrow 0$.

3. *Anomalie der spezifischen Wärme*

Die innere Energie und damit auch die spezifische Wärme c_M bzw. c_H lassen sich in zwei Anteile aufspalten:

1) ein Beitrag U_0, der unabhängig von den magnetischen Eigenschaften ist, der also durch die Schwingungsenergie U_s (vgl. S. 65 ff.), durch die Fehlordnungsenergie nW (vgl. S. 128 ff.) und durch die Energie U des Elektronengases (vgl. S. 176 ff.) bedingt ist.
2) ein Beitrag U_M, der durch die Magnetisierung verursacht ist.

Die innere Energie ist also die Summe

$$U(T, M) = U_0(T) + U_M(T, M). \qquad \text{(K 85)}$$

Damit erhält man anstelle von Gl. K 82

$$c_M = c_0 + \frac{1}{\varrho}\left(\frac{\partial U_M}{\partial T}\right)_M \qquad \text{(K 86)}$$

und anstelle von Gl. K 84

$$c_H = c_0 + \frac{1}{\varrho}\left(\frac{\partial U_M}{\partial T}\right)_M - \frac{\mu_0}{\varrho} T \left(\frac{\partial H}{\partial T}\right)_M \left(\frac{\partial M}{\partial T}\right)_H \qquad \text{(K 87)}$$

mit

$$c_0 = \frac{1}{\varrho}\left(\frac{\partial U_0}{\partial T}\right). \qquad \text{(K 88)}$$

Die Differenz $c_H - c_0$ bezeichnet man als Anomalie der spezifischen Wärme. Ihr Wert ist stets positiv, da $(\partial H/\partial T)_M > 0$ und $(\partial M/\partial T)_H < 0$ ist (vgl. S. 437 ff.). Die Anomalie der spezifischen Wärme ist dem Energieaufwand zuzuschreiben, der zur Überwindung von magnetischen Wechselwirkungen aufzubringen ist. Sie ist daher besonders bei ferri-, ferro- und antiferromagnetischen Stoffen ausgeprägt.

III. Atomistische Beschreibung der magnetischen Momente

Die Gitterbausteine sind die Träger der magnetischen Momente. Nach der Atomtheorie haben die magnetischen Momente folgende Ursachen:

1) Bewegung der Elektronen um die Atomkerne (Bahnmomente),
2) Eigendrehimpulse der Elektronen (Spinmomente),
3) Eigendrehimpulse der Atomkerne (Kernmomente).

1. *Bahnmoment*

Nach der klassischen Atomvorstellung von N. BOHR besteht ein Atom aus einem positiv geladenen Kern, der von einer Anzahl von Elektronen auf bestimmten, stationären Bahnen umkreist wird. Jedes umlaufende Elektron stellt einen Kreisstrom dar, der nach A. AMPÈRE einem magnetischen Moment äquivalent ist.

Wir berechnen zunächst das magnetische Bahnmoment eines isolierten Wasserstoffatoms. Ein einziges Elektron bewege sich mit der Winkelgeschwindigkeit ω auf der Kreisbahn vom Radius r um den positiv geladenen Atomkern. Der dadurch verursachte Kreisstrom beträgt

$$I = -\frac{|e|}{2\pi}\omega. \tag{K89}$$

Nach Gl. K11 ergibt sich hiermit das magnetische Moment

$$\vec{\mu}_l = -\frac{|e|}{2} r^2 \vec{\omega}. \tag{K90}$$

Führt man den Bahndrehimpuls $\vec{l}$ des Atoms ein, nämlich

$$\vec{l} = \vec{r} \times m\vec{v} = m r^2 \vec{\omega}, \tag{K91}$$

so erhält man aus Gl. K90

$$\vec{\mu}_l = -\frac{|e|}{2m}\vec{l}. \tag{K92}$$

m Ruhemasse des Elektrons
$\vec{v}$ Bahngeschwindigkeit des Elektrons

Die Beziehung Gl. K92 wird als magnetomechanischer Parallelismus bezeichnet, d.h. magnetisches Moment und mechanischer Bahndrehimpuls sind miteinander gekoppelt. Wegen der negativen Elektronenladung haben magnetisches Moment und Bahndrehimpuls entgegengesetzte Richtung. Der Zusammenhang in Gl. K92 gilt allgemein für die Bewegung eines Elektrons unter dem Einfluss einer Zentralkraft, auch wenn die geschlossene Elektronenbahn nicht kreisförmig ist. Er gilt jedoch nur qualitativ für die Kopplung zwischen dem Eigendrehimpuls des Elektrons bzw. des Kerns und dem dazugehörigen Spin- bzw. Kernmoment (magnetomechanische Anomalie, vgl. S. 424).

Bereits aus der klassischen Atomtheorie folgt, dass der Bahndrehimpuls nur diskrete Werte annehmen kann. Nach der SOMMERFELDschen Quantenbedingung gilt für das Phasenintegral

$$\oint p\, dx = n\, 2\pi\hbar. \tag{K93}$$

n ganze Zahl

Daraus folgt für die periodische Bewegung des Elektrons auf der Kreisbahn

$$\oint m v \, ds = 2 \pi m v r = n 2 \pi \hbar \tag{K94}$$

oder mit Gl. K91

$$|\vec{l}| = n \hbar. \tag{K95}$$

Der Bahndrehimpuls und damit auch das magnetische Moment sind also gequantelt. Gl. K95 gilt jedoch nicht exakt, wie die folgende quantenmechanische Berechnung zeigt. Der Ausgangspunkt für die Berechnung des Bahnimpulses ist die SCHRÖDINGER-Gleichung für das betreffende System. Sie ist nur für ein Ein-Teilchen-Problem streng lösbar. Wir betrachten daher zunächst die Bewegung eines einzigen Elektrons im COULOMB-Feld der positiven Ladung $Z e$ des Kerns. Das Elektron hat die potentielle Energie

$$V(r) = -\frac{1}{4 \pi \varepsilon_0} \frac{Z e^2}{r}. \tag{K96}$$

ε_0 Influenzkonstante
r Abstand zwischen Elektron und Kern

Die zeitunabhängige SCHRÖDINGER-Gleichung heisst

$$\Delta \psi + \frac{2m}{\hbar^2} \left(E - \frac{1}{4 \pi \varepsilon_0} \frac{Z e^2}{r} \right) \psi = 0. \tag{K97}$$

Da die potentielle Energie eine kugelsymmetrische Ortsabhängigkeit hat, führt man Polarkoordinaten r, ϑ, φ ein. Dies ermöglicht die Trennung der Variablen, und man erhält Lösungen in der Form

$$\psi(r, \vartheta, \varphi) = R(r) \, \Theta(\vartheta) \, \Phi(\varphi). \tag{K98}$$

Ausser der Stetigkeit und Endlichkeit der Lösungen verlangen die Randbedingungen, dass ψ eindeutig ist und für $r \to \infty$ verschwindet. Eindeutigkeit heisst, dass ψ eine periodische Funktion der Winkel ist; die Änderung der Winkel um 2π darf den Wert von ψ also nicht verändern. Unter Berücksichtigung dieser Bedingungen ergeben sich die verschiedenen Lösungen $\psi_{n,l,m_l}(r, \vartheta, \varphi)$, die durch die drei ganzen Zahlen n, l, m_l charakterisiert sind. Aus dem mathematischen Lösungsgang folgt, dass die Wertebereiche für diese drei Zahlen voneinander abhängig sind, nämlich

$$\begin{aligned} n &= 1, 2, \ldots, \\ l &= 0, 1, \ldots, n-1, \\ m_l &= 0, \pm 1, \pm 2, \ldots, \pm l. \end{aligned} \tag{K99}$$

Man bezeichnet n, l, m_l als Quantenzahlen, die den Eigenfunktionen ψ_{n,l,m_l} des betrachteten Systems zuzuordnen sind. Die Quantenzahlen sind zunächst nur eine Folge des mathematischen Problems. Überdies bestimmen sie aber diskrete Werte physikalischer Grössen, die das System charakterisieren.

Eine physikalische Grösse hat scharf definierte Werte, wenn der dazugehörige Operator, angewendet auf die Eigenfunktion ψ_{n,l,m_l}, dieselbe Eigenfunktion, multipliziert mit einer Konstante, ergibt. Den Operator einer physikalischen Grösse $Q(x, y, z; p_x, p_y, p_z)$ erhält man, wenn man die Impulskomponenten durch die Operatoren $\frac{\hbar}{i}\frac{\partial}{\partial x}, \frac{\hbar}{i}\frac{\partial}{\partial y}, \frac{\hbar}{i}\frac{\partial}{\partial z}$ ersetzt. Die Grösse Q hat diskrete Werte q (Eigenwerte), wenn gilt

$$Q_{\text{op}}\,\psi_{n,l,m_l} = q\,\psi_{n,l,m}$$

mit (K100)

$$q = \text{const.}$$

Im vorliegenden Problem des wasserstoffähnlichen Atoms ist die Beziehung Gl. K100 erfüllt für die Energie des Systems sowie für den Betrag und für eine Komponente des Drehimpulses.

Die Energie-Eigenwerte E_n erhält man aus

$$H\,\psi_{n,l,m_l} = E_n\,\psi_{n,l,m_l} \tag{K101}$$

mit

$$E_n = -\frac{m\,e^4 Z^2}{32\pi^2 \varepsilon_0^2 \hbar^2}\,\frac{1}{n^2}. \tag{K102}$$

H Hamilton-Operator der Energie

Die Quantenzahl n wird als Hauptquantenzahl bezeichnet. Sie bestimmt in dieser Näherung die Energie des Elektrons. Den Werten $n = 1, 2, 3, 4, 5, 6, 7$ entsprechen die Elektronenschalen K, L, M, N, O, P, Q.

Die Eigenwerte des Quadrats des Drehimpulses ergeben sich aus

$$\vec{l}^{\,2}_{\text{op}}\,\psi_{n,l,m_l} = \vec{l}^{\,2}_{l}\,\psi_{n,l,m_l} \tag{K103}$$

mit

$$\vec{l}^{\,2}_{l} = l(l+1)\,\hbar^2. \tag{K104}$$

Den Operator $\vec{l}_{\text{op}}$ des Drehimpulses erhält man, wenn man im klassischen Drehimpuls

$$\vec{l} = \vec{r}\times\vec{p} \tag{K105}$$

den Impuls $\vec{p}$ durch den Operator $\frac{\hbar}{i}\,\text{grad}_{\vec{r}}$ ersetzt:

$$\vec{l}_{\text{op}} = \frac{\hbar}{i}\,(\vec{r}\times\text{grad}_{\vec{r}}), \tag{K106}$$

oder in Komponentenschreibweise:

$$l_x = yp_z - zp_y \quad \rightarrow \quad (l_x)_{\text{op}} = \frac{\hbar}{i}\left(y\frac{\partial}{\partial z} - z\frac{\partial}{\partial y}\right),$$

$$l_y = zp_x - xp_z \quad \rightarrow \quad (l_y)_{\text{op}} = \frac{\hbar}{i}\left(z\frac{\partial}{\partial x} - x\frac{\partial}{\partial z}\right), \qquad \text{(K 107)}$$

$$l_z = xp_y - yp_x \quad \rightarrow \quad (l_z)_{\text{op}} = \frac{\hbar}{i}\left(x\frac{\partial}{\partial y} - y\frac{\partial}{\partial x}\right).$$

Die Quantenzahl l heisst Drehimpuls- oder Nebenquantenzahl. Sie beschreibt die Form der Elektronenbahn. Elektronen mit den Zuständen $l = 0, 1, 2, \ldots (n-1)$ heissen $s, p, d, f, \ldots$-Elektronen. Die s-Elektronen haben grundsätzlich keinen Bahndrehimpuls und damit nach Gl. K 92 auch kein magnetisches Bahnmoment.

Zeichnet man durch Anlegen eines äusseren Magnetfeldes eine beliebige Raumrichtung, beispielsweise die z-Richtung, aus, so gilt

$$(l_z)_{\text{op}}\, \psi_{n,l,m_l} = (l_z)_{m_l}\, \psi_{n,l,m} \qquad \text{(K 108)}$$

mit

$$(l_z)_{m_l} = m_l\, \hbar. \qquad \text{(K 109)}$$

Für die übrigen Komponenten ist die Bedingung Gl. K 100 für scharfe Werte nicht erfüllt. Die sog. magnetische Quantenzahl m_l bestimmt also den Wert der Drehimpuls-Komponente parallel zu einer ausgezeichneten Richtung. Diese

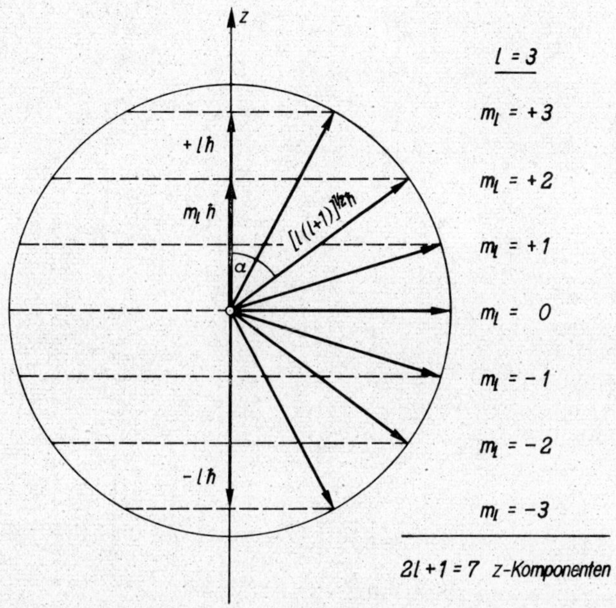

Fig. 177: Quantelung der z-Komponente des Bahndrehimpulses (Richtungsquantelung)

Werte sind nach Gl. K 109 gequantelt. Daher sind die möglichen Richtungen für den Gesamtdrehimpuls nicht beliebig, sondern nur solche Richtungen sind erlaubt, für die die z-Komponente die Gl. K 109 erfüllt (sog. Richtungsquantelung; vgl. Fig. 177). Zu einem bestimmten Betrag des Bahndrehimpulses der Quantenzahl l gehören $2\,l+1$ mögliche z-Komponenten (vgl. Gl. K 99). Bemerkenswert ist, dass der Vektor des Gesamtdrehimpulses niemals genau die z-Richtung haben kann, da der Betrag $\hbar\,[l(l+1)]^{\frac{1}{2}}$ immer etwas grösser ist als die maximale z-Komponente $\hbar l$.

Überträgt man diese Ergebnisse der Quantenmechanik auf Gl. K 92, so folgt daraus, dass der Betrag des magnetischen Bahnmoments nur diskrete Werte annehmen kann. Unter Verwendung von Gl. K 92 ist

$$\mu_l = [l(l+1)]^{\frac{1}{2}}\,\mu_B \qquad \text{(K 110)}$$

mit

$$\mu_B = \frac{|e|\,\hbar}{2m} = 0{,}927 \cdot 10^{-23}\,\mathrm{A\,m^2}. \qquad \text{(K 111)}$$

μ_B BOHRsches Magneton

Das BOHRsche Magneton ist die Grundeinheit für die magnetischen Momente der Elektronen.

Aus Gl. K92 und K109 ergibt sich, dass die Komponente des magnetischen Bahnmoments parallel zum Magnetfeld (und nicht der Betrag des gesamten Bahnmoments) nur ganzzahlige Vielfache des BOHRschen Magnetons beträgt:

$$\mu_{l_z} = m_l\,\mu_B. \qquad \text{(K 112)}$$

Die Richtung des gesamten Bahnmoments ist nicht fest, sondern präzessiert um die Magnetfeldrichtung; jedoch sind nach Gl. K110 und K112 nur bestimmte Präzessionswinkel α erlaubt (vgl. Fig. 177), die gegeben sind durch

$$\cos\alpha = \frac{m_l}{[l(l+1)]^{\frac{1}{2}}}. \qquad \text{(K 113)}$$

2. *Spinmoment*

Unabhängig von seinem Energiezustand und seiner Bahnbewegung führt das Elektron eine Drehung um eine eigene Achse aus. Das Elektron hat also einen Eigendrehimpuls $\vec{s}$, den man als Spin bezeichnet. Die klassische Berechnung des Eigendrehimpulses und des dadurch verursachten magnetischen Moments (sog. Spinmoment) führt wiederum auf die Beziehung Gl. K 92. Aus Messungen (spektroskopische Linienaufspaltung im Magnetfeld, STERN–GERLACH-Versuch, gyromagnetisches Verhältnis) folgt dagegen, dass dieser Zusammenhang zwischen Eigendrehimpuls und Spinmoment nicht gilt, und zwar ist das Verhältnis von Spinmoment und Eigendrehimpuls um den Faktor

$g_e = 2$ grösser als aufgrund der Gl. K 92. Für das Spinmoment $\vec{\mu}_s$ gilt

$$\vec{\mu}_s = -g_e \frac{|e|}{2m} \vec{s}, \tag{K 114}$$

g_e gyromagnetischer Faktor

Die Erklärung für diese sog. magnetomechanische Anomalie des Elektronenspins ist nur mit Hilfe der relativistisch-wellenmechanischen Theorie des Elektrons von P. DIRAC möglich und kann in diesem Rahmen nicht gegeben werden. Nach der DIRACschen Theorie ist $g_e = 2$; verfeinerte Theorien sowie genaue Messungen ergeben den Wert

$$g_e = 2 \cdot 1{,}0011596. \tag{K 115}$$

In Analogie zum Bahndrehimpuls ergibt sich für die Eigenwerte des Spinbetrags

$$|\vec{s}| = [s(s+1)]^{\frac{1}{2}} \hbar \tag{K 116}$$

mit der halbzahligen Spinquantenzahl

$$s = \frac{1}{2}. \tag{K 117}$$

Bei Anwesenheit eines äusseren Magnetfeldes, beispielsweise in z-Richtung, sind die magnetischen Spinquantenzahlen m_s ebenfalls halbzahlig, und zwar ist

$$m_s = \pm s = \pm \frac{1}{2}. \tag{K 118}$$

Analog zu Gl. K 109 ist die z-Komponente des Spins gegeben durch

$$s_z = \pm \frac{1}{2} \hbar. \tag{K 119}$$

Damit erhält man für die Richtungsquantelung des Spinmoments:

$$\mu_{sz} = \pm g_e \frac{e}{2m} \frac{\hbar}{2} \tag{K 120}$$

oder mit Gl. K 111 und K 115

$$\mu_{sz} = \pm 1{,}0011596 \, \mu_B \approx \pm 1 \, \mu_B. \tag{K 121}$$

Die Komponente des Spins parallel zu einer ausgezeichneten Raumrichtung beträgt also $\pm\hbar/2$, die entsprechende Komponente des Spinmoments ist praktisch gleich 1 BOHRsches Magneton. Der Betrag des Spins ist nach Gl. K 116 und K 117

$$|\vec{s}| = \frac{3^{\frac{1}{2}}}{2} \hbar \tag{K 122}$$

und der des Spinmoments nach Gl. K111, K114 und K116

$$|\vec{\mu}_s| = g_e [s(s+1)]^{\frac{1}{2}} \mu_B \tag{K123}$$

oder mit Gl. K 115 und K 122

$$|\vec{\mu}_s| = g_e \frac{3^{\frac{1}{2}}}{2} \mu_B \approx 3^{\frac{1}{2}} \mu_B. \tag{K124}$$

3. *Kopplung von Bahn- und Spinmoment*

Die Zusammensetzung mehrerer Drehimpulse ergibt einen resultierenden Drehimpuls und damit ein resultierendes magnetisches Moment. Insbesondere gilt für den Gesamtdrehimpuls $\vec{j}$ eines Elektrons, der sich aus dem Bahn- und dem Eigendrehimpuls zusammensetzt:

$$\vec{j} = \vec{l} + \vec{s}. \tag{K125}$$

Für den Betrag des Gesamtdrehimpulses gilt analog zu Gl. K104 und K116

$$|\vec{j}| = [j(j+1)]^{\frac{1}{2}} \hbar \tag{K126}$$

mit

$$j = l \pm s = l \pm \frac{1}{2}. \tag{K127}$$

j Drehimpulsquantenzahl

Für ein Atom mit nur einem Elektron gibt es zu jeder Bahnimpulsquantenzahl l nur die beiden durch Gl. K126 bestimmten Werte des Drehimpulses. Die Drehimpulsquantenzahlen sind in diesem Fall alle halbzahlig.

Wegen der Richtungsquantelung des Bahn- und des Eigendrehimpulses ist auch der Gesamtdrehimpuls räumlich gequantelt. Aus Gl. K109 und K120 folgt mit Gl. K125 für die Komponente j_z des Gesamtdrehimpulses parallel zur z-Richtung:

$$j_z = m_j \hbar \tag{K128}$$

mit

$$m_j = m_l + m_s. \tag{K129}$$

Danach nimmt m_j folgende Werte an:

$$j, j-1, \ldots, -(j-1), -j. \tag{K130}$$

Für jeden Gesamtdrehimpuls, gegeben durch die Quantenzahl j, gibt es also $2j+1$ mögliche Komponenten parallel zu einem äusseren Magnetfeld.

Der Gesamtdrehimpuls hat ein resultierendes magnetisches Moment $\vec{\mu}$ zur Folge, dessen Richtung wegen der magnetomechanischen Anomalie jedoch nicht parallel zum Gesamtdrehimpuls ist. Trägt man das Bahn- und das

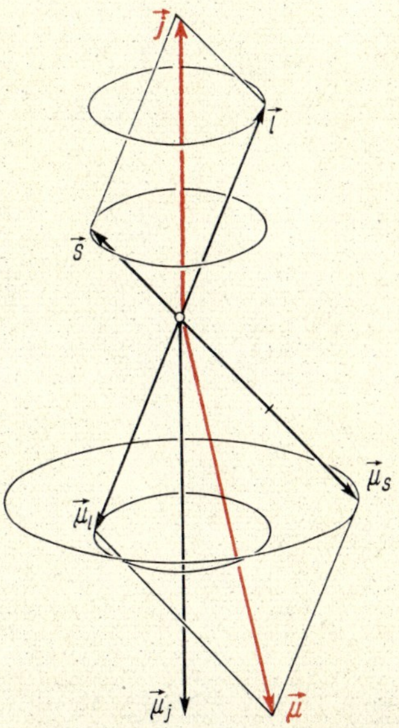

Fig. 178: Vektorielle Addition der Drehimpulse $\vec{s}$ und $\vec{l}$ und Kopplung der zugehörigen magnetischen Momente $\vec{\mu}_s$ und $\vec{\mu}_l$. Man beachte die magnetomechanische Anomalie des Elektronenspins.

Spinmoment in den Einheiten der entsprechenden Bahn- und Eigendrehimpulse vektoriell auf (vgl. Fig. 178), so ist der Vektor des Bahnmoments dem Betrag nach gleich dem des Bahndrehimpulses und entgegengesetzt gerichtet, der des Spinmoments dagegen ist dem Betrag nach doppelt so gross wie der des Eigendrehimpulses und entgegengesetzt gerichtet (vgl. Gl. K 92 und K 114). In der klassischen Betrachtungsweise präzessieren die Vektoren $\vec{l}$ und $\vec{s}$ um den Vektor $\vec{j}$. Dann präzessieren auch die Vektoren $\vec{\mu}_l$ und $\vec{\mu}_s$ um die Richtung von $\vec{j}$. Dies bedeutet, dass für das magnetische Moment nur die Komponente $\vec{\mu}_j$ parallel zu $\vec{j}$ massgebend ist. Die Komponente von $\vec{\mu}$ senkrecht zu $\vec{j}$ ist im zeitlichen Mittel wegen der Präzession der Vektoren $\vec{\mu}_l$ und $\vec{\mu}_s$ gleich Null.

Der Zusammenhang zwischen dem Gesamtdrehimpuls und der massgebenden Komponenten $\vec{\mu}_j$ des magnetischen Moments lässt sich aus Fig. 178 mit Hilfe des Kosinus-Satzes herleiten. Es gilt

$$\mu_j = \mu_l \cos(\vec{l}, \vec{j}) + \mu_s \cos(\vec{s}, \vec{j}) \tag{K 131}$$

mit

$$\cos(\vec{l}, \vec{j}) = \frac{\vec{l}^2 + \vec{j}^2 - \vec{s}^2}{2|\vec{l}|\,|\vec{j}|} = \frac{l(l+1) + j(j+1) - s(s+1)}{2[l(l+1)\,j(j+1)]^{\frac{1}{2}}} \tag{K 132}$$

und

$$\cos(\vec{s}, \vec{j}) = \frac{\vec{s}^2 + \vec{j}^2 - \vec{l}^2}{2|\vec{s}|\,|\vec{j}|} = \frac{s(s+1) + j(j+1) - l(l+1)}{2[s(s+1)\,j(j+1)]^{\frac{1}{2}}}. \tag{K 133}$$

Einsetzen der Gl. K 110, K 124, K 132 und K 133 in Gl. K 131 liefert

$$\mu_j = g[j(j+1)]^{\frac{1}{2}} \mu_B \tag{K 134}$$

mit dem sog. LANDÉschen Faktor

$$g = 1 + \frac{j(j+1)+s(s+1)-l(l+1)}{2j(j+1)}. \qquad \text{(K 135)}$$

Berücksichtigt man nur das Bahn- bzw. das Spinmoment, so ist $s = 0$ und $j = l$ bzw. $l = 0$ und $j = \pm s$ (vgl. Gl. K 127). Der LANDÉsche Faktor geht dann über in $g = g_l = 1$ bzw. in $g = g_e = 2$. Damit erhält man aus Gl. K 134 entweder Gl. K 110 oder Gl. K 124.

Wegen der Richtungsquantelung des Gesamtdrehimpulses sind auch nur bestimmte Komponenten μ_{jz} des magnetischen Moments erlaubt, und zwar ist mit Gl. K 128 und K 134

$$\mu_{jz} = g\, m_j\, \mu_B. \qquad \text{(K 136)}$$

4. RUSSELL–SAUNDERS-*Kopplung*

Die bisherigen Betrachtungen bezogen sich auf wasserstoffähnliche Atome mit nur einem Elektron. Bei Atomen mit mehreren Elektronen stehen die Bahn- und Eigendrehimpulse aller Elektronen miteinander in Wechselwirkung. Man hat zunächst die Aufgabe, die Quantenzustände für ein neutrales Atom der Kernladung Ze zu bestimmen. Zur Lösung eines solchen Mehrkörperproblems hat sich als Näherungsmethode die sog. Zentralfeldnäherung bewährt, mit der sich auch der gesamte Aufbau des periodischen Systems erklären lässt. Man betrachtet ein herausgegriffenes Elektron im Feld des Kerns und der sphärisch gemittelten Ladungsverteilung der übrigen $Z-1$ Elektronen. Damit ist das Mehrkörperproblem auf ein Einkörperproblem zurückgeführt, dessen Lösungsgang auf S. 421 ff. angedeutet wurde. Der Zustand jedes Elektrons wird durch die Quantenzahlen n_i, l_i, m_{li}, m_{si} charakterisiert. Die Beziehungen zwischen diesen Quantenzahlen sind analog zu Gl. K 99.

Die Werte des resultierenden Gesamtdrehimpulses und des resultierenden magnetischen Moments für das betrachtete Atom richten sich nach der Art der Wechselwirkungen zwischen den verschiedenen Momenten. Spektroskopische Messungen haben die Annahme bestätigt, dass normalerweise die Wechselwirkung sowohl zwischen den Bahnmomenten untereinander als auch zwischen den Spinmomenten untereinander viel grösser ist als zwischen den Spin- und Bahnmomenten. Daher addiert man zunächst alle Bahndrehimpulse und alle Eigendrehimpulse für sich und bildet aus dem resultierenden Bahn- und Eigendrehimpuls den Gesamtdrehimpuls (sog. RUSSELL–SAUNDERS- oder *LS*-Kopplung). Man erhält für den resultierenden Bahndrehimpuls $\vec{L}$

$$\vec{L} = \sum_i \vec{l}_i, \qquad \text{(K 137)}$$

für den resultierenden Eigendrehimpuls $\vec{S}$

$$\vec{S} = \sum_i \vec{s}_i \qquad \text{(K 138)}$$

und für den Gesamtdrehimpuls $\vec{J}$

$$\vec{J} = \vec{L} + \vec{S}. \tag{K 139}$$

Die Beträge dieser drei Vektoren sind entsprechend den Bedingungen des Einkörperproblems gequantelt; die Eigenwerte sind

$$|\vec{L}| = [L(L+1)]^{\frac{1}{2}}\hbar \tag{K 140}$$

mit

$$L = 0, 1, 2, \ldots, \tag{K 141}$$

$$|\vec{S}| = [S(S+1)]^{\frac{1}{2}}\hbar \tag{K 142}$$

mit

$$S = 0, \frac{1}{2}, 1, \frac{3}{2}, \ldots, \tag{K 143}$$

$$|\vec{J}| = [J(J+1)]^{\frac{1}{2}}\hbar \tag{K 144}$$

mit

$$J = L+S, \quad L+S-1, \ldots |L-S|$$

oder (K 145)

$$J = 0, \frac{1}{2}, 1, \frac{3}{2}, \ldots.$$

Ferner ergeben sich die folgenden z-Komponenten:

$$L_z = M_L \hbar \tag{K 146}$$

mit

$$M_L = L, \quad L-1, \ldots -(L-1), \quad -L, \tag{K 147}$$

$$S_z = M_s \hbar \tag{K 148}$$

mit

$$M_S = S, \quad S-1, \ldots -(S-1), \quad -S, \tag{K 149}$$

$$J_z = M_J \hbar \tag{K 150}$$

mit

$$M_J = J, \quad J-1, \ldots -(J-1), \quad -J. \tag{K 151}$$

Die den Drehimpulsen entsprechenden magnetischen Momente des Atoms ergeben sich analog zu Gl. K 92, K 114 und K 134. Man erhält für das Bahnmoment $\vec{M}_L$

$$\vec{M}_L = -\frac{|e|}{2m}\vec{L} \tag{K 152}$$

und

$$|\vec{M}_L| = [L(L+1)]^{\frac{1}{2}}\,\mu_B, \tag{K 153}$$

für das Spinmoment $\vec{M}_S$

$$\vec{M}_S = -g_e \frac{|e|}{2m}\vec{S} \tag{K 154}$$

und

$$|\vec{M}_S| = g_e[S(S+1)]^{\frac{1}{2}}\,\mu_B, \tag{K 155}$$

für die massgebende Komponente $\vec{M}$ des magnetischen Moments

$$\vec{M}_J = -g\frac{|e|}{2m}\vec{J} \tag{K 156}$$

und

$$|\vec{M}_J| = g[J(J+1)]^{\frac{1}{2}}\,\mu_B \tag{K 157}$$

mit

$$g = 1 + \frac{J(J+1)+S(S+1)-L(L+1)}{2J(J+1)}. \tag{K 158}$$

Aus Gl. K 158 folgt $g = 1$ für reine Bahnmomente ($S = 0$, $J = L$) und $g = 2$ für reine Spinmomente ($L = 0$, $J = S$). Im allgemeinen Fall kann bei RUSSELL–SAUNDERS-Kopplung der LANDÉsche Faktor auch grösser als 2 sein, da die Spinquantenzahl S grössere Werte als 1/2 annehmen kann (vgl. Gl. K 117 und K 143).

Die in einem äusseren Magnetfeld beobachtbare Grösse des magnetischen Moments ist analog zu Gl. K 136 gegeben durch

$$M_{Jz} = g\,M_J\,\mu_B. \tag{K 159}$$

Ausser den Quantenvorschriften (Gl. K 140 bis K 151) bestimmen das PAULI-Prinzip und die HUNDschen Regeln den resultierenden Drehimpuls und damit das resultierende magnetische Moment eines Atoms. Nach dem PAULI-Prinzip kann jeweils nur 1 Elektron einen Zustand besetzen, der durch die Quantenzahlen n, l, m_l, s festgelegt ist. Hieraus folgt unmittelbar, dass eine vollständig besetzte Elektronenschale, die durch die Quantenzahlen n und l definiert ist, kein magnetisches Moment besitzt. Und zwar sind in einem äusseren Magnetfeld sowohl das massgebende Bahnmoment als auch das massgebende Spinmoment und damit nach Gl. K 139 auch das massgebende Gesamtmoment gleich Null ($L = S = J = 0$).

Ein permanentes magnetisches Moment eines Atoms oder Gitterteilchens ist allein bedingt durch die Elektronen der nicht abgeschlossenen Schalen. Die Grösse dieses Moments richtet sich nach den HUNDschen Regeln, die von F. HUND aus Studien von Atomspektren hergeleitet wurden. Danach gilt für den Grundzustand eines Atoms:

1) Die Summe der Spinquantenzahlen, d.h. $S = \sum_i m_{s\,i}$, hat den maximalen Wert, der mit dem PAULI-Prinzip vereinbar ist.
2) Die Summe der Bahnquantenzahlen, d.h. $L = \sum_i m_{l\,i}$, hat den maximalen Wert, der unter Berücksichtigung der 1. Regel möglich ist.
3) Für Elektronenschalen, die weniger als halb besetzt sind, gilt

$$J = L - S \qquad \text{(K 160)}$$

und für Schalen, die mehr als halb besetzt sind, gilt

$$J = L + S. \qquad \text{(K 161)}$$

5. *Kernmoment*

Die Protonen und Neutronen besitzen ebenso wie die Elektronen Drehimpulse, die zusammen einen resultierenden Kernspin $\vec{I}$ ergeben. Der Betrag und die Komponente des Kernspins parallel zu einer ausgezeichneten Richtung sind wiederum quantisiert. Es gilt

$$|\vec{I}| = [I(I+1)]^{\frac{1}{2}}\,\hbar \qquad \text{(K 162)}$$

mit

$$I = 0,\ \frac{1}{2},\ 1, \ldots \qquad \text{(K 163)}$$

und

$$I_z = M_I\,\hbar \qquad \text{(K 164)}$$

mit

$$M_I = I,\ I-1, \ldots\ -(I-1),\ -I. \qquad \text{(K 165)}$$

In Analogie zu den magnetischen Eigenschaften des Elektronenspins ergibt sich für das magnetische Kernmoment $\vec{M}_K$

$$\vec{M}_K = g_K \frac{|e|}{2M} \vec{I} \qquad \text{(K 166)}$$

und

$$|\vec{M}_K| = g_K [I(I+1)]^{\frac{1}{2}}\,\mu_K \qquad \text{(K 167)}$$

mit dem sog. Kernmagneton

$$\mu_K = \frac{|e|\,\hbar}{2M} = \frac{1}{1836}\,\mu_B. \qquad \text{(K 168)}$$

g_K g-Faktor für den Atomkern
M Masse des Protons

Die Kernmomente sind also um 3 Grössenordnungen kleiner als die magnetischen Momente der Elektronenhülle (vgl. Gl. K157 mit K171 und K172). Der Kernmagnetismus kann daher bei der Erklärung der makroskopischen magnetischen Eigenschaften der Festkörper vernachlässigt werden.

In diesem Zusammenhang ist zu erwähnen, dass der Kernmagnetismus mit den Methoden der Kernresonanz (NMR = *N*uclear *M*agnetic *R*esonance) sehr genau messbar ist. Diese Methoden sind in der Festkörperphysik wichtige Hilfsmittel beim Studium von verschiedenen Wechselwirkungen in einem Kristall, z.B. Wechselwirkungen zwischen den Kernmomenten untereinander (bei strukturellen Studien, Diffusion), zwischen Kernmomenten und Hüllenelektronen (bei Hyperfeinaufspaltung von Spektrallinien), zwischen Kernmomenten und Leitungselektronen (bei der KNIGHT-Verschiebung).

IV. Dia- und Paramagnetismus

Die Unterscheidung der verschiedenen magnetischen Eigenschaften ergibt sich phänomenologisch aus der Beziehung zwischen der Magnetisierung und der magnetischen Erregung oder aus den Werten der magnetischen Suszeptibilität (vgl. S. 407). Die dementsprechend getroffene Einteilung der Stoffe ist begründet in den atomaren Eigenschaften der Atome, Ionen oder Moleküle, die die betreffende Substanz bilden. Die Einteilung richtet sich im wesentlichen danach, ob die Bauteilchen der Substanz schon vor dem Einschalten eines Magnetfeldes ein resultierendes magnetisches Moment haben oder nicht. Zusätzlich sind die Art der Kopplung zwischen den Bahn- und Spinmomenten sowie die Art der chemischen Bindung für die magnetischen Eigenschaften massgebend. Die angegebene RUSSELL–SAUNDERS-Kopplung ist vor allem in schwereren Atomen nicht mehr gültig.

Abgesehen von komplizierteren Ausnahmefällen lassen sich die verschiedenen magnetischen Eigenschaften vom atomistischen Standpunkt aus folgendermassen charakterisieren:

Diamagnetismus. In diamagnetischen Substanzen sind vor dem Einschalten eines Magnetfeldes keine resultierenden magnetischen Momente vorhanden. Wir werden zeigen (vgl. S. 433 ff.), dass ein Magnetfeld aber grundsätzlich in allen Stoffen magnetische Momente induziert (sog. induzierte Momente). Diese Momente sind entgegengesetzt zur Feldrichtung orientiert und geben Anlass zu Diamagnetismus, der somit in allen Stoffen vorhanden ist. Er tritt jedoch nur in Erscheinung für Substanzen, deren Atome oder Ionen abgeschlossene Elektronenschalen haben, für die also gilt $L = S = J = 0$. Typische Vertreter dieser Gruppe sind die Edelgase sowie Ionenkristalle (z.B. die Alkalihalogenide).

Überdies kann die Bildung einer chemischen Bindung dazu führen, dass sich die Bahn- und Spinmomente benachbarter Atome gegenseitig absättigen, wodurch die resultierenden Momente verschwinden. Beispielsweise ist atomarer Wasserstoff infolge des Spinmoments seines $1s$-Elektrons paramagnetisch, während molekularer Wasserstoff diamagnetisch ist, da die massgebenden Spinkomponenten der beiden H-Atome des H_2-Moleküls antiparallel sind. Weitere Beispiele, für die erst infolge der chemischen Bindung Diamagnetismus auftritt, sind Diamant, Silizium, Germanium, Phosphor, Schwefel.

Paramagnetismus. In paramagnetischen Stoffen tragen die Atome oder Ionen schon vor dem Einschalten eines Magnetfeldes resultierende magnetische Momente (sog. permanente Momente), die sich auch nicht durch die chemische Bindung gegenseitig aufheben lassen. Bei Abwesenheit eines äusseren Magnetfeldes ist nur der Betrag, nicht aber die Richtung der magnetischen Momente definiert. Typische paramagnetische Substanzen sind Salze von Elementen mit nicht-abgeschlossenen inneren Schalen, d.h. Substanzen, die Ionen der Übergangselemente, der Seltenen Erden oder der Actinide enthalten. Paramagnetische Stoffe können ferri-, ferro- oder antiferromagnetisch werden, wenn die resultierenden magnetischen Momente durch sog. Austauschkräfte miteinander in Wechselwirkung treten (vgl. S. 457 ff.).

Zur Berechnung des magnetischen Verhaltens eines Festkörpers geht man aus von der folgenden Überlegung. Die Gesamtheit der Elektronen verursacht durch die permanenten und induzierten Momente die magnetischen Eigenschaften. In einem Kristall sind die Elektronen mehr oder weniger stark an die Atomkerne gebunden. Speziell die durch die Valenzelektronen bedingten magnetischen Eigenschaften können daher sehr verschieden sein, je nachdem sie sich auf isolierte Atome oder aber auf dieselben Atome in einem Kristall beziehen. Im Fall der Metalle sind die Valenzelektronen nicht an einen bestimmten Atomrumpf gebunden (→ freie Elektronen, vgl. S. 165 ff.) und haben daher auch keine stationäre Bahnen um die Atomkerne. Für freie Valenzelektronen (Leitungselektronen) hat man infolge der ungeordneten Bahnbewegung kein resultierendes Bahnmoment zu erwarten. Jedoch werden die Leitungselektronen wegen ihrer Spins einen Beitrag zum Magnetismus liefern.

Im allgemeinen setzen sich die magnetischen Eigenschaften eines Festkörpers aus zwei Anteilen zusammen: aus dem Magnetismus der an die Atomkerne gebundenen Elektronen und aus dem Magnetismus der freien bzw. quasifreien Ladungsträger. Insbesondere lassen sich dia- und paramagnetische Eigenschaften gut erklären, wenn man die Grenzfälle des Dia- und Paramagnetismus freier Atome und des Dia- und Paramagnetismus freier Elektronen kennt. So wird in Isolatoren, in denen keine Leitungselektronen existieren, nur der Magnetismus der Atome eine Rolle spielen, während in Metallen zusätzlich zu dem Magnetismus der Atomrümpfe noch der Magnetismus der Leitungselektronen zu berücksichtigen ist.

1. *Diamagnetismus freier Atome*

a) Theorie nach J. Larmor und P. Langevin

Die Entstehung des Diamagnetismus freier Atome kann mit Hilfe der klassischen Elektrodynamik erklärt werden. Nach Gl. K1 wird durch die zeitliche Änderung der magnetischen Induktion ein elektrisches Wirbelfeld erzeugt (Induktionsgesetz). Dadurch entsteht im Atom ein Kreisstrom der Elektronen und somit nach Gl. K 11 ein magnetisches Moment. Da der Umlauf der Elektronen ohne ‹Widerstand› erfolgt, dauern der Kreisstrom und das induzierte Moment an, solange die magnetische Erregung von Null verschieden ist. Unter der Voraussetzung, dass die Wellenfunktionen der Elektronen bei Einschalten der magnetischen Erregung nicht verändert werden, berechnen wir im folgenden das induzierte magnetische Moment eines Atoms und damit die entsprechende diamagnetische Suszeptibilität.

Die Integralform von Gl. K 1 heisst

$$\oint \vec{E}\, d\vec{s} = -\int \frac{\partial \vec{B}}{\partial t}\, d\vec{f}. \tag{K 169}$$

Die elektrische Feldstärke E längs einer Kreisbahn vom Radius r in einer Ebene senkrecht zur magnetischen Induktion beträgt dann

$$E = -\frac{1}{2}\, r \frac{\partial B}{\partial t}. \tag{K 170}$$

Wählt man eine Achse durch das Kernzentrum parallel zur Magnetfeldrichtung, so wirkt auf jedes Elektron im Abstand r von dieser Achse, zusätzlich zur COULOMB-Kraft, die Kraft

$$e\,E = m_e \frac{dv}{dt} = -\frac{e}{2}\, r \frac{\partial B}{\partial t}. \tag{K 171}$$

m_e Ruhemasse des Elektrons
v durch das elektrische Feld E erzeugte Zusatzgeschwindigkeit des Elektrons

Durch Integration folgt daraus die durch Einschalten der Induktion verursachte Bahngeschwindigkeit

$$v = -\frac{e}{2\,m_e}\, r\, B. \tag{K 172}$$

Unabhängig von ihren Abständen r_i zur ausgezeichneten Achse wird allen Elektronen ($i = 1 \ldots Z$) des Atoms dieselbe Winkelgeschwindigkeit

$$\omega_L = \frac{v_i}{r_i} = -\frac{e}{2\,m_e}\, B \tag{K 173}$$

überlagert, die man als LARMOR-Frequenz bezeichnet. Legt man den Ursprung eines Koordinatensystems $x\,y\,z$ in das Kernzentrum und schaltet man die magnetische Induktion in z-Richtung ein, so präzessieren alle Elektronen mit der LARMOR-Frequenz um die z-Richtung. Unter der Voraussetzung, dass sich die Wellenfunktionen der Elektronen bei Anwesenheit von $\vec{B}$ nicht ändern, bleibt die Ladungsverteilung im Koordinatensystem, das sich mit der LARMOR-Frequenz um die z-Achse dreht, dieselbe wie im ruhenden Koordinatensystem für $\vec{B} = 0$ (LARMOR-Theorem).

Jedes Elektron erzeugt einen Kreisstrom von der Grösse

$$I = e\frac{\omega_L}{2\pi}. \tag{K 174}$$

Mittelt man über die möglichen Abstände r_i des i-ten Elektrons von der z-Achse, so erhält man aufgrund von Gl. K 11

$$\mu_i = -\frac{e^2}{4\,m_e}\overline{r_i^2}\,B. \tag{K 175}$$

Unter der Annahme kugelförmiger Atome ist

$$\overline{x_i^2} = \overline{y_i^2} = \overline{z_i^2}. \tag{K 176}$$

Ferner gilt

$$\overline{r_i^2} = \overline{x_i^2} + \overline{y_i^2} \tag{K 177}$$

und für das mittlere Quadrat des Bahnradius des i-ten Elektrons

$$\overline{R_i^2} = \overline{x_i^2} + \overline{y_i^2} + \overline{z_i^2}. \tag{K 178}$$

Aus den letzten drei Gleichungen folgt

$$\overline{r_i^2} = \frac{2}{3}\overline{R_i^2}. \tag{K 179}$$

Damit geht Gl. K 175 über in

$$\mu_i = -\frac{e^2}{6\,m_e}\overline{R_i^2}\,B. \tag{K 180}$$

Die Summation über alle mittleren Bahnradius-Quadrate für die Elektronen $i = 1 \ldots Z$ liefert das induzierte magnetische Moment pro Atom

$$\mu = -\frac{e^2}{6\,m_e}B\sum_{i=1}^{Z}\overline{R_i^2}. \tag{K 181}$$

Für N Atome pro Volumeneinheit ergibt sich die induzierte Magnetisierung (vgl. Gl. K 10)

$$M = -\frac{e^2}{6\,m_e}N B\sum_{i=1}^{Z}\overline{R_i^2}. \tag{K 182}$$

Unter Verwendung von Gl. K 9 und K 18 erhält man

$$\varkappa_{\text{dia}} = \frac{M}{H} = \frac{-\frac{\mu_0 e^2}{6\,m_e}N\sum_{i=1}^{Z}\overline{R_i^2}}{1+\frac{\mu_0 e^2}{6\,m_e}N\sum_{i=1}^{Z}\overline{R_i^2}}. \tag{K 183}$$

Eine Abschätzung zeigt, dass der 2. Term des Nenners viel kleiner als Eins ist. Für die diamagnetische Volumen-Suszeptibilität freier Atome gilt daher

$$\varkappa_{\text{dia}} = -\frac{\mu_0 e^2}{6 m_e} N \sum_{i=1}^{Z} \overline{R_i^2}. \tag{K 184}$$

Die diamagnetische Suszeptibilität ist also immer negativ. Daraus folgt, dass das induzierte Moment entgegengesetzt zur Richtung der magnetischen Erregung ist. Dies ist in Übereinstimmung mit der LENZschen Regel.

Die diamagnetische Suszeptibilität ist proportional zur Summe aus den Quadraten der Bahnradien. Danach wächst $\varkappa_{\text{dia}}$ mit der Zahl Z der Elektronen im Atom (s.u.). Im wesentlichen ist eine solche diamagnetische Suszeptibilität unabhängig von der Temperatur.

Die genaue Berechnung der Suszeptibilität verlangt die Kenntnis von $\overline{R_i^2}$ und damit die Kenntnis der Wellenfunktionen aller Elektronen im Atom. Aus Gl. K 188 geht unmittelbar hervor, dass vor allem die äussersten Elektronen den Hauptbeitrag zur diamagnetischen Suszeptibilität liefern. Abgesehen vom Fall der wasserstoffähnlichen Atome kann man die Wellenfunktionen und damit die Ladungsverteilung im Atom nur mit Näherungsmethoden ermitteln[1]. Der Vergleich zwischen gemessener und berechneter diamagnetischer Suszeptibilität bietet eine Kontrolle für die Gültigkeit der verwendeten wellenmechanischen Näherungsmethode.

Hervorzuheben ist, dass der Diamagnetismus grundsätzlich in jeder Materie vorhanden ist, jedoch von anderen Formen des Magnetismus überdeckt sein kann.

b) Vergleich mit dem Experiment

Die Edelgase sind rein diamagnetisch; für sie ist $J = 0$, und gilt die Voraussetzung kugelförmiger Atome am besten (vgl. Tab. 26; man beachte die Zunahme der diamagnetischen Suszeptibilität mit der Elektronenzahl Z).

Tabelle 26

Diamagnetische Suszeptibilität einiger Edelgase (aus A. H. MORRISH, *The Physical Principles of Magnetism* [Wiley, New York 1965], S. 41).

Gas	$\chi_M \cdot \frac{10^6}{4\pi} \left[\frac{\text{cm}^3}{\text{Mol}}\right]$ experimentell	theoretisch
He	− 2,02	− 1,86
Ne	− 6,96	− 7,48
Ar	− 19,23	− 18,8

1 siehe z. B. D. R. HARTREE, *The Calculation of Atomic Structure* (Chapman and Hall, London 1957)

Die Annahme ‹kugelförmiger Atome› ist ebenfalls für die Alkalihalogenide gut erfüllt. Die molare Suszeptibilität ist gleich der Summe aus den Suszeptibilitäten der Kationen und der Anionen

$$\chi_M = \chi_{\text{Kation}} + \chi_{\text{Anion}}. \tag{K 185}$$

Die Gültigkeit dieser Beziehung wird dadurch gestützt, dass die Änderungen der Suszeptibilität ungefähr gleich sind, wenn man beispielsweise von den Chloriden zu den entsprechenden Bromiden übergeht ($\Delta\chi_M$ (NaCl → NaBr) = = $\Delta\chi_M$ (KCl → KBr)). Dasselbe gilt, wenn man beispielsweise in der Reihe Na (–Cl, –Br, –J) das Kation austauscht ($\Delta\chi_M$ (NaCl → KCl) = $\Delta\chi_M$ (NaBr → KBr)).

Tabelle 27

Diamagnetische Suszeptibilität für Ionen, Lösungen und Salze von Alkalihalogeniden (nach C. Kittel, *Introduction to Solid State Physics*, 2. Aufl. [Wiley, New York 1956], S. 209; A. H. Morrish, *The Physical Principles of Magnetism* [Wiley, New York 1965], S. 41).

$\chi_M \cdot \frac{10^6}{4\pi}$ [cm³/Mol]		Cl^-	Br^-	J^-	
		–24,2	–34,5	–50,6	
Li^+	–0,7	–25,2	–35,8	–53,7	Lösung
		–24,3	–34,7	–50,0	Salz
Na^+	–6,1	–30,3	–42,0	–59,9	Lösung
		–30,2	–41,1	–57,0	Salz
K^+	–14,6	–40,2	–51,9	–68,2	Lösung
		–38,7	–49,6	–65,5	Salz

Die für freie Ionen berechneten Werte χ_{Kation} und χ_{Anion} sind in Tabelle 27 zusammengestellt. Die experimentellen Werte χ_M stimmen im wesentlichen mit den entsprechenden Summen überein. Die Tabelle zeigt ferner, dass die Suszeptibilitätswerte für Lösungen und für die entsprechenden Kristalle nahezu gleich sind. Daraus kann man schliessen, dass die Ionen auch im Kristall eine kugelförmige Elektronenverteilung haben (→ ionogene Bindung). Die Werte für die Kristalle sind durchweg etwas kleiner, weil die Durchmesser der Elektronenwolken und damit $\sum \overline{R_i^2}$ durch die geringeren Abstände der Nachbarionen kleiner sind als im Fall der Lösungen oder der freien Ionen.

2. *Paramagnetismus freier Atome*

a) Theorie nach L. Brillouin und P. Langevin

Atome, deren resultierender Drehimpuls $\vec{J}$ verschieden von Null ist, besitzen ein permanentes magnetisches Moment der Grösse (vgl. Gl. K 156)

$$\vec{\mu} \equiv \vec{M}_J = -g\frac{|e|}{2m}\vec{J} = -g\frac{\vec{J}}{\hbar}\mu_B. \tag{K 186}$$

Unter dem Einfluss der magnetischen Induktion B_z kann sich das magnetische Moment in $2J+1$ verschiedenen Richtungen einstellen, d.h. die möglichen z-Komponenten des magnetischen Moments sind

$$\mu_z \equiv M_{Jz} = g\, M_J\, \mu_B \tag{K187}$$

mit

$$M_J = J, \quad (J-1), \ldots -(J-1), \quad -J. \tag{K188}$$

Wir betrachten ein ideales Gas von N identischen Atomen mit den permanenten magnetischen Momenten $\vec{\mu}$ und berechnen die Magnetisierung M_z unter der Wirkung der magnetischen Induktion B_z bei der Temperatur T. ‹Ideales› Gas bedeutet, dass die Atome untereinander keinerlei Wechselwirkung haben. Die resultierende Magnetisierung entsteht zusätzlich zu der stets vorhandenen induzierten diamagnetischen Magnetisierung durch eine Ausrichtung der permanenten Momente im Magnetfeld.
Es gilt

$$M_z = \sum_{M_J=-J}^{+J} n_{\mu_z}\, \mu_z = N\, \bar{\mu}_z\,. \tag{K189}$$

n_{μ_z} Zahl der Atome pro Volumeneinheit, deren magnetische Momente die z-Komponente $\mu_z = g\, M_J\, \mu_B$ haben

$\bar{\mu}_z$ z-Komponente der magnetischen Momente $\vec{\mu}$, gemittelt über N Atome pro Volumeneinheit

Die Zahl n_{μ_z} ergibt sich mit Hilfe der statistischen Mechanik. Sie ist bestimmt durch das Verhältnis aus der potentiellen Energie des Moments $\vec{\mu}$ im Magnetfeld $\vec{B}$ und der thermischen Energie $k\,T$ des Atoms. Die potentielle Energie beträgt nach Gl. K15

$$E_{\text{pot}} = -\vec{\mu}\,\vec{B} = -\mu_z\, B_z \equiv E_{\mu_z}\,. \tag{K190}$$

Die Wahrscheinlichkeit, dass n_{μ_z} Atome die z-Komponente μ_z besitzen, ist

$$\frac{n_{\mu_z}}{N} = A \exp\left(-\frac{E_{\mu_z}}{k\,T}\right). \tag{K191}$$

Die Konstante A ist bestimmt durch die Normierung

$$\sum_{M_J} \frac{n_{\mu_z}}{N} = 1 = A \sum_{M_J} \exp\left(-\frac{E_{\mu_z}}{k\,T}\right). \tag{K192}$$

Einsetzen der Gl. K191 und K192 in Gl. K189 liefert für das resultierende paramagnetische Moment

$$M_z = N\, \frac{\sum\limits_{M_J=-J}^{+J} \mu_z \exp\left(-\frac{E_{\mu_z}}{k\,T}\right)}{\sum\limits_{M_J=-J}^{+J} \exp\left(-\frac{E_{\mu_z}}{k\,T}\right)}\,. \tag{K193}$$

Unter Verwendung von Gl. K 187 und K 190 und mit Hilfe der Substitution

$$a = \frac{g\,J\,\mu_B\,B_z}{k\,T} \tag{K 194}$$

geht Gl. K 193 über in

$$M_z = N\,g\,J\,\mu_B \frac{\sum\limits_{M_J=-J}^{+J} \frac{M_J}{J} \exp\left(a\frac{M_J}{J}\right)}{\sum\limits_{M_J=-J}^{J} \exp\left(a\frac{M_J}{J}\right)}. \tag{K 195}$$

Dieser Ausdruck lässt sich elementar auswerten, wenn man beachtet, dass der Zähler gleich der Ableitung des Nenners nach a ist:

$$M_z = N\,g\,J\,\mu_B \frac{d}{da}\left\{\ln\left[\sum_{M_J=-J}^{+J} \exp\left(a\frac{M_J}{J}\right)\right]\right\}. \tag{K 196}$$

Die Summe ist zu bilden aus den $2\,J+1$ Gliedern einer geometrischen Reihe mit dem Anfangsglied $\exp(a\,J/J)$ und dem Quotienten $\exp(-a/J)$. Damit erhält man

$$M_z = N\,g\,J\,\mu_B \frac{d}{da}\left\{\ln\left[\frac{\exp(a)\left[1-\exp\left(-\frac{a}{J}(2\,J+1)\right)\right]}{1-\exp\left(-\frac{a}{J}\right)}\right]\right\}. \tag{K 197}$$

Durch elementare Umformung folgt hieraus

$$M_z = N\,g\,J\,\mu_B \frac{d}{da}\left\{\ln\left[\frac{\sinh\left(\frac{a}{2\,J}(2\,J+1)\right)}{\sinh\left(\frac{a}{2\,J}\right)}\right]\right\} \tag{K 198}$$

und nach Ausführen der Differentiation

$$M_z = N\,g\,J\,\mu_B\,B_J(a) \tag{K 199}$$

mit der sog. BRILLOUIN-Funktion

$$B_J(a) \equiv \frac{2\,J+1}{2\,J} \coth\left(\frac{2\,J+1}{2\,J}\,a\right) - \frac{1}{2\,J} \coth\left(\frac{a}{2\,J}\right). \tag{K 200}$$

Wir diskutieren den Verlauf der BRILLOUIN-Funktion (vgl. Fig. 179) mit Hilfe der Grenzfälle kleiner und grosser magnetischer Induktion.

1) Für kleine Magnetfelder und hohe Temperaturen gilt $a \ll 1$ (vgl. Gl. K 194). Unter Verwendung der Entwicklung von coth ergibt sich für die

BRILLOUIN-Funktion

$$B_J(a \ll 1) \approx \frac{J+1}{3J} a \qquad \text{(K201)}$$

und damit nach Einsetzen von Gl. K 194 für das resultierende paramagnetische Moment

$$M_z \approx N g^2 J(J+1) \frac{\mu_B^2}{3k} \frac{B_z}{T}. \qquad \text{(K202)}$$

Unter Verwendung von Gl. K 9 und K 18 folgt hieraus für die paramagnetische Suszeptibilität

$$\varkappa_{\text{para}} = \frac{N g^2 J(J+1) \mu_0 \frac{\mu_B^2}{3kT}}{1 - N g^2 J(J+1) \mu_0 \frac{\mu_B^2}{3kT}}. \qquad \text{(K203)}$$

Eine Abschätzung zeigt, dass der 2. Term im Nenner klein gegen Eins ist, daher gilt in guter Näherung

$$\varkappa_{\text{para}} = N g^2 J(J+1) \mu_0 \frac{\mu_B^2}{3kT} \qquad \text{(K204)}$$

oder

$$\varkappa_{\text{para}} = \frac{C}{T} \qquad \text{(K205)}$$

mit der sog. CURIE-Konstante

$$C = N g^2 J(J+1) \mu_0 \frac{\mu_B^2}{3k}. \qquad \text{(K206)}$$

Die $1/T$–Abhängigkeit der paramagnetischen Suszeptibilitat im Grenzfall kleiner Magnetfelder und hoher Temperaturen bezeichnet man als das CURIE-Gesetz. Stoffe, die den Zusammenhang in Gl. K 205 erfüllen, heissen ideale Paramagnetika. Die reziproke Suszeptibilität in Funktion der Temperatur ergibt eine Gerade, deren Extrapolation durch den Koordinatenursprung geht. Die Steigung der Geraden gibt Auskunft über die effektiven magnetischen Momente μ_{eff}, die die Atome tragen, bzw. über die Zahl n_B der BOHRschen Magnetonen der Atome. Gl. K 204 lässt sich nämlich schreiben als

$$\varkappa_{\text{para}} = N \mu_0 \frac{\mu_{\text{eff}}^2}{3kT} = N \mu_0 \frac{(n_B \mu_B)^2}{3kT} \qquad \text{(K207)}$$

mit

$$\mu_{\text{eff}} = n_B \mu_B \qquad \text{(K208)}$$

und

$$n_B = g[J(J+1)]^{\frac{1}{2}}. \tag{K209}$$

Ausser den Werten für die magnetische Induktion und für die Temperatur bestimmt der Betrag des Gesamtdrehimpulses der Atome den Gültigkeitsbereich $a \ll 1$ des CURIE-Gesetzes. Beispielsweise für $g = 1$ und $J = 1$ und für einen typischen Wert der magnetischen Induktion von 1 Vsec/m² (= 10^4 Gauss) erhält man CURIE-Verhalten für Temperaturen $T > 1$ °K. Für grössere Werte von J wird die minimale Temperatur entsprechend höher. Im allgemeinen hat man also für typische Magnetfelder die Gültigkeit des CURIE-Gesetzes bis herunter zu tiefen Temperaturen zu erwarten.

2) Während im Gültigkeitsbereich des CURIE-Gesetzes die resultierende Magnetisierung proportional zur magnetischen Induktion ist, setzt für hinreichend hohe magnetische Induktionen bzw. für hinreichend tiefe Temperaturen die sog. paramagnetische Sättigung ein. Im Grenzfall $a \gg 1$ geht die BRILLOUIN-Funktion (Gl. K200) über in

$$B_J(a \gg 1) \approx 1. \tag{K210}$$

Damit erhält man aus Gl. K199 als Sättigungswert $M_{\max}$ der paramagnetischen Magnetisierung

$$M_z(a \gg 1) \equiv M_{\max} = N g J \mu_B. \tag{K211}$$

Für hinreichend hohe Magnetfelder und hinreichend tiefe Temperaturen sind also im Paramagnetikum alle permanenten Momente ausgerichtet, d.h. alle Momente haben die maximale z-Komponente in Feldrichtung (vgl. Gl. K187). Man beachte, dass wegen der Richtungsquantelung gilt

$$g J \mu_B < g[J(J+1)]^{\frac{1}{2}} \mu_B = n_B \mu_B. \tag{K212}$$

Nach Gl. K199 und K211 bedeutet die BRILLOUIN-Funktion das Verhältnis aus Magnetisierung und Sättigungsmagnetisierung:

$$B_J(a) = \frac{M_z}{M_{\max}}. \tag{K213}$$

Der vollständige Verlauf der BRILLOUIN-Funktion lässt sich aufgrund der Diskussion der beiden Grenzfälle angeben. Im Gültigkeitsbereich des CURIE-Gesetzes ist die Steigung des linearen Anstiegs abhängig von der Drehimpulsquantenzahl J (vgl. Gl. K201). Der gesamte Wertebereich von J ist zwischen zwei extremen Steigungen enthalten. Die grösste Steigung ergibt sich für $J = 1/2$; Gl. K201 geht dann über in

$$B_{\frac{1}{2}}(a \ll 1) \approx a. \tag{K214}$$

Dieser Fall gilt beispielsweise für Atome mit verschwindendem Bahnmoment

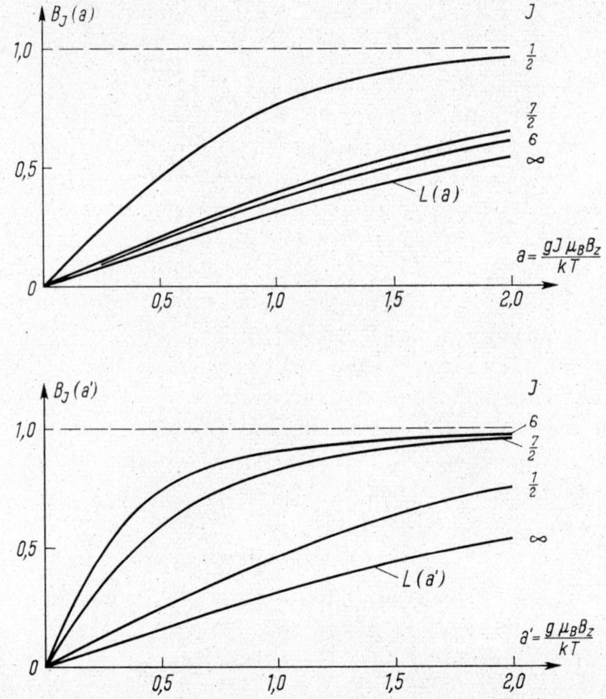

Fig. 179: BRILLOUIN-Funktion, dargestellt für verschiedene Variable (vgl. Gl. K 200 und K 219); für $J \to \infty$ und $\mu_B \sim \hbar \to 0$ geht die BRILLOUIN- Funktion über in die LANGEVIN-Funktion $L(a)$ mit $a = a' = \frac{\mu_{\text{eff}} B_z}{kT}$ (vgl. Gl. K 216)

($L = 0$) und einem unabgesättigten Spinmoment ($S = 1/2$). Nach Gl. K158 ist für $J = S = 1/2$ und $L = 0$ der LANDÉ-Faktor $g = 2$. Hiermit erhält man mit Gl. K208 und K209 für das effektive magnetische Moment $\mu_{\text{eff}} = 3^{\frac{1}{2}}\,\mu_B$. In einem äusseren Magnetfeld sind nur die beiden Einstellungsmöglichkeiten mit $M_J = +1/2$ und $M_J = -1/2$ möglich, d.h. nach Gl. K187 ist $\mu_z = \pm 1\,\mu_B$. Die BRILLOUIN-Funktion geht für $J = 1/2$ über in

$$B_{\frac{1}{2}}(a) = 2\coth(2\,a) - \coth a = \tanh a. \tag{K215}$$

Der andere Extremfall wird dargestellt durch $J \to \infty$. Der Übergang zu sehr grossen Quantenzahlen bedeutet den Übergang von der Quantenmechanik zur klassischen Mechanik. Damit gekoppelt ist zugleich der formale Übergang $\hbar \to 0$, d.h. die PLANCKsche Konstante wird klein gegenüber anderen Grössen derselben Dimension. Im Grenzübergang behält das effektive magnetische Moment einen gewissen endlichen Wert μ_{eff}, und die Zahl $2\,J+1$ der Einstellungsmöglichkeiten im Magnetfeld wird unendlich. Die BRILLOUIN-Funktion geht über in die LANGEVIN-Funktion, die sich auch unmittelbar aufgrund der klassischen Herleitung des Paramagnetismus (unendlich viele Einstellungsmöglichkeiten der permanenten magnetischen Momente μ_{eff}) ergeben hätte:

$$B_\infty(a_\infty) \equiv L(a_\infty) = \coth a_\infty - \frac{1}{a_\infty} \qquad \text{(K216)}$$

mit

$$a_\infty = \frac{\mu_{\text{eff}}\, B_z}{k\,T}. \qquad \text{(K217)}$$

Für kleine magnetische Induktion und hohe Temperatur ($a_\infty \ll 1$) kann man coth a_∞ entwickeln und erhält (vgl. Gl. K 201)

$$B_\infty(a_\infty \ll 1) \approx \frac{a_\infty}{3}. \qquad \text{(K218)}$$

Die Brillouin-Funktion $B_J(a)$ ist für verschiedene Werte von J in Fig. 179 dargestellt. Der Einfluss von J wird noch deutlicher erkennbar, wenn man anstelle von $B_J(a)$ darstellt:

$$B_J(a') = \frac{2\,J+1}{2\,J} \coth\left(\frac{2\,J+1}{2}\,a'\right) - \frac{1}{2\,J} \coth\left(\frac{a'}{2}\right) \qquad \text{(K219)}$$

mit

$$a' = \frac{g\,\mu_B\,B_z}{kT}. \qquad \text{(K220)}$$

Man sieht, dass mit zunehmender Magnetonenzahl (vgl. K 209) die paramagnetische Sättigung für immer kleinere Werte von B_z/T erreicht wird.

b) Vergleich mit dem Experiment

Die Annahmen der Theorie des Paramagnetismus freier Atome sind am besten für einatomige Gase erfüllt, deren Atome unabgeschlossene Elektronenschalen besitzen. Na-Dampf, beispielsweise, ist ein ideales Paramagnetikum (festes Na-Metall dagegen hat einen temperaturunabhängigen Paramagnetismus, vgl. S. 456). Moleküle mit ungerader Elektronenzahl sind ebenfalls paramagnetisch, da für sie das resultierende Drehmoment und damit das magnetische Moment immer von Null verschieden sind. Als typisches Beispiel gilt gasförmiges Stickstoffoxid NO.

Ferner ist die Theorie des Paramagnetismus freier Atome für zahlreiche Flüssigkeiten und Festkörper befriedigend erfüllt. In diesen Fällen haben die Atome bzw. Ionen unabgeschlossene Elektronenschalen; zudem ist die magnetische Wechselwirkung benachbarter Teilchen vernachlässigbar, so dass die Annahme ‹freier Atome› gerechtfertigt ist. Dies trifft zu für Salze mit einem grossen Gehalt an Kristallwasser, in denen die Ionen weit voneinander entfernt sind. Fig. 180 zeigt als Beispiel eine Messung an $CuSO_4 \cdot K_2SO_4 \cdot 6\,H_2O$, in

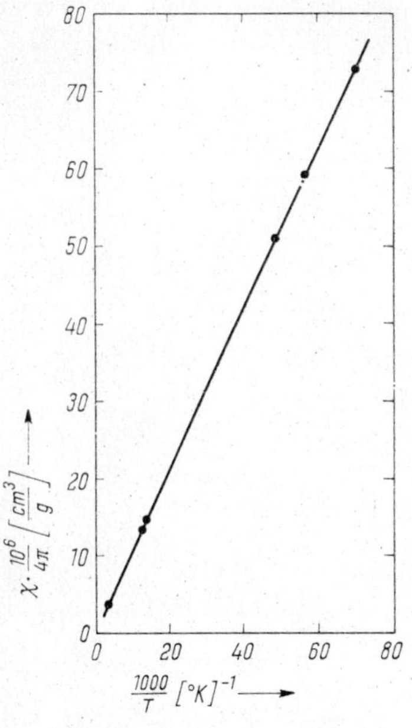

Fig. 180: Paramagnetische Massen-Suszeptibilität in Funktion der reziproken Temperatur für $CuSO_4 \cdot K_2SO_4 \cdot 6H_2O$; Gültigkeit des CURIE-Gesetzes (nach J. C. HUPSE, Physica *9*, 633 (1942))

dem der Paramagnetismus durch die Cu^{++}-Ionen mit unabgeschlossenen 3*d*-Schalen verursacht wird.

Ebenso ist für die paramagnetischen Salze der Seltenen Erden die Theorie des Paramagnetismus freier Atome weitgehend erfüllt (vgl. S. 447). Die Atome der Seltenen Erden haben eine unabgeschlossene innere Schale, und zwar ist die Zahl der 4*f*-Elektronen unvollständig und variiert von einer Seltenen Erde zur anderen. In den Salzen bilden die Seltenen Erden in der Regel 3-wertige positive Ionen durch die Abgabe von zwei 6*s*-Elektronen und von einem 5*d*- oder 4*f*-Elektron. Dann sind allein die übrigen 4*f*-Elektronen in der unabgeschlossenen Schale weit im Innern des Atoms für den Paramagnetismus verantwortlich. Die unabgeschlossene 4*f*-Schale ist umgeben von abgeschlossenen 5*s*- und 5*p*-Schalen und ist daher weitgehend abgeschirmt vom Einfluss der Nachbarionen. Die Annahme ‹freier Atome› ist daher oft gerechtfertigt. Sie wird überdies dadurch gestützt, dass Messungen an verschiedenen Salzen und Lösungen, die ein und dasselbe Seltene Erd-Ion enthalten, nahezu dieselben Werte für die Magnetonenzahl des betreffenden Ions liefern.

Die effektiven Magnetonenzahlen für die Ionen der Seltenen Erden sind in Tabelle 28 zusammengestellt und in Fig. 181 in Funktion der Ordnungszahl aufgetragen. Die experimentellen Werte, die aufgrund der Gl. K 207 und K 208 ermittelt sind, stimmen in der Regel mit den nach Gl. K 209 berechneten theoretischen Werten gut überein. Ausnahmen bilden die Ionen Eu^{3+} und Sm^{3+}. Diese besitzen angeregte Zustände, deren Energie bei Zimmertemperatur nur einige kT über dem Grundzustand liegen. In diesen Fällen ist das magnetische Moment nicht ausschliesslich durch den Grundzustand und damit durch die

Tabelle 28

Zahl der Magnetonen der Seltenen Erd-Ionen, theoretisch aus Gl. K 209 und experimentell unter Verwendung der Gl. K 207 und K 208 (nach J. S. SMART, *Effective Field Theories of Magnetism* [Saunders, Philadelphia 1966], S. 9).

Ion	Elektronen-konfiguration	Grund-zustand	L	S	J	g	n_B (theor.)	n_B (experim.)
La^{3+}, Ce^{4+}	$4f^0\,5s^2p^6$	$^1S_0$	0	0	0	—	0	diamagn.
Ce^{3+}, Pr^{4+}	$4f^1\,5s^2p^6$	$^2F_{5/2}$	3	$\frac{1}{2}$	$\frac{5}{2}$	$\frac{6}{7}$	2,54	2,6
Pr^{3+}	$4f^2\,5s^2p^6$	$^3H_4$	5	1	4	$\frac{4}{5}$	3,58	3,5
Nd^{3+}	$4f^3\,5s^2p^6$	$^4I_{9/2}$	6	$\frac{3}{2}$	$\frac{9}{2}$	$\frac{8}{11}$	3,62	3,5
Pm^{3+}	$4f^4\,5s^2p^6$	$^5I_4$	6	2	4	$\frac{3}{5}$	2,68	
Sm^{3+}	$4f^5\,5s^2p^6$	$^6H_{5/2}$	5	$\frac{5}{2}$	$\frac{5}{2}$	$\frac{2}{7}$	0,84	1,5
Sm^{2+}, Eu^{3+}	$4f^6\,5s^2p^6$	$^7F_0$	3	3	0	—	0	3,4
Eu^{2+}, Gd^{3+}	$4f^7\,5s^2p^6$	$^8S_{7/2}$	0	$\frac{7}{2}$	$\frac{7}{2}$	2	7,94	8,0
Tb^{3+}	$4f^8\,5s^2p^6$	$^7F_6$	3	3	6	$\frac{3}{2}$	9,72	9,5
Dy^{3+}	$4f^9\,5s^2p^6$	$^6H_{15/2}$	5	$\frac{5}{2}$	$\frac{15}{2}$	$\frac{4}{3}$	10,65	10,5
Ho^{3+}	$4f^{10}\,5s^2p^6$	$^5I_8$	6	2	8	$\frac{5}{4}$	10,61	10,4
Er^{3+}	$4f^{11}\,5s^2p^6$	$^4I_{15/2}$	6	$\frac{3}{2}$	$\frac{15}{2}$	$\frac{6}{5}$	9,58	9,5
Tm^{3+}	$4f^{12}\,5s^2p^6$	$^3H_6$	5	1	6	$\frac{7}{6}$	7,56	7,3
Yb^{3+}	$4f^{13}\,5s^2p^6$	$^2F_{7/2}$	3	$\frac{1}{2}$	$\frac{7}{2}$	$\frac{8}{7}$	4,54	4,5
Yb^2, Lu^{3+}	$4f^{14}\,5s^2p^6$	$^1S_0$	0	0	0	—	0	diamagn.

HUNDschen Regeln (vgl. S. 431) bestimmt. Erst die Berücksichtigung der angeregten Zustände führt nach J. H. VAN VLECK zu befriedigender Übereinstimmung mit den experimentellen Werten (vgl. Fig. 181).

c) Abweichungen vom Paramagnetismus freier Atome

Einige Einflüsse, die zu Abweichungen vom beschriebenen Paramagnetismus freier Atome bzw. Ionen führen, werden im folgenden kurz erwähnt. Solche Abweichungen sind bedingt durch Änderungen der Eigenfunktionen der Atome, die einerseits durch den Einfluss des Magnetfeldes selbst und andererseits durch den Einbau der Atome bzw. Ionen in ein Kristallgitter zustande kommen.

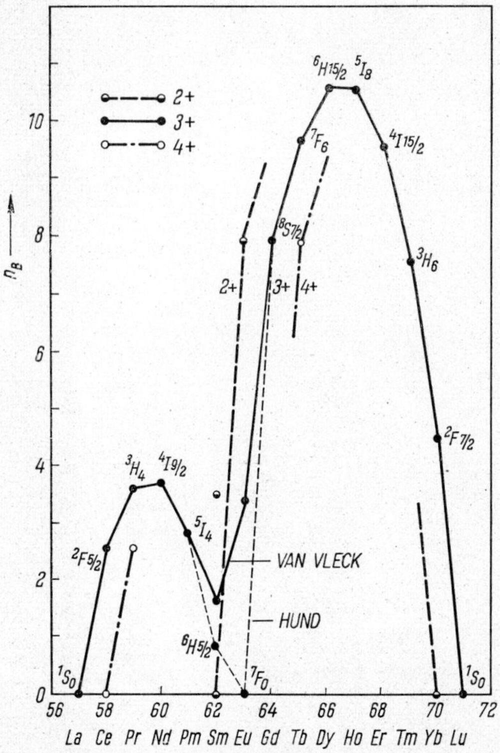

Fig. 181: Effektive magnetische Momente der Ionen der Seltenen Erden, dargestellt in Funktion der Ordnungszahl

Bei der Berechnung des Paramagnetismus freier Atome bzw. Ionen wird näherungsweise der Einfluss des Magnetfeldes auf die Eigenfunktionen der Atome vernachlässigt. In Wirklichkeit sind jedoch die Eigenfunktionen für $B = 0$ und $B \neq 0$ leicht verschieden. Für $B \neq 0$ sind die Eigenfunktionen eine Kombination der für $B = 0$ ungestörten Eigenfunktionen. Damit werden die magnetischen Momente der ungestörten Zustände verändert. Der dadurch verursachte Beitrag zur Suszeptibilität wurde erstmals von J. H. VAN VLECK mit Hilfe der Störungstheorie berechnet und wird als VAN VLECK-Paramagnetismus bezeichnet.

Das magnetische Moment der Ionen in paramagnetischen Salzen weicht meistens mehr oder weniger von demjenigen der freien Ionen ab, weil die Eigenzustände der Elektronen eines magnetischen Ions durch die Anwesenheit der Nachbarionen im Kristall beeinflusst werden. In paramagnetischen Salzen tragen in der Regel die Kationen die magnetischen Momente, während die Anionen, auch Ligand-Ionen genannt, unmagnetisch sind. Der Einfluss der Nachbarionen auf ein magnetisches Ion wird vielfach durch ein elektrostatisches ‹ Ligandenfeld › oder ‹ Kristallfeld › beschrieben, das auf die Elektronen des magnetischen Ions wirkt. (Man beachte, dass in dieser Näherung die Elektronen des Ions als lokalisiert in dessen Umgebung angenommen werden, im Gegensatz zu der in der Energiebänder-Approximation gemachten Annahme der BLOCH-Elektronen, vgl. S. 204).

Bei Ionen mit $L \neq 0$, $S \neq 0$ und $J \neq 0$ hat das Ligandenfeld die Tendenz, die RUSSELL–SAUNDERS-Kopplung (vgl. S. 428 ff.) zwischen dem Spin- und dem Bahnmoment des Ions zu brechen. Je nach der Stärke der beiden entgegengesetzten Wirkungen unterscheidet man im wesentlichen zwei Fälle:

1) In den paramagnetischen Salzen der Seltenen Erden werden die nichtabgeschlossenen $4f$-Schalen der Seltenen Erd-Ionen, die den Paramagnetismus verursachen, durch vollbesetzte $5s$- und $5p$-Schalen so abgeschirmt, dass der Einfluss der Nachbarionen auf die $4f$-Elektronen relativ schwach ist (vgl. S. 444). In diesem Fall ist J eine gute Quantenzahl, und das Ligandenfeld bewirkt eine Aufspaltung der sonst $(2\,J+1)$-fach entarteten Energieniveaus.

2) In den paramagnetischen Salzen der Ionen der Übergangselemente dagegen bewirkt das Ligandenfeld die Aufhebung der RUSSELL–SAUNDERS-Kopplung. In diesen Fällen werden die Wellenfunktionen der Elektronen in den nichtabgeschlossenen d-Schalen durch das Ligandenfeld stark gestört. Diese Störung hat zur Folge, dass sich im Kristall das Bahnmoment nicht mehr wie im freien Atom bzw. Ion einstellen kann. Dementsprechend trägt das Bahnmoment praktisch nicht zur Magnetisierung bei. Dieser Effekt wird als Auslöschung des Bahnmoments L_z (‹quenching of orbital momentum›) bezeichnet. Die effektive Magnetonenzahl ist dann anstelle von Gl. K 209 ungefähr gegeben durch

$$n_B = g[S(S+1)]^{\frac{1}{2}}. \tag{K221}$$

Man beachte, dass J und L_z unter dem Einfluss des Ligandenfeldes nicht mehr als gute Quantenzahlen betrachtet werden können.

3. *Diamagnetismus freier Elektronen* (L. LANDAU)

Wir betrachten ein Gas von N Elektronen pro Volumeneinheit unter der Wirkung der magnetischen Induktion $\vec{B}$. Ausser der Magnetisierung, die vom Spinmoment der Elektronen herrührt (Spin-Paramagnetismus, vgl. S. 451 ff.), erfährt das Elektronengas eine diamagnetische Magnetisierung, die durch Änderung der Bahnen im Magnetfeld verursacht wird. Die Elektronen bewegen sich unter dem Einfluss der LORENTZ-Kraft auf spiralförmigen Bahnen; die Achsen der Spiralen sind parallel zur Richtung der Induktion $\vec{B}$. Die Projektion der Bewegung auf Ebenen senkrecht zu $\vec{B}$ ergibt Kreise, die mit der Zyklotronfrequenz

$$\omega_c = \frac{e}{m} B \tag{K222}$$

durchlaufen werden (vgl. S. 262). Man beachte, dass die Zyklotronfrequenz freier Elektronen gleich der doppelten LARMOR-Frequenz ist (vgl. Gl. K 173 und K 222).

Jedes dieser Elektronen hat ein Bahnmoment. Man kann jedoch zeigen, dass unter Zugrundelegung der klassischen Mechanik die Summe aller Bahnmomente exakt gleich Null ist. Damit wäre der Diamagnetismus freier Elektronen ebenfalls gleich Null. Dies folgt auch unmittelbar aus Gl. K 35, sofern man die LORENTZ-Kraft als einzige Folge der magnetischen Induktion betrachtet. Die LORENTZ-Kraft leistet keine Arbeit (vgl. S. 261), d.h. für $B \neq 0$ ist im klassischen Fall die Energieänderung des Systems und damit die Magnetisierungsänderung gleich Null.

Quantentheoretisch jedoch erfolgt wegen der Wirkung der LORENTZ-Kraft zusätzlich eine Quantisierung der Elektronenbahnen im Magnetfeld. Damit verbunden ist eine Änderung der mittleren Energie der Elektronen und somit auch eine Magnetisierungsänderung. Nach L. LANDAU haben die Elektronen unter dem Einfluss der magnetischen Induktion $\vec{B}(0, 0, B_z)$ die folgenden Energien (vgl. Gl. F 195):

$$E_{l,k_z} = \left(l+\frac{1}{2}\right)\hbar\omega_c + \frac{\hbar^2}{2m}k_z^2 \tag{K 223}$$

mit

$$l = 0, 1, 2, \ldots$$

Die Bewegung in den Ebenen senkrecht zu B_z ist bestimmt durch die Transversalenergie

$$E_\perp = \left(l+\frac{1}{2}\right)\hbar\omega_c. \tag{K 224}$$

Aus der Energiebilanz

$$E_\perp = \frac{m}{2}r^2\omega_c^2 \tag{K 225}$$

folgt eine Auswahl von erlaubten Bahnradien, und mit Gl. K 90 und K 111 ergeben sich die folgenden erlaubten Bahnmomente:

$$\mu_l = (2l+1)\,\mu_B. \tag{K 226}$$

Grundsätzlich würde sich das resultierende diamagnetische Moment aus einer Summation über alle Momente ergeben. Diese Berechnung stösst jedoch auf Schwierigkeiten, die auf die endliche Ausdehnung des Elektronengases zurückzuführen sind. Man bestimmt daher das diamagnetische Moment aus der Änderung der freien Energie im Magnetfeld. Allgemein gilt die thermodynamische Beziehung:

$$M = -\frac{1}{V}\left(\frac{\partial F}{\partial B}\right)_{T,V} \tag{K 227}$$

mit

$$F = U - TS. \tag{K 228}$$

F freie Energie
U innere Energie
S Entropie
V Volumen, auf das sich alle Grössen beziehen

Die freie Energie ist abhängig von der verwendeten Statistik. Für den Fall des nichtentarteten Elektronengases, d.h. für BOLTZMANN-Statistik, ist:

$$F = -k\,T\,N\,V \ln Z \tag{K229}$$

mit der sog. Zustandssumme

$$Z = \sum_{l,\,k_z} Z_{l,\,k_z} \exp\left(-\frac{E_{l,\,k_z}}{kT}\right). \tag{K230}$$

N Zahl der freien Elektronen pro Volumeneinheit
Z_{l,k_z} Zahl der Zustände mit den Quantenzahlen l und k_z

Die Summation erstreckt sich über *alle* Zustände des Systems. Die LANDAU-Niveaus sind entartet, d.h. zu jeder Energie $E_{l,\,k_z}$ gibt es eine Anzahl von Zuständen, die nach Gl. F203 gegeben ist durch

$$D(l,\,k_z)\,dk_z = \frac{L^3}{(2\pi)^2}\,\frac{m\,\omega_c}{\hbar}\,dk_z\,. \tag{K231}$$

Da die quasikontinuierliche Verteilung der k_z-Werte auch im Magnetfeld erhalten bleibt, wird die Summation über k_z in Gl. K230 durch Integration ersetzt. Unter Verwendung von Gl. K223 und K231 geht Gl. K230 über in

$$Z = \frac{L^3}{(2\pi)^2}\,\frac{m\,\omega_c}{\hbar} \sum_{l=0}^{\infty} \int\limits_{-\infty}^{+\infty} \exp\left[-\left(l+\frac{1}{2}\right)\frac{\hbar\,\omega_c}{k\,T}\right] \exp\left[-\frac{\hbar^2 k_z^2}{2\,m\,k\,T}\right] dk_z\,. \tag{K232}$$

Nach Ausführen der Integration und Einsetzen von Gl. K111 und K222 ergibt sich

$$Z = A\,\mu_B\,B \sum_{l=0}^{\infty} \exp\left[-\left(l+\frac{1}{2}\right) 2\,\frac{\mu_B\,B}{k\,T}\right] \tag{K233}$$

mit der Konstante

$$A = \frac{L^3}{(2\pi)^2}\,\frac{2\,m}{\hbar^3}\,(2\,\pi\,m\,k\,T)^{\frac{1}{2}}\,. \tag{K234}$$

Die Summation über l erfolgt über eine unendliche geometrische Reihe; man erhält

$$Z = \frac{A}{2}\,k\,T\,\frac{\mu_B\,B}{k\,T}\,\frac{1}{\sinh\left(\frac{\mu_B\,B}{k\,T}\right)}\,. \tag{K235}$$

Einsetzen dieser Beziehung in Gl. K229 liefert die freie Energie des nichtentarteten Elektronengases in Funktion der magnetischen Induktion und somit

mit Hilfe von Gl. K 227 die resultierende Magnetisierung

$$M = k T N \frac{\partial}{\partial B} (\ln Z) = -N \mu_B \left[\coth\left(\frac{\mu_B B}{k T}\right) - \frac{k T}{\mu_B B} \right] \tag{K236}$$

oder mit Gl. K 216

$$M = -N \mu_B L\left(\frac{\mu_B B}{k T}\right). \tag{K237}$$

Die diamagnetische Magnetisierung des nichtentarteten Elektronengases ist also durch die LANGEVIN-Funktion bestimmt. Man sieht auch an dieser Stelle, dass beim Übergang zur klassischen Mechanik ($\hbar \to 0$ bzw. $\mu_B \to 0$) die diamagnetische Magnetisierung des Elektronengases verschwindet.

Für kleine magnetische Induktion und hohe Temperatur gilt die Näherung (vgl. Gl. K 218)

$$M \approx -\frac{N \mu_B^2}{3} \frac{B}{k T}. \tag{K238}$$

In dieser Näherung beträgt also die diamagnetische Suszeptibilität

$$\varkappa_{\mathrm{dia}} = -N \mu_0 \frac{\mu_B^2}{3 k} \frac{1}{T}. \tag{K239}$$

Gl. K 237 ist unter der Annahme der Nichtentartung hergeleitet und gilt deshalb in der Regel nicht für tiefe Temperaturen. Verwendet man anstelle der BOLTZMANN-Statistik die FERMI–DIRAC-Statistik, so ergibt sich anstelle von Gl. K 229 für die freie Energie des entarteten Elektronengases

$$F = N V \zeta - k T \sum_{l, k_z} Z_{l, k_z} \ln\left[1 + \exp\left(-\frac{E_{l, k_z} - \zeta}{k T}\right)\right]. \tag{K240}$$

Unter Verwendung von Gl. K 111, K 222, K 223 und K 231 folgt hieraus

$$F = N V \zeta - \frac{L^3}{(2\pi)^2} \frac{2m}{\hbar^2} \mu_B B k T \sum_{l=0}^{\infty} \int_{-\infty}^{+\infty} \ln\left[1 + \exp\left(-\frac{E_{l, k_z} - \zeta}{k T}\right)\right] dk_z. \tag{K241}$$

mit

$$E_{l, k_z} = \left(l + \frac{1}{2}\right) 2 \mu_B B + \frac{\hbar^2}{2m} k_z^2 \tag{K242}$$

Die Auswertung von Gl. K 241 ist mathematisch kompliziert und nur relativ einfach durchführbar für kleine magnetische Induktion und hohe Temperatur. Als Ergebnis erhält man in der Näherung $\mu_B B \ll k T$ für die diamagnetische

Suszeptibilität des entarteten Elektronengases

$$\varkappa_{\text{dia}} = -\frac{2}{3}\,\mu_0\,\mu_B^2\,D(\zeta_0). \tag{K243}$$

$D(\zeta_0)$ Eigenwertdichte an der Stelle $E=\zeta_0$

ζ_0 FERMI-Grenzenergie für $B=0$. Allgemein ergibt sich $\zeta(B)$ aus der Bedingung $\delta N=0$; falls man nur lineare Terme in B berücksichtigt, ist $\zeta(B)=\zeta_0$ (vgl. S. 453).

Wir haben bis hierher die permanenten magnetischen Momente, die mit den Spins gekoppelt sind (vgl. S. 424), unberücksichtigt gelassen. Diese geben Anlass zu einer paramagnetischen Suszeptibilität, die im folgenden Abschnitt berechnet wird. Die Magnetisierung des Elektronengases besteht also aus einem diamagnetischen und einem paramagnetischen Beitrag. Der Vergleich zwischen Theorie und Experiment ist erst möglich, wenn man beide Beiträge kennt (vgl. S. 456).

4. *Paramagnetismus freier Elektronen* (W. PAULI)

Jedes Elektron besitzt unabhängig von seinem Energiezustand und seiner Bahnbewegung das magnetische Spinmoment vom Betrag (vgl. Gl. K124)

$$|\vec{\mu}_s| = g_e\,\frac{3^{\frac{1}{2}}}{2}\,\mu_B = 3^{\frac{1}{2}}\,\mu_B. \tag{K244}$$

Unter dem Einfluss der magnetischen Induktion B_z hat das Spinmoment die beiden möglichen z-Komponenten

$$\mu_{s\,z} = \pm 1\,\mu_B. \tag{K245}$$

Betrachtet man zunächst wieder den Fall des nichtentarteten Elektronengases, d.h. verwendet man BOLTZMANN-Statistik, so lassen sich die Berechnungen von S. 437 ff. unmittelbar übertragen. Man erhält die Magnetisierung für $J=S=1/2$ aus Gl. K199 unter Verwendung von Gl. K194 und K215:

$$M_z = N\,\mu_B \tanh\left(\frac{\mu_B\,B}{k\,T}\right). \tag{K246}$$

Speziell für $\mu_B\,B \ll k\,T$ folgt hieraus

$$M_z \approx N\,\frac{\mu_B^2}{k}\,\frac{B}{T}. \tag{K247}$$

Die paramagnetische Suszeptibilität des nichtentarteten Elektronengases beträgt in dieser Näherung

$$\varkappa_{\text{para}} = N\,\mu_0\,\frac{\mu_B^2}{k}\,\frac{1}{T}. \tag{K248}$$

Der Vergleich mit Gl. K242 liefert die folgende Beziehung zwischen der diamagnetischen und der paramagnetischen Suszeptibilität:

$$\varkappa_{\text{para}} = -3\,\varkappa_{\text{dia}}\,. \tag{K249}$$

Diese Beziehung gilt in der Näherung $\mu_B B \ll k\,T$ sowohl für das nichtentartete als auch für das entartete Elektronengas.

Wir berechnen nun die paramagnetische Magnetisierung des entarteten Elektronengases. Diese Theorie des Spin-Paramagnetismus wurde von W. PAULI entwickelt. Er konnte damit zeigen, dass die Leitungselektronen in Metallen sich verhalten wie ein freies Elektronengas, das der FERMI–DIRAC-Statistik unterliegt (vgl. S. 199). Die FERMI–DIRAC-Statistik ist die Ursache dafür, dass viele Metalle trotz der unabgesättigten Spinmomente der Elektronen nur einen sehr schwachen und nahezu temperaturunabhängigen Paramagnetismus zeigen.

Ist E die Energie eines Elektrons für $\vec{B} = 0$, so ist seine Energie für $\vec{B} \neq 0$ entweder

$$E_\uparrow = E - \mu_B\,B \tag{K250}$$

oder

$$E_\downarrow = E + \mu_B\,B, \tag{K251}$$

je nachdem sich sein Spinmoment parallel oder antiparallel zur Richtung der magnetischen Induktion einstellt. Wegen des PAULI-Prinzips besteht das Elektronengas im Magnetfeld aus zwei Teilsystemen, deren Eigenwertdichten

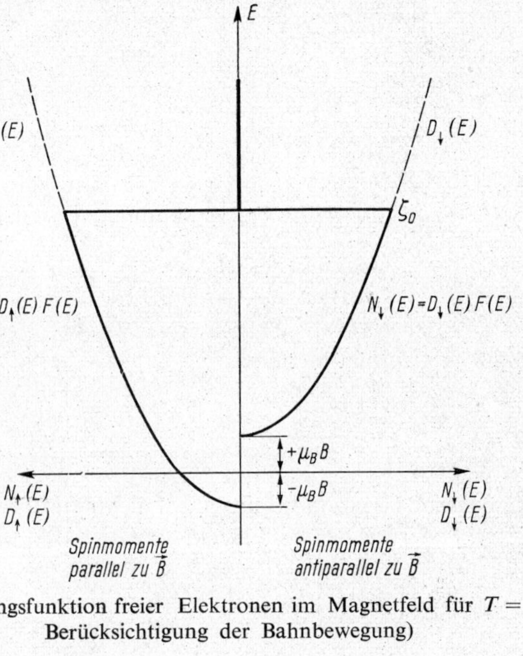

Fig. 182: Verteilungsfunktion freier Elektronen im Magnetfeld für $T = 0\,^\circ$K (ohne Berücksichtigung der Bahnbewegung)

auf der Energieskala um $\pm\mu_B B$ gegenüber dem Fall für $\vec{B} = 0$ verschoben sind. Da hier nur der Einfluss des Magnetfeldes auf die Spinmomente und nicht auf die Bahnbewegung berücksichtigt wird, bleibt die Form der Eigenwertdichte unverändert (die Entstehung der LANDAU-Niveaus ist eine Folge der Quantisierung der Elektronenbahnen, vgl. S. 261 ff.). Die Elektronen mit den Spins parallel zu $\vec{B}$ haben die Eigenwertdichte

$$D_\uparrow(E)\,dE = D(E+\mu_B B)\,dE \tag{K 252}$$

und die mit den Spins antiparallel zu $\vec{B}$ (vgl. Fig. 182)

$$D_\downarrow(E)\,dE = D(E-\mu_B B)\,dE. \tag{K 253}$$

Die Besetzung der Zustände in beiden Teilsystemen richtet sich im thermodynamischen Gleichgewicht nach ein und derselben FERMI-Funktion

$$F(E) = \frac{1}{\exp\left(\dfrac{E-\zeta}{kT}\right)+1}. \tag{K 254}$$

Das thermodynamische Gleichgewicht ist erreicht, wenn in beiden Teilsystemen die Zustände bis zu derselben Maximalenergie ζ bei $T = 0\,°\mathrm{K}$ besetzt sind. Dies bedeutet, dass die Zahl der Elektronen in den Teilsystemen verschieden ist, und zwar überwiegt die Zahl $N_\uparrow$ mit parallelem Spinmoment. Daraus ergibt sich für das gesamte Elektronengas ein resultierendes magnetisches Moment in Richtung der Induktion $\vec{B}$, das den sog. PAULI-Paramagnetismus verursacht.

Bevor wir dieses Moment berechnen, zeigen wir, dass die FERMI-Grenzenergien ζ für $\vec{B} \neq 0$ und ζ_0 für $\vec{B} = 0$ nahezu zusammenfallen. Dies folgt aus der Bedingung

$$N = N_\uparrow + N_\downarrow \tag{K 255}$$

mit (vgl. Gl. E 23)

$$N = 2\int_0^{\zeta_0} D(E)\,F(E)\,dE, \tag{K 256}$$

$$N_\uparrow = 1\int_{-\mu_B B}^{\zeta} D_\uparrow(E)\,F(E)\,dE = \int_{-\mu_B B}^{\zeta} D(E+\mu_B B)\,F(E)\,dE \tag{K 257}$$

und

$$N_\downarrow = 1\int_{+\mu_B B}^{\zeta} D_\downarrow(E)\,F(E)\,dE = \int_{+\mu_B B}^{\zeta} D(E-\mu_B B)\,F(E)\,dE. \tag{K 258}$$

Nach Gl. E 24 ist die Gesamtzahl der Elektronen eine Funktion der FERMI-Grenzenergie. Gl. K 255 lässt sich daher schreiben als (für $T = 0\,°\mathrm{K}$ ist $F(E) = 1$)

$$N(\zeta_0) = \frac{1}{2}N(\zeta+\mu_B B) + \frac{1}{2}N(\zeta-\mu_B B). \tag{K 259}$$

Nun ist selbst für die höchsten erreichbaren magnetischen Induktionen (Grössenordnung 10^2 Vsec/m^2 = 10^6 Gauss) die magnetische Energie $\mu_B B$ (Grössenordnung 10^{-2} eV) sehr klein gegenüber der FERMI-Grenzenergie ζ (Grössenordnung 1 eV, vgl. Tab. 16). Daher kann man die Funktionen in Gl. K259 an der Stelle ζ entwickeln:

$$N(\zeta_0) = \frac{1}{2}\left(N(\zeta)+\mu_B B\frac{dN}{d\zeta}\right)+\frac{1}{2}\left(N(\zeta)-\mu_B B\frac{dN}{d\zeta}\right), \tag{K260}$$

d.h.

$$N(\zeta_0) = N(\zeta) \tag{K261}$$

oder

$$\zeta_0 = \zeta. \tag{K262}$$

In erster Näherung sind also die FERMI-Grenzenergien ohne und mit Magnetfeld gleich.

Das resultierende magnetische Moment ist gegeben durch die Differenz der Elektronenzahlen in den beiden Teilsystemen

$$M = \mu_B(N_\uparrow - N_\downarrow). \tag{K263}$$

Für $T = 0$ °K lässt sich diese Beziehung unter Verwendung der Gl. K257 und K258 unmittelbar auswerten. In Analogie zu Gl. K260 erhält man

$$M = \mu_B^2 B\frac{dN}{d\zeta}. \tag{K264}$$

Unter Verwendung von Gl. K256 und K262 folgt hieraus

$$M = 2\,\mu_B^2 B\, D(\zeta_0). \tag{K265}$$

Die paramagnetische Suszeptibilität des entarteten Elektronengases für $T = 0°$ K beträgt damit

$$\varkappa_{\text{para}}^0 = 2\,\mu_0\,\mu_B^2\, D(\zeta_0). \tag{K266}$$

Der Vergleich mit Gl. K243 liefert wiederum

$$\varkappa_{\text{para}} = -3\,\varkappa_{\text{dia}}. \tag{K267}$$

Man hat jedoch zu beachten, dass Gl. K243 unter der Annahme $\mu_B B \ll kT$ gilt, während Gl. K266 für $T = 0$ °K hergeleitet wurde. Die Berechnung für $T > 0$ °K zeigt aber, dass der PAULI-Paramagnetismus im Bereich praktisch möglicher Temperaturen nur sehr schwach von der Temperatur abhängt. Die Beziehung Gl. K267 ist daher physikalisch sinnvoll.

Zur Berechnung des PAULI-Paramagnetismus für $T > 0$ °K geht man wiederum aus von Gl. K263. In Gl. K257 und K258 hat man die obere Integrationsgrenze durch Unendlich zu ersetzen; die FERMI-Funktion ist dann nicht mehr im ganzen Integrationsbereich gleich Eins. Die Rechnung führt auf FERMI-Integrale (vgl. S. 173). Für $\zeta \gg kT$ erhält man als Ergebnis

$$\varkappa_{\text{para}} = 2\,\mu_0\,\mu_B^2\,D(\zeta_0)\left[1 - \frac{\pi^2}{24}\left(\frac{kT}{\zeta_0}\right)^2 + \ldots\right]. \qquad \text{(K268)}$$

Die paramagnetische Suszeptibilität nimmt also schwach mit der Temperatur ab.

Die Einführung der Entartungstemperatur T_E (vgl. Gl. E29) macht den Unterschied der Suszeptibilitätswerte, die zum nichtentarteten und zum entarteten Elektronengas gehören, deutlich. Unter Verwendung von Gl. E14 und E24 geht Gl. K268 über in

$$\varkappa_{\text{para}} = \frac{3}{2}\,\mu_0\,\mu_B^2\,\frac{N}{\zeta_0}\left[1 - \frac{\pi^2}{24}\left(\frac{kT}{\zeta_0}\right)^2 + \ldots\right]. \qquad \text{(K269)}$$

Einsetzen von Gl. E30 liefert

$$\varkappa_{\text{para}} = \frac{3}{5}\,\mu_0\,\mu_B^2\,\frac{N}{kT_E}\left[1 - \frac{\pi^2}{150}\left(\frac{T}{T_E}\right)^2 + \ldots\right]. \qquad \text{(K270)}$$

Entartungstemperaturen haben die Grössenordnung von 10^4 °K. Der Vergleich mit Gl. K248 zeigt, dass die paramagnetische Suszeptibilität des entarteten Elektronengases 10^2- bis 10^3-mal kleiner ist als die des nichtentarteten. Die Ursache hierfür liegt in der Wirksamkeit des PAULI-Prinzips bzw. der FERMI–DIRAC-Statistik. Nur die Elektronen mit Energien $\zeta \pm kT$ im Bereich der FERMI-Grenzenergie können durch Orientierung der Spinmomente ihre Energie ändern und zur Magnetisierung beitragen. Die Zahl dieser effektiven Elektronen ist von der Grössenordnung

$$N_{\text{eff}} \approx N\,\frac{T}{T_E}. \qquad \text{(K271)}$$

Ersetzt man in Gl. K248 N durch N_{eff}, so erhält man näherungsweise die paramagnetische Suszeptibilität des entarteten Elektronengases, die um den Faktor $T/T_E \approx 10^2 \ldots 10^3$ kleiner und in dieser Näherung temperaturunabhängig ist. Man vergleiche in diesem Zusammenhang auch den Unterschied der spezifischen Wärmen des nichtentarteten und entarteten Elektronengases (vgl. S. 178).

Die Temperaturabhängigkeit der paramagnetischen Suszeptibilität des Elektronengases ist in Fig. 183 dargestellt. Der Beitrag eines einzelnen Elektrons zur Suszeptibilität lässt sich nach Gl. K248 auffassen als $\mu_0\,\mu_B^2/kT$, ist also umgekehrt proportional zu T. Die Zahl der wirksamen Elektronen ist für $T \ll T_E$ proportional zu T. In diesem Temperaturbereich ist im wesentlichen nur die Temperaturabhängigkeit der FERMI-Grenzenergie massgebend (ζ und damit auch $D(\zeta)$ nehmen schwach ab mit T). Für $T > T_E$ wird das Elektronen-

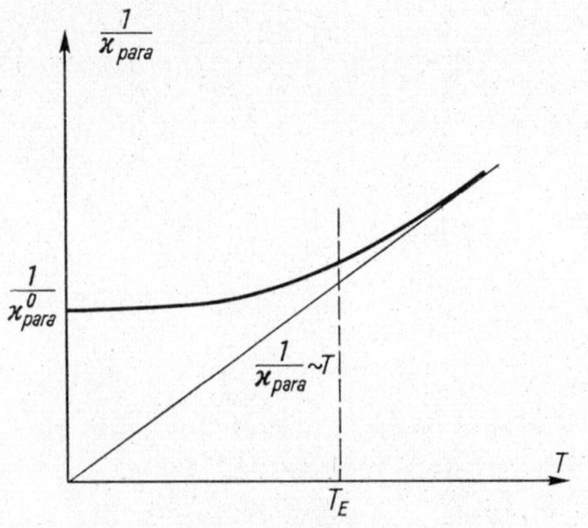

Fig. 183: Spin-Suszeptibilität des Elektronengases in Funktion der Temperatur

gas nichtentartet, die wirksame Elektronenzahl ist dann gleich der temperaturunabhängigen Gesamtzahl; der Beitrag eines jeden Elektrons nimmt jedoch mit T ab, d.h. das CURIE-Gesetz gilt.

5. *Experimentelle Ergebnisse aus dem Magnetismus freier Elektronen*

Die totale Suszeptibilität des Elektronengases ergibt sich als Summe aus der diamagnetischen und paramagnetischen Suszeptibilität. Wegen Gl. K 267 gilt

$$\varkappa_{\text{tot}} = \frac{2}{3} \varkappa_{\text{para}} . \tag{K272}$$

Das freie Elektronengas ist also immer paramagnetisch. Speziell für das entartete Elektronengas gilt, abgesehen von der Temperaturkorrektur (vgl. Gl. K243 und K266 bzw. K269),

$$\varkappa_{\text{tot}} \approx \frac{4}{3} \mu_0 \mu_B^2 D(\zeta_0) = \mu_0 \mu_B^2 \frac{N}{\zeta_0} . \tag{K273}$$

Für die Prüfung der Theorien zum Magnetismus des Elektronengases eignen sich ausser vielen metallischen Schmelzen die einwertigen Metalle, deren Valenzelektronen sich in guter Näherung wie ein freies, entartetes Elektronengas verhalten. So zeigen die Alkalimetalle einen nahezu temperaturunabhängigen Paramagnetismus, der grössenordnungsmässig mit dem theoretischen Wert (Gl. K 273) übereinstimmt (Tab. 29). Die Unterschiede zwischen den gemessenen und theoretischen Werten haben folgende Gründe:

1) Die gemessene Suszeptibilität enthält zusätzlich einen diamagnetischen Beitrag, der von den Elektronen der Atomrümpfe herrührt.
2) Die Valenzelektronen sind in Wirklichkeit nicht vollkommen frei. Man hat die effektive Elektronenmasse anstelle der Ruhemasse zu berücksichtigen. Bereits für quasifreie Elektronen ist die angegebene Beziehung zwischen dem Dia- und Paramagnetismus nicht mehr gültig. Man hat zu beachten, dass im diamagnetischen Fall der Wert von $\mu_B = |e|\,\hbar/2\,m$ zu ersetzen ist durch

Tabelle 29

Magnetische Volumensuszeptibilität von Alkalimetallen, a) aus der Messung der KNIGHT-Verschiebung, b) nach PAULI (Gl. K 269) (nach A. H. MORRISH, *The Physical Principles of Magnetism* [Wiley, New York 1965], S. 211, 220).

	$\varkappa_{\text{spin}} \cdot \frac{10^6}{4\pi}$		$\varkappa_{\text{tot}} \cdot \frac{10^6}{4\pi}$
	experim.[a]	theor.[b]	experim.
Li	$2{,}08 \pm 0{,}1$	1,17	$1{,}89 \pm 0{,}05$
Na	$0{,}95 \pm 0{,}1$	0,64	$0{,}68 \pm 0{,}03$

$\mu_B^* = |e|\,\hbar/2m^*$; die Grösse μ_B geht hier lediglich als Kombination gewisser Konstanten in die Theorie ein. Im paramagnetischen Fall dagegen ist das massgebende Spinmoment durch das BOHRsche Magneton μ_B bestimmt. Die effektive Masse geht normalerweise nicht in die Grösse μ_B ein, wohl aber in die Eigenwertdichte $D(\zeta_0)$. Überdies liefern genauere Berechnungen für nicht völlig freie Elektronen ausser dem LANDAU- und PAULI-Term (Gl. K 243 und K 266) noch weitere Suszeptibilitätsbeiträge, wie z.B. den VAN VLECK-Term (vgl. S. 446).
3) Der Wert der Suszeptibilität kann beeinflusst sein durch Korrelations- und Austauschkräfte, d.h. durch Wechselwirkungen zwischen den Elektronen untereinander sowie zwischen Elektronen und Ionen.

V. Kollektive magnetische Ordnungsphänomene

Einige Elemente und zahlreiche Verbindungen haben magnetische Eigenschaften, die sich grundsätzlich von dem beschriebenen dia- oder paramagnetischen Verhalten unterscheiden. Solche Materialien sind ferro-, antiferro- oder ferrimagnetisch. In all diesen Fällen bestehen starke Wechselwirkungen zwischen den magnetischen Momenten, die eine gewisse Ordnung hinsichtlich ihrer gegenseitigen Orientierung hervorrufen. Wesentlich ist, dass sich die Ordnung kollektiv bei einer festen Temperatur einstellt (vgl. S. 466). Zwar bedeutet die paramagnetische Sättigung ebenfalls eine Ordnung (vgl. S. 441); diese paramagnetische Ordnung stellt sich jedoch nicht kollektiv ein. Die Art der magnetischen Ordnung kann unmittelbar mit der Methode der Neutronenbeugung nachgewiesen werden. Neutronen sind zwar elektrisch neutral, besitzen aber einen Spin (Spinquantenzahl $s = 1/2$) und damit ein magnetisches Moment, das mit den magnetischen Momenten der Atome in Wechselwirkung tritt.

Die Art der magnetischen Ordnung äussert sich auch in den makroskopischen magnetischen Eigenschaften, wie $\varkappa(T)$, $\vec{M}(\vec{B})$. Wir geben zunächst einen phänomenologischen Überblick über Ferromagnetismus, Antiferromagnetismus und Ferrimagnetismus.

Ferromagnetismus. Substanzen sind ferromagnetisch, wenn sich die magnetischen Momente ohne äusseres Feld zumindest bereichsweise (in sog. Domänen) parallel einstellen. Typische Ferromagnetika sind die Metalle Fe, Co, Ni, Gd, sowie zahlreiche Legierungen, die vielfach diese Metalle enthalten. Ferner gibt es einige nicht-metallische, ferromagnetische Verbindungen, wie z.B. $CrBr_3$, EuO, EuS, $CdCr_2S_4$. Die wesentlichste Eigenschaft der Ferromagnetika ist die sog. spontane Magnetisierung, d.h. unterhalb einer gewissen Temperatur, der sog. ferromagnetischen CURIE-Temperatur, existiert ein resultierendes magnetisches Moment auch bei Abwesenheit einer magnetischen

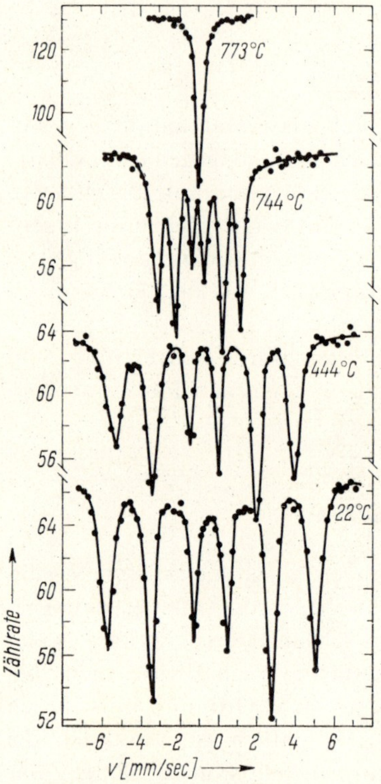

Fig. 184: MÖSSBAUER-Spektren von metallischem Eisen bei verschiedenen Temperaturen; die magnetischen Hyperfeinaufspaltung der Kernniveaus verschwindet oberhalb der CURIE-Temperatur $T_C = 770$ °C (nach R. S. PRESTON, S. S. HANNA und J. HEBERLE, Phys. Rev. *128*, 2207 (1962))

Induktion. Die spontane Magnetisierung lässt sich in eindrucksvoller Weise mit Hilfe des MÖSSBAUER-Effekts (vgl. S. 95 ff.) zeigen, der Aufschluss gibt über die Hyperfeinaufspaltung der Kernniveaus infolge eines inneren Magnetfeldes am Kernort. Dieses innere Feld ist bedingt durch die magnetische Polarisation der Elektronenhüllen, die durch die spontane magnetische Ordnung zustande kommt. Wie Fig. 184 zeigt, beobachtet man unterhalb der CURIE-Temperatur eine Aufspaltung im MÖSSBAUER-Spektrum infolge des Hyperfeinfeldes. Unmittelbar oberhalb der CURIE-Temperatur verschwindet im zeitlichen Mittel das Magnetfeld am Kernort und damit die Hyperfeinaufspaltung, so dass nur noch eine einzige MÖSSBAUER-Linie auftritt.

Ferromagnetika besitzen sehr hohe Werte für die Suszeptibilität $\varkappa$. Daher ist wegen Gl. K 57 die effektive magnetische Erregung nicht gleich der von aussen angelegten magnetischen Erregung. Überdies ist der Zusammenhang zwischen der Magnetisierung und der Induktion nicht eindeutig, die Magnetisierungskurve zeigt Hysterese. Die Form der Hysteresiskurve ist selbst für ein und dasselbe Material von sehr vielen Faktoren, wie Temperatur, Behandlung und Vorgeschichte der Probe, abhängig. Auf diese, vor allem technisch wichtigen Probleme wird hier nicht weiter eingegangen. Erwähnt sei lediglich, dass die von der Hysteresisschleife eingeschlossene Fläche ein Mass für die Magnetisierungsarbeit ist, die für jeden Magnetisierungszyklus aufzubringen ist. Die Arbeit pro Magnetisierungszyklus ist gegeben durch (vgl. Gl. K 34)

$$A^{\swarrow} = \oint \delta A = \mu_0 \oint H\, dM. \tag{K 274}$$

Für den Fall eines geschlossenen Magnetisierungszyklus ist die erforderliche Arbeit unabhängig von der Magnetisierungsvorrichtung (vgl. S. 408 ff.), und zwar gilt

$$\oint \delta A = \oint \delta A_1 = \oint \delta A_1' \tag{K 275}$$

oder mit Gl. K 30 und K 41

$$A^{\swarrow} = \mu_0 \oint H\, dM = -\mu_0 \oint M\, dH. \tag{K 276}$$

Dies kann man auch leicht anhand der Hysteresisschleife verifizieren. Das Durchlaufen eines Magnetisierungszyklus erfordert also stets Arbeit, die mit der Zahl der Zyklen wächst und die sich in der sog. Hysteresiswärme äussert. Man hat also einen irreversiblen Kreisprozess.

Antiferromagnetismus. Nach L. Néel hat eine antiferromagnetische Substanz im einfachsten Fall zwei Untergitter. Unterhalb einer kritischen Temperatur, der sog. Néel-Temperatur, stellen sich die magnetischen Momente jedes Untergitters parallel zueinander und antiparallel zu denen des anderen Untergitters ein. Falls die magnetischen Momente der beiden Untergitter gleich sind ist das resultierende Moment des ganzen Kristalls gleich Null, d.h. ein Antiferromagnet zeigt keine permanente Magnetisierung. In der Temperaturabhängigkeit der Suszeptibilität äussert sich der Antiferromagnetismus in einem scharfen Knick bei der Néel-Temperatur, für welche die Suszeptibilität ein Maximum erreicht.

Überdies wird die Suszeptibilität unterhalb der Néel-Temperatur anisotrop (vgl. Fig. 185). Ein Feld senkrecht zur Richtung der Magnetisierung wirkt auf beide Untergitter gleichermassen und verursacht nur eine kleine Drehung der magnetischen Momente in die Feldrichtung. Diese Drehung ist unabhängig von der Temperatur, und dementsprechend ist unterhalb der Néel-Temperatur die Suszeptibilität $\varkappa_\perp$ temperaturunabhängig. Ein Feld parallel bzw. antiparallel zu den magnetischen Momenten übt auf diese kein Drehmoment aus und bewirkt daher keine resultierende Magnetisierung. Die Suszeptibilität $\varkappa_\parallel$ ist demnach am absoluten Nullpunkt gleich Null und steigt mit zunehmender

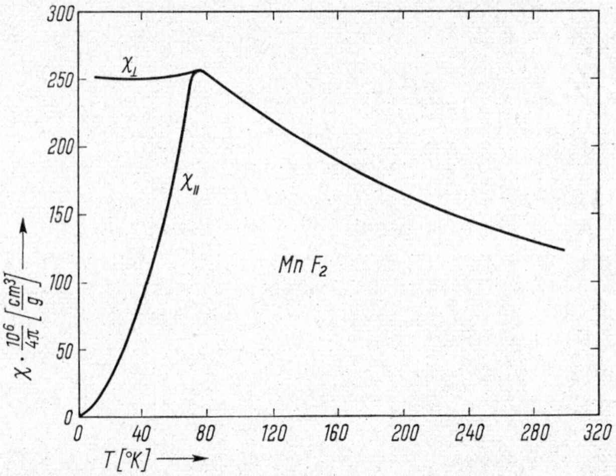

Fig. 185: Temperaturabhängigkeit der magnetischen Suszeptibilität eines Antiferromagneten: die Massen-Suszeptibilität eines MnF_2-Einkristalls, gemessen mit dem Magnetfeld senkrecht und parallel zur [001]-Richtung des Kristalls (nach D. H. MARTIN, *Magnetism in Solids*, M. I. T. Press, Cambridge, Massachusetts 1967)

Temperatur an, sobald aufgrund der Temperaturbewegung die Magnetisierung eines Untergitters auf Kosten des andern ansteigt.

Antiferromagnetisch sind einige Metalle der Übergangselemente, wie z.B. Cr und α-Mn, ferner einige Lanthanide, wie z.B. Ce und Nd. Überdies zeigen zahlreiche Verbindungen Antiferromagnetismus, vor allem Oxide, Fluoride und Chloride von Übergangselementen, Lanthaniden und Aktiniden.

Ferrimagnetismus. Ferrimagnetische Substanzen besitzen unterhalb einer gewissen Temperatur eine spontane Magnetisierung, die anders als beim Ferromagnetismus von einer unvollständigen Kompensation der magnetischen Momente der Untergitter herrührt. Im einfachsten Fall kann man Ferrimagnetismus als eine spezielle Form des Antiferromagnetismus auffassen, und zwar sind dann die magnetischen Momente der Untergitter antiparallel, aber verschieden gross, so dass eine resultierende Magnetisierung besteht. Der sog. DZYALOSHINSKY-Ferrimagnetismus wird oft als ein ‹schwacher Ferromagnetismus› bezeichnet; er entsteht dadurch, dass die magnetischen Momente der Untergitter aus ihrer antiparallelen Lage um einen kleinen Winkel gegeneinander gedreht sind.

Die bekanntesten ferrimagnetischen Materialien, wie Magnetit Fe_3O_4 ($=Fe^{2+}Fe_2^{3+}O_4$), sind kubische Kristalle mit Spinell-Struktur. Sie haben die chemische Zusammensetzung $MFe_2^{3+}O_4$, wobei M ein zweiwertiges Metall-Ion bedeutet, wie z.B. Cu, Mg, Zn, Cd, Fe, Mn, Co, Ni. Ferrimagnetika mit Spinell-Struktur werden auch als Ferrite bezeichnet. In Ferriten treten wegen ihrer geringen elektrischen Leitfähigkeit (10^{-2} bis $10^{-6}\ \Omega^{-1}\ cm^{-1}$) praktisch keine Wirbelströme auf. Daher sind Ferrite für zahlreiche Anwendungen bis zu sehr hohen Frequenzen technisch interessant. Sie eignen sich hervorragend

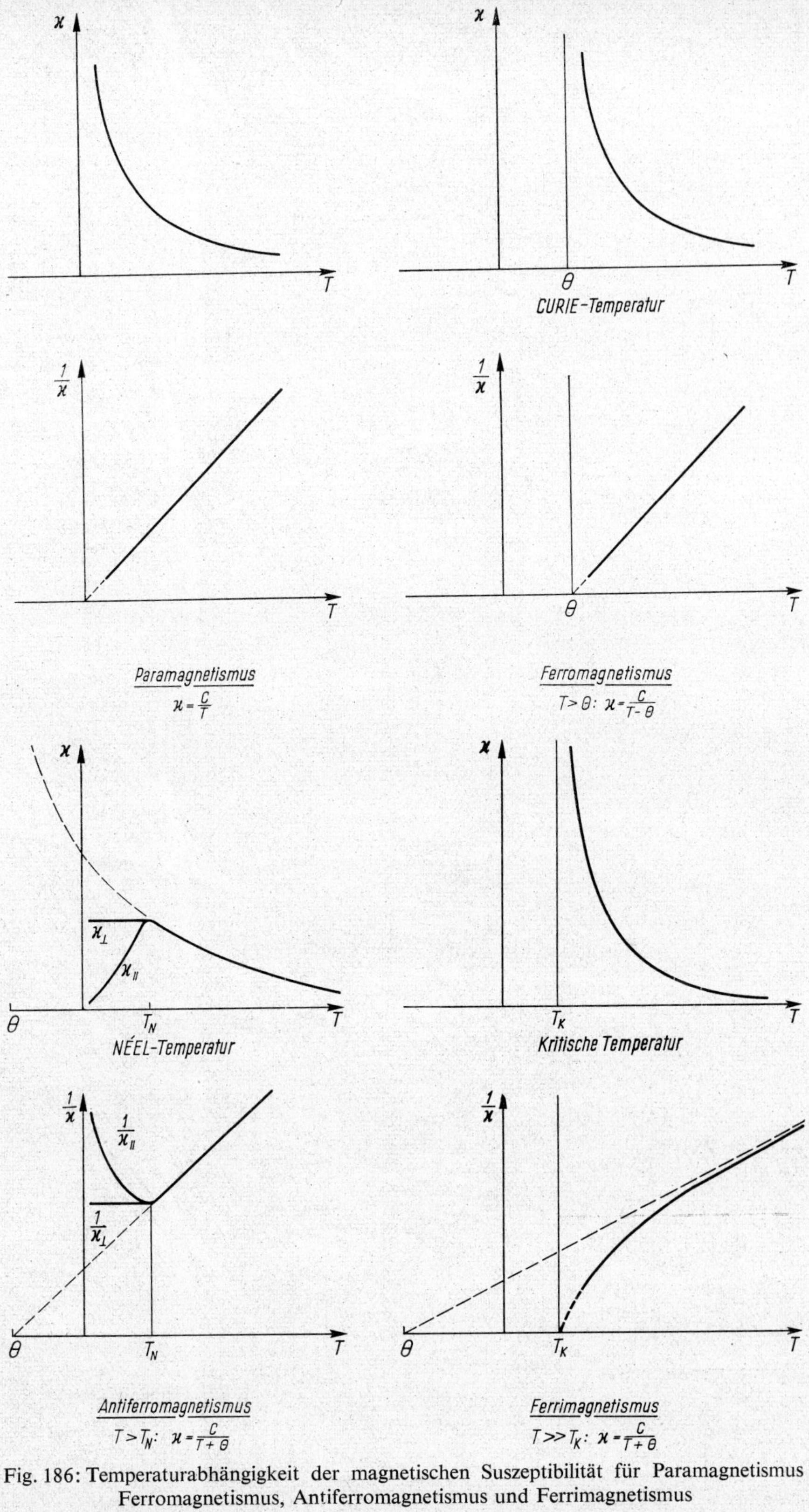

Fig. 186: Temperaturabhängigkeit der magnetischen Suszeptibilität für Paramagnetismus Ferromagnetismus, Antiferromagnetismus und Ferrimagnetismus

für Kerne von Transformatoren mit geringen Verlusten, für Mikrowellenelemente und für Speicherelemente.

Weitere Ferrimagnetika sind Verbindungen mit Granat ($Mg_3Al_2Si_3O_{12}$)- und Perowskit ($CaTiO_3$)-Struktur, von denen Yttrium-Eisen-Granat $Y_3Fe_5O_{12}$ die bekannteste ist.

Die verschiedenen Wechselwirkungen, die die jeweilige kollektive magnetische Ordnung verursachen, äussern sich bereits *oberhalb* der entsprechenden kritischen Temperatur im Verlauf der Temperaturabhängigkeit der Suszeptibilität. In Fig. 186 sind die Temperaturabhängigkeiten $\varkappa(T)$ für Stoffe, die ferro-, antiferro-, oder ferrimagnetisch werden, gegenübergestellt.

Im folgenden behandeln wir nur die phänomenologische Theorie des Ferromagnetismus.

1. Weisssche Theorie des Ferromagnetismus

Eine ferromagnetische Probe zeigt unterhalb der Curie-Temperatur nicht notwendigerweise eine resultierende Magnetisierung bei Abwesenheit einer äusseren magnetischen Erregung. Jedoch erzeugt eine sehr kleine Erregung eine Magnetisierung, die um viele Grössenordnungen höher ist als die Magnetisierungswerte paramagnetischer Substanzen. Dieser Sachverhalt veranlasste P. Weiss zu zwei Annahmen, die er seinem Modell für den Ferromagnetismus zugrunde legte:

1) Das Material ist unterteilt in Bereiche (sog. Domänen oder Weisssche Bezirke), die alle spontan magnetisiert sind. Die magnetischen Momente innerhalb einer Domäne sind alle zueinander parallel. Die Magnetisierungskurve einer einzelnen Domäne ist eine eindeutige Funktion $\vec{M}\,(\vec{B})$, die von der Temperatur abhängt (vgl. Fig. 187). Die Vektorsumme über die magnetischen Momente aller Domänen ergibt die resultierende Magnetisierung der Probe. Gewisse Domänenkonfigurationen ergeben eine verschwindende resul-

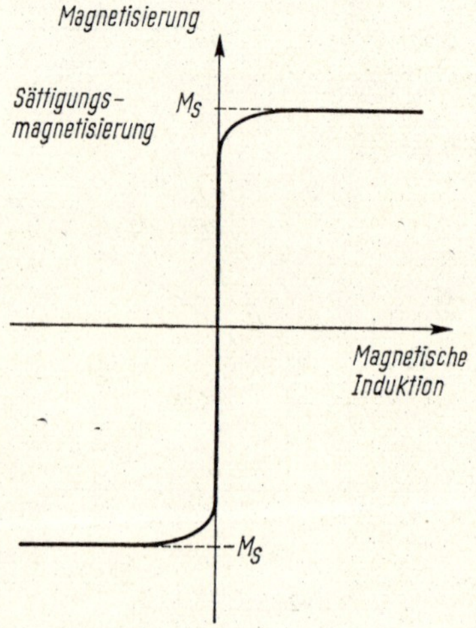

Fig. 187: Magnetisierungskurve einer Weissschen Domäne

tierende Magnetisierung. Die Anwendung kleiner magnetischer Erregungen ändert die Konfiguration der Domänen und führt zu grossen Magnetisierungen.
2) Die zweite Annahme betrifft die Eigenschaft der spontanen Magnetisierung einer Domäne. Auf die einzelnen magnetischen Momente wirkt nicht nur das von aussen angelegte Magnetfeld, sondern ausser dem entmagnetisierenden Feld (vgl. Gl. K 57) wirkt ein starkes Magnetfeld H_m (sog. Molekularfeld oder WEISSsches Feld), das proportional zur Magnetisierung der Probe ist. Das effektive, innere Magnetfeld ist dann

$$H_i = H + H_m \tag{K277}$$

mit

$$H_m = W M. \tag{K278}$$

W WEISSsche oder Molekularfeld-Konstante

Die WEISSsche Konstante wird als unabhängig von H, M und T angenommen. Über die physikalische Ursache für das Molekularfeld, die in der Austauschwechselwirkung zwischen den magnetischen Momenten liegt (vgl. S. 468 ff.), werden in der WEISSschen Theorie keine Aussagen gemacht.

Der Ansatz Gl. K 277 ist analog zu der Beziehung für das innere Feld nach H. A. LORENTZ, die die klassische Kraftwirkung der magnetischen Dipole untereinander berücksichtigt. Danach ist das lokale Feld im Innern eines kubischen Kristalls gegeben durch

$$H_{\text{loc}} = H + \frac{1}{3} M. \tag{K279}$$

Die folgende Abschätzung zeigt jedoch, dass die LORENTZ-Korrektur vernachlässigbar ist gegenüber dem WEISSschen Molekularfeld.

Die kollektive Ordnung und damit die spontane Magnetisierung sei verursacht durch das Molekularfeld H_m, bzw. durch die molekulare Induktion B_m. Die magnetische Energie eines Dipols hat dann die Grössenordnung $\mu_B B_m$. Oberhalb der CURIE-Temperatur T_C werden ferromagnetische Substanzen paramagnetisch. Dies bedeutet, dass die kollektive Ordnung durch hinreichende thermische Energie $k T_C$ zerstört wird. Aus der Beziehung

$$\mu_B B_m \approx k T_C \tag{K280}$$

ergibt sich für $T_C \approx 10^3$ °K die Grössenordnung der molekularen Induktion $B_m \approx 10^3$ Vsec/m² $= 10^7$ Gauss. Induktionen dieser Grössenordnung können selbst mit Pulsmethoden und supraleitenden Magneten im Laboratorium nicht erzeugt werden. Mit Gl. K 277 folgt aus der Beziehung

$$B = \mu_0 H_i \tag{K281}$$

bzw., für $H = 0$, aus

$$B_m = \mu_0 H_m \tag{K282}$$

der Wert $H_m \approx 10^9$ A/m für das molekulare Feld. Die spontane Magnetisierung von Ferromagnetika hat etwa die Grössenordnung $M_s \approx 10^6$ A/m. Nach Gl. K278 hat also die WEISSsche Konstante die Grössenordnung $W \approx 10^3$, d.h. die LORENTZ-Korrektur ist vernachlässigbar gegenüber dem WEISSschen Molekularfeld ($W \gg 1/3$).

Die WEISSsche Theorie geht aus von der Theorie des Paramagnetismus freier Atome (vgl. S. 437 ff.). Die kollektive Ordnung, die zum Ferromagnetismus Anlass gibt, wird berücksichtigt, indem man anstelle der äusseren magnetischen Erregung H das innere Magnetfeld H_i einsetzt. Nach Gl. K213 ist das Verhältnis aus der Magnetisierung und der Sättigungsmagnetisierung gegeben durch die BRILLOUIN-Funktion

$$B_J(a) = \frac{M}{M_{\max}}. \tag{K283}$$

Das WEISSsche Molekularfeld ist zu berücksichtigen im Argument a. Drückt man in Gl. K194 die Induktion durch das innere Feld aus, so ergibt sich mit Hilfe von Gl. K277 und K281

$$M = \frac{kT}{\mu_0 g J \mu_B W} a - \frac{H}{W} \tag{K284}$$

oder nach Division durch $M_{\max}$:

$$\frac{M}{M_{\max}} = \frac{kT}{\mu_0 g J \mu_B M_{\max} W} a - \frac{H}{W M_{\max}}. \tag{K285}$$

Man hat somit zwei Bedingungen für die Magnetisierung (Gl. K283 und K285) zu erfüllen. Die graphische Darstellung von $M/M_{\max}$ in Funktion des Parameters a liefert zwei verschiedene Funktionen, deren Schnittpunkt die zum angelegten Feld H und zur Temperatur T gehörige Magnetisierung des Ferromagneten bestimmt. Die charakteristischen Eigenschaften der Ferromagnetika lassen sich anhand dieser Parameterdarstellung beschreiben (vgl. Fig. 188).

Die BRILLOUIN-Funktion ist universell. Die Gl. K285 liefert eine Gerade, deren Steigung proportional zur Temperatur T ist und deren negativer Ordinatenabschnitt zum äusseren Magnetfeld H proportional ist. Der Schnittpunkt mit der BRILLOUIN-Funktion liegt bei um so höheren Magnetisierungswerten, je grösser das Magnetfeld und je kleiner die Temperatur ist. Speziell für $H = 0$ hat man zwei Fälle zu unterscheiden:

1) Für hinreichend hohe Temperaturen $T > T_C$ ist die Steigung der Geraden grösser als die Anfangssteigung der BRILLOUIN-Funktion. Der Schnittpunkt beider Funktionen liegt dann im Koordinatenursprung, d.h. für $H = 0$ ist auch $M = 0$ (CURIE–WEISSscher Paramagnetismus, vgl. S. 467).
2) Für $T < T_C$ schneidet die Gerade die BRILLOUIN-Funktion auch bei einem Wert $M_s/M_{\max} \neq 0$, d.h. bei Abwesenheit des äusseren Magnetfeldes existiert die spontane Magnetisierung M_s.

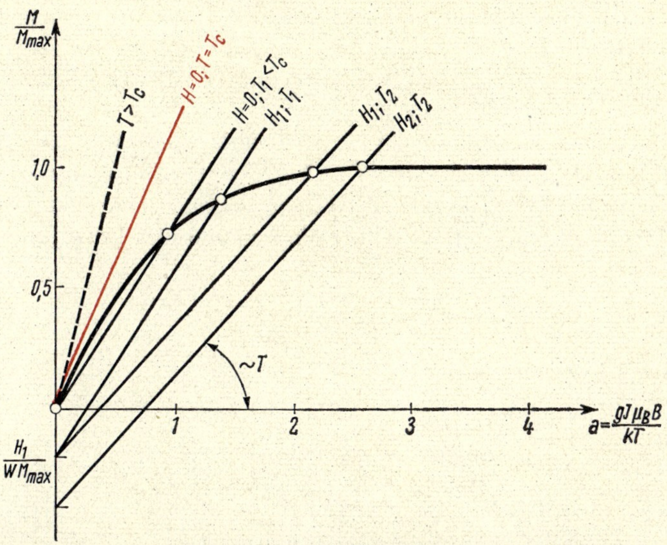

Fig. 188: Graphische Bestimmung der Magnetisierung M in Funktion der Feldstärke H und der Temperatur T

Die CURIE-Temperatur $T = T_C$ ergibt sich aus der Bedingung

$$\frac{k\,T_C}{\mu_0\, g\, J\, \mu_B\, M_{\max}\, W} = \frac{d}{da}\, B_J(0). \tag{K286}$$

Unter Verwendung von Gl. K201 folgt hieraus

$$T_C = \frac{\mu_0\, g\, J\, \mu_B\, W\, M_{\max}}{k}\, \frac{J+1}{3\,J}. \tag{K287}$$

Diese Beziehung ist im wesentlichen gleich der in Gl. K280 ausgedrückten Energiebilanz (wegen $H \ll H_m$ gilt grössenordnungsmässig $M \approx M_s \approx M_{\max}$).

Die Temperaturabhängigkeit $M_s(T)$ der spontanen Magnetisierung ergibt sich graphisch aus Gl. K283 und K285 für $H = 0$ (vgl. Fig. 188). Durch die Kombination dieser Gleichungen lässt sich $M_s(T)$ implizit ausdrücken:

$$M_s(T) = M_{\max}\, B_J\left(\frac{\mu_0\, g\, J\, \mu_B\, W\, M_s(T)}{k\,T}\right) \tag{K288}$$

oder unter Verwendung von Gl. K287

$$\frac{M_s(T)}{M_{\max}} = B_J\left(\frac{3\,J}{J+1}\, \frac{M_s(T)}{M_{\max}}\, \frac{T_C}{T}\right). \tag{K289}$$

Die spontane Magnetisierung erreicht in Abhängigkeit von der Temperatur zwei Grenzwerte. Im Fall tiefer Temperaturen ($T \to 0$) geht die BRILLOUIN-

Funktion gegen Eins, d.h. die spontane Magnetisierung wird gleich der Sättigungsmagnetisierung:

$$M_s(0) = M_{\max}\,. \tag{K290}$$

Der andere Grenzwert wird erreicht bei der CURIE-Temperatur. Der Temperaturverlauf von $M_s(T)$ für $T \to T_C$ $(T < T_C)$ ergibt sich aus der Entwicklung der BRILLOUIN-Funktion für kleine Argumente, wenn man den ersten nichtlinearen Term mitberücksichtigt. Unter Verwendung der Entwicklung

$$\coth x = \frac{1}{x} + \frac{x}{3} - \frac{x^3}{45} \pm \ldots \qquad (|x| < \pi) \tag{K291}$$

erhält man in Erweiterung von Gl. K201

$$B_J(a) \approx \frac{J+1}{J}\,\frac{a}{3} - \frac{(2\,J+1)^4 - 1}{(2\,J)^4}\,\frac{a^3}{45}\,. \tag{K292}$$

Damit folgt aus Gl. K289 für die Temperaturabhängigkeit der spontanen Magnetisierung in der Nähe der CURIE-Temperatur:

$$\left(\frac{M_s}{M_{\max}}\right)^2_{T \to T_C} = \frac{10}{3}\,\frac{(J+1)^2}{(J+1)^2 + J^2}\left(\frac{T}{T_C}\right)^2\left(1 - \frac{T}{T_C}\right). \tag{K293}$$

Bei der CURIE-Temperatur selbst verschwindet die spontane Magnetisierung:

$$M_s(T_C) = 0. \tag{K294}$$

Aus Gl. K293 folgt, dass die Ableitung der spontanen Magnetisierung nach der Temperatur für $T = T_C$ unendlich wird. Dieses Verhalten ist charakteristisch für das Auftreten eines kollektiven Ordnungsphänomens.

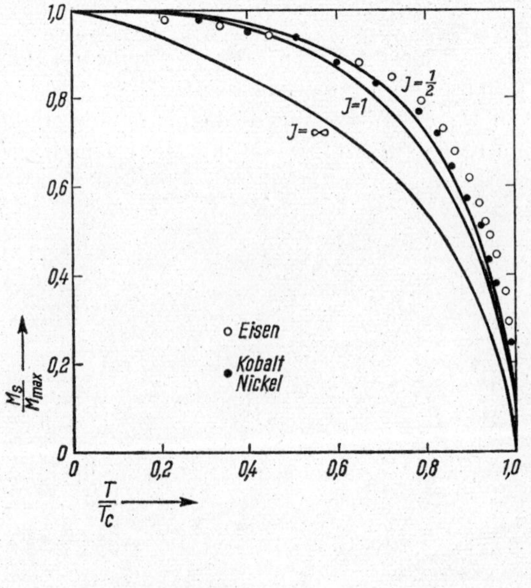

Fig. 189: Temperaturabhängigkeit der spontanen Magnetisierung (nach F. TYLER, Phil. Mag. *11* 596 1931))

Der Temperaturverlauf $M_s(T)$ zwischen den beiden Grenzwerten $M_s(0) = M_{max}$ und $M_s(T_C) = 0$ hängt ab vom Wert der Drehimpulsquantenzahl J. Trägt man die reduzierten Grössen M_s/M_{max} und T/T_C gegeneinander auf, so erhält man für jeden Wert von J eine universelle Kurve (vgl. Fig. 189). Die experimentellen Werte für Fe, Co und Ni stimmen am besten mit der theoretischen Kurve für $J = 1/2$ überein. Daraus kann man schliessen, dass die Magnetisierung hauptsächlich durch die Elektronenspins verursacht wird und dass die Bahnmomente nur wenig zum Ferromagnetismus in diesen Metallen beitragen. Dies wird unabhängig von der WEISSschen Theorie bestätigt durch Messungen des gyromagnetischen Verhältnisses g (beispielsweise unter Verwendung des EINSTEIN–DE HAAS-Effekts), die für ferromagnetische Substanzen im allgemeinen $g \approx 2$ ergeben.

2. *Paramagnetismus nach* CURIE–WEISS

Oberhalb der CURIE-Temperatur werden ferromagnetische Stoffe paramagnetisch. Für $T > T_C$ erfolgt der Schnittpunkt der beiden Beziehungen M/M_{max} in Funktion von T (Gl. K283 und K285) für Parameterwerte $a \ll 1$. In erster Näherung kann man daher die BRILLOUIN-Funktion durch Gl. K201 ersetzen. Einsetzen von Gl. K201 in Gl. K285 ergibt unter Verwendung von Gl. K287 das CURIE–WEISSsche Gesetz

$$\frac{M}{H} = \varkappa = \frac{C}{T - T_C} \qquad \text{(K295)}$$

mit der CURIE-Konstante (vgl. Gl. K206)

$$C = \frac{T_C}{W} \qquad \text{(K296)}$$

oder unter Verwendung von Gl. K211 und K287

$$C = N g^2 J(J+1) \mu_0 \frac{\mu_B^2}{3k}. \qquad \text{(K297)}$$

Das CURIE–WEISSsche Gesetz ist in befriedigender Übereinstimmung mit der beobachteten Temperaturabhängigkeit der Suszeptibilität. Weit oberhalb der CURIE-Temperatur steigt die reziproke Suszeptibilität linear mit der Temperatur. Die aus dem linearen Verlauf auf $1/\varkappa = 0$ extrapolierte sog. paramagnetische CURIE-Temperatur Θ ist jedoch grösser als die aus dem Temperaturverlauf der spontanen Magnetisierung ermittelte sog. ferromagnetische CURIE-Temperatur T_C (vgl. S. 466 und Fig. 189 und 190). Die ferro- und paramagnetischen CURIE-Temperaturen sowie die CURIE-Konstanten sind für einige Metalle in Tabelle 30 angegeben. Das experimentell ermittelte CURIE–WEISS-Gesetz heisst

$$\varkappa_{exp} = \frac{C}{T - \Theta}. \qquad \text{(K298)}$$

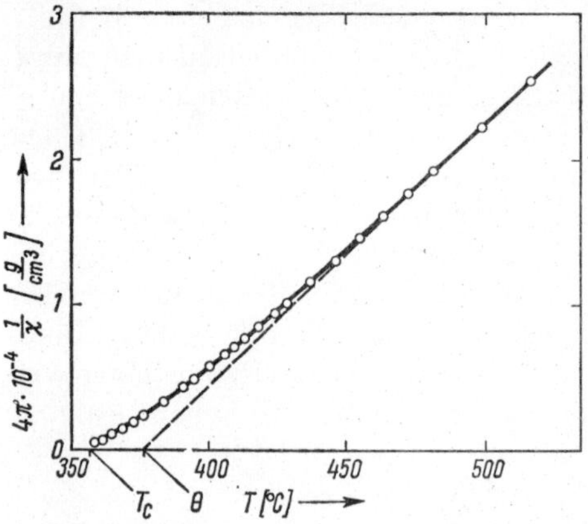

Fig. 190: Temperaturabhängigkeit der magnetischen Suszeptibilität von Nickel oberhalb der CURIE-Temperatur (nach P. WEISS und R. FORRER, Ann. Phys., Paris, 10. Ser., Bd. 5, S. 153 (1926))

Tabelle 30

Ferromagnetische und paramagnetische CURIE-Temperaturen T_C und Θ sowie CURIE-Konstanten C einiger ferromagnetischer Metalle (nach A. H. MORRISH, *The Physical Principles of Magnetism* [Wiley, New York 1965], S. 270).

Metall	T_C [°K]	Θ [°K]	$\frac{1}{4\pi} C$ $\left[\frac{cm^3}{Mol} \text{Grad}\right]$
Fe	1043	1093	1,26
Co	1394	1428	1,22
Ni	631	650	0,32
Gd	293	302,5	7,8
Dy	85		

Abweichungen von dieser linearen Temperaturabhängigkeit der reziproken Suszeptibilität findet man lediglich etwas oberhalb der ferromagnetischen CURIE-Temperatur T_C, die den wirklichen Übergang zwischen para- und ferromagnetischem Verhalten festlegt.

3. *Ausgangspunkt quantenmechanischer Theorien des Ferromagnetismus*

Die WEISSsche Theorie beschreibt die ferromagnetischen Eigenschaften grössenordnungsmässig richtig. Sie enthält jedoch die postulierte Grösse des Molekularfeldes, dessen physikalische Ursache unerklärt bleibt. Allein die magnetische Dipolwechselwirkung wäre viel zu klein, um die gemessenen CURIE-Temperaturen von der Grössenordnung 10^3 °K zu verstehen (vgl. S. 463).

Die massgebende Wechselwirkung, die sog. Austauschwechselwirkung, welche die kollektive magnetische Ordnung hervorruft und damit die Grösse des Molekularfeldes bestimmt, ist nur quantenmechanisch erklärbar.

Nach P. A. M. DIRAC, W. HEISENBERG und J. H. VAN VLECK lässt sich der durch die Austauschwechselwirkung bestimmte Teil der Gesamtenergie eines magnetisch geordneten Materials aufgrund des folgenden HAMILTON-Operators ermitteln (HEISENBERGsches Modell):

$$\mathcal{H}_{\text{Austausch}} = -\sum_j \sum_{i<j} \frac{2}{\hbar^2} A_{ij} \vec{S}_i \vec{S}_j \,. \tag{K299}$$

$\vec{S}_i$ und $\vec{S}_j$ sind die Spinoperatoren des i-ten bzw. j-ten magnetischen Ions. Der Parameter A_{ij} charakterisiert die Stärke der entsprechenden Austauschwechselwirkung. Positives A_{ij} bedeutet ferromagnetische, negatives A_{ij} antiferromagnetische Kopplung der beiden betreffenden Spins. Die Summation erstreckt sich im allgemeinen Fall über sämtliche Ionenpaare im Kristall. Das durch Gl. K 299 beschriebene Eigenwertproblem, das nur die Wechselwirkung zwischen je zwei Spins berücksichtigt, ist nicht exakt lösbar. Für die verschiedenen Näherungsmethoden, wie z.B. das ISING-Modell, die Methoden eines effektiven Feldes und die Spinwellen-Näherung, verweisen wir auf die Fachliteratur.

Hier erwähnen wir lediglich, dass die einfachste Näherung mit der auf S. 462 ff. behandelten Molekularfeldtheorie in Zusammenhang steht. Ersetzt man in Gl. K 299 den Operator $\vec{S}_i$ durch seinen Erwartungswert $\langle\vec{S}_i\rangle$, so ergibt sich als Näherung

$$\mathcal{H}_{\text{Austausch}} \approx \frac{1}{2} \sum_j \mathcal{H}_j \tag{K300}$$

mit

$$\mathcal{H}_j = -\vec{S}_j \langle\vec{S}_i\rangle \sum_{i \neq j} \frac{2}{\hbar^2} A_{ij} \,. \tag{K301}$$

Dieser Wechselwirkungsoperator wird ausgedrückt durch das WEISSsche Molekularfeld, d.h.

$$\mathcal{H}_j = -g\,\mu_B \frac{\vec{S}_j}{\hbar} \vec{B}_m \tag{K302}$$

bzw. nach Gl. K 278 und K 282

$$\mathcal{H}_j = -\mu_0\, g\,\mu_B \frac{\vec{S}_j}{\hbar} W \vec{M}. \tag{K303}$$

Die Magnetisierung ist bestimmt durch den mittleren Spin $\langle\vec{S}_i\rangle$ der magnetischen Ionen der Konzentration N:

$$\vec{M} = g\,\mu_B \frac{\langle\vec{S}_i\rangle}{\hbar} N. \tag{K304}$$

Damit erhält man aus Gl. K 301 und K 302 für das Molekularfeld

$$\vec{B}_m = \frac{1}{g\,\mu_B} \frac{\langle\vec{S}_i\rangle}{\hbar} \sum_{i \neq j} 2\, A_{ij} \tag{K305}$$

und aus Gl. K 301 und K 303 für den WEISSschen Faktor

$$W = \frac{1}{\mu_0 g^2 \mu_B^2 N} \sum_{i \neq j} 2 A_{ij} . \qquad \text{(K 306)}$$

Einsetzen von Gl. K 306 in Gl. K 287 liefert unter Verwendung von Gl. K 304 eine direkte Beziehung zwischen der CURIE-Temperatur und dem Austauschparameter. Da die Austauschwechselwirkung nur zwischen den Spinmomenten besteht, ist in Gl. K 287 J durch S zu ersetzen, und man erhält

$$T_C = \frac{2}{3k} S(S+1) \sum_{i \neq j} A_{ij} . \qquad \text{(K 307)}$$

Im einfachsten Fall, in dem die Austauschwechselwirkung isotrop ist und nur zwischen den nächsten Nachbarionen besteht, geht Gl. K 307 über in

$$T_C = \frac{2}{3k} S(S+1) Z A . \qquad \text{(K 308)}$$

Z Anzahl der nächsten Nachbarionen
A Austauschintegral

Im allgemeinen Fall kann die Austauschwechselwirkung viel grössere Reichweite als nur bis zu den nächsten Nachbarn aufweisen. Ausserdem können in einer Substanz verschiedene Sorten von magnetischen Ionen vorkommen. Damit sind nur einige Umstände angedeutet, welche die Beschreibung des magnetischen Verhaltens erschweren. Für die weitere Behandlung magnetischer Ordnungsphänomene müssen wir hier auf die Spezialliteratur verweisen.

Literatur

BATES, L. F., *Modern Magnetism* (Cambridge University Press, London 1951).
BECKER, R., *Theorie der Elektrizität*, Bd. 1, §§ 49–51, Bd. 2, §§ 29–31 (Teubner, Leipzig 1949).
BECKER, R., und DÖRING, W., *Ferromagnetismus* (Springer, Berlin 1939).
BELOV, K. P., *Magnetic Transitions* (Consultants Bureau, New York 1961).
BOZORTH, R. M., *Ferromagnetism* (Van Nostrand, Princeton 1951).
CHIKAZUMI, S., und CHARAP, S. H., *Physics of Magnetism* (Wiley, New York 1964).
DORFMAN, J. G., *Diamagnetismus und chemische Bindung* (Deutsch, Frankfurt/M. 1964).
GUGGENHEIM, E. A., *Thermodynamics*, Kap. 13 (North-Holland, Amsterdam 1949).
HERPIN, A., *Magnétisme*, in *Low Temperature Physics*, herausgegeben von C. de WITT et al. (Gordon and Breach, New York 1962).
HERPIN, A., *Théorie du Magnétisme* (Presses Universitaires de France, Paris 1968).
KNELLER, E., *Ferromagnetismus* (Springer, Berlin 1962).
KRUPIČKA, S., und STERNBERK, J. (Herausgeber), *Elements of Theoretical Magnetism* (Iliffe, New York 1968).
MARSHALL, W. (Herausgeber), *Theory of Magnetism in Transition Metals* (Academic Press, New York 1967).
MARTIN, D. H., *Magnetism in Solids* (M.I.T. Press, Cambridge, Mass. 1967).
MORRISH, A. H., *The Physical Principles of Magnetism* (Wiley, New York 1965).
PRYCE, M. H. L., et al., *Varenna Lectures on Magnetism*, in Nuovo Cimento, Suppl. 6, S. 895 ff. (1957).

RADO, G. und SUHL, H. (Herausgeber), *Magnetism*, Bd. 1–4 (Academic Press, New York 1962–1966).
SCHIEBER, M. M., *Experimental Magnetochemistry* (North-Holland, Amsterdam 1967).
SELWOOD, P. W., *Magnetochemistry* (Interscience, New York 1956).
SMART, J. S., *Effective Field Theories of Magnetism* (Saunders, Philadelphia 1966).
STONER, E. C., *Magnetism and Matter* (Methuen, London 1934).
VAN VLECK, J. H., *The Theory of Electric and Magnetic Susceptibilities* (Oxford University Press, London 1932).
VOGT, E., *Physikalische Eigenschaften der Metalle*, Bd. 1, Kap. 4, 5 (Akademische Verlagsgesellschaft, Leipzig 1958).
WIJN, H. P. J. (Herausgeber), *Magnetismus*, in *Handbuch der Physik*, Bd. 18/1 (Springer, Berlin 1968).
WIJN, H. P. J. (Herausgeber), *Ferromagnetismus*, in *Handbuch der Physik*, Bd. 18/2 (Springer, Berlin 1966).
WONSOWSKI, S. W., *Moderne Lehre vom Magnetismus* (Deutscher Verlag der Wissenschaften, Berlin 1956).

Physikalische Konstanten und oft gebrauchte Umrechnungen

I. Physikalische Konstanten

(nach B. N. Taylor, W. H. Parker und D. N. Langenberg, Rev. Mod. Phys. *41*, 375 (1969) und E. R. Cohen und J. W. M. DuMond, Rev. Mod. Phys. *37*, 537 (1965))

Lichtgeschwindigkeit im Vakuum	$c = 2{,}998 \cdot 10^8 \dfrac{\text{m}}{\text{sec}}$
Induktionskonstante (Festsetzung)	$\mu_0 = 4\pi \cdot 10^{-7} \dfrac{\text{V sec}}{\text{A m}}$
Influenzkonstante	$\varepsilon_0 = \dfrac{1}{\mu_0 c^2} = 8{,}854 \cdot 10^{-12} \dfrac{\text{A sec}}{\text{V m}}$
Avogadrosche Zahl	$L = 6{,}022 \cdot 10^{26}\ \text{kMol}^{-1}$
Universelle Gaskonstante	$R_0 = L\,k_B = 8{,}314 \cdot 10^3 \dfrac{\text{J}}{\text{Grad kMol}} = 1{,}986 \dfrac{\text{kcal}}{\text{Grad kMol}}$
Boltzmannsche Konstante	$k_B = 1{,}381 \cdot 10^{-23} \dfrac{\text{J}}{\text{Grad}}$
Plancksches Wirkungsquantum	$h = 6{,}626 \cdot 10^{-34}\ \text{J sec} = 4{,}136 \cdot 10^{-15}\ \text{eV sec}$
	$\hbar = \dfrac{h}{2\pi} = 1{,}055 \cdot 10^{-34}\ \text{J sec} = 6{,}582 \cdot 10^{-16}\ \text{eV sec}$
Elementarladung	$e = 1{,}602 \cdot 10^{-19}\ \text{A sec} = 4{,}803 \cdot 10^{-10}$ el. stat. Einh.
Magnetisches Flussquant	$\Phi_0 = \left[\dfrac{1}{c}\right]\left(\dfrac{hc}{2e}\right) = 2{,}068 \cdot 10^{-15}\ \text{V sec} = 2{,}068 \cdot 10^{-7}\ \text{Gauss cm}^2$
Ruhemasse des Elektrons	$m_e = 0{,}9110 \cdot 10^{-30}\ \text{kg}$
Spezifische Ladung des Elektrons	$\dfrac{e}{m_e} = 1{,}759 \cdot 10^{11} \dfrac{\text{A sec}}{\text{kg}}$
Klassischer Radius des Elektrons	$r_e = \left[\dfrac{1}{4\pi\varepsilon_0}\right]\left(\dfrac{e^2}{m_e c^2}\right) = \alpha^2 a_0 = 2{,}818 \cdot 10^{-15}\ \text{m}$
Compton-Wellenlänge des Elektrons	$\lambda_c = \dfrac{h}{m_e c} = 2{,}426 \cdot 10^{-12}\ \text{m}$
Ruhemasse des Neutrons	$m_N = 1{,}6749 \cdot 10^{-27}\ \text{kg}$
Ruhemasse des Protons	$m_P = 1{,}6726 \cdot 10^{-27}\ \text{kg} = 1836\ m_e$
Atomare Massenkonstante (12 u für ^{12}C-Atom)	$m_u = 1{,}6605 \cdot 10^{-27}\ \text{kg} = 1\ \text{u}$
Rydberg-Konstante (für Kernmasse ∞)	$R_\infty = \left[\dfrac{1}{4\pi\varepsilon_0}\right]^2\left(\dfrac{m_e e^4}{4\pi\hbar^3 c}\right) = 1{,}0974 \cdot 10^7\ \text{m}^{-1}$
	$\nu_{Ry} = R_\infty c = 3{,}290 \cdot 10^{15}\ \text{sec}^{-1}$

RYDBERGsche Energie (für Kernmasse ∞) $E_{Ry} = h\nu_{Ry} = 13{,}606$ eV

BOHRscher Radius (für Kernmasse ∞) $a_0 = [4\pi\varepsilon_0]\left(\frac{\hbar^2}{m_e e^2}\right) = \frac{\alpha}{4\pi R_\infty} = 5{,}292\cdot 10^{-11}\,\text{m}$

SOMMERFELDsche Feinstrukturkonstante $\alpha = \left[\frac{1}{4\pi\varepsilon_0}\right]\left(\frac{e^2}{\hbar c}\right) = \frac{\lambda_e}{2\pi a_0} = \frac{1}{137{,}04}$

BOHRsches Magneton

im GIORGI–MIE-System $\{B = \mu_0(H+M)\}$ $\mu_B^{Mie} = \frac{e\hbar}{2m_e} = 0{,}9274\cdot 10^{-23}\,\text{A m}^2$

im GIORGI–POHL-System $\{B = \mu_0 H + M\}$ $\mu_B^{Pohl} = \mu_0\frac{e\hbar}{2m_e} = 1{,}165\cdot 10^{-29}\,\text{V sec m}$

im GAUSS-System $\{B = H + 4\pi M\}$ $\mu_B^{Gauss} = \frac{e\hbar}{2m_e c} = 0{,}9274\cdot 10^{-20}\,\frac{\text{erg}}{\text{Oersted}} = 1{,}165\cdot 10^{-19}\,\text{Gauss cm}^3$

II. Energie-Umrechnung

$1\,\text{J} = 1\,\text{V A sec} = 1\,\text{W sec} = 10^7\,\text{erg} = 4\pi\cdot 10^7\,\text{cm}^3$ Gauss Oersted

(1 $\frac{\text{A}}{\text{m}} = 4\pi\cdot 10^{-3}$ Oersted, 1 $\frac{\text{V sec}}{\text{m}^2} = 10^4$ Gauss; Gauss wird hier stets als Einheit der magnetischen Induktion B betrachtet. In der Literatur wird oft kein Unterschied zwischen Gauss und Oersted gemacht. Zuweilen wird die Einheit der Magnetisierung M in ‹Gauss für M› angegeben: 1 Gauss für $M = 4\pi$ Gauss für B)

$$1\,\text{eV} = 0{,}07350\ \text{Rydberg} = 1{,}602\cdot 10^{-19}\,\text{J} = 3{,}827\cdot 10^{-20}\,\text{cal} = k_B(11605\,°\text{K}) =$$
$$2\mu_B^{Mie}\left(0{,}8638\cdot 10^4\,\frac{\text{V sec}}{\text{m}^2}\right) = 2\mu_B^{Pohl}\left(0{,}6874\cdot 10^{10}\,\frac{\text{A}}{\text{m}}\right) = 2\mu_B^{Gauss}\,(0{,}8638\cdot 10^8\ \text{Oersted})$$

$$k_B(1\,°\text{K}) = 0{,}8617\cdot 10^{-4}\,\text{eV} = 2\mu_B^{Mie}\left(0{,}7443\,\frac{\text{V sec}}{\text{m}^2}\right)$$

$$\exp\left(\frac{E}{k_B T}\right) = \exp\left(11605\,\frac{E\,[\text{eV}]}{T\,[°\text{K}]}\right) = 10^{5039\,E[\text{eV}]/T[°\text{K}]}$$

1 cal = 4,187 J; 1 J = 0,2388 cal

1 eV pro Molekül entspricht 23,05 $\frac{\text{kcal}}{\text{Mol}}$.

(Der hier angegebene Wert für 1 cal entspricht der internationalen Definition für Dampfdrucktabellen)

III. Korpuskel und Welle

1. *Energie E und Impuls p gegenüber Frequenz ν und Wellenlänge λ*

$$E = h\nu = \hbar\omega, \quad p = \frac{h}{\lambda} = \hbar k$$

Dispersionsgesetz: $E = E(p) = E(k)$ bzw. $\omega = \omega(k)$ oder $\nu = \nu(\lambda)$

Phasengeschwindigkeit: $v_p = \frac{E}{p} = \frac{\omega}{k} = \nu\lambda$

Gruppengeschwindigkeit: $v_g = \frac{\partial E}{\partial p} = \frac{\partial\omega}{\partial k}$

2. *Teilchen oder Quasiteilchen ohne Dispersion*

$$\frac{E}{p} = \frac{\partial E}{\partial p} = \text{const}$$

Beispiel: Photonen im Vakuum

Lichtgeschwindigkeit: $c = v_g = v_p = 2{,}998 \cdot 10^{10} \dfrac{\text{cm}}{\text{sec}}$

Energie und Wellenlänge: $E = \dfrac{hc}{\lambda}$ oder $E(\text{eV}) = \dfrac{1{,}2399}{\lambda[\mu\text{m}]}$

Für $E = 1\text{eV}$ ist die Wellenlänge $\lambda = 12399$ Å $\approx 1{,}240\ \mu$m,

die Wellenzahl $\dfrac{1}{\lambda} = \dfrac{k}{2\pi} = 8065\ \text{cm}^{-1}$,

die Frequenz $\nu = \dfrac{E}{h} = 2{,}418 \cdot 10^{14}$ Hz.

3. *Freie Teilchen mit Dispersion*

$$E = mc^2 = \frac{m_0 c^2}{\left(1 - \frac{v_g^2}{c^2}\right)^{\frac{1}{2}}} = m_0 c^2 + E_{kin}, \qquad p = m v_g = \frac{m_0 v_g}{\left(1 - \frac{v_g^2}{c^2}\right)^{\frac{1}{2}}}$$

Im nicht-relativistischen Fall gilt:

$$E_{kin} = \frac{p^2}{2m_0}, \qquad p = m_0 v$$

Beispiel: Freie Elektronen

Ruhe-Masse: $m_0 = m_e = 0{,}9110 \cdot 10^{-30}$ kg

Ruhe-Energie: $m_e c^2 = 5{,}110 \cdot 10^5$ eV

Für $E_{kin} = 1$ eV ist

die Geschwindigkeit $v_g = 5{,}931 \cdot 10^7 \dfrac{\text{cm}}{\text{sec}}$,

die Wellenlänge $\lambda = \dfrac{h}{p} = \left(\dfrac{h^2}{2m_e E_{kin}}\right)^{\frac{1}{2}} = \left(\dfrac{150{,}4}{E_{kin}[\text{eV}]}\right)^{\frac{1}{2}}$ Å $= 12{,}26$ Å,

die Wellenzahl $\dfrac{1}{\lambda} = \dfrac{k}{2\pi} = 8{,}154 \cdot 10^6\ \text{cm}^{-1}$,

die Frequenz $\nu = \dfrac{E}{h} = \dfrac{m_e c^2}{h} = 1{,}236 \cdot 10^{20}$ Hz.

Für hohe kinetische Energien ($E_{kin} \gtrsim 10^5$ eV) bzw. hohe Geschwindigkeiten $\left(v_g > 10^9 \dfrac{\text{cm}}{\text{sec}}\right)$ ist die relativistische Korrektur zu berücksichtigen. Dann ist:

$$\lambda = \frac{h}{p} = \frac{h}{m_0 v_g}\left(1 - \frac{v_g^2}{c^2}\right)^{\frac{1}{2}} = \left(\frac{h^2}{2m_0 E_{kin}\left(1 + \frac{E_{kin}}{2m_0 c^2}\right)}\right)^{\frac{1}{2}}$$

$$\nu = \frac{E}{h} = \frac{m_0 c^2}{h\left(1 - \frac{v_g^2}{c^2}\right)^{\frac{1}{2}}}$$

Daten des ‹Standard-Metalls›

Zum Zweck eines Vergleichs mit den Daten realer Metalle hat A. B. PIPPARD (Rep. Prog. Phys. *23*, 176 (1960)) aufgrund des Modells freier Elektronen Daten eines idealisierten Metalls angegeben. Dabei wird die Elektronenkonzentration $n = 6{,}0 \cdot 10^{22}\,\mathrm{cm}^{-3}$ angenommen (dies entspricht einem Atomvolumen A/ϱ von ungefähr 10 cm³ für ein einwertiges Metall). Für $T = 0\,°\mathrm{K}$ ergeben sich folgende Werte:

FERMI-Grenzenergie

$$\zeta_0 = \frac{\hbar^2}{2m_e}(3\pi^2 n)^{\frac{2}{3}} = 8{,}95 \cdot 10^{-12}\,\mathrm{erg} = 5{,}59\,\mathrm{eV}$$

Entartungstemperatur

$$T_E = \frac{2}{5}\,\frac{\zeta_0}{k_B} = 25900\,°\mathrm{K}$$

Radius der FERMI-Kugel

$$k(\zeta_0) = (3\pi^2 n)^{\frac{1}{3}} = 1{,}21 \cdot 10^{8}\,\mathrm{cm}^{-1}$$

Energie-Eigenwertdichte an der FERMI-Grenze pro Volumeneinheit (Spin-Entartung nicht einbegriffen)

$$D(\zeta_0) = \frac{1}{4\pi^2}\left(\frac{2m_e}{\hbar^2}\right)^{\frac{3}{2}} \zeta_0^{\frac{1}{2}} = \frac{m_e}{2\pi^2\hbar^2}\,k(\zeta_0) = 5{,}03 \cdot 10^{33}\,\mathrm{erg}^{-1}\,\mathrm{cm}^{-3} = 0{,}805 \cdot 10^{22}\,\mathrm{eV}^{-1}\,\mathrm{cm}^{-3}$$

Spezifische Wärme der Elektronen pro Volumeneinheit

$$c_V^{El} = \frac{2}{3}\pi^2 k_B^2 D(\zeta_0)\,T = \gamma T = 630\;T\,\frac{\mathrm{erg}}{\mathrm{cm}^3\,\mathrm{Grad}}$$

FERMI-Geschwindigkeit

$$v_F = \frac{\hbar k(\zeta_0)}{m_e} = 1{,}40 \cdot 10^{8}\,\frac{\mathrm{cm}}{\mathrm{sec}}$$

Oberfläche der FERMI-Kugel

$$S = 4\pi k^2(\zeta_0) = 1{,}84 \cdot 10^{17}\,\mathrm{cm}^{-2}$$

Maximaler Querschnitt der FERMI-Kugel

$$A_{\max} = \frac{S}{4} = 4{,}61 \cdot 10^{16}\,\mathrm{cm}^{-2}$$

Zyklotronfrequenz der Elektronen im Magnetfeld H

$$\omega_c = \frac{e}{m_e}B \approx \frac{2\mu_B^{Mie}}{\hbar}\,\mu_0 H = 2{,}21 \cdot 10^{7}\left(H\left[\frac{\mathrm{A}}{\mathrm{cm}}\right]\right)\frac{\mathrm{rad}}{\mathrm{sec}}$$

Radius der klassischen Zyklotronbahnen der Elektronen an der FERMI-Grenze

$$R_c = \frac{v_F}{\omega_c} = \frac{6{,}33}{H\left[\frac{\mathrm{A}}{\mathrm{cm}}\right]}\,\mathrm{cm}$$

Elektrische Leitfähigkeit der Elektronen mit der freien Weglänge Λ

$$\sigma = \frac{ne^2}{m_e v_F}\,\Lambda = 1{,}21 \cdot 10^{11}\,(\Lambda\,[\mathrm{cm}])\;\Omega^{-1}\,\mathrm{cm}^{-1}$$

Periodisches System und periodische Tabellen physikalischer Eigenschaften der Elemente

In den periodischen Tabellen P 1–5 werden folgende physikalische Daten angegeben:

Tab. P 1–2 P 4–5	**A**	Ordnungszahl
Tab. P 1–5	**B**	Symbol
Tab. P 1	**C**	Name [Remy 1965]
	D	Atomgewicht in g/g-Atom [CRC Hbk Chem. Phys. 1970]
	E	Dichte in g/cm^3 [Taylor u. Kagle 1963; Landolt-Börnstein IV/4a, 1967]
	F	Atomvolumen in cm^3/g-Atom [Periodic Tables, Sargent 1964; Gschneidner 1964]
Tab. P 2	**G**	Normale Elektronenkonfiguration des Atoms [Moore 1949; Wybourne 1965; Samsonov 1968]
	H	Grundzustand des Atoms [Moore 1949–1958; Wybourne 1965]
	I	Grundzustand des 1-, 2- bzw. 3-fach ionisierten Atoms [s. unter H]
	J	Erste, zweite und dritte Ionisierungsenergie in eV [Moore 1958; Samsonov 1968]
Tab. P 3	**K**	Elektronegativität [Rich 1965]
	L	Oxidationsstufen [Jørgensen 1969]
	M	Kristallstruktur [Landolt-Börnstein I/4, 1955; Pearson 1967]
	N	Atomradius in Å [Slater 1965]
	O	Ionenradius in Å [CRC Hbk Chem. Phys. 1970]
Tab. P 4	**P**	Schmelztemperatur in °K [Gschneidner 1964; Landolt-Börnstein IV/4a, 1967]
	Q	Siedetemperatur in °K [s. unter P]
	R	Schmelzenthalpie in kcal/g-Atom [s. unter P]
	S	Verdampfungsenthalpie in kcal/g-Atom [Periodic Tables, Sargent 1964; Sanderson 1967; CRC Hbk Chem. Phys. 1970]
	T	Atomisierungsenthalpie in kcal/g-Atom [Gschneidner 1964; Rich 1965; Sanderson 1967]
Tab. P 5	**U**	Umwandlungstemperatur der magnetischen Ordnung in °K [Keffer 1966; Tebble u. Craik 1969; Connolly u. Copenhaver 1970]
	V	Sprungtemperatur der Supraleitung in °K [Müller 1968; Gladstone et al. 1969]
	W	Austrittsarbeit in eV [Fomenko u. Samsonov 1966; Eastman 1970]

Tab. P 1
Periodisches System der Elemente

	I	II		III	IV	V	VI	VII	0
1	1 1.00797 [verfl] 0.071 H 14.2 Wasserstoff								2 4.0026 [verfl] 0.126 He 31.8 Helium
2	3 6.939 0.53 Li 13.0 Lithium	4 9.0122 1.84 Be 4.89 Beryllium		5 10.811 [α] 2.46 B 4.40 Bor	6 12.01115 [G] 2.26 C 5.30 Kohlenstoff	7 14.0067 [verfl] 0.81 N 17.3 Stickstoff	8 15.9994 [verfl] 1.14 O 14.0 Sauerstoff	9 18.9984 [verfl] 1.50 F 12.6 Fluor	10 20.183 [verfl] 1.21 Ne 16.7 Neon
3	11 22.9898 0.97 Na 23.8 Natrium	12 24.312 1.74 Mg 14.0 Magnesium		13 26.9815 2.70 Al 10.0 Aluminium	14 28.086 2.33 Si 12.1 Silizium	15 30.9738 [w] 1.80 P 17.2 Phosphor	16 32.064 [α] 2.08 S 15.4 Schwefel	17 35.453 [verfl] 1.56 Cl 22.7 Chlor	18 39.948 [verfl] 1.41 Ar 28.4 Argon
4	19 39.102 0.86 K 45.5 Kalium	20 40.08 1.53 Ca 26.2 Calcium	30 65.37 7.13 Zn 9.17 Zink	31 69.72 5.91 Ga 11.8 Gallium	32 72.59 5.33 Ge 13.6 Germanium	33 74.9216 5.78 As 13.0 Arsen	34 78.96 [hex] 4.81 Se 16.4 Selen	35 79.904 [fl] 3.12 Br 25.6 Brom	36 83.80 [verfl] 2.40 Kr 35 Krypton
5	37 85.47 1.53 Rb 55.8 Rubidium	38 87.62 2.58 Sr 33.9 Strontium	48 112.40 8.64 Cd 13.0 Cadmium	49 114.82 7.29 In 15.7 Indium	50 118.69 [β] 7.29 Sn 16.3 Zinn	51 121.75 6.69 Sb 18.2 Antimon	52 127.60 6.24 Te 20.5 Tellur	53 126.9044 4.93 J 25.7 Jod	54 131.30 [verfl] 3.06 Xe 43 Xenon
6	55 132.905 1.90 Cs 70.0 Caesium	56 137.34 3.6 Ba 38.1 Barium	80 200.59 [fl] 13.6 Hg 14.8 Quecksilber	81 204.37 11.9 Tl 17.2 Thallium	82 207.19 11.3 Pb 18.3 Blei	83 208.980 9.81 Bi 21.3 Wismut	84 [209] [α] 9.32 Po 22.5 Polonium	85 [210] – At – Astatin	86 [222] [verfl] *4.5* Rn *50* Radon
7	87 [223] – Fr *73* Francium	88 [226] 6.0 Ra *38* Radium							

A — 1 1.00797 — D
E — [verfl] 0.071 H — B
F — 14.2 Wasserstoff — C

A Ordnungszahl
B Symbol[a])
C Name[a])
D Atomgewicht A[a])
E Dichte ϱ in $\frac{g}{cm^3}$ [b])
F Atomvolumen $V_A = A/\varrho$ in $\frac{cm^3}{g\text{-}Atom}$ [b])

zu E und F:
[verfl]: verflüssigt, am Siedepunkt.
[fl]: flüssig, bei Zimmertemperatur.
[α, β, γ, w, G, hex]: Bezeichnung einer in Tab. P 3 näher spezifizierten Kristallmodifikation bei Zimmertemperatur.
[^{99}Tc, ^{147}Pm]: gilt für das Isotop ^{99}Tc bzw. ^{147}Pm.

Die Angaben in Kursivdruck sind entweder unsicher oder wurden durch Extrapolation erhalten.

Bemerkungen a) und b) befinden sich hinter den Tabellen.

d-Elemente und Edelmetalle

4		21 44.956 Sc 2.99 15.0 Scandium		22 47.90 Ti 4.51 10.6 Titan	23 50.942 V 6.09 8.37 Vanadium	24 51.996 Cr 7.19 7.23 Chrom	25 54.9380 [α] Mn 10.2 9.39 Mangan	26 55.847 Fe 7.87 7.10 Eisen	27 58.9332 Co 8.8 6.7 Kobalt	28 58.71 Ni 8.9 6.6 Nickel	29 63.546 Cu 8.93 7.11 Kupfer
5		39 88.905 Y 4.47 19.9 Yttrium		40 91.22 Zr 6.56 14.0 Zirkonium	41 92.906 Nb 8.58 10.8 Niob	42 95.94 Mo 10.2 9.39 Molybdän	43 [97] [^{99}Tc] Tc 11.5 8.64 Technetium	44 101.07 Ru 12.4 8.18 Ruthenium	45 102.905 Rh 12.4 8.29 Rhodium	46 106.4 Pd 12.0 8.88 Palladium	47 107.868 Ag 10.5 10.3 Silber
6	57 138.91 La 6.17 22.5 Lanthan		71 174.97 Lu 9.74 17.9 Lutetium	72 178.49 Hf 13.2 13.5 Hafnium	73 180.948 Ta 16.6 10.8 Tantal	74 183.85 W 19.3 9.53 Wolfram	75 186.2 Re 21.0 8.87 Rhenium	76 190.2 Os 22.6 8.42 Osmium	77 192.2 Ir 22.7 8.48 Iridium	78 195.09 Pt 21.5 9.08 Platin	79 196.967 Au 19.3 10.2 Gold
7	89 [227] Ac 10.1 22.6 Actinium		103 [257] (Lr) – – (Lawrencium)	104 [257] (Rf) – – (Rutherfordium)	105 [260] (Ha) – – (Hahnium)						

f-Elemente
(Lanthanide und Actinide)

6	58 140.12 [γ] Ce 6.77 20.7 Cer	59 140.907 Pr 6.77 20.8 Praseodym	60 144.24 Nd 7.00 20.6 Neodym	61 [145] [^{147}Pm] Pm 7.26 20.3 Promethium	62 150.35 Sm 7.54 20.0 Samarium	63 151.96 Eu 5.25 29.0 Europium	64 157.25 Gd 7.87 19.9 Gadolinium	65 158.924 Tb 8.27 19.2 Terbium	66 162.50 Dy 8.53 19.0 Dysprosium	67 164.930 Ho 8.80 18.8 Holmium	68 167.26 Er 9.04 18.5 Erbium	69 168.934 Tm 9.33 18.1 Thulium	70 173.04 Yb 6.97 24.8 Ytterbium
7	90 232.038 Th 11.7 19.8 Thorium	91 [231] Pa 15.4 15.0 Protactinium	92 238.03 [α] U 19.0 12.5 Uran	93 [237] Np 20.5 11.6 Neptunium	94 [244] Pu 19.8 12.1 Plutonium	95 [243] Am 13.7 17.7 Americium	96 [247] Cm – – Curium	97 [247] Bk – – Berkelium	98 [251] Cf – – Californium	99 [254] Es – – Einsteinium	100 [257] Fm – – Fermium	101 [256] Md – – Mendelevium	102 [254] No – – Nobelium

Tab. P 2
Atomphysikalische Daten

Periode									
1	H 13.6 – / – / – 1 $1s$ $^2S_{1/2}$								He 24.6, 54.4 $^2S_{1/2}$ / – / – 2 $1s^2$ $^1S_0$
2	Li 5.39, 75.6, 122 $^1S_0$ / $^2S_{1/2}$ / – 3 $1s^22s$ $^2S_{1/2}$	Be 9.32, 18.2, 154 $^2S_{1/2}$ / $^1S_0$ / $^2S_{1/2}$ 4 $1s^22s^2$ $^1S_0$		B 8.30, 25.1, 37.9 $^1S_0$ / $^2S_{1/2}$ / $^1S_0$ 5 $2s^22p$ $^2P_{1/2}$	C 11.3, 24.4, 47.9 $^2P_{1/2}$ / $^1S_0$ / $^2S_{1/2}$ 6 $2s^22p^2$ $^3P_0$	N 14.5, 29.6, 47.4 $^3P_0$ / $^2P_{1/2}$ / $^1S_0$ 7 $2s^22p^3$ $^4S_{3/2}$	O 13.6, 35.1, 54.9 $^4S_{3/2}$ / $^3P_0$ / $^2P_{1/2}$ 8 $2s^22p^4$ $^3P_2$	F 17.4, 35.0, 62.6 $^3P_2$ / $^4S_{3/2}$ / $^3P_0$ 9 $2s^22p^5$ $^2P_{3/2}$	Ne 21.6, 41.1, 63.5 $^2P_{3/2}$ / $^3P_2$ / $^4S_{3/2}$ 10 $2s^22p^6$ $^1S_0$
3	Na 5.14, 47.3, 71.8 $^1S_0$ / $^2P_{3/2}$ / $^3P_2$ 11 $2p^63s$ $^2S_{1/2}$	Mg 7.64, 15.0, *78.1* $^2S_{1/2}$ / $^1S_0$ / $^2P_{3/2}$ 12 $2p^63s^2$ $^1S_0$		Al 5.98, 18.8, 28.4 $^1S_0$ / $^2S_{1/2}$ / $^1S_0$ 13 $3s^23p$ $^2P_{1/2}$	Si 8.15, 16.3, 33.5 $^2P_{1/2}$ / $^1S_0$ / $^2S_{1/2}$ 14 $3s^23p^2$ $^3P_0$	P 10.5, 19.7, 30.2 $^3P_0$ / $^2P_{1/2}$ / $^1S_0$ 15 $3s^23p^3$ $^4S_{3/2}$	S 10.4, 23.4, 34.8 $^4S_{3/2}$ / $^3P_0$ / $^2P_{1/2}$ 16 $3s^23p^4$ $^3P_2$	Cl 13.0, 23.8, 39.9 $^3P_2$ / $^4S_{3/2}$ / $^3P_0$ 17 $3s^23p^5$ $^2P_{3/2}$	Ar 15.8, 27.6, 40.9 $^2P_{3/2}$ / $^3P_2$ / $^4S_{3/2}$ 18 $3s^23p^6$ $^1S_0$
4	K 4.34, 31.8, 45.9 $^1S_0$ / $^2P_{3/2}$ / $^3P_2$ 19 $3p^64s$ $^2S_{1/2}$	Ca 6.11, 11.9, 51.2 $^2S_{1/2}$ / $^1S_0$ / $^2P_{3/2}$ 20 $3p^64s^2$ $^1S_0$	Zn 9.39, 18.0, 39.7 $^2S_{1/2}$ / $^1S_0$ / *$^2D_{5/2}$* 30 $3d^{10}4s^2$ $^1S_0$	Ga 6.00, 20.5, 30.7 $^1S_0$ / $^2S_{1/2}$ / $^1S_0$ 31 $4s^24p$ $^2P_{1/2}$	Ge 7.88, 15.9, 34.2 $^2P_{1/2}$ / $^1S_0$ / $^2S_{1/2}$ 32 $4s^24p^2$ $^3P_0$	As 9.81, 18.7, 28.3 $^3P_0$ / $^2P_{1/2}$ / $^1S_0$ 33 $4s^24p^3$ $^4S_{3/2}$	Se 9.75, 21.5, 32.0 $^4S_{3/2}$ / $^3P_0$ / $^2P_{1/2}$ 34 $4s^24p^4$ $^3P_2$	Br 11.8, 21.6, 35.9 $^3P_2$ / $^4S_{3/2}$ / $^3P_0$ 35 $4s^24p^5$ $^2P_{3/2}$	Kr 14.0, 24.6, 36.9 $^2P_{3/2}$ / $^3P_2$ / $^4S_{3/2}$ 36 $4s^24p^6$ $^1S_0$
5	Rb 4.18, 27.6, 40 $^1S_0$ / $^2P_{3/2}$ / – 37 $4p^65s$ $^2S_{1/2}$	Sr 5.69, 11.0, 43.6 $^2S_{1/2}$ / – / $^2P_{3/2}$ 38 $4p^65s^2$ $^1S_0$	Cd 8.99, 16.9, *44* $^2S_{1/2}$ / $^1S_0$ / $^2D_{5/2}$ 48 $4d^{10}5s^2$ $^1S_0$	In 5.79, 18.9, 28.0 $^1S_0$ / $^2S_{1/2}$ / $^1S_0$ 49 $5s^25p$ $^2P_{1/2}$	Sn 7.33, 14.6, 30.7 $^2P_{1/2}$ / $^1S_0$ / $^2S_{1/2}$ 50 $5s^25p^2$ $^3P_0$	Sb 8.64, 16.7, 24.8 $^3P_0$ / $^2P_{1/2}$ / $^1S_0$ 51 $5s^25p^3$ $^4S_{3/2}$	Te 9.01, 18.8, 31.0 $^4S_{3/2}$ / $^3P_0$ / $^2P_{1/2}$ 52 $5s^25p^4$ $^3P_2$	J 10.4, 19.0, 33 $^3P_2$ / $^4S_{3/2}$ / $^3P_0$ 53 $5s^25p^5$ $^2P_{3/2}$	Xe 12.1, 21.2, 32.1 $^2P_{3/2}$ / $^3P_2$ / $^4S_{3/2}$ 54 $5s^25p^6$ $^1S_0$
6	Cs 3.89, 25.1, 34.6 $^1S_0$ / $^2P_{3/2}$ / $^3P_2$ 55 $5p^66s$ $^2S_{1/2}$	Ba 5.21, 10.0, *37* $^2S_{1/2}$ / – / $^2P_{3/2}$ 56 $5p^66s^2$ $^1S_0$	Hg 10.4, 18.8, 34.2 $^2S_{1/2}$ / $^3D_3$ / $^4F_{9/2}$ 80 $5d^{10}6s^2$ $^1S_0$	Tl 6.11, 20.4, 29.8 $^1S_0$ / $^2S_{1/2}$ / $^3D_3$ 81 $6s^26p$ $^2P_{1/2}$	Pb 7.42, 15.0, 31.9 $^2P_{1/2}$ / $^1S_0$ / $^2S_{1/2}$ 82 $6s^26p^2$ $^3P_0$	Bi 7.28, *16.7*, 25.6 $^3P_0$ / $^2P_{1/2}$ / $^1S_0$ 83 $6s^26p^3$ $^4S_{3/2}$	Po 8.2, 19.4, 27 – / – / – 84 $6s^26p^4$ $^3P_2$	At 9.2, 20.1, 29 – / – / – 85 $6s^26p^5$ $^2P_{3/2}$	Rn 10.7, 21.4, 29 $^2P_{3/2}$ / – / – 86 $6s^26p^6$ $^1S_0$
7	Fr 3.98, 22.5, 33 – / – / – 87 $6p^67s$ $^2S_{1/2}$	Ra 5.28, 10.1, *34* $^2S_{1/2}$ / – / – 88 $6p^67s^2$ $^1S_0$							

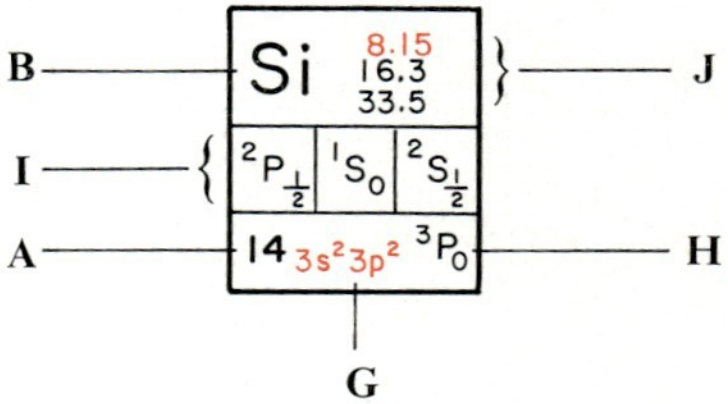

A Ordnungszahl
B Symbol
G Normale Elektronenkonfiguration des Atoms c)
H Grundzustand des Atoms d)
I von links nach rechts: Grundzustand des 1-, 2- und 3-fach ionisierten Atoms d)
J von oben nach unten: erste, zweite und dritte Ionisierungsenergie in eV.

Die Angaben in Kursivdruck sind entweder unsicher oder wurden durch Extrapolation erhalten.

Bemerkungen c) und d) befinden sich

4		Sc 6.56 12.9 24.8 $^3D_1$ $^2D_{3/2}$ $^1S_0$ 21 $3d\,4s^2$ $^2D_{3/2}$		Ti 6.83 13.6 28.1 $^4F_{3/2}$ $^3F_2$ $^2D_{3/2}$ 22 $3d^24s^2$ $^3F_2$	V 6.74 14.2 29.7 $^5D_0$ $^4F_{3/2}$ $^3F_2$ 23 $3d^34s^2$ $^4F_{3/2}$	Cr 6.76 16.5 31 $^6S_{5/2}$ $^5D_0$ $^4F_{3/2}$ 24 $3d^54s$ $^7S_3$	Mn 7.43 15.6 33.7 $^7S_3$ $^6S_{5/2}$ $^5D_0$ 25 $3d^54s^2$ $^6S_{5/2}$	Fe 7.9 16.2 30.6 $^6D_{9/2}$ $^5D_4$ $^6S_{5/2}$ 26 $3d^64s^2$ $^5D_4$	Co 7.86 17.1 33.5 $^3F_4$ $^4F_{9/2}$ $^5D_4$ 27 $3d^74s^2$ $^4F_{9/2}$	Ni 7.63 18.2 35.2 $^2D_{5/2}$ $^3F_4$ – 28 $3d^84s^2$ $^3F_4$
										Cu 7.72 20.3 36.8 $^1S_0$ $^2D_{5/2}$ – 29 $3d^{10}4s$ $^2S_{1/2}$
5		Y 6.38 12.2 20.5 $^1S_0$ $^2D_{3/2}$ – 39 $4d\,5s^2$ $^2D_{3/2}$		Zr 6.84 12.9 24 $^4F_{3/2}$ $^3F_2$ $^2D_{3/2}$ 40 $4d^25s^2$ $^3F_2$	Nb 6.88 13.9 28 $^5D_0$ $^4F_{3/2}$ $^3F_2$ 41 $4d^45s$ $^6D_{1/2}$	Mo 7.13 15.7 29 $^6S_{5/2}$ $^5D_0$ $^4F_{3/2}$ 42 $4d^55s$ $^7S_3$	Tc 7.23 14.9 31 $^7S_3$ – – 43 $4d^55s^2$ $^6S_{5/2}$	Ru 7.36 16.6 30 $^4F_{9/2}$ $^5D_4$ – 44 $4d^75s$ $^5F_5$	Rh 7.46 18.1 31 $^3F_4$ $^4F_{9/2}$ – 45 $4d^85s$ $^4F_{9/2}$	Pd 8.33 19.4 33 $^2D_{5/2}$ $^3F_4$ – 46 $4d^{10}$ $^1S_0$
										Ag 7.57 21.5 36 $^1S_0$ $^2D_{5/2}$ – 47 $4d^{10}5s$ $^2S_{1/2}$
6	La 5.61 11.4 19.2 $^3F_2$ $^2D_{3/2}$ $^1S_0$ 57 $5d\,6s^2$ $^2D_{3/2}$		Lu 6.15 14.7 22 $^1S_0$ $^2S_{1/2}$ $^1S_0$ 71 $4f^{14}5d6s^2$ $^2D_{3/2}$	Hf 7 14.9 23 $^2D_{3/2}$ – – 72 $5d^26s^2$ $^3F_2$	Ta 7.7 16.2 22 $^5F_1$ – – 73 $5d^36s^2$ $^4F_{3/2}$	W 7.98 17.7 24 $^6D_{1/2}$ – – 74 $5d^46s^2$ $^5D_0$	Re 7.87 16.6 26 $^7S_3$ – – 75 $5d^56s^2$ $^6S_{5/2}$	Os 8.7 17 25 $^6D_{9/2}$ – – 76 $5d^66s^2$ $^5D_4$	Ir 9.2 17.0 27 – – – 77 $5d^76s^2$ $^4F_{9/2}$	Pt 8.96 18.5 29 $^2D_{5/2}$ – – 78 $5d^96s$ $^3D_3$
										Au 9.22 20.5 30 $^1S_0$ – – 79 $5d^{10}6s$ $^2S_{1/2}$
7	Ac 6.89 11.5 20 $^1S_0$ $^2S_{1/2}$ – 89 $6d\,7s^2$ $^2D_{3/2}$		(Lr) — — $^1S_0$ $^2S_{1/2}$ $^1S_0$ 103 $5f^{14}6d7s^2$ $^2D_{3/2}$	(Rf) — — – – – 104 $6d^27s^2$ –	(Ha) — — – – – 105 — –					

6	Ce 6.54 12.3 19.9 $^2G_{7/2}$ $^3H_4$ $^2F_{5/2}$ 58 $4f5d6s^2$ $^1G_4$	Pr 5.76 11.5 21 $^5I_4$ $^4I_{9/2}$ $^3H_4$ 59 $4f^36s^2$ $^4I_{9/2}$	Nd 6.31 12.1 20.5 $^6I_{7/2}$ $^5I_4$ $^4I_{9/2}$ 60 $4f^46s^2$ $^5I_4$	Pm 5.9 11.7 22 $^7H_2$ $^6H_{5/2}$ $^5I_4$ 61 $4f^56s^2$ $^6H_{5/2}$	Sm 5.56 11.4 24 $^8F_{1/2}$ $^7F_0$ $^6H_{5/2}$ 62 $4f^66s^2$ $^7F_0$	Eu 5.61 11.2 24.5 $^9S_4$ $^8S_{7/2}$ $^7F_0$ 63 $4f^76s^2$ $^8S_{7/2}$	Gd 5.98 12 23 $^{10}D_{5/2}$ $^9D_2$ $^8S_{7/2}$ 64 $4f^75d6s^2$ $^9D_2$	Tb 6.74 12.5 22 $^7H_8$ $^6H_{15/2}$ $^7F_6$ 65 $4f^96s^2$ $^6H_{15/2}$	Dy 5.80 12.6 22 $^6I_{17/2}$ $^5I_8$ $^6H_{15/2}$ 66 $4f^{10}6s^2$ $^5I_8$	Ho 5.85 12.7 22 $^5I_8$ $^4I_{15/2}$ $^5I_8$ 67 $4f^{11}6s^2$ $^4I_{15/2}$	Er 6.11 12.5 23.0 $^4H_{13/2}$ $^3H_6$ $^4I_{15/2}$ 68 $4f^{12}6s^2$ $^3H_6$	Tm 5.85 12.4 24 $^3F_4$ $^2F_{7/2}$ $^3H_6$ 69 $4f^{13}6s^2$ $^2F_{7/2}$	Yb 5.90 12.1 25.5 $^2S_{1/2}$ $^1S_0$ $^2F_{7/2}$ 70 $4f^{14}6s^2$ $^1S_0$
7	Th 6.95 11.5 20 $^2D_{3/2}$ $^3F_2$ $^2F_{5/2}$ 90 $6d^27s^2$ $^3F_2$	Pa — — $^3H_4$ $^4K_{11/2}$ $^3H_4$ 91 $5f^26d7s^2$ $^4K_{11/2}$	U 5.65 14.6 25 $^4I_{9/2}$ $^5I_4$ $^4I_{9/2}$ 92 $5f^36d7s^2$ $^5L_6$	Np — — $^5I_4$ $^6H_{5/2}$ $^5I_4$ 93 $5f^46d7s^2$ $^6L_{11/2}$	Pu — — $^8F_{1/2}$ $^7F_0$ $^6H_{5/2}$ 94 $5f^67s^2$ $^7F_0$	Am — — $^9S_4$ $^8S_{7/2}$ $^7F_0$ 95 $5f^77s^2$ $^8S_{7/2}$	Cm — — $^{10}D_{5/2}$ $^9D_2$ $^8S_{7/2}$ 96 $5f^76d7s^2$ $^9D_2$	Bk — — $^9G_8$ $^8G_{15/2}$ $^7F_6$ 97 $5f^86d7s^2$ $^8G_{15/2}$	Cf — — $^6I_{17/2}$ $^5I_8$ $^6H_{15/2}$ 98 $5f^{10}7s^2$ $^5I_8$	Es — — $^5I_8$ $^4I_{15/2}$ $^5I_8$ 99 $5f^{11}7s^2$ $^4I_{15/2}$	Fm — — $^4H_{13/2}$ $^3H_6$ $^4I_{15/2}$ 100 $5f^{12}7s^2$ $^3H_6$	Md — — $^3F_4$ $^2F_{7/2}$ $^3H_6$ 101 $5f^{13}7s^2$ $^2F_{7/2}$	No — — $^2S_{1/2}$ $^1S_0$ $^2F_{7/2}$ 102 $5f^{14}7s^2$ $^1S_0$

1	H [n]"A3" 0.25 (-1) *1.54* -1,1 2.1								He [n] A3 — (0) 1.28 0
2	Li [n]A2 1.45 (1) 0.68 1 1.0	Be [α]A3 1.05 (2) 0.35 2 1.5		B [α]* 0.85 (3) 0.23 3 2.0	C [G]A9 0.70 (-4) 2.60 (+4) 0.16 -4,2,4 2.5	N [β]"A3" 0.65 (-3) 1.71 (+3) 0.16 (+5) 0.13 -3,2,3,4,5 3.05	O [γ]"A1" 0.60 (-2) 1.40 -2 3.5	F [β]* 0.50 (-1) 1.36 -1 4.1	Ne A1 — (0) 1.39 0
3	Na [n]A2 1.80 (1) 0.98 1 1.0	Mg A3 1.50 (2) 0.66 2 1.25		Al A1 1.25 (3) 0.51 3 1.45	Si A4 1.10 (-4) 2.71 (+4) 0.42 -4,2,4 1.75	P [w]* 1.00 (-3) 2.12 (+3) 0.44 (+5) 0.35 -3,3,5 2.05	S [α]A16 1.00 (-2) 1.84 (+4) 0.37 (+6) 0.30 -2,2,4,6 2.45	Cl [n]A14 1.00 (-1) 1.81 (+5) 0.34 (+7) 0.27 -1,1,5,7 2.9	Ar A1 — (0) 1.71 0
4	K A2 2.20 (1) 1.33 1 0.9	Ca [α]A1 1.80 (2) 0.99 2 1.05	Zn A3 1.35 (2) 0.74 2 1.65	Ga [n]A11 1.30 (3) 0.62 3 1.8	Ge A4 1.25 (-4) 2.72 (+2) 0.73 (+4) 0.53 -4,2,4 2.0	As [n]A7 1.15 (-3) 2.22 (+3) 0.58 (+5) 0.46 -3,3,5 2.2	Se [n]A8 1.15 (-2) 1.91 (+4) 0.50 (+6) 0.42 -2,2,4,6 2.5	Br A14 1.15 (-1) 1.95 (+5) 0.47 (+7) 0.39 -1,1,5,7 2.75	Kr A1 — (0) 1.80 0,2
5	Rb A2 2.35 (1) 1.47 1 0.9	Sr [α]A1 2.00 (2) 1.12 2 1.0	Cd A3 1.55 (2) 0.97 2 1.45	In A6 1.55 (3) 0.81 1,3 1.5	Sn [β]A5 1.45 (-4) 2.94 (+2) 0.93 (+4) 0.71 -4,2,4 1.7	Sb [n]A7 1.45 (-3) 2.45 (+3) 0.76 (+5) 0.62 -3,3,5 1.8	Te A8 1.40 (-2) 2.21 (+4) 0.70 (+6) 0.56 -2,2,4,6 2.0	J A14 1.40 (-1) 2.16 (+5) 0.62 (+7) 0.50 -1,1,3,5,7 2.2	Xe A1 — (0) 2.0 0,2,6,8
6	Cs A2 2.60 (1) 1.67 1 0.85	Ba [n]A2 2.15 (2) 1.34 2 0.95	Hg [α]A10 *1.5* (2) 1.10 2 1.45	Tl [α]A3 *1.9* (1) 1.47 (3) 0.95 1,3 1.45	Pb A1 *1.8* (2) 1.20 (4) 0.84 -4,2,4 1.55	Bi [n]A7 *1.6* (3) 0.96 (5) 0.74 -3,3,5 1.65	Po [α]* *1.6* (-2) 2.3 -2,2,4 1.75	At — — (-1) 2.25 — 1.9	Rn — — (0) 2.2 0
7	Fr — — (1) 1.80 1 0.85	Ra A2 2.15 (2) 1.43 2 0.95							

Tab. P 3
Kristallchemische Daten

B — Sn [β]A5 1.45 — M
O — (-4) 2.94 (+2) 0.93 (+4) 0.71 — N
L — -4,2,4 1.7 — K

K Elektronegativität [e])
L Oxidationsstufen
M Kristallstruktur [f])
N Atomradius in Å [g])
O Ionenradius bzw. VAN DER WAALS-Radius in Å [h])

zu **L**:
Kleingedruckte Werte bezeichnen Oxidationsstufen, die verhältnismässig selten vorkommen.

zu **M**:
[α, β, γ, G, w, n]: Kristallmodifikation [f]).
A1, A2 ... A20: Strukturtyp gemäss Strukturbericht, nämlich:
A1: Cu, kub. flz., dichteste Packung; A2: α-W, kub. rz.; A3: Mg, hex., dichteste Packung; A4: Diamant, kub. flz.; A5: β-Sn, tetrag. rz.; A6: In, tetrag. rz.; A7: As, rhomboedr.; A8: Se, hex.; A9: Graphit, hex; A10: Hg, rhomboedr.; A11: Ga, orthorhomb. basisflz.; A12: α-Mn, kub. rz.; A13: β-Mn, kub. prim.; A14: J, orthorhomb. basisflz.; A16: α-S, orthorhomb. flz.; A17: schwarzer Phosphor, orthorhomb. basisflz.; A18: Cl, tetrag. prim.; A20: α-U, orthorhomb. basisflz.
flz., rz., prim.: flächenzentriertes, raumzentriertes bzw. primitives BRAVAIS-Gitter.
«La»: **α-La, α-Pr, α-Nd, Pm, α-Am, α-Cm,** Stapel-Variante der A3-Struktur mit doppelter Höhe der Elementarzelle.
«A3»: **H, β-N,** A3-Typ für die Schwerpunkte der H_2 bzw N_2-Moleküle.

4		Sc [α]A3 1.60 (3)0.81 3 1.2	Ti [α]A3 1.40 (2)0.94 (3)0.76 (4)0.68 2,3,4 1.3	V A2 1.35 (2)0.88 (3)0.74 (4)0.63 (5)0.59 2,3,4,5 1.45	Cr [α]A2 1.40 (2)0.84 (3)0.63 (6)0.52 2,3,5,6 1.55	Mn [α]A12 1.40 (2)0.80 (3)0.66 (4)0.60 (7)0.46 2,3,4,6,7 1.6	Fe [α]A2 1.40 (2)0.74 (3)0.64 2,3,4,6 1.65	Co [α]A3 1.35 (2)0.72 (3)0.63 2,3,4 1.7	Ni A1 1.35 (2)0.69 (3)0.62 2,3,4 1.75	Cu A1 1.35 (1)0.96 (2)0.72 1,2,3 1.75
5		Y A3 1.80 (3)0.89 3 1.1	Zr [α]A3 1.55 (4)0.79 3,4 1.2	Nb A2 1.45 (5)0.69 3,5 1.25	Mo A2 1.45 (4)0.70 (6)0.62 2,3,4,5,6 1.3	Tc A3 1.35 (7)0.57 4,6,7 1.35	Ru A3 1.30 (4)0.67 2,3,4,6,8 1.4	Rh A1 1.35 (3)0.68 2,3,4,6 1.45	Pd A1 1.40 (2)0.80 (4)0.65 2,4 1.35	Ag A1 *1.6* (1)1.26 (2)0.89 1,2,3 1.4
6	La [α]"La" 1.95 (3)1.02 3 1.05	Lu [α]A3 *1.7* (3)0.85 3 1.15	Hf [α]A3 1.55 (4)0.78 4 1.25	Ta A2 1.45 (5)0.68 5 1.35	W [α]A2 1.35 (4)0.72 (6)0.56 4,5,6 1.4	Re A3 1.35 (4)0.72 (7)0.56 4,5,6,7 1.45	Os A3 1.30 (4)0.69 2,3,4,6,8 1.5	Ir A1 1.35 (4)0.68 3,4,6 1.55	Pt A1 1.35 (2)0.80 (4)0.65 2,4,6 1.45	Au A1 *1.4* (1)1.37 (3)0.85 1,3 1.4
7	Ac A1 1.95 (3)1.18 3 1.0	(Lr) – – – – –	(Rf) – – – – –	(Ha) – – – – –						

6	Ce [γ]A1 1.85 (3)1.03 (4)0.92 3,4 1.05	Pr [α]"La" 1.85 (3)1.01 (4)0.90 3,4 1.05	Nd [α]"La" 1.85 (3)1.00 2,3,4 1.05	Pm "La" 1.85 (3)0.98 3 1.05	Sm [α]* 1.85 (3)0.97 2,3 1.05	Eu A2 1.85 (2)1.09 (3)0.95 2,3 1.0	Gd [α]A3 1.80 (3)0.94 3 1.1	Tb [α]A3 1.75 (3)0.92 (4)0.84 3,4 1.1	Dy [α]A3 1.75 (3)0.91 2,3,4 1.1	Ho [α]A3 1.75 (3)0.89 3 1.1	Er [α]A3 1.75 (3)0.88 3 1.1	Tm [α]A3 1.75 (3)0.87 2,3 1.1	Yb [α]A1 1.75 (2)0.93 (3)0.86 2,3 1.05
7	Th [α]A1 1.80 (4)1.02 4 1.1	Pa * 1.80 (4)0.98 (5)0.89 4,5 1.15	U [α]A20 1.75 (4)0.97 (6)0.80 3,4,5,6 1.2	Np [α]* 1.75 (3)1.10 (4)0.95 (7)0.71 3,4,5,6,7 1.2	Pu [α]* 1.75 (3)1.08 (4)0.93 3,4,5,6,7 1.2	Am [α]"La" 1.75 (3)1.07 (4)0.92 3,4,5,6 1.2	Cm [α]"La" – – 3,4 *1.2*	Bk [n]A1 – – 3,4 –	Cf – – – 3 –	Es – – – 3 –	Fm – – – 3 –	Md – – – 2,3 –	No – – – – –

«A1»: γ-**O**, ähnlich wie B21 (α-CO-Typ), in dem die Zentren der Doppel-Moleküle $2 \cdot O_2$ einen A1-Typ bilden.
*: α-**B**, rhomboedr.; β-**F**, kub. prim.; **weisser Phosphor**, kub.; α-**Sm**, rhomboedr.; α-**Po**, einfach kub.; **Pa**, tetrag. rz.; α-**Np**, orthorhomb. prim.; α-**Pu**, monoklin prim.

zu **O**:
(-4,...-1, 1,...7): Ionenradius für die betreffende Oxidationsstufe.
(0): Interpolierter VAN DER WAALS-Radius der Edelgase[h]).

Die Angaben in Kursivdruck sind entweder unsicher oder wurden durch Extrapolation erhalten.

Bemerkungen e), f), g) und h) befinden sich hinter den Tabellen.

	I	II		III	IV	V	VI	VII	0
1	1 H 52 20.38 0.109 14.0 0.014								2 He 0 4.22 0.020 *
2	3 Li 38 1600 32 454 0.72	4 Be 78 3140 70 1557 3.52		5 B 130 4050 *120* 2500 *5.7*	6 C [G] 170 4000 (S) 170 *4100* * *25*	7 N 113 77.35 0.67 63.2 0.086	8 O [O₂] 60 90.17 0.81 54.4 0.053	9 F 19 85 0.76 53.5 0.061	10 Ne 0 27.09 0.42 24.6 0.080
3	11 Na 26 1154 23 370.8 0.62	12 Mg 36 1385 32 923 2.14		13 Al 77 2333 68 933.2 2.56	14 Si 105 2753 *100* 1685 12.0	15 P [w] 75 553 3.0 317.2 0.15	16 S 66 717.75 *2.5* 392 0.335	17 Cl 29 239.1 2.44 172.2 0.77	18 Ar 0 87.29 1.57 84.0 0.28
4	19 K 21 1027 19 336.6 0.56	20 Ca 42 1765 36 1112 2.07	30 Zn 31 1175 27 692.655 1.77	31 Ga 65 2510 *60* 302.8 1.34	32 Ge 90 3100 *70* 1209 7.6	33 As *72* 886 (S) 7.75 1090 * *6.6*	34 Se 49 958 *6* 490 1.30	35 Br 27 331.4 3.58 266 1.26	36 Kr 0 119.79 2.16 116.2 0.39
5	37 Rb 20 959 18 311.8 0.56	38 Sr 39 1645 34 1045 *2.2*	48 Cd 27 1038 24 594.18 1.48	49 In 57 2280 54 429.76 0.78	50 Sn [β] 72 2765 70 505.06 1.71	51 Sb 63 1905 *46* 903.6 4.74	52 Te 46 1163 12 722.8 4.18	53 J 26 456 5.2 386.8 1.87	54 Xe 0 165.02 3.0 161.3 0.55
6	55 Cs 19 939 16 301.8 0.51	56 Ba 42 1910 36 998 1.83	80 Hg 15 629.73 14 234.28 0.549	81 Tl 43 1939 39 576 1.02	82 Pb 47 2020 42 600.576 1.14	83 Bi 50 1825 40 544.525 2.60	84 Po 35 1235 *25* 519 *0.9*	85 At *22* 607 8 575 –	86 Rn 0 211.2 4.4 202.2 0.69
7	87 Fr *18* *1020* – *297* *0.5*	88 Ra *42* *1900* *27* 973 *1.7*							

Tab. P4
Thermochemische Daten

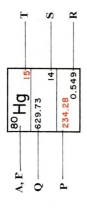

A, B	80 Hg 15	T
Q	629.73 14	S
P	234.28 0.549	R

A Ordnungszahl
B Symbol
P Schmelztemperatur T_m in °K ^i)
Q Siedetemperatur T_v in °K für $p = 1$ atm ^i)
R Schmelzenthalpie $\Delta H_m(T_m)$ in $\frac{\text{kcal}}{\text{g-Atom}}$ bei T_m für $p = 1$ atm
S Verdampfungsenthalpie $\Delta H_v(T_v)$ in $\frac{\text{kcal}}{\text{g-Atom}}$ bei T_v für $p = 1$ atm ^j)
T Atomisierungsenthalpie ΔH_A (300 °K) in $\frac{\text{kcal}}{\text{g-Atom}}$ bei Zimmertemperatur für $p = 1$ atm ^j) ^k)

zu **P** und **Q**:
0 °C = 273.15 °K
*: **He** kristallisiert selbst für $T \to 0$ °K nur unter $p \geqslant 25$ atm.
*, (s): **As** sublimiert bei Normaldruck; T_m bezeichnet die Schmelztemperatur bei $p = 36$ atm., T_v die Sublimationstemperatur bei $p = 1$ atm.
Für **C** (Graphit) wurde T_m extrapoliert, T_v bedeutet die Sublimationstemperatur bei $p = 1$ atm.

zu **T**:
[β, γ, G, w]: Kristallmodifikation (vgl. Tab. P 3)
[O₂]: Für Sauerstoff beziehen sich die Daten auf O_2 und nicht auf O_3.

Die Angaben in Kursivdruck sind entweder unsicher oder wurden durch Extrapolation erhalten.

Bemerkungen i), j) und k) befinden sich hinter den Tabellen.

4		21 Sc 80 3540 75 1812 3.70	22 Ti 112 3586 *105* 1940 *3.4*	23 V 123 3580 *110* 2180 *3.8*	24 Cr 95 2920 *75* 2150 3.47	25 Mn 67 2368 53 1517 3.50	26 Fe 100 3160 84 1808 3.67	27 Co 102 3229 92 1765 3.70	28 Ni 102 3055 90 1726 4.21	29 Cu 81 2810 73 1356 3.12
5		39 Y 98 3670 *93* 1775 2.73	40 Zr 146 4650 *130* 2123 *3.7*	41 Nb 175 4813 *165* 2740 *4.8*	42 Mo 157 5790 *130* 2888 6.66	43 Tc *152* *5300* *130* 2440 *5.4*	44 Ru 154 4325 *140* 2550 *5.7*	45 Rh 133 3960 *120* 2233 *5.0*	46 Pd 90 3200 90 1825 4.10	47 Ag 68 2470 61 1234.0 2.78
6	57 La 102 3710 *96* 1193 1.48	71 Lu 99 *4140* *90* 1925 2.9	72 Hf *150* 4570 *150* 2495 *4.4*	73 Ta 187 5760 *180* 3270 *5.8*	74 W 200 6000 185 3653 *8.4*	75 Re 186 6030 *160* 3430 *7.9*	76 Os *187* 5300 *155* 3300 *7.6*	77 Ir 159 4820 *140* 2716 *6.2*	78 Pt 135 4100 122 2042 *4.7*	79 Au 88 3240 80 1336.2 2.96
7	89 Ac *104* 3200 — 1320 *3.0*	103 (Lr) — — — — —	104 (Rf) — — — — —	105 (Ha) — — — — —						

6	58 Ce [γ] 98 3972 *95* 1070 1.24	59 Pr 86 3616 *80* 1208 1.65	60 Nd 76 2956 *70* 1297 1.71	61 Pm *64* *2730* — 1441 *1.9*	62 Sm 50 *2140* *46* 1345 2.06	63 Eu 43 1971 *42* 1100 2.20	64 Gd 82 *3540* *72* 1585 2.44	65 Tb *90* *3810* *70* 1630 2.46	66 Dy *67* 3011 *65* 1680 *2.5*	67 Ho *70* 3228 *65* 1735 *3.38*	68 Er *70* *3000* *65* 1770 *2.6*	69 Tm 58 2266 *58* 1818 *4.22*	70 Yb 40 *1970* *38* 1097 1.83
7	90 Th *137* 4500 *130* 2024 *3.6*	91 Pa *132* *4680* *130* *1698* *3.0*	92 U 125 3950 *110* 1404 *2.5*	93 Np *113* *4150* — 910 *1.6*	94 Pu 92 3727 — 913 0.68	95 Am *65* — *52* — —	96 Cm — — — — —	97 Bk — — — — —	98 Cf — — — — —	99 Es — — — — —	100 Fm — — — — —	101 Md — — — — —	102 No — — — — —

1	1 H –								2 He –
2	3 Li 2.4	4 Be 3.9 0.026		5 B 4.5	6 C 4.7	7 N –	8 O – [α] (N) 24	9 F –	10 Ne –
3	11 Na 2.4	12 Mg 3.7		13 Al 4.3 1.19	14 Si 4.8	15 P –	16 S –	17 Cl –	18 Ar –
4	19 K 2.2	20 Ca 2.8	30 Zn *4.2* 0.88	31 Ga 4.0 1.09	32 Ge 4.8	33 As 5.1	34 Se 4.7	35 Br –	36 Kr –
5	37 Rb 2.2	38 Sr 2.4	48 Cd 4.1 0.56	49 In 3.8 3.40	50 Sn 4.4 [β] 3.72	51 Sb *4.1*	52 Te 4.7	53 J –	54 Xe –
6	55 Cs 1.8	56 Ba 2.5	80 Hg 4.5 [α] 4.15	81 Tl 3.7 2.39	82 Pb 4.0 7.19	83 Bi 4.4	84 Po *4.8*	85 At –	86 Rn –
7	87 Fr *1.8*	88 Ra *3.2*							

Tab. P5
Umwandlungstemperaturen, Austrittsarbeiten

A, B — 26 Fe 4.5 — W	44 Ru 4.6
[α] (C) 1043 — U	V — 0.49

A Ordnungszahl
B Symbol
U Umwandlungstemperatur der magnetischen Ordnung in °K bei $p = 1$ atm[l])
V Sprungtemperatur der Supraleitung in °K bei $p = 1$ atm[m])
W Austrittsarbeit in eV[n])

zu **U**:
[α, β, γ]: Kristallmodifikation. α-**O** ist monoklin basisflächenzentriert, γ-**Co** kubisch flächenzentriert, β-**Ce** hexagonal (α-La-Typ).
(C): ferromagnetische CURIE-Temperatur[l]),
(N): NÉEL-Temperatur[l]),
(FA): Temperatur der Umwandlung einer ferro- oder ferrimagnetischen in eine antiferromagnetische Phase bei steigender Temperatur[l]),
(AA): Temperatur der Umwandlung einer antiferromagnetischen in eine andere antiferromagnetische Phase[l]),
*: Die kubisch flächenzentrierte Phase von **Pr** und **Nd** sind ferromagnetisch[l]).

Die Angaben in Kursivdruck sind unsicher.

Bemerkungen l), m) und n) befinden sich hinter den Tabellen.

4		21 Sc 3.5		22 Ti 4.3 0.39	23 V 4.3 5.30	24 Cr 4.5 (N) 311 (AA) 120	25 Mn 4.1 [α] (N) 95	26 Fe 4.5 [α] (C) 1043	27 Co 5.0 [γ] (C) 1394	28 Ni 5.1 (C) 631	29 Cu 4.6
5		39 Y 3.1		40 Zr 4.0 0.59	41 Nb 4.3 9.5	42 Mo 4.6 0.92	43 Tc – 8.82	44 Ru 4.6 0.49	45 Rh 4.8	46 Pd 5.5	47 Ag 4.0
6	57 La 3.5 [α] 4.90		71 Lu 3.1	72 Hf 3.9 0.09	73 Ta 4.1 4.48	74 W 4.5 0.01	75 Re 5.0 1.70	76 Os 4.7 0.66	77 Ir 5.3 0.105	78 Pt 5.6	79 Au 5.1
7	89 Ac 2.7		103 (Lr) –	104 (Rf) –	105 (Ha) –						

6	58 Ce 2.9 [β] (N) 14	59 Pr 2.8 * [α] (N) 23	60 Nd 3.2 * [α] (N) 19.5 (AA) 7.0	61 Pm 3.1 –	62 Sm 2.7 (N) 15	63 Eu 2.5 (N) 90	64 Gd 3.1 (C) 293	65 Tb 3.1 (N) 228 (FA) 220	66 Dy 3.1 (N) 178.5 (FA) 85	67 Ho 3.1 (N) 132 (FA) 20	68 Er 3.1 (N) 85 (AA) 53 (FA) 20	69 Tm 3.1 (N) 55 (AA) 40 (FA) 22	70 Yb 2.6
7	90 Th 3.3 1.37	91 Pa –	92 U 3.3	93 Np –	94 Pu –	95 Am –	96 Cm –	97 Bk –	98 Cf –	99 Es –	100 Fm –	101 Md –	102 No –

Bemerkungen zu den Tabellen

Die Hauptquellen der verwendeten Daten sind in eckigen Klammern angegeben (vgl. S. 477 und S. 492). Hierbei handelt es sich meistens um kritische Zusammenstellungen von Daten aus zahlreichen Originalarbeiten. In vielen Fällen war es unvermeidlich, für eine bestimmte physikalische Eigenschaft Daten aus verschiedenen Quellen zu übernehmen. Dabei konnte die Wahl nicht ganz ohne Willkür sein. Aus diesem Grund ist in kritischen Fällen der Vergleich mit den neuzeitlichen Originalarbeiten stets zu empfehlen.

Viele der angegebenen Zahlenwerte sind abgerundet. Für die Schmelztemperatur von Rhenium, beispielsweise, findet man in der Literatur 3433±20 °K, dafür wird in Tabelle P 4 T_m (Re) = 3430 °K eingesetzt. Daten, die unsicher sind oder durch Extrapolation erhalten wurden, sind kursiv gedruckt, z.B. T_m(Fr) = *297* °K.

Periodische Tabellen kann man in verschiedenen Formen darstellen. Die hier verwendete Form, bei der die Übergangselemente (*d*- und *f*-Elemente) getrennt aufgestellt werden, stammt im wesentlichen von Sanderson (1967). Die beiden stark ausgezogenen horizontalen Linien zwischen Al, Si, ... und Zn, Ga, ... bzw. zwischen Zr, Nb, ... und Lu, Hf, ... sind die Grenzlinien, unterhalb welcher die 3*d*- bzw. die 4*f*-Schale der Elemente aufgefüllt sind.

Die gewählten physikalischen Grössen sind hauptsächlich auf die Interessen der Festkörperphysiker zugeschnitten.

Die folgenden Bemerkungen ergänzen die Erläuterungen in den einzelnen Tabellen:

a) **B, C, D** (Tab. P 1)

Elemente, deren Symbol rot gedruckt wurde, sind bei Zimmertemperatur gasförmig. Symbole in Dünndruck bezeichnen solche Elemente, die nur künstlich hergestellt werden können. Die Namen und Symbole der Elemente 103, 104 und 105 sind bis jetzt noch nicht offiziell festgelegt. Statt Lr wird oft das Symbol Lw verwendet, und für das Element 104 sind ausser Rutherfordium (Rf) auch die Namen Kurtschatovium (Ku) und Dubnium (Du) vorgeschlagen worden. Die hier verwendeten Symbole Lr, Rf und Ha wurden von Ghiorso et al. (1970) vorgeschlagen.

Beim Atomgewicht sind die internationalen Atomgewichte (1966) angegeben, die sich auf ^{12}C ≙ 12,000 00 beziehen. Ein Wert in eckiger Klammer bezeichnet das stabilste bisher bekannte Isotop des betreffenden Elements.

b) **E, F** (Tab. P 1)

Die Dichte und das Atomvolumen hängen von der Temperatur bzw. dem Aggregatzustand ab. Für Elemente in kristallinem Zustand wird in der Regel die Röntgendichte ϱ_X angegeben (vgl. S. 25). Die Differenz zwischen der Röntgendichte und der makroskopisch bestimmten Dichte ist meist nur gering und überschreitet im Fall der Elemente selten 1%.

Bei festen und flüssigen Elementen gelten die Angaben für Zimmertemperatur. Für Elemente, deren Kristall-Struktur mehrere Modifikationen aufweist, wird in der Tabelle jeweils nur eine Modifikation berücksichtigt: z. B. für C, ϱ (Graphit) = 2,26 statt ϱ (Diamant) = 3,52; für Sn, ϱ (β, weiss) = 7,29 statt ϱ (α, grau) = 5,77; für P, ϱ (weiss) = 1,80 statt ϱ (rot) = 2,35 und ϱ (schwarz) = 2,62; für S, ϱ (α, orthorhombisch) = 2,09 statt ϱ (monoklin) = 1,94 und ϱ (rhomboedrisch) = 2,21 (ϱ in g/cm^3).

Bei Elementen, die unter Normalbedingungen gasförmig sind, gelten die Angaben für den flüssigen Zustand am Siedepunkt (vgl. Tab. P 4): z.B. für Ne, ϱ (verflüssigt; 27,09 °K) = 1,21 im Vergleich zu ϱ (fest; 4 °K) = 1,51 und ϱ (fest; Tripelpunkt 24,56 °K) = 1,44 (vgl. Pollack 1964 und CIG Data Book 1970).

c) **G** (Tab. P 2)

Die Grundkonfigurationen der Atome sind meist in abgekürzter Form gegeben, d. h. die inneren abgeschlossenen Schalen werden in der Regel nicht aufgeführt. Für Tc, Ce, Tb und Bk liegen in der Literatur verschiedene Angaben vor. Hier werden die Daten von Moore (1958) für Tc und von Wybourne (1965) für Ce, Tb und Bk verwendet.

d) **H, I** (Tab. P 2)

Die Daten der Grundzustände der Atome und Ionen zeigen besonders bei den Hauptgruppen eine klare Systematik. Dies rührt davon her, dass Atome und Ionen mit gleicher Anzahl von

Elektronen (isoelektronische Sequenz) oder auch mit gleicher Anzahl von Aussenelektronen oft denselben Grundzustand besitzen (Beispiele: He, Li^+, Be^{2+}, B^{3+}, C^{4+} bzw. Li, Na, K, Rb, Cs). Abweichungen von dieser Systematik treten bei gewissen Übergangselementen auf, bei denen Elektronen in verschiedenen äusseren Schalen vergleichbare Energien aufweisen. Bei den Transuranen stellen viele Angaben eher theoretische Voraussagen dar, die noch experimenteller Bestätigung bedürfen.

e) **K** (Tab. P 3)
Der Begriff „Elektronegativität" wurde von PAULING eingeführt und kann auf verschiedene Arten definiert werden (vgl. z. B. SANDERSON [1967] und PHILLIPS [1969]). Die hier verwendeten Werte sind vom ALLRED–ROCHOWschen Typ (nach RICH [1965]). Sie weichen bei einigen *4d*- und *5d*-Elementen beträchtlich von den PAULINGschen Werten ab.

Bei Verbindungen zweier Elemente bildet stets das elektronegativere Element das Anion, das elektropositivere hingegen das Kation. Die Grösse der Elektronegativitätsdifferenz der beiden Elemente ist ein Mass für den ionogenen Charakter der Bindung.

f) **M** (Tab. P 3)
Viele Elemente besitzen mehrere Modifikationen (Polymorphie bzw. Polytypie; vgl. auch S. 25). Beispiele sind: B, tetragonal und rhomboedrisch; C, Diamant (A 4) und Graphit (A 9); Sn, α-Sn (graues Zinn, A 4) und β-Sn (weisses Zinn, A 5); P, weiss (kubisch), rot (kubisch) und schwarz (A 17); S, orthorhombisch (α-S, A 16), monoklin und rhomboedrisch. Ausführliche Angaben findet man u. a. in PEARSON (1967, Bd. 2, S. 79) und SAMSONOV (1968, S. 110), wo überdies verschiedene Hochdruckmodifikationen angegeben sind.

In der Tabelle wird jeweils nur eine Modifikation angegeben. Bei den unter Normalbedingungen festen Elementen ist dies die Zimmertemperatur-Modifikation (z. B. α-Fe; mit zunehmender Temperatur geht α-Fe über in die β-, γ-, δ-Phase; die Schmelzdaten von Fe [vgl. Tab. P 4] beziehen sich deshalb auf δ-Fe). Die Bedingungen, unter denen die Kristall-Modifikationen der übrigen Elemente bestehen, können hier aus Platzgründen nicht explizit angegeben werden (vgl. z.B. ADDISON [1964] und SAMSONOV [1968]).

Hat eine bestimmte Modifikation keine spezifische Bezeichnung, so wird sie in der Tabelle mit [n] bezeichnet (z.B. Na: [n] A2).

g) **N** (Tab. P 3)
Für Atome in Kristallen unterscheidet man verschiedene Arten von Radien, deren Definitionen allerdings nicht immer einheitlich sind. Davon haben insbesondere drei Radien, nämlich der kovalente Radius, der Atomradius und der metallische Radius, vergleichbare Werte. Sie betragen z.B. für Li: 1,34 Å, 1,45 Å bzw. 1,55 Å.

In dieser Tabelle werden die Werte der Atomradien nach SLATER angegeben. Sie sind in befriedigender Übereinstimmung mit theoretischen Werten (vgl. SLATER [1965, Tab. 4-3]; dort wird auch erklärt, warum für Edelgase keine Angaben vorliegen [§ 4-2]). Überdies gelten sie in erster Näherung nicht nur bei kovalenten und metallischen, sondern auch bei ionogenen Bindungen. Beispielsweise erhält man mit Hilfe der Atomradien von Na und Cl ($r_{Na} = 1{,}80$ Å und $r_{Cl} = 1{,}00$ Å) die folgende Näherungswerte für den Abstand nächster Nachbaratome im Ionenkristall NaCl, im Metall Na, bzw. im Molekülkristall Cl_2: $d_{Na-Cl} = 2{,}80$ Å, $d_{Na-Na} = 3{,}60$ Å, $d_{Cl-Cl} = 2{,}00$ Å. Diese Werte sind gut vergleichbar mit den experimentellen Daten $d_{Na-Cl} = 2{,}82$ Å, $d_{Na-Na} = 3{,}72$ Å, $d_{Cl-Cl} = 2{,}02$ Å.

h) **O** (Tab. P 3)
In der Literatur sind verschiedene Typen von Ionenradien bekannt (vgl. z.B. SAMSONOV [1968, S. 97]). Die hier angefürten Daten stammen hauptsächlich von PAULING.

Die Werte für die VAN DER WAALS-Radien der Edelgase wurden durch Interpolation der Ionenradien in isoelektronischen Sequenzen, wie z.B. O^{2-}, F^-, Ne^0, Na^+, Mg^{2+}, ermittelt (vgl. PAULING [1960, S. 514] und RICH [1965, S. 34]).

i) **P, Q** (Tab. P 4)
Die Siede-, Schmelz- und Tripelpunkte mehrerer Elemente werden als Fixpunkte der praktischen Temperaturskala benützt, so z.B. die Siedepunkte von He, H_2, Ne, N_2, Ar, O_2, Kr, Xe, Hg und S̲ (vgl. LANDOLT–BÖRNSTEIN [1967, Bd. IV/4a, S. 172]) sowie die Schmelzpunkte

von Hg, In, Sn, Cd, Pb, Zn, Al, Ag, Au, Cu, Ni, Co, Pd, Pt, Rh, Ir und W (vgl. McLAREN [1962, S. 185]; STIMSON [1962, S. 59]; GSCHNEIDNER [1964, S. 326]). Die unterstrichenen Elemente liefern primäre Fixpunkte.

j) **R, S, T** (Tab. P 4)
Die Enthalpiewerte sind in kcal/g-Atom und nicht in kcal/Mol gegeben (z.B. gilt bei H_2 der Wert der Verdampfungsenthalpie nur für $\frac{1}{2}$ Mol und nicht für 1 Mol).

k) **T** (Tab. P 4)
Die Atomisierungsenthalphie ist die Enthalpie, die benötigt wird, um eine Substanz bei gegebener Temperatur und gegebenem Druck in den einatomigen, gasförmigen Zustand zu bringen (vgl. z.B. SANDERSON [1967, S. 63]). Sie stellt also bei mehratomigen, gasförmigen Substanzen die Dissoziationsenthalphie dar, bei festen Substanzen hingegen die Sublimationsenthalpie, sofern nach der Sublimation ein einatomiges Gas entsteht (dies trifft z. B. bei As nicht zu, da sich bei der Sublimation As_4-Dampf bildet).

Die Werte von ΔH_A (300 °K) sollten strenggenommen mit den Werte von $\Delta H_m(T_m)$ und $\Delta H_v(T_v)$ in Zusammenhang stehen. Dies ist jedoch in dieser Tabelle im allgemeinen nicht der Fall, weil die Daten aus verschiedenen Quellen übernommen werden mussten.

l) **U** (Tab. P 5)
Die Magnetisierung eines magnetisch geordneten Materials innerhalb einer Domäne weist bei Abwesenheit des Feldes entweder einen endlichen Wert auf (wie bei Ferro-oder Ferrimagnetismus), oder aber sie verschwindet, weil sich die magnetischen Momente gegenseitig aufheben (wie bei Antiferromagnetismus [vgl. S. 459] oder bei Spezialfällen des Helimagnetismus [spiralartige Anordnung der Momente]). Die Temperatur der Umwandlung von der magnetisch geordneten zur ungeordneten paramagnetischen Phase wird im ersten Fall oft als ferromagnetische CURIE-Temperatur bezeichnet und im zweiten Fall als NÉEL-Temperatur.

Ferner kann eine Substanz je nach der Temperatur und dem Magnetfeld zwei oder mehrere magnetisch geordnete Phasen aufweisen. Die dazugehörenden Umwandlungstemperaturen werden sinngemäss mit T_{FA}, T_{AF}, T_{FF} und T_{AA} bezeichnet, wobei der Index F sich auf Ferro- bzw. Ferrimagnetismus bezieht und A auf Antiferromagnetismus (vgl. z.B. VOGT [1969, S. 296]).

Verschiedene kristallographische Phasen haben in der Regel verschiedene magnetische Eigenschaften. So zeigen z.B. die hexagonalen Phasen von Pr und Nd antiferromagnetisches Verhalten, während die bei tiefen Temperaturen metastabilen kubisch-flächenzentrierten Phasen von Pr und Nd ferromagnetisch sind mit einer CURIE-Temperatur von 8,7 bzw. 29 °K (nach BUCHER et al. [1969]).

m) **V** (Tab. P 5)
Die angegebenen Sprungtemperaturen gelten für möglichst reine Substanzen unter Normaldruck. Viele Elemente werden unter hohem Druck supraleitend, so z.B. Cs, Ba, Y, Ce, U, Si, Ge, P, Sb, Bi, Se und Te (vgl. BRANDT und GINZBURG [1969], BOUGHTON et al. [1970], WITTIG [1970]).

n) **W** (Tab. P 5)
Die Austrittsarbeit kann mit Hilfe verschiedener Methoden, z.B. aus Messungen der Thermo-, Feld- oder Photo-Emission, ermittelt werden. Daten aus verschiedenartigen Messungen an derselben Substanz sind in der Regel vergleichbar. Allerdings haben die Reinheit und die Oberflächen-Beschaffenheit der Substanz einen beträchtlichen Einfluss auf die Messergebnisse (vgl. S. 188). In dieser Tabelle werden für Sc, Ti, V, Cr, Mn, Fe, Co, Ni, Cu, Y, Zr, Nb, Mo, Pd, Ag, La, Ce, Nd, Sm, Eu, Gd, Hf, Pt und Au die von EASTMAN [1970] aus der Photo-Emission an hochreinen Filmen gewonnenen Resultate angegeben, für die übrigen Elemente hingegen die von FOMENKO und SAMSONOV [1966] empfohlenen Werte aus verschiedenen Experimenten. Ein Vergleich der Angaben beider Quellen zeigt, dass im allgemeinen die Werte von EASTMAN etwas grösser sind als die von FOMENKO und SAMSONOV.

Die folgende Literaturliste enthält ausser den Hauptquellen noch weitere Quellenangaben, die bei der Zusammenstellung der Tabellen herangezogen wurden.

Literatur

ADDISON, W. E., *The Allotropy of the Elements* (Oldbourne Press, London 1964) [über M].

BOUGHTON, R. I., OLSEN, J. L., und PALMY, C., *Pressure Effect in Superconductors*, in *Progress in Low Temperature Physics*, herausgegeben von C. J. GORTER, Bd. 6, S.163 (North-Holland, Amsterdam 1970).

BRANDT, N. B., und GINZBURG, N. I., *Superconductivity at High Pressures*, Contemp. Phys. *10*, 355 (1969).

BUCHER, E., CHU, C. W., MAITA, J. P., ANDRES, K., COOPER, A. S., BUEHLER, E., und NASSAU, K., *Electronic Properties of Two New Elemental Ferromagnets: fcc Pr and Nd*, Phys. Rev. Letters *22*, 1260 (1969).

CIG Data Book and Buyers Guide, Cryogenics and Industrial Gases *5*, No. 3 (Business Communication Inc., Cleveland, Ohio 1970) [S. 51 ff. über E, P, Q und S].

CONNOLLY, T. F., und COPENHAVER, E. D., *Bibliography of Magnetic Materials and Tabulation of Magnetic Transition Temperatures* (Oak Ridge National Laboratories, Oak Ridge, Tennessee, 1970) [über U].

COOPER, B. R., *Magnetic Properties of Rare Earth Metals*, in *Solid State Physics*, Bd. 21 (Academic Press, New York 1968) [S. 393 ff. über U].

CRC Handbook of Chemistry and Physics, herausgegeben von R. C. WEAST, 50. Aufl. (Chemical Rubber Company, Cleveland 1970) [S. B-265 über D, S. B-253 über F, S. F-152 über O und S. D-56 über S].

D'ANS-LAX, *Taschenbuch für Chemiker und Physiker*, 3. Aufl., Bd. 3 (Springer, Berlin 1970) [S. 89, S. 346 über G, H und J].

EASTMAN, D. E., *Photoelectric Work Functions of Transition, Rare Earth and Noble Metals*, Phys. Rev. *B 2*, 1 (1970) [über W].

EBERT, H., *Physikalisches Taschenbuch*, 4. Aufl. (Vieweg, Braunschweig 1967).

FALGE Jr., R. L., *Superconductivity of Hexagonal Beryllium*, Physics Letters *24 A*, 579 (1967).

FOMENKO, V. S., und SAMSONOV, G. W., *Handbook of Thermionic Properties* (Plenum, New York 1966) [über W].

GAYDON, A. G., *Dissociation Energies and Spectra of Diatomic Molecules*, 3. Aufl. (Chapman and Hall, London 1968) [S. 260 ff. über T].

GHIORSO, A., NURMIA, M., ESKOLA, K., HARRIS, J., und ESKOLA, P., *New Element Hahnium, Atomic Number 105*, Phys. Rev. Letters *24*, 1498 (1970).

GLADSTONE, G., JENSEN, M. A., und SCHRIEFFER, J. R., *Superconductivity in the Transition Metals: Theory and Experiment*, in *Superconductivity*, herausgegeben von R. D. PARKS, Bd. 2 (Dekker, New York 1969) [S. 772 über V].

GSCHNEIDNER Jr., K. A., *Physical Properties and Interrelationships of Metallic and Semimetallic Elements*, in *Solid State Physics*, Bd. 16 (Academic Press, New York 1964) [S. 275 ff. über F, P, Q, R und T].

JØRGENSEN, C. K., *Oxidation Number and Oxidation States* (Springer, Berlin 1969) [S. 259 ff. über L].

KEFFER, F., *Spin Waves*, in *Handbuch der Physik*, herausgegeben von S. FLÜGGE, Bd. 18/2, *Ferromagnetismus* (Springer, Berlin 1966) [S. 4, 151, 153 über U].

KOEHLER, W. C., *Magnetic Properties of Rare Earth Metals and Alloys*, J. Appl. Phys. *36*, 1078 (1965) [über U].

LANDOLT–BÖRNSTEIN, *Zahlenwerte und Funktionen*, Bd. I/4 (Springer, Berlin 1955) [S. 81 über M]; Bd. IV/4a (1967) [S. 172 ff. über E, P, Q, S und T].

LEVERENZ, H. W., *Periodic Chart of the Elements* (RCA Laboratories, Princeton 1961).

MCLAREN, E. H., *The Freezing Points of High Purity Metals as Precision Temperature Standards*, in *Temperature, Its Measurement and Control in Science and Industry*, herausgegeben von C. M. HERZFELD, Bd. 3/1 (Reinhold, New York 1962) [S. 185 über P].

MENDELSOHN, K., *Geschichte der Supraleitung*, in *Vorträge über Supraleitung*, herausgegeben von der Phys. Gesellschaft, Zürich (Birkhäuser, Basel 1968) [S. 18 über V].

MOORE, C. E., *Atomic Energy Levels*, 3 Bde., Circular of the National Bureau of Standards Nr. 467 (Washington D. C. 1949, 1952, 1958) [Bd. 1, S. XL über G, H und I; Bd. 3, S. XXXIV über J].

MÜLLER, J., *Supraleitende Materialien*, in *Vorträge über Supraleitung*, herausgegeben von der Phys. Gesellschaft, Zürich (Birkhäuser, Basel 1968) [S. 96 über V].

NESMEYANOV, AN. N., *Vapour Pressure of the Elements* (Infosearch, London 1963) [S. 448 über P, Q, R und T].

PALLMER, P. G., und CHIKALLA, T. D., *The Crystal Structure of Promethium*, J. Less-Common Metals *24*, 233 (1971).

PAULING, L., *The Nature of the Chemical Bond* (Cornell University Press, Ithaca 1960) [S. 88 ff. über K und S. 505 ff. über O].

PEARSON, W. B., *A Handbook of Lattice Spacings and Structures of Metals and Alloys*, Bd. 2 (Pergamon, Oxford 1967) [S. 79 über E und M].

Periodic Table of the Elements and *Table of Periodic Properties of the Elements* (Sargent, Chicago 1964).

PHILLIPS, J. C., *Covalent Bonding in Crystals, Molecules and Polymers* (University of Chicago Press, Chicago 1969) [über K].

POLLACK, G. L., *The Solid State of Rare Gases*, Rev. Mod. Phys. *36*, 748 (1964) [S. 760 über Q]

REMY, H., *Lehrbuch der anorganischen Chemie*, 12. Aufl., Bd. 1 (Akademische Verlagsgesellschaft, Leipzig 1965) [Anhang über C und D].

RICH, R., *Periodic Correlations* (Benjamin, New York 1965) [S. 50 über K; S. 36 über O; S. 80 über T].

SAMSONOV, G. V. (Herausgeber), *Handbook of the Physicochemical Properties of the Elements* (Plenum, New York 1968) [S. 16, 24 über G, H, I und J; S. 110, 124 über M; S. 97 über O; S. 248 ff. über P, Q, R und T].

SANDERSON, R. T., *Inorganic Chemistry*, (Reinhold, New York 1967) [S. 78 über K; S. 64 ff. über S und T].

SCHIRBER, J. E., und SWENSON, C. A., *Superconductivity of α- and β-Mercury*, Phys. Rev. *123*, 1115 (1961).

SLATER, J. C., *Quantum Theory of Molecules and Solids*, Bd. 2 (McGraw-Hill, New York 1965) [S. 55 über N].

STIMSON, H. F., *The Text Revision of the International Temperature Scale of 1948*, in *Temperature, Its Measurement and Control in Science and Industry*, herausgegeben von C. M. HERZFELD, Bd. 3/1 (Reinhold, New York 1962) [S. 59 über P].

TAYLOR, A., und KAGLE, B. J., *Crystallographic Data on Metal and Alloy Structures* (Dover, New York 1963) [S. 245 ff. über E und M].

TEBBLE, R. S., und CRAIK, D. J., *Magnetic Materials* (Wiley-Interscience, New York 1969) [S. 60, 182 über U].

TOULOUKIAN, Y. S. (Herausgeber), *Thermophysical Properties of High Temperature Solid Materials*, 6 Bde. (Collier-MacMillan, New York 1967) [Bd. 1 über P, R, S und T].

VOGT, E., *Magnetic Moments and Transition Temperatures*, in *Magnetism and Metallurgy*, herausgegeben von A. E. BERKOWITZ und E. KNELLER, Bd. 1 (Academic Press, New York 1969) [S. 249 ff., 262, 296 über U].

WILKS, J., *The Properties of Liquid and Solid Helium* (Oxford University Press, London 1967).

WITTIG, J., *Pressure-Induced Superconductivity in Cesium and Yttrium*, Phys. Rev. Letters *24*, 812 (1970).

WYBOURNE, B. G., *Spectroscopic Properties of Rare Earths* (Wiley-Interscience, New York 1965) [S. 3 ff. über G, H und I].

WYCKOFF, R. W. G., *Crystal Structures*, Bd. 1 (Wiley-Interscience, New York 1965) [S. 7–83 über M].

YAMADA, T., und TAZAWA, S., *The Magnetic Symmetry of α-Mn and the Parasitic Ferromagnetism from Magnetic Torque Measurements*, J. Phys. Soc. Japan *28*, 609 (1970).

Verzeichnis der Tabellen

1. Kristallsysteme 20
2. Einige einfache Strukturen von Elementen, Legierungen und Verbindungen 26
3. Strukturen und Gitterkonstanten von Elementen, Legierungen und Verbindungen 27
4. Wellenlängen der charakteristischen Röntgenstrahlung und der entsprechenden Absorptionskanten einiger gebräuchlicher Materialien für Antikathoden, sowie geeignete β-Filter-Materialien und ihre K-Absorptionskanten 36
5. MADELUNGsche Zahlen für verschiedene Strukturtypen 61
6. Abstossungsexponenten und Gitterenergien von Alkalihalogeniden 63
7. Ionenradien und Gitterkonstanten von Alkalihalogeniden mit NaCl-Struktur 64
8. DEBYE-Temperaturen einiger Elemente und Verbindungen für $T \approx \Theta/2$ 74
9. DEBYE-Temperaturen Θ_{th} und Θ_{el} für $T = 0$ °K 75
10. DEBYE-Temperaturen, mittlere Verschiebungsquadrate und DEBYE—WALLER-Faktoren verschiedener Materialien für $T = 293$ °K 88
11. Isomerieverschiebungen einiger Sn-Verbindungen gegenüber β-Sn beim MÖSSBAUER-Effekt der Sn^{119}-Kerne und Unterschiede der Elektronegativität des Anions und Kations 99
12. Wellenlängen für Absorptionsmaxima der Reststrahlen in Alkalihalogeniden 104
13. Thermodynamische Daten kubischer Kristalle bei Zimmertemperatur 114
14. Mengenkonstanten und Aktivierungsenergien für Selbst- und Fremddiffusion 136
15. Energien E_F der F-Banden-Maxima für die Alkalihalogenide mit NaCl-Struktur bei 300 °K 156
16. FERMI-Energien und Entartungstemperaturen einiger Metalle, berechnet mit dem Modell der freien Elektronen 171
17. Spezifische Wärme der Elektronen in Metallen 180
18. Anisotropie der Thermo-Emission aus Wolfram 188
19. Stabilitätsgrenzen der Phasen zweiatomiger Legierungen 243
20. FERMI-Energien verschiedener Metalle, berechnet mit dem Modell der freien Elektronen und experimentell bestimmt aus Röntgenemissionsspektren 247
21. FERMI-Integrale $F_n(\alpha)$ für den Bereich $-4 < \alpha < 20$ 292
22. Typische Daten für Halbleiter 299
23. Elektrische Leitfähigkeiten, Wärmeleitfähigkeiten und LORENZ-Zahlen verschiedener Metalle 367
24. HALL-Koeffizienten einiger Metalle 387
25. Entmagnetisierungsfaktoren für Rotationsellipsoide und für Kreiszylinder 414
26. Diamagnetische Suszeptibilität einiger Edelgase 436
27. Diamagnetische Suszeptibilität für Ionen, Lösungen und Salze von Alkalihalogeniden 437
28. Zahl der Magnetonen der Seltenen Erd-Ionen 445
29. Magnetische Volumensuszeptibilität von Alkalimetallen 457
30. Ferromagnetische und paramagnetische CURIE-Temperaturen sowie CURIE-Konstanten einiger ferromagnetischer Metalle 468

P1. Periodisches System der Elemente 478

P2. Atomphysikalische Daten 480

P3. Kristallchemische Daten 482

P4. Thermochemische Daten 484

P5. Umwandlungstemperaturen, Austrittsarbeiten 486

Sachverzeichnis

Ablöse-Energie 152, 298
Absorption, optische 251
- in Alkalihalogeniden 152
- in Isolatoren bzw. Halbleitern 251 ff.
- in Metallen 251
-, magneto-optische 280 ff.
Absorptionskante 252
Abstossungsexponent 57, 63, 115
Abstossungspotential 57
adiabatische Entmagnetisierung 418
Aktivierungsenergie
- der Diffusion 133, 136
- von Akzeptoren und Donatoren 298 ff.
- zur Anregung von Elektronen 159, 237, 295
akustische Schwingungen, akustischer Zweig 102
Akzeptoren 158, 300
Alkalihalogenide 51
-, diamagnetische Suszeptibilität 437
-, *F*-Banden-Maxima 156
-, Farbzentren 152
-, optische Absorption 152
-, Punktdefekte 152
-, Reststrahlenwellenlängen 104
Alkalimetalle 236
-, magnetische Volumensuszeptibilität 457
ambipolare Diffusion 345, 372
amphotere Halbleiter 158, 161
Anreicherungsrandschicht 320, 333
Antiferromagnetismus 408, 459
Antikathoden 36
Anziehungspotential 57 ff.
-, COULOMBsches 60
Assoziationsgrad 126, 150
atomare Fehlordnung 117
-, experimentelle Beweise 128
-, in ein-atomigen Kristallen 123
-, in Ionenkristallen 125
-, thermodynamisch statistische Theorie 123, 127
Atomeigenfunktionen 220
Atomgewichte 478, 489
Atomisierungsenthalpien 484, 491
Atomradien 482, 490
Atomvolumen 27, 478, 489
Ätzgrübchen 121
Austauschwechselwirkung 468
Austrittsarbeit 181, 314, 486, 491
-, Erniedrigung 189
-, feldabhängige 191
-, Temperaturabhängigkeit 187
Auswahlregeln 244
AZBEL-KANER-Resonanz 275

Bahnmoment 419 ff.
-, Kopplung von Spinmoment und 426
Bandindex 207
Bänderkrümmung 318
Bänderschema 300
- eines elektrischen Kontakts 315
Bänderstruktur 211
-, Bestimmung 243 ff.
- im Magnetfeld 268
Bänderüberlappung 217, 236, 248
Basis 23, 47
Basiskoordinaten 22, 26, 47
Basisvektoren 22, 47
Besetzungswahrscheinlichkeit 169
- der Störterme 302
- für Nicht-Gleichgewichtszustände 348
-, gestörte 358, 382
-, zeitliche Änderung 356
Beugungsdiagramme fester Körper 17, 38 ff.
Beugungsmethoden für Röntgenstrahlen 38 ff.
Beweglichkeit 141, 294, 370
-, HALL- 393
-, Temperaturabhängigkeit 400
Beweglichkeitsverhältnis 392
Bildkraft 189, 195
BLOCH-Funktionen 204
BLOCH-Wellen 204
BLOCHsche Näherung für Elektronen im starken Potential 220
BOHRsches Magneton 424, 473
-, Anzahl pro Atom bzw. Ion 440, 445

BOLTZMANNsche Transportgleichung (BOLTZMANN-Gleichung) 354 ff.
–, linearisierte 358
BORN–HABERscher Kreisprozess 64
BRAGG-Reflexe 45, 83, 88
BRAGGsche Gleichung 45
– Reflexionsbedingung 44 ff. 52, 81, 218, 224
BRAVAIS-Gitter 21 ff.
Bremsstrahlung 36
BRILLOUIN-Funktion 439 ff., 464
BRILLOUINsche Näherung für Elektronen im schwachen Potential 211 ff.
BRILLOUIN-Zonen 51 ff., 205, 216, 229, 238
BURGERS-Vektor 120

charakteristische Röntgentrahlung 36
charakteristische Temperatur 70
chemisches Potential 314
COULOMB-Energie 60
CURIE-Gesetz 440
CURIE-Konstante 440, 467
CURIE-Temperatur 463, 465
–, ferromagnetische 458, 467, 491
–, paramagnetische 467
CURIE–WEISSscher Paramagnetismus 467 ff.
CURIE–WEISSsches Gesetz 467, 491

dangling bonds 330
DEBYEsche Funktion 70
DEBYE–SCHERRER–HULL-Methode 35, 42
DEBYEsche Theorie der spezifischen Wärme 66 ff.
DEBYEsche Zustandsgleichung 111 ff.
DEBYE-Temperatur 70, 113
– aus der spezifischen Wärme bzw. aus dem Elastizitätsmodul 75
– einiger Elemente und Verbindungen 74
– und DEBYE–WALLER-Faktoren 88
DEBYE–WALLER-Faktor 83 ff., 88
– für rückstossfreie Emission und Absorption von γ-Quanten 90 ff.
–, Temperaturabhängigkeit 88
Defektdipole 143, 148
–, Polarisierbarkeit 148
Defektelektronen (Löcher) 284
Defektleitung 303
Defektpolarisation 143 ff.
DE HAAS–VAN ALPHEN-Effekt 276 ff.
diamagnetische Suszeptibilität 407
– einiger Edelgase 436
– freier Atome 436
– freier Elektronen 450
Diamagnetismus 407, 432
– freier Atome 433 ff.
– freier Elektronen 447 ff.
Diamant-Struktur 297
Dichte 478, 489
–, Röntgen- 25, 489
Dichteänderungen 128
dielektrische Verluste in Ionenkristallen 142 ff.
Dielektrizitätskonstante 146
Diffusion 130
–, ambipolare 345, 372
–, atomare Theorie 131
Diffusionsgeschwindigkeit 135
Diffusionskoeffizient 131, 141
– der Fehlstellen 141
Diffusionskonstante 131
–, experimentelle Bestimmung 134
Diffusionslänge 340
Diffusionsspannung 332, 337, 338
Diffusionsstrom 337
Diffusionstheorie 334
Diodentheorie 334
Dislokationen 118
Dispersionsgesetz 473
Dispersionsrelation der Gitterschwingungen
– für wirkliche Kristalle 107
– im linearen Kristallmodell 101, 104
Dissoziationsenergie 126
Domänen 458, 462
Donatoren 157, 299, 302
Donatorenerschöpfung 306
Donatorenreserve 306
DOPPLER-Verschiebung 91, 94
Dotierung 298
Drehachsen 23
Drehimpulsquantenzahl 423
Drehinversionsachsen 23
Drehkristall-Methode 35, 40
Driftgeschwindigkeit 138
DULONG–PETITsches Gesetz 66, 71, 165
Durchbruchspannung von *pn*-Übergängen 341
Durchlässigkeitskoeffizient 182, 185, 193 ff.
DZYALOSHINSKY-Ferrimagnetismus 460

effektive Masse 227, 270, 396
– und Eigenwertdichte 232
–, Zustandsdichte-Massen 286
–, Zyklotronmasse 271
effektive Zustandsdichte 173, 287
Eigenfrequenzen 65, 127
–, Spektrum 65, 69, 106

Eigenhalbleiter 284
Eigenleitung 284, 295, 303
Eigenschwingungen 69
Eigenwertdichte der Elektronen 168, 229 ff., 239, 247
- im Magnetfeld 266
Eigenwertdichte der Gitterschwingungen 68, 106
Eigenwerte 167, 206 ff., 422
Ein-Band-Modell 324
-, entartetes 362 ff.
Ein-Elektron-Näherung 203
Ein-Phonon-Prozesse 82
EINSTEIN-Relation 141
EINSTEINsche Theorie der spezifischen Wärme 65
elektrische Leitfähigkeit
- des Idealhalbleiters 294
- von Metallen 257, 259, 362 ff.
- von nichtentarteten Halbleitern 369 ff.
elektrische Stromdichte 353, 359 ff.
Elektronegativität 482, 490
Elektronen
-, Bewegung im periodischen Potential 221 ff.
-, diamagnetische Suszeptibilität freier 447 ff.
-, freie 166
-, heisse 397
- im konstanten Potential 166 ff.
- im periodischen Potential 203 ff.
- im schwachen Potential 211 ff.
- im starken Potential 220
-, mittlere Beschleunigung 227
-, mittlere Geschwindigkeit 223
-, mittlerer Impuls 225
-, paramagnetische Suszeptibilität freier 451 ff.
-, quasifreie 232
-, spezifische Wärme 176 ff.
-, Streuung 396 ff.
- unter der Wirkung einer äusseren Kraft 224, 355
Elektronen-Affinität 181, 187, 190
Elektronen-Emission 181 ff.
Elektronengas 165, 169 ff.
-, diamagnetische Suszeptibilität 447 ff.
-, Entartung 176, 291
-, paramagnetische Suszeptibilität 451 ff.
-, SOMMERFELDsche Theorie 166 ff.
Elektronengeschwindigkeit 223
Elektroneninjektion 325
Elektronenkonfigurationen der Atome 480, 489
Elektronenkonzentration 170 ff., 285, 386
- in Funktion der FERMI-Grenzenergie 291
Elektronenleitung 165, 391
- in Ionenkristallen 157 ff.
Elektronenpaarbindung 297
Elementarperioden 19
Elementarzelle 19, 26, 206
- des kubisch flächenzentrierten Gitters 49
- des kubisch raumzentrierten Gitters 48
Energiebänder 207, 229, 246
-, Verbiegung 318
Energieeigenwertdichte 168, 229
Energieflächen 217, 238, 261
- bei Anwesenheit eines Magnetfeldes 263
- von Silizium und Germanium 273
Energielücke 214, 237, 251, 282, 295, 347, 394
Energietäler 272
Energie-Umrechnung 473
Entartung 176, 290 ff.
- eines Halbleiters 293
Entartungskonzentration 176, 290
Entartungskriterium 176
Entartungstemperatur 171, 176
Entmagnetisierung, adiabatische 418
Entmagnetisierungsfaktor 411 ff.
Erdalkalimetalle 236
ESAKI-Diode 342 ff.
ETTINGSHAUSEN-Effekt 380
EWALDsche Ausbreitungskugel 34
EWALDsche Konstruktion 35, 81
Exo-Emission 182
Exzitonen 253

FABRY–PEROT-Interferometer 350
Farbzentren 126, 151 ff.
-, Erzeugung 154
Fehlordnung 117 ff.
-, atomare 117, 123 ff.
-, chemische 150 ff.
-, FRENKEL- 124
-, SCHOTTKY- 123
-, strukturelle 117 ff.
Fehlordnungsenergie 123, 126, 129, 134 139
Fehlordnungsgrad 124, 125, 128, 130
Feldelektronenmikroskop 198
Feld-Emission 181, 192 ff.
-, innere 341
Feldstrom 337
FERMI–DIRAC-Funktion 168, 169
FERMI-Fläche 237, 255, 261, 277
- von Kupfer 260

FERMI-Grenzenergie 169, 247, 313
- einiger Metalle 171, 247
- im Idealhalbleiter 289
- im n-Typ-Halbleiter 307, 309
-, Temperaturabhängigkeit 174, 289, 307
FERMI-Integrale 173, 292
-, Näherungen 293
FERMI-Kugel 238
Ferrimagnetismus 408, 460
-, DZYALOSHINSKY- 460
Ferrite 460
Ferromagnetismus 408, 458
-, schwacher 460
-, WEISSsche Theorie 462 ff.
Festkörper 15
-, amorphe 16
-, Definition 15
-, kristalline 15
-, magnetische Eigenschaften 404 ff., 433
-, parakristalline 15
-, Zustandsgleichung 111 ff.
FICKsche Gesetze 130
Flächendefekte 122
Flächen konstanter Energie 217, 238, 261
- bei Anwesenheit eines Magnetfeldes 263
- von Silizium und Germanium 273
Flächenladung 329
FLOQUETsche Lösung 210
FOWLER-NORDHEIM-Gleichung 197
freie Elektronen 166
-, Daten 472, 474
-, Modell 165 ff.
freie Energie 59, 111, 124, 314, 449
freie Weglänge 257, 396
freie Wellenzahl 205
Fremddiffusion 134
FRENKEL-Defekte 118, 124
-, Konzentration 124
Frequenzbereiche
der Gitterschwingungen 101
Frequenzdichte 68, 106
Frequenzspektrum
-, DEBYEsches 69
- des linearen Kristallmodells 106
- für wirkliche Kristalle 107
Frequenzzweige 101, 107
Fundamentalabsorption 252
F-Zentren 153, 155 ff.
-, Energien 156
-, experimentelle Beweise 156

GALVANI-Spannung 317
galvanomagnetische Effekte 380 ff.
Gitter 19 ff.
-, kubisch flächenzentriertes 49
-, kubisch raumzentriertes 48
Gitterdefekte 25, 117 ff.
Gitterenergie 57, 114
-, Berechnung nach G. MIE 57
-, experimentelle Bestimmung 64
- von Ionenkristallen 60, 63
Gitterkonstanten 27 ff.
- von Alkalihalogeniden 64
- von Elementen, Legierungen, Verbindungen 27 ff.
Gitterpolarisation 146
Gitterpunkte 19
Gitterschwingungen 57
-, Eigenfrequenzen 66, 69
-, Energie 57, 65
- für wirkliche Kristalle 107 ff.
- im linearen Kristallmodell 100 ff.
Gitterstörungen
- erster und zweiter Art 117
Gitterstreuung 396
Gittervektoren 19
Glanzwinkel 45, 88
Gleichrichter 334, 340
Gleichrichter-Charakteristik 334 ff., 341
Gleitspiegelebenen 23
Grundzustände der Atome 480, 490
GRÜNEISEN-Parameter 113, 114
Gruppengeschwindigkeit 223
gyromagnetischer Faktor 425

Halbleiter 157, 237, 284 ff.
-, amphotere 158
elektrische Kontakte zwischen
-, Metall und 318 ff.
-, elektrische Leitfähigkeit 369
-, HALL-Effekt 390 ff.
-, magnetische Widerstandsänderung 395 ff.
- mit vorwiegend ionogenem Bindungscharakter 157
- mit vorwiegend kovalentem Bindungscharakter 297
-, optische Absorption 251
-, Oxidations- 158
-, Reduktions- 158
-, Thermokraft 376 ff.
-, Wärmeleitfähigkeit 370 ff.
Halbleiterdaten, typische 299
Halbleiter-Halbleiter-Kontakte 337 ff.
Halbleitertypen 303, 377
Halbmetalle 237
HALL-Beweglichkeit 393

HALL-Effekt 380
–, anomaler 386
–, normaler 386
– von Metallen 385 ff.
– von nichtentarteten Halbleitern 390 ff.
HALL-Feld 384
HALL-Koeffizient 380, 385
– einiger Metalle 387
–, Temperaturabhängigkeit 393
– von Halbleitern 392, 401
HALL-Winkel 385
harmonischer Oszillator 65, 76
–, Energiewerte 76
–, mittlere Energie 65
Hauptmassen 227
Hauptquantenzahl 422
HEISENBERGsches Modell 469
HEISENBERGsche Unschärferelation 221
heisse Elektronen 397
Helimagnetismus 491
HUME–ROTHERYsche Regeln 240
HUNDsche Regeln 430
Hyperfeinstrukturaufspaltung 95, 459
Hysteresisschleife 408, 459
Hysteresiswärme 459

Idealhalbleiter 284
–, elektrische Leitfähigkeit 294
–, Kontakt zwischen Metall und 325 ff.
–, Ladungsträgerkonzentration 285 ff.
Idealkristalle 19 ff., 117
Indizierung 43
induzierte Momente 432
Injektionslaser 347
Injektion von Ladungsträgern 325
Interbandübergänge 251
innere Energie 56 ff., 112
– von fehlgeordneten Kristallen 128
– von magnetisierbaren Materialien 419
internationale Symbole (Kristallklassen) 24
Intrabandübergänge 251
Inversionsdichte 309, 310
Inversionsschicht 325, 333
Inversionszentrum 23
Ionenkristalle 51
–, atomare Fehlordnung 125
–, dielektrische Verluste 142 ff.
–, Diffusion 136
–, Elektronenleitung 151, 157 ff.
–, Gitterenergie 60 ff.
–, Ionenleitfähigkeit 138, 139
–, optische Gitterschwingungen 103
Ionenleitfähigkeit 138, 141
–, Temperaturabhängigkeit 140
Ionenleitung 130, 136 ff.
–, experimentelle Ergebnisse 139 ff.
Ionenradien 63, 482, 490
Ionisierungsenergien der Atome 480
Isolatoren 234
–, optische Absorption 251
Isomerieverschiebung 95, 97
i-Typ-Halbleiter 303

Kastenmodell 181
KELVIN-Methode 317
Kernmagneton 431
Kernmoment 419, 431
Kern-ZEEMAN-Effekt 95
kollektive magnetische Ordnung 457, 466 468
Kompressibilität, isotherme 55, 61, 114
Kompressionsarbeit 55
Kontakte, elektrische 313 ff.
–, injizierende 324
– zwischen Metall und Halbleiter 325 ff.
– zwischen zwei Halbleitern 337 ff.
– zwischen zwei Metallen 316 ff.
Kontaktfeld 315, 373
Kontaktpotential 315
–, Messung 317
Kontinuitätsgleichung 131, 405
Koordinationszahl 15, 26, 164, 297
Korngrenze 122
KOSSEL-Struktur 249
Kristallelektronen 224, 229
–, Wirkung eines Magnetfeldes 261 ff.
Kristallimpuls 77, 225
Kristallklassen 24
–, Symbolisierung 24
Kristallstruktur 22, 203, 482, 490
–, Eigenschaften einfacher Strukturen 26
Kristallsysteme 20
KRONIG-Struktur 249
k-Typ-Halbleiter 304
Kugelpackung
–, hexagonal dichteste 122, 165
–, kubisch dichteste 123, 165

Ladungsträgerbeweglichkeit 370
–, Temperaturabhängigkeit 400 ff.
Ladungsträgerkonzentrationen
–, Entartung 290 ff.
– im Idealhalbleiter 285 ff.
– im Realhalbleiter 302 ff.
– im thermodynamischen Gleichgewicht 310
Ladungsträgermultiplikation 341
LAMB–MÖSSBAUER-Faktoren 93
LANDAU-Niveaus 263, 281

LANDÉscher Faktor 428
LANGEVIN-Funktion 442
LARMOR-Frequenz 434, 447
LARMOR-Theorem 434
Laser 347
Laserdiode 347
laser-mode 350
LAUE-Flecke 40
LAUE-Methode 35, 38
LAUEsche Gleichungen 33, 45, 52
LCAO-Methode 220
Leerstellen 117
Leerstellendiffusion 131
Legierungen 25, 165, 238
–, Kupfer–Zink- 240 ff.
–, Stabilitätsgrenzen der Phasen zwei-atomiger 243
Leitfähigkeit
–, elektrische 359 ff.
–, thermische 359 ff.
Leitungsbänder 236
Ligandenfeld 446
lineares Kristallmodell 100 ff.
–, ein-atomiges 104
–, zwei-atomiges 100
Linienbreite, natürliche 95
Liniendefekte 118
Lichtdiode 345
Löcher 152, 284
Löcherinjektion 325
Löcherkonzentration 286
Löcherleitung 161, 391
LORENTZ-Korrektur 463
LORENTZ-Kraft 261, 447
LORENZ-Zahl 164, 366, 367
–, modifizierte 372
LS-Kopplung 428 ff.
Lumineszenz 251
Lumineszenzdiode 345

MADELUNGsche Zahlen 60
Magnetfeld am Kernort 95, 458
magnetische Erregung 405
magnetische Ordnung 457
–, Umwandlungstemperaturen 486, 491
magnetische Quantenzahl 423
magnetisches Moment 405, 419 ff.
–,induziertes 432
magnetische Suszeptibilität 407
– freier Elektronen 456
– von Alkalihalogeniden 437
– von Alkalimetallen 457
– von Edelgasen 436
– von Seltenen Erden 445
magnetische Widerstandsänderung 381, 385
– von Halbleitern 395, 401
– von Metallen 388 ff.
Magnetisierung 405
–, spontane 458, 464, 465
Magnetisierungsarbeit 408 ff., 459
magnetokalorischer Effekt 415 ff.
magnetomechanische Anomalie 425, 426
magnetomechanischer Parallelismus 420
Magneton 424
–, Anzahl pro Atom bzw. Ion 440
magneto-optische Absorption 280
Magnetostriktion 415
Majoritätsträger 310
Mangelleiter 158, 161
Mangelleitung 158
Massensuszeptibilität 407
MATHIEUsche Differentialgleichung 209
MAXWELL–BOLTZMANN-Verteilung 175
MAXWELLsche Gleichungen 404
Mehr-Phononen-Prozesse 82
Mengenkonstante
– der Diffusion 133, 136
– der Thermo-Emission 184
Metalle 164, 234
–, elektrische Kontakte 316 ff.
–, elektrische Kontakte zwischen Halbleiter und 318 ff.
–, elektrische Leitfähigkeit 257, 259, 362ff.
–, HALL-Effekt 385 ff.
–, optische Absorption 251
–, spezifische Wärme der Elektronen 180
–, Thermokraft 375
–, Wärmeleitfähigkeit 364 ff.
Metall–Halbleiter-Kontakte 318 ff., 332 ff.
–, belastete 334 ff.
Metall–Metall-Kontakte 316 ff.
metallische Bindung 164
metallische Eigenschaften 164
Metamagnetismus 408
MILLERsche Indices 44
Minoritätsträger 310
Molekularfeld 463
Molekularfeld-Konstante 463
Molekularfeldtheorie 462 ff.
MÖSSBAUER-Effekt 90 ff., 458
–, Anwendungen 95
–, experimenteller Nachweis 93
MÖSSBAUER-Linie 91
MÖSSBAUER-Spektrum 95, 458
M-Zentren 153

NaCl-Struktur 49
–, Gitterkonstanten von Alkalihalogeniden mit 64
Nebenquantenzahl 423

NÉEL-Temperatur 459, 491
Netzebenen 43
–, Gleiten 121
–, Indizierung 43
Neutralitätsbedingung
– des Idealhalbleiters 286
– des Realhalbleiters 303
Neutronenstreuung 108, 457
Nichtentartung 175, 290
Normal-Prozesse 77, 78
n-Typ-Halbleiter 303 ff.
–, elektrischer Kontakt zwischen Metall und 319 ff., 335 ff.
–, Elektronenkonzentration 305
–, Thermokraft 376
Null-Phonon-Linien 83, 91
Null-Phonon-Prozesse 83
Nullpunktsdruck 172
Nullpunktsenergie 70, 89

Oberflächenzustände 330 ff.
optische Absorption 251
– in Alkalihalogeniden 152
– in Isolatoren bzw. Halbleitern 251 ff.
– in Metallen 251
–, magneto- 280 ff.
optische Rückkopplung 350
optische Schwingungen, optischer Zweig 102
Ordnung, magnetische 457
Orientierungsenergie 406
Orientierungspolarisation 143
Oxidationshalbleiter 158
Oxidationsstufen der Atome 482

Parakristall, Parakristallinität 15
paramagnetische Sättigung 441
paramagnetische Suszeptibilität
– freier Atome 440
– freier Elektronen 451 ff.
Paramagnetismus 407, 433
– freier Atome 437 ff., 464
– freier Elektronen 451 ff.
– nach CURIE–WEISS 467 ff.
patch-effect 189
PAULI-Paramagnetismus 451 ff.
PAULI-Prinzip 166, 168
PELTIER-Effekt 377
PELTIER-Koeffizient 377
periodische Randbedingungen 67, 167, 205
periodisches Potential 203, 215
–, Bewegung der Elektronen 221 ff.
periodisches System der Elemente 477 ff.
PEROT–FABRY-Interferometer 350
Phase, kristalline 239
–, Stabilitätsgrenzen der Phasen zweiatomiger Legierungen 243
Phononen 76
–, Dispersionsrelationen 109
–, Emission und Absorption 77, 92
–, Normal-Prozesse 79
–, Streuung an 396
–, Umklapp-Prozesse 79
–, Wechselwirkungen 77, 108, 396
Photodiode 345
Photo-Effekt 345
Photo-Element 345, 347
Photo-Emission 182, 198
Photoleitung 345
Photospannung 346
Photostrom 346
PIPPARDsches Standard-Metall 475
plastische Deformation 121
pn-Übergang 337 ff.
–, belasteter 340 ff.
–, Photo-Effekt 345
–, Strom–Spannungs-Charakteristik 341
POISSONsche Gleichung 318
Polarisation 146
Polymorphie, Polytypie 25, 490
POOLEsches Gesetz 139
p-Typ-Halbleiter 303
–, elektrischer Kontakt zwischen Metall und 323
–, Thermokraft 376
Pulver-Methode 35, 42
Punktdefekte 117
– in Ionenkristallen 152
Punktgitter 19
Punktgruppen 23
Punktsymmetrieklassen 23

Quantisierung der Zyklotronbahnen 263
Quasi-FERMI-Niveaus 348
quasifreie Elektronen 232, 368

Randfeldstärke 329
Randschicht 320
–, SCHOTTKY- 320
Raumgitter 15, 19
Raumgruppen 23
Raumladung 318, 320, 329
Realhalbleiter 284, 296 ff.
–, Ladungsträgerkonzentrationen 302 ff.
Realkristalle 117, 131
Reduktionshalbleiter 158
reduzierte Wellenzahl 101, 205, 216
reduzierte Zone 216
reduzierte Zyklotronmasse 281
Reflexionskoeffizient 185

Rekombination 340
Rekombinationsstrahlung 251
Relaxationszeit 144, 145, 262, 357, 396 ff.
–, Temperaturabhängigkeit 400
Resonanzabsorption
von γ-Quanten 90
Resonanzfluoreszenz 251
Reststrahlen 103, 244, 254
–, Wellenlängen in Alkalihalogeniden 104
reziprolkes Gitter 34
reziproke Vektoren 33
RICHARDSON-Gleichung 185, 188
Richtungsquantelung 423, 424
Röntgendichte 25, 478, 489
Röntgenemissionsspektren 247
Röntgeninterferenzmaxima 32 ff.
Röntgenreflexe 44
Röntgenstrahlen 30
–, Emission und Absorption weicher 246
–, Spektrum 35
–, Streuung 30
–, thermische Streuung 79 ff.
Röntgenstrahl-Interferenzen 17, 30 ff.
–, Deutung nach BRAGG 43 ff.
–, dynamische Theorie 30, 83 ff.
–, geometrische Theorie 30 ff.
Röntgenstrahl-Übergänge 246
Rückstossenergie 80, 90, 92
RUSSELL–SAUNDERS-Kopplung 428 ff., 447
R-Zentren 153

Schichtlinien 42
Schmelzenthalpien 484, 491
Schmelztemperaturen 484, 490
SCHOENFLIES-Symbole 24
SCHOTTKY-Defekte 117
–, Diffusion 131
–, Konzentration 123
SCHOTTKY-Effekt 189 ff.
SCHOTTKY-Emission 192
SCHOTTKY-Paare 125
–, assoziierte 126, 143
–, dissoziierte 125
SCHOTTKY-Randschicht 320 ff.
–, Dicke 320
–, Kapazität 323
Schraubenachsen 23
SCHRÖDINGER-Gleichung
–, zeitabhängige 221
–, zeitunabhängige 166, 204, 421
Schwellenenergie 134, 145, 148
Schwingungsenergie 57, 65, 76
–, Berechnung nach. A. EINSTEIN 65
–, Berechnung nach P. DEBYE 66 ff.
Schwingungszustände 66
SEEBECK-Effekt 373 ff.
SEEBECK-Koeffizient 374, 377
Sekundärelektronen-Emission 182
Selbstdiffusion 131
Siedetemperaturen 484. 490
Skineffekt
–, anomaler 255 ff.
–, normaler 255
Skintiefe 255
–, anomale 258
–, klassische 255
SOMMERFELDsche Theorie des Elektronengases 166 ff.
–, Grenzen der Theorie 199
Sonnenbatterie 345
spezifische Wärme 66, 72, 114, 418
–, Anomalie 128, 419
– des Elektronengases 176 ff.
–, Differenz der spezifischen Wärmen 86, 419
–, Theorie von A. EINSTEIN 65
–, Theorie von P. DEBYE 66 ff.
– von magnetisierbaren Materialien 418
Spiegelebenen 23
Spin 424
Spinmoment 419, 424 ff.
–, Kopplung von Bahnmoment und 426
Spin-Paramagnetismus 451 ff.
spontane Magnetisierung 458, 462
–, Temperaturabhängigkeit 465 ff.
Sprungfrequenz 131, 148
Sprungtemperaturen der Supraleitung 486, 491
Sprungwahrscheinlichkeit 131, 137, 143
Standard-Metall 475
Stapelfehler 122
Störbänder 301
Störhalbleiter 284, 296 ff., 303 ff.
Störleitung 284, 295, 296 ff.
Störniveaus 253, 284, 300
Störstellen 298
–, Energieniveaus 298 ff.
–, Streuung an 397
Störstellenerschöpfung 306
Störstellenprofil 340
Störstellenreserve 306
Störstellenstreuung 397
Störterme 300, 301
–, Besetzungswahrscheinlichkeit 302
Stossionisation 341
Stossprozesse 77 ff., 108, 357, 396 ff.
Stosswahrscheinlichkeit 357, 396
strahlende Übergänge 351
Strahlungsübergänge 244 ff.

–, direkte 244, 252, 351
– in der Umgebung von *pn*-Übergängen 345 ff.
Strahlungsübergänge, indirekte 246, 253
Streuamplitude 32, 48, 84
Streufaktor 31, 47
Streuprozesse 396 ff.
Streuung 251
– von Ladungsträgern 396 ff.
– von Neutronen 108
– von Röntgenquanten 30 ff., 79 ff.
Strukturen 22, 25 ff.
Strukturfaktor 46 ff., 219
– des kubisch flächenzentrierten Gitters 49
– des kubisch raumzentrierten Gitters 48
– für die NaCl-Struktur 50
Struktursensitivität 139, 296
Strukturtypen 26
–, MADELUNGsche Zahlen für verschiedene 61
Strukturuntersuchungen 17, 38 ff.
Substitutionsstellen 151
Suszeptibilität, magnetische 407
–, atomare 407
– freier Elektronen 456
–, molare 407, 437
–, spezifische 407
– von Alkalihalogeniden 437
– von Alkalimetallen 457
– von Edelgasen 436
– von Seltenen Erden 445
Symmetrieeigenschaften 22
Symmetrieelemente 22
Symmetrieoperationen 22
Symmetriezentrum 23

TAMM-Zustände 331
thermische Streuung 396
thermodynamisches Gleichgewicht 313
thermoelektrische Effekte 373 ff.
Thermo-Emission 182 ff.
Thermofeld 373
Thermokette 373
Thermokraft 373 ff.
–, absolute 374, 380
– von Metallen 375
– von nichtentarteten Halbleitern 376
Thermospannung 374
–, differentielle 375
–, integrale 374
THOMSON-Beziehungen 380
THOMSON-Effekt 379
THOMSON-Koeffizient 379
THOMSON-Wärme 379

Tracer-Methode 135
Translationsgitter 19
–, einfach primitives 19
–, mehrfach primitives 20
Translationsvektoren 19
Transportgleichungen 361
Transportphänomene 353 ff.
Tunnel-Diode 342
Tunnel-Effekt 193, 342

Überführungszahlen 142
Überschussleiter 157, 158 ff.
Überschussleitung 157, 303
Umklapp-Prozesse 78, 79
Umwandlungstemperaturen der magnetischen Ordnung 486, 491
universelle Konstanten 472

Vakuumpotential 315
Valenzbänder 236
VAN DER WAALS-Radien 482, 490
VAN HOVE-Singularitäten 234
VAN VLECK-Paramagnetismus 446
Verarmungsrandschicht 320, 333
Verdampfungsenthalpien 484, 491
Verfärbung
–, additive 154
–, elektrolytische 154
Verlustwinkel 147
Versetzungen 118
–, Schrauben- 119
–, Stufen- 118
Versetzungslinie 118
Verteilungsfunktion 168, 233, 246
–, gestörte 354
VOLTA-Spannung 315
Volumenausdehnungskoeffizient, isobarer 55, 114
Volumensuszeptibilität 407
V-Zentren 153

Wärmeleitfähigkeit 360 ff.
– von Metallen 364 ff.
– von nichtentarteten Halbleitern 370 ff.
Wärmestromdichte 354, 360 ff.
Wasserstoffmodell 298
WEISSsche Bezirke 462
WEISSsche Konstante 463
WEISSsches Feld 463
WEISSsche Theorie des Ferromagnetismus 462 ff.
Wellengleichung 67
Wellengruppe, Wellenpaket 221

Wellenvektor, Wellenzahl 101, 167
–, freie 204, 216
–, reduzierte 101, 205, 216
WIEDEMANN–FRANZsches Gesetz 164, 366
WKB-Approximation 194
Zähligkeit 23
ZENER-Diode 342
ZENER-Effekt 341
Zentralfeldnäherung 428
Zustandsdichte 354
–, effektive 173, 287
Zustandsdichte-Massen 286
Zustandsgleichung des festen Körpers 111 ff.
Zustandssumme 449
Zwei-Bänder-Modell 236, 325
–, nichtentartetes, isotropes 367 ff.
Zwischengitterbesetzung 118, 151
Zwischengitterdiffusion 131
Zwischenschichtzustände 330
zyklische Randbedingungen 67
Zyklotronfrequenz 262, 447
Zyklotronmasse 271
–, reduzierte 281
Zyklotronresonanz 270 ff.